首届全国教材建设奖

全国优秀教材
二等奖

高等学校教材

数学分析

第三版（下册）

陈纪修 於崇华 金路

高等教育出版社·北京

内容提要

本书是教育部“高等教育面向21世纪教学内容和课程体系改革计划”和教育部“理科基础人才培养基地创建优秀名牌课程数学分析”项目的成果，是面向21世纪课程教材。本书以复旦大学数学科学学院30多年中陆续出版的《数学分析》为基础，为适应数学教学改革的需要而编写的。作者结合了多年来教学实践的经验体会，从体系、内容、观点、方法和处理上，对教材作了有益的改革。本次修订适当补充了数字资源（以图标示意）。

本书分上、下两册出版。

下册内容包括：数项级数、函数项级数、Euclid空间上的极限和连续、多元函数的微分学、重积分、曲线积分、曲面积分与场论、含参变量积分、Fourier级数八章。

本书可以作为高等学校数学类专业数学分析课程的教科书，也可供其他有关专业选用。

图书在版编目（CIP）数据

数学分析．下册／陈纪修，於崇华，金路编．-- 3版．-- 北京：高等教育出版社，2019.5（2024.12重印）
ISBN 978-7-04-051630-2

Ⅰ.①数… Ⅱ.①陈… ②於… ③金… Ⅲ.①数学分析-高等学校-教材 Ⅳ.①O17

中国版本图书馆CIP数据核字（2019）第051910号

策划编辑	李　蕊	责任编辑	于丽娜	特约编辑	高　旭	封面设计	王凌波
版式设计	杜微言	插图绘制	于　博	责任校对	王　雨	责任印制	赵　佳

出版发行	高等教育出版社	网　　址	http://www.hep.edu.cn
社　　址	北京市西城区德外大街4号		http://www.hep.com.cn
邮政编码	100120	网上订购	http://www.hepmall.com.cn
印　　刷	北京中科印刷有限公司		http://www.hepmall.com
开　　本	787mm×1092mm　1/16		http://www.hepmall.cn
印　　张	27.75	版　　次	1999年9月第1版
字　　数	600千字		2019年5月第3版
购书热线	010-58581118	印　　次	2024年12月第8次印刷
咨询电话	400-810-0598	定　　价	54.00元

本书如有缺页、倒页、脱页等质量问题，请到所购图书销售部门联系调换

物 料 号　51630-00

数学分析

第三版（下册）

陈纪修 於崇华 金路

1. 计算机访问http://abook.hep.com.cn/1257652，或手机扫描二维码、下载并安装Abook应用。
2. 注册并登录，进入“我的课程”。
3. 输入封底数字课程账号（20位密码，刮开涂层可见），或通过Abook应用扫描封底数字课程账号二维码，完成课程绑定。
4. 单击“进入课程”按钮，开始本数字课程的学习。

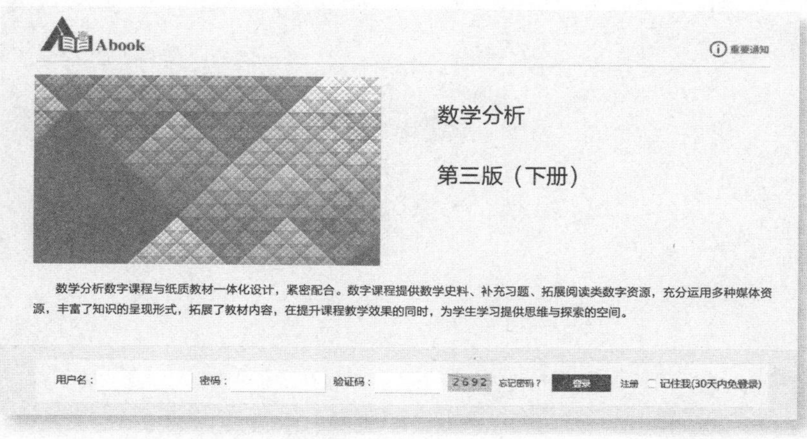

课程绑定后一年为数字课程使用有效期。受硬件限制，部分内容无法在手机端显示，请按提示通过计算机访问学习。

如有使用问题，请发邮件至abook@hep.com.cn。

扫描二维码
下载Abook应用

数学分析简史（上）

数学分析简史（下）

http://abook.hep.com.cn/1257652

第一版序

摆在我们面前的这本书，是复旦大学数学系的几位教师根据面向21世纪教学内容和课程体系改革的要求，结合自身的教学实践，在近年内编写出来的数学分析教材。

说数学分析（或微积分）是数学系最重要的一门基础课程，恐怕并非过誉。因为它不仅是大学数学系学生进校后首先面临的一门重要课程，而且大学本科乃至研究生阶段的很多后继课程在本质上都可以看作是它的延伸、深化或应用，至于它的基本概念、思想和方法，更可以说是无处不在。正因为如此，大家把关注的目光投射到这门课程及其教材的改革上，并从不同的角度付诸实践，实在是很自然的。然而，自牛顿、莱布尼茨建立微积分，并经柯西、魏尔斯特拉斯等人为之奠定了相当严格的基础以来，二三百年中经过众多科学家的努力，微积分的基本理论框架及表达方式已历经了一个千锤百炼的过程。大厦早已建成，格局已经布就，改革谈何容易。尽管国内外已经出版的微积分教材为数颇多，但严格说来，真正能体现特色、符合改革精神的却太少。这门课程的改革既举足轻重，又颇具难度，是一个攻坚战。对这门课程的改革设想和实践，就像"每个读者心中都有自己的林妹妹"那样，也往往见仁见智，看来在相当长的一段时间内难以（也没必要）完全取得共识。

那么，不管特点如何各异，比较理想的微积分教材是否应该具有某些共性呢？我想利用这个机会，谈一些粗浅的认识，作为一家之言，就正于方家与读者。

首先，任何一门学问，就其本质来说，关键的内容、核心的概念，往往就不过那么几条；而发挥开来，就成了洋洋大观的巨著。理解了这些核心和关键，并通过严格的训练将其真正学到手，就掌握了这门课程的精髓，就能得心应手地加以应用和发挥，也就达到了学习这门课程的目的，并为培养创新人才打下了良好的基础。微积分也不例外。要让学生把主要的精力集中到那些最基本、最主要的内容上，真正学深学透，一生受用不尽。将简单的东西故弄玄虚，讲得复杂、烦琐，使学生莫测高深的，绝不是一个水平高的好教师；相反，将复杂的内容，抓住实质讲得明白易懂，使学生觉得自然亲切、趣味盎然的，才是一个高水平的良师。不仅对那些无关大局、学了将来永远用不上、而且很快就会忘个精光的东西要尽量精简，而且对那些掌握了基本内容与方法之后、将来要用的时候很容易学会、甚至可以自己创造出来的东西，也要尽量精简。不突出重点，事无巨细，面面俱到，搞烦琐哲学，看似认真负责，其实不仅加重了学生的负担，影响了学生的深入理解，而且束缚了学生的思路，这似乎是现有不少教材的一个通病。"少而精"的原则讲了好多年，看来要真正贯彻，还得花大力气。返璞归真，是一种很高的境界，也是编写教材的一个重要的原则。微积分作为最重要的一门基础课程，更应该在这方面树立一个榜样。

其次,任何一门学科的产生与发展,都离不开外部世界的推动,数学也是如此。牛顿、莱布尼茨当年发明微积分,就是和解决力学与几何学中的问题紧密联系着的。直到今天,微积分这个威力无比的武器仍在各方面不断发挥着重要的作用。这不仅为微积分增添了光彩,而且实际上也为编写微积分教材提供了丰富的原材料。可惜的是,以往的很多微积分教材往往过分地追求"数学上的完美",板着面孔讲理论,割裂了微积分与外部世界的生动活泼的联系,也显示不出微积分的巨大生命力和应用价值。学生学了一大堆定义、定理和公式,可能还是没搞清楚为什么要学习微积分,不知道学了微积分究竟有什么用。现在大家强调要加强对学生数学建模的训练,不少学校开设了种种有关数学模型的课程,固然是一件很好的举措,但如果能在基础课的教学中充分体现数学建模的思想,在讲述有关内容时与相应的数学模型有机结合,在看来枯燥的数学内容与丰富多彩的外部世界之间架设起桥梁,而不是额外添加课程,岂不是可以收到事半功倍的效果?! 作为一门基础课,微积分是最有条件也最应该体现这一原则的。这样做,不应该视为对其他课程的支持和援助,而是微积分课程自身合理建设的需要。否则,不关注模型,不重视应用,割断了来龙去脉,抽去了数学思想发展的线索,微积分就成了无源之水,无本之木,也就失去了生命力。重视并兼顾模型和应用,应是微积分这门课程的应有之义,也是体现返璞归真原则的一个重要的内涵。

第三,任何一门课程的内容,都不应该故步自封,一成不变,而应该顺应时代的发展和科技的进步,及时地弃旧图新,在概念及方法的引进上,在教材内容的取舍上,体现现代化的精神。从这个意义上说,在微积分课程中汲取一些现代数学思想和概念,对内容进行增删和调整,都是完全可能且必要的,并要下大力气去做。但是,每门课程都应有自己明确的内涵和范围,决不能"抢跑道",通过把后继课程内容下放的办法来提高本门课程的档次和水平,从而打乱整个课程有机体系的阵脚。微积分这门大学低年级的基础课程,讲的是具有良好性质的函数("好"的函数)的微积分。这是朴素的微积分,是学习中的一个阶段性标志。将研究相应于"坏"的函数的微积分的一些后继课程的内容提前到微积分中来讲授,看来是不相宜的。应该提倡教一样,像一样;学一样,精一样,一步一个脚印地打好必要的基础。至于计算机的出现和飞速发展,不仅使数学的应用在广度和深度两方面都达到前所未有的程度,而且深刻地影响了数学的发展进程和思维模式。微积分的课程内容应该反映这一重要的趋势。如果画地为牢,囿于微积分的传统框架不敢越雷池一步,在实际计算或应用时就会感到力不从心,甚至束手无策;而借助于数值计算及相应的软件,却往往可以使问题迎刃而解。此外,微积分本身又正是有关计算方法的理论基础,在微积分课程中介绍有关数值计算的基本思想和方法,是顺理成章的。这一有机的结合,可以使学人如虎添翼,也将会对数学课程体系的改革提供有益的启示。

第四,学习的目的在于应用。如前所述,微积分的基本原理和公式并不多,但如能得心应手地加以运用,却可以发挥出神奇的威力。要做到这一点,关键在于要使学生接受严格而充分的训练,单靠课堂上的讲授是绝对不够的。现在往往老师讲得多,同学练得少。其实,熟能生巧,多讲不如多练。只有通过严格而充分地训练,才能使学生达到学好数学的两个基本要求——理解与熟练。苏步青老师说他自己曾做过一万道微积分题,他在数学上的深厚功底和卓越成就,由此也可见端倪。事实上,做一千道题有一千道题的体会,做一万道题有一万道题的体会。如果每种题型只蜻蜓点水地做上那么一二道题,加起来总共不过二三百道题,又怎么谈得上牢固掌握、并在需要时能做到"运用之妙,存乎一心"呢?! 只有在编写教材时在量和质两方面认真兼顾到习题(包括借助于计算机求解的习题)的配置,使课堂教学与课后训练有机配合、相得益彰,提高微积分课程的教学质量才会有一个可靠的保障。

我高兴地看到,正是在以上四个方面,这本教材做了有益的尝试及认真的实践。其中,有将微分与不定积分视为一对矛盾来展开后继内容的精彩段落,有将微积分与数值数学综合处理、有别于传统教材的章节,有从模型出发引入概念、深化主题和体现应用的众多实例,同时,也可看到对传统教材内容删繁就简、精雕细凿的种种努力。尽管有些地方还略嫌粗糙,一些内容还有加工和改进的余地,但总的来说,这是一本颇具特色的教材。它的出版,实在是一件令人高兴的事,特为之序。

李大潜

1999 年 6 月 27 日

于上海

第三版前言

本教材第一版于1999年出版，入选“面向21世纪课程教材”，2002年获得全国普通高等学校优秀教材一等奖。2004年，作为教育部“理科基础人才培养基地创建优秀名牌课程数学分析”项目的成果，本教材第二版出版。与初版教材相比较，第二版教材做了较大的改进，增补了大量内容，给出了大部分习题的答案或提示，这些改进得到了读者充分的肯定。教材再版后，我们的课程得到高等教育出版社“高等教育百门精品课程教材建设计划”项目的资助，并于2006年被评为“国家级精品课程”。为配合读者使用本教材，我们制作了全部课程的教学视频，便于读者自主学习。

第三版保留了第二版原有的结构与风格，仅在少数有异议的地方做了修正或修改。第三版主要的改进是新增了与教材配套的网上资源，如为学生撰写的拓展阅读资料与一定数量的补充习题，其中部分习题具有一定的难度，可供读者选用。

限于编者的水平，本书仍难免有疏漏与不妥之处，欢迎广大读者批评指正。

编　者

2018年11月

第二版前言

本教材(《数学分析》上、下册,第二版)是教育部“理科基础人才培养基地创建优秀名牌课程数学分析”项目的成果。

《数学分析》(上、下册)自出版以来,得到了广大读者的肯定,同时许多读者也对教材提出了许多宝贵的改进意见。我们在使用教材时也发现不少需要改进与提高的地方,例如有些重要内容与背景材料需要补充,有些章节需要修改,例题与习题需要加强,教材内容的由浅入深方面需要作进一步的精雕细凿,等等。特别是有不少读者来信,希望我们对教材中的习题给出解答,以便利于他们学习时参考。

为了使教材更好地反映现代教育思想,体现先进性、科学性与适用性,有利于提高学生的综合素质与创新能力,同时也为了更好地便于广大读者学习使用,从2002年春天开始,经过两年的时间,我们对《数学分析》(上、下册)教材进行了修订。修订的内容包括:

增补一些重要而没有在初版中选入的内容,如:曲线的曲率问题;等周问题;Peano曲线;计算曲面面积的Schwarz反例,等等。增加了一些数学模型的例子。

修改一些章节,如:插值多项式与Taylor多项式;函数的单调性与函数的极值问题;凸函数与凸区域的概念与应用;微分学与积分学的应用;Fourier级数与Fourier变换,等等。

对教材的经典内容增加了背景材料;增加了有特色的综合性的例题与习题,特别注重与相邻学科有关的应用问题,并提出了一批探索性的问题供学生思考;在教材内容的由浅入深方面作了进一步的精雕细凿;等等。

对教材中的大部分习题给出了答案或提示。

在教材的修订过程中,我们自始至终得到了李大潜院士的关心与指导,得到了复旦大学副校长孙莱祥教授、蔡达峰教授和教务处处长陆靖教授的鼓励与支持。复旦大学数学系的领导童裕孙教授与邱维元教授更是多次与作者一起,对教材修订中的具体思路,内容安排与细节处理等进行了深入的研究与探讨。复旦大学数学系严金海副教授、徐惠平副教授和周渊副教授给我们提出了许多有益的建议。复旦大学数学研究所的多位研究生与复旦大学数学系2002级的多位学生帮助我们一起为教材的大部分习题给出了解答与提示。还有许多读者在来信中提出了宝贵意见,这对我们的教材修订工作给予了很大的帮助。在出版过程中,我们得到了高等教育出版社徐刚老师,李蕊老师,文小西老师的大力支持。在此谨向他们表示衷心的感谢。

第二版的编写工作由陈纪修和金路完成。尽管本教材经过了修订,但限于作者的水平,谬误之处在所难免,敬请广大读者继续给予批评与指正。

编　者

2003 年 12 月

第一版前言

数学分析是数学系最重要的一门基础课,是几乎所有后继课程的基础,在培养具有良好素养的数学及其应用人才方面起着特别重要的作用。因此,数学分析教材改革成为理科大学数学系教改的一个重要环节,受到数学界的普遍关注。但究竟如何具体着手,则见仁见智,众说纷纭,目前尚难有比较一致的意见。

从20世纪60年代初开始,我校数学类系科一直沿用由陈传璋教授等编著的《数学分析》及以此为基础的几种修订版本。这套书曾获得“国家教委优秀教材一等奖”,并在兄弟院校中有较广的使用面。近年来,随着改革的深入,人们对教育不断提出新的要求,教材也应当推陈出新,跟上时代发展的步伐。1997年,复旦大学将数学分析课程立为“面向21世纪教学内容与课程体系改革”项目,并要求重新编写适应新世纪的教材。在老一代数学家和数学系领导的关心和支持下,我们依靠数学系的整体力量,集思广益,进行了总体构思,并逐渐形成以下的编写指导思想:

1. 对“数学分析”基本理论体系与阐述方式进行再思考,改革旧的体系,吸收先进的处理方法,反映当代数学的发展趋势。

诚然,从近代微积分思想的产生、发展到形成比较系统、成熟的“数学分析”课程用了大约300年,经过几代杰出数学家持续不懈的努力,精雕细凿,千锤百炼,已为其建立了严格的理论基础和逻辑体系。但是,当代科学技术(包括数学本身)发展也不断为数学的基础部分注入新的活力。所以数学分析的讲授方式也应推陈出新,同时,要注意采用现代数学的思想观点与方法,反映数学的发展趋势。

例如,在传统数学分析课程中,以导数作为“微分学”主线的做法不利于学生今后理解微分在数学分析乃至整个数学学科中的重要作用。我们重点突出了微分的地位,在导数和微分两者关系上,采取了先定义微分再引出导数的顺序。这不仅符合数学的发展历史(从而符合人类的认识规律),也使学生先入为主,对微分的重要性有较深的印象。而在导出计算法则时,则求微分和求导数并重。以微分为工具的推导过程可使得有些概念(如高阶无穷小量、中间变量的高阶微分形式等)更易于理解和应用。

特别是在微分与积分之间关系的阐述中,我们定义求不定积分是求微分(而不是求导数!)的逆运算,即:$F(x)(+C)\underset{\int}{\overset{\mathrm{d}}{\rightleftarrows}}F'(x)\,\mathrm{d}x$。这个观念上的改变为后续内容的展开带来了极大的方便。过去将求不定积分$\int f(x)\,\mathrm{d}x$定义为求导数的逆运算,其中的$\mathrm{d}x$就很难解释得贴切;而将其视为求微分的逆运算,许多麻烦就会迎刃而解。这时,$\mathrm{d}x$

是自变量的微分，因此，关于微分的所有计算法则都可以畅通无阻，从而使不定积分和定积分（包括重积分、曲线曲面积分等）中的许多概念、公式的导出和理解变得简便而自然。此外，它还使得引入微分形式的外积和外微分运算，进而导出 Green 公式、Gauss 公式和 Stokes 公式的统一形式成为一件顺理成章的事，为学生日后学习流形上的微积分打下基础。

由于当代数学科学（实际上整个科学技术领域）相互交叉融合的大趋势，从其他课程选取合适材料来充实和加强本课程，对于培养新型的通用数学人才是绝对必要的，但引入新思想和新观点并不意味着在理论上故意拔高。我们严格掌握了以下原则：所选视角必须有助于理解数学分析本身的理论和应用问题；有利于展开数学分析本身的内容；仅限于用数学分析的基本方法和技巧来处理。

2. 在回溯数学发展历史、强调数学与相邻学科联系的同时，加强建立数学模型的思想和训练，增加实际应用的内容，提高学生的数学素养和创新能力，使学生适应新世纪对数学人才的要求。

微积分的形成和发展直接得益于物理学、天文学、几何学等研究领域的进展和突破。在数学分析教学中，应适度回溯数学与其他学科相辅相成的发展历史和数学史上一些关键人物作出重大发现的思维轨迹，提高学生学习数学的兴趣，引导学生逐步理解数学的本质及数学研究的一般途径和规律。教材中适量介绍了微积分发展历史中与其他相关学科之间联系的一些重要背景材料，如从 Kepler 的行星运动三大定律到 Newton 的万有引力、从 Kepler 发现行星运动中切向加速度为零的现象到 Fermat 对极值的研究再到微分中值定理的形成、宇宙速度和火箭运动方程的微分导出等等。

同时，微积分是一门极具应用活力的科学。为了造就大批具有良好基础、能用数学思想、方法和工具解决各个领域中实际问题的数学工作者和其他专门人才，数学分析教学应在传授基础理论和基本技能的同时，加强学生在分析实际问题、归结实际问题为数学问题、用微积分这一有力工具去解决实际问题等方面的能力。

我们在教材中努力加强了从微积分途径建立数学模型的思想，除了单列一节“微积分实际应用举例”外，建立和求解数学模型的例子散见于全书。通过对物理学、生物学、社会学、经济学与自然现象中许多数量变化关系的分析，建立简单的行星运动模型、引力场模型、人口模型、公共资源模型、经济问题模型等，再配以较多的习题，力图使学生拓宽知识面，初步具有数学来自实践、用于实践的认识和实际运作的本领。

3. 数学分析教学与高速发展的计算机技术相结合。

近一二十年来，计算机的软硬件技术突飞猛进，极大地改变了人们的生活方式、思维方式和科学研究的方式。数学分析教学应当顺应潮流，反映这一发展趋势。在教材的编写中，我们对一些随着计算机和软件技术的进步而失去了往日重要性的内容（如函数作图、某些复杂的积分技巧等）作了适度删削；而对日趋重要的内容则加以强化（如近似求根、数值积分等）或增加（如插值公式、外推方法、快速 Fourier 变换等）。同时，为了真正提高学生用数学和计算机解决实际问题的综合能力，我们在与数值计算有关的章节后面设计了“计算实习题”，题目的难度适中，但不用计算机却难以解答，要求学生在教师指导下独立完成。这对提高学生的数学素养、应变能力和社会竞争力(从而提高数学本身在社会上的地位)应当大有益处。

我们还在尝试利用电子计算机和较成熟的数学软件,对数学分析的某些内容采用多媒体技术辅助教学。

4. 使内容安排趋于更合理,更简洁,更适合学生的认识规律,在保证基本教学要求的前提下,尽可能减轻学生的负担。

改革的结果应使得课程和教材更加紧凑、更加简洁而不是相反。我们对原教材中保留的内容进行了认真细致的再处理,所有的陈述和证明都力求改写得更加简洁和完美,有些证明是我们自己给出的。对于原处理方法已显陈旧与落后的部分则推倒重写,新的处理方法必须观点新、立足点高,能承上启下,有助于学生的深入理解。

为符合人的认识规律和教材编写的特殊需要,我们对某些重要或涉及范围较广的内容,采用了在后续部分(包括一些结论的证明、例题)有意识地多次重复和应用,逐步深入的处理方法,以期收到较好的教学效果。如用微分导出不同人口模型的思想和方法前后出现于三处;用途极广的 Legendre 多项式也先后出现了三次,等等。

又如,我们对 Cauchy 中值定理给出了不同于 Lagrange 中值定理证明思路的新证明,通过这一证明让学生将有关反函数的结论(反函数的定义及存在定理、连续定理、求导定理)系统地复习了一遍。

富于启迪而精到的例题与习题是一本好教材不可缺少的有机部分。我们精选了全部例题,力求使例题不仅配合所讲授的理论,更使学生从中学到分析和解决问题的方法。教材中更新了大量习题,特别是增加了许多与应用有关的习题,力求让学生获得足够的训练。

本书的总体框架与编写大纲由编者反复讨论后确定。第 1、2、3、9、10 章由陈纪修执笔,第 4、5、6、7、8、16 章由於崇华执笔,第 11、12、13、14、15 章由金路执笔。初稿完成后,本书以讲义形式在复旦大学数学系本科生和理科基地班试用了两轮,同时在较大范围内听取了意见,再经集体多次推敲修改最后定稿。付梓前,由於崇华对教材的整体格式和行文作了统一处理,并对全书的文字进行了润色。

本教材可供全日制高等院校数学分析课程三学期使用。为了适应不同需要,我们将一些难度较大的或非基本的内容用小字排印,供教师选用。

中国科学院院士李大潜教授、复旦大学数学系学术委员会主任李训经教授自始至终关心和鼓励本书的编写工作并给予了指导性的意见;复旦大学数学系主任童裕孙教授多次参与了编者从构筑总体框架直到修改定稿过程中的讨论,提出不少建设性的意见和建议,并从行政方面为编写工作提供了切实的保障;姚允龙教授在复旦大学理科基地班试用了本教材,并提出大量有价值的意见;曹家鼎教授提供了 Korovkin 关于连续函数的多项式逼近的 Weierstrass 定理的漂亮证明;苏仰锋副教授与王彦博老师演算了本书中大部分的习题。此外,在本书的形成、定稿和出版过程中,复旦大学教务处孙莱祥研究员和方家驹研究员一直给我们以热情鼓励和帮助;复旦大学与兄弟院校的许多教师曾以各种形式向我们提出过许多颇有见地的修改意见;高等教育出版社也一如既往地支持我们的教材改革计划的最终落实。编者借本书出版之机,在此一并向他们表示衷心的谢意。

囿于学识，本书虽经实际授课试用和多次修改，错误和缺陷仍在所难免，恳请广大读者提出宝贵的批评和建议，以便今后再版时改进。

编　者

1999 年 5 月于复旦园

目录

第九章 数项级数

早在大约公元前 450 年，古希腊有一位名叫 Zeno 的学者，曾提出若干个在数学发展史上产生过重大影响的悖论，“Achilles（希腊神话中的英雄）追赶乌龟”即是其中较为著名的一个.

设乌龟在 Achilles 前面 S_1（米）处向前爬行，Achilles 在后面追赶，当 Achilles 用了 t_1（秒）时间，跑完 S_1（米）时，乌龟已向前爬了 S_2（米）；当 Achilles 再用 t_2（秒）时间，跑完 S_2（米）时，乌龟又向前爬了 S_3（米）……这样的过程可以一直继续下去，因此Achilles永远也追不上乌龟.

显然，这一结论完全有悖于常识，是绝对荒谬的.没有人会怀疑，Achilles 必将在 T（秒）时间内，跑了 S（米）后追上乌龟（T 和 S 是常数）.Zeno 的诡辩之处就在于把有限的时间 T（或距离 S）分割成无穷段 $t_1,t_2,\cdots$（或 $S_1,S_2,\cdots$），然后一段一段地加以叙述，从而造成一种假象：这样“追-爬-追-爬”的过程将随时间的流逝而永无止境.事实上，如果将用掉的时间 $t_1,t_2,\cdots$（或跑过的距离 $S_1,S_2,\cdots$）加起来，即

$$t_1+t_2+\cdots+t_n+\cdots \quad （或\ S_1+S_2+\cdots+S_n+\cdots），$$

尽管相加的项有无限个，但它们的和却是有限数 T（或 S）.换言之，经过时间 T（秒），Achilles跑完 S（米）后，他已经追上乌龟了.

这里，我们遇到了无限个数相加的问题.很自然地，我们要问，这种“无限个数相加”是否一定有意义？若不一定的话，那么怎么来判别？有限个数相加时的一些运算法则，如加法交换律、加法结合律对于无限个数相加是否继续有效？如此等等.这正是本章要讨论的数项级数的一些概念.

§1 数项级数的收敛性

数项级数

设 $x_1,x_2,\cdots,x_n,\cdots$ 是无穷可列个实数，我们称它们的“和”

$$x_1+x_2+\cdots+x_n+\cdots$$

为**无穷数项级数**（简称**级数**），记为 $\sum\limits_{n=1}^{\infty}x_n$，其中 x_n 称为级数的**通项**或**一般项**.

当然，我们无法直接对无穷多个实数逐一地进行加法运算，所以必须对上述的级

数求和给出合理的定义.为此作级数 $\sum_{n=1}^{\infty} x_n$ 的“**部分和数列**”$\{S_n\}$:

$$
\begin{aligned}
&S_1 = x_1,\\
&S_2 = x_1 + x_2,\\
&S_3 = x_1 + x_2 + x_3,\\
&\quad\cdots\cdots\cdots\cdots\\
&S_n = x_1 + x_2 + \cdots + x_n = \sum_{k=1}^{n} x_k,\\
&\quad\cdots\cdots\cdots\cdots
\end{aligned}
$$

定义 9.1.1　如果部分和数列 $\{S_n\}$ 收敛于有限数 S,则称无穷级数 $\sum_{n=1}^{\infty} x_n$ 收敛,且称它的和为 S,记为

$$
S = \sum_{n=1}^{\infty} x_n;
$$

如果部分和数列 $\{S_n\}$ 发散,则称无穷级数 $\sum_{n=1}^{\infty} x_n$ 发散.

由上述定义可知,只有当无穷级数收敛时,无穷多个实数的加法才是有意义的,并且它们的和就是级数的部分和数列的极限.所以,级数的收敛与数列的收敛本质上是一回事.

例 9.1.1　设 $|q|<1$,则**几何级数**(**即等比级数**)

$$
\sum_{n=1}^{\infty} q^{n-1} = 1 + q + q^2 + \cdots + q^n + \cdots
$$

是收敛的.这是因为它的部分和数列的通项为

$$
S_n = \sum_{k=1}^{n} q^{k-1} = \frac{1-q^n}{1-q},
$$

显然,

$$
\lim_{n\to\infty} S_n = \frac{1}{1-q}.
$$

现在我们来回答本章开头提出的 Achilles 追赶乌龟的问题.

设乌龟的速度 v_1(m/s)与 Achilles 的速度 v_2(m/s)之比为 $q=\frac{v_1}{v_2}$, $0<q<1$.Achilles 在乌龟后面 S_1(m)处开始追赶乌龟.当 Achilles 跑完 S_1(m)时,乌龟已向前爬了 $S_2=qS_1$(m);当 Achilles 继续跑完 S_2(m)时,乌龟又向前爬了$S_3=q^2S_1$(m)……当 Achilles 继续跑完 S_n(m)时,乌龟又向前爬了 $S_{n+1}=q^nS_1$(m)……显然 Achilles 要追赶上乌龟,必须跑完上述无限段路程 $S_1, S_2, \cdots, S_n, \cdots$,由于

$$
S_1+S_2+\cdots+S_n+\cdots = S_1(1+q+q^2+\cdots+q^{n-1}+\cdots) = \frac{S_1}{1-q},
$$

即我们在前面所说的,这无限段路程的和却是有限的,也就是说,当 Achilles 跑完路程 $S=\frac{S_1}{1-q}$ (m)(即经过了时间 $T=\frac{S_1}{(1-q)v_2}$ (s))时,他已经追上了乌龟.

例 9.1.2 级数

$$\sum_{n=1}^{\infty}(-1)^{n-1}=1-1+1-\cdots+(-1)^{n-1}+\cdots$$

是发散的.这是因为它的部分和数列的通项为

$$S_n=\begin{cases}0, n \text{ 为偶数}, \\ 1, n \text{ 为奇数}.\end{cases}$$

显然 $\{S_n\}$ 是发散的.

例 9.1.3 由第二章的例 2.4.7 可以知道,级数

$$\sum_{n=1}^{\infty}\frac{1}{n^p}=1+\frac{1}{2^p}+\frac{1}{3^p}+\cdots+\frac{1}{n^p}+\cdots \quad (p>0)$$

当 $p>1$ 时收敛;当 $0<p\leqslant 1$ 时发散到正无穷大.

$\sum_{n=1}^{\infty}\frac{1}{n^p}$ 称为 p **级数**($p=1$ 时又称 $\sum_{n=1}^{\infty}\frac{1}{n}$ 为**调和级数**),它在判别其他级数的敛散情况时有重要作用.

当级数 $\sum_{n=1}^{\infty}x_n$ 收敛时,我们还可以构作它的"**余和数列**"$\{r_n\}$,其中

$$r_n=\sum_{k=n+1}^{\infty}x_k=x_{n+1}+x_{n+2}+\cdots,$$

设 $\sum_{n=1}^{\infty}x_n=S$,则 $r_n=S-S_n$,显然,这时 $\{r_n\}$ 收敛于 0.

级数的基本性质

可以由数列的性质平行地导出级数的一些性质.

定理 9.1.1(级数收敛的必要条件) 设级数 $\sum_{n=1}^{\infty}x_n$ 收敛,则其通项所构成的数列 $\{x_n\}$ 是无穷小量,即

$$\lim_{n\to\infty}x_n=0.$$

证 设 $\sum_{n=1}^{\infty}x_n=S$,则对 $S_n=\sum_{k=1}^{n}x_k$,成立

$$\lim_{n\to\infty}S_n=\lim_{n\to\infty}S_{n-1}=S,$$

于是得到

$$\lim_{n\to\infty}x_n=\lim_{n\to\infty}(S_n-S_{n-1})=\lim_{n\to\infty}S_n-\lim_{n\to\infty}S_{n-1}=0.$$

证毕

定理9.1.1可以用来判断某些级数发散.例如,当 $|q|\geqslant 1$ 时 $\{q^n\}$ 不是无穷小量,因此级数 $\sum_{n=1}^{\infty}q^n$ 发散.例 9.1.2 中 $\sum_{n=1}^{\infty}(-1)^{n-1}$ 的一般项为 ± 1,所以也发散.

要注意的是,定理 9.1.1 只是级数收敛的必要条件,而非充分条件.换言之,数列 $\{x_n\}$ 为无穷小量并不能保证级数 $\sum_{n=1}^{\infty}x_n$ 收敛.例如,虽然数列 $\left\{\frac{1}{n}\right\}$ 是无穷小量,但级数

$\sum_{n=1}^{\infty}\frac{1}{n}$ 却是发散的.

定理 9.1.2(线性性)　设 $\sum_{n=1}^{\infty}a_n=A,\sum_{n=1}^{\infty}b_n=B,\alpha,\beta$ 是两个常数,则

$$\sum_{n=1}^{\infty}(\alpha a_n+\beta b_n)=\alpha A+\beta B.$$

证　设 $\sum_{n=1}^{\infty}a_n$ 的部分和数列为 $\{S_n^{(1)}\}$, $\sum_{n=1}^{\infty}b_n$ 的部分和数列为 $\{S_n^{(2)}\}$,则对 $\sum_{n=1}^{\infty}(\alpha a_n+\beta b_n)$ 的部分和数列 $\{S_n\}$ 有

$$S_n=\alpha S_n^{(1)}+\beta S_n^{(2)},$$

于是成立

$$\lim_{n\to\infty}S_n=\alpha\lim_{n\to\infty}S_n^{(1)}+\beta\lim_{n\to\infty}S_n^{(2)}=\alpha A+\beta B.$$

证毕

定理 9.1.2 说明,对收敛级数可以进行加法和数乘运算.

例 9.1.4　求级数 $\sum_{n=1}^{\infty}\frac{4^{n+1}-3\cdot 2^n}{5^n}$ 的值.

解　因为几何级数 $\sum_{n=0}^{\infty}\left(\frac{4}{5}\right)^n$ 与 $\sum_{n=0}^{\infty}\left(\frac{2}{5}\right)^n$ 都收敛,所以有

$$\sum_{n=1}^{\infty}\frac{4^{n+1}-3\cdot 2^n}{5^n}=\frac{16}{5}\sum_{n=0}^{\infty}\left(\frac{4}{5}\right)^n-\frac{6}{5}\sum_{n=0}^{\infty}\left(\frac{2}{5}\right)^n=\frac{16}{5}\cdot\frac{1}{1-\frac{4}{5}}-\frac{6}{5}\cdot\frac{1}{1-\frac{2}{5}}=14.$$

定理 9.1.3　设级数 $\sum_{n=1}^{\infty}x_n$ 收敛,则在它的求和表达式中任意添加括号后所得的级数仍然收敛,且其和不变.

证　设 $\sum_{n=1}^{\infty}x_n$ 添加括号后表示为

$$(x_1+x_2+\cdots+x_{n_1})+(x_{n_1+1}+x_{n_1+2}+\cdots+x_{n_2})+\cdots+(x_{n_{k-1}+1}+x_{n_{k-1}+2}+\cdots+x_{n_k})+\cdots,$$

令

$$y_1=x_1+x_2+\cdots+x_{n_1},$$
$$y_2=x_{n_1+1}+x_{n_1+2}+\cdots+x_{n_2},$$
$$\cdots\cdots\cdots\cdots$$
$$y_k=x_{n_{k-1}+1}+x_{n_{k-1}+2}+\cdots+x_{n_k},$$
$$\cdots\cdots\cdots\cdots$$

则 $\sum_{n=1}^{\infty}x_n$ 按上面方式添加括号后所得的级数为 $\sum_{n=1}^{\infty}y_n$. 令 $\sum_{n=1}^{\infty}x_n$ 的部分和数列为 $\{S_n\}$, $\sum_{n=1}^{\infty}y_n$ 的部分和数列为 $\{U_n\}$,则

$$
\begin{aligned}
&U_1 = S_{n_1},\\
&U_2 = S_{n_2},\\
&\cdots\cdots\cdots\cdots\\
&U_k = S_{n_k},\\
&\cdots\cdots\cdots\cdots
\end{aligned}
$$

显然$\{U_n\}$是$\{S_n\}$的一个子列,于是由$\{S_n\}$的收敛性即得到$\{U_n\}$的收敛性,且极限相同.

证毕

定理 9.1.3 可以理解为,收敛的级数满足加法结合律.

在极限论中我们已经知道,一个数列的某个子列收敛并不能保证数列本身收敛.因此,相应地,在一个级数的和式中,添加了括号后所得的级数收敛并不能保证原来的级数收敛,即上面的级数$\sum\limits_{n=1}^{\infty} y_n$收敛并不能保证级数$\sum\limits_{n=1}^{\infty} x_n$收敛.

例 9.1.5 我们已知例 9.1.2 中的级数

$$\sum_{n=1}^{\infty}(-1)^{n-1} = 1 - 1 + 1 - \cdots + (-1)^{n-1} + \cdots$$

是发散的.但若在每两项之间加上括号,则有

$$(1-1)+(1-1)+\cdots+(1-1)+\cdots=0+0+\cdots+0+\cdots=0,$$

即添加了括号后所得的级数是收敛的.

更有甚者,对一个发散的级数,若按不同的方式加括号,所得的级数可能收敛于不同的极限.仍以

$$\sum_{n=1}^{\infty}(-1)^{n-1} = 1 - 1 + 1 - \cdots + (-1)^{n-1} + \cdots$$

为例,除了上面的加括号方式外,还可以有

$$1+(-1+1)+(-1+1)+\cdots+(-1+1)+\cdots=1+0+0+\cdots+0+\cdots=1$$

的不同结果.

这就是说,发散的级数不满足加法结合律.

例 9.1.6 计算机进行计算时所处理的数据都是二进制的,求二进制无限循环小数$(110.110110\cdots)_2$的值.

解 $(110.110110\cdots)_2 = 2^2+2^1+\dfrac{1}{2}+\dfrac{1}{2^2}+\dfrac{1}{2^4}+\dfrac{1}{2^5}+\dfrac{1}{2^7}+\dfrac{1}{2^8}+\cdots$

设上述无穷级数的部分和数列为$\{S_n\}$,则

$$S_{2n} = \sum_{k=1}^{n}\left(\frac{1}{2^{3k-5}}+\frac{1}{2^{3k-4}}\right) = 6\,\frac{6}{7}\left[1-\left(\frac{1}{8}\right)^n\right],$$

$$S_{2n+1} = S_{2n} + \frac{1}{2^{3n-2}},$$

令$n\to\infty$,得

$$\lim_{n\to\infty} S_n = 6\,\frac{6}{7},$$

即二进制无限循环小数$(110.110110\cdots)_2$的值为$6\frac{6}{7}$.

例 9.1.7　一慢性病患者需每天服用某种药物，按医嘱每天服用 0.05 mg，设体内的药物每天有 20% 通过各种渠道排泄掉，问长期服药后患者体内药量维持在怎样的水平？

解　服药第一天，患者体内药量为 0.05 mg；服药第二天，患者体内药量为 $0.05(1-20\%)+0.05=0.05\left(1+\frac{4}{5}\right)$ mg；服药第三天，患者体内药量为 $[0.05(1-20\%)+0.05](1-20\%)+0.05=0.05\left[1+\frac{4}{5}+\left(\frac{4}{5}\right)^2\right]$ mg……以此类推，长期服药后，患者体内药量为

$$0.05\left[1+\frac{4}{5}+\left(\frac{4}{5}\right)^2+\left(\frac{4}{5}\right)^3+\cdots\right]=0.05\sum_{n=0}^{\infty}\left(\frac{4}{5}\right)^n=0.25(\text{mg}).$$

在实际病例中，医生往往根据患者的病情，考虑体内药量水平的需求，确定患者每天的服药量.

例 9.1.8　计算级数$\sum\limits_{n=1}^{\infty}\frac{2n-1}{2^n}$.

解　设级数的部分和数列为$\{S_n\}$，则

$$\begin{aligned}S_n&=2S_n-S_n=2\sum_{k=1}^{n}\frac{2k-1}{2^k}-\sum_{k=1}^{n}\frac{2k-1}{2^k}\\&=\sum_{k=0}^{n-1}\frac{2k+1}{2^k}-\sum_{k=1}^{n}\frac{2k-1}{2^k}=1+\sum_{k=1}^{n-1}\frac{1}{2^{k-1}}-\frac{2n-1}{2^n},\end{aligned}$$

于是

$$\lim_{n\to\infty}S_n=1+\sum_{k=0}^{\infty}\frac{1}{2^k}=3.$$

例 9.1.9　计算级数$\sum\limits_{n=1}^{\infty}\arctan\frac{1}{2n^2}$.

解　利用公式

$$\arctan x-\arctan y=\arctan\frac{x-y}{1+xy}$$

可得

$$\arctan\frac{1}{2n^2}=\arctan\frac{1}{2n-1}-\arctan\frac{1}{2n+1},$$

于是关于级数的部分和有

$$S_n=\arctan 1-\arctan\frac{1}{2n+1},$$

令 $n\to\infty$，即得

$$\sum_{n=1}^{\infty}\arctan\frac{1}{2n^2}=\frac{\pi}{4}.$$

习　题

1. 讨论下列级数的敛散性.收敛的话,试求出级数之和.

(1) $\sum_{n=1}^{\infty}\frac{1}{n(n+2)}$;　　(2) $\sum_{n=1}^{\infty}\frac{2n}{3n+1}$;

(3) $\sum_{n=1}^{\infty}\frac{1}{n(n+1)(n+2)}$;　　(4) $\sum_{n=1}^{\infty}\left(\frac{1}{2^n}-\frac{1}{3^n}\right)$;

(5) $\sum_{n=1}^{\infty}\frac{1}{\sqrt[n]{n}}$;　　(6) $\sum_{n=1}^{\infty}\frac{5^{n-1}+4^{n+1}}{3^{2n}}$;

(7) $\sum_{n=1}^{\infty}(\sqrt{n+2}-2\sqrt{n+1}+\sqrt{n})$;　　(8) $\sum_{n=1}^{\infty}\frac{2n-1}{3^n}$;

(9) $\sum_{n=0}^{\infty}q^n\cos n\theta\quad(|q|<1)$.

2. 确定 x 的范围,使下列级数收敛:

(1) $\sum_{n=1}^{\infty}\frac{1}{(1-x)^n}$;　　(2) $\sum_{n=1}^{\infty}\mathrm{e}^{nx}$;

(3) $\sum_{n=1}^{\infty}x^n(1-x)$.

3. 求八进制无限循环小数$(36.0736073607\cdots)_8$ 的值.

4. 设 $x_n=\int_0^1 x^2(1-x)^n\mathrm{d}x$,求级数 $\sum_{n=1}^{\infty}x_n$ 的和.

5. 设抛物线 $l_n:y=nx^2+\frac{1}{n}$ 和 $l'_n:y=(n+1)x^2+\frac{1}{n+1}$ 的交点的横坐标的绝对值为 $a_n(n=1,2,\cdots)$.

(1) 求抛物线 l_n 与 l'_n 所围成的平面图形的面积 S_n;

(2) 求级数 $\sum_{n=1}^{\infty}\frac{S_n}{a_n}$ 的和.

§2　上极限与下极限

数列的上极限和下极限

研究级数的敛散性常常需要借助于某些数列,但这些数列本身却不一定收敛,因而有必要引进比"极限存在"稍弱一些、并在一定程度上反映其变化规律的新概念.

Bolzano-Weierstrass 定理告诉我们,有界数列中必有收敛子列.这启示我们,对不存在极限的数列,或许可以用它的子列的极限情况来刻画它本身的变化情况.

先考虑有界数列的情况.

定义 9.2.1　在有界数列 $\{x_n\}$ 中,若存在它的一个子列 $\{x_{n_k}\}$ 使得

$$\lim_{k\to\infty} x_{n_k}=\xi,$$

则称 ξ 为数列 $\{x_n\}$ 的一个**极限点**.

显然,"ξ 是数列 $\{x_n\}$ 的极限点"也可以等价地表述为:"对于任意给定的 $\varepsilon>0$,存在 $\{x_n\}$ 中的无穷多个项属于 ξ 的 ε 邻域".

记

$$E=\{\xi \mid \xi \text{ 是 } \{x_n\} \text{ 的极限点}\},$$

则 E 显然是非空的有界集合,因此,E 的上确界 $H=\sup E$ 和下确界 $h=\inf E$ 存在.

定理 9.2.1 *E 的上确界 H 和下确界 h 均属于 E,即*

$$H=\max E,\quad h=\min E.$$

证 由 $H=\sup E$ 可知,存在 $\xi_k\in E(k=1,2,\cdots)$,使得

$$\lim_{k\to\infty}\xi_k=H.$$

取 $\varepsilon_k=\dfrac{1}{k}(k=1,2,\cdots)$.

因为 ξ_1 是 $\{x_n\}$ 的极限点,所以在 $O(\xi_1,\varepsilon_1)$ 中有 $\{x_n\}$ 的无穷多个项,取 $x_{n_1}\in O(\xi_1,\varepsilon_1)$;

因为 ξ_2 是 $\{x_n\}$ 的极限点,所以在 $O(\xi_2,\varepsilon_2)$ 中有 $\{x_n\}$ 的无穷多个项,可以取 $n_2>n_1$,使得 $x_{n_2}\in O(\xi_2,\varepsilon_2)$;

……

因为 ξ_k 是 $\{x_n\}$ 的极限点,所以在 $O(\xi_k,\varepsilon_k)$ 中有 $\{x_n\}$ 的无穷多个项,可以取 $n_k>n_{k-1}$,使得 $x_{n_k}\in O(\xi_k,\varepsilon_k)$;

……

这么一直做下去,便得到 $\{x_n\}$ 的子列 $\{x_{n_k}\}$,满足

$$|x_{n_k}-\xi_k|<\frac{1}{k},$$

于是有

$$\lim_{k\to\infty}x_{n_k}=\lim_{k\to\infty}\xi_k=H.$$

由定义 9.2.1,H 是 $\{x_n\}$ 的极限点,也就是说,$H\in E$.

同理可证 $h\in E$.

证毕

定义 9.2.2 *E 的最大值 $H=\max E$ 称为数列 $\{x_n\}$ 的***上极限***,记为*

$$H=\overline{\lim_{n\to\infty}}x_n;$$

*E 的最小值 $h=\min E$ 称为数列 $\{x_n\}$ 的***下极限***,记为*

$$h=\underline{\lim_{n\to\infty}}x_n.$$

定理 9.2.2 *设 $\{x_n\}$ 是有界数列,则 $\{x_n\}$ 收敛的充分必要条件是*

$$\overline{\lim_{n\to\infty}}x_n=\underline{\lim_{n\to\infty}}x_n.$$

证 若 $\{x_n\}$ 是收敛的,则它的任一子列收敛于同一极限(定理 2.4.4),因而此时 E 中只有一个元素,于是成立

$$\lim_{n\to\infty}x_n=\overline{\lim_{n\to\infty}}x_n=\underline{\lim_{n\to\infty}}x_n.$$

若$\{x_n\}$不收敛，则至少存在它的两个子列收敛于不同极限，因此有

$$\overline{\lim_{n\to\infty}}x_n>\underline{\lim_{n\to\infty}}x_n.$$

证毕

由于一个无上界(下界)数列中必有子列发散至正(负)无穷大，仍按上述思路，即可将极限点的定义扩充为

定义 9.2.1′ 在数列$\{x_n\}$中，若存在它的一个子列$\{x_{n_k}\}$使得

$$\lim_{k\to\infty}x_{n_k}=\xi\quad(-\infty\leqslant\xi\leqslant+\infty),$$

则称ξ为数列$\{x_n\}$的一个**极限点**.

"$\xi=+\infty$(或$-\infty$)是$\{x_n\}$的极限点"也可以等价地表述为：对于任意给定的$G>0$，存在$\{x_n\}$中的无穷多个项，使得$x_n>G$(或$x_n<-G$).

同样地，仍定义E为$\{x_n\}$的极限点全体.当$\xi=+\infty$(或$-\infty$)是$\{x_n\}$的极限点时，我们定义$\sup E=+\infty$(或$\inf E=-\infty$)；当$\xi=+\infty$(或$-\infty$)是$\{x_n\}$的惟一极限点时，我们定义$\sup E=\inf E=+\infty$(或$\sup E=\inf E=-\infty$).那么定理 9.2.1 依然成立，而定理 9.2.2 只要改为

定理 9.2.2′ $\lim\limits_{n\to\infty}x_n$存在(有限数、$+\infty$或$-\infty$)的充分必要条件是

$$\overline{\lim_{n\to\infty}}x_n=\underline{\lim_{n\to\infty}}x_n.$$

请读者自行思考.

例 9.2.1 求数列$\left\{x_n=\cos\dfrac{2n\pi}{5}\right\}$的上极限与下极限.

解 因为$x_{5n-4}=x_{5n-1}=\cos\dfrac{2\pi}{5}$，$x_{5n-3}=x_{5n-2}=-\cos\dfrac{\pi}{5}$，$x_{5n}=1$，所以$\{x_n\}$的最大极限点是 1，最小极限点是$-\cos\dfrac{\pi}{5}$，即

$$\overline{\lim_{n\to\infty}}x_n=1,\quad \underline{\lim_{n\to\infty}}x_n=-\cos\frac{\pi}{5}.$$

例 9.2.2 求数列$\{x_n=n^{(-1)^n}\}$的上极限与下极限.

解 此数列为

$$1,\ 2,\frac{1}{3},\ 4,\frac{1}{5},\ 6,\frac{1}{7},8,\cdots,$$

它没有上界，因而$\overline{\lim\limits_{n\to\infty}}x_n=+\infty$.

又由$x_n>0$且$\{x_{2n-1}\}$的极限为 0，即知

$$\underline{\lim_{n\to\infty}}x_n=0.$$

例 9.2.3 求数列$\{x_n=-n\}$的上极限与下极限.

解 由于$\lim\limits_{n\to\infty}x_n=-\infty$，因而

$$\overline{\lim_{n\to\infty}}x_n=\underline{\lim_{n\to\infty}}x_n=\lim_{n\to\infty}x_n=-\infty.$$

为了以后讨论问题的方便,先证明一个有用的结论.

定理 9.2.3 设$\{x_n\}$是有界数列.则

(1) $\overline{\lim\limits_{n\to\infty}}x_n=H$ 的充分必要条件是:对任意给定的 $\varepsilon>0$,

(i) 存在正整数 N,使得

$$x_n<H+\varepsilon$$

对一切 $n>N$ 成立;

(ii) $\{x_n\}$中有无穷多项,满足

$$x_n>H-\varepsilon.$$

(2) $\underline{\lim\limits_{n\to\infty}}x_n=h$ 的充分必要条件是:对任意给定的 $\varepsilon>0$,

(i) 存在正整数 N,使得

$$x_n>h-\varepsilon$$

对一切 $n>N$ 成立;

(ii) $\{x_n\}$中有无穷多项,满足

$$x_n<h+\varepsilon.$$

证 下面只给出(1)的证明,(2)的证明类似.

必要性:由于 H 是$\{x_n\}$的最大极限点,因此对于任意给定的 $\varepsilon>0$,在区间$[H+\varepsilon,+\infty)$上至多只有$\{x_n\}$中的有限项(请读者考虑为什么).设这有限项中最大的下标为 n_0.显然,只要取 $N=n_0$,当 $n>N$ 时,必有

$$x_n<H+\varepsilon,$$

这就证明了(i).

由于 H 是$\{x_n\}$的极限点,因此$\{x_n\}$中有无穷多项属于 H 的 ε 邻域,因此这无穷多个项满足

$$x_n>H-\varepsilon,$$

这就证明了(ii).

充分性:由(i),对任意给定的 $\varepsilon>0$,存在正整数 N,使得当 $n>N$ 时,成立 $x_n<H+\varepsilon$,于是$\overline{\lim\limits_{n\to\infty}}x_n\leqslant H+\varepsilon$.由 ε 的任意性知

$$\overline{\lim_{n\to\infty}}x_n\leqslant H.$$

由(ii),$\{x_n\}$中有无穷多项,满足 $x_n>H-\varepsilon$,于是$\overline{\lim\limits_{n\to\infty}}x_n\geqslant H-\varepsilon$.由 ε 的任意性又可知

$$\overline{\lim_{n\to\infty}}x_n\geqslant H.$$

结合上述两式,就得到

$$\overline{\lim_{n\to\infty}}x_n=H.$$

证毕

上极限和下极限的运算

数列的上极限和下极限的运算一般不再具有数列极限运算的诸如"和差积商的极限等于极限的和差积商"之类的好性质.例如设 $x_n=(-1)^n$, $y_n=(-1)^{n+1}$,则$\overline{\lim\limits_{n\to\infty}}x_n+$

$\overline{\lim\limits_{n\to\infty}} y_n=2$，而$\overline{\lim\limits_{n\to\infty}}(x_n+y_n)=0$，两者并不相等.但我们还是可以得到下述关系.

定理 9.2.4 设$\{x_n\}$，$\{y_n\}$是两数列，则

（1）$\overline{\lim\limits_{n\to\infty}}(x_n+y_n)\leqslant\overline{\lim\limits_{n\to\infty}}x_n+\overline{\lim\limits_{n\to\infty}}y_n$，$\underline{\lim\limits_{n\to\infty}}(x_n+y_n)\geqslant\underline{\lim\limits_{n\to\infty}}x_n+\underline{\lim\limits_{n\to\infty}}y_n$；

（2）若$\lim\limits_{n\to\infty}x_n$存在，则

$\overline{\lim\limits_{n\to\infty}}(x_n+y_n)=\lim\limits_{n\to\infty}x_n+\overline{\lim\limits_{n\to\infty}}y_n$，$\underline{\lim\limits_{n\to\infty}}(x_n+y_n)=\lim\limits_{n\to\infty}x_n+\underline{\lim\limits_{n\to\infty}}y_n$.

（要求上述诸式的右端不是待定型，即不为$(+\infty)+(-\infty)$等.）

证 下面只给出（1）与（2）中第一式的证明，并假定式中出现的上极限是有限数.（上极限是$+\infty$或$-\infty$的情况留给读者自证.）

记$\overline{\lim\limits_{n\to\infty}}x_n=H_1$，$\overline{\lim\limits_{n\to\infty}}y_n=H_2$.

由定理 9.2.3，对任意给定的$\varepsilon>0$，存在正整数N，对一切$n>N$成立

$$x_n<H_1+\varepsilon,\ y_n<H_2+\varepsilon,$$

即

$$x_n+y_n<H_1+H_2+2\varepsilon.$$

所以

$$\overline{\lim_{n\to\infty}}(x_n+y_n)\leqslant H_1+H_2+2\varepsilon.$$

由ε的任意性，即得到

$$\overline{\lim_{n\to\infty}}(x_n+y_n)\leqslant H_1+H_2=\overline{\lim_{n\to\infty}}x_n+\overline{\lim_{n\to\infty}}y_n.$$

这就是（1）的第一式.

若$\lim\limits_{n\to\infty}x_n$存在，则由（1）的第一式，

$$\overline{\lim_{n\to\infty}}y_n=\overline{\lim_{n\to\infty}}[(x_n+y_n)-x_n]\leqslant\overline{\lim_{n\to\infty}}(x_n+y_n)+\overline{\lim_{n\to\infty}}(-x_n),$$

此式即为

$$\overline{\lim_{n\to\infty}}(x_n+y_n)\geqslant\lim_{n\to\infty}x_n+\overline{\lim_{n\to\infty}}y_n.$$

将上式结合

$$\overline{\lim_{n\to\infty}}(x_n+y_n)\leqslant\lim_{n\to\infty}x_n+\overline{\lim_{n\to\infty}}y_n,$$

即得到（2）的第一式.

证毕

定理 9.2.5 设$\{x_n\}$，$\{y_n\}$是两数列，

（1）若$x_n\geqslant0$，$y_n\geqslant0$，则

$$\overline{\lim_{n\to\infty}}(x_ny_n)\leqslant\overline{\lim_{n\to\infty}}x_n\cdot\overline{\lim_{n\to\infty}}y_n,$$

$$\underline{\lim_{n\to\infty}}(x_ny_n)\geqslant\underline{\lim_{n\to\infty}}x_n\cdot\underline{\lim_{n\to\infty}}y_n;$$

（2）若$\lim\limits_{n\to\infty}x_n=x$，$0<x<+\infty$，则

$$\overline{\lim_{n\to\infty}}(x_ny_n)=\lim_{n\to\infty}x_n\cdot\overline{\lim_{n\to\infty}}y_n,$$

$$\underline{\lim_{n\to\infty}}(x_ny_n)=\lim_{n\to\infty}x_n\cdot\underline{\lim_{n\to\infty}}y_n.$$

（要求上述诸式的右端不是待定型，即不为 $0\cdot(+\infty)$ 等.）

证　下面只给出(2)的第一式的证明，并假定 $\overline{\lim\limits_{n\to\infty}}y_n$ 是有限数.

由 $\lim\limits_{n\to\infty}x_n=x,0<x<+\infty$，可知对任意给定的 $\varepsilon(0<\varepsilon<x)$，存在正整数 N_1，对一切 $n>N_1$ 成立

$$0<x-\varepsilon<x_n<x+\varepsilon.$$

记 $\overline{\lim\limits_{n\to\infty}}y_n=H_2$，由定理 9.2.3，对上述 $\varepsilon(0<\varepsilon<x)$，存在正整数 N_2，对一切 $n>N_2$ 成立

$$y_n<H_2+\varepsilon.$$

取 $N=\max\{N_1,N_2\}$，则当 $n>N$ 时，成立

$$x_ny_n<\max\{(x-\varepsilon)(H_2+\varepsilon),\ (x+\varepsilon)(H_2+\varepsilon)\},$$

于是有

$$\overline{\lim_{n\to\infty}}(x_ny_n)\leqslant\max\{(x-\varepsilon)(H_2+\varepsilon),\ (x+\varepsilon)(H_2+\varepsilon)\},$$

由 ε 的任意性，即得到

$$\overline{\lim_{n\to\infty}}(x_ny_n)\leqslant x\cdot H_2=\lim_{n\to\infty}x_n\cdot\overline{\lim_{n\to\infty}}y_n.$$

由于

$$\overline{\lim_{n\to\infty}}y_n=\overline{\lim_{n\to\infty}}\left[(x_ny_n)\cdot\frac{1}{x_n}\right]\leqslant\overline{\lim_{n\to\infty}}(x_ny_n)\cdot\lim_{n\to\infty}\frac{1}{x_n},$$

即

$$\overline{\lim_{n\to\infty}}(x_ny_n)\geqslant\lim_{n\to\infty}x_n\cdot\overline{\lim_{n\to\infty}}y_n,$$

两式结合即得到(2)的第一式.

证毕

注意在定理 9.2.5 中，若条件改变的话，则给出的关系式也将作相应的改变. 例如，在(1)中将条件改为 $x_n\leqslant0,y_n\geqslant0$，在(2)中将条件改为 $\lim\limits_{n\to\infty}x_n=x,\ -\infty<x<0$，请读者考虑关系式将如何改变. 因此，在对上极限和下极限进行运算时必须非常小心.

数列的上极限与下极限也可如下定义.

设 $\{x_n\}$ 是一个有界数列，令

$$b_n=\sup\{x_{n+1},x_{n+2},\cdots\}=\sup_{k>n}\{x_k\},$$

$$a_n=\inf\{x_{n+1},x_{n+2},\cdots\}=\inf_{k>n}\{x_k\},$$

则 $\{a_n\}$ 是单调增加有上界的数列，$\{b_n\}$ 是单调减少有下界的数列，因此数列 $\{a_n\}$ 与 $\{b_n\}$ 都收敛.

记

$$H^*=\lim_{n\to\infty}b_n=\lim_{n\to\infty}\sup_{k>n}\{x_k\};$$

$$h^*=\lim_{n\to\infty}a_n=\lim_{n\to\infty}\inf_{k>n}\{x_k\}.$$

当数列 $\{x_n\}$ 无上界而有下界时，则对一切 $n\in\mathbf{N}^+$，$b_n=+\infty$，我们定义

$$H^*=+\infty.$$

这时数列$\{a_n\}$单调增加,但也可能没有上界.如果$h^*=\lim\limits_{n\to\infty}a_n=+\infty$,则由

$$a_{n-1}\leqslant x_n\leqslant b_{n-1},$$

可知$\lim\limits_{n\to\infty}x_n=+\infty$.

当数列$\{x_n\}$无下界而有上界时,则对一切$n\in\mathbf{N}^+$,$a_n=-\infty$,我们定义

$$h^*=-\infty.$$

这时数列$\{b_n\}$单调减少,但也可能没有下界.如果$H^*=\lim\limits_{n\to\infty}b_n=-\infty$,则由

$$a_{n-1}\leqslant x_n\leqslant b_{n-1},$$

可知$\lim\limits_{n\to\infty}x_n=-\infty$.

当数列$\{x_n\}$既无上界又无下界时,则对一切$n\in\mathbf{N}^+$,$a_n=-\infty$,$b_n=+\infty$,我们定义

$$H^*=+\infty,\quad h^*=-\infty.$$

所以,对于任意实数数列,尽管其极限可以不存在,但H^*与h^*总是存在的(有限数或$+\infty$或$-\infty$),且成立

$$h^*\leqslant H^*.$$

关于这一定义与定义9.2.2的等价性,我们有下述定理:

定理9.2.6 *H^*是$\{x_n\}$的最大极限点,h^*是$\{x_n\}$的最小极限点.*

证 首先证明,$\{x_n\}$的任意一个极限点ξ(有限数或$+\infty$或$-\infty$)满足

$$h^*\leqslant\xi\leqslant H^*.$$

设$\lim\limits_{k\to\infty}x_{n_k}=\xi$,则对一切$k\in\mathbf{N}^+$,成立

$$a_{n_k-1}\leqslant x_{n_k}\leqslant b_{n_k-1},$$

由$\lim\limits_{n\to\infty}a_n=h^*$,$\lim\limits_{n\to\infty}b_n=H^*$与$\lim\limits_{k\to\infty}x_{n_k}=\xi$,得到

$$h^*\leqslant\xi\leqslant H^*.$$

其次证明,存在$\{x_n\}$的子列$\{x_{n_k}\}$与$\{x_{m_k}\}$,使得

$$\lim_{k\to\infty}x_{n_k}=H^*,\quad \lim_{k\to\infty}x_{m_k}=h^*.$$

设$\{x_n\}$的上极限H与下极限h都是有限数,取$\varepsilon_k=\dfrac{1}{k}$,$k=1,2,\cdots$.

对$\varepsilon_1=1$,由$b_1=\sup\limits_{i>1}\{x_i\}$,$\exists\, n_1:b_1-1<x_{n_1}\leqslant b_1$;

对$\varepsilon_2=\dfrac{1}{2}$,由$b_{n_1}=\sup\limits_{i>n_1}\{x_i\}$,$\exists\, n_2>n_1:b_{n_1}-\dfrac{1}{2}<x_{n_2}\leqslant b_{n_1}$;

……

对$\varepsilon_{k+1}=\dfrac{1}{k+1}$,由$b_{n_k}=\sup\limits_{i>n_k}\{x_i\}$,$\exists\, n_{k+1}>n_k:b_{n_k}-\dfrac{1}{k+1}<x_{n_{k+1}}\leqslant b_{n_k}$;

……

令$k\to\infty$,由数列极限的夹逼性,得到

$$\lim_{k\to\infty}x_{n_k}=\lim_{k\to\infty}b_{n_k}=\lim_{n\to\infty}b_n=H^*.$$

同理可证存在子列$\{x_{m_k}\}$,使得$\lim\limits_{k\to\infty}x_{m_k}=h^*$.

若$\{x_n\}$无上界,即$H^*=+\infty$,则显然存在子列$\{x_{n_k}\}$是正无穷大量,即$\lim\limits_{k\to\infty}x_{n_k}=H^*=+\infty$;若$H^*=-\infty$,前面已经指出$\lim\limits_{n\to\infty}x_n=H^*=-\infty$;若$\{x_n\}$无下界,即$h^*=-\infty$,则显然存在子列$\{x_{m_k}\}$是负无穷大量,即$\lim\limits_{k\to\infty}x_{m_k}=h^*=-\infty$;若$h^*=+\infty$,前面也已经指出$\lim\limits_{n\to\infty}x_n=h^*=+\infty$.

所以

$$H^{*}=\max E=\overline{\lim_{n\to\infty}}x_n,\quad h^{*}=\min E=\underline{\lim_{n\to\infty}}x_n.$$

证毕

习　题

1. 求下列数列的上极限与下极限：

(1) $x_n=\dfrac{n}{2n+1}\cos\dfrac{2n\pi}{5}$；　(2) $x_n=n+(-1)^n\dfrac{n^2+1}{n}$；

(3) $x_n=-n[(-1)^n+2]$；　(4) $x_n=\sqrt[n]{n+1}+\sin\dfrac{n\pi}{3}$；

(5) $x_n=2(-1)^{n+1}+3(-1)^{\frac{n(n-1)}{2}}$.

2. 证明：

(1) $\overline{\lim\limits_{n\to\infty}}(-x_n)=-\underline{\lim\limits_{n\to\infty}}x_n$；　(2) $\overline{\lim\limits_{n\to\infty}}(cx_n)=\begin{cases}c\overline{\lim\limits_{n\to\infty}}x_n, c>0,\\ c\underline{\lim\limits_{n\to\infty}}x_n, c<0.\end{cases}$

3. 证明：

(1) $\underline{\lim\limits_{n\to\infty}}(x_n+y_n)\geqslant\underline{\lim\limits_{n\to\infty}}x_n+\underline{\lim\limits_{n\to\infty}}y_n$；

(2) 若$\lim\limits_{n\to\infty}x_n$存在，则$\underline{\lim\limits_{n\to\infty}}(x_n+y_n)=\lim\limits_{n\to\infty}x_n+\underline{\lim\limits_{n\to\infty}}y_n$.

4. 证明：若$\lim\limits_{n\to\infty}x_n=x$，$-\infty<x<0$，则

$$\overline{\lim_{n\to\infty}}(x_ny_n)=\lim_{n\to\infty}x_n\cdot\underline{\lim_{n\to\infty}}y_n;$$

$$\underline{\lim_{n\to\infty}}(x_ny_n)=\lim_{n\to\infty}x_n\cdot\overline{\lim_{n\to\infty}}y_n.$$

§3　正项级数

正项级数

§1 中 Achilles 追乌龟的路程所构成的级数 $S_1(1+q+q^2+\cdots+q^{n-1}+q^n+\cdots)$，例 9.1.7 中的级数 $0.05\sum\limits_{n=0}^{\infty}\left(\dfrac{4}{5}\right)^n$ 及我们熟知的 p 级数 $\sum\limits_{n=0}^{\infty}\dfrac{1}{n^p}$，均有一个明显的特征：它们的各个项都是正数.

这是一类很特殊的级数.

定义 9.3.1　如果级数 $\sum\limits_{n=1}^{\infty}x_n$ 的各项都是非负实数，即

$$x_n\geqslant 0,\quad n=1,2,\cdots,$$

则称此级数为**正项级数**.

显然,正项级数 $\sum_{n=1}^{\infty} x_n$ 的部分和数列$\{S_n\}$是单调增加的,即

$$S_n = \sum_{k=1}^{n} x_k \leqslant \sum_{k=1}^{n+1} x_k = S_{n+1}, \quad n=1,2,\cdots.$$

根据单调数列的性质,立刻可以得到

定理 9.3.1(正项级数的收敛原理) 正项级数收敛的充分必要条件是它的部分和数列有上界.

若正项级数的部分和数列无上界,则其必发散到$+\infty$.

例 9.3.1 级数 $\sum_{n=2}^{\infty}\left[\frac{1}{\sqrt[n]{n}}\ln\frac{n^2}{(n-1)(n+1)}\right]$ 是正项级数.它的部分和数列的通项

$$S_n = \sum_{k=2}^{n+1}\left[\frac{1}{\sqrt[k]{k}}\ln\frac{k^2}{(k-1)(k+1)}\right] < \sum_{k=2}^{n+1}\left(\ln\frac{k}{k-1}-\ln\frac{k+1}{k}\right)=\ln 2-\ln\frac{n+2}{n+1}<\ln 2,$$

所以正项级数 $\sum_{n=2}^{\infty}\left[\frac{1}{\sqrt[n]{n}}\ln\frac{n^2}{(n-1)(n+1)}\right]$ 收敛.

下面我们就判断一般正项级数收敛与否的问题作深入讨论.

比较判别法

判断一个正项级数是否收敛,最常用的方法是用一个已知收敛或发散的级数与它进行比较.

定理 9.3.2(比较判别法) 设 $\sum_{n=1}^{\infty} x_n$ 与 $\sum_{n=1}^{\infty} y_n$ 是两个正项级数,若存在常数 $A>0$,使得

$$x_n \leqslant A y_n, \quad n=1,2,\cdots,$$

则

(1) 当 $\sum_{n=1}^{\infty} y_n$ 收敛时, $\sum_{n=1}^{\infty} x_n$ 也收敛;

(2) 当 $\sum_{n=1}^{\infty} x_n$ 发散时, $\sum_{n=1}^{\infty} y_n$ 也发散.

证 设级数 $\sum_{n=1}^{\infty} x_n$ 的部分和数列为$\{S_n\}$,级数 $\sum_{n=1}^{\infty} y_n$ 的部分和数列为$\{T_n\}$,则显然有

$$S_n \leqslant A T_n, \quad n=1,2,\cdots.$$

于是当$\{T_n\}$有上界时,$\{S_n\}$也有上界,而当$\{S_n\}$无上界时,$\{T_n\}$必定无上界.由定理9.3.1即得结论.

证毕

注 由于改变级数有限个项的数值,并不会改变它的收敛性或发散性(虽然在收敛的情况下可能改变它的"和"),所以定理 9.3.2 的条件可放宽为:"存在正整数 N 与常数 $A>0$,使得 $x_n \leqslant A y_n$ 对一切 $n>N$ 成立".

例 9.3.2　判断正项级数 $\sum_{n=1}^{\infty}\frac{n+3}{2n^3-n}$ 的敛散性.

解　容易看出当 $n>3$ 时成立

$$\frac{n+3}{2n^3-n}<\frac{1}{n^2},$$

于是由 $\sum_{n=1}^{\infty}\frac{1}{n^2}$ 的收敛性,可知 $\sum_{n=1}^{\infty}\frac{n+3}{2n^3-n}$ 收敛.

例 9.3.3　判断正项级数 $\sum_{n=1}^{\infty}\sin\frac{\pi}{n}$ 的敛散性.

解　由于当 $x\in\left[0,\frac{\pi}{2}\right]$ 时,成立不等式 $\sin x\geqslant\frac{2}{\pi}x$,所以当 $n\geqslant2$ 时,

$$\sin\frac{\pi}{n}\geqslant\frac{2}{\pi}\cdot\frac{\pi}{n}=\frac{2}{n},$$

由于 $\sum_{n=1}^{\infty}\frac{1}{n}$ 是发散的,可知 $\sum_{n=1}^{\infty}\sin\frac{\pi}{n}$ 发散.

下述定理是定理 9.3.2 的极限形式,它在使用上更为方便.

定理 9.3.2′(比较判别法的极限形式)　设 $\sum_{n=1}^{\infty}x_n$ 与 $\sum_{n=1}^{\infty}y_n$ 是两个正项级数,且

$$\lim_{n\to\infty}\frac{x_n}{y_n}=l\quad(0\leqslant l\leqslant+\infty),$$

则

(1) 若 $0\leqslant l<+\infty$,则当 $\sum_{n=1}^{\infty}y_n$ 收敛时,$\sum_{n=1}^{\infty}x_n$ 也收敛;

(2) 若 $0<l\leqslant+\infty$,则当 $\sum_{n=1}^{\infty}y_n$ 发散时,$\sum_{n=1}^{\infty}x_n$ 也发散.

所以当 $0<l<+\infty$ 时,$\sum_{n=1}^{\infty}x_n$ 与 $\sum_{n=1}^{\infty}y_n$ 同时收敛或同时发散.

证　下面只给出(1)的证明,(2)的证明类似.

由于 $\lim\limits_{n\to\infty}\frac{x_n}{y_n}=l<+\infty$,由极限的性质知,存在正整数 N,当 $n>N$ 时,

$$\frac{x_n}{y_n}<l+1,$$

因此

$$x_n<(l+1)y_n.$$

由定理 9.3.2 即得所需结论.

证毕

在例 9.3.2 中,$\frac{n+3}{2n^3-n}\sim\frac{1}{2n^2}(n\to\infty)$,在例 9.3.3 中,$\sin\frac{\pi}{n}\sim\frac{\pi}{n}(n\to\infty)$,利用定理 9.3.2′ 立刻就可得出 $\sum_{n=1}^{\infty}\frac{n+3}{2n^3-n}$ 收敛与 $\sum_{n=1}^{\infty}\sin\frac{\pi}{n}$ 发散的结论.

例 9.3.4 判断正项级数 $\sum_{n=1}^{\infty}\left(\mathrm{e}^{\frac{1}{n^2}}-\cos\frac{\pi}{n}\right)$ 的敛散性.

解 因为

$$\mathrm{e}^{\frac{1}{n^2}}-\cos\frac{\pi}{n}=\left[1+\frac{1}{n^2}+o\left(\frac{1}{n^2}\right)\right]-\left[1-\frac{1}{2}\left(\frac{\pi}{n}\right)^2+o\left(\frac{1}{n^2}\right)\right]=\left(1+\frac{\pi^2}{2}\right)\frac{1}{n^2}+o\left(\frac{1}{n^2}\right),$$

所以

$$\lim_{n\to\infty}\frac{\mathrm{e}^{\frac{1}{n^2}}-\cos\frac{\pi}{n}}{\frac{1}{n^2}}=1+\frac{\pi^2}{2}.$$

由 $\sum_{n=1}^{\infty}\frac{1}{n^2}$ 收敛即知 $\sum_{n=1}^{\infty}\left(\mathrm{e}^{\frac{1}{n^2}}-\cos\frac{\pi}{n}\right)$ 收敛.

Cauchy 判别法与 d'Alembert 判别法

用比较判别法时,先要对所考虑的级数的收敛性有一个大致估计,进而找一个敛散性已知的合适级数与之相比较.但就绝大多数情况而言,这两个步骤都具有相当难度,因此,理想的判别方法似应着眼于对级数自身元素的分析.

正项等比级数 $\sum_{n=1}^{\infty}q^n(q>0)$ 给我们以很重要的启示.众所周知,$\sum_{n=1}^{\infty}q^n$ 的敛散性只依赖于其后项与前项之比,即公比 q 是否小于 1.直观地类比一下,容易想象,若一个级数 $\sum_{n=1}^{\infty}x_n$ 的后项与前项之比 $\frac{x_{n+1}}{x_n}$ 或前 n 项的"平均公比" $\sqrt[n]{x_n}$(记 $x_0=1$,则 $\sqrt[n]{x_n}=\sqrt[n]{\frac{x_1}{x_0}\cdot\frac{x_2}{x_1}\cdot\cdots\cdot\frac{x_n}{x_{n-1}}}$)存在小于(或大于)1 的极限,则这个级数应该是收敛(或发散)的.若它们的极限不存在,那么可以通过讨论其上(下)极限来得到类似的结论.正是基于这样的思路,产生了如下的 Cauchy 判别法与 d'Alembert 判别法.

定理 9.3.3(Cauchy 判别法) 设 $\sum_{n=1}^{\infty}x_n$ 是正项级数,$r=\overline{\lim_{n\to\infty}}\sqrt[n]{x_n}$,则

(1) 当 $r<1$ 时,级数 $\sum_{n=1}^{\infty}x_n$ 收敛;

(2) 当 $r>1$ 时,级数 $\sum_{n=1}^{\infty}x_n$ 发散;

(3) 当 $r=1$ 时,判别法失效,即级数可能收敛,也可能发散.

证 当 $r<1$ 时,取 q 满足 $r<q<1$,由定理 9.2.3,可知存在正整数 N,使得对一切 $n>N$,成立

$$\sqrt[n]{x_n}<q,$$

从而

$$x_n<q^n,\quad 0<q<1,$$

由定理 9.3.2 可知 $\sum_{n=1}^{\infty}x_n$ 收敛.

当 $r>1$,由于 r 是数列 $\{\sqrt[n]{x_n}\}$ 的极限点,可知存在无穷多个 n 满足 $\sqrt[n]{x_n}>1$,这说

明数列$\{x_n\}$不是无穷小量，从而$\sum\limits_{n=1}^{\infty} x_n$发散.

当$r=1$，可以通过级数$\sum\limits_{n=1}^{\infty}\frac{1}{n^2}$与$\sum\limits_{n=1}^{\infty}\frac{1}{n}$知道判别法失效.

证毕

例 9.3.5　判断正项级数$\sum\limits_{n=1}^{\infty}\frac{n^3[\sqrt{2}+(-1)^n]^n}{3^n}$的敛散性.

解　由于

$$\varlimsup_{n\to\infty}\sqrt[n]{\frac{n^3[\sqrt{2}+(-1)^n]^n}{3^n}}=\frac{\sqrt{2}+1}{3}<1,$$

由定理 9.3.3，级数$\sum\limits_{n=1}^{\infty}\frac{n^3[\sqrt{2}+(-1)^n]^n}{3^n}$收敛.

定理 9.3.4（d'Alembert 判别法）　设$\sum\limits_{n=1}^{\infty}x_n(x_n\neq 0)$是正项级数，则

（1）当$\varlimsup\limits_{n\to\infty}\frac{x_{n+1}}{x_n}=\bar{r}<1$时，级数$\sum\limits_{n=1}^{\infty}x_n$收敛；

（2）当$\varliminf\limits_{n\to\infty}\frac{x_{n+1}}{x_n}=\underline{r}>1$时，级数$\sum\limits_{n=1}^{\infty}x_n$发散；

（3）当$\bar{r}\geqslant 1$或$\underline{r}\leqslant 1$时，判别法失效，即级数可能收敛，也可能发散.

定理 9.3.4 的证明包含在下述引理中.

引理 9.3.1　设$\{x_n\}$是正项数列，则

$$\varliminf_{n\to\infty}\frac{x_{n+1}}{x_n}\leqslant\varliminf_{n\to\infty}\sqrt[n]{x_n}\leqslant\varlimsup_{n\to\infty}\sqrt[n]{x_n}\leqslant\varlimsup_{n\to\infty}\frac{x_{n+1}}{x_n}.$$

证　设

$$\bar{r}=\varlimsup_{n\to\infty}\frac{x_{n+1}}{x_n},$$

由定理 9.2.3，对任意给定的$\varepsilon>0$，存在正整数N，使得对一切$n>N$，成立

$$\frac{x_{n+1}}{x_n}<\bar{r}+\varepsilon,$$

于是

$$x_n<(\bar{r}+\varepsilon)^{n-N-1}\cdot x_{N+1}\quad(n>N+1),$$

从而

$$\varlimsup_{n\to\infty}\sqrt[n]{x_n}\leqslant\varlimsup_{n\to\infty}\sqrt[n]{(\bar{r}+\varepsilon)^{n-N-1}\cdot x_{N+1}}=\bar{r}+\varepsilon,$$

由ε的任意性，即得到

$$\varlimsup_{n\to\infty}\sqrt[n]{x_n}\leqslant\bar{r}=\varlimsup_{n\to\infty}\frac{x_{n+1}}{x_n}.$$

读者可以按类似的思路，自己证明

$$\varliminf_{n\to\infty}\frac{x_{n+1}}{x_n}\leqslant\varliminf_{n\to\infty}\sqrt[n]{x_n}.$$

证毕

例 9.3.6 判断正项级数 $\sum\limits_{n=1}^{\infty}\dfrac{n^n}{3^n\cdot n!}$ 的敛散性.

解 令 $x_n=\dfrac{n^n}{3^n\cdot n!}$,则

$$\varlimsup_{n\to\infty}\frac{x_{n+1}}{x_n}=\varlimsup_{n\to\infty}\left[\frac{(n+1)^{n+1}}{3^{n+1}\cdot(n+1)!}\cdot\frac{3^n\cdot n!}{n^n}\right]=\lim_{n\to\infty}\frac{1}{3}\left(1+\frac{1}{n}\right)^n=\frac{\mathrm{e}}{3}<1,$$

由 d'Alembert 判别法可知级数 $\sum\limits_{n=1}^{\infty}\dfrac{n^n}{3^n\cdot n!}$ 收敛.

引理 9.3.1 告诉我们:若一个正项级数的敛散情况可以由 d'Alembert 判别法判定,则它一定也能用 Cauchy 判别法来判定.但是,能用 Cauchy 判别法判定的,却未必能用 d'Alembert 判别法判定.

例 9.3.7 考虑级数

$$\sum_{n=1}^{\infty}x_n=\frac{1}{2}+\frac{1}{3}+\frac{1}{2^2}+\frac{1}{3^2}+\frac{1}{2^3}+\frac{1}{3^3}+\cdots,$$

则

$$\varlimsup_{n\to\infty}\sqrt[n]{x_n}=\lim_{n\to\infty}\sqrt[2n-1]{\frac{1}{2^n}}=\frac{1}{\sqrt{2}};$$

$$\varlimsup_{n\to\infty}\frac{x_{n+1}}{x_n}=\lim_{n\to\infty}\frac{3^n}{2^{n+1}}=+\infty;$$

$$\varliminf_{n\to\infty}\frac{x_{n+1}}{x_n}=\lim_{n\to\infty}\frac{2^n}{3^n}=0.$$

由 Cauchy 判别法可知级数 $\sum\limits_{n=1}^{\infty}x_n$ 收敛,但 d'Alembert 判别法却是失效的.这就是说,Cauchy 判别法的适用范围比 d'Alembert 判别法广.但是,对某些具体例子而言,两种判别法都适用,而 d'Alembert 判别法比 Cauchy 判别法更方便一些.读者应根据级数的具体情况来选择合适的判别法.

Cauchy 判别法与 d'Alembert 判别法的本质是比较判别法,与之相比较的是几何级数 $\sum\limits_{n=1}^{\infty}q^n$:在判定级数收敛时,要求级数的通项受到 $q^n(0<q<1)$ 的控制;而在判定级数发散时,则是根据其一般项不趋于 0.由于这两者相去甚远,因此判别法在许多情况下会失效,即便对 $\sum\limits_{n=1}^{\infty}\dfrac{1}{n^p}$ 这样简单的级数,它们也都无能为力.下面我们介绍的一些判别法将在一定程度上弥补上述的局限性.

Raabe 判别法

对某些正项级数 $\sum_{n=1}^{\infty} x_n$，成立 $\lim_{n\to\infty}\frac{x_{n+1}}{x_n}=1\left(或者说\lim_{n\to\infty}\frac{x_n}{x_{n+1}}=1\right)$，这时 Cauchy 判别法与 d'Alembert 判别法都失效，下面给出一种针对这类情况的判别法.

定理 9.3.5（Raabe 判别法）　设 $\sum_{n=1}^{\infty} x_n(x_n\neq 0)$ 是正项级数，$\lim_{n\to\infty} n\left(\frac{x_n}{x_{n+1}}-1\right)=r$，则

（1）当 $r>1$ 时，级数 $\sum_{n=1}^{\infty} x_n$ 收敛；

（2）当 $r<1$ 时，级数 $\sum_{n=1}^{\infty} x_n$ 发散.

证　设 $s>t>1$，$f(x)=1+sx-(1+x)^t$，由 $f(0)=0$ 与 $f'(0)=s-t>0$，可知存在 $\delta>0$，当 $0<x<\delta$ 时，成立

$$1+sx>(1+x)^t. \qquad (*)$$

当 $r>1$ 时，取 s,t 满足 $r>s>t>1$. 由 $\lim_{n\to\infty} n\left(\frac{x_n}{x_{n+1}}-1\right)=r>s>t$ 与不等式（$*$），可知对于充分大的 n，成立

$$\frac{x_n}{x_{n+1}}>1+\frac{s}{n}>\left(1+\frac{1}{n}\right)^t=\frac{(n+1)^t}{n^t}.$$

这说明正项数列 $\{n^t x_n\}$ 从某一项开始单调减少，因而其必有上界，设

$$n^t x_n\leqslant A,$$

于是

$$x_n\leqslant\frac{A}{n^t}.$$

由于 $t>1$，因而 $\sum_{n=1}^{\infty}\frac{1}{n^t}$ 收敛，根据比较判别法即得到 $\sum_{n=1}^{\infty} x_n$ 的收敛性.

当 $\lim_{n\to\infty} n\left(\frac{x_n}{x_{n+1}}-1\right)=r<1$，则对于充分大的 n，成立

$$\frac{x_n}{x_{n+1}}<1+\frac{1}{n}=\frac{n+1}{n},$$

这说明正项数列 $\{nx_n\}$ 从某一项开始单调增加，因而存在正整数 N 与实数 $\alpha>0$，使得

$$nx_n>\alpha$$

对一切 $n>N$ 成立，于是

$$x_n>\frac{\alpha}{n}.$$

由于 $\sum_{n=1}^{\infty}\frac{1}{n}$ 发散，根据比较判别法即得到 $\sum_{n=1}^{\infty} x_n$ 发散.

证毕

例 9.3.8 判断级数 $1+\sum_{n=1}^{\infty}\frac{(2n-1)!!}{(2n)!!}\cdot\frac{1}{2n+1}$ 的敛散性.

解 设 $x_n=\frac{(2n-1)!!}{(2n)!!}\cdot\frac{1}{2n+1}$,则

$$\lim_{n\to\infty}\frac{x_{n+1}}{x_n}=\lim_{n\to\infty}\frac{(2n+1)^2}{(2n+2)(2n+3)}=1,$$

也就是说,此时 Cauchy 判别法与 d' Alembert 判别法都不适用,但应用 Raabe 判别法,可得

$$\lim_{n\to\infty}n\left(\frac{x_n}{x_{n+1}}-1\right)=\lim_{n\to\infty}\frac{n(6n+5)}{(2n+1)^2}=\frac{3}{2}>1,$$

所以级数 $1+\sum_{n=1}^{\infty}\frac{(2n-1)!!}{(2n)!!}\cdot\frac{1}{2n+1}$ 收敛.

注 虽然 Raabe 判别法有时可以处理 d' Alembert 判别法失效(即出现 $\lim_{n\to\infty}\frac{x_{n+1}}{x_n}=1$ 的情况)的级数,但当 $\lim_{n\to\infty}n\left(\frac{x_n}{x_{n+1}}-1\right)=1$ 时 Raabe 判别法仍失效,即级数可能收敛,也可能发散.例如对于正项级数 $\sum_{n=2}^{\infty}\frac{1}{n\ln^q n}$,成立 $\lim_{n\to\infty}n\left(\frac{x_n}{x_{n+1}}-1\right)=1$,但由下面的例 9.3.9,我们会知道级数 $\sum_{n=2}^{\infty}\frac{1}{n\ln^q n}$ 当 $q>1$ 时收敛,当 $q\leqslant 1$ 时发散.事实上,还可以建立比 Raabe 判别法更有效的判别法,例如 Bertrand 判别法:设 $\lim_{n\to\infty}(\ln n)\left[n\left(\frac{x_n}{x_{n+1}}-1\right)-1\right]=r$,则当 $r>1$ 时级数 $\sum_{n=1}^{\infty}x_n$ 收敛;当 $r<1$ 时级数 $\sum_{n=1}^{\infty}x_n$ 发散.但当 $r=1$ 时,判别法又失效了.这个过程(即逐次建立更有效的判别法的过程)是无限的,虽然每次都能得到新的、适用范围更广的判别法,但这些判别法的证明也变得更加复杂.这里就不再进一步介绍了.

积分判别法

设 $f(x)$ 定义于 $[a,+\infty)$,并且 $f(x)\geqslant 0$,进一步设 $f(x)$ 在任意有限区间 $[a,A]$ 上 Riemann 可积.

取一单调增加趋于 $+\infty$ 的数列 $\{a_n\}$:

$$a=a_1<a_2<a_3<\cdots<a_n<\cdots,$$

令

$$u_n=\int_{a_n}^{a_{n+1}}f(x)\,\mathrm{d}x.$$

定理 9.3.6(积分判别法) 反常积分 $\int_a^{+\infty}f(x)\,\mathrm{d}x$ 与正项级数 $\sum_{n=1}^{\infty}u_n$ 同时收敛或同时发散于 $+\infty$,且

$$\int_a^{+\infty} f(x)\,\mathrm{d}x=\sum_{n=1}^{\infty}u_n=\sum_{n=1}^{\infty}\int_{a_n}^{a_{n+1}}f(x)\,\mathrm{d}x.$$

特别地，当 $f(x)$ 单调减少时，取 $a_n=n$，则反常积分 $\int_a^{+\infty}f(x)\,\mathrm{d}x$ 与正项级数 $\sum_{n=N}^{\infty}f(n)\,(N=[a]+1)$ 同时收敛或同时发散.

证　设正项级数 $\sum_{n=1}^{\infty}u_n$ 的部分和数列为 $\{S_n\}$，则对任意 $A>a$，存在正整数 n，成立 $a_n\leqslant A<a_{n+1}$，于是

$$S_{n-1}\leqslant\int_a^A f(x)\,\mathrm{d}x\leqslant S_n.$$

当 $\{S_n\}$ 有界，即 $\sum_{n=1}^{\infty}u_n$ 收敛时，则有 $\lim\limits_{A\to\infty}\int_a^A f(x)\,\mathrm{d}x$ 收敛，且根据极限的夹逼性，它们收敛于相同的极限；当 $\{S_n\}$ 无界，即 $\sum_{n=1}^{\infty}u_n$ 发散于 $+\infty$ 时，则同样有 $\lim\limits_{A\to\infty}\int_a^A f(x)\,\mathrm{d}x=+\infty$. 由此得到下述关系：

$$\int_a^{+\infty} f(x)\,\mathrm{d}x=\sum_{n=1}^{\infty}u_n=\sum_{n=1}^{\infty}\int_{a_n}^{a_{n+1}}f(x)\,\mathrm{d}x.$$

特别，当 $f(x)$ 单调减少时，取 $a_n=n$，则当 $n\geqslant N=[a]+1$，

$$f(n+1)\leqslant u_n=\int_n^{n+1}f(x)\,\mathrm{d}x\leqslant f(n),$$

由比较判别法可知 $\sum_{n=N}^{\infty}f(n)$ 与 $\sum_{n=N}^{\infty}u_n$ 同时收敛或同时发散，从而与 $\int_a^{+\infty}f(x)\,\mathrm{d}x$ 同时收敛或同时发散.

证毕

利用定理 9.3.6 可以很容易验证 p 级数 $\sum_{n=1}^{\infty}\frac{1}{n^p}$ 的收敛性.

取 $f(x)=\frac{1}{x^p}$，则 $f(x)$ 在 $[1,+\infty)$ 上单调减少，且 $\sum_{n=1}^{\infty}f(n)=\sum_{n=1}^{\infty}\frac{1}{n^p}$. 由于反常积分 $\int_1^{+\infty}\frac{1}{x^p}\mathrm{d}x$ 在 $p>1$ 时收敛，在 $p\leqslant1$ 时发散，由此得到 $\sum_{n=1}^{\infty}\frac{1}{n^p}$ 在 $p>1$ 时收敛，在 $p\leqslant1$ 时发散.

例 9.3.9　证明：正项级数 $\sum_{n=2}^{\infty}\frac{1}{n\ln^q n}$ 在 $q>1$ 时收敛，在 $q\leqslant1$ 时发散.

证　取 $f(x)=\frac{1}{x\ln^q x}$，则在 $[2,+\infty)$ 上，$f(x)$ 单调减少，$f(x)>0$，且 $\sum_{n=2}^{\infty}f(n)=\sum_{n=2}^{\infty}\frac{1}{n\ln^q n}$，由

$$\int_2^A f(x)\,\mathrm{d}x=\begin{cases}\dfrac{1}{-q+1}\ln^{-q+1}A-\dfrac{1}{-q+1}\ln^{-q+1}2, & q\neq1,\\ \ln\ln A-\ln\ln2, & q=1,\end{cases}$$

令 $A\to+\infty$，可知积分 $\int_2^{+\infty} f(x)\,\mathrm{d}x$ 在 $q>1$ 时收敛，在 $q\leqslant 1$ 时发散，由此得到 $\sum\limits_{n=2}^{\infty}\frac{1}{n\ln^q n}$ 在 $q>1$ 时收敛，在 $q\leqslant 1$ 时发散.

在例 9.3.9 中，我们利用积分判别法，由已知收敛性的反常积分出发，来判断级数的收敛性.事实上，我们也可以反其道而行之，由已知敛散性的级数出发，去判断某些反常积分的敛散性.

例 9.3.10 证明：

(1) 反常积分 $\int_0^{+\infty}\frac{\mathrm{d}x}{1+x^2\sin^2 x}$ 发散；

(2) 反常积分 $\int_0^{+\infty}\frac{\mathrm{d}x}{1+x^4\sin^2 x}$ 收敛.

证 (1) 取 $a_n=n\pi, n=0,1,2,\cdots$，则

$$u_n=\int_{n\pi}^{(n+1)\pi}\frac{\mathrm{d}x}{1+x^2\sin^2 x}=\int_0^{\pi}\frac{\mathrm{d}t}{1+(n\pi+t)^2\sin^2 t}>\int_0^{\frac{1}{(n+1)\pi}}\frac{\mathrm{d}t}{1+(n\pi+t)^2\sin^2 t}.$$

当 $0<t<\frac{1}{(n+1)\pi}$ 时，

$$(n\pi+t)^2\sin^2 t<(n+1)^2\pi^2t^2<(n+1)^2\pi^2\cdot\frac{1}{(n+1)^2\pi^2}=1,$$

于是

$$u_n>\int_0^{\frac{1}{(n+1)\pi}}\frac{\mathrm{d}t}{1+(n\pi+t)^2\sin^2 t}>\frac{1}{2\pi}\cdot\frac{1}{n+1}.$$

因为 $\sum\limits_{n=1}^{\infty}\frac{1}{n+1}$ 发散，可知 $\sum\limits_{n=1}^{\infty}u_n$ 发散，根据定理 9.3.6 得到 $\int_0^{+\infty}\frac{\mathrm{d}x}{1+x^2\sin^2 x}$ 发散.

(2) 取 $a_n=n\pi, n=0,1,2,\cdots$，则

$$\begin{aligned}u_n&=\int_{n\pi}^{(n+1)\pi}\frac{\mathrm{d}x}{1+x^4\sin^2 x}=\int_0^{\pi}\frac{\mathrm{d}t}{1+(n\pi+t)^4\sin^2 t}\\&=\int_0^{\frac{\pi}{2}}\frac{\mathrm{d}t}{1+(n\pi+t)^4\sin^2 t}+\int_0^{\frac{\pi}{2}}\frac{\mathrm{d}t}{1+(n\pi+\pi-t)^4\sin^2 t}.\end{aligned}$$

令

$$u_n'=\int_0^{\frac{\pi}{2}}\frac{\mathrm{d}t}{1+(n\pi+t)^4\sin^2 t},\quad u_n''=\int_0^{\frac{\pi}{2}}\frac{\mathrm{d}t}{1+(n\pi+\pi-t)^4\sin^2 t},$$

则

$$u_n=u_n'+u''_n.$$

当 $0<t<\frac{\pi}{2}$ 时，

$$(n\pi+t)^4\sin^2 t\geqslant n^4\pi^4\left(\frac{2t}{\pi}\right)^2=4\pi^2n^4t^2,$$

于是

$$u_n' \leqslant \int_0^{\frac{\pi}{2}} \frac{\mathrm{d}t}{1+4\pi^2 n^4 t^2} = \frac{1}{2\pi n^2}\int_0^{n^2\pi^2} \frac{\mathrm{d}t}{1+t^2} < \frac{1}{4n^2},$$

因为$\sum\limits_{n=1}^{\infty} \frac{1}{n^2}$收敛,可知$\sum\limits_{n=1}^{\infty} u_n'$收敛.同理也可证$\sum\limits_{n=1}^{\infty} u_n''$收敛,从而$\sum\limits_{n=1}^{\infty} u_n$收敛.根据定理 9.3.6 得到$\int_0^{+\infty} \frac{\mathrm{d}x}{1+x^4\sin^2 x}$收敛.

证毕

注　在应用定理 9.3.6 时,必须注意条件$f(x) \geqslant 0$.若没有这一条件,由反常积分$\int_a^{+\infty} f(x)\,\mathrm{d}x$的收敛性,仍可以得到级数$\sum\limits_{n=1}^{\infty} u_n$的收敛性.(请读者思考为什么?)但反过来结论就不一定成立.例如$f(x) = \sin x$,显然$\int_0^{+\infty} f(x)\,\mathrm{d}x$是发散的,但若取$a_n = 2n\pi$,则$u_n = \int_{a_n}^{a_{n+1}} f(x)\,\mathrm{d}x = 0$,也就是说,$\sum\limits_{n=1}^{\infty} u_n$却是收敛的.

习　题

1. 讨论下列正项级数的敛散性:

(1) $\sum\limits_{n=1}^{\infty} \frac{4n}{n^4+1}$;　(2) $\sum\limits_{n=1}^{\infty} \frac{2n^2}{n^3+3n}$;

(3) $\sum\limits_{n=2}^{\infty} \frac{1}{\ln^2 n}$;　(4) $\sum\limits_{n=1}^{\infty} \frac{1}{n!}$;

(5) $\sum\limits_{n=1}^{\infty} \frac{\ln n}{n^2}$;　(6) $\sum\limits_{n=1}^{\infty} \left(1-\cos\frac{\pi}{n}\right)$;

(7) $\sum\limits_{n=1}^{\infty} \frac{1}{\sqrt[n]{n}}$;　(8) $\sum\limits_{n=1}^{\infty} (\sqrt[n]{n}-1)$;

(9) $\sum\limits_{n=1}^{\infty} \frac{n^2}{2^n}$;　(10) $\sum\limits_{n=1}^{\infty} \frac{[2+(-1)^n]^n}{2^{2n+1}}$;

(11) $\sum\limits_{n=1}^{\infty} n^2 \mathrm{e}^{-n}$;　(12) $\sum\limits_{n=1}^{\infty} \frac{2^n n!}{n^n}$;

(13) $\sum\limits_{n=1}^{\infty} (\sqrt{n^2+1}-\sqrt{n^2-1})$;　(14) $\sum\limits_{n=1}^{\infty} (2n-\sqrt{n^2+1}-\sqrt{n^2-1})$;

(15) $\sum\limits_{n=2}^{\infty} \ln\frac{n^2+1}{n^2-1}$;　(16) $\sum\limits_{n=3}^{\infty} \left(-\ln\cos\frac{\pi}{n}\right)$;

(17) $\sum\limits_{n=1}^{\infty} \frac{a^n}{(1+a)(1+a^2)\cdots(1+a^n)}$　$(a>0)$.

2. 利用级数收敛的必要条件,证明:

(1) $\lim\limits_{n\to\infty} \frac{n^n}{(n!)^2} = 0$;　(2) $\lim\limits_{n\to\infty} \frac{(2n)!}{2^{n(n+1)}} = 0$.

3. 利用 Raabe 判别法判断下列级数的敛散性:

（1）$\sum_{n=1}^{\infty}\frac{n!}{(a+1)(a+2)\cdots(a+n)}\quad(a>0)$；

（2）$\sum_{n=1}^{\infty}\frac{1}{3^{\ln n}}$；　　（3）$\sum_{n=1}^{\infty}\left(\frac{1}{2}\right)^{1+\frac{1}{2}+\cdots+\frac{1}{n}}$.

4. 讨论下列级数的敛散性：

（1）$\sum_{n=1}^{\infty}\int_0^{\frac{1}{n}}\sqrt{\frac{x}{1-x}}\mathrm{d}x$；　　（2）$\sum_{n=1}^{\infty}\int_{n\pi}^{2n\pi}\frac{\sin^2 x}{x^2}\mathrm{d}x$；

（3）$\sum_{n=1}^{\infty}\int_0^{\frac{1}{n}}\ln(1+x)\mathrm{d}x$.

5. 利用不等式$\frac{1}{n+1}<\int_n^{n+1}\frac{\mathrm{d}x}{x}<\frac{1}{n}$，证明：

$$\lim_{n\to\infty}\left(1+\frac{1}{2}+\frac{1}{3}+\cdots+\frac{1}{n}-\ln n\right)$$

存在.（此极限为 Euler 常数 γ — 见例 2.4.8.）

6. 设$\sum_{n=1}^{\infty}x_n$与$\sum_{n=1}^{\infty}y_n$是两个正项级数，若$\lim_{n\to\infty}\frac{x_n}{y_n}=0$或$+\infty$，请问这两个级数的敛散性关系如何？

7. 设正项级数$\sum_{n=1}^{\infty}x_n$收敛，则$\sum_{n=1}^{\infty}x_n^2$也收敛；反之如何？

8. 设正项级数$\sum_{n=1}^{\infty}x_n$收敛，则当$p>\frac{1}{2}$时，级数$\sum_{n=1}^{\infty}\frac{\sqrt{x_n}}{n^p}$收敛；又问当$0<p\leqslant\frac{1}{2}$时，结论是否仍然成立？

9. 设$f(x)$在$[1,+\infty)$上单调增加，且$\lim_{x\to+\infty}f(x)=A$，

（1）证明级数$\sum_{n=1}^{\infty}[f(n+1)-f(n)]$收敛，并求其和；

（2）进一步设$f(x)$在$[1,+\infty)$上二阶可导，且$f''(x)<0$，证明级数$\sum_{n=1}^{\infty}f'(n)$收敛.

10. 设$a_n=\int_0^{\frac{\pi}{4}}\tan^n x\mathrm{d}x$，$n=1,2,\cdots$，

（1）求级数$\sum_{n=1}^{\infty}\frac{a_n+a_{n+2}}{n}$的和；

（2）设$\lambda>0$，证明级数$\sum_{n=1}^{\infty}\frac{a_n}{n^{\lambda}}$收敛.

11. 设$x_n>0$，$\frac{x_{n+1}}{x_n}>1-\frac{1}{n}\ (n=1,2,\cdots)$，证明$\sum_{n=1}^{\infty}x_n$发散.

12. 设正项级数$\sum_{n=1}^{\infty}x_n$发散（$x_n>0$，$n=1,2,\cdots$），证明：必存在发散的正项级数$\sum_{n=1}^{\infty}y_n$，使得$\lim_{n\to\infty}\frac{y_n}{x_n}=0$.

13. 设正项级数$\sum_{n=1}^{\infty}x_n$发散，$S_n=\sum_{k=1}^{n}x_k$，证明级数$\sum_{n=1}^{\infty}\frac{x_n}{S_n^2}$收敛.

14. 设$\{a_n\}$为 Fibonacci 数列（见例 2.4.4），证明级数$\sum_{n=1}^{\infty}\frac{a_n}{2^n}$收敛，并求其和.

§4　任意项级数

任意项级数

一个级数,如果只有有限个负项或有限个正项,都可以用正项级数的各种判别法来判断它的敛散性.如果一个级数既有无限个正项,又有无限个负项,那么正项级数的各种判别法不再适用.

为此,我们从正项级数转向讨论任意项级数,也就是通项任意地可正或可负的级数.

由于 Cauchy 收敛原理是对敛散性最本质的刻画,为了判断任意项级数的敛散性,我们将关于数列的 Cauchy 收敛原理应用于级数的情况,即可得到

定理 9.4.1(级数的 Cauchy 收敛原理)　级数 $\sum_{n=1}^{\infty} x_n$ 收敛的充分必要条件是:对任意给定的 $\varepsilon>0$,存在正整数 N,使得

$$\left|x_{n+1}+x_{n+2}+\cdots+x_m\right|=\left|\sum_{k=n+1}^{m} x_k\right|<\varepsilon$$

对一切 $m>n>N$ 成立.

定理结论还可以叙述为:对任意给定的 $\varepsilon>0$,存在正整数 N,使得

$$\left|x_{n+1}+x_{n+2}+\cdots+x_{n+p}\right|=\left|\sum_{k=1}^{p} x_{n+k}\right|<\varepsilon$$

对一切 $n>N$ 与一切正整数 p 成立.

取 $p=1$,上式即为 $|x_{n+1}|<\varepsilon$,于是就得到级数收敛的必要条件 $\lim\limits_{n\to\infty} x_n=0$.

Leibniz 级数

先考虑一类特殊的任意项级数.

定义 9.4.1　如果级数 $\sum_{n=1}^{\infty} x_n=\sum_{n=1}^{\infty}(-1)^{n+1}u_n\,(u_n>0)$,则称此级数为**交错级数**.

进一步,若级数 $\sum_{n=1}^{\infty}(-1)^{n+1}u_n\,(u_n>0)$ 满足 $\{u_n\}$ 单调减少且收敛于 0,则称这样的交错级数为 **Leibniz 级数**.

定理 9.4.2(Leibniz 判别法)　Leibniz 级数必定收敛.

证　首先有

$$\left|x_{n+1}+x_{n+2}+\cdots+x_{n+p}\right|=\left|u_{n+1}-u_{n+2}+u_{n+3}-\cdots+(-1)^{p+1}u_{n+p}\right|.$$

当 p 是奇数时,

$$u_{n+1}-u_{n+2}+u_{n+3}-\cdots+(-1)^{p+1}u_{n+p}=\begin{cases}(u_{n+1}-u_{n+2})+(u_{n+3}-u_{n+4})+\cdots+u_{n+p}>0,\\ u_{n+1}-(u_{n+2}-u_{n+3})-\cdots-(u_{n+p-1}-u_{n+p})\leqslant u_{n+1};\end{cases}$$

当 p 是偶数时,

$$u_{n+1}-u_{n+2}+u_{n+3}-\cdots+(-1)^{p+1}u_{n+p}=\begin{cases}(u_{n+1}-u_{n+2})+(u_{n+3}-u_{n+4})+\cdots+(u_{n+p-1}-u_{n+p})\geqslant 0,\\ u_{n+1}-(u_{n+2}-u_{n+3})-\cdots-u_{n+p}<u_{n+1},\end{cases}$$

因而成立

$$|x_{n+1}+x_{n+2}+\cdots+x_{n+p}|=|u_{n+1}-u_{n+2}+u_{n+3}-\cdots+(-1)^{p+1}u_{n+p}|\leqslant u_{n+1}.$$

由于$\lim\limits_{n\to\infty}u_n=0$，所以对于任意给定的 $\varepsilon>0$，存在正整数 N，使得对一切$n>N$，成立

$$u_{n+1}<\varepsilon.$$

于是，对一切正整数 p 成立

$$|x_{n+1}+x_{n+2}+\cdots+x_{n+p}|\leqslant u_{n+1}<\varepsilon.$$

根据定理 9.4.1，Leibniz 级数 $\sum\limits_{n=1}^{\infty}(-1)^{n+1}u_n$ 收敛.

证毕

注 由定理 9.4.2 的证明，可以进一步得到下述结论：

(1) 对于 Leibniz 级数 $\sum\limits_{n=1}^{\infty}(-1)^{n+1}u_n$，成立

$$0\leqslant\sum_{n=1}^{\infty}(-1)^{n+1}u_n\leqslant u_1;$$

(2) 对于 Leibniz 级数的余和 $r_n=\sum\limits_{k=n+1}^{\infty}(-1)^{k+1}u_k$，成立

$$|r_n|\leqslant u_{n+1}.$$

由于 $\sum\limits_{n=1}^{\infty}\dfrac{(-1)^{n+1}}{n^p}(p>0)$，$\sum\limits_{n=2}^{\infty}\dfrac{(-1)^n}{\ln^q n}(q>0)$，$\sum\limits_{n=2}^{\infty}(-1)^n\dfrac{\ln n}{n}$，$\sum\limits_{n=1}^{\infty}(-1)^{n+1}\dfrac{n^2}{n^3+1}$ 等级数都是 Leibniz 级数，由定理 9.4.2 可知它们都是收敛的.

例 9.4.1 证明级数 $\sum\limits_{n=1}^{\infty}\sin\left(\sqrt{n^2+1}\,\pi\right)$ 收敛.

证 易知

$$\sin\left(\sqrt{n^2+1}\,\pi\right)=(-1)^n\sin\left(\sqrt{n^2+1}-n\right)\pi=(-1)^n\sin\frac{\pi}{\sqrt{n^2+1}+n}.$$

显然$\left\{\sin\dfrac{\pi}{\sqrt{n^2+1}+n}\right\}$是单调减少数列，且

$$\lim_{n\to\infty}\sin\frac{\pi}{\sqrt{n^2+1}+n}=0,$$

所以 $\sum\limits_{n=1}^{\infty}\sin\left(\sqrt{n^2+1}\,\pi\right)$ 是 Leibniz 级数. 由定理 9.4.2 可知它是收敛的.

Abel 判别法与 Dirichlet 判别法

为了讨论比 Leibniz 级数更广泛的任意项级数，先引进下述引理：

引理 9.4.1(Abel 变换) 设 $\{a_n\}$，$\{b_n\}$ 是两数列，记 $B_k=\sum\limits_{i=1}^{k}b_i\ (k=1,2,\cdots)$，则

$$\sum_{k=1}^{p} a_k b_k = a_p B_p - \sum_{k=1}^{p-1}(a_{k+1} - a_k) B_k.$$

证

$$\begin{aligned}\sum_{k=1}^{p} a_k b_k &= a_1 B_1 + \sum_{k=2}^{p} a_k (B_k - B_{k-1}) = a_1 B_1 + \sum_{k=2}^{p} a_k B_k - \sum_{k=2}^{p} a_k B_{k-1} \\ &= \sum_{k=1}^{p-1} a_k B_k - \sum_{k=1}^{p-1} a_{k+1} B_k + a_p B_p = a_p B_p - \sum_{k=1}^{p-1}(a_{k+1} - a_k) B_k.\end{aligned}$$

证毕

上式也称为**分部求和公式**.

图 9.4.1 是当 $a_n>0, b_n>0$，且 $\{a_n\}$ 单调增加时，Abel 变换的一个直观的示意.图中矩形 $[0,B_5]\times[0,a_5]$ 被分割成 9 个小矩形，根据所标出的各小矩形的面积，即得到 $p=5$ 的 Abel 变换：

$$\sum_{k=1}^{5} a_k b_k = a_5 B_5 - \sum_{k=1}^{4}(a_{k+1} - a_k) B_k.$$

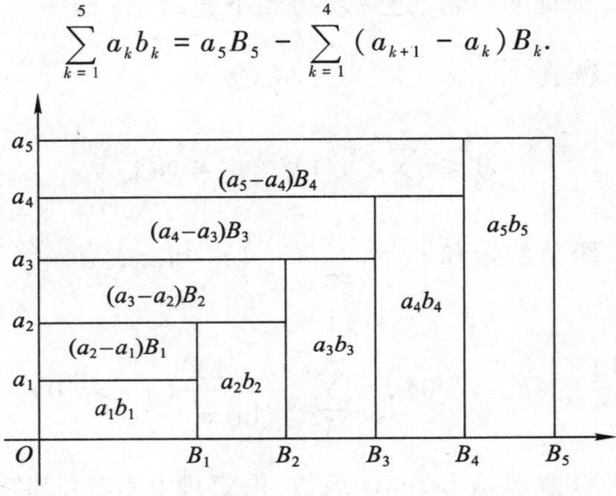

图 9.4.1

事实上，Abel 变换就是离散形式的分部积分公式.记 $G(x)=\int_a^x g(t)\,\mathrm{d}t$，则分部积分公式可以写成

$$\int_a^b f(x)g(x)\,\mathrm{d}x = f(b)G(b) - \int_a^b G(x)\,\mathrm{d}f(x).$$

将数列的通项类比于函数，求和类比于求积分，求差类比于求微分，$a_{k+1}-a_k$ 对应于 $\mathrm{d}f(x)$，则两者是一致的.

利用 Abel 变换即得到如下的 Abel 引理.

引理 9.4.2（Abel 引理） 设

（1）$\{a_k\}$ 为单调数列；

（2）$\{B_k\}$ $\left(B_k=\sum_{i=1}^{k} b_i, k=1,2,\cdots\right)$ 为有界数列，即存在 $M>0$，对一切 k，成立 $|B_k|\leqslant M$，则

$$\left|\sum_{k=1}^{p} a_k b_k\right| \leqslant M(|a_1| + 2|a_p|).$$

证 由 Abel 变换得

$$\left|\sum_{k=1}^{p} a_k b_k\right| \leqslant |a_p B_p| + \sum_{k=1}^{p-1} |a_{k+1} - a_k| |B_k| \leqslant M\left(|a_p| + \sum_{k=1}^{p-1} |a_{k+1} - a_k|\right).$$

由于$\{a_k\}$单调,所以

$$\sum_{k=1}^{p-1} |a_{k+1} - a_k| = \left|\sum_{k=1}^{p-1} (a_{k+1} - a_k)\right| = |a_p - a_1|,$$

于是得到

$$\left|\sum_{k=1}^{p} a_k b_k\right| \leqslant M(|a_1| + 2|a_p|).$$

证毕

定理 9.4.3(级数的 A-D 判别法) 若下列两个条件之一满足,则级数 $\sum_{n=1}^{\infty} a_n b_n$ 收敛:

(1) **(Abel 判别法)** $\{a_n\}$单调有界,$\sum_{n=1}^{\infty} b_n$ 收敛;

(2) **(Dirichlet 判别法)** $\{a_n\}$单调趋于 0,$\left\{\sum_{i=1}^{n} b_i\right\}$有界.

证 (1) 若 Abel 判别法条件满足,设$|a_n| \leqslant M$,由于$\sum_{n=1}^{\infty} b_n$ 收敛,则对于任意给定的 $\varepsilon>0$,存在正整数 N,使得对于一切 $n>N$ 和 $p \in \mathbf{N}^+$,成立

$$\left|\sum_{k=n+1}^{n+p} b_k\right| < \varepsilon.$$

对$\sum_{k=n+1}^{n+p} a_k b_k$ 应用 Abel 引理,即得

$$\left|\sum_{k=n+1}^{n+p} a_k b_k\right| < \varepsilon(|a_{n+1}| + 2|a_{n+p}|) \leqslant 3M\varepsilon.$$

(2) 若 Dirichlet 判别法条件满足,由于$\lim_{n\to\infty} a_n = 0$,因此对于任意给定的$\varepsilon>0$,存在 N,使得对于一切 $n>N$,成立

$$|a_n| < \varepsilon.$$

设$\left|\sum_{i=1}^{n} b_i\right| \leqslant M$,令 $B_k = \sum_{i=n+1}^{n+k} b_i (k = 1,2,\cdots)$,则

$$|B_k| = \left|\sum_{i=1}^{n+k} b_i - \sum_{i=1}^{n} b_i\right| \leqslant 2M.$$

应用 Abel 引理,同样可得

$$\left|\sum_{k=n+1}^{n+p} a_k b_k\right| \leqslant 2M(|a_{n+1}| + 2|a_{n+p}|) < 6M\varepsilon$$

对一切 $n>N$ 与一切正整数 p 成立.

根据 Cauchy 收敛原理(定理 9.4.1),即知$\sum_{n=1}^{\infty} a_n b_n$ 收敛.

证毕

注 (1) 对于 Leibniz 级数$\sum_{n=1}^{\infty} (-1)^{n+1} u_n$,令 $a_n = u_n$,$b_n = (-1)^{n+1}$,则$\{a_n\}$单调

趋于0，$\left\{\sum_{i=1}^{n} b_i\right\}$有界，则由 Dirichlet 判别法，可知$\sum_{n=1}^{\infty} a_n b_n = \sum_{n=1}^{\infty} (-1)^{n+1} u_n$ 收敛. 所以交错级数的 Leibniz 判别法可以看成是 Dirichlet 判别法的特例.

（2）若 Abel 判别法条件满足，由于数列$\{a_n\}$单调有界，设$\lim\limits_{n\to\infty} a_n = a$，则数列$\{a_n - a\}$单调趋于 0. 又由于级数$\sum_{n=1}^{\infty} b_n$ 收敛，则其部分和数列$\left\{\sum_{i=1}^{n} b_i\right\}$必定有界，根据 Dirichlet 判别法，$\sum_{n=1}^{\infty}(a_n - a) b_n$ 收敛，从而即知$\sum_{n=1}^{\infty} a_n b_n$ 收敛.

这就是说，Abel 判别法也可以看成是 Dirichlet 判别法的特例.

例 9.4.2 设$\sum_{n=1}^{\infty} b_n$ 收敛，则由 Abel 判别法，级数$\sum_{n=1}^{\infty} \frac{b_n}{\sqrt{n}}$，$\sum_{n=1}^{\infty} \frac{n}{n+1} b_n$，$\sum_{n=1}^{\infty}\left(1+\frac{1}{n}\right)^n b_n$，$\sum_{n=1}^{\infty} b_n \ln \frac{3n+1}{2n}$ 等都收敛.

例 9.4.3 设数列$\{a_n\}$单调趋于 0，则对一切实数 x，级数$\sum_{n=1}^{\infty} a_n \sin nx$ 收敛.

证 当 $x \neq 2k\pi$ 时，

$$2\sin\frac{x}{2}\cdot\sum_{k=1}^{n}\sin kx = \cos\frac{x}{2} - \cos\frac{2n+1}{2}x,$$

于是对一切正整数 n，

$$\left|\sum_{k=1}^{n}\sin kx\right| \leqslant \frac{1}{\left|\sin\frac{x}{2}\right|},$$

由 Dirichlet 判别法，可知当 $x \neq 2k\pi$ 时，$\sum_{n=1}^{\infty} a_n \sin nx$ 收敛. 由于当 $x = 2k\pi$ 时，$\sum_{n=1}^{\infty} a_n \sin nx = 0$，于是得到对一切实数 x，$\sum_{n=1}^{\infty} a_n \sin nx$ 收敛.

证毕

读者可自己证明，当$\{a_n\}$单调趋于 0 时，则对一切 $x \neq 2k\pi$，$\sum_{n=1}^{\infty} a_n \cos nx$ 收敛.

级数的绝对收敛与条件收敛

由于正项级数的判别法较易使用，很自然地要问，能否利用它对任意项级数的敛散性先做一个粗略的判断呢？

由 Cauchy 收敛原理和三角不等式

$$|x_{n+1}+x_{n+2}+\cdots+x_m| \leqslant |x_{n+1}|+|x_{n+2}|+\cdots+|x_m|,$$

很容易知道：若对一个数项级数$\sum_{n=1}^{\infty} x_n$ 逐项取绝对值得到新的级数$\sum_{n=1}^{\infty} |x_n|$，则当$\sum_{n=1}^{\infty} |x_n|$ 收敛时必有$\sum_{n=1}^{\infty} x_n$ 收敛.

显然，这个结论的逆命题是不成立的，即不能由$\sum_{n=1}^{\infty} x_n$ 收敛断言$\sum_{n=1}^{\infty} |x_n|$ 也收敛.

例如 Leibniz 级数 $\sum_{n=1}^{\infty}\frac{(-1)^{n+1}}{n}$ 收敛，但对每项取绝对值后，得到的是调和级数 $\sum_{n=1}^{\infty}\frac{1}{n}$，它是发散的.

定义 9.4.2 如果级数 $\sum_{n=1}^{\infty}|x_n|$ 收敛，则称 $\sum_{n=1}^{\infty}x_n$ 为**绝对收敛**级数. 如果级数 $\sum_{n=1}^{\infty}x_n$ 收敛而 $\sum_{n=1}^{\infty}|x_n|$ 发散，则称 $\sum_{n=1}^{\infty}x_n$ 为**条件收敛**级数.

由定义，$\sum_{n=1}^{\infty}\frac{(-1)^{n+1}}{n}$ 即是一个条件收敛级数.

$\sum_{n=1}^{\infty}|x_n|$ 的敛散性可以采用正项级数敛散性的判别法来判定. 需要指出，虽然一般说来，由 $\sum_{n=1}^{\infty}|x_n|$ 发散并不能得出 $\sum_{n=1}^{\infty}x_n$ 发散，但若用 Cauchy 判别法或 d'Alembert 判别法判断出 $\sum_{n=1}^{\infty}|x_n|$ 发散，则级数 $\sum_{n=1}^{\infty}x_n$ 本身一定发散，这是因为这两个判别法判定发散的依据是级数的通项不趋于 0，即不满足收敛的必要条件.

例 9.4.4 讨论级数 $\sum_{n=1}^{\infty}\frac{x^n}{n^p}$ 的敛散性.

解 对 $\sum_{n=1}^{\infty}\left|\frac{x^n}{n^p}\right|=\sum_{n=1}^{\infty}\frac{|x|^n}{n^p}$ 应用 Cauchy 判别法，

$$\lim_{n\to\infty}\sqrt[n]{\frac{|x|^n}{n^p}}=|x|.$$

由此可知：

$|x|<1$，p 为任意实数：级数收敛（绝对收敛）；

$|x|>1$，p 为任意实数：级数发散；

$$x=1,\begin{cases}p>1, & \text{级数收敛（绝对收敛）},\\ p\leqslant 1, & \text{级数发散；}\end{cases}$$

$$x=-1,\begin{cases}p>1, & \text{级数收敛（绝对收敛）},\\ 0<p\leqslant 1, & \text{级数收敛（条件收敛）},\\ p\leqslant 0, & \text{级数发散.}\end{cases}$$

例 9.4.5 讨论级数 $\sum_{n=1}^{\infty}\frac{\sin nx}{n^p}(0<x<\pi)$ 的敛散性.

解 当 $p>1$，由 $\frac{|\sin nx|}{n^p}\leqslant\frac{1}{n^p}$，可知级数 $\sum_{n=1}^{\infty}\frac{\sin nx}{n^p}$ 绝对收敛.

当 $0<p\leqslant 1$，由例 9.4.3，级数 $\sum_{n=1}^{\infty}\frac{\sin nx}{n^p}$ 收敛；但进一步我们有

$$\frac{|\sin nx|}{n^p}\geqslant\frac{\sin^2 nx}{n^p}=\frac{1}{2n^p}-\frac{\cos 2nx}{2n^p},$$

级数 $\sum_{n=1}^{\infty}\frac{\cos 2nx}{2n^p}$ 的收敛性同样可由 Dirichlet 判别法得到，但由于 $\sum_{n=1}^{\infty}\frac{1}{2n^p}$ 发散，可知

$\sum\limits_{n=1}^{\infty}\dfrac{|\sin nx|}{n^p}$发散，换言之，当$0<p\leqslant 1$，级数$\sum\limits_{n=1}^{\infty}\dfrac{\sin nx}{n^p}(0<x<\pi)$条件收敛.

当$p\leqslant 0$，由于级数的一般项不趋于0，级数$\sum\limits_{n=1}^{\infty}\dfrac{\sin nx}{n^p}$发散.

将收敛级数区分为绝对收敛和条件收敛的主要意义不在于讨论其敛散性，实际上，它们之间存在着许多本质差别，下面对此作进一步探讨.

设$\sum\limits_{n=1}^{\infty}x_n$是任意项级数，令

$$x_n^+=\frac{|x_n|+x_n}{2}=\begin{cases}x_n, & x_n>0,\\ 0, & x_n\leqslant 0,\end{cases}\quad n=1,2,\cdots,$$

$$x_n^-=\frac{|x_n|-x_n}{2}=\begin{cases}-x_n, & x_n<0,\\ 0, & x_n\geqslant 0,\end{cases}\quad n=1,2,\cdots,$$

则

$$x_n=x_n^+-x_n^-,\quad |x_n|=x_n^++x_n^-,\quad n=1,2,\cdots.$$

$\sum\limits_{n=1}^{\infty}x_n^+$是由$\sum\limits_{n=1}^{\infty}x_n$的所有正项构成的级数，$\sum\limits_{n=1}^{\infty}x_n^-$是由$\sum\limits_{n=1}^{\infty}x_n$的所有负项变号后构成的级数，它们都是正项级数.

定理 9.4.4　*若$\sum\limits_{n=1}^{\infty}x_n$绝对收敛，则$\sum\limits_{n=1}^{\infty}x_n^+$与$\sum\limits_{n=1}^{\infty}x_n^-$都收敛；若$\sum\limits_{n=1}^{\infty}x_n$条件收敛，则$\sum\limits_{n=1}^{\infty}x_n^+$与$\sum\limits_{n=1}^{\infty}x_n^-$都发散到$+\infty$.*

证　先设$\sum\limits_{n=1}^{\infty}x_n$绝对收敛，由于

$$0\leqslant x_n^+\leqslant |x_n|,\quad 0\leqslant x_n^-\leqslant |x_n|,\quad n=1,2,\cdots,$$

则由$\sum\limits_{n=1}^{\infty}|x_n|$的收敛性，立刻得到$\sum\limits_{n=1}^{\infty}x_n^+$与$\sum\limits_{n=1}^{\infty}x_n^-$的收敛性.

现设$\sum\limits_{n=1}^{\infty}x_n$条件收敛，若$\sum\limits_{n=1}^{\infty}x_n^+$(或$\sum\limits_{n=1}^{\infty}x_n^-$)也收敛，则由

$$\sum_{n=1}^{\infty}x_n^-=\sum_{n=1}^{\infty}x_n^+-\sum_{n=1}^{\infty}x_n\left(\text{或}\sum_{n=1}^{\infty}x_n^+=\sum_{n=1}^{\infty}x_n^-+\sum_{n=1}^{\infty}x_n\right)$$

可知$\sum\limits_{n=1}^{\infty}x_n^-$(或$\sum\limits_{n=1}^{\infty}x_n^+$)也收敛，于是得到

$$\sum_{n=1}^{\infty}|x_n|=\sum_{n=1}^{\infty}x_n^++\sum_{n=1}^{\infty}x_n^-$$

的收敛性，从而产生矛盾.

证毕

加法交换律

本章一开始曾提出无限个实数的求和是否成立加法交换律和加法结合律的问题.在§1中已经证明，结合律对收敛的级数是成立的.

那么,对收敛的级数是否也成立交换律呢?也就是说,将一个收敛级数 $\sum_{n=1}^{\infty} x_n$ 的项任意重新排列,得到的新级数 $\sum_{n=1}^{\infty} x'_n$(称为 $\sum_{n=1}^{\infty} x_n$ 的**更序级数**)是否仍然收敛? 如果收敛的话,其和是否保持不变,即是否有

$$\sum_{n=1}^{\infty} x'_n = \sum_{n=1}^{\infty} x_n?$$

回答是否定的.

例 9.4.6 考虑 Leibniz 级数

$$\sum_{n=1}^{\infty} \frac{(-1)^{n+1}}{n},$$

这是一个条件收敛级数,在例 2.4.10 中,已经证明了它的和为 ln2.

现按下述规律构造 $\sum_{n=1}^{\infty} \frac{(-1)^{n+1}}{n}$ 的更序级数 $\sum_{n=1}^{\infty} x'_n$:顺次地在每一个正项后面接两个负项,即

$$\sum_{n=1}^{\infty} x'_n = 1 - \frac{1}{2} - \frac{1}{4} + \frac{1}{3} - \frac{1}{6} - \frac{1}{8} + \cdots + \frac{1}{2k-1} - \frac{1}{4k-2} - \frac{1}{4k} + \cdots.$$

设 $\sum_{n=1}^{\infty} \frac{(-1)^{n+1}}{n}$ 的部分和数列为 $\{S_n\}$, $\sum_{n=1}^{\infty} x'_n$ 的部分和数列为 $\{S'_n\}$,则

$$S'_{3n} = \sum_{k=1}^{n}\left(\frac{1}{2k-1} - \frac{1}{4k-2} - \frac{1}{4k}\right) = \sum_{k=1}^{n}\left(\frac{1}{4k-2} - \frac{1}{4k}\right) = \frac{1}{2}\sum_{k=1}^{n}\left(\frac{1}{2k-1} - \frac{1}{2k}\right) = \frac{1}{2}S_{2n},$$

于是

$$\lim_{n\to\infty} S'_{3n} = \frac{1}{2}\lim_{n\to\infty} S_{2n} = \frac{1}{2}\ln 2.$$

由于

$$S'_{3n-1} = S'_{3n} + \frac{1}{4n}, \quad S'_{3n+1} = S'_{3n} + \frac{1}{2n+1},$$

最终得到

$$\sum_{n=1}^{\infty} x'_n = \frac{1}{2}\ln 2 = \frac{1}{2}\sum_{n=1}^{\infty} \frac{(-1)^{n+1}}{n},$$

也就是说,尽管 $\sum_{n=1}^{\infty} \frac{(-1)^{n+1}}{n}$ 是收敛的,但交换律不成立.

这个例子告诉我们,要使一个数项级数成立加法交换律,仅有收敛性是不够的.事实上,能否满足加法交换律,是绝对收敛级数与条件收敛级数的一个本质区别.

定理 9.4.5 若级数 $\sum_{n=1}^{\infty} x_n$ 绝对收敛,则它的更序级数 $\sum_{n=1}^{\infty} x'_n$ 也绝对收敛,且和不变,即

$$\sum_{n=1}^{\infty} x'_n = \sum_{n=1}^{\infty} x_n.$$

证 我们分两步来证明定理.

(1) 先设 $\sum_{n=1}^{\infty} x_n$ 是正项级数,则对一切 $n \in \mathbf{N}^+$,

$$\sum_{k=1}^{n} x_k' \leqslant \sum_{n=1}^{\infty} x_n,$$

于是可知 $\sum_{n=1}^{\infty} x_n'$ 收敛,且

$$\sum_{n=1}^{\infty} x_n' \leqslant \sum_{n=1}^{\infty} x_n;$$

反过来,也可以将 $\sum_{n=1}^{\infty} x_n$ 看成是 $\sum_{n=1}^{\infty} x_n'$ 的更序级数,又有

$$\sum_{n=1}^{\infty} x_n \leqslant \sum_{n=1}^{\infty} x_n'.$$

结合上述两式即得

$$\sum_{n=1}^{\infty} x_n' = \sum_{n=1}^{\infty} x_n.$$

(2) 现设 $\sum_{n=1}^{\infty} x_n$ 是任意项级数,则由定理 9.4.4,正项级数 $\sum_{n=1}^{\infty} x_n^+$ 与 $\sum_{n=1}^{\infty} x_n^-$ 都收敛,且

$$\sum_{n=1}^{\infty} x_n = \sum_{n=1}^{\infty} x_n^+ - \sum_{n=1}^{\infty} x_n^-, \quad \sum_{n=1}^{\infty} |x_n| = \sum_{n=1}^{\infty} x_n^+ + \sum_{n=1}^{\infty} x_n^-.$$

对于更序级数 $\sum_{n=1}^{\infty} x_n'$,同样构作正项级数 $\sum_{n=1}^{\infty} x_n'^+$ 与 $\sum_{n=1}^{\infty} x_n'^-$,由于 $\sum_{n=1}^{\infty} x_n'^+$ 即为 $\sum_{n=1}^{\infty} x_n^+$ 的更序级数,$\sum_{n=1}^{\infty} x_n'^-$ 即为 $\sum_{n=1}^{\infty} x_n^-$ 的更序级数,根据(1) 的结论,

$$\sum_{n=1}^{\infty} x_n'^+ = \sum_{n=1}^{\infty} x_n^+, \quad \sum_{n=1}^{\infty} x_n'^- = \sum_{n=1}^{\infty} x_n^-,$$

于是得到 $\sum_{n=1}^{\infty} |x_n'| = \sum_{n=1}^{\infty} x_n'^+ + \sum_{n=1}^{\infty} x_n'^-$ 收敛,即 $\sum_{n=1}^{\infty} x_n'$ 绝对收敛,且

$$\sum_{n=1}^{\infty} x_n' = \sum_{n=1}^{\infty} x_n'^+ - \sum_{n=1}^{\infty} x_n'^- = \sum_{n=1}^{\infty} x_n^+ - \sum_{n=1}^{\infty} x_n^- = \sum_{n=1}^{\infty} x_n.$$

证毕

定理 9.4.6(Riemann) 设级数 $\sum_{n=1}^{\infty} x_n$ 条件收敛,则对任意给定的 a, $-\infty \leqslant a \leqslant +\infty$,必定存在 $\sum_{n=1}^{\infty} x_n$ 的更序级数 $\sum_{n=1}^{\infty} x_n'$ 满足

$$\sum_{n=1}^{\infty} x_n' = a.$$

证 我们只证 a 为有限数的情况,$a = \pm\infty$ 的情况留给读者考虑.

由于 $\sum_{n=1}^{\infty} x_n$ 条件收敛,由定理 9.4.4,

$$\sum_{n=1}^{\infty} x_n^+ = +\infty, \quad \sum_{n=1}^{\infty} x_n^- = +\infty.$$

依次计算 $\sum_{n=1}^{\infty} x_n^+$ 的部分和,必定存在最小的正整数 n_1,满足

$$x_1^+ + x_2^+ + \cdots + x_{n_1}^+ > a,$$

再依次计算 $\sum_{n=1}^{\infty} x_n^-$ 的部分和,也必定存在最小的正整数 m_1,满足

$$x_1^+ + x_2^+ + \cdots + x_{n_1}^+ - x_1^- - x_2^- - \cdots - x_{m_1}^- < a,$$

类似地可找到最小的正整数 $n_2 > n_1, m_2 > m_1$,满足

$$x_1^+ + x_2^+ + \cdots + x_{n_1}^+ - x_1^- - x_2^- - \cdots - x_{m_1}^- + x_{n_1+1}^+ + \cdots + x_{n_2}^+ > a$$

和

$$x_1^+ + x_2^+ + \cdots + x_{n_1}^+ - x_1^- - x_2^- - \cdots - x_{m_1}^- + x_{n_1+1}^+ + \cdots + x_{n_2}^+ - x_{m_1+1}^- - \cdots - x_{m_2}^- < a,$$

…………

这样的步骤可一直继续下去,由此得到 $\sum_{n=1}^{\infty} x_n$ 的一个更序级数 $\sum_{n=1}^{\infty} x'_n$,它的部分和摆动于 $a + x_{n_k}^+$ 与 $a - x_{m_k}^-$ 之间.

由于 $\sum_{n=1}^{\infty} x_n$ 收敛,可知

$$\lim_{n\to\infty} x_n^+ = \lim_{n\to\infty} x_n^- = 0,$$

于是得到

$$\sum_{n=1}^{\infty} x'_n = a.$$

证毕

级数的乘法

有限和式 $\sum_{k=1}^{n} a_k$ 和 $\sum_{k=1}^{m} b_k$ 的乘积是所有诸如 $a_i b_j (i = 1,2,\cdots,n; j = 1,2,\cdots,m)$ 项的和,显然,其最终结果与它们相加的次序与方式无关.

类似地,对于两个收敛的级数 $\sum_{n=1}^{\infty} a_n$ 与 $\sum_{n=1}^{\infty} b_n$,可以同样写出所有诸如 $a_i b_j (i = 1,2,\cdots; j = 1,2,\cdots)$ 的项,将它们排列成下面无穷矩阵的形式:

$$\begin{matrix} a_1b_1 & a_1b_2 & a_1b_3 & a_1b_4 & \cdots \\ a_2b_1 & a_2b_2 & a_2b_3 & a_2b_4 & \cdots \\ a_3b_1 & a_3b_2 & a_3b_3 & a_3b_4 & \cdots \\ a_4b_1 & a_4b_2 & a_4b_3 & a_4b_4 & \cdots \\ \cdots & \cdots & \cdots & \cdots & \cdots \end{matrix}$$

然后,将所有这些项相加的结果定义为 $\sum_{n=1}^{\infty} a_n$ 与 $\sum_{n=1}^{\infty} b_n$ 的乘积.

由于级数运算一般不满足交换律和结合律,这就有一个排列的次序与方式的问题.尽管排列的次序与方式多种多样,但常用的,也是最具应用价值的方式是下面所示的“对角线”排列与“正方形”排列.

对角线排列:

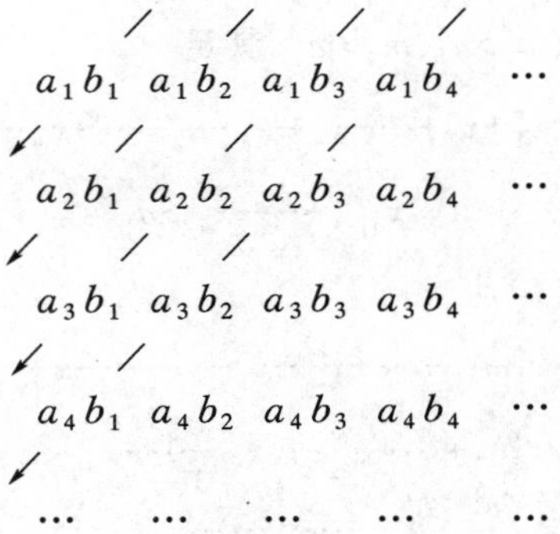

$$\begin{array}{ccccc} a_1b_1 & a_1b_2 & a_1b_3 & a_1b_4 & \cdots \\ a_2b_1 & a_2b_2 & a_2b_3 & a_2b_4 & \cdots \\ a_3b_1 & a_3b_2 & a_3b_3 & a_3b_4 & \cdots \\ a_4b_1 & a_4b_2 & a_4b_3 & a_4b_4 & \cdots \\ \cdots & \cdots & \cdots & \cdots & \cdots \end{array}$$

令

$c_1 = a_1b_1$,

$c_2 = a_1b_2 + a_2b_1$,

…………

$c_n = \sum_{i+j=n+1} a_ib_j = a_1b_n + a_2b_{n-1} + \cdots + a_nb_1$,

…………

则我们称

$$\sum_{n=1}^{\infty} c_n = \sum_{n=1}^{\infty} (a_1b_n + a_2b_{n-1} + \cdots + a_nb_1)$$

为级数 $\sum_{n=1}^{\infty} a_n$ 与 $\sum_{n=1}^{\infty} b_n$ 的 **Cauchy 乘积**.

正方形排列:

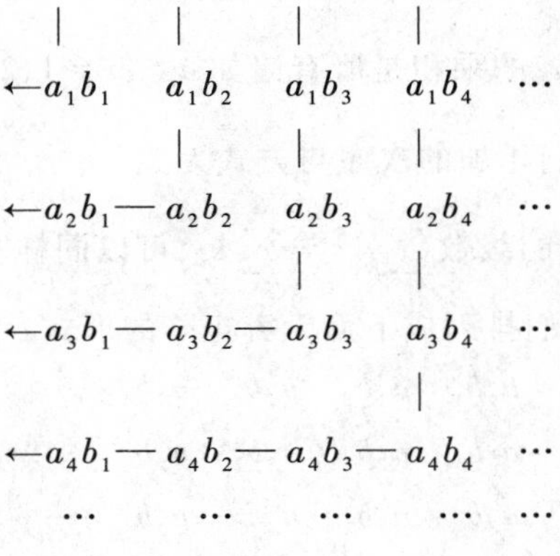

$$\begin{array}{ccccc} \leftarrow a_1b_1 & a_1b_2 & a_1b_3 & a_1b_4 & \cdots \\ \leftarrow a_2b_1 — & a_2b_2 & a_2b_3 & a_2b_4 & \cdots \\ \leftarrow a_3b_1 — & a_3b_2 — & a_3b_3 & a_3b_4 & \cdots \\ \leftarrow a_4b_1 — & a_4b_2 — & a_4b_3 — & a_4b_4 & \cdots \\ \cdots & \cdots & \cdots & \cdots & \cdots \end{array}$$

令

$d_1 = a_1b_1$,

$$d_2=a_1b_2+a_2b_2+a_2b_1,$$

…………

$$d_n=a_1b_n+a_2b_n+\cdots+a_nb_n+a_nb_{n-1}+\cdots+a_nb_1,$$

…………

则 $\sum_{n=1}^{\infty}d_n$ 就是级数 $\sum_{n=1}^{\infty}a_n$ 与 $\sum_{n=1}^{\infty}b_n$ 按正方形排列所得的乘积.

对于正方形排列所得的乘积,只要 $\sum_{n=1}^{\infty}a_n$ 与 $\sum_{n=1}^{\infty}b_n$ 收敛,$\sum_{n=1}^{\infty}d_n$ 总是收敛的,并成立

$$\sum_{n=1}^{\infty}d_n=\Big(\sum_{n=1}^{\infty}a_n\Big)\Big(\sum_{n=1}^{\infty}b_n\Big).$$

理由请读者自行思考.

但是,仅有 $\sum_{n=1}^{\infty}a_n$ 与 $\sum_{n=1}^{\infty}b_n$ 的收敛性不足以保证Cauchy乘积 $\sum_{n=1}^{\infty}c_n$ 的收敛性,下面就是一个例子.

例 9.4.7 设 $\sum_{n=1}^{\infty}a_n=\sum_{n=1}^{\infty}b_n=\sum_{n=1}^{\infty}\frac{(-1)^{n+1}}{\sqrt{n}}$,这两个级数都是收敛的(显然是条件收敛),它们的 Cauchy 乘积的一般项为

$$c_n=(-1)^{n+1}\sum_{i+j=n+1}\frac{1}{\sqrt{ij}},$$

注意上面 c_n 的表达式中共有 n 项,在每一项中,$i+j=n+1$,因而

$$\sqrt{ij}\leqslant\frac{i+j}{2}=\frac{n+1}{2},$$

于是得到

$$|c_n|\geqslant n\cdot\frac{2}{n+1},$$

因此$\{c_n\}$不是无穷小量,所以 $\sum_{n=1}^{\infty}a_n$ 与 $\sum_{n=1}^{\infty}b_n$ 的 Cauchy 乘积 $\sum_{n=1}^{\infty}c_n$ 发散.

定理 9.4.7 如果级数 $\sum_{n=1}^{\infty}a_n$ 与 $\sum_{n=1}^{\infty}b_n$ 绝对收敛,则将 $a_ib_j(i=1,2,\cdots;j=1,2,\cdots)$ 按任意方式排列求和而成的级数也绝对收敛,且其和等于 $\Big(\sum_{n=1}^{\infty}a_n\Big)\Big(\sum_{n=1}^{\infty}b_n\Big)$.

证 设 $a_{i_k}b_{j_k}(k=1,2,\cdots)$ 是所有 $a_ib_j(i=1,2,\cdots;j=1,2,\cdots)$ 的任意一种排列,对任意的 n,取

$$N=\max_{1\leqslant k\leqslant n}\{i_k,j_k\},$$

则

$$\sum_{k=1}^{n}|a_{i_k}b_{j_k}|\leqslant\sum_{i=1}^{N}|a_i|\cdot\sum_{j=1}^{N}|b_j|\leqslant\sum_{n=1}^{\infty}|a_n|\cdot\sum_{n=1}^{\infty}|b_n|,$$

因此 $\sum_{k=1}^{\infty}a_{i_k}b_{j_k}$ 绝对收敛.由定理 9.4.5,$\sum_{k=1}^{\infty}a_{i_k}b_{j_k}$ 的任意更序级数也绝对收敛,且和不变.

设 $\sum\limits_{n=1}^{\infty} d_n$ 是级数 $\sum\limits_{n=1}^{\infty} a_n$ 与 $\sum\limits_{n=1}^{\infty} b_n$ 按正方形排列所得的乘积,则 $\sum\limits_{n=1}^{\infty} d_n$ 是 $\sum\limits_{k=1}^{\infty} a_{i_k} b_{j_k}$ 更序后再添加括号所成的级数,于是得到

$$\sum_{k=1}^{\infty} a_{i_k} b_{j_k} = \sum_{n=1}^{\infty} d_n = \left(\sum_{n=1}^{\infty} a_n \right) \left(\sum_{n=1}^{\infty} b_n \right).$$

证毕

下面我们举一例子,它反映了 Cauchy 乘积的应用价值.

例 9.4.8　利用 d'Alembert 判别法,可知对一切 $x \in \mathbf{R}$,级数

$$f(x) = \sum_{n=0}^{\infty} \frac{x^n}{n!}$$

是绝对收敛的. 现考虑两个绝对收敛级数 $\sum\limits_{n=0}^{\infty} \dfrac{x^n}{n!}$ 与 $\sum\limits_{n=0}^{\infty} \dfrac{y^n}{n!}$ 的 Cauchy 乘积,由定理 9.4.7,

$$\begin{aligned}\left(\sum_{n=0}^{\infty} \frac{x^n}{n!} \right) \left(\sum_{n=0}^{\infty} \frac{y^n}{n!} \right) &= \sum_{n=0}^{\infty} \left(\sum_{k=0}^{n} \frac{x^k y^{n-k}}{k!\,(n-k)!} \right) \\ &= \sum_{n=0}^{\infty} \left(\sum_{k=0}^{n} \frac{C_n^k x^k y^{n-k}}{n!} \right) = \sum_{n=0}^{\infty} \frac{(x+y)^n}{n!},\end{aligned}$$

也就是成立

$$f(x+y) = f(x) \cdot f(y).$$

在第 10 章,我们将知道函数 $f(x)$ 就是指数函数 e^x,因而上式就是熟知的指数函数的加法定理.

习　题

1. 讨论下列级数的敛散性(包括条件收敛与绝对收敛):

(1) $1 - \dfrac{1}{2!} + \dfrac{1}{3} - \dfrac{1}{4!} + \dfrac{1}{5} + \cdots$;　(2) $\sum\limits_{n=1}^{\infty} \dfrac{(-1)^{n+1}}{n+x} (x \neq -n)$;

(3) $\sum\limits_{n=1}^{\infty} (-1)^{n+1} \sin \dfrac{x}{n}$;　(4) $\sum\limits_{n=1}^{\infty} \dfrac{(-1)^{n+1}}{\sqrt[n]{n}}$;

(5) $\sum\limits_{n=2}^{\infty} (-1)^n \dfrac{\ln^2 n}{n}$;　(6) $\sum\limits_{n=1}^{\infty} \dfrac{1}{\sqrt{n}} \cos \dfrac{n\pi}{3}$;

(7) $\sum\limits_{n=1}^{\infty} (-1)^{n+1} \dfrac{4^n \sin^{2n} x}{n}$;　(8) $\sum\limits_{n=1}^{\infty} \dfrac{\sin(n+1)x \cos(n-1)x}{n^p}$;

(9) $\sum\limits_{n=1}^{\infty} (-1)^{n+1} \dfrac{n^2}{2^n} x^n$;　(10) $\sum\limits_{n=1}^{\infty} (-1)^{n+1} \dfrac{\ln\left(2 + \dfrac{1}{n}\right)}{\sqrt{(3n-2)(3n+2)}}$;

(11) $\sum\limits_{n=2}^{\infty} \dfrac{x^n}{n^p \ln^q n}$;　(12) $\sum\limits_{n=1}^{\infty} \dfrac{(-1)^{n+1}}{n} \dfrac{a}{1+a^n} (a > 0)$.

2. 利用 Cauchy 收敛原理证明下列级数发散:

(1) $1+\frac{1}{2}-\frac{1}{3}+\frac{1}{4}+\frac{1}{5}-\frac{1}{6}+\frac{1}{7}+\frac{1}{8}-\frac{1}{9}+\cdots$;

(2) $1-\frac{1}{2}+\frac{1}{3}+\frac{1}{4}-\frac{1}{5}+\frac{1}{6}+\frac{1}{7}-\frac{1}{8}+\frac{1}{9}+\cdots$.

3. 设正项级数 $\sum_{n=1}^{\infty} x_n$ 收敛，$\{x_n\}$ 单调减少，利用 Cauchy 收敛原理证明：

$$\lim_{n\to\infty} nx_n = 0.$$

4. 若对任意 $\varepsilon>0$ 和任意正整数 p，存在 $N(\varepsilon,p)$，使得

$$\left|x_{n+1}+x_{n+2}+\cdots+x_{n+p}\right|<\varepsilon$$

对一切 $n>N$ 成立，问级数 $\sum_{n=1}^{\infty} x_n$ 是否收敛？

5. 若级数 $\sum_{n=1}^{\infty} x_n$ 收敛，$\lim_{n\to\infty}\frac{x_n}{y_n}=1$，问级数 $\sum_{n=1}^{\infty} y_n$ 是否收敛？

6. 设 $x_n\geqslant 0$，$\lim_{n\to\infty} x_n=0$，问交错级数 $\sum_{n=1}^{\infty}(-1)^{n+1}x_n$ 是否收敛？

7. 设正项数列 $\{x_n\}$ 单调减少，且级数 $\sum_{n=1}^{\infty}(-1)^n x_n$ 发散. 问级数 $\sum_{n=1}^{\infty}\left(\frac{1}{1+x_n}\right)^n$ 是否收敛？并说明理由.

8. 设级数 $\sum_{n=1}^{\infty}\frac{x_n}{n^{\alpha_0}}$ 收敛，则当 $\alpha>\alpha_0$ 时，级数 $\sum_{n=1}^{\infty}\frac{x_n}{n^{\alpha}}$ 也收敛.

9. 若 $\{nx_n\}$ 收敛，$\sum_{n=2}^{\infty} n(x_n-x_{n-1})$ 收敛，则级数 $\sum_{n=1}^{\infty} x_n$ 收敛.

10. 若 $\sum_{n=2}^{\infty}(x_n-x_{n-1})$ 绝对收敛，$\sum_{n=1}^{\infty} y_n$ 收敛，则级数 $\sum_{n=1}^{\infty} x_n y_n$ 收敛.

11. 设 $f(x)$ 在 $[-1,1]$ 上具有二阶连续导数，且 $\lim_{x\to 0}\frac{f(x)}{x}=0$. 证明级数 $\sum_{n=1}^{\infty} f\left(\frac{1}{n}\right)$ 绝对收敛.

12. 已知任意项级数 $\sum_{n=1}^{\infty} x_n$ 发散，证明级数 $\sum_{n=1}^{\infty}\left(1+\frac{1}{n}\right)x_n$ 也发散.

13. 设 $x_n>0$，$\lim_{n\to\infty} n\left(\frac{x_n}{x_{n+1}}-1\right)>0$，证明：交错级数 $\sum_{n=1}^{\infty}(-1)^{n+1}x_n$ 收敛.

14. 利用

$$1+\frac{1}{2}+\frac{1}{3}+\cdots+\frac{1}{n}-\ln n\to\gamma \quad (n\to\infty),$$

其中 γ 是 Euler 常数(见例 2.4.8)，求下述 $\sum_{n=1}^{\infty}\frac{(-1)^{n+1}}{n}$ 的更序级数的和：

$$1+\frac{1}{3}-\frac{1}{2}+\frac{1}{5}+\frac{1}{7}-\frac{1}{4}+\frac{1}{9}+\frac{1}{11}-\frac{1}{6}+\cdots.$$

15. 利用级数的 Cauchy 乘积证明：

(1) $\sum_{n=0}^{\infty}\frac{1}{n!}\cdot\sum_{n=0}^{\infty}\frac{(-1)^n}{n!}=1$;

(2) $\left(\sum_{n=0}^{\infty}q^n\right)\left(\sum_{n=0}^{\infty}q^n\right)=\sum_{n=0}^{\infty}(n+1)q^n=\frac{1}{(1-q)^2}\quad(|q|<1)$.

§5 无穷乘积

无穷乘积的定义

设 $p_1,p_2,\cdots,p_n,\cdots(p_n\neq 0)$ 是无穷可列个实数，我们称它们的"积"

$$p_1\cdot p_2\cdot\cdots\cdot p_n\cdot\cdots$$

为**无穷乘积**，记为 $\prod_{n=1}^{\infty}p_n$，其中 p_n 称为**无穷乘积的通项或一般项**.

与级数相类似，需要对上述的无穷乘积给出合理的定义.为此构作无穷乘积 $\prod_{n=1}^{\infty}p_n$ 的"**部分积数列**" $\{P_n\}$：

$$P_1=p_1,$$
$$P_2=p_1\cdot p_2,$$
$$P_3=p_1\cdot p_2\cdot p_3,$$
$$\cdots\cdots\cdots\cdots$$
$$P_n=p_1\cdot p_2\cdot\cdots\cdot p_n=\prod_{k=1}^{n}p_k,$$
$$\cdots\cdots\cdots\cdots$$

定义 9.5.1 如果部分积数列 $\{P_n\}$ 收敛于一个非零的有限数 P，则称无穷乘积 $\prod_{n=1}^{\infty}p_n$ 收敛，且称 P 为它的积，记为

$$\prod_{n=1}^{\infty}p_n=P.$$

如果 $\{P_n\}$ 发散或 $\{P_n\}$ 收敛于 0，则称无穷乘积 $\prod_{n=1}^{\infty}p_n$ 发散.

注意，当 $\lim\limits_{n\to\infty}P_n=0$ 时，我们称无穷乘积 $\prod_{n=1}^{\infty}p_n$ 发散于 0，而不是收敛于 0.在学习了无穷乘积收敛的充分必要条件后将会知道，它使无穷乘积的敛散性与级数的敛散性统一起来.

定理 9.5.1 如果无穷乘积 $\prod_{n=1}^{\infty}p_n$ 收敛，则

(1) $\lim\limits_{n\to\infty}p_n=1$；

(2) $\lim\limits_{m\to\infty}\prod_{n=m+1}^{\infty}p_n=1$.

证 设 $\prod_{n=1}^{\infty}p_n$ 的部分积数列为 $\{P_n\}$，则

$$\lim_{n\to\infty}p_n=\lim_{n\to\infty}\frac{P_n}{P_{n-1}}=1;$$

$$\lim_{m\to\infty}\prod_{n=m+1}^{\infty}p_n=\lim_{m\to\infty}\frac{\prod_{n=1}^{\infty}p_n}{\prod_{n=1}^{m}p_n}=1.$$

证毕

为方便起见,我们常把 p_n 记为 $1+a_n$,则定理 9.5.1 的(1)又可表达为:如果无穷乘积 $\prod_{n=1}^{\infty}(1+a_n)$ 收敛,则 $\lim_{n\to\infty}a_n=0$.

定理 9.5.1 的(1)可类比于级数收敛的必要条件:通项趋于 0.作为无穷乘积收敛的必要条件,它可以用于判断某些无穷乘积的发散.例如,设 $p_n=\frac{n}{2n+1}$, $q_n=\frac{2n}{n+1}$, $r_{2n}=\frac{n}{2n+1}$, $r_{2n-1}=\frac{2n}{n+1}$,则无穷乘积 $\prod_{n=1}^{\infty}p_n$, $\prod_{n=1}^{\infty}q_n$, $\prod_{n=1}^{\infty}r_n$ 都是发散的.请读者自己判断一下这些无穷乘积的发散规律.

例 9.5.1 设 $p_n=1-\frac{1}{n+1}(n=1,2,\cdots)$,则部分积

$$P_n=\prod_{k=1}^{n}\left(1-\frac{1}{k+1}\right)=\prod_{k=1}^{n}\frac{k}{k+1}=\frac{1}{2}\cdot\frac{2}{3}\cdot\frac{3}{4}\cdot\cdots\cdot\frac{n}{n+1}=\frac{1}{n+1},$$

由 $\lim_{n\to\infty}P_n=0$,可知无穷乘积 $\prod_{n=1}^{\infty}\left(1-\frac{1}{n+1}\right)$ 发散于 0.

例 9.5.2 设 $p_n=1-\frac{1}{(2n)^2}$, $n=1,2,\cdots$,则部分积

$$\begin{aligned}P_n&=\prod_{k=1}^{n}\left(1-\frac{1}{(2k)^2}\right)=\prod_{k=1}^{n}\frac{(2k-1)(2k+1)}{2k\cdot 2k}\\&=\frac{1\cdot3\cdot3\cdot5\cdot5\cdot7\cdot\cdots\cdot(2n-1)(2n+1)}{2\cdot2\cdot4\cdot4\cdot6\cdot6\cdot\cdots\cdot(2n)(2n)}\\&=\frac{[(2n-1)!!]^2}{[(2n)!!]^2}\cdot(2n+1).\end{aligned}$$

为了判断部分积数列 $\{P_n\}$ 的敛散性,我们考虑积分

$$I_n=\int_0^{\frac{\pi}{2}}\sin^n x\mathrm{d}x,$$

由例 7.3.8,我们知道

$$I_{2n}=\frac{(2n-1)!!}{(2n)!!}\cdot\frac{\pi}{2},\quad I_{2n+1}=\frac{(2n)!!}{(2n+1)!!},$$

因此

$$\frac{\pi}{2}P_n=\frac{I_{2n}}{I_{2n+1}}.$$

由于 $I_{2n+1}<I_{2n}<I_{2n-1}$,可得

$$1<\frac{I_{2n}}{I_{2n+1}}<\frac{I_{2n-1}}{I_{2n+1}}.$$

因为$\lim\limits_{n\to\infty}\dfrac{I_{2n-1}}{I_{2n+1}}=\lim\limits_{n\to\infty}\dfrac{2n+1}{2n}=1$,由数列极限的夹逼性,

$$\lim_{n\to\infty}P_n=\lim_{n\to\infty}\left(\frac{2}{\pi}\cdot\frac{I_{2n}}{I_{2n+1}}\right)=\frac{2}{\pi},$$

于是得到无穷乘积 $\prod\limits_{n=1}^{\infty}\left(1-\dfrac{1}{(2n)^2}\right)$ 收敛,并且

$$\prod_{n=1}^{\infty}\left(1-\frac{1}{(2n)^2}\right)=\frac{2}{\pi}.$$

将上式换一个形式表示,就得到著名的 **Wallis 公式**

$$\frac{\pi}{2}=\frac{2}{1}\cdot\frac{2}{3}\cdot\frac{4}{3}\cdot\frac{4}{5}\cdot\frac{6}{5}\cdot\frac{6}{7}\cdot\cdots\cdot\frac{2n}{2n-1}\cdot\frac{2n}{2n+1}\cdot\cdots.$$

例 9.5.3 设 $p_n=\cos\dfrac{x}{2^n}$, $n=1,2,\cdots$,应用三角函数的倍角公式,有

$$\begin{aligned}\sin x&=2\cos\frac{x}{2}\cdot\sin\frac{x}{2}\\&=2^2\cos\frac{x}{2}\cdot\cos\frac{x}{2^2}\cdot\sin\frac{x}{2^2}\\&\cdots\cdots\cdots\cdots\\&=2^n\cos\frac{x}{2}\cdot\cos\frac{x}{2^2}\cdot\cdots\cdot\cos\frac{x}{2^n}\cdot\sin\frac{x}{2^n},\end{aligned}$$

可知当 $0<x<\pi$ 时,部分积

$$P_n=\prod_{k=1}^{n}\cos\frac{x}{2^k}=\frac{\sin x}{2^n\sin\dfrac{x}{2^n}},$$

所以

$$\lim_{n\to\infty}P_n=\lim_{n\to\infty}\frac{\sin x}{2^n\sin\dfrac{x}{2^n}}=\frac{\sin x}{x},$$

即

$$\prod_{n=1}^{\infty}\cos\frac{x}{2^n}=\frac{\sin x}{x}.$$

令 $x=\dfrac{\pi}{2}$,就得到 **Viète 公式**

$$\frac{2}{\pi}=\cos\frac{\pi}{4}\cdot\cos\frac{\pi}{8}\cdot\cdots\cdot\cos\frac{\pi}{2^n}\cdot\cdots.$$

在历史上 Viète 公式与 Wallis 公式都曾经用来计算 π 的近似值.

无穷乘积与无穷级数

定理 9.5.1 告诉我们,无穷乘积 $\prod\limits_{n=1}^{\infty}p_n$ 收敛的必要条件是 $\lim\limits_{n\to\infty}p_n=1$,因此必定存在正

整数N,当$n>N$时成立$p_n>0$.由于无穷乘积的敛散性与它的前N项非零因子无关,所以在讨论无穷乘积$\prod_{n=1}^{\infty} p_n$的敛散性问题时,我们都假定$p_n>0$.

定理 9.5.2 无穷乘积$\prod_{n=1}^{\infty} p_n$收敛的充分必要条件是级数$\sum_{n=1}^{\infty}\ln p_n$收敛.

证 设$\prod_{n=1}^{\infty} p_n$的部分积数列为$\{P_n\}$,$\sum_{n=1}^{\infty}\ln p_n$的部分和数列为$\{S_n\}$,则

$$P_n=e^{S_n},$$

由此得到$\{P_n\}$收敛于非零实数的充分必要条件是$\{S_n\}$收敛.特别,$\{P_n\}$收敛于0,即$\prod_{n=1}^{\infty} p_n$发散于0的充分必要条件是$\{S_n\}$发散于$-\infty$.

证毕

推论 9.5.1 设$a_n>0$(或$a_n<0$),则无穷乘积$\prod_{n=1}^{\infty}(1+a_n)$收敛的充分必要条件是级数$\sum_{n=1}^{\infty} a_n$收敛.

证 级数$\sum_{n=1}^{\infty}\ln(1+a_n)$与$\sum_{n=1}^{\infty} a_n$都是正项级数(或都是负项级数),它们都以$\lim\limits_{n\to\infty}a_n=0$为收敛的必要条件,而当$\lim\limits_{n\to\infty}a_n=0$时,我们有

$$\lim_{n\to\infty}\frac{\ln(1+a_n)}{a_n}=1,$$

于是由正项级数的比较判别法,级数$\sum_{n=1}^{\infty}\ln(1+a_n)$收敛的充分必要条件是$\sum_{n=1}^{\infty} a_n$收敛.

证毕

由推论1,立刻可以得到例9.5.1,例9.5.2和例9.5.3中关于无穷乘积收敛与发散的结论.

如果$\{a_n\}$不保持定号,则$\sum_{n=1}^{\infty} a_n$的收敛性并不能保证无穷乘积$\prod_{n=1}^{\infty}(1+a_n)$的收敛性.事实上,我们有下述进一步的结果:

推论 9.5.2 设级数$\sum_{n=1}^{\infty} a_n$收敛,则无穷乘积$\prod_{n=1}^{\infty}(1+a_n)$收敛的充分必要条件是级数$\sum_{n=1}^{\infty} a_n^2$收敛.

证 由$\sum_{n=1}^{\infty} a_n$收敛,可知$\lim\limits_{n\to\infty}a_n=0$,由$\ln(1+a_n)\leqslant a_n$及

$$\lim_{n\to\infty}\frac{a_n-\ln(1+a_n)}{a_n^2}=\lim_{n\to\infty}\frac{\frac{1}{2}a_n^2+o(a_n^2)}{a_n^2}=\frac{1}{2},$$

根据正项级数的比较判别法知,当$\sum_{n=1}^{\infty}\ln(1+a_n)$与$\sum_{n=1}^{\infty} a_n$收敛时,必有$\sum_{n=1}^{\infty} a_n^2$收敛.

反过来,当$\sum_{n=1}^{\infty} a_n^2$收敛时,由于$\sum_{n=1}^{\infty} a_n$的收敛性,必可得到$\sum_{n=1}^{\infty}\ln(1+a_n)$的收敛性.

证毕

例 9.5.4　讨论 $\prod_{n=1}^{\infty}\left(1+\frac{(-1)^{n+1}}{n^x}\right)$ 的敛散性.

解　由无穷乘积收敛的必要条件,可知当 $x\leqslant 0$ 时,$\prod_{n=1}^{\infty}\left(1+\frac{(-1)^{n+1}}{n^x}\right)$ 是发散的.

当 $x>0$, $\sum_{n=1}^{\infty}a_n=\sum_{n=1}^{\infty}\frac{(-1)^{n+1}}{n^x}$ 收敛,而 $\sum_{n=1}^{\infty}a_n^2=\sum_{n=1}^{\infty}\frac{1}{n^{2x}}$ 在 $0<x\leqslant\frac{1}{2}$ 时发散,在 $x>\frac{1}{2}$ 时收敛,于是由推论 2,得到:

当 $x>\frac{1}{2}$ 时,$\prod_{n=1}^{\infty}\left(1+\frac{(-1)^{n+1}}{n^x}\right)$ 收敛;当 $x\leqslant\frac{1}{2}$ 时,$\prod_{n=1}^{\infty}\left(1+\frac{(-1)^{n+1}}{n^x}\right)$ 发散.

从定理 9.5.2 推论 2 的证明中可以看出,若 $\sum_{n=1}^{\infty}a_n$ 收敛,而 $\sum_{n=1}^{\infty}a_n^2=+\infty$,则无穷乘积 $\prod_{n=1}^{\infty}(1+a_n)$ 必定发散于 0,这一点留给读者证明.

特别需要注意的是,推论 2 的叙述不能改为"$\prod_{n=1}^{\infty}(1+a_n)$ 收敛的充分必要条件是 $\sum_{n=1}^{\infty}a_n$ 与 $\sum_{n=1}^{\infty}a_n^2$ 收敛".事实上,我们有这样的例子,$\prod_{n=1}^{\infty}(1+a_n)$ 是收敛的,但 $\sum_{n=1}^{\infty}a_n$ 与 $\sum_{n=1}^{\infty}a_n^2$ 却都是发散的(见习题 7).

关于无穷乘积的绝对收敛,我们有如下定义:

定义 9.5.2　当级数 $\sum_{n=1}^{\infty}\ln p_n$ 绝对收敛时,称**无穷乘积 $\prod_{n=1}^{\infty}p_n$ 绝对收敛**.

显然,绝对收敛的无穷乘积必定收敛.

由于绝对收敛级数具有可交换性,可知绝对收敛的无穷乘积具有可交换性,而收敛但非绝对收敛的无穷乘积不一定具有可交换性.

定理 9.5.3　设 $a_n>-1, n=1,2,\cdots$,则下述三命题等价:

(1) 无穷乘积 $\prod_{n=1}^{\infty}(1+a_n)$ 绝对收敛;

(2) 无穷乘积 $\prod_{n=1}^{\infty}(1+|a_n|)$ 收敛;

(3) 级数 $\sum_{n=1}^{\infty}|a_n|$ 收敛.

证　首先命题(1),(2),(3)的必要条件都是 $\lim_{n\to\infty}a_n=0$.而在 $\lim_{n\to\infty}a_n=0$ 的条件下,我们有

$$\lim_{n\to\infty}\frac{|\ln(1+a_n)|}{|a_n|}=1,$$

$$\lim_{n\to\infty}\frac{\ln(1+|a_n|)}{|a_n|}=1,$$

由正项级数的比较判别法，即得到定理的结论.

证毕

由定理 9.5.3，例 9.5.4 中的无穷乘积 $\prod_{n=1}^{\infty}\left(1+\frac{(-1)^{n+1}}{n^x}\right)$ 在 $x>1$ 时绝对收敛，在 $\frac{1}{2}<x\leqslant 1$ 时非绝对收敛.

例 9.5.5 证明 **Stirling 公式**：

$$n!\sim\sqrt{2\pi}\,n^{n+\frac{1}{2}}\mathrm{e}^{-n}\quad(n\to\infty).$$

证 设 $b_n=\frac{n!\ \mathrm{e}^n}{n^{n+\frac{1}{2}}}$，$n=1,2,\cdots$，则

$$\frac{b_n}{b_{n-1}}=\mathrm{e}\left(1-\frac{1}{n}\right)^{n-\frac{1}{2}}=\mathrm{e}^{1+\left(n-\frac{1}{2}\right)\ln\left(1-\frac{1}{n}\right)}=\mathrm{e}^{-\frac{1}{12n^2}+o\left(\frac{1}{n^2}\right)}=1-\frac{1}{12n^2}+o\left(\frac{1}{n^2}\right).$$

令 $1+a_n=\frac{b_n}{b_{n-1}}$，于是 $\sum_{n=2}^{\infty}a_n$ 是收敛的定号级数，由定理9.5.2的推论1，无穷乘积 $\prod_{n=2}^{\infty}(1+a_n)=\prod_{n=2}^{\infty}\frac{b_n}{b_{n-1}}$ 收敛于非零的实数.

记

$$\lim_{n\to\infty}b_n=b_1\prod_{n=2}^{\infty}\frac{b_n}{b_{n-1}}=A\neq 0,$$

利用例 9.5.2 中的 Wallis 公式，得到

$$A=\lim_{n\to\infty}b_n=\lim_{n\to\infty}\frac{b_n^2}{b_{2n}}=\lim_{n\to\infty}\frac{(2n)!!}{(2n-1)!!}\cdot\sqrt{\frac{2}{n}}=\sqrt{2\pi},$$

此式即为

$$n!\sim\sqrt{2\pi}\,n^{n+\frac{1}{2}}\mathrm{e}^{-n}\quad(n\to\infty).$$

Stirling 公式给出了无穷大量 $\{n!\}$ 增长阶的估计，在近似计算与极限计算中有重要的应用.

例 9.5.6 求极限 $\lim_{n\to\infty}\frac{n}{\sqrt[n]{n!}}$.

解 由

$$\lim_{n\to\infty}\frac{n!}{\sqrt{2\pi}\,n^{n+\frac{1}{2}}\mathrm{e}^{-n}}=1,$$

易知

$$\lim_{n\to\infty}\frac{\sqrt[n]{n!}}{\sqrt[n]{\sqrt{2\pi}\,n^{n+\frac{1}{2}}\mathrm{e}^{-n}}}=\lim_{n\to\infty}\sqrt[n]{\frac{n!}{\sqrt{2\pi}\,n^{n+\frac{1}{2}}\mathrm{e}^{-n}}}=1.$$

于是利用等价无穷大量代换的方法得

$$\lim_{n\to\infty}\frac{n}{\sqrt[n]{n!}}=\lim_{n\to\infty}\frac{n}{\sqrt[n]{\sqrt{2\pi}\,n^{n+\frac{1}{2}}\mathrm{e}^{-n}}}=\mathrm{e}.$$

最后，我们应用无穷乘积的性质来推导正弦函数 $\sin x$ 的无穷乘积的展开式.

例 9.5.7　证明：

$$\sin x = x\prod_{n=1}^{\infty}\left(1-\frac{x^2}{n^2\pi^2}\right).$$

证　由三角函数的知识，我们知道

$$\sin 3\varphi=\sin\varphi(3-4\sin^2\varphi),$$
$$\sin 5\varphi=\sin\varphi(5-20\sin^2\varphi+16\sin^4\varphi),$$

利用三角恒等式

$$\sin(2k+1)\varphi=2(1-2\sin^2\varphi)\sin(2k-1)\varphi-\sin(2k-3)\varphi,$$

以及应用数学归纳法，可以得到

$$\sin(2n+1)\varphi=\sin\varphi P(\sin^2\varphi), \tag{$*$}$$

其中 $P(u)$ 是 n 次多项式，它的常数项为

$$P(0)=\lim_{\varphi\to 0}P(\sin^2\varphi)=\lim_{\varphi\to 0}\frac{\sin(2n+1)\varphi}{\sin\varphi}=2n+1.$$

由于 $\varphi=\frac{k\pi}{2n+1}(k=1,2,\cdots,n)$ 使（$*$）式的左端取值为 0，可知 $\sin^2\frac{k\pi}{2n+1}(k=1,2,\cdots,n)$ 恰好是多项式 $P(u)$ 的 n 个不同的根，于是

$$P(u)=(2n+1)\prod_{k=1}^{n}\left(1-\frac{u}{\sin^2\frac{k\pi}{2n+1}}\right),$$

从而得到

$$\sin(2n+1)\varphi=(2n+1)\sin\varphi\prod_{k=1}^{n}\left(1-\frac{\sin^2\varphi}{\sin^2\frac{k\pi}{2n+1}}\right).$$

令 $x=(2n+1)\varphi$，代入后得到

$$\sin x=(2n+1)\sin\frac{x}{2n+1}\prod_{k=1}^{n}\left(1-\frac{\sin^2\frac{x}{2n+1}}{\sin^2\frac{k\pi}{2n+1}}\right).$$

固定 m，当 $n>m$ 时，成立

$$\frac{\sin x}{(2n+1)\sin\frac{x}{2n+1}\prod\limits_{k=1}^{m}\left(1-\frac{\sin^2\frac{x}{2n+1}}{\sin^2\frac{k\pi}{2n+1}}\right)}=\prod_{k=m+1}^{n}\left(1-\frac{\sin^2\frac{x}{2n+1}}{\sin^2\frac{k\pi}{2n+1}}\right). \tag{$**$}$$

当 $n\to\infty$ 时上式左端的极限为

$$\frac{\sin x}{x\prod\limits_{k=1}^{m}\left(1-\frac{x^2}{k^2\pi^2}\right)}.$$

由于

$$\sin^2\frac{x}{2n+1}\leqslant\frac{x^2}{(2n+1)^2},$$
$$\sin^2\frac{k\pi}{2n+1}\geqslant\frac{4}{\pi^2}\cdot\frac{k^2\pi^2}{(2n+1)^2}\quad(k=1,2,\cdots,n),$$

关于(* *)式的右端,有估计式

$$1 > \prod_{k=m+1}^{n}\left(1-\frac{\sin^2\dfrac{x}{2n+1}}{\sin^2\dfrac{k\pi}{2n+1}}\right) \geqslant \prod_{k=m+1}^{n}\left(1-\frac{x^2}{4k^2}\right) > \prod_{k=m+1}^{\infty}\left(1-\frac{x^2}{4k^2}\right).$$

令 $n\to\infty$,就得到

$$1 \geqslant \frac{\sin x}{x\prod\limits_{k=1}^{m}\left(1-\dfrac{x^2}{k^2\pi^2}\right)} \geqslant \prod_{k=m+1}^{\infty}\left(1-\frac{x^2}{4k^2}\right).$$

由 $\sum\limits_{k=1}^{\infty}\dfrac{-x^2}{4k^2}$ 的收敛性,可知无穷乘积 $\prod\limits_{k=1}^{\infty}\left(1-\dfrac{x^2}{4k^2}\right)$ 收敛,再根据定理 9.5.1 的(2),令 $m\to\infty$,由极限的夹逼性,得到

$$\sin x = x\prod_{n=1}^{\infty}\left(1-\frac{x^2}{n^2\pi^2}\right).$$

证毕

习　题

1. 讨论下列无穷乘积的敛散性:

(1) $\prod\limits_{n=1}^{\infty}\dfrac{n^2}{n^2+1}$;　　(2) $\prod\limits_{n=2}^{\infty}\sqrt{\dfrac{n+1}{n-1}}$;

(3) $\prod\limits_{n=3}^{\infty}\cos\dfrac{\pi}{n}$;　　(4) $\prod\limits_{n=1}^{\infty}n\sin\dfrac{1}{n}$;

(5) $\prod\limits_{n=1}^{\infty}e^{\frac{1}{n^x}}$;　　(6) $\prod\limits_{n=1}^{\infty}\left(1-\dfrac{x^2}{n^2\pi^2}\right)$;

(7) $\prod\limits_{n=1}^{\infty}\left(1+\dfrac{x^n}{2^n}\right)$;　　(8) $\prod\limits_{n=1}^{\infty}\sqrt[n]{1+\dfrac{1}{n}}$;

(9) $\prod\limits_{n=1}^{\infty}\left[\left(1+\dfrac{x}{n}\right)e^{-\frac{x}{n}}\right]$;　　(10) $\prod\limits_{n=1}^{\infty}\left[\left(1+\dfrac{1}{n^p}\right)\cos\dfrac{\pi}{n^q}\right]$ $(p,q>0)$.

2. 计算下列无穷乘积的值:

(1) $\prod\limits_{n=2}^{\infty}\left(1-\dfrac{1}{n^2}\right)$;　　(2) $\prod\limits_{n=2}^{\infty}\left(1-\dfrac{2}{n(n+1)}\right)$;

(3) $\prod\limits_{n=2}^{\infty}\dfrac{n^3-1}{n^3+1}$.

3. 设 $0<x_n<\dfrac{\pi}{2}$, $\sum\limits_{n=1}^{\infty}x_n^2$ 收敛,则 $\prod\limits_{n=1}^{\infty}\cos x_n$ 收敛.

4. 设 $|a_n|<\dfrac{\pi}{4}$, $\sum\limits_{n=1}^{\infty}|a_n|$ 收敛,则 $\prod\limits_{n=1}^{\infty}\tan\left(\dfrac{\pi}{4}+a_n\right)$ 绝对收敛.

5. 证明:

(1) $\lim\limits_{n\to\infty}\dfrac{1\cdot 3\cdot 5\cdot\cdots\cdot(2n-1)}{2\cdot 4\cdot 6\cdot\cdots\cdot(2n)}=0$;

(2) $\lim\limits_{n\to\infty}\dfrac{\beta(\beta+1)(\beta+2)\cdot\cdots\cdot(\beta+n)}{\alpha(\alpha+1)(\alpha+2)\cdot\cdots\cdot(\alpha+n)}=0\ (0<\beta<\alpha)$.

6. 设 $|q|<1$,证明:

$$\prod_{n=1}^{\infty}(1+q^n)=1/\prod_{n=1}^{\infty}(1-q^{2n-1}).$$

7. 设 $a_{2n-1}=-\dfrac{1}{\sqrt{n}},a_{2n}=\dfrac{1}{\sqrt{n}}+\dfrac{1}{n}\left(1+\dfrac{1}{\sqrt{n}}\right)$,证明级数 $\sum\limits_{n=1}^{\infty}a_n$ 与 $\sum\limits_{n=1}^{\infty}a_n^2$ 都发散,但无穷乘积 $\prod\limits_{n=2}^{\infty}(1+a_n)$ 收敛.

补充习题

第十章
函数项级数

§1　函数项级数的一致收敛性

点态收敛

现在我们将级数的概念从数推广到函数上去.

设 $u_n(x)(n=1,2,3,\cdots)$ 是具有公共定义域 E 的一列函数,我们将这无穷个函数的"和"

$$u_1(x)+u_2(x)+\cdots+u_n(x)+\cdots$$

称为**函数项级数**,记为 $\sum\limits_{n=1}^{\infty} u_n(x)$.

函数项级数的收敛性可以借助数项级数来得到.

定义 10.1.1　设 $u_n(x)(n=1,2,3,\cdots)$ 在 E 上定义.对于任意固定的 $x_0\in E$,若数项级数 $\sum\limits_{n=1}^{\infty} u_n(x_0)$ 收敛,则称函数项级数 $\sum\limits_{n=1}^{\infty} u_n(x)$ 在点 x_0 收敛,或称 x_0 是 $\sum\limits_{n=1}^{\infty} u_n(x)$ 的**收敛点**.

函数项级数 $\sum\limits_{n=1}^{\infty} u_n(x)$ 的收敛点全体所构成的集合称为 $\sum\limits_{n=1}^{\infty} u_n(x)$ 的**收敛域**.

设 $\sum\limits_{n=1}^{\infty} u_n(x)$ 的收敛域为 $D\subset E$,则 $\sum\limits_{n=1}^{\infty} u_n(x)$ 就定义了集合 D 上的一个函数

$$S(x)=\sum_{n=1}^{\infty} u_n(x),\quad x\in D.$$

$S(x)$ 称为 $\sum\limits_{n=1}^{\infty} u_n(x)$ 的**和函数**.由于这是通过逐点定义的方式得到的,因此称 $\sum\limits_{n=1}^{\infty} u_n(x)$ 在 D 上**点态收敛**于 $S(x)$.

例 10.1.1　利用我们目前所掌握的知识(如级数收敛的 Cauchy 判别法, d'Alembert判别法等)和定义 10.1.1,可知下述结论:

$\sum\limits_{n=1}^{\infty} x^n$ 的收敛域为 $(-1,1)$,和函数为 $S(x)=\dfrac{x}{1-x}$;

$\sum\limits_{n=1}^{\infty}\dfrac{x^n}{n}$的收敛域为$[-1,1)$；

$\sum\limits_{n=1}^{\infty}\dfrac{x^n}{n^2}$的收敛域为$[-1,1]$；

$\sum\limits_{n=1}^{\infty}\dfrac{x^n}{n!}$的收敛域为$\mathbf{R}=(-\infty,+\infty)$；

$\sum\limits_{n=1}^{\infty}(n!)x^n$ 的收敛域为单点集$\{0\}$；

$\sum\limits_{n=1}^{\infty}\mathrm{e}^{-nx}$的收敛域为$(0,+\infty)$，和函数为 $S(x)=\dfrac{1}{\mathrm{e}^x-1}$.

给定一个函数项级数 $\sum\limits_{n=1}^{\infty}u_n(x)$，可以作出它的**部分和函数**

$$S_n(x)=\sum_{k=1}^{n}u_k(x),\quad x\in E;$$

显然，使$\{S_n(x)\}$收敛的 x 全体正是集合 D.因此在 D 上，$\sum\limits_{n=1}^{\infty}u_n(x)$的和函数$S(x)$就是其部分和函数序列$\{S_n(x)\}$的极限，即有

$$S(x)=\lim_{n\to\infty}S_n(x)=\lim_{n\to\infty}\sum_{k=1}^{n}u_k(x),\quad x\in D.$$

反过来，若给定一个函数序列$\{S_n(x)\}(x\in E)$，只要令

$$\begin{cases}u_1(x)=S_1(x),\\u_{n+1}(x)=S_{n+1}(x)-S_n(x)\qquad(n=1,2,\cdots),\end{cases}$$

也可得到相应的函数项级数 $\sum\limits_{n=1}^{\infty}u_n(x)$，它的部分和函数序列就是$\{S_n(x)\}$.

所以，函数项级数 $\sum\limits_{n=1}^{\infty}u_n(x)$与函数序列$\{S_n(x)\}$的收敛性在本质上完全是一回事.为方便起见，今后我们将经常通过讨论函数序列来研究函数项级数的性质.

函数项级数(或函数序列)的基本问题

通过前面的学习我们已经知道，若有限个函数 $u_1(x),u_2(x),\cdots,u_n(x)$在 D 上定义且具有某种分析性质，如连续性、可导性和 Riemann 可积性(以下就称可积性)等，则它们的和函数

$$u_1(x)+u_2(x)+\cdots+u_n(x)$$

在 D 上仍保持同样的分析性质，且其和函数的极限(或导数、积分)可以通过对每个函数分别求极限(或导数、积分)后再求和来得到，即成立

(a) $\lim\limits_{x\to x_0}[u_1(x)+u_2(x)+\cdots+u_n(x)]=\lim\limits_{x\to x_0}u_1(x)+\lim\limits_{x\to x_0}u_2(x)+\cdots+\lim\limits_{x\to x_0}u_n(x)$；

(b) $\dfrac{\mathrm{d}}{\mathrm{d}x}[u_1(x)+u_2(x)+\cdots+u_n(x)]=\dfrac{\mathrm{d}}{\mathrm{d}x}u_1(x)+\dfrac{\mathrm{d}}{\mathrm{d}x}u_2(x)+\cdots+\dfrac{\mathrm{d}}{\mathrm{d}x}u_n(x)$；

(c) $\int_a^b[u_1(x)+u_2(x)+\cdots+u_n(x)]\mathrm{d}x=\int_a^b u_1(x)\mathrm{d}x+\int_a^b u_2(x)\mathrm{d}x+\cdots+\int_a^b u_n(x)\mathrm{d}x$.

这些性质给我们带来了很大的方便.

在研究函数项级数时,我们面对的是无限个 $u_n(x)(n=1,2,3,\cdots)$,它们的和函数 $S(x)$ 大多是不知道的,也就是说,我们只能借助 $u_n(x)$ 的分析性质来间接地获得 $S(x)$ 的分析性质.那么很自然地,我们希望在一定条件下,上述运算法则可以推广到无限个函数求和的情况.

这个问题是函数项级数(或函数序列)研究中的基本问题,其实质是极限(或求导、求积分)运算与无限求和运算在什么条件下可以交换次序(由于求导、求积分与无限求和均可看作特殊的极限运算,因此更一般地,可将其统一视为两种极限运算的交换次序).下面我们将会看到,仅要求 $\sum\limits_{n=1}^{\infty} u_n(x)$ 在 D 上点态收敛是不够的.

(1) 将性质(a)推广到无限个函数的情况,是指当 $u_n(x)$ 在 D 上连续时,和函数 $S(x)=\sum\limits_{n=1}^{\infty} u_n(x)$ 也在 D 上连续,并且成立

$$\lim_{x\to x_0}\sum_{n=1}^{\infty} u_n(x)=\sum_{n=1}^{\infty}\lim_{x\to x_0} u_n(x),$$

即极限运算与无限求和运算可以交换次序(也称函数项级数 $\sum\limits_{n=1}^{\infty} u_n(x)$ 可以**逐项求极限**).

对于函数序列 $\{S_n(x)\}$ 而言,相应的结论是极限函数 $S(x)=\lim\limits_{n\to\infty} S_n(x)$ 也在 D 上连续,并且成立

$$\lim_{x\to x_0}\lim_{n\to\infty} S_n(x)=\lim_{n\to\infty}\lim_{x\to x_0} S_n(x),$$

即两种极限运算可以交换次序.

下面的例子说明,在点态收敛的情况下,上述性质不一定成立.

例 10.1.2 设 $S_n(x)=x^n$,则 $\{S_n(x)\}$ 在区间 $(-1,1]$ 上收敛,极限函数为

$$S(x)=\lim_{n\to\infty} S_n(x)=\begin{cases}0, & -1<x<1,\\ 1, & x=1.\end{cases}$$

虽然对一切 n,$S_n(x)$ 在 $(-1,1]$ 上连续(也是可导的),但极限函数 $S(x)$ 在 $x=1$ 不连续(当然更谈不上在 $x=1$ 可导).

(2) 将性质(b)推广到无限个函数的情况,是指当 $u_n(x)$ 在 D 上可导时,和函数 $S(x)=\sum\limits_{n=1}^{\infty} u_n(x)$ 也在 D 上可导,并且成立

$$\frac{\mathrm{d}}{\mathrm{d}x}\sum_{n=1}^{\infty} u_n(x)=\sum_{n=1}^{\infty}\frac{\mathrm{d}}{\mathrm{d}x}u_n(x),$$

即求导运算与无限求和运算可以交换次序(也称函数项级数 $\sum\limits_{n=1}^{\infty} u_n(x)$ 可以**逐项求导**).

对于函数序列 $\{S_n(x)\}$ 而言,相应的结论是极限函数 $S(x)=\lim\limits_{n\to\infty} S_n(x)$ 也在 D 上可导,并且成立

$$\frac{\mathrm{d}}{\mathrm{d}x}\lim_{n\to\infty}S_n(x)=\lim_{n\to\infty}\frac{\mathrm{d}}{\mathrm{d}x}S_n(x),$$

即求导运算与极限运算可以交换次序.

例 10.1.2 已说明在点态收敛情况下,和函数(或极限函数)可能不可导;下面将看到,即使和函数(或极限函数)可导,上述两等式也不一定成立.

例 10.1.3　设 $S_n(x)=\dfrac{\sin nx}{\sqrt{n}}$,则$\{S_n(x)\}$在$(-\infty,+\infty)$上收敛,极限函数为 $S(x)=0$,从而导函数 $S'(x)=0$.

由于

$$S_n'(x)=\sqrt{n}\cos nx,$$

因此 $S_n(x)$ 的导函数所构成的序列$\{S_n'(x)\}$并不收敛于 $S'(x)$(例如当 $x=0$,$S_n'(0)=\sqrt{n}\to+\infty$).

(3) 将性质(c)推广到无限个函数的情况,是指当 $u_n(x)$ 在闭区间$[a,b]\subset D$ 上可积时,和函数 $S(x)=\sum\limits_{n=1}^{\infty}u_n(x)$ 也在$[a,b]$上可积,并且成立

$$\int_a^b\sum_{n=1}^{\infty}u_n(x)\,\mathrm{d}x=\sum_{n=1}^{\infty}\int_a^b u_n(x)\,\mathrm{d}x,$$

即求积分运算与无限求和运算可以交换次序(也称函数项级数 $\sum\limits_{n=1}^{\infty}u_n(x)$ 可以**逐项求积分**).

对于函数序列$\{S_n(x)\}$而言,相应的结论是极限函数 $S(x)=\lim\limits_{n\to\infty}S_n(x)$ 也在区间$[a,b]$上可积,并且成立

$$\int_a^b\lim_{n\to\infty}S_n(x)\,\mathrm{d}x=\lim_{n\to\infty}\int_a^b S_n(x)\,\mathrm{d}x,$$

即求积分运算与极限运算可以交换次序.

但例 10.1.4 和例 10.1.5 将说明,在点态收敛情况下,和函数(或极限函数)可能不可积;即使可积,上述两等式也不一定成立.

例 10.1.4　设

$$S_n(x)=\begin{cases}1, & \text{当 } x\cdot n!\ \text{为整数},\\ 0, & \text{当 } x \text{ 为其他值},\end{cases}\qquad x\in[0,1].$$

显然,对每一个 $n\in\mathbf{N}^+$,$S_n(x)$ 在$[0,1]$上有界,至多只有有限个不连续点,因而是可积的.

但是,当 x 是无理数时,对一切 n,$S_n(x)=0$,因此 $S(x)=\lim\limits_{n\to\infty}S_n(x)=0$;当 x 是有理数$\dfrac{q}{p}$($p\in\mathbf{N}^+$,$q\in\mathbf{N}$,$q\leqslant p$)时,对于 $n\geqslant p$,$S_n(x)=1$,因此$S(x)=\lim\limits_{n\to\infty}S_n(x)=1$.所以,$\{S_n(x)\}$的极限函数 $S(x)$ 就是熟知的 Dirichlet 函数,它在$[0,1]$上是不可积的.

例 10.1.5　设 $S_n(x)=nx(1-x^2)^n$,则$\{S_n(x)\}$在区间$[0,1]$上收敛于极限函数

$S(x)=0$. 显然对任意 n, $S_n(x)$ 与 $S(x)$ 都在$[0,1]$上可积,但是

$$\int_0^1 S_n(x)\,\mathrm{d}x=\int_0^1 nx(1-x^2)^n\,\mathrm{d}x=-\frac{n}{2}\int_0^1(1-x^2)^n\,\mathrm{d}(1-x^2)$$

$$=\frac{n}{2(n+1)}\not\to\int_0^1 S(x)\,\mathrm{d}x\quad(n\to\infty).$$

这些例子说明,为了解决这类交换运算次序问题,需要引进比"点态收敛"要求更强的新的收敛概念.

函数项级数(或函数序列)的一致收敛性

"函数序列$\{S_n(x)\}$在集合 D 上(点态)收敛于 $S(x)$"是指对于任意$x_0\in D$,数列$\{S_n(x_0)\}$收敛于 $S(x_0)$.用"$\varepsilon-N$"语言来表示的话,就是:对任意给定的$\varepsilon>0$,可以找到正整数 N,当 $n>N$ 时,成立:

$$|S_n(x_0)-S(x_0)|<\varepsilon.$$

一般说来,这里的 N 应理解为 $N(x_0,\varepsilon)$,即 N 不仅与 ε 有关,而且随着 x_0 的变化而变化.这意味着在 D 的不同处,$S_n(x)$的收敛速度可能大相径庭.

我们希望$\{S_n(x)\}$不仅在 D 上点点收敛于 $S(x)$,而且在 D 上的收敛速度具有某种整体一致性.通过分析其"$\varepsilon-N$"定义可以比较直观地发现,要做到这一点,关键在于存在一个仅与 ε 有关,而与 x_0 无关的 $N=N(\varepsilon)$.

定义 10.1.2 设$\{S_n(x)\}(x\in D)$是一函数序列,若对任意给定的 $\varepsilon>0$,存在仅与 ε 有关的正整数 $N(\varepsilon)$,当 $n>N(\varepsilon)$ 时,

$$|S_n(x)-S(x)|<\varepsilon$$

对一切 $x\in D$ 成立,则称$\{S_n(x)\}$在 D 上**一致收敛**于 $S(x)$,记为 $S_n(x)\overset{D}{\rightrightarrows}S(x)$.

若函数项级数 $\sum\limits_{n=1}^{\infty}u_n(x)(x\in D)$的部分和函数序列$\{S_n(x)\}$,其中 $S_n(x)=\sum\limits_{k=1}^{n}u_k(x)$,在 D 上一致收敛于 $S(x)$,则我们称 $\sum\limits_{n=1}^{\infty}u_n(x)$在 D 上一致收敛于$S(x)$.

采用符号表述的话,就是"$S_n(x)\overset{D}{\rightrightarrows}S(x)$"$\Leftrightarrow\forall\varepsilon>0,\exists N,\forall n>N,\forall x\in D$:

$$|S_n(x)-S(x)|<\varepsilon;$$

和"$\sum\limits_{n=1}^{\infty}u_n(x)$在 D 上一致收敛于 $S(x)$"$\Leftrightarrow\forall\varepsilon>0,\exists N,\forall n>N,\forall x\in D$:

$$\left|\sum_{k=1}^{n}u_k(x)-S(x)\right|=|S_n(x)-S(x)|<\varepsilon.$$

图 10.1.1 给出了一致收敛性的几何描述:对任意给定的 $\varepsilon>0$,存在 $N=N(\varepsilon)$,当 $n>N(\varepsilon)$时,函数 $y=S_n(x)(x\in D)$的图像都落在带状区域

$$\{(x,y)\mid x\in D,S(x)-\varepsilon<y<S(x)+\varepsilon\}$$

之中.

从定义 10.1.2 立即得到:

推论 10.1.1 若函数项级数 $\sum\limits_{n=1}^{\infty}u_n(x)$在 D 上一致收敛,则函数序列$\{u_n(x)\}$在 D

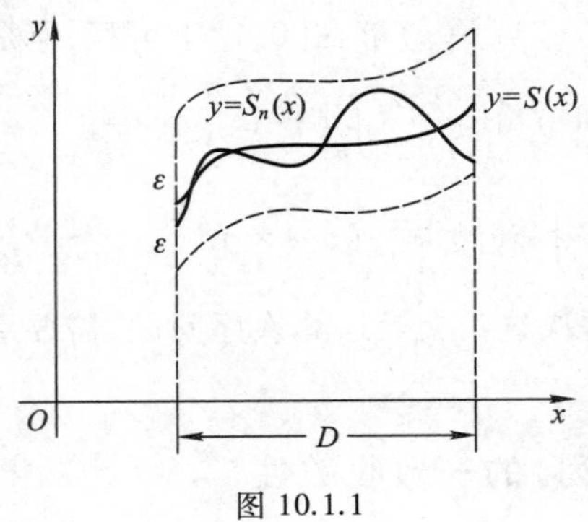

图 10.1.1

上一致收敛于 $u(x)\equiv 0$.

由于函数项级数的一致收敛性本质上就是部分和函数序列的一致收敛性，下面我们仅对函数序列举例讨论.

例 10.1.6　设 $S_n(x)=\dfrac{x}{1+n^2x^2}$，则 $\{S_n(x)\}$ 在 $(-\infty,+\infty)$ 上收敛于极限函数 $S(x)=0$.

因为

$$|S_n(x)-S(x)|=\frac{|x|}{1+n^2x^2}\leqslant\frac{1}{2n},$$

所以对任意给定的 $\varepsilon>0$，只要取 $N=\left[\dfrac{1}{2\varepsilon}\right]$，当 $n>N$ 时，

$$|S_n(x)-S(x)|\leqslant\frac{1}{2n}<\varepsilon$$

对一切 $x\in(-\infty,+\infty)$ 成立，因此 $\{S_n(x)\}$ 在 $(-\infty,+\infty)$ 上一致收敛于 $S(x)=0$.

从几何上看（见图 10.1.2），对任意给定的 $\varepsilon>0$，只要取 $N=\left[\dfrac{1}{2\varepsilon}\right]$，当 $n>N$ 时，函数 $y=S_n(x)\,(x\in(-\infty,+\infty))$ 的图像都落在带状区域 $\{(x,y)\mid |y|<\varepsilon\}$ 中，这正是一致收敛的几何描述.

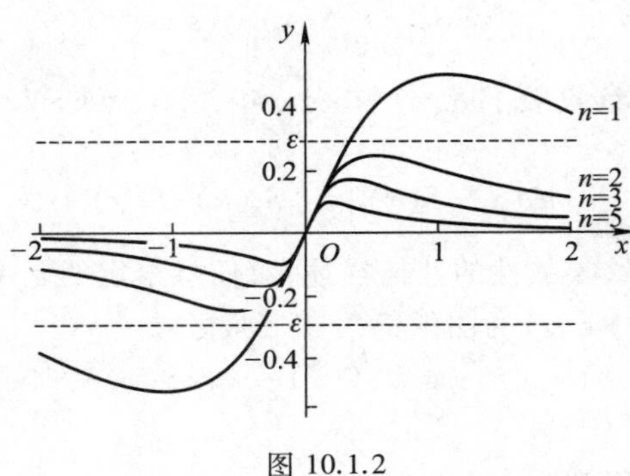

图 10.1.2

例 10.1.7　设 $S_n(x)=x^n$（见例 10.1.2），我们考察 $\{S_n(x)\}$ 在区间 $[0,1)$ 上的一致

收敛性.

对任意给定的 $0<\varepsilon<1$,要使

$$|S_n(x)-S(x)|=x^n<\varepsilon,$$

必须

$$n>\frac{\ln \varepsilon}{\ln x},$$

因此 $N=N(x,\varepsilon)$ 至少须取 $\left[\frac{\ln \varepsilon}{\ln x}\right]$. 由于当 $x\to 1-$ 时,$\frac{\ln \varepsilon}{\ln x}\to+\infty$,因此不可能找到对一切 $x\in[0,1)$ 都适用的 $N=N(\varepsilon)$,换言之,$\{S_n(x)\}$ 在 $[0,1)$ 上不是一致收敛的.

从几何上看(见图 10.1.3),对每个 n,函数 $y=x^n$ 的取值范围(即值域)都是 $[0,1)$,因此它们的图像不可能落在带状区域 $\{(x,y)\mid x\in[0,1),0<y<\varepsilon\}$ 中.

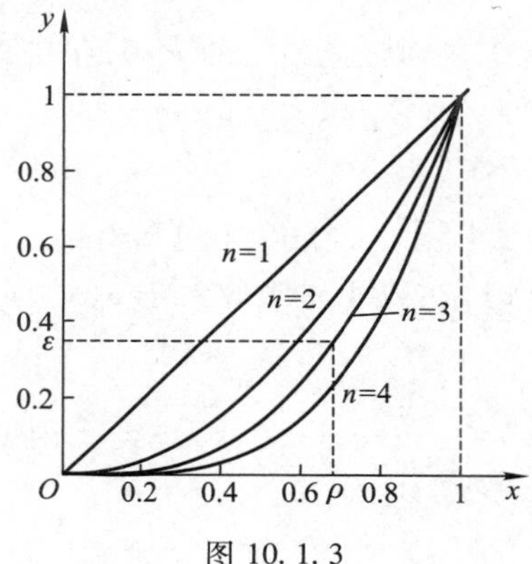

图 10.1.3

定义 10.1.3 若对于任意给定的闭区间 $[a,b]\subset D$,函数序列 $\{S_n(x)\}$ 在 $[a,b]$ 上一致收敛于 $S(x)$,则称 $\{S_n(x)\}$ 在 D 上**内闭一致收敛**于 $S(x)$.

显然,在 D 上一致收敛的函数序列必在 D 上内闭一致收敛,但其逆命题不成立.

例如,将例 10.1.7 中考察的区间 $[0,1)$ 缩小为 $[0,\rho]$,其中 $0<\rho<1$ 是任意的,则由

$$|S_n(x)-S(x)|=x^n<\rho^n,$$

只要取 $N=N(\varepsilon)=\left[\frac{\ln \varepsilon}{\ln \rho}\right]$,当 $n>N$ 时,

$$|S_n(x)-S(x)|<\rho^n<\varepsilon$$

对一切 $x\in[0,\rho]$ 成立,即 $\{S_n(x)\}$ 在 $[0,\rho]$ $(\rho<1)$ 上是一致收敛的. 也就是说,尽管 $\{x^n\}$ 在 $[0,1)$ 上不一致收敛,但却是内闭一致收敛的.

从图 10.1.3 中可以看出,随着 n 的增大,函数 $y=x^n$ 在区间 $[0,\rho]$ 上的图像越来越接近 x 轴,从而全部落在带状区域 $\{(x,y)\mid 0\leqslant x\leqslant\rho,0\leqslant y\leqslant\varepsilon\}$ 中.

下面我们建立关于一致收敛的两个充分必要条件,它们将有助于对一致收敛性进行判断.

定理 10.1.1 设函数序列 $\{S_n(x)\}$ 在集合 D 上点态收敛于 $S(x)$,定义 $S_n(x)$ 与 $S(x)$ 的"距离"为

$$d(S_n,S)=\sup_{x\in D}|S_n(x)-S(x)|,$$

则$\{S_n(x)\}$在D上一致收敛于$S(x)$的充分必要条件是：

$$\lim_{n\to\infty} d(S_n,S)=0.$$

证　设$\{S_n(x)\}$在D上一致收敛于$S(x)$，则对任意给定的$\varepsilon>0$，存在$N=N(\varepsilon)$，当$n>N$时，

$$|S_n(x)-S(x)|<\frac{\varepsilon}{2}$$

对一切$x\in D$成立，于是对$n>N$，

$$d(S_n,S)\leqslant\frac{\varepsilon}{2}<\varepsilon,$$

这就说明

$$\lim_{n\to\infty} d(S_n,S)=0.$$

反过来，若$\lim\limits_{n\to\infty} d(S_n,S)=0$，则对任意给定的$\varepsilon>0$，存在$N=N(\varepsilon)$，当$n>N$时，

$$d(S_n,S)<\varepsilon,$$

此式表明

$$|S_n(x)-S(x)|<\varepsilon$$

对一切$x\in D$成立，所以$\{S_n(x)\}$在D上一致收敛于$S(x)$.

证毕

对于例 10.1.6 中的$S_n(x)=\dfrac{x}{1+n^2x^2}$，$x\in(-\infty,+\infty)$，由于

$$|S_n(x)-S(x)|=\frac{|x|}{1+n^2x^2}\leqslant\frac{1}{2n},$$

等号成立当且仅当$x=\pm\dfrac{1}{n}$，可知

$$d(S_n,S)=\frac{1}{2n}\to 0\quad(n\to\infty),$$

因此$\{S_n(x)\}$在$(-\infty,+\infty)$上一致收敛于$S(x)=0$.

对于例 10.1.7 中的$S_n(x)=x^n$，$x\in[0,1)$，由于

$$d(S_n,S)=\sup_{0\leqslant x<1}x^n=1\not\to 0\quad(n\to\infty),$$

所以$\{S_n(x)\}$在$[0,1)$上不是一致收敛的.

例 10.1.8　设$S_n(x)=\dfrac{nx}{1+n^2x^2}$，则$\{S_n(x)\}$在$(0,+\infty)$上收敛于$S(x)=0$，由于

$$|S_n(x)-S(x)|=\frac{nx}{1+n^2x^2}\leqslant\frac{1}{2},$$

等号成立当且仅当$x=\dfrac{1}{n}$，可知

$$d(S_n,S)=\frac{1}{2}\not\to 0\quad(n\to\infty),$$

因此$\{S_n(x)\}$在$(0,+\infty)$上不是一致收敛的.

从几何上看(见图 10.1.4),对每个 n,函数 $y=\dfrac{nx}{1+n^2x^2}$在 $x=\dfrac{1}{n}$取到最大值$\dfrac{1}{2}$,因此它们的图像不可能落在带状区域$\left\{(x,y)\mid 0<x<+\infty,\ |y|<\varepsilon<\dfrac{1}{2}\right\}$中.事实上,$\{S_n(x)\}$在任意包含 $x=0$ 或以 $x=0$ 为端点的区间上都不是一致收敛的.

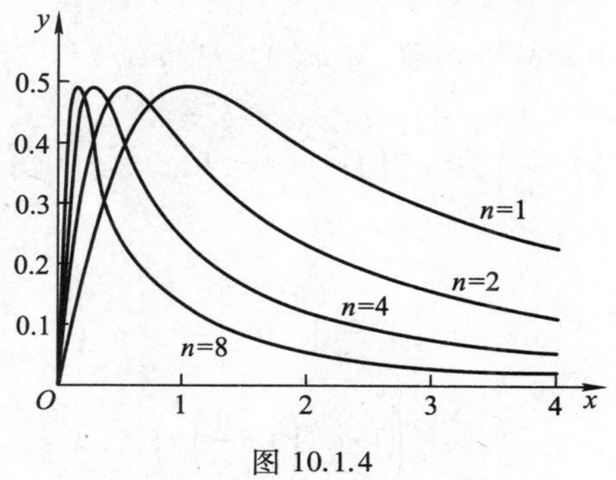

图 10.1.4

若将上例中$\{S_n(x)\}$限制在任意有限区间$[\rho,A]$$(0<\rho<A<+\infty)$上,则由$|S_n(x)-S(x)|=\dfrac{nx}{1+n^2x^2}$及

$$\left(\frac{nx}{1+n^2x^2}\right)'=\frac{n(1-n^2x^2)}{(1+n^2x^2)^2},$$

可以知道当$n>\dfrac{1}{\rho}$时,$|S_n(x)-S(x)|$在$[\rho,A]$单调减少,从而

$$d(S_n,S)=\frac{n\rho}{1+n^2\rho^2}\to 0\quad(n\to\infty),$$

即$\{S_n(x)\}$在$[\rho,A]$上一致收敛于$S(x)=0$.也就是说,$\{S_n(x)\}$在$(0,+\infty)$上内闭一致收敛.

例 10.1.9 设$S_n(x)=(1-x)x^n$,则$\{S_n(x)\}$在$[0,1]$上收敛于$S(x)=0$.由

$$|S_n(x)-S(x)|=(1-x)x^n,$$

及

$$[(1-x)x^n]'=x^{n-1}[n-(n+1)x],$$

容易知道$|S_n(x)-S(x)|$在 $x=\dfrac{n}{n+1}$取到最大值,从而

$$d(S_n,S)=\left(1-\frac{n}{n+1}\right)\left(\frac{n}{n+1}\right)^n=\left(\frac{1}{n+1}\right)\Big/\left(1+\frac{1}{n}\right)^n\to 0\quad(n\to\infty),$$

这就说明$\{S_n(x)\}$在$[0,1]$上一致收敛于$S(x)=0$.

例 10.1.10 设$S_n(x)=\left(1+\dfrac{x}{n}\right)^n$,则$\{S_n(x)\}$在$[0,+\infty)$上收敛于$S(x)=\mathrm{e}^x$.证明$\{S_n(x)\}$在$[0,a]$上一致收敛($a$ 是任意正数).

证 由于函数

$$\varphi(x)=\mathrm{e}^{-x}\left(1+\frac{x}{n}\right)^{n}$$

满足

$$\varphi'(x)=-\mathrm{e}^{-x}\left(1+\frac{x}{n}\right)^{n-1}\frac{x}{n}\leqslant 0,\quad x\in[0,a],$$

所以 $\varphi(x)$ 在 $[0,a]$ 上是单调减少函数，且 $\varphi(0)=1$，$\varphi(a)=\mathrm{e}^{-a}\left(1+\frac{a}{n}\right)^{n}$. 从而

$$\mathrm{e}^{-a}\left(1+\frac{a}{n}\right)^{n}\leqslant \mathrm{e}^{-x}\left(1+\frac{x}{n}\right)^{n}\leqslant 1,\quad x\in[0,a].$$

所以

$$\begin{aligned}|S_n(x)-S(x)|&=\left|\left(1+\frac{x}{n}\right)^{n}-\mathrm{e}^{x}\right|=\mathrm{e}^{x}\left|\mathrm{e}^{-x}\left(1+\frac{x}{n}\right)^{n}-1\right|\\&\leqslant \mathrm{e}^{a}\left(1-\mathrm{e}^{-a}\left(1+\frac{a}{n}\right)^{n}\right),\quad x\in[0,a],\end{aligned}$$

于是

$$0\leqslant d(S_n,S)\leqslant \mathrm{e}^{a}\left(1-\mathrm{e}^{-a}\left(1+\frac{a}{n}\right)^{n}\right).$$

由于 $\lim\limits_{n\to\infty}\mathrm{e}^{a}\left(1-\mathrm{e}^{-a}\left(1+\frac{a}{n}\right)^{n}\right)=0$，所以 $\lim\limits_{n\to\infty}d(S_n,S)=0$. 这就说明 $\{S_n(x)\}$ 在 $[0,a]$ 上一致收敛于 $S(x)=\mathrm{e}^{x}$.

定理 10.1.2　设函数序列 $\{S_n(x)\}$ 在集合 D 上点态收敛于 $S(x)$，则 $\{S_n(x)\}$ 在 D 上一致收敛于 $S(x)$ 的充分必要条件是：对任意数列 $\{x_n\}$，$x_n\in D$，成立

$$\lim_{n\to\infty}(S_n(x_n)-S(x_n))=0.$$

证　先证必要性. 设 $\{S_n(x)\}$ 在 D 上一致收敛于 $S(x)$，则

$$d(S_n,S)=\sup_{x\in D}|S_n(x)-S(x)|\to 0\quad(n\to\infty).$$

于是对任意数列 $\{x_n\}$，$x_n\in D$，成立

$$|S_n(x_n)-S(x_n)|\leqslant d(S_n,S)\to 0\quad(n\to\infty).$$

关于充分性，我们采用反证法，也就是证明：若 $\{S_n(x)\}$ 在 D 上不一致收敛于 $S(x)$，则一定能找到数列 $\{x_n\}$，$x_n\in D$，使得 $S_n(x_n)-S(x_n)\not\to 0(n\to\infty)$.

由于命题"$\{S_n(x)\}$ 在 D 上一致收敛于 $S(x)$"可以表述为

$$\forall\varepsilon>0,\exists N,\forall n>N,\forall x\in D:|S_n(x)-S(x)|<\varepsilon,$$

因此它的否定命题"$\{S_n(x)\}$ 在 D 上不一致收敛于 $S(x)$"可以表述为：

$$\exists\varepsilon_0>0,\forall N>0,\exists n>N,\exists x\in D:|S_n(x)-S(x)|\geqslant\varepsilon_0.$$

于是，下述步骤可以依次进行：

取 $N_1=1$，$\exists n_1>1$，$\exists x_{n_1}\in D$：$|S_{n_1}(x_{n_1})-S(x_{n_1})|\geqslant\varepsilon_0$，

取 $N_2=n_1$，$\exists n_2>n_1$，$\exists x_{n_2}\in D$：$|S_{n_2}(x_{n_2})-S(x_{n_2})|\geqslant\varepsilon_0$，

……

取 $N_k=n_{k-1}$，$\exists\, n_k>n_{k-1}$，$\exists\, x_{n_k}\in D$：$|S_{n_k}(x_{n_k})-S(x_{n_k})|\geqslant\varepsilon_0$，

……

对于 $m\in\mathbf{N}^+\setminus\{n_1,n_2,\cdots,n_k,\cdots\}$，可以任取 $x_m\in D$，这样就得到数列 $\{x_n\}$，$x_n\in D$，由于它的子列 $\{x_{n_k}\}$ 使得

$$|S_{n_k}(x_{n_k})-S(x_{n_k})|\geqslant\varepsilon_0,$$

显然不可能成立

$$\lim_{n\to\infty}(S_n(x_n)-S(x_n))=0.$$

证毕

定理 10.1.2 常用于判断函数序列的不一致收敛.

如对例 10.1.7 中的 $S_n(x)=x^n$，$x\in[0,1)$，可以取 $x_n=1-\dfrac{1}{n}\in[0,1)$，则

$$S_n(x_n)-S(x_n)=\left(1-\frac{1}{n}\right)^n\to\frac{1}{\mathrm{e}}\quad(n\to\infty),$$

这说明 $\{S_n(x)\}$ 在 $[0,1)$ 上不一致收敛于 $S(x)=0$；对例 10.1.8 中的 $S_n(x)=\dfrac{nx}{1+n^2x^2}$，$x\in(0,+\infty)$，可以取 $x_n=\dfrac{1}{n}$，则

$$S_n(x_n)-S(x_n)=\frac{1}{2},$$

同样也说明 $\{S_n(x)\}$ 在 $(0,+\infty)$ 上不一致收敛于 $S(x)=0$.

例 10.1.11 设 $S_n(x)=nx(1-x^2)^n$，$x\in[0,1]$（见例 10.1.5），则 $\{S_n(x)\}$ 在 $[0,1]$ 上收敛于 $S(x)=0$. 取 $x_n=\dfrac{1}{n}\in[0,1]$，则

$$S_n(x_n)-S(x_n)=\left(1-\frac{1}{n^2}\right)^n\to1\quad(n\to\infty),$$

这说明 $\{S_n(x)\}$ 在 $[0,1]$ 上不一致收敛于 $S(x)=0$.

例 10.1.12 设 $S_n(x)=\left(1+\dfrac{x}{n}\right)^n$，则 $\{S_n(x)\}$ 在 $[0,+\infty)$ 上收敛于 $S(x)=\mathrm{e}^x$. 证明 $\{S_n(x)\}$ 在 $[0,+\infty)$ 上不一致收敛（见例 10.1.10）.

证 取 $x_n=n$，则

$$S_n(x_n)-S(x_n)=2^n-\mathrm{e}^n\to-\infty\quad(n\to\infty),$$

由定理 10.1.2，$\{S_n(x)\}$ 在 $[0,+\infty)$ 上不一致收敛于 $S(x)=\mathrm{e}^x$.

例 10.1.13 证明函数项级数 $\sum\limits_{n=1}^{\infty}n\left(x+\dfrac{1}{n}\right)^n$ 在 $(-1,1)$ 上不一致收敛（请读者自行证明该函数项级数的收敛域为 $(-1,1)$）.

证 记

$$u_n(x)=n\left(x+\frac{1}{n}\right)^n,$$

则函数序列$\{u_n(x)\}$在$(-1,1)$上收敛于$u(x)=0$.

由推论 10.1.1 知,要证明$\sum_{n=1}^{\infty}n\left(x+\frac{1}{n}\right)^n$在$(-1,1)$上不一致收敛,只要证明函数序列$\{u_n(x)\}$在$(-1,1)$上不一致收敛于$u(x)=0$即可.

取$x_n=1-\frac{1}{2n}\in(-1,1)$,则

$$u_n(x_n)-u(x_n)=n\left(1+\frac{1}{2n}\right)^n\to\infty\quad(n\to\infty),$$

由定理 10.1.2,$\{u_n(x)\}$在$(-1,1)$上不一致收敛于$u(x)=0$.

习 题

1. 讨论下列函数序列在指定区间上的一致收敛性:

(1) $S_n(x)=e^{-nx}$, (i) $x\in(0,1)$, (ii) $x\in(1,+\infty)$;

(2) $S_n(x)=xe^{-nx}$, $x\in(0,+\infty)$;

(3) $S_n(x)=\sin\frac{x}{n}$, (i) $x\in(-\infty,+\infty)$, (ii) $x\in[-A,A]\,(A>0)$;

(4) $S_n(x)=\arctan nx$, (i) $x\in(0,1)$, (ii) $x\in(1,+\infty)$;

(5) $S_n(x)=\sqrt{x^2+\frac{1}{n^2}}$, $x\in(-\infty,+\infty)$;

(6) $S_n(x)=nx(1-x)^n$, $x\in[0,1]$;

(7) $S_n(x)=\frac{x}{n}\ln\frac{x}{n}$, (i) $x\in(0,1)$, (ii) $x\in(1,+\infty)$;

(8) $S_n(x)=\frac{x^n}{1+x^n}$, (i) $x\in(0,1)$, (ii) $x\in(1,+\infty)$;

(9) $S_n(x)=(\sin x)^n$, $x\in[0,\pi]$;

(10) $S_n(x)=(\sin x)^{\frac{1}{n}}$, (i) $x\in[0,\pi]$, (ii) $x\in[\delta,\pi-\delta]\,(\delta>0)$;

(11) $S_n(x)=\left(1+\frac{x}{n}\right)^n$, (i) $x\in(-\infty,+\infty)$, (ii) $x\in[-A,A]\,(A>0)$;

(12) $S_n(x)=n\left(\sqrt{x+\frac{1}{n}}-\sqrt{x}\right)$, (i) $x\in(0,+\infty)$, (ii) $x\in[\delta,+\infty)$, $\delta>0$.

2. 设$S_n(x)=n(x^n-x^{2n})$,则函数序列$\{S_n(x)\}$在$[0,1]$上收敛但不一致收敛,且极限运算与积分运算不能交换,即

$$\lim_{n\to\infty}\int_0^1 S_n(x)\,dx\neq\int_0^1\lim_{n\to\infty}S_n(x)\,dx.$$

3. 设$S_n(x)=\frac{x}{1+n^2x^2}$,则

(1) 函数序列$\{S_n(x)\}$在$(-\infty,+\infty)$上一致收敛;

(2) $\left\{\frac{d}{dx}S_n(x)\right\}$在$(-\infty,+\infty)$上不一致收敛;

(3) 极限运算与求导运算不能交换,即

$$\lim_{n\to\infty}\frac{\mathrm{d}}{\mathrm{d}x}S_n(x)=\frac{\mathrm{d}}{\mathrm{d}x}\lim_{n\to\infty}S_n(x)$$

并不对一切 $x\in(-\infty,+\infty)$ 成立.

4. 设 $S_n(x)=\frac{1}{n}\arctan x^n$,则函数序列 $\{S_n(x)\}$ 在 $(0,+\infty)$ 上一致收敛;试问极限运算与求导运算能否交换,即

$$\lim_{n\to\infty}\frac{\mathrm{d}}{\mathrm{d}x}S_n(x)=\frac{\mathrm{d}}{\mathrm{d}x}\lim_{n\to\infty}S_n(x)$$

是否成立?

5. 设 $S_n(x)=n^\alpha xe^{-nx}$,其中 α 是参数.求 α 的取值范围,使得函数序列 $\{S_n(x)\}$ 在 $[0,1]$ 上

(1) 一致收敛;

(2) 积分运算与极限运算可以交换,即

$$\lim_{n\to\infty}\int_0^1 S_n(x)\,\mathrm{d}x=\int_0^1\lim_{n\to\infty}S_n(x)\,\mathrm{d}x;$$

(3) 求导运算与极限运算可以交换,即对一切 $x\in[0,1]$ 成立

$$\lim_{n\to\infty}\frac{\mathrm{d}}{\mathrm{d}x}S_n(x)=\frac{\mathrm{d}}{\mathrm{d}x}\lim_{n\to\infty}S_n(x).$$

6. 设 $S'(x)$ 在区间 (a,b) 上连续,

$$S_n(x)=n\left[S\left(x+\frac{1}{n}\right)-S(x)\right],$$

证明:$\{S_n(x)\}$ 在 (a,b) 上内闭一致收敛于 $S'(x)$.

7. 设 $S_0(x)$ 在 $[0,a]$ 上连续,令

$$S_n(x)=\int_0^x S_{n-1}(t)\,\mathrm{d}t,\ n=1,2,\cdots.$$

证明:$\{S_n(x)\}$ 在 $[0,a]$ 上一致收敛于 0.

8. 设 $S(x)$ 在 $[0,1]$ 上连续,且 $S(1)=0$.证明:$\{x^nS(x)\}$ 在 $[0,1]$ 上一致收敛.

§2 一致收敛级数的判别与性质

一致收敛的判别

用定义或定理 10.1.1 和定理 10.1.2 判断函数项级数(或函数序列)的一致收敛性需要先知道它的和函数(或极限函数),这在许多情况下是难以甚至完全不可能做到的,因此有必要寻找无需事先知道和函数(或极限函数)的判断条件.

我们知道,用"$\varepsilon-N$"定义判断一个数列的极限,需要先知道它的极限值,而用 Cauchy 收敛原理则可以避开这一点.将这个结论用于函数项级数,就有

定理 10.2.1(函数项级数一致收敛的 Cauchy 收敛原理) 函数项级数 $\sum\limits_{n=1}^{\infty}u_n(x)$ 在 D 上一致收敛的充分必要条件是:对于任意给定的 $\varepsilon>0$,存在正整数 $N=N(\varepsilon)$,使

$$|u_{n+1}(x)+u_{n+2}(x)+\cdots+u_m(x)|<\varepsilon$$

对一切正整数 $m>n>N$ 与一切 $x\in D$ 成立.

证　必要性.设 $\sum\limits_{n=1}^{\infty}u_n(x)$ 在 D 上一致收敛,记和函数为 $S(x)$,则对任意给定的 $\varepsilon>0$,存在正整数 $N=N(\varepsilon)$,使得对一切 $n>N$ 与一切 $x\in D$,成立

$$\left|\sum_{k=1}^{n}u_k(x)-S(x)\right|<\frac{\varepsilon}{2}.$$

于是对一切 $m>n>N$ 与一切 $x\in D$,成立

$$\begin{aligned}|u_{n+1}(x)+u_{n+2}(x)+\cdots+u_m(x)| &= \left|\sum_{k=1}^{m}u_k(x)-\sum_{k=1}^{n}u_k(x)\right| \\ &\leqslant \left|\sum_{k=1}^{m}u_k(x)-S(x)\right|+\left|\sum_{k=1}^{n}u_k(x)-S(x)\right|<\varepsilon.\end{aligned}$$

充分性.设对任意给定的 $\varepsilon>0$,存在正整数 $N=N(\varepsilon)$,使得对一切 $m>n>N$ 与一切 $x\in D$,成立

$$|u_{n+1}(x)+u_{n+2}(x)+\cdots+u_m(x)|=\left|\sum_{k=1}^{m}u_k(x)-\sum_{k=1}^{n}u_k(x)\right|<\frac{\varepsilon}{2}.$$

固定 $x\in D$,则数项级数 $\sum\limits_{n=1}^{\infty}u_n(x)$ 满足 Cauchy 收敛原理,因而收敛.设

$$S(x)=\sum_{n=1}^{\infty}u_n(x),x\in D,$$

在 $\left|\sum\limits_{k=1}^{m}u_k(x)-\sum\limits_{k=1}^{n}u_k(x)\right|<\dfrac{\varepsilon}{2}$ 中固定 n,令 $m\to\infty$,则得到

$$\left|\sum_{k=1}^{n}u_k(x)-S(x)\right|\leqslant\frac{\varepsilon}{2}<\varepsilon$$

对一切 $x\in D$ 成立,因而 $\sum\limits_{n=1}^{\infty}u_n(x)$ 在 D 上一致收敛于 $S(x)$.

证毕

可以相应写出函数序列一致收敛的 Cauchy 收敛原理:

函数序列 $\{S_n(x)\}$ 在 D 上一致收敛 $\Leftrightarrow\forall\varepsilon>0,\exists N,\forall m>n>N,\forall x\in D$:

$$|S_m(x)-S_n(x)|<\varepsilon.$$

定理 10.2.2(Weierstrass 判别法)　设函数项级数 $\sum\limits_{n=1}^{\infty}u_n(x)\ (x\in D)$ 的每一项 $u_n(x)$ 满足

$$|u_n(x)|\leqslant a_n,\quad x\in D,$$

并且数项级数 $\sum\limits_{n=1}^{\infty}a_n$ 收敛,则 $\sum\limits_{n=1}^{\infty}u_n(x)$ 在 D 上一致收敛.

证　由于对一切 $x\in D$ 和正整数 $m>n$,有

$$|u_{n+1}(x)+u_{n+2}(x)+\cdots+u_m(x)|\leqslant|u_{n+1}(x)|+|u_{n+2}(x)|+\cdots+|u_m(x)|\leqslant a_{n+1}+a_{n+2}+\cdots+a_m,$$

由定理 10.2.1 和数项级数的 Cauchy 收敛原理,即得到 $\sum\limits_{n=1}^{\infty}u_n(x)$ 在 D 上一致收敛.

证毕

从上面证明可进一步知道，此时不仅 $\sum\limits_{n=1}^{\infty} u_n(x)$ 在 D 上一致收敛，并且对级数各项取绝对值所得的函数项级数 $\sum\limits_{n=1}^{\infty} |u_n(x)|$ 也在 D 上一致收敛.

例 10.2.1 若 $\sum\limits_{n=1}^{\infty} a_n$ 绝对收敛，则 $\sum\limits_{n=1}^{\infty} a_n\cos nx$ 与 $\sum\limits_{n=1}^{\infty} a_n\sin nx$ 在 $(-\infty,+\infty)$ 上一致收敛. 比如，$\sum\limits_{n=1}^{\infty} \dfrac{\cos nx}{n^p}(p>1)$，$\sum\limits_{n=1}^{\infty} \dfrac{(-1)^n\sin nx}{n^2+1}$ 等函数项级数都在 $(-\infty,+\infty)$ 上一致收敛.

例 10.2.2 函数项级数 $\sum\limits_{n=1}^{\infty} x^{\alpha}\mathrm{e}^{-nx}(\alpha>1)$ 在 $[0,+\infty)$ 上一致收敛.

证 记

$$u_n(x)=x^{\alpha}\mathrm{e}^{-nx},$$

则 $u_n'(x)=x^{\alpha-1}\mathrm{e}^{-nx}(\alpha-nx)$. 于是容易知道 $u_n(x)$ 在 $x=\dfrac{\alpha}{n}$ 处达到最大值 $\left(\dfrac{\alpha}{\mathrm{e}}\right)^{\alpha}\dfrac{1}{n^{\alpha}}$，即

$$0\leqslant u_n(x)\leqslant\left(\frac{\alpha}{\mathrm{e}}\right)^{\alpha}\frac{1}{n^{\alpha}},\quad x\in[0,+\infty).$$

由于 $\alpha>1$，正项级数 $\sum\limits_{n=1}^{\infty}\left(\dfrac{\alpha}{\mathrm{e}}\right)^{\alpha}\dfrac{1}{n^{\alpha}}$ 收敛，由 Weierstrass 判别法，$\sum\limits_{n=1}^{\infty} x^{\alpha}\mathrm{e}^{-nx}(\alpha>1)$ 在 $[0,+\infty)$ 上一致收敛.

例 10.2.3 函数项级数 $\sum\limits_{n=1}^{\infty} x^{\alpha}\mathrm{e}^{-nx}(0<\alpha\leqslant 1)$ 在 $[0,+\infty)$ 上非一致收敛.

证 记

$$u_n(x)=x^{\alpha}\mathrm{e}^{-nx},$$

我们证明 $\sum\limits_{n=1}^{\infty} u_n(x)$ 在 $[0,+\infty)$ 上不满足定理 10.2.1（函数项级数一致收敛的 Cauchy 收敛原理）的条件. 注意到有不等式

$$\sum_{k=n+1}^{2n} u_k(x)=x^{\alpha}\mathrm{e}^{-(n+1)x}+x^{\alpha}\mathrm{e}^{-(n+2)x}+\cdots+x^{\alpha}\mathrm{e}^{-2nx}\geqslant nx^{\alpha}\mathrm{e}^{-2nx},$$

我们取 $0<\varepsilon_0<\mathrm{e}^{-2}$，对于任意的自然数 N，可取 $m=2n(n>N)$ 与 $x_n=\dfrac{1}{n}\in[0,+\infty)$，由于 $\alpha\leqslant 1$，于是成立

$$\sum_{k=n+1}^{2n} u_k(x_n)\geqslant nx_n^{\alpha}\mathrm{e}^{-2nx_n}\geqslant\mathrm{e}^{-2}>\varepsilon_0.$$

由定理 10.2.1，函数项级数 $\sum\limits_{n=1}^{\infty} u_n(x)$ 在 $[0,+\infty)$ 上非一致收敛.

定理 10.2.3 设函数项级数 $\sum\limits_{n=1}^{\infty} a_n(x)b_n(x)\,(x\in D)$ 满足如下两个条件之一，则 $\sum\limits_{n=1}^{\infty} a_n(x)b_n(x)$ 在 D 上一致收敛.

(1)（**Abel 判别法**）　函数序列 $\{a_n(x)\}$ 对每一固定的 $x\in D$ 关于 n 是单调的，且 $\{a_n(x)\}$ 在 D 上一致有界：

$$|a_n(x)|\leqslant M,\quad x\in D,\quad n\in\mathbf{N}^+;$$

同时，函数项级数 $\sum\limits_{n=1}^{\infty}b_n(x)$ 在 D 上一致收敛.

(2)（**Dirichlet 判别法**）　函数序列 $\{a_n(x)\}$ 对每一固定的 $x\in D$ 关于 n 是单调的，且 $\{a_n(x)\}$ 在 D 上一致收敛于 0；同时，函数项级数 $\sum\limits_{n=1}^{\infty}b_n(x)$ 的部分和序列在 D 上一致有界：

$$\left|\sum_{k=1}^{n}b_k(x)\right|\leqslant M,\quad x\in D,\quad n\in\mathbf{N}^+.$$

证　(1) 由 $\sum\limits_{n=1}^{\infty}b_n(x)$ 在 D 上的一致收敛性，对任意给定的 $\varepsilon>0$，存在正整数 $N=N(\varepsilon)$，使

$$\left|\sum_{k=n+1}^{m}b_k(x)\right|<\varepsilon$$

对一切 $m>n>N$ 与一切 $x\in D$ 成立.应用 Abel 引理，得到

$$\left|\sum_{k=n+1}^{m}a_k(x)b_k(x)\right|\leqslant\varepsilon(|a_{n+1}(x)|+2|a_m(x)|)\leqslant 3M\varepsilon$$

对一切 $m>n>N$ 与一切 $x\in D$ 成立，根据 Cauchy 收敛原理（定理 10.2.1），$\sum\limits_{n=1}^{\infty}a_n(x)b_n(x)$ 在 D 上一致收敛.这就证明了 Abel 判别法.

(2) 由 $\{a_n(x)\}$ 在 D 上一致收敛于 0，对任意给定的 $\varepsilon>0$，存在正整数 $N=N(\varepsilon)$，当 $n>N$ 时，对一切 $x\in D$ 成立

$$|a_n(x)|<\varepsilon.$$

由于对一切 $m>n>N$，

$$\left|\sum_{k=n+1}^{m}b_k(x)\right|=\left|\sum_{k=1}^{m}b_k(x)-\sum_{k=1}^{n}b_k(x)\right|\leqslant 2M,$$

应用 Abel 引理，得到

$$\left|\sum_{k=n+1}^{m}a_k(x)b_k(x)\right|\leqslant 2M(|a_{n+1}(x)|+2|a_m(x)|)<6M\varepsilon$$

对一切 $x\in D$ 成立.根据 Cauchy 收敛原理（定理 10.2.1），$\sum\limits_{n=1}^{\infty}a_n(x)b_n(x)$ 在 D 上一致收敛.这就证明了 Dirichlet 判别法.

证毕

注　在定理 10.2.3 的两个判别法的条件中，都要求 $\{a_n(x)\}$ 关于 n 单调，请读者思考是什么原因.

例 10.2.4　设 $\sum\limits_{n=1}^{\infty}a_n$ 收敛，则 $\sum\limits_{n=1}^{\infty}a_nx^n$ 在 $[0,1]$ 上一致收敛.

证　显然 $\{x^n\}$ 关于 n 单调，且

$$|x^n|\leqslant 1,\quad x\in[0,1]$$

对一切 n 成立；$\sum\limits_{n=1}^{\infty} a_n$ 是数项级数，它的收敛性就意味着关于 x 的一致收敛性. 由 Abel 判别法，得到 $\sum\limits_{n=1}^{\infty} a_n x^n$ 在$[0,1]$上的一致收敛性. 特别地，如 $\sum\limits_{n=1}^{\infty}\dfrac{(-1)^n}{n^p}x^n(p>0)$ 在$[0,1]$上一致收敛.

例 10.2.5 设$\{a_n\}$单调收敛于 0，则 $\sum\limits_{n=1}^{\infty} a_n\cos nx$ 与 $\sum\limits_{n=1}^{\infty} a_n\sin nx$ 在$(0,2\pi)$上内闭一致收敛.

证 数列$\{a_n\}$收敛于 0 意味着关于 x 一致收敛于 0. 另外，对任意 $0<\delta<\pi$，当 $x\in[\delta,2\pi-\delta]$时，

$$\left|\sum_{k=1}^{n}\cos kx\right|=\frac{\left|\sin\left(n+\dfrac{1}{2}\right)x-\sin\dfrac{x}{2}\right|}{2\left|\sin\dfrac{x}{2}\right|}\leqslant\frac{1}{\sin\dfrac{\delta}{2}};$$

$$\left|\sum_{k=1}^{n}\sin kx\right|=\frac{\left|\cos\left(n+\dfrac{1}{2}\right)x-\cos\dfrac{x}{2}\right|}{2\left|\sin\dfrac{x}{2}\right|}\leqslant\frac{1}{\sin\dfrac{\delta}{2}}.$$

由 Dirichlet 判别法，得到 $\sum\limits_{n=1}^{\infty} a_n\cos nx$ 与 $\sum\limits_{n=1}^{\infty} a_n\sin nx$ 在$[\delta,2\pi-\delta]$上的一致收敛性.

一致收敛级数的性质

现在我们可以来回答上一节中提出的关于函数项级数（或函数序列）的基本问题，即在什么条件下，和函数（或极限函数）仍然保持连续性、可导性、可积性等分析性质.

定理 10.2.4（连续性定理） 设函数序列$\{S_n(x)\}$的每一项 $S_n(x)$ 在$[a,b]$上连续，且在$[a,b]$上一致收敛于 $S(x)$，则 $S(x)$ 在$[a,b]$上也连续.

证 设 x_0 是$[a,b]$中任意一点.

由$\{S_n(x)\}$在$[a,b]$上一致收敛于 $S(x)$，可知对任意给定的 $\varepsilon>0$，存在正整数 N，使得

$$|S_N(x)-S(x)|<\frac{\varepsilon}{3}$$

对一切 $x\in[a,b]$成立. 特别，对 x_0 与任意的 $x_0+h\in[a,b]$，成立

$$|S_N(x_0)-S(x_0)|<\frac{\varepsilon}{3},$$

$$|S_N(x_0+h)-S(x_0+h)|<\frac{\varepsilon}{3}.$$

由于 $S_N(x)$ 在$[a,b]$上连续，所以存在 $\delta>0$，当 $|h|<\delta$ 时，

$$|S_N(x_0+h)-S_N(x_0)|<\frac{\varepsilon}{3}.$$

于是当 $|h|<\delta$ 时，

$$\begin{aligned}&|S(x_0+h)-S(x_0)|\\ \leqslant &|S(x_0+h)-S_N(x_0+h)|+|S_N(x_0+h)-S_N(x_0)|+|S_N(x_0)-S(x_0)|<\varepsilon,\end{aligned}$$

即 $S(x)$ 在 x_0 连续.

由 x_0 在 $[a,b]$ 中的任意性，就得到 $S(x)$ 在 $[a,b]$ 上连续.

证毕

在定理 10.2.4 条件下，成立

$$\lim_{x\to x_0}\lim_{n\to\infty}S_n(x)=\lim_{n\to\infty}\lim_{x\to x_0}S_n(x),$$

即两个极限运算可以交换次序.

如果将上述定理中的 $\{S_n(x)\}$ 看成函数项级数 $\sum\limits_{n=1}^{\infty}u_n(x)$ 的部分和函数序列，那么对应到函数项级数，连续性定理可以表述为：

定理 10.2.4′　设对每个 n，$u_n(x)$ 在 $[a,b]$ 上连续，且 $\sum\limits_{n=1}^{\infty}u_n(x)$ 在 $[a,b]$ 上一致收敛于 $S(x)$，则 $S(x)$ 在 $[a,b]$ 上连续. 这时，对任意 $x_0\in[a,b]$，成立

$$\lim_{x\to x_0}\sum_{n=1}^{\infty}u_n(x)=\sum_{n=1}^{\infty}\lim_{x\to x_0}u_n(x),$$

即极限运算与无限求和运算可以交换次序.

注　由于连续性是函数的一种局部性质（连续是逐点定义的），因此，在每个 $u_n(x)$（或 $S_n(x)$）在开区间 (a,b) 上连续的前提下，只要 $\sum\limits_{n=1}^{\infty}u_n(x)$（或 $S_n(x)$）在 (a,b) 上内闭一致收敛于 $S(x)$，就足以保证 $S(x)$ 在开区间 (a,b) 上连续. 请读者结合分析 $\{x^n\}$ 在 $(0,1)$ 上的一致收敛情况与 $S(x)$ 的连续性自行思考.

例 10.2.6　由例 10.2.5，当 $\{a_n\}$ 单调收敛于 0 时，函数项级数 $\sum\limits_{n=1}^{\infty}a_n\cos nx$ 与 $\sum\limits_{n=1}^{\infty}a_n\sin nx$ 在 $(0,2\pi)$ 上都是内闭一致收敛的. 由于每项 $a_n\sin nx$ 与 $a_n\cos nx$ 关于 x 都是连续的，由定理 10.2.4，$\sum\limits_{n=1}^{\infty}a_n\cos nx$ 与 $\sum\limits_{n=1}^{\infty}a_n\sin nx$ 在 $(0,2\pi)$ 上都是连续的. 比如 $\sum\limits_{n=1}^{\infty}\dfrac{\sin nx}{\sqrt{n}}$，$\sum\limits_{n=1}^{\infty}\dfrac{n\cos nx}{n^2+1}$ 等，都是 $(0,2\pi)$ 上的连续函数.

定理 10.2.5　设函数序列 $\{S_n(x)\}$ 的每一项 $S_n(x)$ 在 $[a,b]$ 上连续，且在 $[a,b]$ 上一致收敛于 $S(x)$，则 $S(x)$ 在 $[a,b]$ 上可积，且

$$\int_a^b S(x)\,\mathrm{d}x=\lim_{n\to\infty}\int_a^b S_n(x)\,\mathrm{d}x.$$

证　由定理 10.2.4，$S(x)$ 在 $[a,b]$ 上连续，因而在 $[a,b]$ 上可积. 由于 $\{S_n(x)\}$ 在 $[a,b]$ 上一致收敛于 $S(x)$，所以对任意给定的 $\varepsilon>0$，存在正整数 N，当 $n>N$ 时，

$$|S_n(x)-S(x)|<\varepsilon$$

对一切 $x\in[a,b]$ 成立，于是

$$\left|\int_a^b S_n(x)\,dx-\int_a^b S(x)\,dx\right|\leqslant\int_a^b |S_n(x)-S(x)|\,dx<(b-a)\varepsilon.$$

证毕

在定理 10.2.5 条件下，成立

$$\int_a^b \lim_{n\to\infty}S_n(x)\,dx=\lim_{n\to\infty}\int_a^b S_n(x)\,dx,$$

即积分运算可以和极限运算交换次序.

如果将上述定理中的$\{S_n(x)\}$看成函数项级数 $\sum\limits_{n=1}^{\infty}u_n(x)$的部分和函数序列，对应到函数项级数，就得到

定理 10.2.5′（逐项积分定理）　*设对每个 n，$u_n(x)$在$[a,b]$上连续，且 $\sum\limits_{n=1}^{\infty}u_n(x)$在$[a,b]$上一致收敛于 $S(x)$，则 $S(x)$在$[a,b]$上可积，且*

$$\int_a^b S(x)\,dx=\int_a^b\sum_{n=1}^{\infty}u_n(x)\,dx=\sum_{n=1}^{\infty}\int_a^b u_n(x)\,dx,$$

即积分运算可以和无限求和运算交换次序.

注　在定理 10.2.5（或定理 10.2.5′）的条件下，可以得到"*对任意固定的 $x_0\in[a,b]$，函数序列$\left\{\int_{x_0}^{x}S_n(t)\,dt\right\}$（或函数项级数 $\sum\limits_{n=1}^{\infty}\int_{x_0}^{x}u_n(t)\,dt$）在$[a,b]$上一致收敛于 $\int_{x_0}^{x}S(t)\,dt$*"的结论，请读者自己给出证明.

例 10.2.7　证明：当 $x\in(-1,1)$时，成立

$$\sum_{n=1}^{\infty}\frac{(-1)^{n-1}}{2n-1}x^{2n-1}=x-\frac{1}{3}x^3+\frac{1}{5}x^5-\cdots=\arctan x.$$

证　对任意 $x\in(-1,1)$，可以取到 $\delta>0$，使 $x\in[-1+\delta,1-\delta]$. 函数项级数 $\sum\limits_{n=1}^{\infty}(-1)^{n-1}x^{2n-2}$ 的部分和序列$\{S_n(x)\}$的通项为

$$S_n(x)=\frac{1}{1+x^2}[1-(-x^2)^n],$$

由于$(-x^2)^n$在$[-1+\delta,1-\delta]$上一致收敛于 0，易知 $\sum\limits_{n=0}^{\infty}(-1)^{n-1}x^{2n-2}$在$[-1+\delta,1-\delta]$上一致收敛于 $S(x)=\dfrac{1}{1+x^2}$.

应用定理 10.2.5′进行逐项求积分

$$\sum_{n=1}^{\infty}\int_0^x(-1)^{n-1}t^{2n-2}\,dt=\int_0^x\frac{dt}{1+t^2},$$

即得到

$$\sum_{n=1}^{\infty}\frac{(-1)^{n-1}}{2n-1}x^{2n-1}=x-\frac{1}{3}x^3+\frac{1}{5}x^5-\cdots=\arctan x,\quad x\in(-1,1).$$

证毕

例 10.2.8　证明：当 $x\in(-1,1)$时，成立

$$\sum_{n=1}^{\infty}\frac{(-1)^{n-1}}{n}x^n=x-\frac{1}{2}x^2+\frac{1}{3}x^3-\cdots=\ln(1+x).$$

证　对任意 $x\in(-1,1)$，取 $\delta>0$，使 $x\in[-1+\delta,1-\delta]$. 类似例10.2.7，可知函数项级数 $\sum\limits_{n=1}^{\infty}(-1)^{n-1}x^{n-1}$ 在 $[-1+\delta,1-\delta]$ 上一致收敛于 $S(x)=\dfrac{1}{1+x}$.

应用定理 10.2.5′进行逐项求积分

$$\sum_{n=1}^{\infty}\int_0^x(-1)^{n-1}t^{n-1}\mathrm{d}t=\int_0^x\frac{\mathrm{d}t}{1+t},$$

即得到

$$\sum_{n=1}^{\infty}\frac{(-1)^{n-1}}{n}x^n=x-\frac{1}{2}x^2+\frac{1}{3}x^3-\cdots=\ln(1+x),\quad x\in(-1,1).$$

证毕

定理 10.2.6　设函数序列 $\{S_n(x)\}$ 满足

(1) $S_n(x)(n=1,2,\cdots)$ 在 $[a,b]$ 上有连续的导函数；

(2) $\{S_n(x)\}$ 在 $[a,b]$ 上点态收敛于 $S(x)$；

(3) $\{S_n'(x)\}$ 在 $[a,b]$ 上一致收敛于 $\sigma(x)$，

则 $S(x)$ 在 $[a,b]$ 上可导，且

$$\frac{\mathrm{d}}{\mathrm{d}x}S(x)=\sigma(x).$$

证　由定理 10.2.4 与定理 10.2.5，可知 $\sigma(x)$ 在 $[a,b]$ 上连续，且

$$\int_a^x\sigma(t)\,\mathrm{d}t=\lim_{n\to\infty}\int_a^x S_n'(t)\,\mathrm{d}t=\lim_{n\to\infty}[S_n(x)-S_n(a)]=S(x)-S(a).$$

由于上式左端可导，可知 $S(x)$ 也可导，且

$$S'(x)=\sigma(x).$$

证毕

在定理 10.2.6 的条件下，成立

$$\frac{\mathrm{d}}{\mathrm{d}x}\lim_{n\to\infty}S_n(x)=\lim_{n\to\infty}\frac{\mathrm{d}}{\mathrm{d}x}S_n(x).$$

即求导运算可以与极限运算交换次序.

如果将上述定理中的 $\{S_n(x)\}$ 看成函数项级数 $\sum\limits_{n=1}^{\infty}u_n(x)$ 的部分和函数序列，对应到函数项级数，就得到

定理 10.2.6′（逐项求导定理）　设函数项级数 $\sum\limits_{n=1}^{\infty}u_n(x)$ 满足

(1) $u_n(x)(n=1,2,\cdots)$ 在 $[a,b]$ 上有连续的导函数；

(2) $\sum\limits_{n=1}^{\infty}u_n(x)$ 在 $[a,b]$ 上点态收敛于 $S(x)$；

(3) $\sum\limits_{n=1}^{\infty}u_n'(x)$ 在 $[a,b]$ 上一致收敛于 $\sigma(x)$，

则 $S(x)=\sum\limits_{n=1}^{\infty}u_n(x)$ 在 $[a,b]$ 上可导，且

$$\frac{\mathrm{d}}{\mathrm{d}x}\sum_{n=1}^{\infty}u_n(x)=\sum_{n=1}^{\infty}\frac{\mathrm{d}}{\mathrm{d}x}u_n(x).$$

即求导运算可以与无限求和运算交换次序.

注 (1) 根据定理 10.2.5 和定理 10.2.5′的注,由$\{S_n'(x)\}$(或$\sum\limits_{n=1}^{\infty}u_n'(x)$)在$[a,b]$上一致收敛于$\sigma(x)$出发,可得到$\{S_n(x)\}$(或$\sum\limits_{n=1}^{\infty}u_n(x)$)在$[a,b]$上不仅点态收敛,而且是一致收敛于$S(x)$的结论.

(2) 与连续性类似,由于可导性也是函数的一种局部性质(可导也是逐点定义的),因此,$\sum\limits_{n=1}^{\infty}u_n(x)$(或$\{S_n(x)\}$)在开区间$(a,b)$上收敛于$S(x)$,并且每个$u_n(x)$(或$S_n(x)$)在$(a,b)$上有连续的导函数的前提下,同样只要$\sum\limits_{n=1}^{\infty}u_n'(x)$(或$\{S_n'(x)\}$)在$(a,b)$上内闭一致收敛,就足以保证$S(x)$在开区间$(a,b)$上可导.

例 10.2.9 证明:对一切$x\in(-1,1)$,成立

$$\sum_{n=1}^{\infty}nx^n=x+2x^2+3x^3+\cdots=\frac{x}{(1-x)^2}.$$

证 我们知道函数项级数$\sum\limits_{n=0}^{\infty}x^n$在$(-1,1)$上点态收敛于$S(x)=\dfrac{1}{1-x}$,而$\sum\limits_{n=0}^{\infty}x^n$经过逐项求导,得到$\sum\limits_{n=1}^{\infty}nx^{n-1}$,对任意$0<\rho<1$,当$x\in[-\rho,\rho]$时,

$$|nx^{n-1}|\leqslant n\rho^{n-1},$$

由$\sum\limits_{n=1}^{\infty}n\rho^{n-1}$的收敛性,应用 Weierstrass 判别法(定理 10.2.2),可知$\sum\limits_{n=1}^{\infty}nx^{n-1}$在$[-\rho,\rho]$上一致收敛,换言之,函数项级数$\sum\limits_{n=1}^{\infty}nx^{n-1}$在$(-1,1)$上内闭一致收敛.

应用定理 10.2.6′,对$\sum\limits_{n=0}^{\infty}x^n=\dfrac{1}{1-x}$进行逐项求导,即得

$$\sum_{n=1}^{\infty}nx^{n-1}=\frac{1}{(1-x)^2},$$

两边同时乘上x,就得到

$$\sum_{n=1}^{\infty}nx^n=x+2x^2+3x^3+\cdots=\frac{x}{(1-x)^2}.$$

需要指出的是,定理 10.2.4,定理 10.2.5 与定理 10.2.6 中的条件都是充分而非必要的.对于定理 10.2.4 与定理 10.2.5,我们可以考虑例 10.1.8 中的$S_n(x)=\dfrac{nx}{1+n^2x^2}$,函数序列$\{S_n(x)\}$在$[0,1]$上收敛于$S(x)=0$,但收敛不是一致的,然而$S(x)=0$在$[0,1]$上连续而且可积,并且

$$\int_0^1 S_n(x)\,\mathrm{d}x=\frac{1}{2n}\int_0^1\frac{\mathrm{d}(1+n^2x^2)}{1+n^2x^2}=\frac{1}{2n}\ln(1+n^2)\to\int_0^1 S(x)\,\mathrm{d}x=0\quad(n\to\infty).$$

对于定理 10.2.6,可以考虑$f_n(x)=\dfrac{1}{2n}\ln(1+n^2x^2)$,函数序列$\{f_n(x)\}$在$[0,1]$上收敛于$f(x)=0$.由于$f_n'(x)=S_n(x)=\dfrac{nx}{1+n^2x^2}$,$\{f_n'(x)\}$在$[0,1]$上收敛于$S(x)=0$,但并非一致收敛.虽然$\{f_n(x)\}$不满足定理 10.2.6 的条件,但仍然有$f'(x)=S(x)$的结论.

由上面的讨论,我们知道定理 10.2.4 的逆命题一般来说不成立,即$[a,b]$区间上连续的函数序列$\{S_n(x)\}$收敛于连续函数$S(x)$并不意味收敛在$[a,b]$上具有一致性.但是在一定的条件下,我们还是可以得到收敛在$[a,b]$上具有一致性的结论,这就是下面要叙述的

定理 10.2.7(Dini 定理)　设函数序列$\{S_n(x)\}$在闭区间$[a,b]$上点态收敛于$S(x)$,如果

(1) $S_n(x)(n=1,2,\cdots)$在$[a,b]$上连续;

(2) $S(x)$在$[a,b]$上连续;

(3) $\{S_n(x)\}$关于n单调,即对任意固定的$x\in[a,b]$,$\{S_n(x)\}$是单调数列,

则$\{S_n(x)\}$在$[a,b]$上一致收敛于$S(x)$.

证　用反证法.设$\{S_n(x)\}$在$[a,b]$上不一致收敛于$S(x)$,则

$$\exists\,\varepsilon_0>0,\ \forall\,N>0,\ \exists\,n>N,\ \exists\,x\in[a,b]:|S_n(x)-S(x)|\geqslant\varepsilon_0.$$

依次取:

$N=1,\ \exists\,n_1>1,\ \exists\,x_1\in[a,b]:|S_{n_1}(x_1)-S(x_1)|\geqslant\varepsilon_0,$

$N=n_1,\ \exists\,n_2>n_1,\ \exists\,x_2\in[a,b]:|S_{n_2}(x_2)-S(x_2)|\geqslant\varepsilon_0,$

……

$N=n_{k-1},\ \exists\,n_k>n_{k-1},\ \exists\,x_k\in[a,b]:|S_{n_k}(x_k)-S(x_k)|\geqslant\varepsilon_0,$

……

于是得到数列$\{x_k\}$,$x_k\in[a,b]$.

由 Weierstrass 定理知,数列$\{x_k\}$必有收敛子列.为了叙述方便,不妨设$x_k\to\xi\in[a,b](k\to\infty)$.由于$\lim\limits_{n\to\infty}S_n(\xi)=S(\xi)$,所以对$\varepsilon_0>0$,存在$N$,成立

$$|S_N(\xi)-S(\xi)|<\frac{\varepsilon_0}{2}.$$

由条件(1)与(2),$S_N(x)-S(x)$在$x=\xi$连续,由于$x_k\to\xi(k\to\infty)$,存在正整数K,使

$$|S_N(x_k)-S(x_k)|<\varepsilon_0$$

对一切$k>K$成立.

现利用条件(3),即$\{S_n(x)\}$关于n的单调性,则当$n>N$与$k>K$时,

$$|S_n(x_k)-S(x_k)|\leqslant|S_N(x_k)-S(x_k)|<\varepsilon_0.$$

由于$n_k\to\infty\ (k\to\infty)$,当$k$充分大时,总能满足$k>K$与$n_k>N$,于是成立

$$|S_{n_k}(x_k)-S(x_k)|<\varepsilon_0,$$

这就与

$$|S_{n_k}(x_k)-S(x_k)|\geqslant\varepsilon_0\qquad(k\in\mathbf{N}^+)$$

产生矛盾.

证毕

定理 10.2.7 中 x 的取值范围闭区间 $[a,b]$ 不能换成开区间 (a,b)，请读者自己分析一下原因.

对应函数项级数，我们得到

定理 10.2.7′ 设函数项级数 $\sum_{n=1}^{\infty} u_n(x)$ 在闭区间 $[a,b]$ 上点态收敛于 $S(x)$，如果

(1) $u_n(x)\,(n=1,2,\cdots)$ 在 $[a,b]$ 上连续；

(2) $S(x)$ 在 $[a,b]$ 上连续；

(3) 对任意固定的 $x\in[a,b]$，$\sum_{n=1}^{\infty} u_n(x)$ 是正项级数或负项级数，则 $\sum_{n=1}^{\infty} u_n(x)$ 在 $[a,b]$ 上一致收敛于 $S(x)$.

处处不可导的连续函数之例

一般说来，数学分析所讨论的连续函数在其绝大部分连续点上总是可导的.因此在数学分析的发展历史上，数学家们一直猜测：连续函数在其定义区间中，至多除去可列个点外都是可导的.也就是说，连续函数的不可导点至多是可列集.

以后，随着级数理论的发展，Weierstrass 利用函数项级数第一个构造出了一个处处连续而处处不可导的函数，为上述猜测做了一个否定的终结.下面我们叙述的反例相对简易些，它是由荷兰数学家 van der Waerden 于 1930 年给出的.

设 $\varphi(x)$ 表示 x 与最邻近的整数之间的距离，例如当 $x=1.26$，则 $\varphi(x)=0.26$；当 $x=3.67$，则 $\varphi(x)=0.33$.显然 $\varphi(x)$ 是周期为 1 的连续函数，且 $|\varphi(x)|\leqslant\frac{1}{2}$.

令

$$f(x)=\sum_{n=0}^{\infty}\frac{\varphi(10^n x)}{10^n},$$

由于 $\left|\frac{\varphi(10^n x)}{10^n}\right|\leqslant\frac{1}{2\cdot 10^n}$，及 $\sum_{n=0}^{\infty}\frac{1}{2\cdot 10^n}$ 的收敛性，应用定理 10.2.2(Weierstrass 判别法)，可知 $f(x)$ 表达式中的函数项级数关于 $x\in(-\infty,+\infty)$ 一致收敛.再由 $\varphi(x)$ 的连续性，应用定理 10.2.4′，得知 $f(x)$ 在 $(-\infty,+\infty)$ 上连续.

现考虑 $f(x)$ 在任意一点 x 的可导性.由于 $f(x)$ 的周期性，不妨设 $0\leqslant x<1$，并将 x 表示成无限小数

$$x=0.a_1a_2\cdots a_n\cdots.$$

若 x 是有限小数时，则在后面添上无穷多个 0.然后我们取

$$h_m=\begin{cases}10^{-m}, & \text{当 } a_m=0,1,2,3,5,6,7,8,\\ -10^{-m}, & \text{当 } a_m=4,9,\end{cases}$$

例如设 $x=0.309546\cdots$，则我们取 $h_1=10^{-1}$，$h_2=10^{-2}$，$h_3=-10^{-3}$，$h_4=10^{-4}$，$h_5=-10^{-5}$，$h_6=10^{-6}$，$\cdots$.显然

$$h_m\to 0\quad(m\to\infty).$$

根据 h_m 的取法，可以知道：

(1) 当 $n\geqslant m$ 时，$\varphi(10^n(x+h_m))=\varphi(10^n x\pm 10^{n-m})=\varphi(10^n x)$；

(2) 当 $n<m$ 时，$10^n(x+h_m)$ 与 $10^n x$ 或者同属于区间 $\left[k,k+\frac{1}{2}\right]$，或者同属于区间 $\left[k+\frac{1}{2},k+1\right]$（$k$ 为某一整数)，因而

$$\varphi(10^n(x+h_m))-\varphi(10^n x)=\pm 10^n h_m,$$

其中符号由 x,n 与 m 惟一确定.

现在考察

$$\frac{f(x+h_m)-f(x)}{h_m}=\sum_{n=0}^{\infty}\frac{\varphi(10^n(x+h_m))-\varphi(10^n x)}{10^n h_m}.$$

在上式右端的和式中,当 $n\geqslant m$ 时,由于 $\varphi(10^n(x+h_m))=\varphi(10^n x)$,这些项都为 0;当 $n<m$ 时,由于分子与分母都为 $\pm 10^{n-m}$,但符号可能不同,因此这些项不是+1 就是-1.于是我们得到

$$\frac{f(x+h_m)-f(x)}{h_m}=\sum_{n=0}^{m-1}\pm 1,$$

等式右端必定是整数,且其奇偶性与 m 一致,由此可知

$$\lim_{m\to\infty}\frac{f(x+h_m)-f(x)}{h_m}$$

不存在,也就是说,$f(x)$ 在任意一点 x 是不可导的.这样,一个处处连续,但处处不可导的函数反例通过函数项级数这一工具被构造出来了.

习　题

1. 讨论下列函数项级数在所指定区间上的一致收敛性:

(1) $\sum\limits_{n=0}^{\infty}(1-x)x^n,\qquad x\in[0,1]$;

(2) $\sum\limits_{n=0}^{\infty}(1-x)^2x^n,\qquad x\in[0,1]$;

(3) $\sum\limits_{n=1}^{\infty}x^3\mathrm{e}^{-nx^2},\qquad x\in[0,+\infty)$;

(4) $\sum\limits_{n=1}^{\infty}x\mathrm{e}^{-nx^2},\qquad$ (i) $x\in[0,+\infty)$, (ii) $x\in[\delta,+\infty)\ (\delta>0)$;

(5) $\sum\limits_{n=0}^{\infty}\dfrac{x}{1+n^3x^2},\qquad x\in(-\infty,+\infty)$;

(6) $\sum\limits_{n=1}^{\infty}\dfrac{\sin nx}{\sqrt[3]{n^4+x^4}},\qquad x\in(-\infty,+\infty)$;

(7) $\sum\limits_{n=0}^{\infty}(-1)^n(1-x)x^n,\qquad x\in[0,1]$;

(8) $\sum\limits_{n=1}^{\infty}\dfrac{(-1)^n}{n+x^2},\qquad x\in(-\infty,+\infty)$;

(9) $\sum\limits_{n=0}^{\infty}2^n\sin\dfrac{1}{3^nx},\qquad$ (i) $x\in(0,+\infty)$,(ii) $x\in[\delta,+\infty)\ (\delta>0)$;

(10) $\sum\limits_{n=1}^{\infty}\dfrac{\sin x\sin nx}{\sqrt{n}},\qquad x\in(-\infty,+\infty)$;

(11) $\sum\limits_{n=0}^{\infty}\dfrac{x^2}{(1+x^2)^n},\qquad x\in(-\infty,+\infty)$;

(12) $\sum\limits_{n=0}^{\infty}(-1)^n\dfrac{x^2}{(1+x^2)^n}$，$x\in(-\infty,+\infty)$.

2. 证明：函数 $f(x)=\sum\limits_{n=0}^{\infty}\dfrac{\cos nx}{n^2+1}$ 在 $(0,2\pi)$ 上连续，且有连续的导函数.

3. 证明：函数 $f(x)=\sum\limits_{n=1}^{\infty}n\mathrm{e}^{-nx}$ 在 $(0,+\infty)$ 上连续，且有各阶连续导数.

4. 证明：函数 $\sum\limits_{n=1}^{\infty}\dfrac{1}{n^x}$ 在 $(1,+\infty)$ 上连续，且有各阶连续导数；函数 $\sum\limits_{n=1}^{\infty}\dfrac{(-1)^n}{n^x}$ 在 $(0,+\infty)$ 上连续，且有各阶连续导数.

5. 证明：函数项级数 $f(x)=\sum\limits_{n=1}^{\infty}\arctan\dfrac{x}{n^2}$ 可以逐项求导，即

$$\frac{\mathrm{d}}{\mathrm{d}x}f(x)=\sum_{n=1}^{\infty}\frac{\mathrm{d}}{\mathrm{d}x}\arctan\frac{x}{n^2}.$$

6. 设数项级数 $\sum\limits_{n=1}^{\infty}a_n$ 收敛，证明：

(1) $\lim\limits_{x\to0+}\sum\limits_{n=1}^{\infty}\dfrac{a_n}{n^x}=\sum\limits_{n=1}^{\infty}a_n$；　　(2) $\int_0^1\sum\limits_{n=1}^{\infty}a_nx^n\mathrm{d}x=\sum\limits_{n=1}^{\infty}\dfrac{a_n}{n+1}$.

7. 设 $u_n(x)$，$v_n(x)$ 在区间 (a,b) 上连续，且 $|u_n(x)|\leqslant v_n(x)$ 对一切 $n\in\mathbf{N}^+$ 成立. 证明：若 $\sum\limits_{n=1}^{\infty}v_n(x)$ 在 (a,b) 上点态收敛于一个连续函数，则 $\sum\limits_{n=1}^{\infty}u_n(x)$ 也必然收敛于一个连续函数.

8. 设函数项级数 $\sum\limits_{n=1}^{\infty}u_n(x)$ 在 $x=a$ 与 $x=b$ 收敛，且对一切 $n\in\mathbf{N}^+$，$u_n(x)$ 在闭区间 $[a,b]$ 上单调增加，证明：$\sum\limits_{n=1}^{\infty}u_n(x)$ 在 $[a,b]$ 上一致收敛.

9. 设对一切 $n\in\mathbf{N}^+$，$u_n(x)$ 在 $x=a$ 右连续，且 $\sum\limits_{n=1}^{\infty}u_n(x)$ 在 $x=a$ 发散，证明：对任意 $\delta>0$，$\sum\limits_{n=1}^{\infty}u_n(x)$ 在 $(a,a+\delta)$ 上必定非一致收敛.

10. 证明：函数项级数 $\sum\limits_{n=2}^{\infty}\ln\left(1+\dfrac{x}{n\ln^2 n}\right)$ 在 $[-a,a]$ 上是一致收敛的，其中 a 是小于 $2\ln^2 2$ 的任意固定正数.

11. 设

$$f(x)=\sum_{n=1}^{\infty}\frac{1}{2^n}\tan\frac{x}{2^n},$$

(1) 证明：$f(x)$ 在 $\left[0,\dfrac{\pi}{2}\right]$ 上连续；

(2) 计算 $\int_{\frac{\pi}{6}}^{\frac{\pi}{2}}f(x)\mathrm{d}x$.

12. 设 $f(x)=\sum\limits_{n=1}^{\infty}\dfrac{\cos nx}{\sqrt{n^3+n}}$，

(1) 证明：$f(x)$ 在 $(-\infty,+\infty)$ 上连续；

(2) 记 $F(x)=\int_0^x f(t)\mathrm{d}t$，证明：

$$\frac{\sqrt{2}}{2}-\frac{1}{15}<F\left(\frac{\pi}{2}\right)<\frac{\sqrt{2}}{2}.$$

13. 设 $f(x)=\sum\limits_{n=0}^{\infty}\dfrac{1}{2^n+x}$,

(1) 证明 $f(x)$ 在 $[0,+\infty)$ 上可导,且一致连续;

(2) 证明反常积分 $\int_0^{+\infty}f(x)\mathrm{d}x$ 发散.

§3　幂　级　数

下面我们讨论一类特殊的函数项级数

$$\sum_{n=0}^{\infty}a_n(x-x_0)^n=a_0+a_1(x-x_0)+a_2(x-x_0)^2+\cdots+a_n(x-x_0)^n+\cdots,$$

这样的函数项级数称为**幂级数**.

显然,幂级数可以看成是一个"无限次多项式",而它的部分和函数 $S_n(x)$ 是一个 $n-1$ 次多项式.为了方便,我们通常取 $x_0=0$,也就是讨论

$$\sum_{n=0}^{\infty}a_nx^n=a_0+a_1x+a_2x^2+\cdots+a_nx^n+\cdots,$$

只要对所得的结果做一个平移 $x=t-x_0$,就可以平行推广到 $x_0\neq 0$ 的情况.

幂级数的收敛半径

对于幂级数 $\sum\limits_{n=0}^{\infty}a_nx^n$,我们首先有

$$\overline{\lim_{n\to\infty}}\sqrt[n]{|a_nx^n|}=\overline{\lim_{n\to\infty}}\sqrt[n]{|a_n|}\cdot|x|,$$

根据数项级数的 Cauchy 判别法,当上面的极限值小于 1 时,$\sum\limits_{n=0}^{\infty}a_nx^n$ 绝对收敛;当上面的极限值大于 1 时,$\sum\limits_{n=0}^{\infty}a_nx^n$ 发散.如果令

$$A=\overline{\lim_{n\to\infty}}\sqrt[n]{|a_n|},$$

定义

$$R=\begin{cases}+\infty, & 当\ A=0,\\ \dfrac{1}{A}, & 当\ A\in(0,+\infty),\\ 0, & 当\ A=+\infty,\end{cases}$$

则我们有

定理 10.3.1(Cauchy-Hadamard 定理)　幂级数 $\sum\limits_{n=0}^{\infty}a_nx^n$ 当 $|x|<R(R>0)$ 时绝对收敛;当 $|x|>R$ 时发散.

注意在区间的端点 $x=\pm R$,幂级数收敛与否必须另行判断.

对于 $\sum_{n=0}^{\infty} a_n(x-x_0)^n$，则有平行的结论：幂级数在以 x_0 为中心，以 R 为半径的对称区间内绝对收敛，而在该区间外发散. 在区间的端点 $x_0 \pm R$，幂级数的敛散性必须另行判断.

数 R 称为幂级数的**收敛半径**. 当 $R=+\infty$ 时，幂级数对一切 x 都是绝对收敛的；当 $R=0$时，幂级数仅当 $x=x_0$ 时收敛.

例 10.3.1 幂级数 $\sum_{n=1}^{\infty}\frac{x^n}{n}$，$\sum_{n=1}^{\infty}\frac{(x-1)^n}{n^2}$，$\sum_{n=1}^{\infty}n(x+1)^n$ 的收敛半径都是$R=1$. $\sum_{n=1}^{\infty}\frac{x^n}{n}$ 的收敛域是 $[-1,1)$；$\sum_{n=1}^{\infty}\frac{(x-1)^n}{n^2}$ 的收敛域是 $[0,2]$；$\sum_{n=1}^{\infty}n(x+1)^n$ 收敛域是 $(-2,0)$.

例 10.3.2 考察幂级数 $\sum_{n=1}^{\infty}\frac{[2+(-1)^n]^n}{n}\left(x-\frac{1}{2}\right)^n$ 的收敛情况.

解 因为

$$\overline{\lim_{n\to\infty}}\sqrt[n]{\frac{[2+(-1)^n]^n}{n}}=3,$$

所以收敛半径为 $R=\frac{1}{3}$. 请读者自己证明，当 $x=\frac{1}{2}+R=\frac{5}{6}$ 与 $x=\frac{1}{2}-R=\frac{1}{6}$ 时，幂级数都是发散的. 因此它的收敛域是 $\left(\frac{1}{6},\frac{5}{6}\right)$.

在判断数项级数的敛散性时，除了 Cauchy 判别法，还有 d'Alembert 判别法，下面的定理就是 d'Alembert 判别法在幂级数上的应用.

定理 10.3.2（d'Alembert 判别法） 如果对幂级数 $\sum_{n=0}^{\infty}a_nx^n$ 成立

$$\lim_{n\to\infty}\left|\frac{a_{n+1}}{a_n}\right|=A,$$

则此幂级数的收敛半径为 $R=\frac{1}{A}$.

定理的证明包含在引理 9.3.1 给出的不等式

$$\underline{\lim_{n\to\infty}}\left|\frac{a_{n+1}}{a_n}\right|\leqslant\underline{\lim_{n\to\infty}}\sqrt[n]{|a_n|}\leqslant\overline{\lim_{n\to\infty}}\sqrt[n]{|a_n|}\leqslant\overline{\lim_{n\to\infty}}\left|\frac{a_{n+1}}{a_n}\right|$$

中，此处从略.

例 10.3.3 考察幂级数 $\sum_{n=0}^{\infty}\frac{n^n}{n!}x^n$ 的收敛情况.

解 因为

$$\lim_{n\to\infty}\left|\frac{a_{n+1}}{a_n}\right|=\lim_{n\to\infty}\frac{\frac{(n+1)^{n+1}}{(n+1)!}}{\frac{n^n}{n!}}=\mathrm{e},$$

所以收敛半径为 $R=\frac{1}{\mathrm{e}}$.

当 $x=\frac{1}{\mathrm{e}}$时，$\sum_{n=0}^{\infty}\frac{n^n}{n!}x^n$ 是正项级数，由 Stirling 公式（见例 9.5.5），

$$\frac{n^n}{n!}x^n \sim \frac{n^n}{\sqrt{2\pi}\,n^{n+\frac{1}{2}}\mathrm{e}^{-n}}\cdot\frac{1}{\mathrm{e}^n}=\frac{1}{\sqrt{2\pi n}} \quad (n\to\infty),$$

可知 $\sum_{n=0}^{\infty}\frac{n^n}{n!}x^n$ 在 $x=\frac{1}{\mathrm{e}}$时发散.

当 $x=-\frac{1}{\mathrm{e}}$时，$\sum_{n=0}^{\infty}\frac{n^n}{n!}x^n$ 是交错级数，由于

$$\left|\frac{\frac{(n+1)^{n+1}}{(n+1)!}x^{n+1}}{\frac{n^n}{n!}x^n}\right|=\frac{1}{\mathrm{e}}\left(1+\frac{1}{n}\right)^n<1,$$

且

$$\left|\frac{n^n}{n!}x^n\right|\sim\frac{1}{\sqrt{2\pi n}}\to 0 \quad (n\to\infty),$$

可知 $\sum_{n=0}^{\infty}\frac{n^n}{n!}x^n$ 在 $x=-\frac{1}{\mathrm{e}}$时是 Leibniz 级数，所以收敛.

综上所述，$\sum_{n=0}^{\infty}\frac{n^n}{n!}x^n$ 的收敛域是$\left[-\frac{1}{\mathrm{e}},\frac{1}{\mathrm{e}}\right)$.

幂级数的性质

Abel 曾系统地研究过幂级数，并建立了 Abel 第一定理与第二定理，其中第一定理是这样的：设 $x_0=0$，如果幂级数在点 ξ 收敛，则当 $|x|<|\xi|$ 时幂级数绝对收敛；如果幂级数在点 η 发散，则当 $|x|>|\eta|$ 时幂级数发散. 显然，这一结论已包含在定理10.3.1之中. 下面我们叙述第二定理：

定理 10.3.3（Abel 第二定理）　设幂级数 $\sum_{n=0}^{\infty}a_nx^n$ 的收敛半径为 R，则

（i）$\sum_{n=0}^{\infty}a_nx^n$ 在$(-R,R)$上内闭一致收敛，即在任意闭区间$[a,b]\subset(-R,R)$上一致收敛；

（ii）若 $\sum_{n=0}^{\infty}a_nx^n$ 在 $x=R$ 收敛，则它在任意闭区间$[a,R]\subset(-R,R]$上一致收敛.

证　（i）记 $\xi=\max\{|a|,|b|\}$，对一切 $x\in[a,b]$，成立

$$|a_nx^n|\leqslant|a_n\xi^n|.$$

由于 $|\xi|<R$，所以 $\sum_{n=0}^{\infty}|a_n\xi^n|$ 收敛，由 Weierstrass 判别法，可知 $\sum_{n=0}^{\infty}a_nx^n$ 在$[a,b]$上一致收敛.

（ii）先证明 $\sum_{n=0}^{\infty}a_nx^n$ 在$[0,R]$上一致收敛.

当 $\sum_{n=0}^{\infty}a_nR^n$ 收敛时，由于$\left(\frac{x}{R}\right)^n$ 在$[0,R]$一致有界$\left(0\leqslant\left(\frac{x}{R}\right)^n\leqslant 1\right)$，且关于 n 单调，

根据 Abel 判别法，

$$\sum_{n=0}^{\infty} a_n x^n = \sum_{n=0}^{\infty}(a_n R^n)\left(\frac{x}{R}\right)^n$$

在$[0,R]$上一致收敛.

于是当 $a\geqslant 0$ 时，$\sum_{n=0}^{\infty} a_n x^n$ 在$[a,R]$上一致收敛；当$-R<a<0$ 时，由(i)，$\sum_{n=0}^{\infty} a_n x^n$ 在$[a,0]$上一致收敛，结合 $\sum_{n=0}^{\infty} a_n x^n$ 在$[0,R]$上的一致收敛性就得到 $\sum_{n=0}^{\infty} a_n x^n$ 在$[a,R]$上一致收敛.

证毕

类似地可进一步得到：若 $\sum_{n=0}^{\infty} a_n x^n$ 在 $x=-R$ 收敛，则它在任意闭区间$[-R,b]\subset[-R,R)$上一致收敛；若 $\sum_{n=0}^{\infty} a_n x^n$ 在 $x=\pm R$ 都收敛，则它在$[-R,R]$上一致收敛.

概括地说：幂级数在包含于收敛域中的任意闭区间上一致收敛.

根据 Abel 第二定理，可以得到幂级数的如下性质：

(1) 和函数的连续性：幂级数在它的收敛域上连续.

定理 10.3.4 设 $\sum_{n=0}^{\infty} a_n x^n$ 的收敛半径为 R，则和函数在$(-R,R)$上连续；若 $\sum_{n=0}^{\infty} a_n x^n$ 在 $x=R$(或 $x=-R$) 收敛，则和函数在 $x=R$(或 $x=-R$) 左(右) 连续.

证 幂级数的一般项是幂函数，显然是连续函数. 由 Abel 第二定理，$\sum_{n=0}^{\infty} a_n x^n$ 在其收敛域上内闭一致收敛，根据一致收敛函数项级数的和函数的连续性，$\sum_{n=0}^{\infty} a_n x^n$ 在包含于收敛域中的任意闭区间上连续，因而在它的整个收敛域上连续.

证毕

(2) 逐项可积性：幂级数在包含于收敛域中的任意闭区间上可以逐项求积分.

定理 10.3.5 设 a,b 是幂级数 $\sum_{n=0}^{\infty} a_n x^n$ 收敛域中任意二点，则

$$\int_a^b \sum_{n=0}^{\infty} a_n x^n \mathrm{d}x = \sum_{n=0}^{\infty}\int_a^b a_n x^n \mathrm{d}x,$$

特别地，取 $a=0,b=x$，则有

$$\int_0^x \sum_{n=0}^{\infty} a_n t^n \mathrm{d}t = \sum_{n=0}^{\infty}\frac{a_n}{n+1}x^{n+1},$$

且逐项积分所得幂级数 $\sum_{n=0}^{\infty}\frac{a_n}{n+1}x^{n+1}$ 与原幂级数 $\sum_{n=0}^{\infty} a_n x^n$ 具有相同的收敛半径.

证 由 Abel 第二定理，$\sum_{n=0}^{\infty} a_n x^n$ 在其收敛域上内闭一致收敛. 应用一致收敛函数项级数的逐项积分定理，即得到幂级数的逐项可积性.

由于

$$\overline{\lim_{n\to\infty}}\sqrt[n+1]{\frac{|a_n|}{n+1}}=\overline{\lim_{n\to\infty}}\sqrt[n]{|a_n|},$$

可知 $\sum\limits_{n=0}^{\infty}\dfrac{a_n}{n+1}x^{n+1}$ 与 $\sum\limits_{n=0}^{\infty}a_nx^n$ 具有相同的收敛半径.

证毕

注　虽然逐项积分所得的幂级数 $\sum\limits_{n=0}^{\infty}\dfrac{a_n}{n+1}x^{n+1}$ 与原幂级数 $\sum\limits_{n=0}^{\infty}a_nx^n$ 收敛半径相同，但收敛域有可能扩大.请注意下面二个例题.

例 10.3.4　在例 10.2.7 中，通过对 $\sum\limits_{n=1}^{\infty}(-1)^{n-1}x^{2n-2}$ 的逐项积分，已得到

$$\sum_{n=1}^{\infty}\frac{(-1)^{n-1}}{2n-1}x^{2n-1}=x-\frac{1}{3}x^3+\frac{1}{5}x^5-\cdots=\arctan x,\quad x\in(-1,1).$$

显然，$\sum\limits_{n=1}^{\infty}(-1)^{n-1}x^{2n-2}$ 的收敛域是 $(-1,1)$，但 $\sum\limits_{n=1}^{\infty}\dfrac{(-1)^{n-1}}{2n-1}x^{2n-1}$ 的收敛域是 $[-1,1]$.

由于 $\sum\limits_{n=1}^{\infty}\dfrac{(-1)^{n-1}}{2n-1}x^{2n-1}$ 在 $x=\pm1$ 收敛，由幂级数和函数的连续性，即可得到

$$\sum_{n=1}^{\infty}\lim_{x\to1-}\frac{(-1)^{n-1}}{2n-1}x^{2n-1}=\sum_{n=1}^{\infty}\frac{(-1)^{n-1}}{2n-1}=\lim_{x\to1-}\sum_{n=1}^{\infty}\frac{(-1)^{n-1}}{2n-1}x^{2n-1}=\lim_{x\to1-}\arctan x=\frac{\pi}{4},$$

也就是

$$\frac{\pi}{4}=1-\frac{1}{3}+\frac{1}{5}-\cdots+\frac{(-1)^{n-1}}{2n-1}+\cdots.$$

例 10.3.5　在例 10.2.8 中，通过对 $\sum\limits_{n=1}^{\infty}(-1)^{n-1}x^{n-1}$ 的逐项积分，已得到

$$\sum_{n=1}^{\infty}\frac{(-1)^{n-1}}{n}x^n=x-\frac{1}{2}x^2+\frac{1}{3}x^3-\cdots=\ln(1+x),\quad x\in(-1,1).$$

显然，$\sum\limits_{n=1}^{\infty}(-1)^{n-1}x^{n-1}$ 的收敛域是 $(-1,1)$，但 $\sum\limits_{n=1}^{\infty}\dfrac{(-1)^{n-1}}{n}x^n$ 的收敛域是 $(-1,1]$.

由于 $\sum\limits_{n=1}^{\infty}\dfrac{(-1)^{n-1}}{n}x^n$ 在 $x=1$ 收敛，由幂级数和函数的连续性，即可得到

$$\begin{aligned}\sum_{n=1}^{\infty}\lim_{x\to1-}\frac{(-1)^{n-1}}{n}x^n&=\sum_{n=1}^{\infty}\frac{(-1)^{n-1}}{n}=\lim_{x\to1-}\sum_{n=1}^{\infty}\frac{(-1)^{n-1}}{n}x^n\\&=\lim_{x\to1-}\ln(1+x)=\ln2,\end{aligned}$$

也就是

$$\ln2=1-\frac{1}{2}+\frac{1}{3}-\cdots+\frac{(-1)^{n-1}}{n}+\cdots,$$

此即为例 2.4.10 的结果.

(3) **逐项可导性:幂级数在它的收敛域内部可以逐项求导.**

定理 10.3.6 设 $\sum\limits_{n=0}^{\infty} a_n x^n$ 的收敛半径为 R,则它在$(-R,R)$上可以逐项求导,即

$$\frac{\mathrm{d}}{\mathrm{d}x}\sum_{n=0}^{\infty} a_n x^n = \sum_{n=0}^{\infty}\frac{\mathrm{d}}{\mathrm{d}x}a_n x^n = \sum_{n=1}^{\infty} n a_n x^{n-1},$$

且逐项求导所得的幂级数 $\sum\limits_{n=1}^{\infty} n a_n x^{n-1}$ 的收敛半径也是 R.

证 首先我们有

$$\varlimsup_{n\to\infty}\sqrt[n-1]{n|a_n|}=\varlimsup_{n\to\infty}\sqrt[n]{|a_n|},$$

即 $\sum\limits_{n=1}^{\infty} n a_n x^{n-1}$ 的收敛半径也是 R,因此 $\sum\limits_{n=1}^{\infty} n a_n x^{n-1}$ 在$(-R,R)$上内闭一致收敛.再由于 $\sum\limits_{n=0}^{\infty} a_n x^n$ 在$(-R, R)$上收敛,应用函数项级数的逐项求导定理,即得到幂级数的逐项可导性.

证毕

注 虽然逐项求导所得的幂级数 $\sum\limits_{n=1}^{\infty} n a_n x^{n-1}$ 与原幂级数 $\sum\limits_{n=0}^{\infty} a_n x^n$ 收敛半径相同,但收敛域有可能缩小. 这只要考察例 10.3.4 中的 $\sum\limits_{n=0}^{\infty}\dfrac{(-1)^{n-1}}{2n-1}x^{2n-1}$ 与例 10.3.5 中的 $\sum\limits_{n=0}^{\infty}\dfrac{(-1)^{n-1}}{n}x^n$.前者的收敛域是$[-1,1]$,后者的收敛域是$(-1,1]$,但它们经过逐项求导后,收敛域都缩小为$(-1,1)$.

例 10.3.6 求 $\sum\limits_{n=0}^{\infty}\dfrac{x^n}{n!}$ 的和函数.

解 由于

$$\lim_{n\to\infty}\frac{\dfrac{1}{(n+1)!}}{\dfrac{1}{n!}}=0,$$

可知 $\sum\limits_{n=0}^{\infty}\dfrac{x^n}{n!}$ 的收敛半径为 $R=+\infty$,即它的收敛域为$(-\infty,+\infty)$.令 $S(x)=\sum\limits_{n=0}^{\infty}\dfrac{x^n}{n!}$, $x\in(-\infty,+\infty)$,应用幂级数的逐项可导性,可得

$$S'(x)=\sum_{n=0}^{\infty}\left(\frac{x^n}{n!}\right)'=\sum_{n=1}^{\infty}\frac{x^{n-1}}{(n-1)!}=\sum_{n=0}^{\infty}\frac{x^n}{n!}=S(x).$$

于是有

$$(\mathrm{e}^{-x}S(x))'=\mathrm{e}^{-x}(S'(x)-S(x))=0,\quad x\in(-\infty,+\infty).$$

这说明 $\mathrm{e}^{-x}S(x)$ 是一个常数,且该常数为 $(\mathrm{e}^{-x}S(x))\Big|_{x=0}=1$.从而得到

$$S(x)=\sum_{n=0}^{\infty}\frac{x^n}{n!}=\mathrm{e}^x,\quad x\in(-\infty,+\infty).$$

例 10.3.7 求级数 $\sum\limits_{n=1}^{\infty}\dfrac{2n+1}{3^n}$ 之和.

解 先考察幂级数

$$\sum_{n=0}^{\infty}x^n=\frac{1}{1-x},\quad x\in(-1,1),$$

逐项求导后,再两边乘以 x,得到

$$\sum_{n=1}^{\infty}nx^n=\frac{x}{(1-x)^2},\quad x\in(-1,1).$$

令 $x=\dfrac{1}{3}$,则有

$$\sum_{n=1}^{\infty}\left(\frac{1}{3}\right)^n=\frac{1}{2},\quad \sum_{n=1}^{\infty}n\left(\frac{1}{3}\right)^n=\frac{3}{4},$$

于是得到

$$\sum_{n=1}^{\infty}\frac{2n+1}{3^n}=2\sum_{n=1}^{\infty}n\left(\frac{1}{3}\right)^n+\sum_{n=1}^{\infty}\left(\frac{1}{3}\right)^n=2.$$

例 10.3.8 求幂级数 $\sum\limits_{n=0}^{\infty}\dfrac{n^2+1}{2^n n!}x^n$ 的和函数.

解 容易知道这个幂级数的收敛域为$(-\infty,+\infty)$,并且有

$$\sum_{n=0}^{\infty}\frac{n^2+1}{2^n n!}x^n=\sum_{n=1}^{\infty}\frac{n}{2^n(n-1)!}x^n+\sum_{n=0}^{\infty}\frac{1}{2^n n!}x^n,$$

其中右面两个幂级数的收敛域显然也为$(-\infty,+\infty)$.

由例 10.3.6 得

$$\sum_{n=0}^{\infty}\frac{1}{2^n n!}x^n=\sum_{n=0}^{\infty}\frac{1}{n!}\left(\frac{x}{2}\right)^n=e^{x/2},\quad x\in(-\infty,+\infty).$$

再看 $\sum\limits_{n=1}^{\infty}\dfrac{n}{2^n(n-1)!}x^n=\sum\limits_{n=1}^{\infty}\dfrac{n}{(n-1)!}\left(\dfrac{x}{2}\right)^n$.

设 $S_1(x)=\sum\limits_{n=1}^{\infty}\dfrac{n}{(n-1)!}x^{n-1}$,由逐项积分与例 10.3.6 的结论得

$$\begin{aligned}\int_0^x S_1(t)\,dt&=\sum_{n=1}^{\infty}\frac{1}{(n-1)!}x^n=\sum_{n=0}^{\infty}\frac{1}{n!}x^{n+1}\\&=x\sum_{n=0}^{\infty}\frac{1}{n!}x^n=xe^x,\quad x\in(-\infty,+\infty),\end{aligned}$$

对等式两边求导得

$$S_1(x)=e^x(1+x),\quad x\in(-\infty,+\infty),$$

所以

$$\sum_{n=1}^{\infty}\frac{n}{2^n(n-1)!}x^n=\frac{x}{2}\sum_{n=1}^{\infty}\frac{n}{(n-1)!}\left(\frac{x}{2}\right)^{n-1}=\frac{x}{2}S_1\left(\frac{x}{2}\right)=\frac{x}{2}\left(1+\frac{x}{2}\right)e^{x/2}.$$

于是

$$\sum_{n=0}^{\infty}\frac{n^2+1}{2^n n!}x^n=e^{x/2}\left(1+\frac{x}{2}+\frac{x^2}{4}\right),\quad x\in(-\infty,+\infty).$$

在§9.4,我们曾证明,若 $\sum_{n=1}^{\infty} a_n$ 与 $\sum_{n=1}^{\infty} b_n$ 绝对收敛,则它们的 Cauchy 乘积

$$\sum_{n=1}^{\infty} c_n = \sum_{n=1}^{\infty} \sum_{i+j=n+1} a_i b_j = \sum_{n=1}^{\infty} (a_1 b_n + a_2 b_{n-1} + \cdots + a_n b_1)$$

等于 $\left(\sum_{n=1}^{\infty} a_n\right)\left(\sum_{n=1}^{\infty} b_n\right)$.但是当 $\sum_{n=1}^{\infty} a_n$ 与 $\sum_{n=1}^{\infty} b_n$ 不是绝对收敛时,则上述结论不一定成立.下面我们应用幂级数的性质证明,即使 $\sum_{n=1}^{\infty} a_n$ 与 $\sum_{n=1}^{\infty} b_n$ 没有绝对收敛性,但只要它们的 Cauchy 乘积 $\sum_{n=1}^{\infty} c_n$ 收敛,则上述结论仍然成立.

例 10.3.9 设 $\sum_{n=1}^{\infty} a_n$, $\sum_{n=1}^{\infty} b_n$ 及它们的 Cauchy 乘积 $\sum_{n=1}^{\infty} c_n$ 收敛,则

$$\sum_{n=1}^{\infty} c_n = \left(\sum_{n=1}^{\infty} a_n\right)\left(\sum_{n=1}^{\infty} b_n\right).$$

证 定义三个幂级数及它们的和函数如下:

$$f(x) = \sum_{n=1}^{\infty} a_n x^n, \quad g(x) = \sum_{n=1}^{\infty} b_n x^n, \quad h(x) = \sum_{n=1}^{\infty} c_n x^n,$$

则这三个幂级数在 $x=1$ 都收敛.根据幂级数的性质,$f(x)$,$g(x)$,$h(x)$三个和函数都在$[0,1]$连续,且当 $0<x<1$ 时,三个幂级数都绝对收敛,于是由定理 9.4.7,

$$\left(\sum_{n=1}^{\infty} a_n x^n\right)\left(\sum_{n=1}^{\infty} b_n x^n\right) = x\sum_{n=1}^{\infty} c_n x^n,$$

此即为

$$f(x)g(x) = xh(x), \quad x \in (0,1).$$

令 $x \to 1-$,得到$f(1)g(1)=h(1)$,也就是

$$\left(\sum_{n=1}^{\infty} a_n\right)\left(\sum_{n=1}^{\infty} b_n\right) = \sum_{n=1}^{\infty} c_n.$$

习　题

1. 求下列幂级数的收敛半径与收敛域:

(1) $\sum_{n=1}^{\infty} \frac{3^n + (-2)^n}{n} x^n$;　　(2) $\sum_{n=1}^{\infty} \left(1 + \frac{1}{2} + \cdots + \frac{1}{n}\right)(x-1)^n$;

(3) $\sum_{n=1}^{\infty} (-1)^n \frac{x^{2n}}{n \cdot 2^n}$;　　(4) $\sum_{n=1}^{\infty} (-1)^n \frac{\ln(n+1)}{n+1}(x+1)^n$;

(5) $\sum_{n=1}^{\infty} \frac{3^n}{n!}\left(\frac{x-1}{2}\right)^n$;　　(6) $\sum_{n=2}^{\infty} \frac{\ln^2 n}{n^n} x^{n^2}$;

(7) $\sum_{n=1}^{\infty} \frac{n!}{n^n} x^n$;　　(8) $\sum_{n=1}^{\infty} \frac{(n!)^2}{(2n)!} x^n$;

(9) $\sum_{n=1}^{\infty}\frac{(2n)!!}{(2n+1)!!}x^n$.

2. 设 $a>b>0$,求下列幂级数的收敛域:

(1) $\sum_{n=1}^{\infty}\left(\frac{a^n}{n}+\frac{b^n}{n^2}\right)x^n$;　(2) $\sum_{n=1}^{\infty}\frac{x^n}{a^n+b^n}$;

(3) $ax+bx^2+a^2x^3+b^2x^4+\cdots+a^nx^{2n-1}+b^nx^{2n}+\cdots$.

3. 设 $\sum_{n=0}^{\infty}a_nx^n$ 与 $\sum_{n=0}^{\infty}b_nx^n$ 的收敛半径分别为 R_1 和 R_2,讨论下列幂级数的收敛半径:

(1) $\sum_{n=0}^{\infty}a_nx^{2n}$;　(2) $\sum_{n=0}^{\infty}(a_n+b_n)x^n$;

(3) $\sum_{n=0}^{\infty}a_nb_nx^n$.

4. 应用逐项求导或逐项求积分等性质,求下列幂级数的和函数,并指出它们的定义域:

(1) $\sum_{n=1}^{\infty}nx^n$;　(2) $\sum_{n=0}^{\infty}\frac{x^{2n}}{2n+1}$;

(3) $\sum_{n=1}^{\infty}(-1)^{n-1}n^2x^n$;　(4) $\sum_{n=1}^{\infty}\frac{x^n}{n(n+1)}$;

(5) $\sum_{n=1}^{\infty}n(n+1)x^n$;　(6) $1+\sum_{n=1}^{\infty}\frac{x^{2n}}{(2n)!}$;

(7) $\sum_{n=1}^{\infty}\frac{n+1}{n!}x^n$.

5. 设 $f(x)=\sum_{n=0}^{\infty}a_nx^n$,则不论 $\sum_{n=0}^{\infty}a_nx^n$ 在 $x=r$ 是否收敛,只要 $\sum_{n=0}^{\infty}\frac{a_n}{n+1}x^{n+1}$ 在 $x=r$ 收敛,就成立

$$\int_0^r f(x)\,\mathrm{d}x=\sum_{n=0}^{\infty}\frac{a_n}{n+1}r^{n+1},$$

并由此证明:

$$\int_0^1\ln\frac{1}{1-x}\cdot\frac{\mathrm{d}x}{x}=\sum_{n=1}^{\infty}\frac{1}{n^2}.$$

6. 证明:

(1) $y=\sum_{n=0}^{\infty}\frac{x^{4n}}{(4n)!}$ 满足方程 $y^{(4)}=y$;

(2) $y=\sum_{n=0}^{\infty}\frac{x^n}{(n!)^2}$ 满足方程 $xy''+y'-y=0$.

7. 应用幂级数性质求下列级数的和:

(1) $\sum_{n=1}^{\infty}(-1)^{n-1}\frac{n}{2^n}$;　(2) $\sum_{n=1}^{\infty}\frac{1}{n\cdot 2^n}$;

(3) $\sum_{n=1}^{\infty}\frac{n(n+2)}{4^{n+1}}$;　(4) $\sum_{n=0}^{\infty}\frac{(n+1)^2}{2^n}$;

(5) $\sum_{n=0}^{\infty}(-1)^n\frac{1}{3^n(2n+1)}$;　(6) $\sum_{n=2}^{\infty}(-1)^n\frac{1}{2^n(n^2-1)}$;

(7) $\sum_{n=0}^{\infty}(-1)^n\frac{2^{n+1}}{n!}$.

8. 设正项级数 $\sum_{n=1}^{\infty}a_n$ 发散,$A_n=\sum_{k=1}^{n}a_k$,且 $\lim_{n\to\infty}\frac{a_n}{A_n}=0$,求幂级数 $\sum_{n=1}^{\infty}a_nx^n$ 的收敛半径.

9. 设 $f(x)=\sum_{n=1}^{\infty}\frac{2^n}{n^2}x^n$.

(1) 证明：$f(x)$ 在 $\left[-\frac{1}{2},\frac{1}{2}\right]$ 上连续，在 $\left[-\frac{1}{2},\frac{1}{2}\right)$ 上可导；

(2) $f(x)$ 在 $x=\frac{1}{2}$ 处的左导数是否存在？

§4 函数的幂级数展开

Taylor 级数与余项公式

上一节中已展示了幂级数的良好性质.显而易见，如果一个函数在某一区间上能够表示成一个幂级数，将给理论上讨论其性质带来极大的方便，同时也具有重要的应用价值.下面我们就来讨论函数可以表示成幂级数的条件，以及在这些条件满足时如何将函数表示成幂级数.

假设函数 $f(x)$ 在 x_0 的某个邻域 $O(x_0,r)$ 上可表示成幂级数

$$f(x)=\sum_{n=0}^{\infty}a_n(x-x_0)^n,x\in O(x_0,r),$$

也就是说，$\sum_{n=0}^{\infty}a_n(x-x_0)^n$ 在 $O(x_0,r)$ 上的和函数为 $f(x)$.根据幂级数的逐项可导性，$f(x)$ 必定在 $O(x_0,r)$ 上任意阶可导，且对一切 $k\in\mathbf{N}^+$，

$$f^{(k)}(x)=\sum_{n=k}^{\infty}n(n-1)\cdots(n-k+1)a_n(x-x_0)^{n-k}.$$

令 $x=x_0$，得到

$$a_k=\frac{f^{(k)}(x_0)}{k!},k=0,1,2\cdots,$$

也就是说，系数 $\{a_n\}$ 由和函数 $f(x)$ 惟一确定，我们称它们为 $f(x)$ 在 x_0 的 **Taylor 系数.**

反过来，设函数 $f(x)$ 在 x_0 的某个邻域 $O(x_0,r)$ 上任意阶可导，则我们能求出它在 x_0 的 Taylor 系数 $a_n=\frac{f^{(n)}(x_0)}{n!}(n=0,1,2,\cdots)$，并作出幂级数

$$\sum_{n=0}^{\infty}\frac{f^{(n)}(x_0)}{n!}(x-x_0)^n,$$

这一幂级数称为 $f(x)$ 在 x_0 的 **Taylor 级数**.

现在我们要问：是否存在常数 $\rho(0<\rho\leqslant r)$，使得 $\sum_{n=0}^{\infty}\frac{f^{(n)}(x_0)}{n!}(x-x_0)^n$ 在 $O(x_0,\rho)$ 上收敛于 $f(x)$？下面的例子告诉我们，答案并不是肯定的.

例 10.4.1 设

$$f(x)=\begin{cases} e^{-\frac{1}{x^2}}, & x\neq 0, \\ 0, & x=0, \end{cases}$$

当 $x\neq 0$ 时，

$$f'(x)=\frac{2}{x^3}e^{-\frac{1}{x^2}},$$

$$f''(x)=\left(\frac{4}{x^6}-\frac{6}{x^4}\right)e^{-\frac{1}{x^2}},$$

$$\cdots\cdots\cdots\cdots$$

$$f^{(k)}(x)=P_{3k}\left(\frac{1}{x}\right)e^{-\frac{1}{x^2}},$$

$$\cdots\cdots\cdots\cdots$$

其中 $P_n(u)$ 是关于 u 的 n 次多项式.

由此可以依次得到

$$f'(0)=\lim_{x\to 0}\frac{f(x)-f(0)}{x}=\lim_{x\to 0}\frac{1}{x}e^{-\frac{1}{x^2}}=0,$$

$$f''(0)=\lim_{x\to 0}\frac{f'(x)-f'(0)}{x}=\lim_{x\to 0}\frac{2}{x^4}e^{-\frac{1}{x^2}}=0,$$

$$\cdots\cdots\cdots\cdots$$

$$f^{(k)}(0)=\lim_{x\to 0}\frac{f^{(k-1)}(x)-f^{(k-1)}(0)}{x}=\lim_{x\to 0}P_{3k-2}\left(\frac{1}{x}\right)e^{-\frac{1}{x^2}}=0,$$

$$\cdots\cdots\cdots\cdots$$

因此 $f(x)$ 在 $x=0$ 的 Taylor 级数为

$$0+0x+\frac{0}{2!}x^2+\frac{0}{3!}x^3+\cdots+\frac{0}{n!}x^n+\cdots,$$

它在 $(-\infty,+\infty)$ 上收敛于和函数 $S(x)=0$.显然，当 $x\neq 0$ 时，

$$S(x)\neq f(x).$$

这说明，一个任意阶可导的函数的 Taylor 级数并非一定能收敛于函数本身.

为了寻求一个函数的 Taylor 级数收敛于它本身的条件，我们回忆在 §5.3 中所得到的 Taylor 公式：设 $f(x)$ 在 $O(x_0,r)$ 有 $n+1$ 阶导数，则

$$f(x)=\sum_{k=0}^{n}\frac{f^{(k)}(x_0)}{k!}(x-x_0)^k+r_n(x),$$

其中 $r_n(x)$ 是 n 阶 Taylor 公式的余项.现在我们假定讨论的函数 $f(x)$ 在 $O(x_0,r)$ 上任意阶可导，也就是说，上面的 Taylor 公式对一切正整数 n 成立，于是我们可以断言：

$$f(x)=\sum_{n=0}^{\infty}\frac{f^{(n)}(x_0)}{n!}(x-x_0)^n$$

在 $O(x_0,\rho)\ (0<\rho\leqslant r)$ 成立的充分必要条件是：

$$\lim_{n\to\infty}r_n(x)=0$$

对一切 $x\in O(x_0,\rho)$ 成立.

这时,我们才称 $f(x)$ 在 $O(x_0,\rho)$ 可以展开成幂级数(或 Taylor 级数),或者称 $\sum\limits_{n=0}^{\infty}\frac{f^{(n)}(x_0)}{n!}(x-x_0)^n$ 是 $f(x)$ 在 $O(x_0,\rho)$ 上的**幂级数展开**(或 **Taylor 展开**).

在 §5.3 中,曾导出余项

$$r_n(x)=\frac{f^{(n+1)}(x_0+\theta(x-x_0))}{(n+1)!}(x-x_0)^{n+1},\quad 0<\theta<1,$$

$r_n(x)$ 的这一形式称为 Lagrange 余项.为了讨论各种函数的 Taylor 展开,我们还需要 $r_n(x)$ 的另一形式,即积分形式:

定理 10.4.1 设 $f(x)$ 在 $O(x_0,r)$ 上任意阶可导,则

$$f(x)=\sum_{k=0}^{n}\frac{f^{(k)}(x_0)}{k!}(x-x_0)^k+r_n(x),\quad x\in O(x_0,r),$$

其中

$$r_n(x)=\frac{1}{n!}\int_{x_0}^{x}f^{(n+1)}(t)(x-t)^n\mathrm{d}t.$$

证 由表达式

$$r_n(x)=f(x)-\sum_{k=0}^{n}\frac{f^{(k)}(x_0)}{k!}(x-x_0)^k$$

出发,逐次对等式两端进行求导运算,可依次得到

$$r_n'(x)=f'(x)-\sum_{k=1}^{n}\frac{f^{(k)}(x_0)}{(k-1)!}(x-x_0)^{k-1},$$

$$r''_n(x)=f''(x)-\sum_{k=2}^{n}\frac{f^{(k)}(x_0)}{(k-2)!}(x-x_0)^{k-2},$$

$$\cdots\cdots\cdots\cdots$$

$$r_n^{(n)}(x)=f^{(n)}(x)-f^{(n)}(x_0),$$

$$r_n^{(n+1)}(x)=f^{(n+1)}(x).$$

令 $x=x_0$,便有

$$r_n(x_0)=r'_n(x_0)=r''_n(x_0)=\cdots=r_n^{(n)}(x_0)=0.$$

逐次应用分部积分法,可得

$$\begin{aligned}
r_n(x)&=r_n(x)-r_n(x_0)=\int_{x_0}^{x}r'_n(t)\mathrm{d}t\\
&=\int_{x_0}^{x}r'_n(t)\mathrm{d}(t-x)=\int_{x_0}^{x}r''_n(t)(x-t)\mathrm{d}t\\
&=-\frac{1}{2!}\int_{x_0}^{x}r''_n(t)\mathrm{d}(t-x)^2=\frac{1}{2!}\int_{x_0}^{x}r'''_n(t)(x-t)^2\mathrm{d}t\\
&\cdots\cdots\cdots\cdots\\
&=\frac{1}{n!}\int_{x_0}^{x}r_n^{(n+1)}(t)(x-t)^n\mathrm{d}t=\frac{1}{n!}\int_{x_0}^{x}f^{(n+1)}(t)(x-t)^n\mathrm{d}t.
\end{aligned}$$

证毕

对余项 $r_n(x)$ 的积分形式应用积分第一中值定理，考虑到当 $t\in[x_0,x]$（或 $[x_0,x]$）时，$(x-t)^n$ 保持定号，于是就有

$$r_n(x)=\frac{f^{(n+1)}(\xi)}{n!}\int_{x_0}^{x}(x-t)^n\mathrm{d}t\qquad(\xi\text{ 在 }x_0\text{ 与 }x\text{ 之间})$$

$$=\frac{f^{(n+1)}(x_0+\theta(x-x_0))}{(n+1)!}(x-x_0)^{n+1},\quad 0\leqslant\theta\leqslant 1,$$

这就是我们已经知道的 Lagrange 余项；如果将 $f^{(n+1)}(t)(x-t)^n$ 看作一个函数，应用积分第一中值定理，则有

$$r_n(x)=\frac{f^{(n+1)}(\xi)(x-\xi)^n}{n!}\int_{x_0}^{x}\mathrm{d}t\qquad(\xi\text{ 在 }x_0\text{ 与 }x\text{ 之间})$$

$$=\frac{f^{(n+1)}(x_0+\theta(x-x_0))}{n!}(1-\theta)^n(x-x_0)^{n+1},\quad 0\leqslant\theta\leqslant 1,$$

$r_n(x)$ 的这一形式称为 **Cauchy 余项**.

初等函数的 Taylor 展开

我们先通过讨论使余项 $r_n(x)$ 趋于 0 的 x 的范围，导出基本初等函数的幂级数展开式，然后介绍将一般初等函数展开成幂级数的一些方法.

(1) $f(x)=\mathrm{e}^x=\sum\limits_{n=0}^{\infty}\dfrac{x^n}{n!}=1+x+\dfrac{x^2}{2!}+\dfrac{x^3}{3!}+\cdots+\dfrac{x^n}{n!}+\cdots,\ x\in(-\infty,+\infty)$.

证　在 §5.4 我们得到 e^x 在 $x=0$ 的 Taylor 公式

$$\mathrm{e}^x=1+x+\frac{x^2}{2!}+\frac{x^3}{3!}+\cdots+\frac{x^n}{n!}+r_n(x),\quad x\in(-\infty,+\infty),$$

其中 $r_n(x)$ 表示成 Lagrange 余项为

$$r_n(x)=\frac{f^{(n+1)}(\theta x)}{(n+1)!}x^{n+1}=\frac{\mathrm{e}^{\theta x}}{(n+1)!}x^{n+1},\quad 0<\theta<1.$$

由于

$$|r_n(x)|\leqslant\frac{\mathrm{e}^{|x|}}{(n+1)!}|x|^{n+1}\to 0\quad(n\to\infty)$$

对一切 $x\in(-\infty,+\infty)$ 成立，所以 e^x 的 Taylor 展开式成立.

(2) $f(x)=\sin x=\sum\limits_{n=0}^{\infty}\dfrac{(-1)^n}{(2n+1)!}x^{2n+1}$

$$=x-\frac{x^3}{3!}+\frac{x^5}{5!}-\cdots+(-1)^n\frac{x^{2n+1}}{(2n+1)!}+\cdots,\quad x\in(-\infty,+\infty).$$

证　在 §5.4 我们得到 $\sin x$ 在 $x=0$ 的 Taylor 公式

$$\sin x=x-\frac{x^3}{3!}+\frac{x^5}{5!}-\cdots+(-1)^n\frac{x^{2n+1}}{(2n+1)!}+r_{2n+2}(x),\quad x\in(-\infty,+\infty),$$

其中

$$r_{2n+2}(x)=\frac{f^{(2n+3)}(\theta x)}{(2n+3)!}x^{2n+3}=\frac{x^{2n+3}}{(2n+3)!}\sin\left(\theta x+\frac{2n+3}{2}\pi\right),\quad 0<\theta<1.$$

由于

$$|r_{2n+2}(x)| \leqslant \frac{|x|^{2n+3}}{(2n+3)!} \to 0 \quad (n\to\infty)$$

对一切 $x\in(-\infty,+\infty)$ 成立，所以 $\sin x$ 的 Taylor 展开式成立.

同理可以得到

(3) $f(x)=\cos x=\sum\limits_{n=0}^{\infty}\frac{(-1)^n}{(2n)!}x^{2n}$

$$=1-\frac{x^2}{2!}+\frac{x^4}{4!}-\cdots+(-1)^n\frac{x^{2n}}{(2n)!}+\cdots,\quad x\in(-\infty,+\infty).$$

回忆在例 10.3.4 和例 10.3.5 中的讨论，我们有

(4) $f(x)=\arctan x=\sum\limits_{n=1}^{\infty}\frac{(-1)^{n-1}}{2n-1}x^{2n-1}$

$$=x-\frac{x^3}{3}+\frac{x^5}{5}-\cdots+(-1)^n\frac{x^{2n+1}}{2n+1}+\cdots,\quad x\in[-1,1].$$

(5) $f(x)=\ln(1+x)=\sum\limits_{n=1}^{\infty}\frac{(-1)^{n-1}}{n}x^n$

$$=x-\frac{x^2}{2}+\frac{x^3}{3}-\frac{x^4}{4}+\cdots+(-1)^{n-1}\frac{x^n}{n}+\cdots,\quad x\in(-1,1].$$

(6) $f(x)=(1+x)^\alpha$，$\alpha\neq 0$ 是任意实数.

当 α 是正整数 m 时，

$$f(x)=(1+x)^m=1+mx+\frac{m(m-1)}{2}x^2+\cdots+mx^{m-1}+x^m,$$

即它的 Taylor 展开就是二项式展开，只有有限个项.

当 α 不是正整数时，由于 $f(x)=(1+x)^\alpha$ 的各阶导数为

$$f^{(k)}(x)=\alpha(\alpha-1)\cdots(\alpha-k+1)(1+x)^{\alpha-k},\quad k=1,2,\cdots,$$

可知 $f(x)$ 在 $x=0$ 的 Taylor 级数为

$$1+\sum_{n=1}^{\infty}\frac{\alpha(\alpha-1)\cdots(\alpha-n+1)}{n!}x^n.$$

利用第五章的记号

$$\binom{\alpha}{n}=\frac{\alpha(\alpha-1)\cdots(\alpha-n+1)}{n!}\quad(n=1,2,\cdots)$$

和

$$\binom{\alpha}{0}=1,$$

可将 $(1+x)^\alpha$ 的 Taylor 级数记为 $\sum\limits_{n=0}^{\infty}\binom{\alpha}{n}x^n$.

应用 d'Alembert 判别法，由

$$\lim_{n\to\infty}\left|\binom{\alpha}{n+1}\Big/\binom{\alpha}{n}\right|=\lim_{n\to\infty}\left|\frac{\alpha-n}{n+1}\right|=1,$$

可知 $f(x)$ 在 $x=0$ 的 Taylor 级数的收敛半径为 $R=1$.

现考虑$f(x)=(1+x)^{\alpha}$在$x=0$的 Taylor 公式

$$(1+x)^{\alpha}=\sum_{k=0}^{n}\binom{\alpha}{k}x^{k}+r_n(x),$$

其中$r_n(x)$表示为 Cauchy 余项

$$\begin{aligned}r_n(x)&=\frac{f^{(n+1)}(\theta x)}{n!}(1-\theta)^{n}x^{n+1}\\&=(n+1)\binom{\alpha}{n+1}x^{n+1}\left(\frac{1-\theta}{1+\theta x}\right)^{n}(1+\theta x)^{\alpha-1},\quad 0\leqslant\theta\leqslant 1.\end{aligned}$$

由于幂级数$\sum\limits_{n=1}^{\infty}(n+1)\binom{\alpha}{n+1}x^{n+1}$的收敛半径为 1,因此当$x\in(-1,1)$时,它的一般项趋于 0,即

$$\lim_{n\to\infty}(n+1)\binom{\alpha}{n+1}x^{n+1}=0,\quad x\in(-1,1).$$

另外,因为$0\leqslant\theta\leqslant 1$和$-1<x<1$,我们有

$$0\leqslant\left(\frac{1-\theta}{1+\theta x}\right)^{n}\leqslant 1,$$

和

$$0<(1+\theta x)^{\alpha-1}\leqslant\max\{(1+|x|)^{\alpha-1},(1-|x|)^{\alpha-1}\},$$

由此得到当$x\in(-1,1)$时,

$$\lim_{n\to\infty}r_n(x)=0,$$

于是$(1+x)^{\alpha}$在$x=0$的 Taylor 级数在$(-1,1)$收敛于$(1+x)^{\alpha}$,即

$$(1+x)^{\alpha}=\sum_{n=0}^{\infty}\binom{\alpha}{n}x^{n},\quad x\in(-1,1).$$

现讨论$f(x)=(1+x)^{\alpha}$的 Taylor 展开在区间端点的收敛情况.将$x=\pm 1$代入幂级数$\sum\limits_{n=0}^{\infty}\binom{\alpha}{n}x^{n}$,并记所得到的数项级数为$\sum\limits_{n=0}^{\infty}u_n$:

(i) $\alpha\leqslant -1$.这时级数$\sum\limits_{n=0}^{\infty}u_n$一般项的绝对值为

$$|u_n|=\left|\binom{\alpha}{n}\right|\geqslant\frac{1\cdot 2\cdot\cdots\cdot n}{n!}=1,$$

因而$\sum\limits_{n=0}^{\infty}u_n$发散,即幂级数的收敛范围是$(-1,1)$.

(ii) $-1<\alpha<0$.当$x=1$时,级数$\sum\limits_{n=0}^{\infty}u_n$为交错级数.由$0<\left|\dfrac{\alpha-n}{n+1}\right|<1$,可知

$$|u_n|=\left|\binom{\alpha}{n}\right|>\left|\binom{\alpha}{n+1}\right|=|u_{n+1}|,$$

并且

$$|u_n|=\left(1-\frac{1+\alpha}{1}\right)\left(1-\frac{1+\alpha}{2}\right)\cdots\left(1-\frac{1+\alpha}{n-1}\right)\left(1-\frac{1+\alpha}{n}\right)$$

$$= \prod_{k=1}^{n}\left(1-\frac{1+\alpha}{k}\right) \to 0 \quad (n\to\infty),$$

可知级数 $\sum_{n=0}^{\infty} u_n$ 收敛.

当 $x=-1$,级数 $\sum_{n=0}^{\infty} u_n$ 为正项级数,且

$$|u_n| = \left|\binom{\alpha}{n}\right| = |\alpha| \cdot \frac{1-\alpha}{1}\cdot\frac{2-\alpha}{2}\cdot \cdots \cdot\frac{n-1-\alpha}{n-1}\cdot\frac{1}{n} > \frac{|\alpha|}{n}.$$

由于 $\sum_{n=1}^{\infty}\frac{|\alpha|}{n}$ 发散,可知级数 $\sum_{n=0}^{\infty} u_n$ 发散.因此,当 $-1<\alpha<0$ 时幂级数的收敛范围是 $(-1,1]$.

(iii) $\alpha>0$.对级数 $\sum_{n=0}^{\infty} u_n$ 的一般项取绝对值,然后应用 Raabe 判别法(定理 9.3.5),

$$\lim_{n\to\infty} n\left(\frac{|u_n|}{|u_{n+1}|}-1\right) = \lim_{n\to\infty} n\left(\frac{n+1}{|n-\alpha|}-1\right) = \lim_{n\to\infty}\frac{n(1+\alpha)}{n-\alpha} = 1+\alpha>1,$$

可知级数 $\sum_{n=0}^{\infty} u_n$ 绝对收敛,即幂级数的收敛范围是 $[-1,1]$.

归纳起来,当 α 不为 0 和正整数时,

$$(1+x)^{\alpha} = \sum_{n=0}^{\infty}\binom{\alpha}{n}x^n, \quad \begin{cases} x\in(-1,1), & \text{当 } \alpha\leqslant -1, \\ x\in(-1,1], & \text{当 } -1<\alpha<0, \\ x\in[-1,1], & \text{当 } \alpha>0. \end{cases}$$

(7) $f(x) = \arcsin x = x + \sum_{n=1}^{\infty}\frac{(2n-1)!!}{(2n)!!}\frac{x^{2n+1}}{2n+1}, \quad x\in[-1,1]$.

证 由(6)可知,当 $x\in(-1,1)$ 时,

$$\frac{1}{\sqrt{1-x^2}} = (1-x^2)^{-\frac{1}{2}} = \sum_{n=0}^{\infty}\binom{-\frac{1}{2}}{n}(-x^2)^n$$

$$= 1+\frac{1}{2}x^2+\frac{3}{8}x^4+\cdots+\frac{(2n-1)!!}{(2n)!!}x^{2n}+\cdots,$$

对等式两边从 0 到 x 积分,注意幂级数的逐项可积性与

$$\int_0^x \frac{\mathrm{d}t}{\sqrt{1-t^2}} = \arcsin x,$$

即得到当 $x\in(-1,1)$ 时,

$$\arcsin x = x+\sum_{n=1}^{\infty}\frac{(2n-1)!!}{(2n)!!}\frac{x^{2n+1}}{2n+1}.$$

至于幂级数在区间端点 $x=\pm1$ 的收敛性,已在例 9.3.8 中用 Raabe 判别法得到证明.

证毕

特别,取 $x=1$,我们得到关于 π 的又一个级数表示:

$$\frac{\pi}{2} = 1+\sum_{n=1}^{\infty}\frac{(2n-1)!!}{(2n)!!}\frac{1}{2n+1}.$$

下面我们通过例题介绍幂级数展开的一般方法.

例 10.4.2　求 $f(x)=\frac{1}{x^2}$在 $x=1$ 的幂级数展开.

解　当 $|x-1|<1$ 时,

$$\frac{1}{x}=\frac{1}{1+(x-1)}=\sum_{n=0}^{\infty}(-1)^n(x-1)^n,$$

对等式两边求导,应用幂级数的逐项可导性,

$$-\frac{1}{x^2}=\sum_{n=1}^{\infty}(-1)^n n(x-1)^{n-1},$$

于是得到

$$\frac{1}{x^2}=\sum_{n=0}^{\infty}(-1)^n(n+1)(x-1)^n,\quad x\in(0,2).$$

例 10.4.3　求 $f(x)=\frac{1}{3+5x-2x^2}$在 $x=0$ 的幂级数展开.

解

$$\begin{aligned}f(x)&=\frac{1}{3+5x-2x^2}=\frac{1}{(3-x)(1+2x)}=\frac{1}{7}\left(\frac{1}{3-x}+\frac{2}{1+2x}\right)\\&=\frac{1}{7}\left(\frac{1}{3}\sum_{n=0}^{\infty}\left(\frac{x}{3}\right)^n+2\sum_{n=0}^{\infty}(-2x)^n\right)\\&=\frac{1}{7}\sum_{n=0}^{\infty}\left[\frac{1}{3^{n+1}}-(-2)^{n+1}\right]x^n.\end{aligned}$$

由于$\frac{1}{3-x}$的幂级数展开的收敛范围是$(-3,3)$,$\frac{2}{1+2x}$的幂级数展开的收敛范围是$\left(-\frac{1}{2},\frac{1}{2}\right)$,因此$f(x)$的幂级数展开在$\left(-\frac{1}{2},\frac{1}{2}\right)$成立.

设$f(x)$的幂级数展开为$\sum\limits_{n=0}^{\infty}a_nx^n$,收敛半径为$R_1$,$g(x)$的幂级数展开为$\sum\limits_{n=0}^{\infty}b_nx^n$,收敛半径为$R_2$,则$f(x)g(x)$的幂级数展开就是它们的 Cauchy 乘积:

$$f(x)g(x)=\left(\sum_{n=0}^{\infty}a_nx^n\right)\left(\sum_{n=0}^{\infty}b_nx^n\right)=\sum_{n=0}^{\infty}c_nx^n,$$

其中 $c_n=\sum\limits_{k=0}^{n}a_kb_{n-k}$, $|x|<\min\{R_1,R_2\}$.

当 $b_0\neq 0$ 时,我们可以通过待定系数法求$\frac{f(x)}{g(x)}$的幂级数展开:设

$$\frac{f(x)}{g(x)}=\sum_{n=0}^{\infty}c_nx^n,$$

则

$$\left(\sum_{n=0}^{\infty}b_nx^n\right)\left(\sum_{n=0}^{\infty}c_nx^n\right)=\sum_{n=0}^{\infty}a_nx^n,$$

分离 x 的各次幂的系数，可依次得到

$$b_0c_0=a_0 \qquad \Rightarrow \qquad c_0=\frac{a_0}{b_0},$$

$$b_0c_1+b_1c_0=a_1 \qquad \Rightarrow \qquad c_1=\frac{a_1-b_1c_0}{b_0},$$

$$b_0c_2+b_1c_1+b_2c_0=a_2 \qquad \Rightarrow \qquad c_2=\frac{a_2-b_1c_1-b_2c_0}{b_0},$$

……

一直继续下去，可求得所有的 c_n.

例 10.4.4　求 $e^x\sin x$ 在 $x=0$ 的幂级数展开(到 x^5).

解

$$e^x\sin x=\left(1+x+\frac{x^2}{2!}+\frac{x^3}{3!}+\frac{x^4}{4!}+\cdots\right)\left(x-\frac{x^3}{3!}+\frac{x^5}{5!}-\cdots\right)=x+x^2+\frac{1}{3}x^3-\frac{1}{30}x^5+\cdots,$$

上述幂级数展开对一切 $x\in(-\infty,+\infty)$ 都成立.

例 10.4.5　求 $\tan x$ 在 $x=0$ 的幂级数展开(到 x^5).

解　由于 $\tan x$ 是奇函数，我们可以令

$$\tan x=\frac{\sin x}{\cos x}=c_1x+c_3x^3+c_5x^5+\cdots.$$

(请读者思考理由.)于是

$$(c_1x+c_3x^3+c_5x^5+\cdots)\left(1-\frac{x^2}{2!}+\frac{x^4}{4!}-\cdots\right)=x-\frac{x^3}{3!}+\frac{x^5}{5!}-\cdots,$$

比较等式两端 x,x^3 与 x^5 的系数，就可得到

$$c_1=1,c_3=\frac{1}{3},c_5=\frac{2}{15},$$

因此

$$\tan x=x+\frac{1}{3}x^3+\frac{2}{15}x^5+\cdots.$$

注　对上例，我们还可采用下述的“代入法”求解：在

$$\frac{1}{1-u}=\sum_{n=0}^{\infty}u^n=1+u+u^2+\cdots$$

中，以 $u=\frac{x^2}{2!}-\frac{x^4}{4!}+\cdots$ 代入，可得到

$$\frac{1}{\cos x}=1+\left(\frac{x^2}{2!}-\frac{x^4}{4!}+\cdots\right)+\left(\frac{x^2}{2!}-\frac{x^4}{4!}+\cdots\right)^2+\cdots=1+\frac{1}{2}x^2+\frac{5}{24}x^4+\cdots,$$

然后求 $\sin x$ 与 $\frac{1}{\cos x}$ 的 Cauchy 乘积，同样得到上述关于 $\tan x$ 的幂级数展开.

需要指出，用上述方法作 Taylor 展开，我们无法同时得到其幂级数的收敛范围，只能知道在 $x=0$ 的小邻域中，幂级数展开是成立的.(事实上，$\tan x$ 的幂级数展开的收敛范围是 $\left(-\frac{\pi}{2},\frac{\pi}{2}\right)$，它的证明需要用到复变函数的知识.)

上面介绍的“代入法”经常用于复合函数，例如 $e^{f(x)}$，$\ln(1+f(x))$ 等函数的求幂级数展开问题.

例 10.4.6　求 $\ln\frac{\sin x}{x}$ 在 $x=0$ 的幂级数展开(到 x^4)，其中函数 $\frac{\sin x}{x}$ 应理解为

$$f(x)=\begin{cases}\dfrac{\sin x}{x}, & x\neq 0,\\ 1, & x=0.\end{cases}$$

解　首先，利用 $\sin x$ 的幂级数展开，可以得到

$$\frac{\sin x}{x}=1-\frac{x^2}{3!}+\frac{x^4}{5!}-\cdots.$$

另外，我们有

$$\ln(1+u)=u-\frac{u^2}{2}+\frac{u^3}{3}-\cdots,$$

将 $u=-\frac{x^2}{3!}+\frac{x^4}{5!}-\cdots$ 代入上式，即得

$$\ln\frac{\sin x}{x}=\left(-\frac{x^2}{3!}+\frac{x^4}{5!}-\cdots\right)-\frac{1}{2}\left(-\frac{x^2}{3!}+\frac{x^4}{5!}-\cdots\right)^2+\cdots=-\frac{x^2}{6}-\frac{x^4}{180}-\cdots.$$

利用上例，我们可以得到一些有趣的结果.在例 9.5.7 中，我们已得到等式

$$\frac{\sin x}{x}=\prod_{n=1}^{\infty}\left(1-\frac{x^2}{n^2\pi^2}\right),$$

两边取对数，再将 $\ln\left(1-\frac{x^2}{n^2\pi^2}\right)$ 展开成幂级数，

$$\ln\frac{\sin x}{x}=\sum_{n=1}^{\infty}\ln\left(1-\frac{x^2}{n^2\pi^2}\right)=-\sum_{n=1}^{\infty}\left(\frac{x^2}{n^2\pi^2}+\frac{1}{2}\frac{x^4}{n^4\pi^4}+\cdots\right).$$

将上式与例 10.4.6 中的结果相比较，它们的 x^2 系数，x^4 系数都对应相等，于是就得到等式

$$\sum_{n=1}^{\infty}\frac{1}{n^2}=\frac{\pi^2}{6},\quad \sum_{n=1}^{\infty}\frac{1}{n^4}=\frac{\pi^4}{90}.$$

如果我们在计算时更精细些，也就是将 $\ln\frac{\sin x}{x}$ 的幂级数展开计算到 $x^6,x^8,\cdots$ 还可以获得 $\sum\limits_{n=1}^{\infty}\frac{1}{n^6},\sum\limits_{n=1}^{\infty}\frac{1}{n^8},\cdots$ 的精确值.

最后我们举例说明幂级数在近似计算中的应用.

例 10.4.7　计算 $I=\int_0^1 e^{-x^2}dx$，要求精确到 0.0001.

解　由于我们无法将 e^{-x^2} 的原函数用初等函数表示出来，因而不能用 Newton-Leibniz 公式直接计算定积分 $\int_0^1 e^{-x^2}dx$ 的值，但是应用函数的幂级数展开，可以计算出它的近似值，并精确到任意事先要求的程度.

函数 e^{-x^2} 的幂级数展开为

$$e^{-x^2}=1-x^2+\frac{x^4}{2!}-\frac{x^6}{3!}+\frac{x^8}{4!}-\cdots,\quad x\in(-\infty,+\infty).$$

从 0 到 1 逐项积分，得

$$I=\int_0^1 e^{-x^2}dx=1-\frac{1}{3}+\frac{1}{10}-\frac{1}{42}+\frac{1}{216}-\frac{1}{1\,320}+\frac{1}{9\,360}-\frac{1}{75\,600}+\cdots,$$

这是一个 Leibniz 级数,其误差不超过被舍去部分的第一项的绝对值(见定理9.4.2的注),由于

$$\frac{1}{75\,600}<1.5\times10^{-5},$$

因此前面 7 项之和具有四位有效数字,所以

$$I=\int_0^1 \mathrm{e}^{-x^2}\mathrm{d}x\approx 0.7486.$$

例 10.4.8 在例 10.3.4 中,我们得到

$$\arctan x=x-\frac{x^3}{3}+\frac{x^5}{5}-\frac{x^7}{7}+\cdots,\quad x\in[-1,1],$$

取 $x=1$,则得到

$$\frac{\pi}{4}=1-\frac{1}{3}+\frac{1}{5}-\frac{1}{7}+\cdots.$$

理论上,上式可以用来计算 π 的近似值,但由于这个级数收敛速度太慢,要达到一定精确度的话,计算量比较大.如果我们取 $x=\frac{1}{\sqrt{3}}$,则可得到

$$\frac{\pi}{6}=\frac{1}{\sqrt{3}}\left(1-\frac{1}{3\cdot 3}+\frac{1}{5\cdot 3^2}-\frac{1}{7\cdot 3^3}+\cdots\right),$$

或

$$\pi=2\sqrt{3}\left(1-\frac{1}{3\cdot 3}+\frac{1}{5\cdot 3^2}-\frac{1}{7\cdot 3^3}+\cdots-\frac{1}{19\cdot 3^9}+\cdots\right).$$

这一级数的收敛速度就快得多了.这也是一个 Leibniz 级数,其误差不超过被舍去部分的第一项的绝对值.由于 $\frac{2\sqrt{3}}{19\cdot 3^9}<10^{-5}$,所以前 9 项之和已经精确到小数点后第四位,即

$$\pi\approx 3.1416.$$

习　题

1. 求下列函数在指定点的 Taylor 展开,并确定它们的收敛范围:

(1) $1+2x-3x^2+5x^3, x_0=1$;　　(2) $\frac{1}{x^2}, x_0=-1$;

(3) $\frac{x}{2-x-x^2}, x_0=0$;　　(4) $\sin x, x_0=\frac{\pi}{6}$;

(5) $\ln x, x_0=2$;　　(6) $\sqrt[3]{4-x^2}, x_0=0$;

(7) $\frac{x-1}{x+1}, x_0=1$;　　(8) $(1+x)\ln(1-x), x_0=0$;

(9) $\ln\sqrt{\frac{1+x}{1-x}}, x_0=0$;　　(10) $\frac{\mathrm{e}^{-x}}{1-x}, x_0=0$.

2. 求下列函数在 $x_0=0$ 的 Taylor 展开：

（1）$\dfrac{x}{\sin x}$ 至 x^4；　　（2）$e^{\sin x}$ 至 x^4；

（3）$\ln\cos x$ 至 x^6；　　（4）$\sqrt{\dfrac{1+x}{1-x}}$ 至 x^4.

3. 利用幂级数展开，计算下列积分，要求精确到 0.001：

（1）$\displaystyle\int_0^1 \frac{\sin x}{x}dx$；　　（2）$\displaystyle\int_0^1 \cos x^2 dx$；

（3）$\displaystyle\int_0^{\frac{1}{2}} \frac{\arctan x}{x}dx$；　　（4）$\displaystyle\int_2^{+\infty} \frac{dx}{1+x^3}$.

4. 应用 $\dfrac{e^x-1}{x}$ 在 $x=0$ 的幂级数展开，证明：

$$\sum_{n=1}^{\infty} \frac{n}{(n+1)!} = 1.$$

5. 求下列函数项级数的和函数：

（1）$\displaystyle\sum_{n=1}^{\infty} \frac{(-1)^{n-1}}{n(n+1)}\left(\frac{2+x}{2-x}\right)^{2n}$；

（2）$\displaystyle\sum_{n=1}^{\infty} \left(1+\frac{1}{2}+\cdots+\frac{1}{n}\right)x^n$.

6. 设 $\{a_n\}$ 是等差数列，$b>1$，求级数 $\displaystyle\sum_{n=1}^{\infty} \frac{a_n}{b^n}$ 的和.

7. 利用幂级数展开，计算 $\displaystyle\int_0^1 \frac{\ln x}{1-x^2}dx$.

8. （1）应用 $\dfrac{\pi}{4}=\arctan\dfrac{1}{2}+\arctan\dfrac{1}{3}$，计算 π 的值，要求精确到 10^{-4}；

（2）应用 $\dfrac{\pi}{6}=\arcsin\dfrac{1}{2}$，计算 π 的值，要求精确到 10^{-4}.

9. 利用幂级数展开，计算 $\displaystyle\int_1^3 e^{-\frac{1}{x}}dx$ 的值，要求精确到 10^{-4}.

§5　用多项式逼近连续函数

定义 10.5.1　设函数 $f(x)$ 在闭区间 $[a,b]$ 上有定义，如果存在多项式序列 $\{P_n(x)\}$ 在 $[a,b]$ 上一致收敛于 $f(x)$，则称 $f(x)$ 在这闭区间上可以用**多项式一致逼近**.

应用分析语言，"$f(x)$ 在 $[a,b]$ 上可以用多项式一致逼近"可等价表述为：

对任意给定的 $\varepsilon>0$，存在多项式 $P(x)$，使得

$$|P(x)-f(x)|<\varepsilon$$

对一切 $x\in[a,b]$ 成立.

也许读者会认为这个问题很简单：只要将 $f(x)$ 在 $[a,b]$ 上展开成幂级数

$$f(x) = \sum_{n=0}^{\infty} a_n(x-x_0)^n,\quad x\in[a,b],$$

然后令其部分和函数（多项式）

$$S_n(x) = \sum_{k=0}^{n} a_k(x-x_0)^k,$$

$f(x)$在$[a,b]$上不是就可以由多项式序列$\{S_n(x)\}$一致逼近了吗？

但是这么做需要函数具有很好的分析性质，因为一个函数能展开成幂级数的必要条件之一是它任意次可导，而对仅要求“一个函数可以用多项式一致逼近”来说，这个条件实在是过分强了.究其原因，幂级数的部分和函数序列只是多项式序列的一种特殊情况，即对任意正整数n，n次多项式$S_n(x)$只能是在$n-1$次多项式$S_{n-1}(x)$的基础上增加一项$a_n(x-x_0)^n$，而不能更改$S_{n-1}(x)$的任何一项，这样，留下的活动余地就极其有限，因此不得不对函数提出较高的要求.

如果不是用幂级数，而是用一般的多项式序列来逼近，则对函数的要求就可以弱得多.事实上，Weierstrass 首先证明了：*闭区间$[a,b]$上任意连续函数$f(x)$都可以用多项式一致逼近.*

这一定理的证法很多，以下证明是由苏联数学家 Korovkin 在 1953 年给出的.

定理 10.5.1(Weierstrass 第一逼近定理) *设$f(x)$是闭区间$[a,b]$上的连续函数，则对任意给定的$\varepsilon>0$，存在多项式$P(x)$，使得*

$$|P(x)-f(x)|<\varepsilon$$

对一切$x\in[a,b]$成立.

证 不失一般性，我们设$[a,b]$为$[0,1]$.

设X是$[0,1]$上连续函数全体构成的集合，Y是多项式全体构成的集合，现定义映射

$$B_n: X\to Y$$

$$f(t)\mapsto B_n(f,x) = \sum_{k=0}^{n} f\left(\frac{k}{n}\right) \mathrm{C}_n^k x^k(1-x)^{n-k},$$

这里$B_n(f,x)$表示$f\in X$在映射B_n作用下的像，它是以x为变量的n次多项式，称为 **Bernstein 多项式.**

关于映射B_n，直接从定义出发，可证明它具有下述基本性质与基本关系式：

(1) B_n是线性映射，即对于任意$f,g\in X$及$\alpha,\beta\in\mathbf{R}$，成立

$$B_n(\alpha f+\beta g,x)=\alpha B_n(f,x)+\beta B_n(g,x);$$

(2) B_n具有单调性，即对于任意$f,g\in X$，若$f(t)\geqslant g(t)$对一切$t\in[0,1]$成立，则

$$B_n(f,x)\geqslant B_n(g,x)$$

对一切$x\in[0,1]$成立；

(3) $B_n(1,x) = \sum_{k=0}^{n} \mathrm{C}_n^k x^k(1-x)^{n-k} = [x+(1-x)]^n = 1;$

$$B_n(t,x) = \sum_{k=0}^{n} \frac{k}{n}\mathrm{C}_n^k x^k(1-x)^{n-k} = x\sum_{k=1}^{n} \mathrm{C}_{n-1}^{k-1} x^{k-1}(1-x)^{n-k} = x[x+(1-x)]^{n-1} = x;$$

$$\begin{aligned}
B_n(t^2,x) &= \sum_{k=0}^{n} \frac{k^2}{n^2}\mathrm{C}_n^k x^k(1-x)^{n-k} = \sum_{k=1}^{n} \frac{k}{n}\mathrm{C}_{n-1}^{k-1} x^k(1-x)^{n-k} \\
&= \sum_{k=2}^{n} \frac{k-1}{n}\mathrm{C}_{n-1}^{k-1} x^k(1-x)^{n-k} + \sum_{k=1}^{n} \frac{1}{n}\mathrm{C}_{n-1}^{k-1} x^k(1-x)^{n-k} \\
&= \frac{n-1}{n}x^2 \sum_{k=2}^{n} \mathrm{C}_{n-2}^{k-2} x^{k-2}(1-x)^{n-k} + \frac{x}{n}\sum_{k=1}^{n} \mathrm{C}_{n-1}^{k-1} x^{k-1}(1-x)^{n-k} \\
&= \frac{n-1}{n}x^2 + \frac{x}{n} = x^2 + \frac{x-x^2}{n}.
\end{aligned}$$

综合上述三式，考虑函数$(t-s)^2$在B_n映射下的像，注意s在这里被视为常数，我们得到

$$\begin{aligned}
B_n((t-s)^2,x) &= B_n(t^2,x) - 2sB_n(t,x) + s^2B_n(1,x) \\
&= x^2 + \frac{x-x^2}{n} - 2sx + s^2 = \frac{x-x^2}{n} + (x-s)^2.
\end{aligned}$$

现在我们来证明定理.

由于函数 f 在 $[0,1]$ 上连续,所以必定有界,即存在 $M>0$,对于一切 $t\in[0,1]$,成立

$$|f(t)|\leqslant M;$$

根据 Cantor 定理,f 在 $[0,1]$ 上一致连续,于是对任意给定的 $\varepsilon>0$,存在 $\delta>0$,对一切 $t,s\in[0,1]$,当 $|t-s|<\delta$ 时,成立

$$|f(t)-f(s)|<\frac{\varepsilon}{2};$$

当 $|t-s|\geqslant\delta$ 时,成立

$$|f(t)-f(s)|\leqslant 2M\leqslant\frac{2M}{\delta^2}(t-s)^2.$$

也就是说,对一切 $t,s\in[0,1]$,成立

$$-\frac{\varepsilon}{2}-\frac{2M}{\delta^2}(t-s)^2\leqslant f(t)-f(s)\leqslant\frac{\varepsilon}{2}+\frac{2M}{\delta^2}(t-s)^2.$$

考虑上式的左端、中间、右端三式(关于 t 的连续函数)在映射 B_n 作用下的像(关于 x 的多项式),注意 $f(s)$ 在这里被视为常数,即 $B_n(f(s),x)=f(s)$,并根据上面性质(1),(2)与(3),得到对一切 $x,s\in[0,1]$,成立

$$-\frac{\varepsilon}{2}-\frac{2M}{\delta^2}\left[\frac{x-x^2}{n}+(x-s)^2\right]\leqslant B_n(f,x)-f(s)\leqslant\frac{\varepsilon}{2}+\frac{2M}{\delta^2}\left[\frac{x-x^2}{n}+(x-s)^2\right],$$

令 $s=x$,且注意 $x(1-x)\leqslant\frac{1}{4}$, 即得

$$\left|\sum_{k=0}^{n}f\left(\frac{k}{n}\right)\mathrm{C}_n^k x^k(1-x)^{n-k}-f(x)\right|\leqslant\frac{\varepsilon}{2}+\frac{M}{2n\delta^2}.$$

取 $N=\left[\frac{M}{\delta^2\varepsilon}\right]$,当 $n>N$ 时,

$$\left|\sum_{k=0}^{n}f\left(\frac{k}{n}\right)\mathrm{C}_n^k x^k(1-x)^{n-k}-f(x)\right|<\varepsilon$$

对一切 $x\in[0,1]$成立.

证毕

定理 10.5.1 还可以表述为:设 f 在 $[a,b]$ 上连续,则它的 Bernstein 多项式序列 $\{B_n(f,x)\}$ 在 $[a,b]$ 上一致收敛于 f.

习　题

1. 求 $f(x)=x^3$ 的 Bernstein 多项式 $B_n(f,x)$.
2. 设 $f(x)=\sqrt{x}$, $x\in[0,1]$,求它的四次 Bernstein 多项式 $B_4(f,x)$.
3. 设 $f(x)$ 在 $[a,b]$ 上连续,证明:对任意给定的 $\varepsilon>0$,存在有理系数多项式 $P(x)$,使得

$$|P(x)-f(x)|<\varepsilon$$

对一切 $x\in[a,b]$成立.

4. 设 $f(x)$ 在 $[a,b]$ 上连续,且对任一多项式 $g(x)$ 成立

$$\int_a^b f(x)g(x)\,\mathrm{d}x=0,$$

证明:在$[a,b]$上成立$f(x)\equiv 0$.

5. 设$P_0(x)=0$, $P_{n+1}(x)=P_n(x)+\dfrac{x^2-P_n^2(x)}{2}$ $(n=0,1,2,\cdots)$,证明:$\{P_n(x)\}$在$[-1,1]$上一致收敛于$|x|$.

补充习题

第十一章

Euclid 空间上的极限和连续

§1 Euclid 空间上的基本定理

到目前为止，我们在数学分析课程中学习的都只是一元函数的分析性质.但在现实生活中，除了非常简单的情况之外，可以仅用一个自变量和一个因变量的变化关系来刻画的问题可以说是比较少的.比如，即便是像物理学中研究质点运动这么一个相对较为容易的问题，也需要用到三个空间变量 x、y、z 和一个时间变量 t 以及多个函数值（如位置、速度、加速度、动量等），更不用说在化学、生物及社会科学领域产生的远为复杂的情况.这种多自变量和多因变量的变化关系，反映到数学上就是多元函数（或多元函数组，即向量值函数）.

从本节开始我们将转向研究多元函数（组）.多元函数的分析性质无非也是极限理论、连续性、可微性、可积性等，它们与一元函数的相应性质既有紧密联系，又有很大差别.希望读者"温故而知新"，在学习中注意对照、分析它们本质上的异同，举一反三，收到事半功倍之效果.

Euclid 空间上的距离与极限

前面说过，极限理论是整个数学分析的基础.在导出多元函数的极限定义之前，我们先来回忆一下一元函数的情况.

极限定义

"$\lim\limits_{x\to x_0}f(x)=A\Leftrightarrow\forall\,\varepsilon>0\,,\exists\,\delta>0,\forall\,x(0<|x-x_0|<\delta):|f(x)-A|<\varepsilon$"

意味着，在自变量的变化过程中，只要 x 与 x_0 充分接近（$x\neq x_0$），函数值 $f(x)$ 就可以与 A 任意接近.而这个"接近"，不管是用符号"$0<|x-x_0|<\delta$"和"$|f(x)-A|<\varepsilon$"表示，还是用语言"在 x_0 的 δ 去心邻域 $O(x_0,\delta)\setminus\{x_0\}$ 中"和"落在点 A 的 ε 邻域中"表示，实质上都是用绝对值，即一维空间中两点间的距离刻画的.显而易见，若没有距离的概念和定义，就无所谓"接近"或"不接近"，也就没有"收敛"和"发散".收敛就是距离趋向于零.

对于多元函数（组），上述的 x、x_0（及 $f(x)$、A）都是由多个分量组成的，为了研究多元函数的性质，我们先要将"距离"的概念推广至高维空间，定义出类似于"绝对值"那样的度量标准，然后才能在此基础上去相应地定义极限，进而构筑整个多元分析理论.

记 $\mathbf{R}$ 为实数全体,定义 n 个 $\mathbf{R}$ 的 Descartes 乘积集为

$$\mathbf{R}^n=\mathbf{R}\times\mathbf{R}\times\cdots\times\mathbf{R}=\{(x_1,x_2,\cdots,x_n)\mid x_i\in\mathbf{R},i=1,2,\cdots,n\}.$$

$\mathbf{R}^n$ 中的元素 $\boldsymbol{x}=(x_1,x_2,\cdots,x_n)$ 称为**向量或点**,x_i 称为 $\boldsymbol{x}$ 的**第 i 个坐标**.特别地,$\mathbf{R}^n$ 中的零元素记为$\mathbf{0}=(0,0,\cdots,0)$.

设 $\boldsymbol{x}=(x_1,x_2,\cdots,x_n)$,$\boldsymbol{y}=(y_1,y_2,\cdots,y_n)$ 为 $\mathbf{R}^n$ 中任意两个向量,λ 为任意实数,定义 $\mathbf{R}^n$ 中的加法和数乘运算:

$$\boldsymbol{x}+\boldsymbol{y}=(x_1+y_1,x_2+y_2,\cdots,x_n+y_n),$$
$$\lambda\boldsymbol{x}=(\lambda x_1,\lambda x_2,\cdots,\lambda x_n),$$

$\mathbf{R}^n$ 就成为**向量空间**.

如果再在 $\mathbf{R}^n$ 上引入**内积运算**

$$\langle\boldsymbol{x},\boldsymbol{y}\rangle=x_1y_1+x_2y_2+\cdots+x_ny_n=\sum_{k=1}^{n}x_ky_k,$$

那么它就被称为 **Euclid 空间**.

容易验证内积满足以下性质:设 $\boldsymbol{x},\boldsymbol{y},\boldsymbol{z}\in\mathbf{R}^n$,$\lambda,\mu\in\mathbf{R}$,则

(1)(**正定性**)$\langle\boldsymbol{x},\boldsymbol{x}\rangle\geqslant 0$,而$\langle\boldsymbol{x},\boldsymbol{x}\rangle=0$ 当且仅当 $\boldsymbol{x}=\mathbf{0}$;

(2)(**对称性**)$\langle\boldsymbol{x},\boldsymbol{y}\rangle=\langle\boldsymbol{y},\boldsymbol{x}\rangle$;

(3)(**线性性**)$\langle\lambda\boldsymbol{x}+\mu\boldsymbol{y},\boldsymbol{z}\rangle=\lambda\langle\boldsymbol{x},\boldsymbol{z}\rangle+\mu\langle\boldsymbol{y},\boldsymbol{z}\rangle$;

(4)(**Schwarz 不等式**)$\langle\boldsymbol{x},\boldsymbol{y}\rangle^2\leqslant\langle\boldsymbol{x},\boldsymbol{x}\rangle\langle\boldsymbol{y},\boldsymbol{y}\rangle$.

我们仅说明一下(4).由(1)—(3)可得出,对于任意 $\lambda\in\mathbf{R}$ 都成立

$$\langle\lambda\boldsymbol{x}+\boldsymbol{y},\lambda\boldsymbol{x}+\boldsymbol{y}\rangle=\lambda^2\langle\boldsymbol{x},\boldsymbol{x}\rangle+2\lambda\langle\boldsymbol{x},\boldsymbol{y}\rangle+\langle\boldsymbol{y},\boldsymbol{y}\rangle\geqslant 0,$$

所以其判别式不大于零,即

$$4\langle\boldsymbol{x},\boldsymbol{y}\rangle^2-4\langle\boldsymbol{x},\boldsymbol{x}\rangle\langle\boldsymbol{y},\boldsymbol{y}\rangle\leqslant 0.$$

这就得到了 Schwarz 不等式.

平面解析几何中两点 $\boldsymbol{x}=(x_1,x_2)$,$\boldsymbol{y}=(y_1,y_2)$间的距离公式

$$\sqrt{(x_1-y_1)^2+(x_2-y_2)^2}$$

给我们以启示:可以按照这样的方式,为具有更多个分量的"点"定义两点间的距离.仍用绝对值的符号表示推广到 $\mathbf{R}^n$ 上的"距离",则有

定义 11.1.1 Euclid 空间 $\mathbf{R}^n$ 中任意两点 $\boldsymbol{x}=(x_1,x_2,\cdots,x_n)$和 $\boldsymbol{y}=(y_1,y_2,\cdots,y_n)$的距离定义为

$$|\boldsymbol{x}-\boldsymbol{y}|=\sqrt{(x_1-y_1)^2+(x_2-y_2)^2+\cdots+(x_n-y_n)^2};$$

并称

$$\|\boldsymbol{x}\|=\sqrt{\langle\boldsymbol{x},\boldsymbol{x}\rangle}=\sqrt{\sum_{k=1}^{n}x_k^2}$$

为 $\boldsymbol{x}$ 的 **Euclid 范数**(简称**范数**).

显然,$\boldsymbol{x}$ 的范数 $\|\boldsymbol{x}\|$ 就是 $\boldsymbol{x}$ 到 $\mathbf{0}$ 的距离(即 $\boldsymbol{x}$ 的模长).

定理 11.1.1 距离满足以下性质:

(1)(**正定性**)$|\boldsymbol{x}-\boldsymbol{y}|\geqslant 0$,而 $|\boldsymbol{x}-\boldsymbol{y}|=0$ 当且仅当 $\boldsymbol{x}=\boldsymbol{y}$;

(2)(**对称性**)$|\boldsymbol{x}-\boldsymbol{y}|=|\boldsymbol{y}-\boldsymbol{x}|$;

(3)(**三角不等式**)$|\boldsymbol{x}-\boldsymbol{z}| \leqslant |\boldsymbol{x}-\boldsymbol{y}|+|\boldsymbol{y}-\boldsymbol{z}|$.

证明留给读者.

定义了距离就可以引入邻域以及收敛的概念.

定义 11.1.2 设 $\boldsymbol{a}=(a_1,a_2,\cdots,a_n)\in\mathbf{R}^n$,$\delta>0$,则点集

$$\begin{aligned}O(\boldsymbol{a},\delta)&=\{\boldsymbol{x}\in\mathbf{R}^n \mid |\boldsymbol{x}-\boldsymbol{a}|<\delta\}\\&=\left\{\boldsymbol{x}\in\mathbf{R}^n \,\middle|\, \sqrt{(x_1-a_1)^2+(x_2-a_2)^2+\cdots+(x_n-a_n)^2}<\delta\right\}\end{aligned}$$

称为点 $\boldsymbol{a}$ 的 δ **邻域**,$\boldsymbol{a}$ 称为这个邻域的中心,δ 称为邻域的半径.

特别地,$O(\boldsymbol{a},\delta)$ 在 $\mathbf{R}$ 上就是开区间,在 $\mathbf{R}^2$ 上是开圆盘,在 $\mathbf{R}^3$ 上则是开球.

定义 11.1.3 设 $\{\boldsymbol{x}_k\}$ 是 $\mathbf{R}^n$ 中的一个点列.若存在定点 $\boldsymbol{a}\in\mathbf{R}^n$,对于任意给定的 $\varepsilon>0$,存在正整数 K,使得当 $k>K$ 时,

$$|\boldsymbol{x}_k-\boldsymbol{a}|<\varepsilon \quad (\text{即 } \boldsymbol{x}_k\in O(\boldsymbol{a},\varepsilon)),$$

则称点列 $\{\boldsymbol{x}_k\}$ **收敛于** $\boldsymbol{a}$,记为 $\lim\limits_{k\to\infty}\boldsymbol{x}_k=\boldsymbol{a}$.而称 $\boldsymbol{a}$ 为点列 $\{\boldsymbol{x}_k\}$ 的**极限**.

一个点列不收敛就称其**发散**.

记 $\boldsymbol{x}_k=(x_1^k,x_2^k,\cdots,x_n^k)$ $(k=1,2,\cdots)$,$\boldsymbol{a}=(a_1,a_2,\cdots,a_n)$,利用不等式

$$|x_j^k-a_j| \leqslant |\boldsymbol{x}_k-\boldsymbol{a}|=\sqrt{\sum_{i=1}^n(x_i^k-a_i)^2} \leqslant \sum_{i=1}^n|x_i^k-a_i|, j=1,2,\cdots,n$$

可以得到

定理 11.1.2 $\lim\limits_{k\to\infty}\boldsymbol{x}_k=\boldsymbol{a}$ 的充分必要条件是 $\lim\limits_{k\to\infty}x_i^k=a_i(i=1,2,\cdots,n)$.

根据此定理,我们可以利用对点列分量的讨论,将一维的一些结论平行地推广到高维去.

前面已给出了 $\mathbf{R}$ 中收敛数列的一些性质,如惟一性、有界性、保序性、夹逼性及四则运算法则.由于高维的两个点之间不存在大小关系,因此保序性和夹逼性这两个与比较大小有关的性质已不再有意义了.

有界性牵涉到的是点的模长,我们对高维点集的有界性作如下定义:

定义 11.1.4 设 S 是 $\mathbf{R}^n$ 上的点集.若存在正数 M,使得对于任意 $\boldsymbol{x}\in S$,

$$\|\boldsymbol{x}\|\leqslant M,$$

(或等价地,存在正数 M' 使得 $S\subset O(\boldsymbol{0},M')$)则称 S 为**有界集**.

可以证明惟一性(收敛点列 $\{\boldsymbol{x}_k\}$ 的极限是惟一的)、有界性(收敛点列 $\{\boldsymbol{x}_k\}$ 必定有界)和极限的线性运算法则在高维情况依然成立.

开集与闭集

在一维的情况,闭区间上的许多重要结果,如闭区间套定理、连续函数的若干性质,在开区间是不成立的.因此有理由相应地对高维空间的点集作类似划分.

设 S 是 $\mathbf{R}^n$ 上的点集,它在 $\mathbf{R}^n$ 上的补集 $\mathbf{R}^n\backslash S$ 记为 S^c.对于任意 $\boldsymbol{x}\in\mathbf{R}^n$,从其邻域与 S 的关系来分,无非是下列三种情况之一:

(1) 存在 $\boldsymbol{x}$ 的一个 δ 邻域 $O(\boldsymbol{x},\delta)$ 完全落在 S 中(注意:这时 $\boldsymbol{x}$ 必属于 S),这时称 $\boldsymbol{x}$ 是 S 的**内点**.S 的内点全体称为 S 的**内部**,记为 S^o.

(2) 存在 $\boldsymbol{x}$ 的一个 δ 邻域 $O(\boldsymbol{x},\delta)$ 完全不落在 S 中,这时称 $\boldsymbol{x}$ 是 S 的**外点**.

(3) 不存在 $\boldsymbol{x}$ 的具有上述性质的 δ 邻域,即 $\boldsymbol{x}$ 的任意 δ 邻域既包含 S 中的点,又包含不属于 S 的点,那么就称 $\boldsymbol{x}$ 是 S 的**边界点**.S 的边界点的全体称为 S 的**边界**,记为 ∂S.

要注意的是,内点必属于 S,外点必不属于 S(或者说必属于 S^c),但边界点可能属于 S,也可能不属于 S.

内点、外点与边界点的示意图见图 11.1.1.

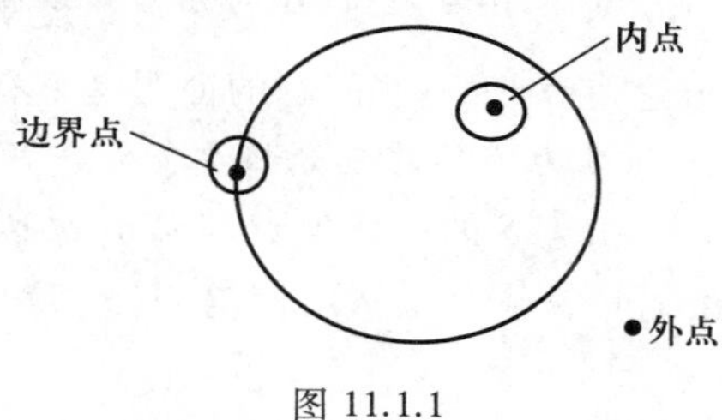

图 11.1.1

进一步,若存在 $\boldsymbol{x}$ 的一个邻域,其中只有 $\boldsymbol{x}$ 点属于 S,则称 $\boldsymbol{x}$ 是 S 的**孤立点**.显然,孤立点必是边界点.

若 $\boldsymbol{x}$ 的任意邻域都含有 S 中的无限个点,则称 $\boldsymbol{x}$ 是 S 的**聚点**.S 的聚点的全体记为 S'.显然,S 的内点必是 S 的聚点;S 的边界点,只要不是 S 的孤立点,也必是 S 的聚点.因此 S 的聚点可能属于 S,也可能不属于 S.例如在 $\mathbf{R}$ 中,0 是点集$\left\{\frac{1}{n}\,\middle|\, n=1,2,\cdots\right\}$的聚点,但它不属于这个点集.

定理 11.1.3 $\boldsymbol{x}$ 是点集 $S(\subset\mathbf{R}^n)$ 的聚点的充分必要条件是:存在点列 $\{\boldsymbol{x}_k\}$ 满足 $\boldsymbol{x}_k\in S,\boldsymbol{x}_k\neq\boldsymbol{x}(k=1,2,\cdots)$,使得 $\lim\limits_{k\to\infty}\boldsymbol{x}_k=\boldsymbol{x}$.

证明留作习题.

现在我们可以引出"开"和"闭"的概念了.

定义 11.1.5 设 S 是 $\mathbf{R}^n$ 上的点集.若 S 中的每一个点都是它的内点,则称 S 为**开集**;若 S 中包含了它的所有的聚点,则称 S 为**闭集**.

S 与它的聚点全体 S' 的并集称为 S 的**闭包**,记为 $\overline{S}$.

例 11.1.1 在 $\mathbf{R}^2$ 上,设

$$S=\{(x,y)\mid 1\leqslant x^2+y^2<4\},$$

那么

$$S^o=\{(x,y)\mid 1<x^2+y^2<4\};$$
$$\partial S=\{(x,y)\mid x^2+y^2=1\}\cup\{(x,y)\mid x^2+y^2=4\};$$
$$S'=\{(x,y)\mid 1\leqslant x^2+y^2\leqslant 4\}=\overline{S}.$$

例 11.1.2 证明邻域是开集.

证 设邻域为 $O(\boldsymbol{a},r)$,$\boldsymbol{q}$ 为 $O(\boldsymbol{a},r)$ 上的任一点,则 $|\boldsymbol{q}-\boldsymbol{a}|<r$.因此存在正数 h 使得

$$|\boldsymbol{q}-\boldsymbol{a}|<r-h.$$

于是,对任意 $\boldsymbol{x}\in O(\boldsymbol{q},h)$,成立不等式

$$|\boldsymbol{x}-\boldsymbol{a}|\leqslant|\boldsymbol{x}-\boldsymbol{q}|+|\boldsymbol{q}-\boldsymbol{a}|<r,$$

因此 $\boldsymbol{x}\in O(\boldsymbol{a},r)$，即 $\boldsymbol{q}$ 是 $O(\boldsymbol{a},r)$ 的内点，由定义，$O(\boldsymbol{a},r)$ 是开集.

容易证明：集合 $\{\boldsymbol{x}\in\mathbf{R}^n \mid a_i<x_i<b_i, i=1,2,\cdots,n\}$ 和 $\{\boldsymbol{x}\in\mathbf{R}^n \mid \sum\limits_{i=1}^{n}(x_i-a_i)^2<r^2\}$ 都是开集，它们分别称为 n **维开矩形**和 n **维开球**；集合 $\{\boldsymbol{x}\in\mathbf{R}^n \mid a_i\leqslant x_i\leqslant b_i, i=1,2,\cdots,n\}$ 和 $\{\boldsymbol{x}\in\mathbf{R}^n \mid \sum\limits_{i=1}^{n}(x_i-a_i)^2\leqslant r^2\}$ 都是闭集，它们分别称为 n **维闭矩形**和 n **维闭球**.

关于闭集有如下重要结论，它对于一些问题的证明是个有力的工具.

定理 11.1.4 $\mathbf{R}^n$ 上的点集 S 为闭集的充分必要条件是 S^c 是开集.

证 必要性：若 S 为闭集，由于 S 的一切聚点都属于 S，因此，对于任意 $\boldsymbol{x}\in S^c$，$\boldsymbol{x}$ 不是 S 的聚点.也就是说，存在 $\boldsymbol{x}$ 的邻域 $O(\boldsymbol{x},\delta)$，使得 $O(\boldsymbol{x},\delta)\cap S=\varnothing$，即 $O(\boldsymbol{x},\delta)\subset S^c$. 因此 S^c 是开集.

充分性：对任意 $\boldsymbol{x}\in S^c$，由于 S^c 是开集，因此存在 $\boldsymbol{x}$ 的邻域 $O(\boldsymbol{x},\delta)$，使得 $O(\boldsymbol{x},\delta)\in S^c$，即 $\boldsymbol{x}$ 不是 S 的聚点.所以如果 S 有聚点，它就一定属于 S.因此 S 为闭集.

证毕

从这个定理立即得到：$\mathbf{R}^n$ 上的点集 S 为开集的充分必要条件是 S^c 是闭集.

以下的引理是第一章§1 中的 De Morgan 公式推广至任意多个集合的情况，其证明方法完全类似于第一章.

引理 11.1.1(De Morgan 公式) 设 $\{S_\alpha\}$ 是 $\mathbf{R}^n$ 中的一组(有限或无限多个)子集，则

(1) $\left(\bigcup\limits_{\alpha} S_\alpha\right)^c=\bigcap\limits_{\alpha} S_\alpha{}^c$；

(2) $\left(\bigcap\limits_{\alpha} S_\alpha\right)^c=\bigcup\limits_{\alpha} S_\alpha{}^c$.

定理 11.1.5 (1) 任意一组开集 $\{S_\alpha\}$ 的并集 $\bigcup\limits_{\alpha} S_\alpha$ 是开集；

(2) 任意一组闭集 $\{T_\alpha\}$ 的交集 $\bigcap\limits_{\alpha} T_\alpha$ 是闭集；

(3) 任意有限个开集 $S_1,S_2,\cdots,S_k$ 的交集 $\bigcap\limits_{i=1}^{k} S_i$ 是开集；

(4) 任意有限个闭集 $T_1,T_2,\cdots,T_k$ 的并集 $\bigcup\limits_{i=1}^{k} T_i$ 是闭集.

证 (1) 设 $\boldsymbol{x}\in\bigcup\limits_{\alpha} S_\alpha$，那么存在某个 α，使得 $\boldsymbol{x}\in S_\alpha$. 而 S_α 是开集，因此 $\boldsymbol{x}$ 就是 S_α 的内点，所以也是 $\bigcup\limits_{\alpha} S_\alpha$ 的内点，这说明 $\bigcup\limits_{\alpha} S_\alpha$ 是开集.

(2) 由 De Morgan 公式可得

$$\left(\bigcap_{\alpha} T_\alpha\right)^c=\bigcup_{\alpha} T_\alpha{}^c.$$

T_α 是闭集，从而 $T_\alpha{}^c$ 是开集. 由(1)知 $\bigcup\limits_{\alpha} T_\alpha{}^c$ 是开集，这说明了 $\bigcap\limits_{\alpha} T_\alpha$ 的补集是开集，因此它是闭集.

(3) 设 $\boldsymbol{x}\in\bigcap\limits_{i=1}^{k} S_i$，则对每个 $i=1,2,\cdots,k$ 都有 $\boldsymbol{x}\in S_i$. 由于 S_i 是开集，因此存在 $\boldsymbol{x}$ 的

邻域 $O(\boldsymbol{x},r_i)$，使得 $O(\boldsymbol{x},r_i)\subset S_i$.取 $r=\min\limits_{1\leqslant i\leqslant k}(r_i)$，那么$O(\boldsymbol{x},r)\subset\bigcap\limits_{i=1}^{k}S_i$，即 $\boldsymbol{x}$ 是 $\bigcap\limits_{i=1}^{k}S_i$ 的内点，因此 $\bigcap\limits_{i=1}^{k}S_i$ 是开集.

(4) 利用 De Morgan 公式和(3)的结论就可以得出.

证毕

请读者举例说明任意个开集的交集不一定仍是开集；任意个闭集的并集不一定仍是闭集.

Euclid 空间上的基本定理

下面主要以二维的情况为例，将实数理论中的一些重要结果推广到高维去.

定理 11.1.6（闭矩形套定理） 设 $\Delta_k=[a_k,b_k]\times[c_k,d_k]$ $(k=1,2,\cdots)$ 是 $\mathbf{R}^2$ 上一列闭矩形.如果

(1) $\Delta_{k+1}\subset\Delta_k$，即 $a_k\leqslant a_{k+1}<b_{k+1}\leqslant b_k$，$c_k\leqslant c_{k+1}<d_{k+1}\leqslant d_k$，$k=1,2,\cdots$；

(2) $\sqrt{(b_k-a_k)^2+(d_k-c_k)^2}\to 0\ (k\to\infty)$，

则存在惟一的点 $\boldsymbol{a}=(\xi,\eta)$ 属于 $\bigcap\limits_{k=1}^{\infty}\Delta_k$，且

$$\lim_{k\to\infty}a_k=\lim_{k\to\infty}b_k=\xi,\quad \lim_{k\to\infty}c_k=\lim_{k\to\infty}d_k=\eta.$$

这只要分别对 $\{[a_k,b_k]\}$ 和 $\{[c_k,d_k]\}$ 运用直线上的闭区间套定理就可以证明.

定理中的“闭”（闭集）和“套”（依次包含）是本质的，而集合 Δ_k 是否是闭矩形则无关紧要.读者还不难证明如下更一般的结论：

定理 11.1.6′（Cantor 闭区域套定理） 设 $\{S_k\}$ 是 $\mathbf{R}^n$ 上的非空闭集序列，满足

$$S_1\supset S_2\supset\cdots\supset S_k\supset S_{k+1}\supset\cdots,$$

以及 $\lim\limits_{k\to\infty}\operatorname{diam}S_k=0$，则存在惟一点属于 $\bigcap\limits_{k=1}^{\infty}S_k$.

这里

$$\operatorname{diam}S=\sup\{|\boldsymbol{x}-\boldsymbol{y}|\mid \boldsymbol{x},\boldsymbol{y}\in S\},$$

它称为 S 的**直径**.

例 11.1.3 证明：三角形的中线交于一点.

证 我们将以 A,B 和 C 为顶点的、加上边界的三角形记为$\triangle ABC$（如图11.1.2），它是闭集.

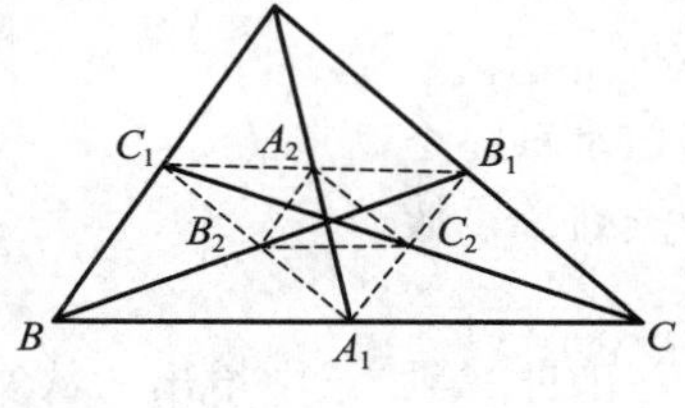

图 11.1.2

显然$\triangle ABC$ 的三条中线 AA_1，BB_1 和 CC_1 包含在$\triangle ABC$ 中，因此它们的两两交点也包含在$\triangle ABC$ 中，且

$$\triangle A_1B_1C_1\subset\triangle ABC.$$

注意三条中线 AA_1，BB_1 和 CC_1 上各有一段 A_1A_2，B_1B_2 和 C_1C_2 成为$\triangle A_1B_1C_1$ 的三条中线，所以$\triangle ABC$ 的三条中线的两两交点也就是$\triangle A_1B_1C_1$ 的三条中线的两两交点，且交点也包含在$\triangle A_1B_1C_1$ 中，同时又有

$$\triangle A_2B_2C_2\subset\triangle A_1B_1C_1.$$

如此做下去的话，就得到三角形组成的闭集序列

$$\triangle ABC \supset \triangle A_1B_1C_1 \supset \triangle A_2B_2C_2 \supset \cdots,$$

显然它们满足

$$\lim_{k\to\infty} \operatorname{diam} \triangle A_kB_kC_k = 0,$$

因此存在惟一的公共点 O 属于所有这些三角形.

因为$\triangle ABC$ 的三条中线的两两交点始终包含在每一个三角形内，所以三条中线必定交于一点，而 O 点就是它们的交点.

证毕

定理 11.1.7（Bolzano－Weierstrass 定理）　$\mathbf{R}^n$ 上的有界点列 $\{\boldsymbol{x}_k\}$ 中必有收敛子列.

以二维的情况为例，只要先对 $\{\boldsymbol{x}_k\}=\{(x_k,y_k)\}$ 的第一个分量 $\{x_k\}$ 用一维的 Bolzano－Weierstrass 定理，找到其收敛子列 $\{x_{n_k}\}$；再对数列 $\{y_{n_k}\}$ 用一维的 Bolzano－Weierstrass 定理，找到其收敛子列 $\{y_{n_{k_m}}\}$，则 $\{(x_{n_{k_m}},y_{n_{k_m}})\}$ 就是 $\{\boldsymbol{x}_k\}$ 的收敛子列.

从这个定理立即得到：

推论 11.1.1　$\mathbf{R}^n$ 上的有界无限点集至少有一个聚点.

定义 11.1.6　若 $\mathbf{R}^n$ 上的点列 $\{\boldsymbol{x}_k\}$ 满足：对于任意给定的 $\varepsilon>0$，存在正整数 K，使得对任意 $k,l>K$，成立

$$|\boldsymbol{x}_l-\boldsymbol{x}_k|<\varepsilon,$$

则称 $\{\boldsymbol{x}_k\}$ 为**基本点列**（或 **Cauchy 点列**），

定理 11.1.8（Cauchy 收敛原理）　$\mathbf{R}^n$ 上的点列 $\{\boldsymbol{x}_k\}$ 收敛的充分必要条件是：$\{\boldsymbol{x}_k\}$ 为基本点列.

证　设 $\{\boldsymbol{x}_k\}$ 收敛于 $\boldsymbol{a}$，那么对于任意给定的 $\varepsilon>0$，存在正整数 K，使得当 $k>K$ 时，成立

$$|\boldsymbol{x}_k-\boldsymbol{a}|<\frac{\varepsilon}{2}.$$

因此当 $k,l>K$ 时，由三角不等式得

$$|\boldsymbol{x}_l-\boldsymbol{x}_k| \leqslant |\boldsymbol{x}_l-\boldsymbol{a}|+|\boldsymbol{x}_k-\boldsymbol{a}|<\varepsilon,$$

即 $\{\boldsymbol{x}_k\}$ 为基本点列.

若 $\{\boldsymbol{x}_k\}$ 为基本点列，记 $\boldsymbol{x}_k=(x_1^k,x_2^k,\cdots,x_n^k)\ (k=1,2,\cdots)$，则由不等式

$$|x_i^l-x_i^k| \leqslant |\boldsymbol{x}_l-\boldsymbol{x}_k| \quad (i=1,2,\cdots,n),$$

可知对每一个固定的 $i=1,2,\cdots,n$，数列 $\{x_i^k\}$ 是基本数列，因此收敛.再由定理 11.1.2 即知点列 $\{\boldsymbol{x}_k\}$ 收敛.

证毕

因此，第二章中给出的从实数的连续性到实数的完备性的 5 个等价定理中，除了“确界存在定理”和“单调有界数列收敛定理”由于涉及点之间的大小关系而在高维空间中不再有意义之外，其余的结论在高维空间依然成立.

紧集

现在引入一个重要的概念.

定义 11.1.7 设 S 为 $\mathbf{R}^n$ 上的点集.如果 $\mathbf{R}^n$ 中的一组开集 $\{U_\alpha\}$ 满足 $\bigcup_\alpha U_\alpha \supset S$,那么称 $\{U_\alpha\}$ 为 S 的一个**开覆盖**.

如果 S 的任意一个开覆盖 $\{U_\alpha\}$ 中总存在一个有限子覆盖,即存在 $\{U_\alpha\}$ 中的有限个开集 $\{U_{\alpha_i}\}_{i=1}^p$,满足 $\bigcup_{i=1}^p U_{\alpha_i} \supset S$,则称 S 为**紧集**.

定理 11.1.9(Heine-Borel 定理) $\mathbf{R}^n$ 上的点集 S 是紧集的充分必要条件为:它是有界闭集.

证 只证明 $n=2$ 的情形.

必要性:设 S 为紧集,先证它是有界的.显然,$\{O(\boldsymbol{x},1)\subset \mathbf{R}^2 \mid \boldsymbol{x}\in S\}$ 是 S 的一个开覆盖,因为 S 是紧集,因此存在 S 的有限子覆盖,即存在 $\boldsymbol{x}_1,\boldsymbol{x}_2,\cdots,\boldsymbol{x}_p$,使得 $S\subset \bigcup_{i=1}^p O(\boldsymbol{x}_i,1)$.这就说明了 S 是有界集.

再用反证法证明 S 是闭集.设存在 S 的聚点 $\boldsymbol{a}\notin S$,构造开集

$$U_n=\left\{\boldsymbol{x}\;\middle|\;|\boldsymbol{x}-\boldsymbol{a}|>\frac{1}{n}\right\},$$

则 $\bigcup_{n=1}^\infty U_n=\mathbf{R}^2\setminus\{\boldsymbol{a}\}\supset S$,即 $\{U_n\}$ 是 S 的一个开覆盖.

由聚点定义,存在由无穷多个点组成的点列 $\{\boldsymbol{x}_k\}$ $(\boldsymbol{x}_k\in S,\boldsymbol{x}_k\neq \boldsymbol{a})$ 满足 $\lim\limits_{k\to\infty}\boldsymbol{x}_k=\boldsymbol{a}$.由于对任意一个固定的 m,U_m 中至多含有 $\{\boldsymbol{x}_k\}$ 中有限个点(请读者想一下为什么),因此在 $\{U_n\}$ 中不存在 S 的有限子覆盖,这就与 S 是紧集产生了矛盾.所以 S 是闭集.

充分性:用反证法.假设 S 是有界闭集,但不是紧的,那么存在 S 的一个开覆盖 $\{U_\alpha\}$,它不包含 S 的有限子覆盖.

由于 S 为有界点集,那么它必包含在某个 2 维闭正方形 I_1 中.将 I_1 分成 4 个全等的闭正方形 $I_{11},I_{12},I_{13},I_{14}$,那么至少有一个 $I_{1k}(1\leqslant k\leqslant 4)$,使得$I_{1k}\cap S$ 不能被 $\{U_\alpha\}$ 中的有限个元素所覆盖,取其为 I_2.

同样将 I_2 分成 4 个全等的闭正方形 $I_{21},I_{22},I_{23},I_{24}$,也至少有一个$I_{2k}(1\leqslant k\leqslant 4)$,使得 $I_{2k}\cap S$ 不能被 $\{U_\alpha\}$ 中的有限个元素所覆盖,取其为 I_3.

如此下去就得到一列正方形

$$I_1\supset I_2\supset I_3\supset\cdots,$$

满足

(1) 闭集 $I_l\cap S(l=1,2,3,\cdots)$ 不能被 $\{U_\alpha\}$ 中的有限个元素所覆盖;

(2) $\lim\limits_{l\to\infty}\operatorname{diam}(I_l\cap S)=0$.

由定理 11.1.6′,存在惟一的一点 $\boldsymbol{a}=(\xi,\eta)\in\bigcap_{l=1}^\infty(I_l\cap S)$.

任取包含点 $\boldsymbol{a}$ 的开集 $U_*\in\{U_\alpha\}$,只要适当选择 r,就有 $O(\boldsymbol{a},r)\subset U_*$.又由于 $\lim\limits_{l\to\infty}\operatorname{diam}(I_l\cap S)=0$,则当 l 充分大时就成立 $I_l\cap S\subset O(\boldsymbol{a},r)\subset U_*$.这就导出了矛盾.

证毕

定理 11.1.10　设 S 是 $\mathbf{R}^n$ 上的点集，那么以下三个命题等价：

(1) S 是有界闭集；

(2) S 是紧集；

(3) S 的任一无限子集在 S 中必有聚点.

证　(1)与(2)的等价性就是定理 11.1.9.

(1)⇒(3)：设 S 是有界闭集.由推论 11.1.1 即知 S 的无限子集必有聚点，而 S 是闭集，因此这个聚点必属于 S.

(3)⇒(1)：若 S 的任一无限子集在 S 中都有聚点，则显然 S 中的任一收敛点列 $\{\boldsymbol{x}_k\}$ 的极限必属于 S，因此 S 含有它的全部聚点，即 S 是闭集.

若此时 S 无界，那么在 S 中存在点列 $\{\boldsymbol{x}_k\}$，满足

$$\|\boldsymbol{x}_k\|>k,\quad k=1,2,\cdots.$$

显然 $\{\boldsymbol{x}_k\}$ 是无限集，且在 $\mathbf{R}^n$ 中(因而在 S 中)没有聚点.这个矛盾表明 S 是有界的.

证毕

Cantor 闭区域套定理、Bolzano-Weierstrass 定理、Cauchy 收敛原理和 Heine-Borel 定理称为 Euclid 空间上的基本定理，它们是相互等价的.

习　题

1. 证明定理 11.1.1：距离满足正定性、对称性和三角不等式.
2. 证明：若 $\mathbf{R}^n$ 中的点列 $\{\boldsymbol{x}_k\}$ 收敛，则其极限是惟一的.
3. 设 $\mathbf{R}^n$ 中的点列 $\{\boldsymbol{x}_k\}$ 和 $\{\boldsymbol{y}_k\}$ 收敛，证明：对于任何实数 α,β，成立等式
$$\lim_{k\to\infty}(\alpha\boldsymbol{x}_k+\beta\boldsymbol{y}_k)=\alpha\lim_{k\to\infty}\boldsymbol{x}_k+\beta\lim_{k\to\infty}\boldsymbol{y}_k.$$
4. 求下列 $\mathbf{R}^2$ 中子集的内部、边界与闭包：
   (1) $S=\{(x,y)\mid x>0,y\neq 0\}$；
   (2) $S=\{(x,y)\mid 0<x^2+y^2\leqslant 1\}$；
   (3) $S=\left\{(x,y)\,\middle|\, 0<x\leqslant 1,y=\sin\dfrac{1}{x}\right\}$.
5. 求下列点集的全部聚点：
   (1) $S=\left\{(-1)^k\dfrac{k}{k+1}\,\middle|\, k=1,2,\cdots\right\}$；
   (2) $S=\left\{\left(\cos\dfrac{2k\pi}{5},\sin\dfrac{2k\pi}{5}\right)\,\middle|\, k=1,2,\cdots\right\}$；
   (3) $S=\{(x,y)\mid (x^2+y^2)(y^2-x^2+1)\leqslant 0\}$.
6. 证明定理 11.1.3：$\boldsymbol{x}$ 是点集 $S(\subset\mathbf{R}^n)$ 的聚点的充分必要条件是：存在 S 中的点列 $\{\boldsymbol{x}_k\}$，满足 $\boldsymbol{x}_k\neq\boldsymbol{x}(k=1,2,\cdots)$，且 $\lim\limits_{k\to\infty}\boldsymbol{x}_k=\boldsymbol{x}$.
7. 设 U 是 $\mathbf{R}^2$ 上的开集，是否 U 的每个点都是它的聚点？对于 $\mathbf{R}^2$ 中的闭集又如何呢？
8. 证明 $S\subset\mathbf{R}^n$ 的所有内点组成的点集 S^o 必是开集.
9. 证明 $S\subset\mathbf{R}^n$ 的闭包 $\bar{S}=S\cup S'$ 必是闭集.

10. 设 $E,F\subset \mathbf{R}^n$.若 E 为开集,F 为闭集,证明:$E\setminus F$ 为开集,$F\setminus E$ 为闭集.

11. 证明 Cantor 闭区域套定理.

12. 举例说明:满足 $\lim\limits_{k\to\infty}|\boldsymbol{x}_{k+1}-\boldsymbol{x}_k|=0$ 的点列 $\{\boldsymbol{x}_k\}$ 不一定收敛.

13. 设 $E,F\subset \mathbf{R}^n$ 为紧集,证明 $E\cap F$ 和 $E\cup F$ 为紧集.

14. 用定义证明点集 $\{0\}\cup\left\{\dfrac{1}{k}\,\middle|\,k=1,2,\cdots\right\}$ 是 $\mathbf{R}$ 中的紧集.

15. 应用 Heine-Borel 定理直接证明:$\mathbf{R}^n$ 上有界无限点集必有聚点.

§ 2　多元连续函数

多元函数

在科学技术及日常生活中,常常遇到的是因变量的变化与几个自变量有关.例如一定量的理想气体的压强 p、体积 V 和热力学温度 T 之间具有关系

$$p=\frac{RT}{V}\quad(R\text{ 是普适气体常量}),$$

即压强 p 的变化同时依赖于 V 和 T.

再如圆台的体积 V 和它的两个底半径 R,r 及高 h 之间有关系

$$V=\frac{\pi h}{3}(R^2+Rr+r^2),$$

即体积 V 的变化同时依赖于 R,r 和高 h.

这种例子举不胜举.它们表示的是因变量随多个自变量的变化而相应变化的某种规律,这是一元函数推广,即**多元函数**.下面几章中将导出多元函数微积分的重要理论和方法.

定义 11.2.1　设 D 是 $\mathbf{R}^n$ 上的点集,D 到 $\mathbf{R}$ 的映射

$$f:D\to\mathbf{R},$$
$$\boldsymbol{x}\mapsto z$$

称为 n **元函数**,记为 $z=f(\boldsymbol{x})$.这时,D 称为 f 的**定义域**,$f(D)=\{z\in\mathbf{R}\mid z=f(\boldsymbol{x}),\boldsymbol{x}\in D\}$ 称为 f 的**值域**,$\Gamma=\{(\boldsymbol{x},z)\in\mathbf{R}^{n+1}\mid z=f(\boldsymbol{x}),\boldsymbol{x}\in D\}$ 称为 f 的**图像**.

例 11.2.1　$z=\sqrt{1-\dfrac{x^2}{a^2}-\dfrac{y^2}{b^2}}$ 是二元函数,其定义域为

$$D=\left\{(x,y)\in\mathbf{R}^2\,\middle|\,\frac{x^2}{a^2}+\frac{y^2}{b^2}\leqslant 1\right\},$$

函数的图像是一个上半椭球面(见图 11.2.1).

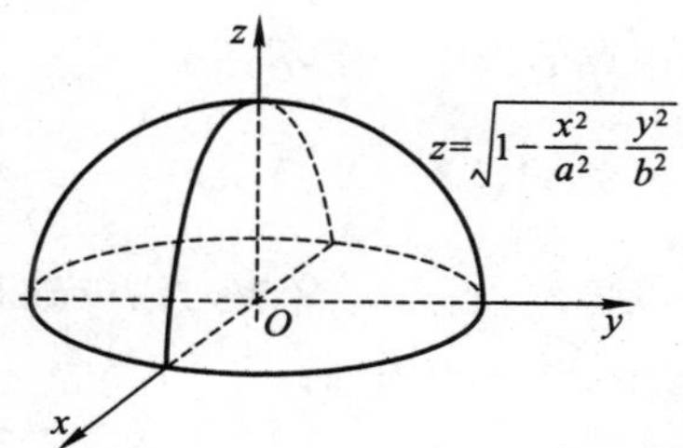

图 11.2.1

多元函数的极限

现在我们将一元函数的极限定义推广到多元函数.

定义 11.2.2 设 D 是 $\mathbf{R}^n$ 上的开集,$\boldsymbol{x}_0=(x_1^0,x_2^0,\cdots,x_n^0)\in D$ 为一定点,$z=f(\boldsymbol{x})$ 是定义在 $D\setminus\{\boldsymbol{x}_0\}$ 上的 n 元函数,A 是一个实数.如果对于任意给定的$\varepsilon>0$,存在 $\delta>0$,使得当 $\boldsymbol{x}\in O(\boldsymbol{x}_0,\delta)\setminus\{\boldsymbol{x}_0\}$ 时,成立

$$|f(\boldsymbol{x})-A|<\varepsilon,$$

则称当 $\boldsymbol{x}$ 趋于 $\boldsymbol{x}_0$ 时 f **收敛**,并称 A 为 f 当 $\boldsymbol{x}$ 趋于 $\boldsymbol{x}_0$ 时的(**n 重)极限**,记为

$$\lim_{\boldsymbol{x}\to\boldsymbol{x}_0}f(\boldsymbol{x})=A(\text{或 }f(\boldsymbol{x})\to A(\boldsymbol{x}\to\boldsymbol{x}_0),\text{或}\lim_{\substack{x_1\to x_1^0\\x_2\to x_2^0\\\cdots\cdots\\x_n\to x_n^0}}f(x_1,x_2,\cdots,x_n)=A).$$

注 在上面的定义中,“$\boldsymbol{x}\in O(\boldsymbol{x}_0,\delta)\setminus\{\boldsymbol{x}_0\}$”也可以用下面的条件

$$|x_1-x_1^0|<\delta,\ |x_2-x_2^0|<\delta,\cdots,\ |x_n-x_n^0|<\delta,\quad \boldsymbol{x}\neq\boldsymbol{x}_0$$

替代.请读者想想为什么.

例 11.2.2 设 $f(x,y)=(x+y)\sin\dfrac{y}{x^2+y^2}$,证明 $\lim\limits_{(x,y)\to(0,0)}f(x,y)=0$.

证 由于

$$|f(x,y)-0|=\left|(x+y)\sin\frac{y}{x^2+y^2}\right|\leqslant|x+y|\leqslant|x|+|y|,$$

所以,对于任意给定的 $\varepsilon>0$,只要取 $\delta=\dfrac{\varepsilon}{2}$,那么当 $|x-0|<\delta$, $|y-0|<\delta$,且 $(x,y)\neq(0,0)$ 时,

$$|f(x,y)-0|\leqslant|x|+|y|<\delta+\delta=\frac{\varepsilon}{2}+\frac{\varepsilon}{2}=\varepsilon.$$

这说明了 $\lim\limits_{(x,y)\to(0,0)}f(x,y)=0$.

对一元函数而言,只要在 $\boldsymbol{x}_0$ 的左、右极限存在且相等,那么函数在 $\boldsymbol{x}_0$ 处的极限就存在.而多元函数就没有这样简单.根据极限存在的定义,要求当 $\boldsymbol{x}$ 以任何方式趋于 $\boldsymbol{x}_0$ 时,函数值都趋于同一个极限.这就为我们判断函数极限的不存在提供了方便,因为若自变量沿不同的两条曲线趋于某一定点时,函数的极限不同或不存在,那么这个函数在该点的极限一定不存在.

例 11.2.3 设 $f(x,y)=\dfrac{xy}{x^2+y^2},(x,y)\neq(0,0)$.

显然,当点 $\boldsymbol{x}=(x,y)$ 沿 x 轴和 y 轴趋于 $(0,0)$ 时,$f(x,y)$ 的极限都是 0.但它沿直线 $y=mx$ 趋于 $(0,0)$ 时,

$$\lim_{\substack{x\to0\\y=mx}}f(x,y)=\lim_{x\to0}\frac{mx^2}{x^2+m^2x^2}=\frac{m}{1+m^2},$$

上式对于不同的 m 有不同的极限值.这说明 $f(x,y)$ 在点 $(0,0)$ 的极限不存在.

下例说明即使点 $\boldsymbol{x}$ 沿任意直线趋于 $\boldsymbol{x}_0$ 时，$f(\boldsymbol{x})$ 的极限都存在且相等，仍无法保证函数 f 在 $\boldsymbol{x}_0$ 处有极限.

例 11.2.4 设 $f(x,y)=\dfrac{(y^2-x)^2}{y^4+x^2}$，$(x,y)\neq(0,0)$.

当点 $\boldsymbol{x}=(x,y)$ 沿直线 $y=mx$ 趋于 $(0,0)$ 时，成立

$$\lim_{\substack{x\to0\\y=mx}}f(x,y)=\lim_{x\to0}\frac{(m^2x^2-x)^2}{m^4x^4+x^2}=1;$$

当点 $\boldsymbol{x}=(x,y)$ 沿 y 轴趋于 $(0,0)$ 时，也成立 $\lim\limits_{\substack{y\to0\\x=0}}f(x,y)=1$，因此当点 $\boldsymbol{x}=(x,y)$ 沿任何直线趋于 $(0,0)$ 时，$f(x,y)$ 极限存在且相等.

但 $f(x,y)$ 在点 $(0,0)$ 的极限不存在.事实上，f 在抛物线 $y^2=x$ 上的值为 0，因此当点 $\boldsymbol{x}=(x,y)$ 沿这条抛物线趋于 $(0,0)$ 时，它的极限为 0.

一元函数的极限性质，如惟一性、局部有界性、局部保序性、局部夹逼性及极限的四则运算法则，对二元函数依然成立，这里不再细述，请读者自行加以证明.

累次极限

对重极限 $\lim\limits_{(x,y)\to(x_0,y_0)}f(x,y)$，人们很自然会想到的是，能否在一定条件下将重极限 $(x,y)\to(x_0,y_0)$ 分解成为两个独立的极限 $x\to x_0$ 和 $y\to y_0$，再利用一元函数的极限理论和方法逐个处理之？

这后一种极限称为**累次极限**.

定义 11.2.3 设 D 是 $\mathbf{R}^2$ 上的开集，$(x_0,y_0)\in D$ 为一定点，$z=f(x,y)$ 为定义在 $D\backslash\{(x_0,y_0)\}$ 上的二元函数.如果对于每个固定的 $y\neq y_0$，极限 $\lim\limits_{x\to x_0}f(x,y)$ 存在，并且极限

$$\lim_{y\to y_0}\lim_{x\to x_0}f(x,y)$$

存在，那么称此极限值为函数 $f(x,y)$ 在点 (x_0,y_0) 的先对 x 后对 y 的**二次极限**.

同理可定义先对 y 后对 x 的二次极限 $\lim\limits_{x\to x_0}\lim\limits_{y\to y_0}f(x,y)$.

累次极限存在与重极限存在的关系很复杂.例 11.2.3 和例 11.2.4 其实已经告诉我们，二次极限存在不能保证二重极限存在（请读者思考理由）.而从下面的例子可以知道，二重极限存在同样不能保证二次极限存在.

例 11.2.5（二重极限存在，但两个二次极限不存在） 设

$$f(x,y)=\begin{cases}(x^2+y^2)\sin\dfrac{1}{x}\cos\dfrac{1}{y}, & x\neq0 \text{ 且 } y\neq0,\\ 0, & x=0 \text{ 或 } y=0.\end{cases}$$

由于

$$|f(x,y)|\leqslant x^2+y^2,$$

所以 $\lim\limits_{(x,y)\to(0,0)}f(x,y)=0$.但在 $(0,0)$ 点两个二次极限显然不存在.

例 11.2.6（二重极限存在，两个二次极限中有一个不存在） 设

$$f(x,y)=\begin{cases}y\sin\dfrac{1}{x}, & x\neq0 \text{ 且 } y\neq0,\\ 0, & x=0 \text{ 或 } y=0.\end{cases}$$

在(0,0)点显然有 $\lim\limits_{(x,y)\to(0,0)} f(x,y)=0$,即二重极限存在,且

$$\lim_{x\to0}\lim_{y\to0} f(x,y)=\lim_{x\to0}\left[\lim_{y\to0} y\sin\frac{1}{x}\right]=0,$$

但先对 x 后对 y 的二次极限不存在.

此外一个二次极限存在不能保证另一个二次极限也存在;即使两个二次极限都存在,也不一定相等.也就是说,**两个极限运算不一定可以交换次序**(参见本节习题 8(2)).

不过,在二重极限存在时,我们有下面的结果:

定理 11.2.1　*若二元函数 $f(x,y)$ 在 (x_0,y_0) 点存在二重极限*

$$\lim_{(x,y)\to(x_0,y_0)} f(x,y)=A,$$

且当 $x\neq x_0$ 时存在极限

$$\lim_{y\to y_0} f(x,y)=\varphi(x),$$

那么 $f(x,y)$ 在 (x_0,y_0) 点的先对 y 后对 x 的二次极限存在且与二重极限相等,即

$$\lim_{x\to x_0}\lim_{y\to y_0} f(x,y)=\lim_{x\to x_0}\varphi(x)=\lim_{(x,y)\to(x_0,y_0)} f(x,y)=A.$$

证　只要证明 $\lim\limits_{x\to x_0}\varphi(x)=A$ 即可.

对于任意给定的 $\varepsilon>0$,由于 $\lim\limits_{(x,y)\to(x_0,y_0)} f(x,y)=A$,所以存在 $\delta>0$,使得当 $0<\sqrt{(x-x_0)^2+(y-y_0)^2}<\delta$ 时有

$$|f(x,y)-A|<\frac{\varepsilon}{2},$$

于是对于每个满足 $0<|x-x_0|<\delta$ 的 x,令 $y\to y_0$,就得到

$$|\varphi(x)-A|=\lim_{y\to y_0}|f(x,y)-A|\leqslant\frac{\varepsilon}{2}<\varepsilon.$$

这就是说,对于任意给定的 $\varepsilon>0$,存在 $\delta>0$,使得当 $0<|x-x_0|<\delta$ 时,

$$|\varphi(x)-A|<\varepsilon.$$

证毕

同样可证:在二重极限存在的情况下,如果当 $y\neq y_0$, $x\to x_0$ 时存在极限 $\lim\limits_{x\to x_0} f(x,y)=\psi(y)$,那么

$$\lim_{y\to y_0}\lim_{x\to x_0} f(x,y)=\lim_{y\to y_0}\psi(y)=\lim_{(x,y)\to(x_0,y_0)} f(x,y).$$

所以,若函数 $f(x,y)$ 的二重极限及两个二次极限都存在,则三者必相等,即

$$\lim_{y\to y_0}\lim_{x\to x_0} f(x,y)=\lim_{x\to x_0}\lim_{y\to y_0} f(x,y)=\lim_{(x,y)\to(x_0,y_0)} f(x,y).$$

这意味着,此时**极限运算可以交换次序**.

多元函数的连续性

定义 11.2.4　*设 D 是 $\mathbf{R}^n$ 上的开集,$z=f(\boldsymbol{x})$ 是定义在 D 上的函数,$\boldsymbol{x}_0\in D$ 为一定*

点.如果

$$\lim_{x\to x_0} f(\boldsymbol{x})=f(\boldsymbol{x}_0),$$

则称函数 f 在点 $\boldsymbol{x}_0$ **连续**.用“$\varepsilon-\delta$”语言来说就是:如果对于任意给定的 $\varepsilon>0$,存在 $\delta>0$,使得当 $\boldsymbol{x}\in O(\boldsymbol{x}_0,\delta)$ 时,成立

$$|f(\boldsymbol{x})-f(\boldsymbol{x}_0)|<\varepsilon,$$

则称函数 f 在点 $\boldsymbol{x}_0$ 连续.

如果函数 f 在 D 上每一点连续,就称 f 在 D 上连续,或称 f 是 D 上的**连续函数**.

例 11.2.7 函数 $f(x,y)=\sin\sqrt{x^2+y^2}$ 在 $\mathbf{R}^2$ 上连续.

证 设 (x_0,y_0) 为 $\mathbf{R}^2$ 上的任一点,则有

$$\begin{aligned}
&|f(x,y)-f(x_0,y_0)|\\
=&\left|\sin\sqrt{x^2+y^2}-\sin\sqrt{x_0^2+y_0^2}\right|\\
=&2\left|\cos\frac{\sqrt{x^2+y^2}+\sqrt{x_0^2+y_0^2}}{2}\right|\cdot\left|\sin\frac{\sqrt{x^2+y^2}-\sqrt{x_0^2+y_0^2}}{2}\right|\\
\leqslant&2\left|\sin\frac{\sqrt{x^2+y^2}-\sqrt{x_0^2+y_0^2}}{2}\right|\\
\leqslant&\left|\sqrt{x^2+y^2}-\sqrt{x_0^2+y_0^2}\right|\\
\leqslant&\sqrt{(x-x_0)^2+(y-y_0)^2}\qquad(\text{利用三角不等式}).
\end{aligned}$$

于是,对于任意给定的 $\varepsilon>0$,取 $\delta=\varepsilon$,当 $\sqrt{(x-x_0)^2+(y-y_0)^2}<\delta$ 时就成立

$$|f(x,y)-f(x_0,y_0)|<\varepsilon.$$

这说明 $f(x,y)$ 在点 (x_0,y_0) 连续.由于 (x_0,y_0) 为 $\mathbf{R}^2$ 上的任意一点,所以 $f(x,y)$ 在 $\mathbf{R}^2$ 上连续.

一元连续函数和差积商及复合函数性质同样可以平行地推广到多元连续函数.

例 11.2.8 计算极限 $\lim\limits_{(x,y)\to(1,0)}\dfrac{\ln(x+\mathrm{e}^y)}{\sqrt{x^2+y^2}}$.

解 注意到函数 $\ln(x+\mathrm{e}^y)$ 和 $\sqrt{x^2+y^2}$ 在其自然定义域上的连续性,由极限的运算法则,得到

$$\lim_{(x,y)\to(1,0)}\frac{\ln(x+\mathrm{e}^y)}{\sqrt{x^2+y^2}}=\frac{\lim\limits_{(x,y)\to(1,0)}\ln(x+\mathrm{e}^y)}{\lim\limits_{(x,y)\to(1,0)}\sqrt{x^2+y^2}}=\ln 2.$$

例 11.2.9 计算极限 $\lim\limits_{(x,y)\to(0,0)}\dfrac{\sin\left[(y+1)\sqrt{x^2+y^2}\right]}{\sqrt{x^2+y^2}}$.

解 利用 $\lim\limits_{t\to 0}\dfrac{\sin t}{t}=1$,得到

$$\lim_{(x,y)\to(0,0)}\frac{\sin\left[(y+1)\sqrt{x^2+y^2}\right]}{\sqrt{x^2+y^2}}=\lim_{(x,y)\to(0,0)}\frac{\sin\left[(y+1)\sqrt{x^2+y^2}\right]}{(y+1)\sqrt{x^2+y^2}}\cdot(y+1)$$

$$=\lim_{(x,y)\to(0,0)}\frac{\sin\left[(y+1)\sqrt{x^2+y^2}\right]}{(y+1)\sqrt{x^2+y^2}}\cdot\lim_{(x,y)\to(0,0)}(y+1)=1.$$

向量值函数

平面解析几何中熟知的参数方程

$$\begin{cases}x=\varphi(t),\\ y=\psi(t),\end{cases}\quad t\in[t_0,t_1]$$

是一元函数的另一种推广:多个因变量(x 和 y)按某种规律,随自变量 t 的变化而相应变化.一般地,

定义 11.2.5 设 D 是 $\mathbf{R}^n$ 上的点集,D 到 $\mathbf{R}^m$ 的映射

$$\boldsymbol{f}:D\to\mathbf{R}^m$$

$$\boldsymbol{x}=(x_1,x_2,\cdots,x_n)\mapsto \boldsymbol{z}=(z_1,z_2,\cdots,z_m)$$

称为 n 元 m **维向量值函数**(或**多元函数组**),记为 $\boldsymbol{z}=\boldsymbol{f}(\boldsymbol{x})$.$D$ 称为 $\boldsymbol{f}$ 的**定义域**,$\boldsymbol{f}(D)=\{\boldsymbol{z}\in\mathbf{R}^m\mid \boldsymbol{z}=\boldsymbol{f}(\boldsymbol{x}),\boldsymbol{x}\in D\}$ 称为 $\boldsymbol{f}$ 的**值域**.

多元函数是 $m=1$ 的特殊情形.

显然,每个 $z_i(i=1,2,\cdots,m)$ 都是 $\boldsymbol{x}$ 的函数 $z_i=f_i(\boldsymbol{x})$,它称为 $\boldsymbol{f}$ 的第 i 个坐标(或分量)函数,于是,$\boldsymbol{f}$ 可以表达为分量形式

$$\begin{cases}z_1=f_1(\boldsymbol{x}),\\ z_2=f_2(\boldsymbol{x}),\\ \cdots\cdots\cdots\cdots\\ z_m=f_m(\boldsymbol{x}),\end{cases}\quad \boldsymbol{x}\in D.$$

因此 $\boldsymbol{f}$ 又可表示为

$$\boldsymbol{f}=(f_1,f_2,\cdots,f_m).$$

例 11.2.10 设映射

$$\boldsymbol{f}:[0,+\infty)\times[0,2\pi]\to\mathbf{R}^3,$$

$$(r,\theta)\mapsto(x,y,z)$$

的具体分量形式是

$$\begin{cases}x=x(r,\theta)=r\cos\theta,\\ y=y(r,\theta)=r\sin\theta,\\ z=z(r,\theta)=r,\end{cases}\quad r\in[0,+\infty),\quad \theta\in[0,2\pi],$$

这是二元三维向量值函数,在空间解析几何中知道,这是三维空间上的一张半圆锥面.

我们引进极限的概念:

定义 11.2.2′ 设 D 是 $\mathbf{R}^n$ 上的开集,$\boldsymbol{x}_0\in D$ 为一定点,$\boldsymbol{f}:D\setminus\{\boldsymbol{x}_0\}\to\mathbf{R}^m$ 是映射(向量值函数),$\boldsymbol{A}$ 是一个 m 维向量.如果对于任意给定的 $\varepsilon>0$,存在 $\delta>0$,使得当 $\boldsymbol{x}\in O(\boldsymbol{x}_0,\delta)\setminus\{\boldsymbol{x}_0\}$ 时,成立

$$|\boldsymbol{f}(\boldsymbol{x})-\boldsymbol{A}|<\varepsilon\quad(\text{即 } \boldsymbol{f}(\boldsymbol{x})\in O(\boldsymbol{A},\varepsilon)),$$

则称 $\boldsymbol{A}$ 为当 $\boldsymbol{x}$ 趋于 $\boldsymbol{x}_0$ 时 $\boldsymbol{f}$ 的**极限**,并称当 $\boldsymbol{x}$ 趋于 $\boldsymbol{x}_0$ 时 $\boldsymbol{f}$ **收敛**.记为

$$\lim_{\boldsymbol{x}\to\boldsymbol{x}_0}\boldsymbol{f}(\boldsymbol{x})=\boldsymbol{A}\text{ 或 }\boldsymbol{f}(\boldsymbol{x})\to\boldsymbol{A}(\boldsymbol{x}\to\boldsymbol{x}_0).$$

再引进连续的概念：

定义 11.2.4′　设 D 是 $\mathbf{R}^n$ 上的开集，$\boldsymbol{x}_0\in D$ 为一定点. $\boldsymbol{f}:D\to\mathbf{R}^m$ 是映射(向量值函数). 如果 $\boldsymbol{f}$ 满足

$$\lim_{\boldsymbol{x}\to\boldsymbol{x}_0}\boldsymbol{f}(\boldsymbol{x})=\boldsymbol{f}(\boldsymbol{x}_0),$$

那么称 $\boldsymbol{f}$ 在 $\boldsymbol{x}_0$ 点**连续**. 用"ε-δ"语言来说就是：如果对于任意给定的 $\varepsilon>0$，存在 $\delta>0$，使得当 $\boldsymbol{x}\in O(\boldsymbol{x}_0,\delta)$ 时，成立

$$|\boldsymbol{f}(\boldsymbol{x})-\boldsymbol{f}(\boldsymbol{x}_0)|<\varepsilon\quad(\text{即 }\boldsymbol{f}(\boldsymbol{x})\in O(\boldsymbol{f}(\boldsymbol{x}_0),\varepsilon)),$$

则称 $\boldsymbol{f}$ 在点 $\boldsymbol{x}_0$ 连续.

如果映射 $\boldsymbol{f}$ 在 D 上每一点连续，就称 $\boldsymbol{f}$ 在 D 上连续. 这时称映射 $\boldsymbol{f}$ 为 D 上的**连续映射**.

如果我们如前所述将 $\boldsymbol{f}:D\to\mathbf{R}^m$ 表示为 $\boldsymbol{f}=(f_1,f_2,\cdots,f_m)$，那么下面的定理说明了我们可以利用坐标函数来判断 $\boldsymbol{f}$ 的连续性. 也就是说，映射(向量值函数)的连续性可以归结到它的坐标函数的连续性上去.

定理 11.2.2　设 D 是 $\mathbf{R}^n$ 上的开集，$\boldsymbol{x}_0\in D$ 为一定点. 那么映射 $\boldsymbol{f}:D\to\mathbf{R}^m$ 在 $\boldsymbol{x}_0$ 点连续的充分必要条件为：函数 $f_1,f_2,\cdots,f_m$ 在 $\boldsymbol{x}_0$ 点连续.

定理的证明可由不等式

$$\begin{aligned}|f_j(\boldsymbol{x})-f_j(\boldsymbol{x}_0)|&\leqslant|\boldsymbol{f}(\boldsymbol{x})-\boldsymbol{f}(\boldsymbol{x}_0)|=\sqrt{\sum_{i=1}^{m}(f_i(\boldsymbol{x})-f_i(\boldsymbol{x}_0))^2}\\&\leqslant\sum_{i=1}^{m}|f_i(\boldsymbol{x})-f_i(\boldsymbol{x}_0)|\qquad(j=1,2,\cdots,m)\end{aligned}$$

直接得到.

例 11.2.11　设 $D=\{(u,v)\in\mathbf{R}^2\mid a<u<b,c<v<d\}$. 映射

$$\begin{gathered}\boldsymbol{f}:D\to\mathbf{R}^3\\(u,v)\mapsto(x,y,z)\end{gathered}$$

是二元三维向量值函数，它写成分量形式就是

$$\begin{cases}x=x(u,v),\\y=y(u,v),\quad(u,v)\in D.\\z=z(u,v),\end{cases}$$

如果 $x(u,v),y(u,v),z(u,v)$ 都是 D 上的连续函数，从几何上看，这就是三维空间上的连续曲面的一般方程.

下面讨论复合映射的连续性.

设 Ω 是 $\mathbf{R}^k$ 上的开集，D 为 $\mathbf{R}^n$ 上的开集. $\boldsymbol{g}:D\to\mathbf{R}^k$ 与 $\boldsymbol{f}:\Omega\to\mathbf{R}^m$ 为映射. 并且 $\boldsymbol{g}$ 的值域 $\boldsymbol{g}(D)$ 满足 $\boldsymbol{g}(D)\subset\Omega$，则可以定义**复合映射**

$$\begin{gathered}\boldsymbol{f}\circ\boldsymbol{g}:D\to\boldsymbol{R}^m,\\\boldsymbol{u}\mapsto\boldsymbol{f}(\boldsymbol{g}(\boldsymbol{u})).\end{gathered}$$

定理 11.2.3　如果 $\boldsymbol{g}$ 在 D 上连续，$\boldsymbol{f}$ 在 Ω 上连续，那么复合映射 $\boldsymbol{f}\circ\boldsymbol{g}$ 在 D 上连续.

读者可以根据一元复合函数的相应结果的证明方法自己补出证明.

习　题

1. 确定下列函数的自然定义域：

(1) $u=\ln(y-x)+\dfrac{x}{\sqrt{1-x^2-y^2}}$；　(2) $u=\dfrac{1}{\sqrt{x}}+\dfrac{1}{\sqrt{y}}+\dfrac{1}{\sqrt{z}}$；

(3) $u=\sqrt{R^2-x^2-y^2-z^2}+\sqrt{x^2+y^2+z^2-r^2}\quad(R>r)$；

(4) $u=\arcsin\dfrac{z}{x^2+y^2}$.

2. 设 $f\left(\dfrac{y}{x}\right)=\dfrac{x^3}{(x^2+y^2)^{3/2}}\quad(x>0)$，求 $f(x)$.

3. 若函数

$$z(x,y)=\sqrt{y}+f(\sqrt{x}-1),$$

且当 $y=4$ 时 $z=x+1$，求 $f(x)$ 和 $z(x,y)$.

4. 讨论下列函数当 (x,y) 趋于 $(0,0)$ 时的极限是否存在：

(1) $f(x,y)=\dfrac{x-y}{x+y}$；　(2) $f(x,y)=\dfrac{xy}{x^2+y^2}$；

(3) $f(x,y)=\begin{cases}1, & 0<y<x^2,\\ 0, & \text{其他点};\end{cases}$　(4) $f(x,y)=\dfrac{x^3y^3}{x^4+y^8}$.

5. 对多元函数证明极限惟一性、局部有界性、局部保序性和局部夹逼性.

6. 对多元函数证明极限的四则运算法则：假设当 $\boldsymbol{x}$ 趋于 $\boldsymbol{x}_0$ 时函数 $f(\boldsymbol{x})$ 和 $g(\boldsymbol{x})$ 的极限存在，则

(1) $\lim\limits_{x\to x_0}(f(\boldsymbol{x})\pm g(\boldsymbol{x}))=\lim\limits_{x\to x_0}f(\boldsymbol{x})\pm\lim\limits_{x\to x_0}g(\boldsymbol{x})$；

(2) $\lim\limits_{x\to x_0}(f(\boldsymbol{x})\cdot g(\boldsymbol{x}))=\lim\limits_{x\to x_0}f(\boldsymbol{x})\cdot\lim\limits_{x\to x_0}g(\boldsymbol{x})$；

(3) $\lim\limits_{x\to x_0}(f(\boldsymbol{x})/g(\boldsymbol{x}))=\lim\limits_{x\to x_0}f(\boldsymbol{x})/\lim\limits_{x\to x_0}g(\boldsymbol{x})\quad(\lim\limits_{x\to x_0}g(\boldsymbol{x})\neq 0)$.

7. 求下列各极限：

(1) $\lim\limits_{(x,y)\to(0,1)}\dfrac{1-xy}{x^2+y^2}$；　(2) $\lim\limits_{(x,y)\to(0,0)}\dfrac{1+x^2+y^2}{x^2+y^2}$；

(3) $\lim\limits_{(x,y)\to(0,0)}\dfrac{\sqrt{1+xy}-1}{xy}$；　(4) $\lim\limits_{(x,y)\to(0,0)}\dfrac{x^2+y^2}{\sqrt{1+x^2+y^2}-1}$；

(5) $\lim\limits_{(x,y)\to(0,0)}\dfrac{\ln(x^2+\mathrm{e}^{y^2})}{x^2+y^2}$；　(6) $\lim\limits_{(x,y)\to(0,0)}\dfrac{\sin(x^3+y^3)}{x^2+y^2}$；

(7) $\lim\limits_{(x,y)\to(0,0)}\dfrac{1-\cos(x^2+y^2)}{(x^2+y^2)x^2y^2}$；　(8) $\lim\limits_{\substack{x\to+\infty\\ y\to+\infty}}(x^2+y^2)\mathrm{e}^{-(x+y)}$.

8. 讨论下列函数在原点的二重极限和二次极限：

(1) $f(x,y)=\dfrac{x^2y^2}{x^2y^2+(x-y)^2}$；

(2) $f(x,y)=\dfrac{x^2(1+x^2)-y^2(1+y^2)}{x^2+y^2}$；

(3) $f(x,y)=x\sin\dfrac{1}{y}+y\sin\dfrac{1}{x}$.

9. 验证函数

$$f(x,y)=\begin{cases}\dfrac{2}{x^2}\left(y-\dfrac{1}{2}x^2\right), & x>0 \text{ 且 } \dfrac{1}{2}x^2<y\leqslant x^2,\\ \dfrac{1}{x^2}(2x^2-y), & x>0 \text{ 且 } x^2<y<2x^2,\\ 0, & \text{其他点}\end{cases}$$

在原点不连续，而在其他点连续.

10. 讨论函数

$$f(x,y)=\begin{cases}\dfrac{x^2y}{x^2+y^2}, & x^2+y^2\neq 0,\\ 0, & x^2+y^2=0\end{cases}$$

的连续范围.

11. 设$f(t)$在区间(a,b)上具有连续导数，$D=(a,b)\times(a,b)$.定义 D 上的函数

$$F(x,y)=\begin{cases}\dfrac{f(x)-f(y)}{x-y}, & x\neq y,\\ f'(x), & x=y.\end{cases}$$

证明：对于任何 $c\in(a,b)$成立

$$\lim_{(x,y)\to(c,c)}F(x,y)=f'(c).$$

12. 设二元函数$f(x,y)$在开集 $D\subset\mathbf{R}^2$ 内对于变量 x 是连续的，对于变量 y 满足 Lipschitz 条件：

$$|f(x,y')-f(x,y'')|\leqslant L|y'-y''|,$$

其中(x,y')，$(x,y'')\in D$，L 为常数(通常称为 Lipschitz 常数).证明$f(x,y)$在 D 上连续.

13. 证明：若$\boldsymbol{f}$和 $\boldsymbol{g}$ 是 D 到 $\mathbf{R}^m$ 上的连续映射，则映射$\boldsymbol{f}+\boldsymbol{g}$ 与函数$\langle\boldsymbol{f},\boldsymbol{g}\rangle$在 D 上都是连续的.

14. 证明复合映射的连续性定理(定理 11.2.3).

§3 连续函数的性质

紧集上的连续映射

现在，我们将一元连续函数在闭区间上的重要性质推广到多元连续函数.

回顾对一元函数的处理过程，是通过引入单侧连续的概念，先将“连续”从区间的内点延伸到区间的端点(即区间的边界点)，从而将函数在开区间上连续扩展到在闭区间上连续，再对闭区间上连续函数进行讨论的.

现在对高维点集作类似处理，先将连续的概念扩展到点集的边界点.

定义 11.3.1 设点集 $K\subset\mathbf{R}^n$，$\boldsymbol{f}:K\to\mathbf{R}^m$ 为映射(向量值函数)，$\boldsymbol{x}_0\in K$.如果对于任意给定的 $\varepsilon>0$，存在 $\delta>0$，使得当 $\boldsymbol{x}\in O(\boldsymbol{x}_0,\delta)\cap K$ 时，成立

$$|\boldsymbol{f}(\boldsymbol{x})-\boldsymbol{f}(\boldsymbol{x}_0)|<\varepsilon\quad(\text{即 }\boldsymbol{f}(\boldsymbol{x})\in O(\boldsymbol{f}(\boldsymbol{x}_0),\varepsilon)),$$

则称 $\boldsymbol{f}$ 在点 $\boldsymbol{x}_0$ **连续**.

如果映射$\boldsymbol{f}$在 K 上每一点连续，就称$\boldsymbol{f}$在 K 上连续，或称映射$\boldsymbol{f}$为 K 上的连续映射.

也就是说,当 $\boldsymbol{x}_0$ 是 K 的内点时,这就是原来的定义;当 $\boldsymbol{x}_0$ 是 K 的边界点时,只要求函数在 $\boldsymbol{x}_0$ 的 δ 邻域中属于 K 的那些点满足不等式

$$|\boldsymbol{f}(\boldsymbol{x})-\boldsymbol{f}(\boldsymbol{x}_0)|<\varepsilon.$$

请读者与一元函数的单侧连续定义相比较.

闭区间实质上是一维空间中的有界闭集,顺理成章地,在讨论高维空间上连续函数的性质时,应该要求 $\boldsymbol{f}$ 的定义域是高维空间中的有界闭集,即紧集.这样,一元函数在闭区间上的性质就可以拓展至多元函数,这也是引进紧集概念的一个原因.

先给出紧集上的连续映射的一个重要性质.

定理 11.3.1 连续映射将紧集映射成紧集.

证 设 K 是 $\mathbf{R}^n$ 中紧集,$\boldsymbol{f}:K\to\mathbf{R}^m$ 为连续映射.要证明 K 的像集

$$\boldsymbol{f}(K)=\{\boldsymbol{y}\in\mathbf{R}^m \mid \boldsymbol{y}=\boldsymbol{f}(\boldsymbol{x}),\boldsymbol{x}\in K\}$$

是紧集,根据定理 11.1.10,只要证明 $\boldsymbol{f}(K)$ 中的任意一个无限点集必有聚点属于 $\boldsymbol{f}(K)$ 就可以了. 因为每一个无限点集都有可列无限点集,即点列形式的子集,所以只要证明 $\boldsymbol{f}(K)$ 的任意一个点列必有聚点属于 $\boldsymbol{f}(K)$ 即可.

设 $\{\boldsymbol{y}_k\}$ 为 $\boldsymbol{f}(K)$ 的任意一个点列.对于每个 $\boldsymbol{y}_k$,任取一个满足 $\boldsymbol{f}(\boldsymbol{x}_k)=\boldsymbol{y}_k$ 的 $\boldsymbol{x}_k\in K$ $(k=1,2,\cdots)$,则 $\{\boldsymbol{x}_k\}$ 为紧集 K 中的点列,它必有聚点属于 K,即存在 $\{\boldsymbol{x}_k\}$ 的子列 $\{\boldsymbol{x}_{k_l}\}$ 满足

$$\lim_{l\to\infty}\boldsymbol{x}_{k_l}=\boldsymbol{a}\in K.$$

由 $\boldsymbol{f}$ 在 $\boldsymbol{a}$ 点的连续性得

$$\lim_{l\to\infty}\boldsymbol{y}_{k_l}=\lim_{l\to\infty}\boldsymbol{f}(\boldsymbol{x}_{k_l})=\boldsymbol{f}(\boldsymbol{a}),$$

即 $\boldsymbol{f}(\boldsymbol{a})$ 是 $\{\boldsymbol{y}_k\}$ 的一个聚点,它显然属于 $\boldsymbol{f}(K)$.因此,$\boldsymbol{f}(K)$ 是紧集.

证毕

设 $f(\boldsymbol{x})$ 是 $\mathbf{R}^n$ 中紧集 K 上的连续函数,那么 $f(K)$ 是 $\mathbf{R}$ 中的紧集,因此是有界闭集,并且数集 $f(K)$ 有最大数和最小数.于是就可得到以下结论:

定理 11.3.2(有界性定理) 设 K 是 $\mathbf{R}^n$ 中紧集,f 是 K 上的连续函数.则 f 在 K 上有界.

定理 11.3.3(最值定理) 设 K 是 $\mathbf{R}^n$ 中紧集,f 是 K 上的连续函数,则 f 在 K 上必能取到最大值和最小值,即存在 $\boldsymbol{\xi}_1,\boldsymbol{\xi}_2\in K$,使得对于一切 $\boldsymbol{x}\in K$ 成立

$$f(\boldsymbol{\xi}_1)\leqslant f(\boldsymbol{x})\leqslant f(\boldsymbol{\xi}_2).$$

现在引入一致连续的概念.

定义 11.3.2 设 K 是 $\mathbf{R}^n$ 中点集,$\boldsymbol{f}:K\to\mathbf{R}^m$ 为映射.如果对于任意给定的 $\varepsilon>0$,存在 $\delta>0$,使得

$$|\boldsymbol{f}(\boldsymbol{x}')-\boldsymbol{f}(\boldsymbol{x}'')|<\varepsilon$$

对于 K 中所有满足 $|\boldsymbol{x}'-\boldsymbol{x}''|<\delta$ 的 $\boldsymbol{x}',\boldsymbol{x}''$ 成立,则称 $\boldsymbol{f}$ 在 K 上**一致连续**.

显然,一致连续的映射一定是连续的,但反之不然(参见本节习题 3).下面的定理说明了紧集上的连续映射的一致连续性质.

定理 11.3.4(一致连续性定理) 设 K 是 $\mathbf{R}^n$ 中紧集,$\boldsymbol{f}:K\to\mathbf{R}^m$ 为连续映射,则 $\boldsymbol{f}$ 在 K 上一致连续.

证 对于任意给定的 $\varepsilon>0$，由于 $\boldsymbol{f}$ 在 K 上连续，因此对于任意的 $\boldsymbol{a}\in K$，存在 $\delta_a>0$，使得当 $\boldsymbol{x}\in O(\boldsymbol{a},\delta_a)\cap K$ 时，

$$|\boldsymbol{f}(\boldsymbol{x})-\boldsymbol{f}(\boldsymbol{a})|<\frac{\varepsilon}{2}.$$

显然开集族 $\left\{O\left(\boldsymbol{a},\frac{\delta_a}{2}\right),\boldsymbol{a}\in K\right\}$ 是 K 的一个开覆盖. 由于 K 是紧集，因此存在其中有限个开集 $O\left(\boldsymbol{a}_1,\frac{\delta_{a_1}}{2}\right),O\left(\boldsymbol{a}_2,\frac{\delta_{a_2}}{2}\right),\cdots,O\left(\boldsymbol{a}_p,\frac{\delta_{a_p}}{2}\right)$ 覆盖了 K.

记 $\delta=\frac{1}{2}\min\limits_{1\leqslant j\leqslant p}\{\delta_{a_j}\}$，那么对于 K 中满足 $|\boldsymbol{x}'-\boldsymbol{x}''|<\delta$ 的任意 $\boldsymbol{x}'$ 和 $\boldsymbol{x}''$，不妨设 $\boldsymbol{x}'\in O\left(\boldsymbol{a}_t,\frac{\delta_{a_t}}{2}\right)(1\leqslant t\leqslant p)$，则有

$$|\boldsymbol{x}''-\boldsymbol{a}_t|\leqslant|\boldsymbol{x}''-\boldsymbol{x}'|+|\boldsymbol{x}'-\boldsymbol{a}_t|<\frac{1}{2}\delta_{a_t}+\frac{1}{2}\delta_{a_t}=\delta_{a_t},$$

于是成立 $|\boldsymbol{f}(\boldsymbol{x}'')-\boldsymbol{f}(\boldsymbol{a}_t)|<\frac{\varepsilon}{2}$. 因此

$$|\boldsymbol{f}(\boldsymbol{x}')-\boldsymbol{f}(\boldsymbol{x}'')|\leqslant|\boldsymbol{f}(\boldsymbol{x}'')-\boldsymbol{f}(\boldsymbol{a}_t)|+|\boldsymbol{f}(\boldsymbol{x}')-\boldsymbol{f}(\boldsymbol{a}_t)|<\frac{\varepsilon}{2}+\frac{\varepsilon}{2}=\varepsilon.$$

由定义，$\boldsymbol{f}$ 在 K 上一致连续.

证毕

连通集与连通集上的连续映射

在直线上，区间实质上是“连成一体”的点集，在高维空间，“连成一体”的点集就是下面定义的连通集.

定义 11.3.3 设 S 是 $\mathbf{R}^n$ 中点集，若连续映射

$$\boldsymbol{\gamma}:[0,1]\to\mathbf{R}^n$$

的值域全部落在 S 中，即满足 $\boldsymbol{\gamma}([0,1])\subset S$，则称 $\boldsymbol{\gamma}$ 为 S 中的**道路**，$\boldsymbol{\gamma}(0)$ 与 $\boldsymbol{\gamma}(1)$ 分别称为道路的**起点**与**终点**.

若 S 中的任意两点 $\boldsymbol{x},\boldsymbol{y}$ 之间，都存在 S 中以 $\boldsymbol{x}$ 为起点，$\boldsymbol{y}$ 为终点的道路，则称 S 为**（道路）连通**的，或称 S 为**连通集**.

直观地说，这意味着 S 中任意两点可以用全部位于 S 中的曲线相联结（见图 11.3.1）.

显然 $\mathbf{R}$ 上的连通子集为区间，而且 $\mathbf{R}$ 上的连通子集为紧集的充要条件为：它是闭区间.

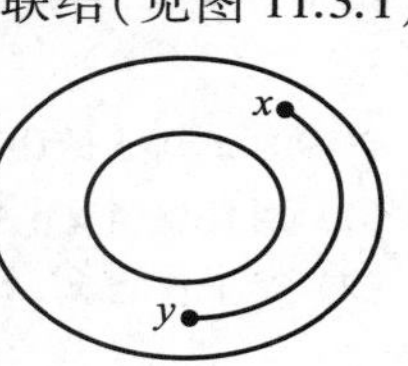

图 11.3.1

定义 11.3.4 连通的开集称为**（开）区域**.（开）区域的闭包称为**闭区域**.

例如，若 $\boldsymbol{a}\in\mathbf{R}^n$，那么开球

$$S=\{\boldsymbol{x}\in\mathbf{R}^n\mid|\boldsymbol{x}-\boldsymbol{a}|<r\}$$

是区域；集合

$$S=\{\boldsymbol{x}\in\mathbf{R}^n\mid a_i<x_i<b_i,i=1,2,\cdots,n\}$$

也是区域.请读者思考如何为上述 S 上任意两点构造相应的道路(连续映射).

定理 11.3.5　连续映射将连通集映射成连通集.

证　设 D 是 $\mathbf{R}^n$ 中的连通集,$\boldsymbol{f}:D\to\mathbf{R}^m$ 为连续映射,现证明 $\boldsymbol{f}$ 的像集

$$\boldsymbol{f}(D)=\{\boldsymbol{y}\in\mathbf{R}^m \mid \boldsymbol{y}=\boldsymbol{f}(\boldsymbol{x}),\boldsymbol{x}\in D\}$$

是连通集.

对任意 $\boldsymbol{f}(\boldsymbol{x}),\boldsymbol{f}(\boldsymbol{y})\in\boldsymbol{f}(D),\boldsymbol{x},\boldsymbol{y}\in D$,由 D 的连通性,知道存在连续映射

$$\boldsymbol{\gamma}:[0,1]\to D\subset\mathbf{R}^n,$$

使得 $\boldsymbol{\gamma}(0)=\boldsymbol{x},\boldsymbol{\gamma}(1)=\boldsymbol{y}$.于是对于连续映射 $\boldsymbol{f}\circ\boldsymbol{\gamma}$ 来说,有 $\boldsymbol{f}(\boldsymbol{\gamma}([0,1]))\subset\boldsymbol{f}(D)$,且 $\boldsymbol{f}(\boldsymbol{\gamma}(0))=\boldsymbol{f}(\boldsymbol{x})$ 及 $\boldsymbol{f}(\boldsymbol{\gamma}(1))=\boldsymbol{f}(\boldsymbol{y})$.这就是说,$\boldsymbol{f}\circ\boldsymbol{\gamma}$ 是 $\boldsymbol{f}(D)$ 中以 $\boldsymbol{f}(\boldsymbol{x})$ 为起点,以 $\boldsymbol{f}(\boldsymbol{y})$ 为终点的道路.

由 $\boldsymbol{f}(\boldsymbol{x}),\boldsymbol{f}(\boldsymbol{y})$ 的任意性即知 $\boldsymbol{f}(D)$ 是连通的.

证毕

推论 11.3.1　连续函数将连通的紧集映射成闭区间.

由此立即得到:

定理 11.3.6(中间值定理)　设 K 为 $\mathbf{R}^n$ 中连通的紧集,f 是 K 上的连续函数,则 f 可取到它在 K 上的最小值 m 与最大值 M 之间的一切值.换言之,f 的值域是闭区间 $[m,M]$.

习　题

1. 设 $D\subset\mathbf{R}^n,\boldsymbol{f}:D\to\mathbf{R}^m$ 为连续映射.如果 D 中的点列 $\{\boldsymbol{x}_k\}$ 满足 $\lim\limits_{k\to\infty}\boldsymbol{x}_k=\boldsymbol{a}$,且 $\boldsymbol{a}\in D$,证明

$$\lim_{k\to\infty}\boldsymbol{f}(\boldsymbol{x}_k)=\boldsymbol{f}(\boldsymbol{a}).$$

2. 设 f 是 $\mathbf{R}^n$ 上的连续函数,c 为实数.设

$$A_c=\{\boldsymbol{x}\in\mathbf{R}^n \mid f(x)<c\},\quad B_c=\{\boldsymbol{x}\in\mathbf{R}^n \mid f(x)\leqslant c\},$$

证明:A_c 为 $\mathbf{R}^n$ 上的开集,B_c 为 $\mathbf{R}^n$ 上的闭集.

3. 设二元函数

$$f(x,y)=\frac{1}{1-xy},\quad (x,y)\in D=[0,1)\times[0,1),$$

证明:f 在 D 上连续,但不一致连续.

4. 设 A 为 $\mathbf{R}^n$ 上的非空子集,定义 $\mathbf{R}^n$ 上的函数 f 为

$$f(\boldsymbol{x})=\inf\{|\boldsymbol{x}-\boldsymbol{y}| \mid \boldsymbol{y}\in A\},$$

它称为 $\boldsymbol{x}$ 到 A 的距离.证明:

(1) 当且仅当 $\boldsymbol{x}\in\bar{A}$ 时,$f(\boldsymbol{x})=0$;

(2) 对于任意 $\boldsymbol{x}',\boldsymbol{x}''\in\mathbf{R}^n$,不等式

$$|f(\boldsymbol{x}')-f(\boldsymbol{x}'')|\leqslant|\boldsymbol{x}'-\boldsymbol{x}''|$$

成立,从而 f 在 $\mathbf{R}^n$ 上一致连续;

(3) 若 A 是紧集,则对于任意 $c>0$,点集 $\{\boldsymbol{x}\in\mathbf{R}^n \mid f(\boldsymbol{x})\leqslant c\}$ 是紧集.

5. 设二元函数 f 在 $\mathbf{R}^2$ 上连续,证明:

(1) 若 $\lim\limits_{x^2+y^2\to+\infty}f(x,y)=+\infty$,则 f 在 $\mathbf{R}^2$ 上的最小值必定存在;

(2) 若 $\lim\limits_{x^2+y^2\to+\infty} f(x,y)=0$,则 f 在 $\mathbf{R}^2$ 上的最大值与最小值至少存在一个.

6. 设 f 是 $\mathbf{R}^n$ 上的连续函数,满足

(1) 当 $\boldsymbol{x}\neq\mathbf{0}$ 时成立 $f(\boldsymbol{x})>0$;

(2) 对于任意 $\boldsymbol{x}$ 与 $c>0$,成立 $f(c\boldsymbol{x})=cf(\boldsymbol{x})$,

证明:存在 $a>0,b>0$,使得

$$a|\boldsymbol{x}|\leqslant f(\boldsymbol{x})\leqslant b|\boldsymbol{x}|.$$

7. 设 $\boldsymbol{f}:\mathbf{R}^n\to\mathbf{R}^m$ 为连续映射,证明:对于 $\mathbf{R}^n$ 中的任意子集 A,成立

$$\boldsymbol{f}(\bar{A})\subset\overline{\boldsymbol{f}(A)}.$$

举例说明 $\boldsymbol{f}(\bar{A})$ 能够是 $\overline{\boldsymbol{f}(A)}$ 的真子集.

8. 设 f 是有界开区域 $D\subset\mathbf{R}^2$ 上的一致连续函数,证明:

(1) 可以将 f 连续延拓到 D 的边界上,即存在定义在 $\bar{D}$ 上的连续函数 $\tilde{f}$,使得 $\tilde{f}\big|_D=f$;

(2) f 在 D 上有界.

补充习题

第十二章
多元函数的微分学

§1 偏导数与全微分

偏导数

将气体状态方程 $PV=RT$ 改写成

$$V(P,T)=\frac{RT}{P}\qquad(R\text{ 是普适气体常量}).$$

在等压过程中，方程中的 P 为常数，因此可以将 $V(P,T)$ 看成一元函数 $\tilde{V}(T)$. 于是，气体体积 V 关于温度 T 的变化率就是 $\tilde{V}(T)$ 对 T 的导数

$$\frac{\mathrm{d}\tilde{V}(T)}{\mathrm{d}T}=\frac{R}{P}>0.$$

这说明此时体积随温度的变化而单调增加：温度上升时体积增大，温度下降时体积减小.

而在等温过程中，T 为常数，因此可以将 $V(P,T)$ 看成一元函数 $\hat{V}(P)$. 于是，体积 V 关于压强 P 的变化率就是 $\hat{V}(P)$ 对 P 的导数

$$\frac{\mathrm{d}\hat{V}(P)}{\mathrm{d}P}=-\frac{RT}{P^2}<0.$$

这说明此时体积随压强的变化而单调减少：压强增大时体积收缩，压强减小时体积膨胀. 这些是熟知的物理规律.

这种将一个变量视为常数，而对另一个变量求导，以求得函数关于某个因素的变化率的做法，就是对多元函数求偏导数.

现对二元函数引入偏导数的概念.

定义 12.1.1 设 $D\subset\mathbf{R}^2$ 为开集，

$$z=f(x,y),\quad (x,y)\in D$$

是定义在 D 上的二元函数，$(x_0,y_0)\in D$ 为一定点. 如果存在极限

$$\lim_{\Delta x\to 0}\frac{f(x_0+\Delta x,y_0)-f(x_0,y_0)}{\Delta x},$$

那么就称函数 f 在点 (x_0,y_0) 关于 x **可偏导**，并称此极限为 f 在点 (x_0,y_0) 关于 x 的**偏导数**，记为

$$\frac{\partial z}{\partial x}(x_0,y_0)\left(\text{或} f_x(x_0,y_0),\frac{\partial f}{\partial x}(x_0,y_0)\right).$$

如果函数 f 在 D 中每一点都关于 x 可偏导，则 D 中每一点 (x,y) 与其相应的 f 关于 x 的偏导数 $f_x(x,y)$ 构成了一种对应关系即二元函数关系，它称为 f 关于 x 的**偏导函数**（也称为**偏导数**），记为

$$\frac{\partial z}{\partial x}\left(\text{或} f_x(x,y),\frac{\partial f}{\partial x}\right).$$

类似地可定义 f 在点 (x_0,y_0) 关于 y 的偏导数 $\frac{\partial z}{\partial y}(x_0,y_0)$ $\left(\text{或} f_y(x_0,y_0),\frac{\partial f}{\partial y}(x_0,y_0)\right)$ 及关于 y 的偏导函数 $\frac{\partial z}{\partial y}\left(\text{或} f_y(x,y),\frac{\partial f}{\partial y}\right)$.

若 f 在点 (x_0,y_0) 关于 x 和 y 均可偏导，就简称 f 在点 (x_0,y_0) 可偏导.

这样，上面求出的体积 V 关于温度 T 和压强 P 的变化率就可以分别写成

$$\frac{\partial V(P,T)}{\partial T}=\frac{R}{P}>0,\qquad \frac{\partial V(P,T)}{\partial P}=-\frac{RT}{P^2}<0.$$

现在来看偏导数的几何意义.考虑函数

$$z=f(x,y),\quad (x,y)\in D,$$

它的图像是一张曲面.平面 $y=y_0$ 与这张曲面的交线 l（见图 12.1.1）的方程为

$$l:\begin{cases}x=x,\\ y=y_0,\\ z=f(x,y_0).\end{cases}$$

利用曲线的切向量的方向余弦表示式，该曲线在点 (x_0,y_0) 处的切向量 $\boldsymbol{T}$ 的方向余弦满足

$$\cos(\boldsymbol{T},x):\cos(\boldsymbol{T},y):\cos(\boldsymbol{T},z)=1:0:f_x(x_0,y_0),$$

也就是说，$f_x(x_0,y_0)$ 是平面 $y=y_0$ 上的曲线 l 在点 (x_0,y_0) 处的切线关于 x 轴的斜率.这是一元情况的直接推广.

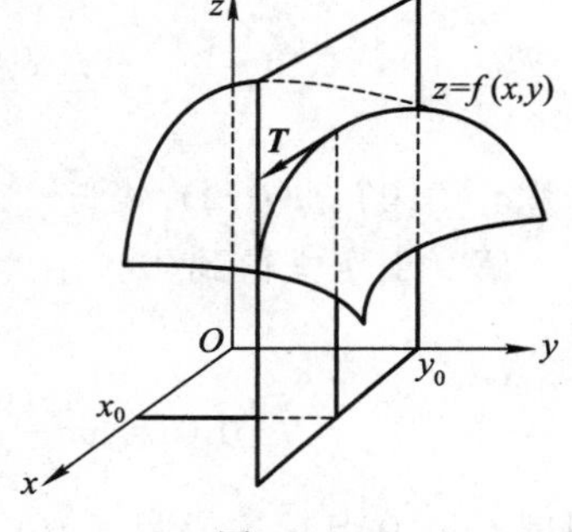

图 12.1.1

从偏导数的定义可以看出，对某个变量求偏导数，只要在求导时将其他变量看成常数就可以了，这种思想可以推广到一般的 n 元函数上去：设 $\boldsymbol{x}^0=(x_1^0,x_2^0,\cdots,x_n^0)$ 为开集 $D\subset\mathbf{R}^n$ 中一定点.定义 n 元函数

$$u=f(x_1,x_2,\cdots,x_n),(x_1,x_2,\cdots,x_n)\in D$$

在 $\boldsymbol{x}^0$ 点关于 $x_i(i=1,2,\cdots,n)$ 的偏导数为

$$\frac{\partial f}{\partial x_i}(\boldsymbol{x}^0)=\frac{\partial f}{\partial x_i}(x_1^0,x_2^0,\cdots,x_n^0)=\lim_{\Delta x_i\to 0}\frac{f(x_1^0,\cdots,x_{i-1}^0,x_i^0+\Delta x_i,x_{i+1}^0,\cdots,x_n^0)-f(x_1^0,x_2^0,\cdots,x_n^0)}{\Delta x_i}$$

（如果等式右面的极限存在的话）.

如果函数 f 在开集（或区域）D 上每一点关于每个 x_i 都可偏导 $(i=1,2,\cdots,n)$，则

称 f 在 D 上可偏导.

例 12.1.1　设 $f(x,y)=x^4+2x^2y+y^4$，求 $f_x(x,y)$，$f_y(x,y)$，$f_x(0,1)$ 和 $f_y(0,1)$.

解　把 y 看成常数，对 x 求导便得

$$f_x(x,y)=4x^3+4xy.$$

于是 $f_x(0,1)=0$.

把 x 看成常数，对 y 求导便得

$$f_y(x,y)=2x^2+4y^3.$$

于是 $f_y(0,1)=4$.

例 12.1.2　求函数 $u=\ln(x+y^2+z^3)$ 的偏导数.

解

$$\frac{\partial u}{\partial x}=\frac{1}{x+y^2+z^3},$$

$$\frac{\partial u}{\partial y}=\frac{2y}{x+y^2+z^3},$$

$$\frac{\partial u}{\partial z}=\frac{3z^2}{x+y^2+z^3}.$$

例 12.1.3　设 $z=x^y(x>0,x\neq 1)$，证明它满足方程

$$\frac{x}{y}\frac{\partial z}{\partial x}+\frac{1}{\ln x}\frac{\partial z}{\partial y}=2z.$$

证　由于 $\frac{\partial z}{\partial x}=yx^{y-1}$，$\frac{\partial z}{\partial y}=x^y\ln x$，因此

$$\frac{x}{y}\frac{\partial z}{\partial x}+\frac{1}{\ln x}\frac{\partial z}{\partial y}=\frac{x}{y}\cdot yx^{y-1}+\frac{1}{\ln x}\cdot x^y\ln x=2x^y=2z.$$

"可导必定连续"是一元函数中的一条熟知的性质，但对多元函数来讲，类似性质并不成立，即可偏导未必连续.

例 12.1.4　设

$$f(x,y)=\begin{cases}\dfrac{xy}{x^2+y^2}, & (x,y)\neq(0,0),\\ 0, & (x,y)=(0,0),\end{cases}$$

计算 $f_x(0,0)$，$f_y(0,0)$.

解　由定义得到

$$f_x(0,0)=\lim_{\Delta x\to 0}\frac{f(0+\Delta x,0)-f(0,0)}{\Delta x}=\lim_{\Delta x\to 0}\frac{\dfrac{\Delta x\cdot 0}{\Delta x^2+0^2}-0}{\Delta x}=\lim_{\Delta x\to 0}\frac{0}{\Delta x}=0.$$

同理 $f_y(0,0)=0$. 这说明了 $f(x,y)$ 在 $(0,0)$ 点可偏导.

但我们已经知道，$f(x,y)$ 在 $(0,0)$ 点不连续.

方向导数

偏导数反映的是二元函数沿 x 轴方向或 y 轴方向的变化率. 而在平面 $\mathbf{R}^2$ 上，从一点出发有无穷条射线，当然也可以讨论函数沿任一射线方向的变化率.

$\mathbf{R}^2$ 中的单位向量 $\boldsymbol{v}$ 总可以表示为 $\boldsymbol{v}=(\cos\alpha,\sin\alpha)$，这里 α 为 $\boldsymbol{v}$ 与 x 轴正向的夹角，因此 $\boldsymbol{v}$ 代表了一个方向，$\cos\alpha,\sin\alpha(=\cos\beta)$ 就是 $\boldsymbol{v}$ 的方向余弦（其中 β 为 $\boldsymbol{v}$ 与 y 轴正向的夹角）．设 $P_0(x_0,y_0)\in\mathbf{R}^2$，则以 P_0 为起点，方向为 $\boldsymbol{v}$ 的射线（见图 12.1.2）的参数方程为

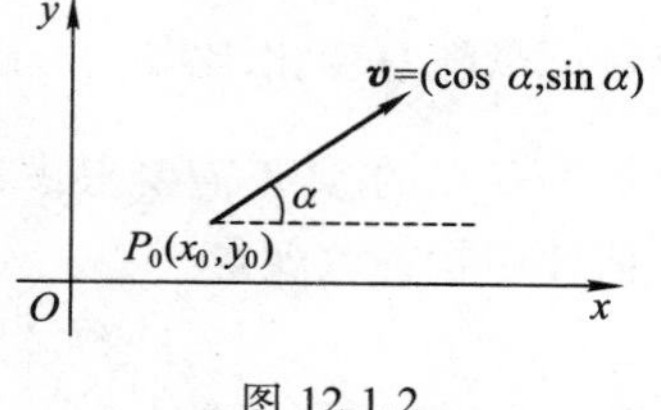

图 12.1.2

$$\boldsymbol{x}=\overrightarrow{OP_0}+t\boldsymbol{v}=(x_0+t\cos\alpha,y_0+t\sin\alpha),t\geqslant 0.$$

定义 12.1.2 设 $D\subset\mathbf{R}^2$ 为开集，

$$z=f(x,y),\quad (x,y)\in D$$

是定义在 D 上的二元函数，$(x_0,y_0)\in D$ 为一定点，$\boldsymbol{v}=(\cos\alpha,\sin\alpha)$ 为一个方向．如果极限

$$\lim_{t\to0+}\frac{f(x_0+t\cos\alpha,y_0+t\sin\alpha)-f(x_0,y_0)}{t}$$

存在，则称此极限为函数 f 在点 (x_0,y_0) 的沿方向 $\boldsymbol{v}$ 的**方向导数**，记为 $\dfrac{\partial f}{\partial\boldsymbol{v}}(x_0,y_0)$．

由于 x 轴和 y 轴的正向的方向分别为 $\boldsymbol{e}_1=(1,0)$ 和 $\boldsymbol{e}_2=(0,1)$，从定义立即得到，函数 $f(x,y)$ 在点 (x_0,y_0) 处关于 x（或 y）可偏导的充分必要条件为 $f(x,y)$ 沿方向 $\boldsymbol{e}_1$ 和 $-\boldsymbol{e}_1$（或方向 $\boldsymbol{e}_2$ 和 $-\boldsymbol{e}_2$）的方向导数都存在且为相反数，且这时成立

$$\frac{\partial f}{\partial x}(x_0,y_0)=\frac{\partial f}{\partial\boldsymbol{e}_1}(x_0,y_0)\quad\left(\text{或}\frac{\partial f}{\partial y}(x_0,y_0)=\frac{\partial f}{\partial\boldsymbol{e}_2}(x_0,y_0)\right).$$

例 12.1.5 求二元函数 $f(x,y)=|x^2-y^2|^{\frac12}$ 在原点的方向导数．

解 对于任一方向 $\boldsymbol{v}=(\cos\alpha,\sin\alpha)$，有

$$\frac{f(0+t\cos\alpha,0+t\sin\alpha)-f(0,0)}{t}=\frac{|t|}{t}|\cos^2\alpha-\sin^2\alpha|^{\frac12}.$$

当 $\cos^2\alpha=\sin^2\alpha$ 时，上式为零，因此 $f(x,y)$ 沿这样的方向的方向导数为零．

当 $\cos^2\alpha\neq\sin^2\alpha$ 时，当 $t\to0+$ 时上式的极限为 $|\cos^2\alpha-\sin^2\alpha|^{\frac12}$，它就是 $f(x,y)$ 沿方向 $\boldsymbol{v}$ 的方向导数．同样可计算出，$f(x,y)$ 沿方向 $-\boldsymbol{v}$ 的方向导数仍为 $|\cos^2\alpha-\sin^2\alpha|^{\frac12}$．

特别地，$f(x,y)$ 沿方向 $\boldsymbol{e}_i$ 和 $-\boldsymbol{e}_i(i=1,2)$ 的方向导数均为 1，因此 $f(x,y)$ 在点 $(0,0)$ 的偏导数不存在．

同样，若将 $\mathbf{R}^n$ 中的单位向量 $\boldsymbol{v}$（即满足 $\|\boldsymbol{v}\|=1$ 的向量）视为一个方向，就可类似定义 n 元函数的方向导数：设 $D\subset\mathbf{R}^n$ 为开集，$\boldsymbol{x}^0=(x_1^0,x_2^0,\cdots,x_n^0)$ 为 D 中一定点，$\boldsymbol{v}=(v_1,v_2,\cdots,v_n)$ 为一方向．定义 D 上的 n 元函数 $u=f(x_1,x_2,\cdots,x_n)$ 在点 $\boldsymbol{x}^0$ 的沿方向 $\boldsymbol{v}$ 的方向导数为

$$\frac{\partial f}{\partial\boldsymbol{v}}(x_1^0,x_2^0,\cdots,x_n^0)=\lim_{t\to0+}\frac{f(x_1^0+tv_1,x_2^0+tv_2,\cdots,x_n^0+tv_n)-f(x_1^0,x_2^0,\cdots,x_n^0)}{t}$$

（如果等式右面的极限存在的话）．

全微分

以上讨论的是自变量沿某个给定方向变化时，函数的变化率．但在实际问题中，自

变量可以随意变化.比如,对于气体状态方程 $V(P,T)=\dfrac{RT}{P}$,纯粹的等压或等温过程一般是不存在的.真正需要考虑的是,若自变量 P 和 T 分别产生了增量 ΔP 和 ΔT 后,如何估计体积的改变量

$$\Delta V=V(P+\Delta P,T+\Delta T)-V(P,T).$$

一般地,对于函数 $z=f(x,y)$,记它的**全增量**为

$$\Delta z=f(x_0+\Delta x,y_0+\Delta y)-f(x_0,y_0),$$

我们引入如下定义:

定义 12.1.3　设 $D\subset\mathbf{R}^2$ 为开集,

$$z=f(x,y),\quad (x,y)\in D$$

是定义在 D 上的二元函数,$(x_0,y_0)\in D$ 为一定点.

若存在只与点 (x_0,y_0) 有关而与 $\Delta x,\Delta y$ 无关的常数 A 和 B,使得

$$\Delta z=A\Delta x+B\Delta y+o\left(\sqrt{\Delta x^2+\Delta y^2}\right),$$

这里 $o\left(\sqrt{\Delta x^2+\Delta y^2}\right)$ 表示在 $\sqrt{\Delta x^2+\Delta y^2}\to 0$ 时比 $\sqrt{\Delta x^2+\Delta y^2}$ 高阶的无穷小量.则称函数 f 在点 (x_0,y_0) 处是**可微**的,并称其**线性主要部分** $A\Delta x+B\Delta y$ 为 f 在点 (x_0,y_0) 处的**全微分**,记为 $\mathrm{d}z(x_0,y_0)$ 或 $\mathrm{d}f(x_0,y_0)$.

若(在 $\sqrt{\Delta x^2+\Delta y^2}\to 0$ 时)将自变量 x,y 的微分 $\Delta x,\Delta y$ 分别记为 $\mathrm{d}x,\mathrm{d}y$,那么有全微分形式

$$\mathrm{d}z(x_0,y_0)=A\mathrm{d}x+B\mathrm{d}y.$$

下面作几点说明.

首先,可以明显看出,如果函数 f 在点 (x_0,y_0) 处可微,则 f 在点 (x_0,y_0) 处是连续的,即**可微必连续**.

其次,若 $\Delta y=0$,便得到

$$f(x_0+\Delta x,y_0)-f(x_0,y_0)=A\Delta x+o(\Delta x),$$

于是

$$\lim_{\Delta x\to 0}\frac{f(x_0+\Delta x,y_0)-f(x_0,y_0)}{\Delta x}=A,$$

所以 $\dfrac{\partial f}{\partial x}(x_0,y_0)=A$.同理可证 $\dfrac{\partial f}{\partial y}(x_0,y_0)=B$.因此**可微必可偏导**,同时,得到**全微分公式**

$$\mathrm{d}f(x_0,y_0)=\frac{\partial f}{\partial x}(x_0,y_0)\mathrm{d}x+\frac{\partial f}{\partial y}(x_0,y_0)\mathrm{d}y.$$

例 12.1.6　求函数 $z=\mathrm{e}^{xy}$ 在点 $(2,1)$ 处的全微分.

解　由于

$$\frac{\partial z}{\partial x}=y\mathrm{e}^{xy},\quad \frac{\partial z}{\partial y}=x\mathrm{e}^{xy},$$

则 $\dfrac{\partial z}{\partial x}(2,1)=\mathrm{e}^2$,$\dfrac{\partial z}{\partial y}(2,1)=2\mathrm{e}^2$.所以函数在点 $(2,1)$ 处的全微分为

$$\mathrm{d}z=\mathrm{e}^2\mathrm{d}x+2\mathrm{e}^2\mathrm{d}y.$$

还可以进一步得到:

定理 12.1.1 设 $D\subset\mathbf{R}^2$ 为开集，$(x_0,y_0)\in D$ 为一定点．如果函数

$$z=f(x,y),\quad (x,y)\in D$$

在 (x_0,y_0) 可微，那么对于任一方向 $\boldsymbol{v}=(\cos\alpha,\sin\alpha)$，$f$ 在 (x_0,y_0) 点沿方向 $\boldsymbol{v}$ 的方向导数存在，且

$$\frac{\partial f}{\partial\boldsymbol{v}}(x_0,y_0)=\frac{\partial f}{\partial x}(x_0,y_0)\cos\alpha+\frac{\partial f}{\partial y}(x_0,y_0)\sin\alpha.$$

证 由定义和全微分公式，得

$$\begin{aligned}\frac{\partial f}{\partial\boldsymbol{v}}(x_0,y_0)&=\lim_{t\to0+}\frac{f(x_0+t\cos\alpha,y_0+t\sin\alpha)-f(x_0,y_0)}{t}\\&=\lim_{t\to0+}\frac{\frac{\partial f}{\partial x}(x_0,y_0)t\cos\alpha+\frac{\partial f}{\partial y}(x_0,y_0)t\sin\alpha+o(t)}{t}\\&=\frac{\partial f}{\partial x}(x_0,y_0)\cos\alpha+\frac{\partial f}{\partial y}(x_0,y_0)\sin\alpha.\end{aligned}$$

证毕

如果函数 f 在开集（或区域）D 上的每一点都是可微的，则称 f 在 D 上可微．此时成立

$$\mathrm{d}z=\frac{\partial f}{\partial x}(x,y)\,\mathrm{d}x+\frac{\partial f}{\partial y}(x,y)\,\mathrm{d}y.$$

第三，用同样的思想可以定义一般 n 元函数 $u=f(x_1,x_2,\cdots,x_n)$ 的全微分，并可得到

$$\mathrm{d}u=\frac{\partial f}{\partial x_1}\mathrm{d}x_1+\frac{\partial f}{\partial x_2}\mathrm{d}x_2+\cdots+\frac{\partial f}{\partial x_n}\mathrm{d}x_n.$$

如果 $u=f(x_1,x_2,\cdots,x_n)$ 在 $\boldsymbol{x}=(x_1,x_2,\cdots,x_n)$ 点可微，那么

$$\frac{\partial f}{\partial\boldsymbol{v}}=\frac{\partial f}{\partial x_1}\cos\theta_1+\frac{\partial f}{\partial x_2}\cos\theta_2+\cdots+\frac{\partial f}{\partial x_n}\cos\theta_n,$$

其中 $\boldsymbol{v}=(\cos\theta_1,\cos\theta_2,\cdots,\cos\theta_n)$ 为一方向，而 θ_i 就是 $\boldsymbol{v}$ 与 x_i 轴正向的夹角．

例 12.1.7 求函数 $u=x-\cos\dfrac{y}{2}+\arctan\dfrac{z}{y}$ 的全微分．

解 由于

$$\frac{\partial u}{\partial x}=1,\quad \frac{\partial u}{\partial y}=\frac{1}{2}\sin\frac{y}{2}-\frac{z}{y^2+z^2},\quad \frac{\partial u}{\partial z}=\frac{y}{y^2+z^2},$$

所以

$$\mathrm{d}u=\mathrm{d}x+\left(\frac{1}{2}\sin\frac{y}{2}-\frac{z}{y^2+z^2}\right)\mathrm{d}y+\frac{y}{y^2+z^2}\mathrm{d}z.$$

第四，一元函数的可导与可微是等价的．在高维情形可微必可偏导，但可偏导并不一定可微．例如，函数

$$f(x,y)=\begin{cases}\dfrac{xy}{x^2+y^2}, & (x,y)\neq(0,0),\\ 0, & (x,y)=(0,0)\end{cases}$$

在(0,0)点不连续,因此不可微,但它在(0,0)点是可偏导的(见例 12.1.4).

事实上,一个函数即使在某一点处连续,且所有方向导数都存在,也不一定在该点可微.

例 12.1.8　设

$$f(x,y)=\begin{cases}\dfrac{2xy^3}{x^2+y^4}, & x^2+y^2\neq 0,\\ 0, & x^2+y^2=0.\end{cases}$$

由于

$$|f(x,y)|=\left|\frac{2xy^2}{x^2+y^4}y\right|\leqslant\left|\frac{x^2+y^4}{x^2+y^4}y\right|=|y|,$$

所以 $f(x,y)$ 在(0,0)点连续;而 $f(x,y)$ 在(0,0)点沿方向 $\boldsymbol{v}=(\cos\alpha,\sin\alpha)$ 的方向导数为

$$\frac{\partial f}{\partial \boldsymbol{v}}=\lim_{t\to 0+}\frac{f(0+t\cos\alpha,0+t\sin\alpha)-f(0,0)}{t}=\lim_{t\to 0+}\frac{2\cos\alpha\sin^3\alpha}{\cos^2\alpha+t^2\sin^4\alpha}t=0.$$

因此 $f_x(0,0)=f_y(0,0)=0$.但因为

$$f(0+\Delta x,0+\Delta y)-f(0,0)-[f_x(0,0)\Delta x+f_y(0,0)\Delta y]=f(\Delta x,\Delta y),$$

而

$$\lim_{\substack{\Delta y\to 0+\\ \Delta x=\Delta y^2}}\frac{f(\Delta x,\Delta y)}{\sqrt{\Delta x^2+\Delta y^2}}=\lim_{\substack{\Delta y\to 0+\\ \Delta x=\Delta y^2}}\frac{\dfrac{2\Delta x\Delta y^3}{\Delta x^2+\Delta y^4}}{\sqrt{\Delta x^2+\Delta y^2}}=\lim_{\Delta y\to 0+}\frac{\dfrac{2\Delta y^5}{\Delta y^4+\Delta y^4}}{\Delta y\sqrt{1+\Delta y^2}}=\lim_{\Delta y\to 0+}\frac{1}{\sqrt{1+\Delta y^2}}=1\neq 0,$$

即

$$f(0+\Delta x,0+\Delta y)-f(0,0)-[f_x(0,0)\Delta x+f_y(0,0)\Delta y]\neq o\left(\sqrt{\Delta x^2+\Delta y^2}\right),$$

所以 $f(x,y)$ 在(0,0)点不可微.

但关于函数的可微性有如下的充分条件:

定理 12.1.2　*设函数 $z=f(x,y)$ 在 (x_0,y_0) 点的某个邻域上存在偏导数,并且偏导数在 (x_0,y_0) 点连续,那么 f 在 (x_0,y_0) 点可微.*

证　首先我们有

$$\begin{aligned}&f(x_0+\Delta x,y_0+\Delta y)-f(x_0,y_0)\\&=[f(x_0+\Delta x,y_0+\Delta y)-f(x_0,y_0+\Delta y)]+[f(x_0,y_0+\Delta y)-f(x_0,y_0)]\\&=f_x(x_0+\theta_1\Delta x,y_0+\Delta y)\Delta x+f_y(x_0,y_0+\theta_2\Delta y)\Delta y,\quad 0<\theta_1,\theta_2<1,\end{aligned}$$

其中最后一步利用了微分中值定理.

因为 f_x 和 f_y 在 (x_0,y_0) 点连续,所以

$$f_x(x_0+\theta_1\Delta x,y_0+\Delta y)=f_x(x_0,y_0)+o(1),$$
$$f_y(x_0,y_0+\theta_2\Delta y)=f_y(x_0,y_0)+o(1),$$

其中 $o(1)$ 表示当 $\sqrt{\Delta x^2+\Delta y^2}\to 0$ 时的无穷小量.于是

$$\begin{aligned}\Delta z&=f(x_0+\Delta x,y_0+\Delta y)-f(x_0,y_0)\\&=f_x(x_0,y_0)\Delta x+f_y(x_0,y_0)\Delta y+o(1)\Delta x+o(1)\Delta y\\&=f_x(x_0,y_0)\Delta x+f_y(x_0,y_0)\Delta y+o\left(\sqrt{\Delta x^2+\Delta y^2}\right),\end{aligned}$$

即 f 在 (x_0,y_0) 点可微.

证毕

梯度

定义 12.1.4 设 $D\subset\mathbf{R}^2$ 为开集,$(x_0,y_0)\in D$ 为一定点.如果函数 $z=f(x,y)$ 在 (x_0,y_0) 点可偏导,则称向量 $(f_x(x_0,y_0),f_y(x_0,y_0))$ 为 f 在点 (x_0,y_0) 的**梯度**,记为 $\mathbf{grad}\,f(x_0,y_0)$,即

$$\mathbf{grad}\,f(x_0,y_0)=f_x(x_0,y_0)\boldsymbol{i}+f_y(x_0,y_0)\boldsymbol{j}.$$

如果 f 在 (x_0,y_0) 点可微,注意到方向导数公式中的 $\|\boldsymbol{v}\|=1$,则得到它的另一种表达:

$$\frac{\partial f}{\partial\boldsymbol{v}}(x_0,y_0)=\mathbf{grad}\,f(x_0,y_0)\cdot\boldsymbol{v}=\|\mathbf{grad}\,f(x_0,y_0)\|\cos(\mathbf{grad}\,f,\boldsymbol{v}),$$

其中 $(\mathbf{grad}\,f,\boldsymbol{v})$ 表示 $\mathbf{grad}\,f(x_0,y_0)$ 与 $\boldsymbol{v}$ 的夹角.

由此可见,函数 f 在其任何一可微点的方向导数的绝对值不会超过它在该点的梯度的模 $\|\mathbf{grad}\,f\|$,且最大值 $\|\mathbf{grad}\,f\|$ 在梯度方向达到.这就是说,沿着梯度方向函数值增加最快.同样,f 的方向导数的最小值 $-\|\mathbf{grad}\,f\|$ 在梯度的反方向达到,或者说,沿着梯度相反方向函数值减少最快.

读者很容易证明梯度的下列基本性质:

(1) 若 $f\equiv c$(c 为常数),则 $\mathbf{grad}\,f=\mathbf{0}$;

(2) 若 α,β 为常数,则 $\mathbf{grad}(\alpha f+\beta g)=\alpha\mathbf{grad}\,f+\beta\mathbf{grad}\,g$;

(3) $\mathbf{grad}(f\cdot g)=f\cdot\mathbf{grad}\,g+g\cdot\mathbf{grad}\,f$;

(4) $\mathbf{grad}\left(\dfrac{f}{g}\right)=\dfrac{g\cdot\mathbf{grad}\,f-f\cdot\mathbf{grad}\,g}{g^2}\quad(g\neq0)$.

用同样的思想可以定义一般 n 元函数的梯度:设 $D\subset\mathbf{R}^n$ 为开集,$\boldsymbol{x}^0=(x_1^0,x_2^0,\cdots,x_n^0)\in D$ 为一定点.如果函数 $u=f(x_1,x_2,\cdots,x_n)$ 在 $\boldsymbol{x}^0$ 点可偏导,我们称向量 $(f_{x_1}(x_1^0,x_2^0,\cdots,x_n^0),f_{x_2}(x_1^0,x_2^0,\cdots,x_n^0),\cdots,f_{x_n}(x_1^0,x_2^0,\cdots,x_n^0))$ 为 f 在点 $\boldsymbol{x}^0$ 的梯度,记为 $\mathbf{grad}\,f(x_1^0,x_2^0,\cdots,x_n^0)$(或 $\mathbf{grad}\,f(\boldsymbol{x}^0)$).

上述关于梯度的基本性质与公式对一般 n 元函数也成立.

例 12.1.9 设 $f(x,y)=\dfrac{x^2}{a^2}+\dfrac{y^2}{b^2}$,$a>b>0$.在上半平面 $\{(x,y)\in\mathbf{R}^2\mid y\geqslant0\}$ 上,指出函数值增加最快的方向.

解 由于在梯度不为零向量处,梯度方向就是函数值增加最快的方向,所以在 $(x,y)\neq(0,0)$ 的点,函数 f 的梯度

$$\mathbf{grad}\,f(x,y)=\frac{2x}{a^2}\boldsymbol{i}+\frac{2y}{b^2}\boldsymbol{j}$$

就是函数值增加最快的方向.

而在原点 $(0,0)$,函数 f 的梯度为零向量,这就要用其他方法考虑.

由于

$$f(x,y)-f(0,0)=\frac{x^2}{a^2}+\frac{y^2}{b^2}=\frac{1}{b^2}(x^2+y^2)-\left(\frac{1}{b^2}-\frac{1}{a^2}\right)x^2,$$

因此,在以原点为中心的任意小圆周上,当 $x=0$ 时 $f(x,y)-f(0,0)$ 最大,即函数值增加最大.这就是说,在原点处,沿 y 轴方向函数值增加最快(见图12.1.3).

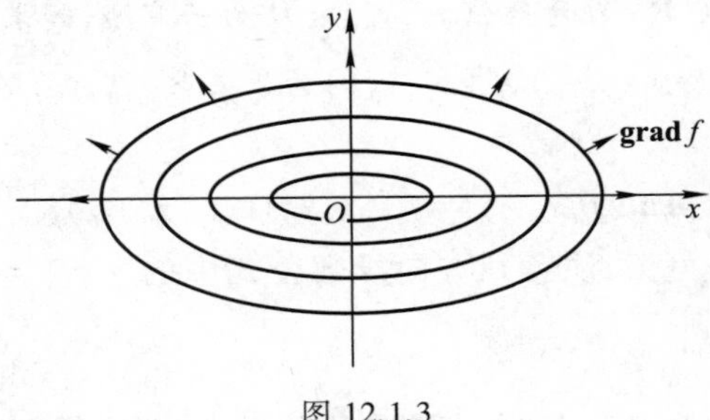

图 12.1.3

关于梯度的性质,以后在场论中还要详加讨论.

高阶偏导数

设 $z=f(x,y)$ 在区域 $D\subset\mathbf{R}^2$ 上具有偏导函数

$$\frac{\partial z}{\partial x}=f_x(x,y) \text{ 和 } \frac{\partial z}{\partial y}=f_y(x,y).$$

那么在 D 上,$f_x(x,y)$ 和 $f_y(x,y)$ 都是 x,y 的二元函数.如果这两个偏导函数的偏导数也存在,则称它们是 $f(x,y)$ 的**二阶偏导数**.

按照对自变量的求导次序的不同,二阶偏导数有下列四种:

$$\frac{\partial^2 z}{\partial x^2}=\frac{\partial}{\partial x}\left(\frac{\partial z}{\partial x}\right)=\frac{\partial}{\partial x}(f_x(x,y))=f_{xx}(x,y),$$

$$\frac{\partial^2 z}{\partial x\partial y}=\frac{\partial}{\partial x}\left(\frac{\partial z}{\partial y}\right)=\frac{\partial}{\partial x}(f_y(x,y))=f_{yx}(x,y),$$

$$\frac{\partial^2 z}{\partial y\partial x}=\frac{\partial}{\partial y}\left(\frac{\partial z}{\partial x}\right)=\frac{\partial}{\partial y}(f_x(x,y))=f_{xy}(x,y),$$

$$\frac{\partial^2 z}{\partial y^2}=\frac{\partial}{\partial y}\left(\frac{\partial z}{\partial y}\right)=\frac{\partial}{\partial y}(f_y(x,y))=f_{yy}(x,y),$$

其中第二、第三两个二阶偏导数称为混合偏导数.

可类似得到三阶、四阶以至更高阶偏导数.二阶及二阶以上的偏导数统称为**高阶偏导数**.

同样可对 n 元函数 $u=f(x_1,x_2,\cdots,x_n)$ 定义高阶偏导数.

例 12.1.10　设 $z=\arctan\dfrac{x+y}{1-xy}$,求 $\dfrac{\partial^2 z}{\partial x^2}$, $\dfrac{\partial^2 z}{\partial x\partial y}$, $\dfrac{\partial^2 z}{\partial y\partial x}$, $\dfrac{\partial^2 z}{\partial y^2}$.

解

$$\frac{\partial z}{\partial x}=\frac{1}{1+\left(\frac{x+y}{1-xy}\right)^2}\cdot\frac{(1-xy)-(x+y)(-y)}{(1-xy)^2}=\frac{1+y^2}{(1-xy)^2+(x+y)^2}$$

$$=\frac{1+y^2}{(1+x^2)(1+y^2)}=\frac{1}{1+x^2},$$

因此

$$\frac{\partial^2 z}{\partial x^2}=\frac{-2x}{(1+x^2)^2},\quad \frac{\partial^2 z}{\partial y\partial x}=\frac{\partial}{\partial y}\left(\frac{\partial z}{\partial x}\right)=\frac{\partial}{\partial y}\left(\frac{1}{1+x^2}\right)=0.$$

同理$\dfrac{\partial z}{\partial y}=\dfrac{1}{1+y^2}$,因此

$$\frac{\partial^2 z}{\partial x\partial y}=0,\quad \frac{\partial^2 z}{\partial y^2}=\frac{-2y}{(1+y^2)^2}.$$

注意本例中两个混合偏导数是相等的.

例 12.1.11 设$f(x,y)=\begin{cases}xy\dfrac{x^2-y^2}{x^2+y^2}, & x^2+y^2\neq 0,\\ 0, & x^2+y^2=0,\end{cases}$那么它的一阶偏导数为

$$f_x(x,y)=\begin{cases}y\dfrac{x^4+4x^2y^2-y^4}{(x^2+y^2)^2}, & x^2+y^2\neq 0,\\ 0, & x^2+y^2=0,\end{cases}$$

$$f_y(x,y)=\begin{cases}x\dfrac{x^4-4x^2y^2-y^4}{(x^2+y^2)^2}, & x^2+y^2\neq 0,\\ 0, & x^2+y^2=0.\end{cases}$$

于是

$$\frac{\partial^2 z}{\partial y\partial x}(0,0)=f_{xy}(0,0)=\lim_{\Delta y\to 0}\frac{f_x(0,0+\Delta y)-f_x(0,0)}{\Delta y}=\lim_{\Delta y\to 0}\frac{-\dfrac{\Delta y^5}{\Delta y^4}-0}{\Delta y}=-1,$$

$$\frac{\partial^2 z}{\partial x\partial y}(0,0)=f_{yx}(0,0)=\lim_{\Delta x\to 0}\frac{f_y(0+\Delta x,0)-f_y(0,0)}{\Delta x}=\lim_{\Delta x\to 0}\frac{\dfrac{\Delta x^5}{\Delta x^4}-0}{\Delta x}=1.$$

注意本例中$f(x,y)$在$(0,0)$点的两个混合偏导数不相等.

关于混合偏导数相等的条件有如下定理:

定理 12.1.3 如果函数$z=f(x,y)$的两个混合偏导数f_{xy}和f_{yx}在点(x_0,y_0)连续,那么等式

$$f_{xy}(x_0,y_0)=f_{yx}(x_0,y_0)$$

成立.

证 考虑差商

$$I=\frac{[f(x_0+\Delta x,y_0+\Delta y)-f(x_0+\Delta x,y_0)]-[f(x_0,y_0+\Delta y)-f(x_0,y_0)]}{\Delta x\Delta y}.$$

设

$$\varphi(x)=f(x,y_0+\Delta y)-f(x,y_0),$$
$$\psi(y)=f(x_0+\Delta x,y)-f(x_0,y),$$

那么利用微分中值定理可得

$$I=\frac{[f(x_0+\Delta x,y_0+\Delta y)-f(x_0+\Delta x,y_0)]-[f(x_0,y_0+\Delta y)-f(x_0,y_0)]}{\Delta x\Delta y}$$
$$=\frac{\varphi(x_0+\Delta x)-\varphi(x_0)}{\Delta x\Delta y}=\frac{\varphi'(x_0+\alpha_1\Delta x)\Delta x}{\Delta x\Delta y}$$
$$=\frac{[f_x(x_0+\alpha_1\Delta x,y_0+\Delta y)-f_x(x_0+\alpha_1\Delta x,y_0)]}{\Delta y}$$
$$=f_{xy}(x_0+\alpha_1\Delta x,y_0+\alpha_2\Delta y)\qquad(0<\alpha_1,\alpha_2<1).$$

另一方面，将 I 重新组合还可以得到

$$I=\frac{[f(x_0+\Delta x,y_0+\Delta y)-f(x_0,y_0+\Delta y)]-[f(x_0+\Delta x,y_0)-f(x_0,y_0)]}{\Delta x\Delta y}$$
$$=\frac{\psi(y_0+\Delta y)-\psi(y_0)}{\Delta x\Delta y}=\frac{\psi'(y_0+\alpha_3\Delta y)\Delta y}{\Delta x\Delta y}$$
$$=\frac{[f_y(x_0+\Delta x,y_0+\alpha_3\Delta y)-f_y(x_0,y_0+\alpha_3\Delta y)]}{\Delta x}$$
$$=f_{yx}(x_0+\alpha_4\Delta x,y_0+\alpha_3\Delta y)\qquad(0<\alpha_3,\alpha_4<1).$$

因此

$$f_{xy}(x_0+\alpha_1\Delta x,y_0+\alpha_2\Delta y)=f_{yx}(x_0+\alpha_4\Delta x,y_0+\alpha_3\Delta y).$$

利用两个混合偏导数 f_{xy} 和 f_{yx} 在点 (x_0,y_0) 连续的条件，得到

$$\begin{aligned}f_{xy}(x_0,y_0)&=\lim_{(\Delta x,\Delta y)\to(0,0)}f_{xy}(x_0+\alpha_1\Delta x,y_0+\alpha_2\Delta y)\\&=\lim_{(\Delta x,\Delta y)\to(0,0)}f_{yx}(x_0+\alpha_4\Delta x,y_0+\alpha_3\Delta y)\\&=f_{yx}(x_0,y_0).\end{aligned}$$

证毕

在科学和工程技术的实际应用中，往往认为所出现的偏导数是连续的，所以不介意求偏导的次序. 例如 $\dfrac{\partial^4 f}{\partial x^2\partial y^2}$ 就概括了六种不同次序的四阶混合偏导数

$$f_{xxyy},f_{xyxy},f_{yxxy},f_{xyyx},f_{yxyx},f_{yyxx}.$$

读者在阅读有关书籍时，请注意这一点.

例 12.1.12　设 $z=(x^2+y^2)e^{x+y}$，计算 $\dfrac{\partial^{p+q}z}{\partial x^p\partial y^q}$（$p,q$ 为正整数）.

解　由于

$$\frac{\partial^k}{\partial x^k}(e^{x+y})=\frac{\partial^k}{\partial y^k}(e^{x+y})=e^{x+y},k=1,2,\cdots,$$

因此，关于 y 用 Leibniz 公式，得

$$\begin{aligned}\frac{\partial^q z}{\partial y^q}&=(x^2+y^2)e^{x+y}+C_q^1(2y)e^{x+y}+C_q^2\cdot 2\cdot e^{x+y}\\&=[x^2+y^2+2qy+q(q-1)]e^{x+y}.\end{aligned}$$

关于 x 再用一次 Leibniz 公式，就得到

$$\frac{\partial^{p+q}z}{\partial x^p\partial y^q}=[x^2+y^2+2qy+q(q-1)]e^{x+y}+C_p^1(2x)e^{x+y}+C_p^2\cdot 2\cdot e^{x+y}$$

$$=\left[x^2+y^2+2(px+qy)+p(p-1)+q(q-1)\right]e^{x+y}.$$

高阶微分

设 $z=f(x,y)$ 在区域 $D\subset\mathbf{R}^2$ 上具有连续偏导数,那么它是可微的,并且

$$dz=\frac{\partial z}{\partial x}dx+\frac{\partial z}{\partial y}dy.$$

若 z 还具有二阶连续偏导数,那么 $\frac{\partial z}{\partial x}$ 与 $\frac{\partial z}{\partial y}$ 也是可微的,从而 dz 可微.我们称 dz 的微分为 z 的**二阶微分**,记为

$$d^2z=d(dz).$$

一般地,可在 z 的 k 阶微分 d^kz 的基础上定义它的 $k+1$ 阶微分为(如果存在的话)

$$d^{k+1}z=d(d^kz),\quad k=1,2,\cdots.$$

二阶及二阶以上的微分统称为**高阶微分**.

由于对自变量 x,y 总有

$$d^2x=d(dx)=0,\quad d^2y=d(dy)=0,$$

于是 $z=f(x,y)$ 的二阶微分为

$$\begin{aligned}d^2z&=d(dz)=d\left(\frac{\partial z}{\partial x}dx+\frac{\partial z}{\partial y}dy\right)\\&=d\left(\frac{\partial z}{\partial x}\right)dx+\left(\frac{\partial z}{\partial x}\right)d^2x+d\left(\frac{\partial z}{\partial y}\right)dy+\left(\frac{\partial z}{\partial y}\right)d^2y\\&=\left(\frac{\partial^2 z}{\partial x^2}dx+\frac{\partial^2 z}{\partial y\partial x}dy\right)dx+\left(\frac{\partial^2 z}{\partial x\partial y}dx+\frac{\partial^2 z}{\partial y^2}dy\right)dy\\&=\frac{\partial^2 z}{\partial x^2}dx^2+2\frac{\partial^2 z}{\partial x\partial y}dxdy+\frac{\partial^2 z}{\partial y^2}dy^2,\end{aligned}$$

这里 dx^2 和 dy^2 分别表示 $(dx)^2$ 和 $(dy)^2$.

若将 $\frac{\partial}{\partial x}$ 和 $\frac{\partial}{\partial y}$ 看作求偏导数的运算符号,并约定

$$\left(\frac{\partial}{\partial x}\right)^2=\frac{\partial^2}{\partial x^2},\quad\left(\frac{\partial}{\partial x}\right)\left(\frac{\partial}{\partial y}\right)=\frac{\partial^2}{\partial x\partial y},\quad\left(\frac{\partial}{\partial y}\right)^2=\frac{\partial^2}{\partial y^2},$$

那么一阶和二阶的微分公式可以分别表示为

$$dz=\left(dx\frac{\partial}{\partial x}+dy\frac{\partial}{\partial y}\right)z,$$

$$d^2z=\left(dx\frac{\partial}{\partial x}+dy\frac{\partial}{\partial y}\right)^2z.$$

同样地约定

$$\left(\frac{\partial}{\partial x}\right)^p=\frac{\partial^p}{\partial x^p},\quad\left(\frac{\partial}{\partial x}\right)^p\left(\frac{\partial}{\partial y}\right)^q=\frac{\partial^{p+q}}{\partial x^p\partial y^q},\quad\left(\frac{\partial}{\partial y}\right)^q=\frac{\partial^q}{\partial y^q}\quad(p,q=1,2,\cdots),$$

读者不难用数学归纳法证明高阶微分公式

$$d^kz=\left(dx\frac{\partial}{\partial x}+dy\frac{\partial}{\partial y}\right)^kz,\quad k=1,2,\cdots.$$

对 n 元函数 $u=f(x_1,x_2,\cdots,x_n)$ 可同样定义各阶微分,并且成立

$$\mathrm{d}^k u=\left(\mathrm{d}x_1\frac{\partial}{\partial x_1}+\mathrm{d}x_2\frac{\partial}{\partial x_2}+\cdots+\mathrm{d}x_n\frac{\partial}{\partial x_n}\right)^k u,\quad k=1,2,\cdots.$$

例 12.1.13 设 $u=xyz$,计算 d^3u.

解 易算得

$$\frac{\partial^3 u}{\partial x^3}=\frac{\partial^3 u}{\partial y^3}=\frac{\partial^3 u}{\partial z^3}=0,$$

$$\frac{\partial^3 u}{\partial x^2\partial y}=\frac{\partial^3 u}{\partial x\partial y^2}=\frac{\partial^3 u}{\partial x^2\partial z}=\frac{\partial^3 u}{\partial x\partial z^2}=\frac{\partial^3 u}{\partial y^2\partial z}=\frac{\partial^3 u}{\partial y\partial z^2}=0,$$

以及

$$\frac{\partial^3 u}{\partial x\partial y\partial z}=1.$$

利用上面所述的多元函数的高阶微分公式,可得

$$\mathrm{d}^3u=\left(\mathrm{d}x\frac{\partial}{\partial x}+\mathrm{d}y\frac{\partial}{\partial y}+\mathrm{d}z\frac{\partial}{\partial z}\right)^3 u=6\mathrm{d}x\mathrm{d}y\mathrm{d}z.$$

向量值函数的导数

为了方便,在本节中总是将向量记号 $\boldsymbol{x}$,$\boldsymbol{f}$ 和 $\boldsymbol{y}$ 等视为列向量.

将 $\mathbf{R}^n$ 上区域 D 上的 n 元 m 值向量值函数

$$\boldsymbol{f}:D\to\mathbf{R}^m,$$
$$\boldsymbol{x}\mapsto\boldsymbol{y}=\boldsymbol{f}(\boldsymbol{x})$$

写成坐标分量形式

$$\begin{cases}y_1=f_1(x_1,x_2,\cdots,x_n),\\ y_2=f_2(x_1,x_2,\cdots,x_n),\\ \cdots\cdots\cdots\cdots\\ y_m=f_m(x_1,x_2,\cdots,x_n),\end{cases}\qquad (x_1,x_2,\cdots,x_n)^{\mathrm{T}}\in D,$$

并设点 $\boldsymbol{x}^0=(x_1^0,x_2^0,\cdots,x_n^0)^{\mathrm{T}}\in D$(记号"T"表示转置).

将上面关于多元函数的讨论用于 $\boldsymbol{f}$ 的每一个分量函数,即可平行地得到:

1. 若 $\boldsymbol{f}$ 的每一个分量函数 $f_i(x_1,x_2,\cdots,x_n)(i=1,2,\cdots,m)$ 都在 $\boldsymbol{x}^0$ 点可偏导,就称**向量值函数 $\boldsymbol{f}$ 在 $\boldsymbol{x}^0$ 点可导**,并称矩阵

$$\left(\frac{\partial f_i}{\partial x_j}(\boldsymbol{x}^0)\right)_{m\times n}=\begin{pmatrix}\frac{\partial f_1}{\partial x_1}(\boldsymbol{x}^0) & \frac{\partial f_1}{\partial x_2}(\boldsymbol{x}^0) & \cdots & \frac{\partial f_1}{\partial x_n}(\boldsymbol{x}^0)\\ \frac{\partial f_2}{\partial x_1}(\boldsymbol{x}^0) & \frac{\partial f_2}{\partial x_2}(\boldsymbol{x}^0) & \cdots & \frac{\partial f_2}{\partial x_n}(\boldsymbol{x}^0)\\ \vdots & \vdots & & \vdots\\ \frac{\partial f_m}{\partial x_1}(\boldsymbol{x}^0) & \frac{\partial f_m}{\partial x_2}(\boldsymbol{x}^0) & \cdots & \frac{\partial f_m}{\partial x_n}(\boldsymbol{x}^0)\end{pmatrix}$$

为**向量值函数 $\boldsymbol{f}$ 在 $\boldsymbol{x}^0$ 点的导数或 Jacobi 矩阵**,记为 $\boldsymbol{f}'(\boldsymbol{x}^0)$(或 $\mathrm{D}\boldsymbol{f}(\boldsymbol{x}^0)$,$\boldsymbol{J}_f(\boldsymbol{x}^0)$).

注 n 元函数 $z=f(x_1,x_2,\cdots,x_n)$ 是 $m=1$ 时的特殊情形,所以它在 $\boldsymbol{x}^0$ 点的导数

就是

$$f'(\boldsymbol{x}^0)=\left(\frac{\partial f}{\partial x_1}(\boldsymbol{x}^0),\frac{\partial f}{\partial x_2}(\boldsymbol{x}^0),\cdots,\frac{\partial f}{\partial x_n}(\boldsymbol{x}^0)\right).$$

如果向量值函数 $\boldsymbol{f}$ 在 D 上每一点可导，就称 $\boldsymbol{f}$ 在 D 上可导. 这时对应关系

$$\boldsymbol{x}\in D\mapsto \boldsymbol{f}'(\boldsymbol{x})=\boldsymbol{J}_f(\boldsymbol{x})$$

称为 $\boldsymbol{f}$ 在 D 上的导数，记为 $\boldsymbol{f}'(\boldsymbol{x})$（或 $\mathrm{D}\boldsymbol{f}(\boldsymbol{x})$，$\boldsymbol{J}_f(\boldsymbol{x})$）.

例 12.1.14 向量值函数

$$\boldsymbol{f}:[\alpha,\beta]\to\mathbf{R}^3,$$

$$t\mapsto\begin{pmatrix}x(t)\\y(t)\\z(t)\end{pmatrix}$$

用坐标分量表示就是

$$\begin{cases}x=x(t),\\y=y(t),\\z=z(t),\end{cases}\quad t\in[\alpha,\beta].$$

这是空间曲线的参数方程，$\boldsymbol{f}$ 的导数 $(x'(t),y'(t),z'(t))^{\mathrm{T}}$ 就是该空间曲线在 $(x(t),y(t),z(t))^{\mathrm{T}}$ 点的切向量. 如果这条曲线是质点关于时间 t 的运动轨迹，那么 $\boldsymbol{f}$ 的导数 $(x'(t),y'(t),z'(t))^{\mathrm{T}}$ 就是质点运动的速度.

例 12.1.15 求向量值函数

$$\boldsymbol{f}(x,y,z)=\begin{pmatrix}x^3+z\mathrm{e}^y\\y^3+z\ln x\end{pmatrix}$$

在 $(1,1,1)$ 点的导数.

解 这时坐标分量函数为

$$f_1(x,y,z)=x^3+z\mathrm{e}^y,\quad f_2(x,y,z)=y^3+z\ln x,$$

因此

$$\boldsymbol{f}'(1,1,1)=\begin{pmatrix}\dfrac{\partial f_1}{\partial x}&\dfrac{\partial f_1}{\partial y}&\dfrac{\partial f_1}{\partial z}\\\dfrac{\partial f_2}{\partial x}&\dfrac{\partial f_2}{\partial y}&\dfrac{\partial f_2}{\partial z}\end{pmatrix}_{(1,1,1)}=\begin{pmatrix}3x^2&z\mathrm{e}^y&\mathrm{e}^y\\\dfrac{z}{x}&3y^2&\ln x\end{pmatrix}_{(1,1,1)}=\begin{pmatrix}3&\mathrm{e}&\mathrm{e}\\1&3&0\end{pmatrix}.$$

2. 若 $\boldsymbol{f}$ 的每一个分量函数 $f_i(x_1,x_2,\cdots,x_n)$ $(i=1,2,\cdots,m)$ 的偏导数都在 $\boldsymbol{x}^0$ 点连续，即 $\boldsymbol{f}$ 的 Jacobi 矩阵的每个元素都在 $\boldsymbol{x}^0$ 点连续，则称向量值函数 $\boldsymbol{f}$ 的导数在 $\boldsymbol{x}^0$ 点连续.

如果向量值函数 $\boldsymbol{f}$ 的导数在 D 上每一点连续，则称 $\boldsymbol{f}$ 的导数在 D 上连续.

3. 若存在只与 $\boldsymbol{x}^0$ 有关，而与 $\Delta\boldsymbol{x}$ 无关的 $m\times n$ 矩阵 $\boldsymbol{A}$，使得在 $\boldsymbol{x}^0$ 点附近成立

$$\Delta\boldsymbol{y}=\boldsymbol{f}(\boldsymbol{x}^0+\Delta\boldsymbol{x})-\boldsymbol{f}(\boldsymbol{x}^0)=\boldsymbol{A}\Delta\boldsymbol{x}+o(\Delta\boldsymbol{x})$$

（其中 $\Delta\boldsymbol{x}=(\Delta x_1,\Delta x_2,\cdots,\Delta x_n)^{\mathrm{T}}$；$o(\Delta\boldsymbol{x})$ 是列向量，其模是 $\|\Delta\boldsymbol{x}\|$ 的高阶无穷小量），则称**向量值函数 $\boldsymbol{f}$ 在 $\boldsymbol{x}^0$ 点可微**，并称 $\boldsymbol{A}\Delta\boldsymbol{x}$ 为 **$\boldsymbol{f}$ 在 $\boldsymbol{x}^0$ 点的微分**，记为 $\mathrm{d}\boldsymbol{y}$. 若将 $\Delta\boldsymbol{x}$ 记为 $\mathrm{d}\boldsymbol{x}$（$\mathrm{d}\boldsymbol{x}=(\mathrm{d}x_1,\mathrm{d}x_2,\cdots,\mathrm{d}x_n)^{\mathrm{T}}$），那么就有 $\mathrm{d}\boldsymbol{y}=\boldsymbol{A}\mathrm{d}\boldsymbol{x}$.

如果向量值函数 $\boldsymbol{f}$ 在 D 上每一点可微，则称 $\boldsymbol{f}$ 在 D 上可微.

定理 12.1.4 向量值函数 $\boldsymbol{f}$ 在 $\boldsymbol{x}^0$ 点可微的充分必要条件是它的坐标分量函数 $f_i(x_1,x_2,\cdots,x_n)(i=1,2,\cdots,m)$ 都在 $\boldsymbol{x}^0$ 点可微.此时成立微分公式

$$\mathrm{d}\boldsymbol{y}=\boldsymbol{f}'(\boldsymbol{x}^0)\mathrm{d}\boldsymbol{x}.$$

证 必要性:设 $\boldsymbol{f}$ 在 $\boldsymbol{x}^0$ 点可微,记

$$\boldsymbol{A}=\begin{pmatrix} a_{11} & a_{12} & \cdots & a_{1n} \\ a_{21} & a_{22} & \cdots & a_{2n} \\ \vdots & \vdots & & \vdots \\ a_{m1} & a_{m2} & \cdots & a_{mn} \end{pmatrix}$$

和

$$o(\Delta\boldsymbol{x})=((o(\Delta\boldsymbol{x}))_1,(o(\Delta\boldsymbol{x}))_2,\cdots,(o(\Delta\boldsymbol{x}))_m)^{\mathrm{T}},$$

则可将 $\Delta\boldsymbol{y}$ 写成分量形式

$$\Delta f_i=\Delta y_i=\sum_{k=1}^{n}a_{ik}\Delta x_k+(o(\Delta\boldsymbol{x}))_i,\quad i=1,2,\cdots,m,$$

并满足

$$\lim_{\|\Delta\boldsymbol{x}\|\to 0}\frac{(o(\Delta\boldsymbol{x}))_i}{\|\Delta\boldsymbol{x}\|}=0,\quad i=1,2,\cdots,m.$$

由函数可微的定义,即知 $f_i(x_1,x_2,\cdots,x_n)(i=1,2,\cdots,m)$ 在 $\boldsymbol{x}^0$ 处可微,并且 $a_{ij}=\dfrac{\partial f_i}{\partial x_j}$,也就是

$$\boldsymbol{A}=\boldsymbol{f}'(\boldsymbol{x}^0).$$

充分性:设 $f_i(x_1,x_2,\cdots,x_n)(i=1,2,\cdots,m)$ 在 $\boldsymbol{x}^0$ 处可微,那么由定义得到

$$\Delta y_i=\Delta f_i=\frac{\partial f_i}{\partial x_1}(\boldsymbol{x}^0)\Delta x_1+\frac{\partial f_i}{\partial x_2}(\boldsymbol{x}^0)\Delta x_2+\cdots+\frac{\partial f_i}{\partial x_n}(\boldsymbol{x}^0)\Delta x_n+o(\|\Delta\boldsymbol{x}\|).$$

将上式写成矩阵乘积形式,并令 $\boldsymbol{A}=\left(\dfrac{\partial f_i}{\partial x_j}(\boldsymbol{x}^0)\right)_{m\times n}$,就知道 $\boldsymbol{f}$ 在 $\boldsymbol{x}^0$ 点可微.

证毕

综合上述三点,我们可以得到以下的统一表述:

向量值函数 $\boldsymbol{f}$ 连续、可导和可微就是它的每一个坐标分量函数 $f_i(x_1,x_2,x_3,\cdots,x_n)(i=1,2,\cdots,m)$ 连续、可导和可微.

此外,在用 Jacobi 矩阵定义了向量值函数的导数 $\boldsymbol{f}'(\boldsymbol{x}^0)$ 之后,多元函数和向量值函数的微分公式与一元函数的微分公式

$$\mathrm{d}y=f'(x)\mathrm{d}x$$

在形式上就是完全一致的.也就是说,只要将 x、y 和 f 理解为向量,这就是多元函数和向量值函数的微分公式.

习　题

1. 求下列函数的偏导数：

(1) $z=x^5-6x^4y^2+y^6$；　(2) $z=x^2\ln(x^2+y^2)$；

(3) $z=xy+\dfrac{x}{y}$；　(4) $z=\sin(xy)+\cos^2(xy)$；

(5) $z=e^x(\cos y+x\sin y)$；　(6) $z=\tan\left(\dfrac{x^2}{y}\right)$；

(7) $z=\sin\dfrac{x}{y}\cdot\cos\dfrac{y}{x}$；　(8) $z=(1+xy)^y$；

(9) $z=\ln(x+\ln y)$；　(10) $z=\arctan\dfrac{x+y}{1-xy}$；

(11) $u=e^{x(x^2+y^2+z^2)}$；　(12) $u=x^{\frac{y}{z}}$；

(13) $u=\dfrac{1}{\sqrt{x^2+y^2+z^2}}$；　(14) $u=x^{y^z}$；

(15) $u=\sum\limits_{i=1}^{n}a_ix_i$ （a_i 为常数）；(16) $u=\sum\limits_{i,j=1}^{n}a_{ij}x_iy_j$ （$a_{ij}=a_{ji}$ 且为常数）.

2. 设 $f(x,y)=x+y-\sqrt{x^2+y^2}$，求 $f_x(3,4)$ 及 $f_y(3,4)$.

3. 设 $z=e^{\frac{x}{y^2}}$，验证 $2x\dfrac{\partial z}{\partial x}+y\dfrac{\partial z}{\partial y}=0$.

4. 曲线 $\begin{cases}z=\dfrac{x^2+y^2}{4},\\ y=4\end{cases}$ 在点 $(2,4,5)$ 处的切线与 x 轴的正向所夹的角度是多少？

5. 求下列函数在指定点的全微分：

(1) $f(x,y)=3x^2y-xy^2$，在点 $(1,2)$；

(2) $f(x,y)=\ln(1+x^2+y^2)$，在点 $(2,4)$；

(3) $f(x,y)=\dfrac{\sin x}{y^2}$，在点 $(0,1)$ 和 $\left(\dfrac{\pi}{4},2\right)$.

6. 求下列函数的全微分：

(1) $z=y^x$；　(2) $z=xye^{xy}$；

(3) $z=\dfrac{x+y}{x-y}$；　(4) $z=\dfrac{y}{\sqrt{x^2+y^2}}$；

(5) $u=\sqrt{x^2+y^2+z^2}$；　(6) $u=\ln(x^2+y^2+z^2)$.

7. 求函数 $z=xe^{2y}$ 在点 $P(1,0)$ 处的沿从点 $P(1,0)$ 到点 $Q(2,-1)$ 方向的方向导数.

8. 设 $z=x^2-xy+y^2$，求它在点 $(1,1)$ 处的沿方向 $\boldsymbol{v}=(\cos\alpha,\sin\alpha)$ 的方向导数，并指出：

(1) 沿哪个方向的方向导数最大？

(2) 沿哪个方向的方向导数最小？

(3) 沿哪个方向的方向导数为零？

9. 如果可微函数 $f(x,y)$ 在点 $(1,2)$ 处的从点 $(1,2)$ 到点 $(2,2)$ 方向的方向导数为 2，从点 $(1,2)$ 到点

(1,1)方向的方向导数为-2. 求

(1) 这个函数在点(1,2)处的梯度；

(2) 点(1,2)处的从点(1,2)到点(4,6)方向的方向导数.

10. 求下列函数的梯度：

(1) $z=x^2+y^2\sin(xy)$；　　(2) $z=1-\left(\dfrac{x^2}{a^2}+\dfrac{y^2}{b^2}\right)$；

(3) $u=x^2+2y^2+3z^2+3xy+4yz+6x-2y-5z$,在点(1,1,1).

11. 对于函数 $f(x,y)=xy$,在第Ⅰ象限(包括边界)的每一点,指出函数值增加最快的方向.

12. 验证函数

$$f(x,y)=\sqrt[3]{xy}$$

在原点(0,0)连续且可偏导,但除方向 $\boldsymbol{e}_i$ 和$-\boldsymbol{e}_i(i=1,2)$外,在原点的沿其他方向的方向导数都不存在.

13. 验证函数

$$f(x,y)=\begin{cases}\dfrac{xy}{\sqrt{x^2+y^2}}, & x^2+y^2\neq 0,\\ 0, & x^2+y^2=0\end{cases}$$

在原点(0,0)连续且可偏导,但它在该点不可微.

14. 验证函数

$$f(x,y)=\begin{cases}(x^2+y^2)\sin\dfrac{1}{x^2+y^2}, & x^2+y^2\neq 0,\\ 0, & x^2+y^2=0\end{cases}$$

的偏导函数 $f_x(x,y)$,$f_y(x,y)$在原点(0,0)不连续,但它在该点可微.

15. 证明函数

$$f(x,y)=\begin{cases}\dfrac{2xy^2}{x^2+y^4}, & x^2+y^2\neq 0,\\ 0, & x^2+y^2=0\end{cases}$$

在原点(0,0)处沿各个方向的方向导数都存在,但它在该点不连续,因而不可微.

16. 计算下列函数的高阶导数：

(1) $z=\arctan\dfrac{y}{x}$,求$\dfrac{\partial^2 z}{\partial x^2},\dfrac{\partial^2 z}{\partial x\partial y},\dfrac{\partial^2 z}{\partial y^2}$；

(2) $z=x\sin(x+y)+y\cos(x+y)$,求$\dfrac{\partial^2 z}{\partial x^2},\dfrac{\partial^2 z}{\partial x\partial y},\dfrac{\partial^2 z}{\partial y^2}$；

(3) $z=xe^{xy}$,求$\dfrac{\partial^3 z}{\partial x^2\partial y},\dfrac{\partial^3 z}{\partial x\partial y^2}$；

(4) $u=\ln(ax+by+cz)$,求$\dfrac{\partial^4 u}{\partial x^4},\dfrac{\partial^4 u}{\partial x^2\partial y^2}$；

(5) $z=(x-a)^p(y-b)^q$,求$\dfrac{\partial^{p+q} z}{\partial x^p\partial y^q}$；

(6) $u=xyze^{x+y+z}$,求$\dfrac{\partial^{p+q+r} u}{\partial x^p\partial y^q\partial z^r}$.

17. 计算下列函数的高阶微分：

(1) $z=x\ln(xy)$,求 $\mathrm{d}^2 z$；

(2) $z=\sin^2(ax+by)$,求 $\mathrm{d}^3 z$；

(3) $u=e^{x+y+z}(x^2+y^2+z^2)$，求 d^3u；

(4) $z=e^x\sin y$，求 d^kz.

18. 函数 $z=f(x,y)$ 满足

$$\frac{\partial z}{\partial x}=-\sin y+\frac{1}{1-xy}, 及 f(0,y)=2\sin y+y^3.$$

求 $f(x,y)$ 的表达式.

19. 验证：

(1) $z=e^{-kn^2x}\sin(ny)$ 满足热传导方程 $\frac{\partial z}{\partial x}=k\frac{\partial^2 z}{\partial y^2}$；

(2) $u=z\arctan\frac{x}{y}$ 满足 Laplace 方程 $\frac{\partial^2 u}{\partial x^2}+\frac{\partial^2 u}{\partial y^2}+\frac{\partial^2 u}{\partial z^2}=0$.

20. 设 $f(r,t)=t^\alpha e^{-\frac{r^2}{4t}}$，确定 α 使得 f 满足方程

$$\frac{\partial f}{\partial t}=\frac{1}{r^2}\frac{\partial}{\partial r}\left(r^2\frac{\partial f}{\partial r}\right).$$

21. 求下列向量值函数在指定点的导数：

(1) $\boldsymbol{f}(x)=(a\cos x, b\sin x, cx)^{\mathrm{T}}$，在 $x=\frac{\pi}{4}$ 点；

(2) $\boldsymbol{f}(x,y,z)=(3x+e^y\cot z, x^3+y^3\tan z)^{\mathrm{T}}$，在 $\left(1,2,\frac{\pi}{4}\right)$ 点；

(3) $\boldsymbol{g}(u,v)=(u\cos v, u\sin v, v)^{\mathrm{T}}$，在 $(1,\pi)$ 点.

22. 设 $\boldsymbol{f}:\mathbf{R}^3\to\mathbf{R}^3$ 为向量值函数.

(1) 如果坐标分量函数 $f_1(x,y,z)=x, f_2(x,y,z)=y, f_3(x,y,z)=z$，证明 $\boldsymbol{f}$ 的导数是单位阵；

(2) 写出坐标分量函数的一般形式，使 $\boldsymbol{f}$ 的导数是单位阵；

(3) 如果已知 $\boldsymbol{f}$ 的导数是对角阵 $\mathrm{diag}(p(x),q(y),r(z))$，那么坐标分量函数应该具有什么样的形式？

§2 多元复合函数的求导法则

链式法则

设 $z=f(x,y)$，$(x,y)\in D_f$ 是区域 $D_f\subset\mathbf{R}^2$ 上的二元函数，而

$$\boldsymbol{g}:D_g\to\mathbf{R}^2,$$
$$(u,v)\mapsto(x(u,v),y(u,v))$$

是区域 $D_g\subset\mathbf{R}^2$ 上的二元二维向量值函数.如果 $\boldsymbol{g}$ 的值域 $\boldsymbol{g}(D_g)\subset D_f$，那么可以构造复合函数

$$z=f\circ\boldsymbol{g}=f[x(u,v),y(u,v)],\quad (u,v)\in D_g.$$

复合函数有如下求偏导数的法则.

定理 12.2.1（链式法则） 设 $\boldsymbol{g}$ 在 $(u_0,v_0)\in D_g$ 点可导，即 $x=x(u,v)$，$y=y(u,v)$ 在 (u_0,v_0) 点可偏导.记 $x_0=x(u_0,v_0)$，$y_0=y(u_0,v_0)$，如果 f 在 (x_0,y_0) 点可微，那么

$$\frac{\partial z}{\partial u}(u_0,v_0)=\frac{\partial z}{\partial x}(x_0,y_0)\frac{\partial x}{\partial u}(u_0,v_0)+\frac{\partial z}{\partial y}(x_0,y_0)\frac{\partial y}{\partial u}(u_0,v_0);$$

$$\frac{\partial z}{\partial v}(u_0,v_0)=\frac{\partial z}{\partial x}(x_0,y_0)\frac{\partial x}{\partial v}(u_0,v_0)+\frac{\partial z}{\partial y}(x_0,y_0)\frac{\partial y}{\partial v}(u_0,v_0).$$

证　只证明第一式.由于 f 在 (x_0,y_0) 点可微,因此

$$\begin{aligned}&f(x_0+\Delta x,y_0+\Delta y)-f(x_0,y_0)\\&=\frac{\partial f}{\partial x}(x_0,y_0)\Delta x+\frac{\partial f}{\partial y}(x_0,y_0)\Delta y+\alpha(\Delta x,\Delta y)\sqrt{\Delta x^2+\Delta y^2},\end{aligned}$$

其中 $\alpha(\Delta x,\Delta y)$ 满足 $\lim\limits_{(\Delta x,\Delta y)\to(0,0)}\alpha(\Delta x,\Delta y)=0$,即 $\alpha(\Delta x,\Delta y)$ 是 $\sqrt{\Delta x^2+\Delta y^2}$ 趋于零时的无穷小量.定义 $\alpha(0,0)=0$,那么上式当 $(\Delta x,\Delta y)=(0,0)$ 时也成立.

设

$$\Delta x=x(u_0+\Delta u,v_0)-x(u_0,v_0),\Delta y=y(u_0+\Delta u,v_0)-y(u_0,v_0),$$

由于 $x=x(u,v)$, $y=y(u,v)$ 在 (u_0,v_0) 点可偏导,所以成立

$$\lim_{\Delta u\to0}\frac{\Delta x}{\Delta u}=\frac{\partial x}{\partial u}(u_0,v_0),\quad \lim_{\Delta u\to0}\frac{\Delta y}{\Delta u}=\frac{\partial y}{\partial u}(u_0,v_0),$$

并且有 $\lim\limits_{\Delta u\to0}\sqrt{\Delta x^2+\Delta y^2}=0$.于是当 Δu 趋于 0 时,

$$\frac{\alpha(\Delta x,\Delta y)\sqrt{\Delta x^2+\Delta y^2}}{\Delta u}=\alpha(\Delta x,\Delta y)\cdot\frac{|\Delta u|}{\Delta u}\cdot\sqrt{\left(\frac{\Delta x}{\Delta u}\right)^2+\left(\frac{\Delta y}{\Delta u}\right)^2}$$

也趋于 0,所以

$$\begin{aligned}\frac{\partial z}{\partial u}(u_0,v_0)&=\lim_{\Delta u\to0}\frac{f(x(u_0+\Delta u,v_0),y(u_0+\Delta u,v_0))-f(x(u_0,v_0),y(u_0,v_0))}{\Delta u}\\&=\lim_{\Delta u\to0}\frac{f(x_0+\Delta x,y_0+\Delta y)-f(x_0,y_0)}{\Delta u}\\&=\lim_{\Delta u\to0}\left[\frac{\partial f}{\partial x}(x_0,y_0)\frac{\Delta x}{\Delta u}+\frac{\partial f}{\partial y}(x_0,y_0)\frac{\Delta y}{\Delta u}\right]+\lim_{\Delta u\to0}\frac{\alpha(\Delta x,\Delta y)\sqrt{\Delta x^2+\Delta y^2}}{\Delta u}\\&=\frac{\partial f}{\partial x}(x_0,y_0)\frac{\partial x}{\partial u}(u_0,v_0)+\frac{\partial f}{\partial y}(x_0,y_0)\frac{\partial y}{\partial u}(u_0,v_0).\end{aligned}$$

证毕

注意,定理条件“f 可微”不能减弱为“f 可偏导”.

例 12.2.1　从上节已经知道,

$$z=f(x,y)=\begin{cases}\dfrac{2xy^3}{x^2+y^4}, & x^2+y^2\neq0,\\ 0, & x^2+y^2=0\end{cases}$$

在 $(0,0)$ 点可偏导,且 $f_x(0,0)=f_y(0,0)=0$,但它在 $(0,0)$ 点不可微.

现在设 x,y 分别是自变量 t 的函数

$$\begin{cases}x=t^2,\\y=t,\end{cases}$$

直接代入就知这个复合函数实质上是 $z=t$,因此它在 $t=0$ 点的导数为

$$\frac{\mathrm{d}z}{\mathrm{d}t}(0)=1.$$

但若贸然套用链式法则,就会导出

$$\frac{\mathrm{d}z}{\mathrm{d}t}(0)=[f_x(t^2,t)\cdot 2t+f_y(t^2,t)\cdot 1]\Big|_{t=0}=[f_x(0,0)\cdot 2\cdot 0+f_y(0,0)\cdot 1]=0$$

的错误结果.

下面不加证明地把链式法则推至一般情况.

设

$$z=f(y_1,y_2,\cdots,y_m),\quad (y_1,y_2,\cdots,y_m)\in D_f$$

为区域 $D_f\subset\mathbf{R}^m$ 上的 m 元函数.又设

$$\boldsymbol{g}:D_g\to\mathbf{R}^m,$$
$$(x_1,x_2,\cdots,x_n)\mapsto(y_1,y_2,\cdots,y_m)$$

为区域 $D_g\subset\mathbf{R}^n$ 上的 n 元 m 维向量值函数.如果 $\boldsymbol{g}$ 的值域 $\boldsymbol{g}(D_g)\subset D_f$,那么可以构造复合函数

$$z=f\circ\boldsymbol{g}=f[y_1(x_1,x_2,\cdots,x_n),y_2(x_1,x_2,\cdots,x_n),\cdots,y_m(x_1,x_2,\cdots,x_n)],\quad (x_1,x_2,\cdots,x_n)\in D_g.$$

定理 12.2.2(链式法则) 设 $\boldsymbol{g}$ 在 $\boldsymbol{x}^0\in D_g$ 点可导,即 $y_1,y_2,\cdots,y_m$ 在 $\boldsymbol{x}^0$ 点可偏导,且 f 在 $\boldsymbol{y}^0=\boldsymbol{g}(\boldsymbol{x}^0)$ 点可微,则

$$\frac{\partial z}{\partial x_i}(\boldsymbol{x}^0)=\frac{\partial z}{\partial y_1}(\boldsymbol{y}^0)\frac{\partial y_1}{\partial x_i}(\boldsymbol{x}^0)+\frac{\partial z}{\partial y_2}(\boldsymbol{y}^0)\frac{\partial y_2}{\partial x_i}(\boldsymbol{x}^0)+\cdots+\frac{\partial z}{\partial y_m}(\boldsymbol{y}^0)\frac{\partial y_m}{\partial x_i}(\boldsymbol{x}^0),i=1,2,\cdots,n.$$

上式可以用矩阵表示为

$$\left(\frac{\partial z}{\partial x_1},\frac{\partial z}{\partial x_2},\cdots,\frac{\partial z}{\partial x_n}\right)_{\boldsymbol{x}=\boldsymbol{x}^0}=\left(\frac{\partial z}{\partial y_1},\frac{\partial z}{\partial y_2},\cdots,\frac{\partial z}{\partial y_m}\right)_{\boldsymbol{y}=\boldsymbol{y}^0}\begin{pmatrix}\frac{\partial y_1}{\partial x_1} & \frac{\partial y_1}{\partial x_2} & \cdots & \frac{\partial y_1}{\partial x_n}\\ \frac{\partial y_2}{\partial x_1} & \frac{\partial y_2}{\partial x_2} & \cdots & \frac{\partial y_2}{\partial x_n}\\ \vdots & \vdots & & \vdots\\ \frac{\partial y_m}{\partial x_1} & \frac{\partial y_m}{\partial x_2} & \cdots & \frac{\partial y_m}{\partial x_n}\end{pmatrix}_{\boldsymbol{x}=\boldsymbol{x}^0},$$

或用向量值函数的导数记号表为

$$(f\circ\boldsymbol{g})'(\boldsymbol{x}_0)=f'(\boldsymbol{y}_0)\boldsymbol{g}'(\boldsymbol{x}_0).$$

例 12.2.2 设 $z=\arctan(xy)$,$y=\mathrm{e}^x$,求 $\frac{\mathrm{d}z}{\mathrm{d}x}\Big|_{x=0}$.

解 由链式法则

$$\frac{\mathrm{d}z}{\mathrm{d}x}=\frac{\partial z}{\partial x}\frac{\mathrm{d}x}{\mathrm{d}x}+\frac{\partial z}{\partial y}\frac{\mathrm{d}y}{\mathrm{d}x}=\frac{y}{1+x^2y^2}\cdot 1+\frac{x}{1+x^2y^2}\cdot\mathrm{e}^x=\frac{\mathrm{e}^x(1+x)}{1+x^2\mathrm{e}^{2x}}.$$

于是

$$\frac{\mathrm{d}z}{\mathrm{d}x}\Big|_{x=0}=1.$$

例 12.2.3　设 $z=\dfrac{x^2}{y}$，而 $x=u-2v, y=2u+v$，计算$\dfrac{\partial z}{\partial u},\dfrac{\partial z}{\partial v}$.

解

$$\begin{aligned}\frac{\partial z}{\partial u}&=\frac{\partial z}{\partial x}\frac{\partial x}{\partial u}+\frac{\partial z}{\partial y}\frac{\partial y}{\partial u}=\frac{2x}{y}\cdot 1+\left(-\frac{x^2}{y^2}\right)\cdot 2\\&=\frac{2(u-2v)}{2u+v}-\frac{2(u-2v)^2}{(2u+v)^2}=\frac{2(u-2v)(u+3v)}{(2u+v)^2};\\\frac{\partial z}{\partial v}&=\frac{\partial z}{\partial x}\frac{\partial x}{\partial v}+\frac{\partial z}{\partial y}\frac{\partial y}{\partial v}=\frac{2x}{y}\cdot(-2)+\left(-\frac{x^2}{y^2}\right)\cdot 1\\&=-\frac{4(u-2v)}{2u+v}-\frac{(u-2v)^2}{(2u+v)^2}=\frac{(2v-u)(9u+2v)}{(2u+v)^2}.\end{aligned}$$

例 12.2.4　设 $z=(2x+y)^{x+2y}$，计算$\dfrac{\partial z}{\partial x},\dfrac{\partial z}{\partial y}$.

解　设 $u=2x+y, v=x+2y$，则 $z=u^v$. 于是

$$\begin{aligned}\frac{\partial z}{\partial x}&=\frac{\partial z}{\partial u}\frac{\partial u}{\partial x}+\frac{\partial z}{\partial v}\frac{\partial v}{\partial x}=vu^{v-1}\cdot 2+u^v\ln u\cdot 1\\&=2(x+2y)(2x+y)^{x+2y-1}+(2x+y)^{x+2y}\ln(2x+y)\\&=(2x+y)^{x+2y}\left(\frac{2(x+2y)}{2x+y}+\ln(2x+y)\right);\\\frac{\partial z}{\partial y}&=\frac{\partial z}{\partial u}\frac{\partial u}{\partial y}+\frac{\partial z}{\partial v}\frac{\partial v}{\partial y}=vu^{v-1}\cdot 1+u^v\ln u\cdot 2\\&=(x+2y)(2x+y)^{x+2y-1}+2(2x+y)^{x+2y}\ln(2x+y)\\&=(2x+y)^{x+2y}\left(\frac{x+2y}{2x+y}+2\ln(2x+y)\right).\end{aligned}$$

例 12.2.5　设 $w=f(x^2+y^2+z^2, xyz)$，f 具有二阶连续偏导数，计算$\dfrac{\partial w}{\partial x},\dfrac{\partial^2 w}{\partial z\partial x}$.

解　将 $w=f(x^2+y^2+z^2, xyz)$ 看成复合函数

$$w=f(u,v),\qquad \begin{cases}u=x^2+y^2+z^2,\\ v=xyz.\end{cases}$$

显然

$$\frac{\partial u}{\partial x}=2x,\quad \frac{\partial v}{\partial x}=yz.$$

因此由链式法则得

$$\frac{\partial w}{\partial x}=\frac{\partial w}{\partial u}\frac{\partial u}{\partial x}+\frac{\partial w}{\partial v}\frac{\partial v}{\partial x}=2x\frac{\partial w}{\partial u}+yz\frac{\partial w}{\partial v}.$$

注意到$\dfrac{\partial w}{\partial u}$和$\dfrac{\partial w}{\partial v}$仍是复合函数，于是由

$$\frac{\partial u}{\partial z}=2z,\quad \frac{\partial v}{\partial z}=xy,$$

再运用链式法则就得到

$$\begin{aligned}\frac{\partial^2 w}{\partial z\partial x}&=\frac{\partial}{\partial z}\left(\frac{\partial w}{\partial x}\right)=\frac{\partial}{\partial z}\left(2x\frac{\partial w}{\partial u}+yz\frac{\partial w}{\partial v}\right)\\&=2x\frac{\partial}{\partial z}\left(\frac{\partial w}{\partial u}\right)+y\frac{\partial w}{\partial v}+yz\frac{\partial}{\partial z}\left(\frac{\partial w}{\partial v}\right)\\&=2x\left(2z\frac{\partial^2 w}{\partial u^2}+xy\frac{\partial^2 w}{\partial v\partial u}\right)+y\frac{\partial w}{\partial v}+yz\left(2z\frac{\partial^2 w}{\partial u\partial v}+xy\frac{\partial^2 w}{\partial v^2}\right)\\&=4xz\frac{\partial^2 w}{\partial u^2}+2y(x^2+z^2)\frac{\partial^2 w}{\partial u\partial v}+xy^2z\frac{\partial^2 w}{\partial v^2}+y\frac{\partial w}{\partial v}.\end{aligned}$$

若用函数符号加下标 i 表示对其第 i 个变量的偏导数，即

$$f_1=\frac{\partial f(u,v)}{\partial u},\quad f_2=\frac{\partial f(u,v)}{\partial v},\quad f_{12}=\frac{\partial^2 f(u,v)}{\partial v\partial u},\quad f_{21}=\frac{\partial^2 f(u,v)}{\partial u\partial v},$$

如此等等，则上面的结果可表示为

$$\frac{\partial w}{\partial x}=2xf_1+yzf_2,$$

$$\frac{\partial^2 w}{\partial z\partial x}=4xzf_{11}+2y(x^2+z^2)f_{12}+xy^2zf_{22}+yf_2.$$

例 12.2.6 已知 $u=u(x,y)$ 为可微函数，试求 $\left(\frac{\partial u}{\partial x}\right)^2+\left(\frac{\partial u}{\partial y}\right)^2$ 在极坐标下的表达式.

解 直角坐标与极坐标有如下关系：

$$x=r\cos\theta,\ y=r\sin\theta.$$

将 x,y 看成中间变量，就得到

$$\frac{\partial u}{\partial r}=\frac{\partial u}{\partial x}\frac{\partial x}{\partial r}+\frac{\partial u}{\partial y}\frac{\partial y}{\partial r}=\frac{\partial u}{\partial x}\cos\theta+\frac{\partial u}{\partial y}\sin\theta,$$

$$\frac{\partial u}{\partial \theta}=\frac{\partial u}{\partial x}\frac{\partial x}{\partial \theta}+\frac{\partial u}{\partial y}\frac{\partial y}{\partial \theta}=-r\sin\theta\frac{\partial u}{\partial x}+r\cos\theta\frac{\partial u}{\partial y}.$$

将第一式乘 r 后的平方加上第二式的平方，再乘 $1/r^2$，即得到

$$\left(\frac{\partial u}{\partial x}\right)^2+\left(\frac{\partial u}{\partial y}\right)^2=\left(\frac{\partial u}{\partial r}\right)^2+\frac{1}{r^2}\left(\frac{\partial u}{\partial \theta}\right)^2.$$

现在设

$$\begin{gathered}\boldsymbol{f}:D_f\to\mathbf{R}^2,\\(u,v)\mapsto(x(u,v),y(u,v)),\end{gathered}$$

是区域 $D_f\subset\mathbf{R}^2$ 上的二元二维向量值函数. 又设

$$\begin{gathered}\boldsymbol{g}:D_g\to\mathbf{R}^2,\\(s,t)\mapsto(u(s,t),v(s,t))\end{gathered}$$

是区域 $D_g\subset\mathbf{R}^2$ 上的二元二维向量值函数. 如果 $\boldsymbol{g}$ 的值域 $\boldsymbol{g}(D_g)\subset D_f$，则可以构造复合向量值函数 $\boldsymbol{f}\circ\boldsymbol{g}$. 具体写出来就是

$$\begin{cases}x=x[u(s,t),v(s,t)],\\y=y[u(s,t),v(s,t)],\end{cases}\qquad (s,t)\in D_g.$$

如果 $\boldsymbol{f}$ 和 $\boldsymbol{g}$ 分别在 D_f 与 D_g 上具有连续导数，那么由定理 12.2.1 知道

$$\frac{\partial x}{\partial s}(s,t)=\frac{\partial x}{\partial u}(u,v)\frac{\partial u}{\partial s}(s,t)+\frac{\partial x}{\partial v}(u,v)\frac{\partial v}{\partial s}(s,t),$$

$$\frac{\partial x}{\partial t}(s,t)=\frac{\partial x}{\partial u}(u,v)\frac{\partial u}{\partial t}(s,t)+\frac{\partial x}{\partial v}(u,v)\frac{\partial v}{\partial t}(s,t),$$

$$\frac{\partial y}{\partial s}(s,t)=\frac{\partial y}{\partial u}(u,v)\frac{\partial u}{\partial s}(s,t)+\frac{\partial y}{\partial v}(u,v)\frac{\partial v}{\partial s}(s,t),$$

$$\frac{\partial y}{\partial t}(s,t)=\frac{\partial y}{\partial u}(u,v)\frac{\partial u}{\partial t}(s,t)+\frac{\partial y}{\partial v}(u,v)\frac{\partial v}{\partial t}(s,t).$$

写成矩阵形式就是

$$\begin{pmatrix}\dfrac{\partial x}{\partial s}(s,t) & \dfrac{\partial x}{\partial t}(s,t)\\ \dfrac{\partial y}{\partial s}(s,t) & \dfrac{\partial y}{\partial t}(s,t)\end{pmatrix}=\begin{pmatrix}\dfrac{\partial x}{\partial u}(u,v) & \dfrac{\partial x}{\partial v}(u,v)\\ \dfrac{\partial y}{\partial u}(u,v) & \dfrac{\partial y}{\partial v}(u,v)\end{pmatrix}\begin{pmatrix}\dfrac{\partial u}{\partial s}(s,t) & \dfrac{\partial u}{\partial t}(s,t)\\ \dfrac{\partial v}{\partial s}(s,t) & \dfrac{\partial v}{\partial t}(s,t)\end{pmatrix},$$

即

$$(\boldsymbol{f}\circ\boldsymbol{g})'(s,t)=\boldsymbol{f}'(u,v)\boldsymbol{g}'(s,t).$$

事实上，可以有如下的一般结果.

定理 12.2.3　设 $\boldsymbol{f}:D_f(\subset\mathbf{R}^k)\to\mathbf{R}^m$ 与 $\boldsymbol{g}:D_g(\subset\mathbf{R}^n)\to\mathbf{R}^k$ 分别是多元向量值函数，且分别在 D_f 与 D_g 上具有连续导数.如果 $\boldsymbol{g}$ 的值域 $\boldsymbol{g}(D_g)\subset D_f$，并记 $\boldsymbol{u}=\boldsymbol{g}(\boldsymbol{x})$，那么复合向量值函数 $\boldsymbol{f}\circ\boldsymbol{g}$ 在 D_g 上也具有连续的导数，并且成立等式

$$(\boldsymbol{f}\circ\boldsymbol{g})'(\boldsymbol{x})=\boldsymbol{f}'(\boldsymbol{u})\cdot\boldsymbol{g}'(\boldsymbol{x})=\boldsymbol{f}'[\boldsymbol{g}(\boldsymbol{x})]\cdot\boldsymbol{g}'(\boldsymbol{x}),$$

其中 $\boldsymbol{f}'(\boldsymbol{u})$，$\boldsymbol{g}'(\boldsymbol{x})$ 和 $(\boldsymbol{f}\circ\boldsymbol{g})'(\boldsymbol{x})$ 是相应的导数，即 Jacobi 矩阵.

证明留给读者.

例 12.2.7　设向量值函数

$$\boldsymbol{f}:\mathbf{R}^2\to\mathbf{R}^2$$

的坐标分量函数为

$$\begin{cases}x=\cos u\sin v,\\ y=\sin u\cos v.\end{cases}$$

向量值函数

$$\boldsymbol{g}:\mathbf{R}^2\to\mathbf{R}^2$$

的坐标分量函数为

$$\begin{cases}u=s+t,\\ v=s-t.\end{cases}$$

于是，复合函数 $\boldsymbol{f}\circ\boldsymbol{g}$ 的坐标分量函数为

$$\begin{cases}x=\cos(s+t)\sin(s-t),\\ y=\sin(s+t)\cos(s-t).\end{cases}$$

它们的偏导数可以用如下方式算出来：

$$\begin{pmatrix}\dfrac{\partial x}{\partial s} & \dfrac{\partial x}{\partial t}\\ \dfrac{\partial y}{\partial s} & \dfrac{\partial y}{\partial t}\end{pmatrix}=\begin{pmatrix}\dfrac{\partial x}{\partial u} & \dfrac{\partial x}{\partial v}\\ \dfrac{\partial y}{\partial u} & \dfrac{\partial y}{\partial v}\end{pmatrix}\begin{pmatrix}\dfrac{\partial u}{\partial s} & \dfrac{\partial u}{\partial t}\\ \dfrac{\partial v}{\partial s} & \dfrac{\partial v}{\partial t}\end{pmatrix}$$

$$=\begin{pmatrix} -\sin u\sin v & \cos u\cos v \\ \cos u\cos v & -\sin u\sin v \end{pmatrix}\begin{pmatrix} 1 & 1 \\ 1 & -1 \end{pmatrix}$$

$$=\begin{pmatrix} -\sin u\sin v+\cos u\cos v & -\sin u\sin v-\cos u\cos v \\ \cos u\cos v-\sin u\sin v & \cos u\cos v+\sin u\sin v \end{pmatrix}$$

$$=\begin{pmatrix} \cos(u+v) & -\cos(u-v) \\ \cos(u+v) & \cos(u-v) \end{pmatrix}=\begin{pmatrix} \cos 2s & -\cos 2t \\ \cos 2s & \cos 2t \end{pmatrix}.$$

一阶全微分的形式不变性

本段中总假设讨论的函数满足相应的可微条件.

设 $z=f(x,y)$ 为二元函数,那么当 x,y 为自变量时,

$$\mathrm{d}z=\frac{\partial z}{\partial x}\mathrm{d}x+\frac{\partial z}{\partial y}\mathrm{d}y.$$

而当 x,y 为中间变量时,如

$$x=x(u,v),y=y(u,v),$$

这时 $\mathrm{d}x=x_u\mathrm{d}u+x_v\mathrm{d}v,\mathrm{d}y=y_u\mathrm{d}u+y_v\mathrm{d}v$,那么由链式法则得

$$\begin{aligned}\mathrm{d}z&=\frac{\partial z}{\partial u}\mathrm{d}u+\frac{\partial z}{\partial v}\mathrm{d}v=(z_xx_u+z_yy_u)\mathrm{d}u+(z_xx_v+z_yy_v)\mathrm{d}v\\&=z_x(x_u\mathrm{d}u+x_v\mathrm{d}v)+z_y(y_u\mathrm{d}u+y_v\mathrm{d}v)=\frac{\partial z}{\partial x}\mathrm{d}x+\frac{\partial z}{\partial y}\mathrm{d}y.\end{aligned}$$

这说明了无论 x,y 是自变量,还是中间变量,一阶微分具有相同的形式,这就是**一阶全微分的形式不变性**.

对于多元函数 $z=f(\boldsymbol{y})$,其中 $\boldsymbol{y}=(y_1,y_2,\cdots,y_m)^{\mathrm{T}}$.当 $\boldsymbol{y}$ 为自变量时,一阶全微分形式为

$$\mathrm{d}z=f'(\boldsymbol{y})\mathrm{d}\boldsymbol{y}.$$

而当 $\boldsymbol{y}$ 为中间变量 $\boldsymbol{y}=\boldsymbol{g}(\boldsymbol{x})$ $(\boldsymbol{x}=(x_1,x_2,\cdots,x_n)^{\mathrm{T}})$时,$\mathrm{d}\boldsymbol{y}=\boldsymbol{g}'(\boldsymbol{x})\mathrm{d}\boldsymbol{x}$.由定理 12.2.2,得

$$\mathrm{d}z=(f\circ\boldsymbol{g})'(\boldsymbol{x})\mathrm{d}\boldsymbol{x}=f'(\boldsymbol{y})\boldsymbol{g}'(\boldsymbol{x})\mathrm{d}\boldsymbol{x}=f'(\boldsymbol{y})(\boldsymbol{g}'(\boldsymbol{x})\mathrm{d}\boldsymbol{x})=f'(\boldsymbol{y})\mathrm{d}\boldsymbol{y}.$$

这说明一阶全微分的形式不变性是普遍成立的.

要注意的是,全微分的形式不变性在高阶微分时是不成立的.例如函数$z=f(x,y)$,当 x,y 为自变量时,

$$\mathrm{d}^2z=\frac{\partial^2 z}{\partial x^2}\mathrm{d}x^2+2\frac{\partial^2 z}{\partial x\partial y}\mathrm{d}x\mathrm{d}y+\frac{\partial^2 z}{\partial y^2}\mathrm{d}y^2,$$

而当 x,y 为中间变量时,

$$\mathrm{d}^2z=\frac{\partial^2 z}{\partial x^2}\mathrm{d}x^2+2\frac{\partial^2 z}{\partial x\partial y}\mathrm{d}x\mathrm{d}y+\frac{\partial^2 z}{\partial y^2}\mathrm{d}y^2+\frac{\partial z}{\partial x}\mathrm{d}^2x+\frac{\partial z}{\partial y}\mathrm{d}^2y.$$

与一维情况相同,当 x,y 为自变量时,$\mathrm{d}^2x=\mathrm{d}^2y=0$;而当 x,y 为中间变量时,d^2x 与 d^2y 一般不为零,请读者自行举例说明.

例 12.2.8 设 $z=\sqrt[4]{\dfrac{x+y}{x-y}}$,求全微分 $\mathrm{d}z$.

解　在 $z=\sqrt[4]{\dfrac{x+y}{x-y}}$ 的两边取对数，

$$\ln z=\frac{1}{4}[\ln(x+y)-\ln(x-y)].$$

两边求全微分，利用一阶全微分的形式不变性，得到

$$\frac{\mathrm{d}z}{z}=\frac{1}{4}\left[\frac{\mathrm{d}x+\mathrm{d}y}{x+y}-\frac{\mathrm{d}x-\mathrm{d}y}{x-y}\right],$$

即

$$\mathrm{d}z=\frac{1}{2}\sqrt[4]{\frac{x+y}{x-y}}\cdot\frac{x\mathrm{d}y-y\mathrm{d}x}{x^2-y^2}.$$

我们还顺便得到了

$$\frac{\partial z}{\partial x}=-\frac{1}{2}\sqrt[4]{\frac{x+y}{x-y}}\cdot\frac{y}{x^2-y^2},\quad \frac{\partial z}{\partial y}=\frac{1}{2}\sqrt[4]{\frac{x+y}{x-y}}\cdot\frac{x}{x^2-y^2}.$$

这是求偏导数的方法之一.

例 12.2.9　设 $z=\ln(x+y)$，求 $\mathrm{d}^k z$.

解　设 $u=x+y$，则

$$\mathrm{d}u=\mathrm{d}x+\mathrm{d}y,\quad \mathrm{d}^2u=0,$$

因此

$$\mathrm{d}^k u=0,\quad k\geqslant 2.$$

于是

$$\mathrm{d}z=\frac{\mathrm{d}u}{u}=\frac{\mathrm{d}x+\mathrm{d}y}{x+y},$$

$$\mathrm{d}^2z=\mathrm{d}\left(\frac{\mathrm{d}u}{u}\right)=\mathrm{d}\left(\frac{1}{u}\right)\mathrm{d}u+\frac{1}{u}\mathrm{d}^2u=-\frac{\mathrm{d}u^2}{u^2}=-\frac{(\mathrm{d}x+\mathrm{d}y)^2}{(x+y)^2},$$

$$\mathrm{d}^3z=\mathrm{d}\left(-\frac{\mathrm{d}u^2}{u^2}\right)=\mathrm{d}\left(-\frac{1}{u^2}\right)\mathrm{d}u^2-\frac{1}{u^2}\mathrm{d}(\mathrm{d}u^2)=\frac{2!\ \mathrm{d}u^3}{u^3}=\frac{2!\ (\mathrm{d}x+\mathrm{d}y)^3}{(x+y)^3}.$$

应用归纳法即可得到

$$\mathrm{d}^k z=(-1)^{k+1}\frac{(k-1)!\ (\mathrm{d}x+\mathrm{d}y)^k}{(x+y)^k},\quad k=1,2,\cdots.$$

习　题

1. 利用链式法则求偏导数：

(1) $z=\tan(3t+2x^2-y^2)$，$x=\dfrac{1}{t}$，$y=\sqrt{t}$，求 $\dfrac{\mathrm{d}z}{\mathrm{d}t}$；

(2) $z=\mathrm{e}^{x-2y}$，$x=\sin t$，$y=t^3$，求 $\dfrac{\mathrm{d}^2z}{\mathrm{d}t^2}$；

(3) $w=\frac{e^{ax}(y-z)}{a^2+1}$, $y=a\sin x$, $z=\cos x$,求$\frac{dw}{dx}$;

(4) $z=u^2\ln v$, $u=\frac{x}{y}$, $v=3x-2y$,求$\frac{\partial z}{\partial x}$, $\frac{\partial z}{\partial y}$;

(5) $u=e^{x^2+y^2+z^2}$, $z=y^2\sin x$,求$\frac{\partial u}{\partial x}$, $\frac{\partial u}{\partial y}$;

(6) $w=(x+y+z)\sin(x^2+y^2+z^2)$, $x=te^s$, $y=e^t$, $z=e^{s+t}$,求$\frac{\partial w}{\partial s}$, $\frac{\partial w}{\partial t}$;

(7) $z=x^2+y^2+\cos(x+y)$, $x=u+v$, $y=\arcsin v$,求$\frac{\partial z}{\partial u}$, $\frac{\partial^2 z}{\partial v\partial u}$;

(以下假设f具有二阶连续偏导数)

(8) $u=f\left(xy,\frac{x}{y}\right)$,求$\frac{\partial u}{\partial x}$, $\frac{\partial u}{\partial y}$, $\frac{\partial^2 u}{\partial x\partial y}$, $\frac{\partial^2 u}{\partial y^2}$;

(9) $u=f(x^2+y^2+z^2)$,求$\frac{\partial u}{\partial x}$, $\frac{\partial u}{\partial y}$, $\frac{\partial u}{\partial z}$, $\frac{\partial^2 u}{\partial x^2}$, $\frac{\partial^2 u}{\partial x\partial y}$;

(10) $w=f(x,y,z)$, $x=u+v$, $y=u-v$, $z=uv$,求$\frac{\partial w}{\partial u}$, $\frac{\partial w}{\partial v}$, $\frac{\partial^2 w}{\partial u\partial v}$.

2. 设$f(x,y)$具有连续偏导数,且$f(x,x^2)=1$, $f_x(x,x^2)=x$,求$f_y(x,x^2)$.

3. 设$f(x,y)$具有连续偏导数,且$f(1,1)=1$, $f_x(1,1)=2$, $f_y(1,1)=3$. 如果$\varphi(x)=f(x,f(x,x))$,求$\varphi'(1)$.

4. 设$z=\frac{y}{f(x^2-y^2)}$,其中$f(t)$具有连续导数,且$f(t)\neq 0$,求$\frac{1}{x}\frac{\partial z}{\partial x}+\frac{1}{y}\frac{\partial z}{\partial y}$.

5. 设$z=\arctan\frac{x}{y}$, $x=u+v$, $y=u-v$,验证

$$\frac{\partial z}{\partial u}+\frac{\partial z}{\partial v}=\frac{u-v}{u^2+v^2}.$$

6. 设φ和ψ具有二阶连续导数,验证

(1) $u=y\varphi(x^2-y^2)$满足$y\frac{\partial u}{\partial x}+x\frac{\partial u}{\partial y}=\frac{x}{y}u$;

(2) $u=\varphi(x-at)+\psi(x+at)$满足波动方程$\frac{\partial^2 u}{\partial t^2}=a^2\frac{\partial^2 u}{\partial x^2}$.

7. 设$z=f(x,y)$具有二阶连续偏导数,写出$\frac{\partial^2 z}{\partial x^2}+\frac{\partial^2 z}{\partial y^2}$在坐标变换

$$\begin{cases}u=x^2-y^2,\\ v=2xy\end{cases}$$

下的表达式.

8. 设$f(x,y)=\int_0^{xy}e^{-t^2}dt$,求$\frac{x}{y}\frac{\partial^2 f}{\partial x^2}-2\frac{\partial^2 f}{\partial x\partial y}+\frac{y}{x}\frac{\partial^2 f}{\partial y^2}$.

9. 如果函数$f(x,y)$满足:对于任意的实数t及x,y,成立

$$f(tx,ty)=t^n f(x,y),$$

那么f称为n次齐次函数.

(1) 证明n次齐次函数f满足方程

$$x\frac{\partial f}{\partial x}+y\frac{\partial f}{\partial y}=nf;$$

（2）利用上述性质，对于 $z=\sqrt{x^2+y^2}$ 求出 $x\dfrac{\partial z}{\partial x}+y\dfrac{\partial z}{\partial y}$.

10. 设 $z=f\left(xy,\dfrac{x}{y}\right)+g\left(\dfrac{x}{y}\right)$，其中 f 具有二阶连续偏导数，g 具有二阶连续导数，求 $\dfrac{\partial^2 z}{\partial x\partial y}$.

11. 设向量值函数 $\boldsymbol{f}:\mathbf{R}^2\to\mathbf{R}^3$ 的坐标分量函数为

$$\begin{cases}x=u^2+v^2,\\y=u^2-v^2,\\z=uv.\end{cases}$$

向量值函数 $\boldsymbol{g}:\mathbf{R}^2\to\mathbf{R}^2$ 的坐标分量函数为

$$\begin{cases}u=r\cos\theta,\\v=r\sin\theta.\end{cases}$$

求复合函数 $\boldsymbol{f}\circ\boldsymbol{g}$ 的导数.

12. 设 $w=f(x,u,v)$，$u=g(y,z)$，$v=h(x,y)$，求 $\dfrac{\partial w}{\partial x},\dfrac{\partial w}{\partial y},\dfrac{\partial w}{\partial z}$.

13. 设 $z=u^v$，$u=\ln\sqrt{x^2+y^2}$，$v=\arctan\dfrac{y}{x}$，求 $\mathrm{d}z$.

14. 设 $z=(x^2+y^2)\mathrm{e}^{-\arctan\frac{y}{x}}$，求 $\mathrm{d}z$ 和 $\dfrac{\partial^2 z}{\partial x\partial y}$.

15. 求下列函数的全微分：

（1）$u=f(ax^2+by^2+cz^2)$；

（2）$u=f(x+y,xy)$；

（3）$u=f(\ln(1+x^2+y^2+z^2),\mathrm{e}^{x+y+z})$.

16. 设 $f(t)$ 具有任意阶连续导数，而 $u=f(ax+by+cz)$. 对任意正整数 k，求 $\mathrm{d}^k u$.

17. 设函数 $z=f(x,y)$ 在全平面上有定义，具有连续的偏导数，且满足方程

$$xf_x(x,y)+yf_y(x,y)=0,$$

证明：$f(x,y)$ 为常数.

18. 设 n 元函数 f 在 $\mathbf{R}^n$ 上具有连续偏导数，证明对于任意的 $\boldsymbol{x}=(x_1,x_2,\cdots,x_n)$，$\boldsymbol{y}=(y_1,y_2,\cdots,y_n)\in\mathbf{R}^n$，成立下述 **Hadamard** 公式：

$$f(\boldsymbol{y})-f(\boldsymbol{x})=\sum_{i=1}^{n}\int_0^1(y_i-x_i)\frac{\partial f}{\partial x_i}(\boldsymbol{x}+t(\boldsymbol{y}-\boldsymbol{x}))\mathrm{d}t.$$

§3　中值定理和 Taylor 公式

我们已经学过一元函数的中值定理和 Taylor 公式，并且知道它们有很多应用. 事实上，关于多元函数也有中值定理和 Taylor 公式，它们在函数的研究和近似计算等方面同样有着重要的应用.

中值定理

在叙述中值定理之前，先介绍 $\mathbf{R}^n$ 中凸区域的概念.

定义 12.3.1　设 $D\subset\mathbf{R}^n$ 是区域. 若联结 D 中任意两点的线段都完全属于 D，即对于任意两点 $\boldsymbol{x}_0,\boldsymbol{x}_1\in D$ 和一切 $\lambda\in[0,1]$，恒有

$$\boldsymbol{x}_0+\lambda(\boldsymbol{x}_1-\boldsymbol{x}_0)\in D,$$

则称 D 为凸区域.

例如 $\mathbf{R}^2$ 上的开圆盘

$$D=\{(x,y)\in\mathbf{R}^2\mid(x-a)^2+(y-b)^2<r^2\}$$

就是凸区域.

定理 12.3.1(中值定理) 设二元函数 $f(x,y)$ 在凸区域 $D\subset\mathbf{R}^2$ 上可微,则对于 D 内任意两点 (x_0,y_0) 和 $(x_0+\Delta x,y_0+\Delta y)$,至少存在一个 $\theta(0<\theta<1)$,使得

$$f(x_0+\Delta x,y_0+\Delta y)-f(x_0,y_0)=f_x(x_0+\theta\Delta x,y_0+\theta\Delta y)\Delta x+f_y(x_0+\theta\Delta x,y_0+\theta\Delta y)\Delta y.$$

证 因为 D 是凸区域,所以

$$(x_0+t\Delta x,y_0+t\Delta y)\in D,t\in[0,1].$$

作辅助函数

$$\varphi(t)=f(x_0+t\Delta x,y_0+t\Delta y),$$

这是定义在[0,1]上的一元函数,由已知条件及定理 12.2.2,$\varphi(t)$ 在[0,1]上连续,在(0,1)内可导,且

$$\varphi'(t)=f_x(x_0+t\Delta x,y_0+t\Delta y)\Delta x+f_y(x_0+t\Delta x,y_0+t\Delta y)\Delta y.$$

由 Lagrange 中值定理,可知至少存在一个 $\theta(0<\theta<1)$,使得

$$\varphi(1)-\varphi(0)=\varphi'(\theta).$$

注意 $\varphi(1)=f(x_0+\Delta x,y_0+\Delta y)$,$\varphi(0)=f(x_0,y_0)$,并将 $\varphi'(t)$ 的表达式代入上式,即得到定理的结论.

证毕

这个结果的直接推论就是

推论 12.3.1 如果函数 $f(x,y)$ 在区域 $D\subset\mathbf{R}^2$ 上的偏导数恒为零,那么它在 D 上必是常值函数.

证 设 (x',y') 是区域 D 上任意一点,则存在 $r'>0$,使得点 (x',y') 的邻域 $O((x',y'),r')\subset D$.由定理 12.3.1,对任意的 $(x,y)\in O((x',y'),r')$,存在 $\theta(0<\theta<1)$,使得

$$f(x,y)-f(x',y')=f_x(x'+\theta\Delta x,y'+\theta\Delta y)\Delta x+f_y(x'+\theta\Delta x,y'+\theta\Delta y)\Delta y=0,$$

其中 $\Delta x=x-x'$,$\Delta y=y-y'$.因此

$$f(x,y)=f(x',y'),(x,y)\in O((x',y'),r'),$$

即 $f(x,y)$ 在 $O((x',y'),r')$ 上是常值函数.

现设 (x_0,y_0) 为区域 D 上一定点,(x,y) 为区域 D 上任意一点,由于区域是连通的开集,所以存在连续映射 $\boldsymbol{\gamma}:[0,1]\to D$,满足 $\boldsymbol{\gamma}([0,1])\subset D$,$\boldsymbol{\gamma}(0)=(x_0,y_0)$,$\boldsymbol{\gamma}(1)=(x,y)$,即 $\boldsymbol{\gamma}$ 是区域 D 中以 (x_0,y_0) 为起点,以 (x,y) 为终点的道路.于是函数 $f(\boldsymbol{\gamma}(t))$ 在[0,1]连续,且满足

$$f(\boldsymbol{\gamma}(0))=f(x_0,y_0),f(\boldsymbol{\gamma}(1))=f(x,y).$$

记

$$t_0=\sup\{s\in[0,1]\mid f(\boldsymbol{\gamma}(t))=f(\boldsymbol{\gamma}(0))=f(x_0,y_0),t\in[0,s]\},$$

则 $t_0>0$,且由 $f(\boldsymbol{\gamma}(t))$ 的连续性,有 $f(\boldsymbol{\gamma}(t_0))=f(x_0,y_0)$.

由于 $\boldsymbol{\gamma}(t_0)\in D$,根据上面的证明,存在 $\boldsymbol{\gamma}(t_0)$ 的邻域 $O(\boldsymbol{\gamma}(t_0),r_0)$,使得 $O(\boldsymbol{\gamma}(t_0),$

$r_0)\subset D$，且对于一切$(x,y)\in O(\boldsymbol{\gamma}(t_0),r_0)$，成立

$$f(x,y)=f(\boldsymbol{\gamma}(t_0))=f(x_0,y_0).$$

如果 $t_0<1$，由 $\boldsymbol{\gamma}(t)$ 的连续性可知，对于充分小的 $\Delta t>0$，有 $t_0+\Delta t<1$ 及 $\boldsymbol{\gamma}(t_0+\Delta t)\in O(\boldsymbol{\gamma}(t_0),r_0)$，从而又成立 $f(\boldsymbol{\gamma}(t_0+\Delta t))=f(\boldsymbol{\gamma}(t_0))=f(x_0,y_0)$，这与 t_0 的定义矛盾，于是必有 $t_0=1$. 所以 $f(x,y)=f(\boldsymbol{\gamma}(1))=f(\boldsymbol{\gamma}(0))=f(x_0,y_0)$，即 $f(x,y)$ 在 D 上是常值函数.

证毕

下面写出一般 n 元函数的中值定理，请读者作为练习自行证明.

定理 12.3.2　设 n 元函数 $f(x_1,x_2,\cdots,x_n)$ 在凸区域 $D\subset\mathbf{R}^n$ 上可微，则对于 D 内任意两点 $(x_1^0,x_2^0,\cdots,x_n^0)$ 和 $(x_1^0+\Delta x_1,x_2^0+\Delta x_2,\cdots,x_n^0+\Delta x_n)$，至少存在一个 $\theta(0<\theta<1)$，使得

$$\begin{aligned}&f(x_1^0+\Delta x_1,x_2^0+\Delta x_2,\cdots,x_n^0+\Delta x_n)-f(x_1^0,x_2^0,\cdots,x_n^0)\\=&\sum_{i=1}^{n}f_{x_i}(x_1^0+\theta\Delta x_1,x_2^0+\theta\Delta x_2,\cdots,x_n^0+\theta\Delta x_n)\Delta x_i.\end{aligned}$$

Taylor 公式

Taylor公式的基本想法就是在某点附近，利用一个函数的各阶(偏)导数在该点的值构造多项式来近似这个函数.我们现在先给出二元函数的 Taylor 公式.

定理 12.3.3(Taylor 公式)　设函数 $f(x,y)$ 在点 (x_0,y_0) 的邻域 $U=O((x_0,y_0),r)$ 上具有 $k+1$ 阶连续偏导数，那么对于 U 内每一点 $(x_0+\Delta x,y_0+\Delta y)$ 都成立

$$\begin{aligned}f(x_0+\Delta x,y_0+\Delta y)=&f(x_0,y_0)+\left(\Delta x\frac{\partial}{\partial x}+\Delta y\frac{\partial}{\partial y}\right)f(x_0,y_0)+\\&\frac{1}{2!}\left(\Delta x\frac{\partial}{\partial x}+\Delta y\frac{\partial}{\partial y}\right)^2f(x_0,y_0)+\cdots+\\&\frac{1}{k!}\left(\Delta x\frac{\partial}{\partial x}+\Delta y\frac{\partial}{\partial y}\right)^kf(x_0,y_0)+R_k,\end{aligned}$$

其中 $R_k=\dfrac{1}{(k+1)!}\left(\Delta x\dfrac{\partial}{\partial x}+\Delta y\dfrac{\partial}{\partial y}\right)^{k+1}f(x_0+\theta\Delta x,y_0+\theta\Delta y)$　$(0<\theta<1)$称为 **Lagrange 余项**.

注　同本章第一节的定义一样，这里

$$\left(\Delta x\frac{\partial}{\partial x}+\Delta y\frac{\partial}{\partial y}\right)^pf(x_0,y_0)=\sum_{i=0}^{p}\mathrm{C}_p^i\frac{\partial^pf}{\partial x^{p-i}\partial y^i}(x_0,y_0)(\Delta x)^{p-i}(\Delta y)^i\quad(p\geqslant1).$$

证　对于给定点 $(x_0+\Delta x,y_0+\Delta y)\in U$，构造辅助函数

$$\varphi(t)=f(x_0+t\Delta x,y_0+t\Delta y),$$

则由定理条件可知，一元函数 $\varphi(t)$ 在 $|t|\leqslant1$ 上具有 $k+1$ 阶连续导数，因此在 $t=0$ 处成立 Taylor 公式

$$\varphi(t)=\varphi(0)+\varphi'(0)t+\frac{1}{2!}\varphi''(0)t^2+\cdots+\frac{1}{k!}\varphi^{(k)}(0)t^k+\frac{1}{(k+1)!}\varphi^{(k+1)}(\theta t)t^{k+1},0<\theta<1.$$

特别当 $t=1$ 时，有

$$\varphi(1)=\varphi(0)+\varphi'(0)+\frac{1}{2!}\varphi''(0)+\cdots+\frac{1}{k!}\varphi^{(k)}(0)+\frac{1}{(k+1)!}\varphi^{(k+1)}(\theta),\quad 0<\theta<1.$$

应用复合函数求导的链式法则易算出

$$\varphi'(t)=\left(\Delta x\frac{\partial}{\partial x}+\Delta y\frac{\partial}{\partial y}\right)f(x_0+t\Delta x,y_0+t\Delta y),$$

$$\varphi''(t)=\left(\Delta x\frac{\partial}{\partial x}+\Delta y\frac{\partial}{\partial y}\right)^2 f(x_0+t\Delta x,y_0+t\Delta y),$$

…………

$$\varphi^{(k)}(t)=\left(\Delta x\frac{\partial}{\partial x}+\Delta y\frac{\partial}{\partial y}\right)^k f(x_0+t\Delta x,y_0+t\Delta y),$$

代入上面 $\varphi(1)$ 的表示式即得定理结论.

证毕

当 $k=0$ 时,就得到在 $U=O((x_0,y_0),r)$ 上成立的中值定理

$$\begin{aligned}&f(x_0+\Delta x,y_0+\Delta y)-f(x_0,y_0)\\&=f_x(x_0+\theta\Delta x,y_0+\theta\Delta y)\Delta x+f_y(x_0+\theta\Delta x,y_0+\theta\Delta y)\Delta y,\quad 0<\theta<1.\end{aligned}$$

这就是定理 12.3.1 在 U 上的形式.

由定理 12.3.3 立刻得到带 Peano 余项的 Taylor 公式:

推论 12.3.2 设 $f(x,y)$ 在点 (x_0,y_0) 的某个邻域上具有 $k+1$ 阶连续偏导数,那么在点 (x_0,y_0) 附近成立

$$\begin{aligned}f(x_0+\Delta x,y_0+\Delta y)=f(x_0,y_0)+&\left(\Delta x\frac{\partial}{\partial x}+\Delta y\frac{\partial}{\partial y}\right)f(x_0,y_0)+\\&\frac{1}{2!}\left(\Delta x\frac{\partial}{\partial x}+\Delta y\frac{\partial}{\partial y}\right)^2 f(x_0,y_0)+\cdots+\\&\frac{1}{k!}\left(\Delta x\frac{\partial}{\partial x}+\Delta y\frac{\partial}{\partial y}\right)^k f(x_0,y_0)+o\left(\left(\sqrt{\Delta x^2+\Delta y^2}\right)^k\right).\end{aligned}$$

例 12.3.1 近似计算 $(1.08)^{3.96}$.

考虑函数 $f(x,y)=x^y$ 在 $(1,4)$ 点的 Taylor 公式.由于

$$\begin{aligned}&f(1,4)=1,\\&f_x(x,y)=yx^{y-1},\quad f_x(1,4)=4,\\&f_y(x,y)=x^y\ln x,\quad f_y(1,4)=0,\\&f_{xx}(x,y)=y(y-1)x^{y-2},\quad f_{xx}(1,4)=12,\\&f_{yy}(x,y)=x^y(\ln x)^2,\quad f_{yy}(1,4)=0,\\&f_{xy}(x,y)=x^{y-1}+yx^{y-1}\ln x,\quad f_{xy}(1,4)=1.\end{aligned}$$

应用推论 12.3.2 得到(展开到二阶为止)

$$f(1+\Delta x,4+\Delta y)=(1+\Delta x)^{4+\Delta y}=1+4\Delta x+6\Delta x^2+\Delta x\Delta y+o(\Delta x^2+\Delta y^2).$$

取 $\Delta x=0.08,\Delta y=-0.04$,略去高阶项就得到

$$(1.08)^{3.96}\approx 1+4\times 0.08+6\times 0.08^2-0.08\times 0.04=1.355\ 2.$$

它与精确值 1.356 307 21…的误差已小于千分之二.

例 12.3.2 在计算机上求 $\dfrac{\partial f}{\partial x}$ 在点 (x,y) 的值,通常选取一个很小的 h,然后用**中心差商**

$$\frac{f\left(x+\frac{h}{2},y\right)-f\left(x-\frac{h}{2},y\right)}{h}$$

近似代替$\frac{\partial f}{\partial x}(x,y)$.对$\frac{\partial^2 f}{\partial x^2}(x,y)$作同样处理，即有

$$\begin{aligned}\frac{\partial^2 f}{\partial x^2}(x,y)&\approx\frac{1}{h}\left[\frac{\partial f}{\partial x}\left(x+\frac{h}{2},y\right)-\frac{\partial f}{\partial x}\left(x-\frac{h}{2},y\right)\right]\\&\approx\frac{\frac{f(x+h,y)-f(x,y)}{h}-\frac{f(x,y)-f(x-h,y)}{h}}{h}\\&=\frac{f(x+h,y)-2f(x,y)+f(x-h,y)}{h^2}.\end{aligned}$$

在 y 方向也采用这个方法，并记

$$\Delta_h f(x,y)=\frac{f(x+h,y)+f(x,y+h)+f(x-h,y)+f(x,y-h)-4f(x,y)}{h^2},$$

就可以通过计算 $\Delta_h f(x,y)$ 来求得$\left(\frac{\partial^2}{\partial x^2}+\frac{\partial^2}{\partial y^2}\right)f(x,y)$的近似值.

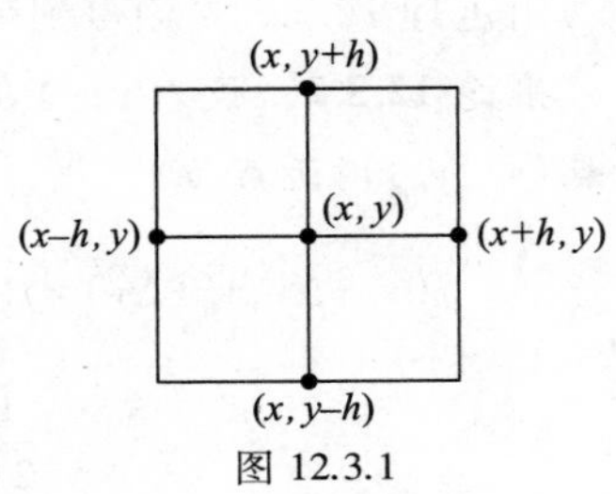

图 12.3.1

这是一个重要的近似计算公式.由于在计算(x,y)处的二阶偏导数时用到了$f(x,y)$在它及它的上下左右共五个点的函数值(见图 12.3.1)，因此称 $\Delta_h f(x,y)$ 为**五点差分格式**.

现假设$f(x,y)$具有四阶连续偏导数，则显然有

$$f_{xxxx}(x+\theta h,y)=f_{xxxx}(x,y)+o(1),$$

利用 Taylor 公式，就得到

$$\begin{aligned}f(x\pm h,y)&=f(x,y)\pm hf_x(x,y)+\frac{h^2}{2}f_{xx}(x,y)\pm\frac{h^3}{6}f_{xxx}(x,y)+\frac{h^4}{24}f_{xxxx}(x+\theta h,y)\\&=f(x,y)\pm hf_x(x,y)+\frac{h^2}{2}f_{xx}(x,y)\pm\frac{h^3}{6}f_{xxx}(x,y)+\frac{h^4}{24}f_{xxxx}(x,y)+o(h^4).\end{aligned}$$

同理有

$$f(x,y\pm h)=f(x,y)\pm hf_y(x,y)+\frac{h^2}{2}f_{yy}(x,y)\pm\frac{h^3}{6}f_{yyy}(x,y)+\frac{h^4}{24}f_{yyyy}(x,y)+o(h^4).$$

结合这两式，就得到五点差分格式的**截断误差**(用近似公式代替精确关系所产生的误差)为

$$\Delta_h f(x,y)-\left(\frac{\partial^2}{\partial x^2}+\frac{\partial^2}{\partial y^2}\right)f(x,y)=\frac{h^2}{12}\left(\frac{\partial^4}{\partial x^4}+\frac{\partial^4}{\partial y^4}\right)f(x,y)+o(h^2)=O(h^2).$$

下面不加证明地写出一般 n 元函数的 Taylor 公式.

定理 12.3.4　设 n 元函数$f(x_1,x_2,\cdots,x_n)$在点$(x_1^0,x_2^0,\cdots,x_n^0)$附近具有 $k+1$ 阶的连续偏导数，那么在这点附近成立如下的 Taylor 公式：

$$f(x_1^0+\Delta x_1,x_2^0+\Delta x_2,\cdots,x_n^0+\Delta x_n)=f(x_1^0,x_2^0,\cdots,x_n^0)+\left(\sum_{i=1}^{n}\Delta x_i\frac{\partial}{\partial x_i}\right)f(x_1^0,x_2^0,\cdots,x_n^0)+$$

$$\frac{1}{2!}\left(\sum_{i=1}^{n}\Delta x_i\frac{\partial}{\partial x_i}\right)^2 f(x_1^0,x_2^0,\cdots,x_n^0)+\cdots+\frac{1}{k!}\left(\sum_{i=1}^{n}\Delta x_i\frac{\partial}{\partial x_i}\right)^k f(x_1^0,x_2^0,\cdots,x_n^0)+R_k,$$

其中

$$R_k=\frac{1}{(k+1)!}\left(\sum_{i=1}^{n}\Delta x_i\frac{\partial}{\partial x_i}\right)^{k+1} f(x_1^0+\theta\Delta x_1,x_2^0+\theta\Delta x_2,\cdots,x_n^0+\theta\Delta x_n),\quad 0<\theta<1$$

为 Lagrange 余项.

习 题

1. 对函数 $f(x,y)=\sin x\cos y$ 应用中值定理证明：存在 $\theta\in(0,1)$，使得

$$\frac{3}{4}=\frac{\pi}{3}\cos\frac{\pi\theta}{3}\cos\frac{\pi\theta}{6}-\frac{\pi}{6}\sin\frac{\pi\theta}{3}\sin\frac{\pi\theta}{6}.$$

2. 写出函数 $f(x,y)=3x^3+y^3-2x^2y-2xy^2-6x-8y+9$ 在点 $(1,2)$ 的 Taylor 展开式.
3. 求函数 $f(x,y)=\sin x\ln(1+y)$ 在 $(0,0)$ 点的 Taylor 展开式(展开到三阶导数为止).
4. 求函数 $f(x,y)=\mathrm{e}^{x+y}$ 在 $(0,0)$ 点的 n 阶 Taylor 展开式，并写出余项.
5. 设 $f(x,y)=\dfrac{\cos y}{x},x>0$.

   (1) 求 $f(x,y)$ 在 $(1,0)$ 点的 Taylor 展开式(展开到二阶导数)，并计算余项 R_2.

   (2) 求 $f(x,y)$ 在 $(1,0)$ 点的 k 阶 Taylor 展开式，并证明在 $(1,0)$ 点的某个领域内，余项 R_k 满足当 $k\to\infty$ 时，$R_k\to 0$.
6. 利用 Taylor 公式近似计算 $8.96^{2.03}$(展开到二阶导数).
7. 设 $f(x,y)$ 在 $\mathbf{R}^2$ 上可微. $\boldsymbol{l}_1$ 与 $\boldsymbol{l}_2$ 是 $\mathbf{R}^2$ 上两个线性无关的单位向量(方向). 若

$$\frac{\partial f}{\partial \boldsymbol{l}_i}(x,y)\equiv 0,\quad i=1,2,$$

   证明：在 $\mathbf{R}^2$ 上 $f(x,y)\equiv$ 常数.
8. 设 $f(x,y)=\sin\dfrac{y}{x}(x\neq 0)$，证明：

$$\left(x\frac{\partial}{\partial x}+y\frac{\partial}{\partial y}\right)^k f(x,y)\equiv 0,\quad k\geqslant 1.$$

§4 隐 函 数

前面讨论的函数大多是 $z=f(x,y)$ 形式，如 $z=xy$ 和 $z=\sqrt{x^2+y^2}$ 等. 这种因变量在等式左边，自变量在等式右边的函数表达形式通常称为**显函数**.

但在理论与实际问题中更多遇到的是函数关系无法用显式来表达的情况. 如在一元函数中提过的反映行星运动的 Kepler 方程

$$F(x,y)=y-x-\varepsilon\sin y=0,\quad 0<\varepsilon<1,$$

这里 x 是时间，y 是行星与太阳的连线扫过的扇形的弧度，ε 是行星运动的椭圆轨道的离心率.从天体力学上考虑，y 必定是 x 的函数，但要将函数关系用显式表达出来却无能为力.

这种自变量和因变量混合在一起的方程(组) $F(x,y)=0$，在一定条件下也表示 y 与 x 之间的函数关系，通称**隐函数**.

那么自然要问，这种函数方程(组)何时确实表示了一个隐函数(向量值隐函数)，又如何保证该隐函数具有连续和可微等分析性质？这些正是本节要讨论的问题.

单个方程的情形

先看一个简单例子.在平面上的单位圆周方程

$$x^2+y^2=1$$

中，变量 x 与 y 的地位是平等的，那么在什么条件下可以将 x 看成自变量，y 看成 x 的函数呢？

读者不假思索就可以写出，在上半平面为 $y=\sqrt{1-x^2}$，而在下半平面为 $y=-\sqrt{1-x^2}$. 那么思考得更深入一步，如果考虑的区域既含上半平面的点，又含下半平面的点呢？

显然，对单位圆周上的点 $(\pm1,0)$，无论将 δ 取得多么小，在它的 δ 邻域中总会发生同一个 x 值对应两个不同 y 值的现象，按定义，这时 y 不是 x 的函数.而在单位圆周上的其他处，则不会发生这种情况(见图 12.4.1).

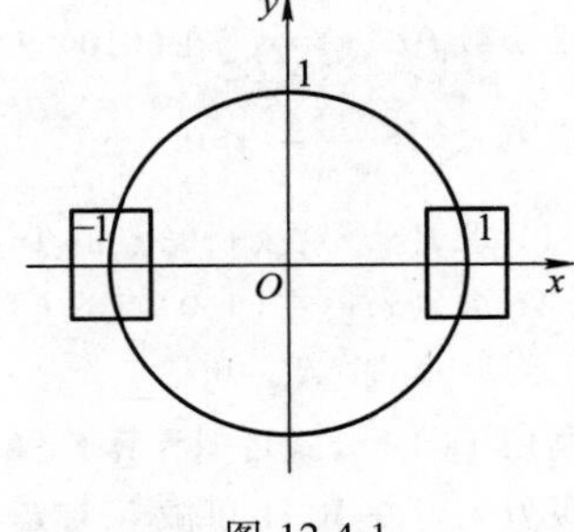

图 12.4.1

将单位圆周方程写为

$$F(x,y)=x^2+y^2-1=0,$$

易发现 $(\pm1,0)$ 是使得 $F_y(x,y)=0$ 的仅有的两个点，这提示 $F_y(x,y)\neq0$ 对于确定 y 是 x 的隐函数可能有着重要作用.

进一步，若方程 $F(x,y)=0$ 确实决定了 y 是 x 的函数，如果 $y=y(x)$ 可导，$F(x,y)$ 可微，则由 $F(x,y(x))\equiv0$ 及复合函数的链式法则，有

$$\frac{\mathrm{d}F(x,y(x))}{\mathrm{d}x}=\frac{\partial F(x,y)}{\partial x}+\frac{\partial F(x,y)}{\partial y}\frac{\mathrm{d}y}{\mathrm{d}x}=F_x+F_y\frac{\mathrm{d}y}{\mathrm{d}x}=0,$$

因此若 $F_y(x,y)\neq0$，则可得到 $y=y(x)$ 的导数 $\frac{\mathrm{d}y}{\mathrm{d}x}=-\frac{F_x}{F_y}$. 这又说明条件“$F_y(x,y)\neq0$”可能具有举足轻重的意义.

事实上，我们有下面的定理：

定理 12.4.1(一元隐函数存在定理)　若二元函数 $F(x,y)$ 满足条件：

(1) $F(x_0,y_0)=0$；

(2) 在闭矩形 $D=\{(x,y)\mid |x-x_0|\leqslant a,\ |y-y_0|\leqslant b\}$ 上，$F(x,y)$ 连续，且具有连续偏导数；

(3) $F_y(x_0,y_0)\neq0$，

那么

(i) 在点 (x_0,y_0) 附近可以从函数方程

$$F(x,y)=0$$

惟一确定隐函数

$$y=f(x),\quad x\in O(x_0,\rho),$$

它满足 $F(x,f(x))=0$，以及 $y_0=f(x_0)$；

(ii) 隐函数 $y=f(x)$ 在 $x\in O(x_0,\rho)$ 上连续；

(iii) 隐函数 $y=f(x)$ 在 $x\in O(x_0,\rho)$ 上具有连续的导数，且

$$\frac{\mathrm{d}y}{\mathrm{d}x}=-\frac{F_x(x,y)}{F_y(x,y)}.$$

证 不失一般性，设 $F_y(x_0,y_0)>0$.

先证明隐函数的存在性(见图 12.4.2).

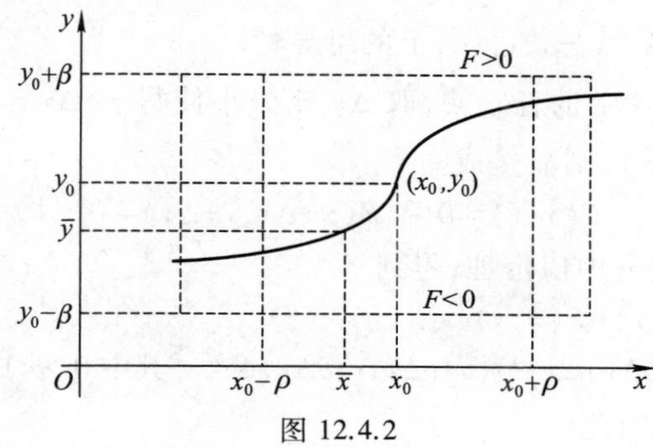

图 12.4.2

由 $F_y(x_0,y_0)>0$ 与 $F_y(x,y)$ 的连续性，可知存在 $0<\alpha\leqslant a,0<\beta\leqslant b$，使得在闭矩形 $D^*=\{(x,y)\mid |x-x_0|\leqslant\alpha,|y-y_0|\leqslant\beta\}$ 上成立

$$F_y(x,y)>0.$$

于是，对固定的 x_0，y 的函数 $F(x_0,y)$ 在 $[y_0-\beta,y_0+\beta]$ 是严格单调增加的. 又由于 $F(x_0,y_0)=0$，从而

$$F(x_0,y_0-\beta)<0,F(x_0,y_0+\beta)>0.$$

由于 $F(x,y)$ 在 D^* 上连续，于是存在 $\rho>0$，使得在线段

$$x_0-\rho<x<x_0+\rho,y=y_0+\beta$$

上 $F(x,y)>0$，而在线段

$$x_0-\rho<x<x_0+\rho,y=y_0-\beta$$

上 $F(x,y)<0$.

因此，对于 $(x_0-\rho,x_0+\rho)$ 内的任一点 $\bar{x}$，将 $F(\bar{x},y)$ 看成 y 的函数，它在 $[y_0-\beta,y_0+\beta]$ 上是连续的，而由刚才的讨论知道

$$F(\bar{x},y_0-\beta)<0,\quad F(\bar{x},y_0+\beta)>0,$$

根据零点存在定理，必有 $\bar{y}\in(y_0-\beta,y_0+\beta)$ 使得 $F(\bar{x},\bar{y})=0$. 又因为在 D^* 上 $F_y>0$，因此这样的 $\bar{y}$ 是惟一的.

将 $\bar{y}$ 与 $\bar{x}$ 的对应关系记为 $\bar{y}=f(\bar{x})$，就得到定义在 $(x_0-\rho,x_0+\rho)$ 上的函数 $y=f(x)$，它满足 $F(x,f(x))\equiv 0$，而且显然成立 $y_0=f(x_0)$.

再证隐函数 $y=f(x)$ 在 $(x_0-\rho,x_0+\rho)$ 上的连续性.

设 $\bar{x}$ 为 $(x_0-\rho,x_0+\rho)$ 上的任一点.对于任意给定的 $\varepsilon>0$(ε 充分小),由于 $F(\bar{x},\bar{y})=0$ $(\bar{y}=f(\bar{x}))$,由前面的讨论知道

$$F(\bar{x},\bar{y}-\varepsilon)<0,\quad F(\bar{x},\bar{y}+\varepsilon)>0.$$

而由于 $F(x,y)$ 在 D^* 上的连续性,一定存在 $\delta>0$,使得当 $x\in O(\bar{x},\delta)$ 时,

$$F(x,\bar{y}-\varepsilon)<0,\quad F(x,\bar{y}+\varepsilon)>0.$$

通过与前面类似的讨论可以得到,当 $x\in O(\bar{x},\delta)$ 时,相应的隐函数值必满足 $f(x)\in(\bar{y}-\varepsilon,\bar{y}+\varepsilon)$,即

$$|f(x)-f(\bar{x})|<\varepsilon.$$

这就是说,$y=f(x)$ 在 $(x_0-\rho,x_0+\rho)$ 上连续.

最后证明 $y=f(x)$ 在 $(x_0-\rho,x_0+\rho)$ 上的可导性.

设 $\bar{x}$ 为 $(x_0-\rho,x_0+\rho)$ 上的任一点.取 Δx 充分小使得 $\bar{x}+\Delta x\in(x_0-\rho,x_0+\rho)$,记 $\bar{y}=f(\bar{x})$ 以及 $\bar{y}+\Delta y=f(\bar{x}+\Delta x)$,则显然成立

$$F(\bar{x},\bar{y})=0 \text{ 和 } F(\bar{x}+\Delta x,\bar{y}+\Delta y)=0.$$

应用多元函数的微分中值定理,得到

$$\begin{aligned}0&=F(\bar{x}+\Delta x,\bar{y}+\Delta y)-F(\bar{x},\bar{y})\\&=F_x(\bar{x}+\theta\Delta x,\bar{y}+\theta\Delta y)\Delta x+F_y(\bar{x}+\theta\Delta x,\bar{y}+\theta\Delta y)\Delta y,\quad \text{其中 } 0<\theta<1.\end{aligned}$$

注意到在 D^* 上 $F_y\neq 0$,因此

$$\frac{\Delta y}{\Delta x}=-\frac{F_x(\bar{x}+\theta\Delta x,\bar{y}+\theta\Delta y)}{F_y(\bar{x}+\theta\Delta x,\bar{y}+\theta\Delta y)}.$$

令 $\Delta x\to 0$,注意到 F_x 和 F_y 的连续性,就得到

$$\left.\frac{\mathrm{d}y}{\mathrm{d}x}\right|_{x=\bar{x}}=-\frac{F_x(\bar{x},\bar{y})}{F_y(\bar{x},\bar{y})}.$$

即

$$f'(\bar{x})=-\frac{F_x(\bar{x},f(\bar{x}))}{F_y(\bar{x},f(\bar{x}))}.$$

证毕

定理 12.4.1 只是保证了在一定的条件下,函数方程 $F(x,y)=0$ 在局部(不一定是整体)确定了 y 关于 x 的函数关系 $y=f(x)$,而并不意味这种关系能用显式具体表示出来.例如,本节开始给出的 Kepler 方程

$$y-x-\varepsilon\sin y=0,\quad 0<\varepsilon<1.$$

如果取 $F(x,y)=y-x-\varepsilon\sin y$,那么 $F_y(x,y)=1-\varepsilon\cos y>0$,所以 y 对 x 的依赖关系,即隐函数 $y=f(x)$ 是肯定存在的.但遗憾的是,它不能用显式表示.

定理 12.4.1 可以直接推广到多元函数的情形,其证明方法也非常相似,所以我们不加证明地写出这个结果.

定理 12.4.2(多元隐函数存在定理) 若 $n+1$ 元函数 $F(x_1,x_2,\cdots,x_n,y)$ 满足条件:

(1) $F(x_1^0,x_2^0,\cdots,x_n^0,y^0)=0$;

(2) 在闭长方体 $D=\{(x,y)\mid |y-y^0|\leqslant b, |x_i-x_i^0|\leqslant a_i, i=1,2,\cdots,n\}$ 上，函数 F 连续，且具有连续偏导数 $F_y, F_{x_i}, i=1,2,\cdots,n$；

(3) $F_y(x_1^0,x_2^0,\cdots,x_n^0,y^0)\neq 0$,

那么

(i) 在点$(x_1^0,x_2^0,\cdots,x_n^0,y^0)$附近可以从函数方程

$$F(x_1,x_2,\cdots,x_n,y)=0$$

惟一确定隐函数

$$y=f(x_1,x_2,\cdots,x_n),\quad (x_1,x_2,\cdots,x_n)\in O((x_1^0,x_2^0,\cdots,x_n^0),\rho),$$

它满足 $F(x_1,x_2,\cdots,x_n,f(x_1,x_2,\cdots,x_n))=0$，以及 $y^0=f(x_1^0,x_2^0,\cdots,x_n^0)$；

(ii) 隐函数 $y=f(x_1,x_2,\cdots,x_n)$ 在 $O((x_1^0,x_2^0,\cdots,x_n^0),\rho)$ 上连续；

(iii) 隐函数 $y=f(x_1,x_2,\cdots,x_n)$ 在 $O((x_1^0,x_2^0,\cdots,x_n^0),\rho)$ 上具有连续的偏导数，且

$$\frac{\partial y}{\partial x_i}=-\frac{F_{x_i}(x_1,x_2,\cdots,x_n,y)}{F_y(x_1,x_2,\cdots,x_n,y)},\quad i=1,2,\cdots,n.$$

在具体计算中(当定理的条件满足时)，方程

$$F(x_1,x_2,\cdots,x_n,y)=0$$

所确定的隐函数 $y=f(x_1,x_2,\cdots,x_n)$ 的偏导数通常可如下直接计算：在方程两边对 x_i 求偏导，利用复合函数求导的链式法则即得

$$\frac{\partial F}{\partial x_i}+\frac{\partial F}{\partial y}\frac{\partial y}{\partial x_i}=0,$$

于是

$$\frac{\partial y}{\partial x_i}=-\frac{\dfrac{\partial F}{\partial x_i}}{\dfrac{\partial F}{\partial y}}=-\frac{F_{x_i}}{F_y},\quad i=1,2,\cdots,n.$$

例 12.4.1 在上半椭球面$\frac{x^2}{a^2}+\frac{y^2}{b^2}+\frac{z^2}{c^2}=1(z>0)$上，求$\frac{\partial z}{\partial x}$和$\frac{\partial z}{\partial y}$.

解 记

$$F(x,y,z)=\frac{x^2}{a^2}+\frac{y^2}{b^2}+\frac{z^2}{c^2}-1=0,$$

则 $F_z=\frac{2z}{c^2}>0$ 保证了隐函数 $z=f(x,y)$ 的存在性.

在方程两边分别对 x 和 y 求偏导，得到

$$\frac{2x}{a^2}+\frac{2z}{c^2}\frac{\partial z}{\partial x}=0,\quad \frac{2y}{b^2}+\frac{2z}{c^2}\frac{\partial z}{\partial y}=0,$$

从而有

$$\frac{\partial z}{\partial x}=-\frac{c^2}{a^2}\frac{x}{z},\quad \frac{\partial z}{\partial y}=-\frac{c^2}{b^2}\frac{y}{z}.$$

读者可以用它的显式表达式 $z=c\sqrt{1-\frac{x^2}{a^2}-\frac{y^2}{b^2}}$ 来验证以上结果的正确性.

例 12.4.2　设方程 $x^2+y^2+z^2=4z$ 确定 z 为 x,y 的函数，求$\dfrac{\partial^2 z}{\partial x^2}$和$\dfrac{\partial^2 z}{\partial x\partial y}$.

解　在方程 $x^2+y^2+z^2=4z$ 两边对 x 求偏导，

$$2x+2z\frac{\partial z}{\partial x}=4\frac{\partial z}{\partial x},$$

于是

$$\frac{\partial z}{\partial x}=\frac{x}{2-z}.$$

再在前一等式两边对 x 求偏导，

$$2+2\left(\frac{\partial z}{\partial x}\right)^2+2z\frac{\partial^2 z}{\partial x^2}=4\frac{\partial^2 z}{\partial x^2},$$

得到

$$\frac{\partial^2 z}{\partial x^2}=\frac{1+\left(\dfrac{\partial z}{\partial x}\right)^2}{2-z}=\frac{(2-z)^2+x^2}{(2-z)^3}.$$

在方程 $x^2+y^2+z^2=4z$ 两边对 y 求偏导，

$$2y+2z\frac{\partial z}{\partial y}=4\frac{\partial z}{\partial y},$$

于是

$$\frac{\partial z}{\partial y}=\frac{y}{2-z}.$$

再在前一等式两边对 x 求偏导，

$$2\frac{\partial z}{\partial x}\frac{\partial z}{\partial y}+2z\frac{\partial^2 z}{\partial x\partial y}=4\frac{\partial^2 z}{\partial x\partial y},$$

得到

$$\frac{\partial^2 z}{\partial x\partial y}=\frac{\dfrac{\partial z}{\partial x}\dfrac{\partial z}{\partial y}}{2-z}=\frac{xy}{(2-z)^3}.$$

例 12.4.3　设方程 $F(xz,yz)=0$ 确定 z 为 x,y 的函数，其中 F 具有二阶连续偏导数，求$\dfrac{\partial^2 z}{\partial x^2}$.

解　当$\dfrac{\partial F}{\partial z}=xF_1+yF_2\neq 0$，可以应用隐函数存在定理，在方程 $F(xz,yz)=0$ 两边对 x 求偏导，得

$$\left(z+x\frac{\partial z}{\partial x}\right)F_1+y\frac{\partial z}{\partial x}F_2=0,$$

于是

$$\frac{\partial z}{\partial x}=-\frac{zF_1}{xF_1+yF_2}.$$

再在前一等式两边对 x 求偏导，得到

$$\left(2\frac{\partial z}{\partial x}+x\frac{\partial^2 z}{\partial x^2}\right)F_1+\left(z+x\frac{\partial z}{\partial x}\right)^2F_{11}+2\left(z+x\frac{\partial z}{\partial x}\right)y\frac{\partial z}{\partial x}F_{12}+y\frac{\partial^2 z}{\partial x^2}F_2+\left(y\frac{\partial z}{\partial x}\right)^2F_{22}=0.$$

于是

$$\frac{\partial^2 z}{\partial x^2}=-\frac{2\frac{\partial z}{\partial x}F_1+\left(z+x\frac{\partial z}{\partial x}\right)^2F_{11}+2\left(z+x\frac{\partial z}{\partial x}\right)y\frac{\partial z}{\partial x}F_{12}+\left(y\frac{\partial z}{\partial x}\right)^2F_{22}}{xF_1+yF_2}.$$

将$\frac{\partial z}{\partial x}=-\frac{zF_1}{xF_1+yF_2}$代入上式,就得到

$$\frac{\partial^2 z}{\partial x^2}=\frac{2zF_1^2}{(xF_1+yF_2)^2}-\frac{y^2z^2(F_2^2F_{11}-2F_1F_2F_{12}+F_1^2F_{22})}{(xF_1+yF_2)^3}.$$

多个方程的情形

由线性代数的知识知道,在

$$\begin{vmatrix} a_1 & b_1 \\ a_2 & b_2 \end{vmatrix}\neq 0$$

时,从线性方程组

$$\begin{cases} a_1u+b_1v+c_1x+d_1y=0, \\ a_2u+b_2v+c_2x+d_2y=0 \end{cases}$$

可以惟一解出

$$u=-\frac{(c_1b_2-b_1c_2)x+(d_1b_2-b_1d_2)y}{a_1b_2-b_1a_2},$$

$$v=-\frac{(a_1c_2-c_1a_2)x+(a_1d_2-d_1a_2)y}{a_1b_2-b_1a_2}.$$

也就是说,这时可以确定 u,v 为 x,y 的函数,或者说(u,v)是(x,y)的向量值函数.

对于一般的函数方程组

$$\begin{cases} F(x,y,u,v)=0, \\ G(x,y,u,v)=0, \end{cases}$$

在一定的条件下,也可以在某个局部确定 u,v 为 x,y 的函数.

定理 12.4.3(多元向量值隐函数存在定理) 设函数 $F(x,y,u,v)$和$G(x,y,u,v)$满足条件:

(1) $F(x_0,y_0,u_0,v_0)=0, G(x_0,y_0,u_0,v_0)=0$;

(2) 在闭长方体

$$D=\{(x,y,u,v)\mid |x-x_0|\leqslant a, |y-y_0|\leqslant b, |u-u_0|\leqslant c, |v-v_0|\leqslant d\}$$

上,函数 F,G 连续,且具有连续偏导数;

(3) 在(x_0,y_0,u_0,v_0)点,行列式

$$\frac{\partial(F,G)}{\partial(u,v)}=\begin{vmatrix} F_u & F_v \\ G_u & G_v \end{vmatrix}\neq 0.$$

那么

(i) 在点(x_0,y_0,u_0,v_0)附近可以从函数方程组

$$\begin{cases}F(x,y,u,v)=0,\\G(x,y,u,v)=0\end{cases}$$

惟一确定向量值隐函数

$$\begin{pmatrix}u\\v\end{pmatrix}=\begin{pmatrix}f(x,y)\\g(x,y)\end{pmatrix},\quad (x,y)\in O((x_0,y_0),\rho),$$

它满足 $\begin{cases}F(x,y,f(x,y),g(x,y))=0,\\G(x,y,f(x,y),g(x,y))=0,\end{cases}$ 以及 $u_0=f(x_0,y_0),v_0=g(x_0,y_0)$；

(ii) 这个向量值隐函数在 $O((x_0,y_0),\rho)$ 上连续；

(iii) 这个向量值隐函数在 $O((x_0,y_0),\rho)$ 上具有连续的导数，且

$$\begin{pmatrix}\dfrac{\partial u}{\partial x} & \dfrac{\partial u}{\partial y}\\ \dfrac{\partial v}{\partial x} & \dfrac{\partial v}{\partial y}\end{pmatrix}=-\begin{pmatrix}F_u & F_v\\G_u & G_v\end{pmatrix}^{-1}\begin{pmatrix}F_x & F_y\\G_x & G_y\end{pmatrix}.$$

证　我们先证明向量值隐函数的存在性和连续可导性.

由于在点 (x_0,y_0,u_0,v_0) 处

$$\frac{\partial(F,G)}{\partial(u,v)}=\begin{vmatrix}F_u & F_v\\G_u & G_v\end{vmatrix}\neq 0,$$

所以 F_u 与 F_v 至少有一个在此点不为零.不妨假设 F_u 不等于零，那么对方程 $F(x,y,u,v)=0$ 应用隐函数存在定理，知道在 (x_0,y_0,u_0,v_0) 附近，存在具有连续偏导数的隐函数 $u=\varphi(x,y,v)$，满足

$$F(x,y,\varphi(x,y,v),v)=0,u_0=\varphi(x_0,y_0,v_0)，且\ \varphi_v=-\frac{F_v}{F_u}.$$

将 $u=\varphi(x,y,v)$ 代入 $G(x,y,u,v)=0$，得到函数方程

$$H(x,y,v)=G(x,y,\varphi(x,y,v),v)=0.$$

由于在 (x_0,y_0,v_0) 点处（相应地在 (x_0,y_0,u_0,v_0) 点处），

$$H_v=G_u\varphi_v+G_v=G_u\left(-\frac{F_v}{F_u}\right)+G_v=\frac{F_uG_v-F_vG_u}{F_u}=\frac{1}{F_u}\,\frac{\partial(F,G)}{\partial(u,v)}\neq 0,$$

对方程 $H(x,y,v)=G(x,y,\varphi(x,y,v),v)=0$ 应用隐函数存在定理，知道在点 (x_0,y_0,v_0) 的附近，存在具有连续偏导数的隐函数 $v=g(x,y)$，它满足 $H(x,y,g(x,y))=0$，即 $G(x,y,\varphi(x,y,g(x,y)),g(x,y))=0$.记 $f(x,y)=\varphi(x,y,g(x,y))$，那么在 (x_0,y_0) 附近成立

$$\begin{cases}F(x,y,f(x,y),g(x,y))=0,\\G(x,y,f(x,y),g(x,y))=0.\end{cases}$$

由隐函数存在定理知道函数 $u=\varphi(x,y,v)$ 在点 (x_0,y_0,v_0) 的附近，$v=g(x,y)$ 在点 (x_0,y_0) 的附近都具有连续偏导数，因此复合函数 $f(x,y)=\varphi(x,y,g(x,y))$ 在 (x_0,y_0) 附近具有连续偏导数.即向量值函数 $\begin{pmatrix}u\\v\end{pmatrix}=\begin{pmatrix}f(x,y)\\g(x,y)\end{pmatrix}$ 在某个邻域 $O((x_0,y_0),\rho)$ 内具有连续导数.

为了求向量值隐函数的导数，应用多元函数求导的链式法则，就有

$$\begin{cases}\dfrac{\partial F}{\partial x}+\dfrac{\partial F}{\partial u}\dfrac{\partial u}{\partial x}+\dfrac{\partial F}{\partial v}\dfrac{\partial v}{\partial x}=0,\\ \dfrac{\partial G}{\partial x}+\dfrac{\partial G}{\partial u}\dfrac{\partial u}{\partial x}+\dfrac{\partial G}{\partial v}\dfrac{\partial v}{\partial x}=0,\end{cases}$$

因此

$$\begin{pmatrix}\dfrac{\partial F}{\partial u} & \dfrac{\partial F}{\partial v}\\ \dfrac{\partial G}{\partial u} & \dfrac{\partial G}{\partial v}\end{pmatrix}\begin{pmatrix}\dfrac{\partial u}{\partial x}\\ \dfrac{\partial v}{\partial x}\end{pmatrix}=-\begin{pmatrix}\dfrac{\partial F}{\partial x}\\ \dfrac{\partial G}{\partial x}\end{pmatrix}.$$

同理,由

$$\begin{cases}\dfrac{\partial F}{\partial y}+\dfrac{\partial F}{\partial u}\dfrac{\partial u}{\partial y}+\dfrac{\partial F}{\partial v}\dfrac{\partial v}{\partial y}=0,\\ \dfrac{\partial G}{\partial y}+\dfrac{\partial G}{\partial u}\dfrac{\partial u}{\partial y}+\dfrac{\partial G}{\partial v}\dfrac{\partial v}{\partial y}=0,\end{cases}$$

得到

$$\begin{pmatrix}\dfrac{\partial F}{\partial u} & \dfrac{\partial F}{\partial v}\\ \dfrac{\partial G}{\partial u} & \dfrac{\partial G}{\partial v}\end{pmatrix}\begin{pmatrix}\dfrac{\partial u}{\partial y}\\ \dfrac{\partial v}{\partial y}\end{pmatrix}=-\begin{pmatrix}\dfrac{\partial F}{\partial y}\\ \dfrac{\partial G}{\partial y}\end{pmatrix}.$$

将两个矩阵式子合并,就得到

$$\begin{pmatrix}\dfrac{\partial F}{\partial u} & \dfrac{\partial F}{\partial v}\\ \dfrac{\partial G}{\partial u} & \dfrac{\partial G}{\partial v}\end{pmatrix}\begin{pmatrix}\dfrac{\partial u}{\partial x} & \dfrac{\partial u}{\partial y}\\ \dfrac{\partial v}{\partial x} & \dfrac{\partial v}{\partial y}\end{pmatrix}=-\begin{pmatrix}\dfrac{\partial F}{\partial x} & \dfrac{\partial F}{\partial y}\\ \dfrac{\partial G}{\partial x} & \dfrac{\partial G}{\partial y}\end{pmatrix},$$

即

$$\begin{pmatrix}\dfrac{\partial u}{\partial x} & \dfrac{\partial u}{\partial y}\\ \dfrac{\partial v}{\partial x} & \dfrac{\partial v}{\partial y}\end{pmatrix}=-\begin{pmatrix}\dfrac{\partial F}{\partial u} & \dfrac{\partial F}{\partial v}\\ \dfrac{\partial G}{\partial u} & \dfrac{\partial G}{\partial v}\end{pmatrix}^{-1}\begin{pmatrix}\dfrac{\partial F}{\partial x} & \dfrac{\partial F}{\partial y}\\ \dfrac{\partial G}{\partial x} & \dfrac{\partial G}{\partial y}\end{pmatrix}.$$

证毕

注 将(iii)的导数公式分解出来就是

$$\frac{\partial u}{\partial x}=-\frac{\partial(F,G)}{\partial(x,v)}\bigg/\frac{\partial(F,G)}{\partial(u,v)},\quad \frac{\partial v}{\partial x}=-\frac{\partial(F,G)}{\partial(u,x)}\bigg/\frac{\partial(F,G)}{\partial(u,v)},$$
$$\frac{\partial u}{\partial y}=-\frac{\partial(F,G)}{\partial(y,v)}\bigg/\frac{\partial(F,G)}{\partial(u,v)},\quad \frac{\partial v}{\partial y}=-\frac{\partial(F,G)}{\partial(u,y)}\bigg/\frac{\partial(F,G)}{\partial(u,v)}.$$

进一步,我们考虑一般的 m 个 $n+m$ 元函数组成的方程组

$$\begin{cases}F_1(x_1,x_2,\cdots,x_n,y_1,y_2,\cdots,y_m)=0,\\ F_2(x_1,x_2,\cdots,x_n,y_1,y_2,\cdots,y_m)=0,\\ \cdots\cdots\cdots\cdots\\ F_m(x_1,x_2,\cdots,x_n,y_1,y_2,\cdots,y_m)=0,\end{cases}$$

我们称

$$\frac{\partial(F_1,F_2,\cdots,F_m)}{\partial(y_1,y_2,\cdots,y_m)}=\begin{vmatrix}\frac{\partial F_1}{\partial y_1} & \frac{\partial F_1}{\partial y_2} & \cdots & \frac{\partial F_1}{\partial y_m}\\ \frac{\partial F_2}{\partial y_1} & \frac{\partial F_2}{\partial y_2} & \cdots & \frac{\partial F_2}{\partial y_m}\\ \vdots & \vdots & & \vdots\\ \frac{\partial F_m}{\partial y_1} & \frac{\partial F_m}{\partial y_2} & \cdots & \frac{\partial F_m}{\partial y_m}\end{vmatrix}$$

为函数 $F_1,F_2,\cdots,F_m$ 关于变量 $y_1,y_2,\cdots,y_m$ 的 Jacobi 行列式.

定理 12.4.3 的结果可以直接推广到多个函数的情形,其证明方法也非常相似,所以我们不加证明地写出结果.

定理 12.4.4 设 m 个 $n+m$ 元函数 $F_i(x_1,x_2,\cdots,x_n,y_1,y_2,\cdots,y_m)(i=1,2,\cdots,m)$ 满足以下条件:

(1) $F_i(x_1^0,x_2^0,\cdots,x_n^0,y_1^0,y_2^0,\cdots,y_m^0)=0,i=1,2,\cdots,m$;

(2) 在闭长方体

$D=\{(x_1,x_2,\cdots,x_n,y_1,y_2,\cdots,y_m)\mid |x_i-x_i^0|\leqslant a_i,|y_j-y_j^0|\leqslant b_j,i=1,2,\cdots,n;j=1,2,\cdots,m\}$

上,函数 $F_i(i=1,2,\cdots,m)$ 连续,且具有连续偏导数;

(3) 在 $(x_1^0,x_2^0,\cdots,x_n^0,y_1^0,y_2^0,\cdots,y_m^0)$ 点处,Jacobi 行列式

$$\frac{\partial(F_1,F_2,\cdots,F_m)}{\partial(y_1,y_2,\cdots,y_m)}\neq 0,$$

那么

(i) 在点 $(x_1^0,x_2^0,\cdots,x_n^0,y_1^0,y_2^0,\cdots,y_m^0)$ 的某个邻域上,可以从函数方程组

$$\begin{cases}F_1(x_1,x_2,\cdots,x_n,y_1,y_2,\cdots,y_m)=0,\\ F_2(x_1,x_2,\cdots,x_n,y_1,y_2,\cdots,y_m)=0,\\ \cdots\cdots\cdots\cdots\\ F_m(x_1,x_2,\cdots,x_n,y_1,y_2,\cdots,y_m)=0\end{cases}$$

惟一确定向量值隐函数

$$\begin{pmatrix} y_1 \\ y_2 \\ \vdots \\ y_m \end{pmatrix} = \begin{pmatrix} f_1(x_1,x_2,\cdots,x_n) \\ f_2(x_1,x_2,\cdots,x_n) \\ \vdots \\ f_m(x_1,x_2,\cdots,x_n) \end{pmatrix}, \quad (x_1,x_2,\cdots,x_n)\in O((x_1^0,x_2^0,\cdots,x_n^0),\rho),$$

它满足方程

$$F_i(x_1,x_2,\cdots,x_n,f_1(x_1,x_2,\cdots,x_n),f_2(x_1,x_2,\cdots,x_n),\cdots,f_m(x_1,x_2,\cdots,x_n))=0,$$

以及 $y_i^0=f_i(x_1^0,x_2^0,\cdots,x_n^0)\,(i=1,2,\cdots,m)$;

(ii) 这个向量值隐函数在 $O((x_1^0,x_2^0,\cdots,x_n^0),\rho)$ 上连续;

(iii) 这个向量值隐函数在 $O((x_1^0,x_2^0,\cdots,x_n^0),\rho)$ 上具有连续的导数,且

$$\begin{pmatrix} \frac{\partial y_1}{\partial x_1} & \frac{\partial y_1}{\partial x_2} & \cdots & \frac{\partial y_1}{\partial x_n} \\ \frac{\partial y_2}{\partial x_1} & \frac{\partial y_2}{\partial x_2} & \cdots & \frac{\partial y_2}{\partial x_n} \\ \vdots & \vdots & & \vdots \\ \frac{\partial y_m}{\partial x_1} & \frac{\partial y_m}{\partial x_2} & \cdots & \frac{\partial y_m}{\partial x_n} \end{pmatrix} = -\begin{pmatrix} \frac{\partial F_1}{\partial y_1} & \frac{\partial F_1}{\partial y_2} & \cdots & \frac{\partial F_1}{\partial y_m} \\ \frac{\partial F_2}{\partial y_1} & \frac{\partial F_2}{\partial y_2} & \cdots & \frac{\partial F_2}{\partial y_m} \\ \vdots & \vdots & & \vdots \\ \frac{\partial F_m}{\partial y_1} & \frac{\partial F_m}{\partial y_2} & \cdots & \frac{\partial F_m}{\partial y_m} \end{pmatrix}^{-1} \begin{pmatrix} \frac{\partial F_1}{\partial x_1} & \frac{\partial F_1}{\partial x_2} & \cdots & \frac{\partial F_1}{\partial x_n} \\ \frac{\partial F_2}{\partial x_1} & \frac{\partial F_2}{\partial x_2} & \cdots & \frac{\partial F_2}{\partial x_n} \\ \vdots & \vdots & & \vdots \\ \frac{\partial F_m}{\partial x_1} & \frac{\partial F_m}{\partial x_2} & \cdots & \frac{\partial F_m}{\partial x_n} \end{pmatrix}.$$

在具体计算向量值隐函数的导数时(在定理 12.4.4 的条件满足时),通常用如下方法:分别对

$$F_i(x_1,x_2,\cdots,x_n,y_1,y_2,\cdots,y_m)=0, \quad i=1,2,\cdots,m$$

关于 x_j 求偏导,得到

$$\frac{\partial F_i}{\partial x_j}+\sum_{k=1}^{m}\frac{\partial F_i}{\partial y_k}\frac{\partial y_k}{\partial x_j}=0, \quad i=1,2,\cdots,m.$$

解这个联立方程组,应用 Cramer 法则就得到

$$\frac{\partial y_k}{\partial x_j}=-\frac{\dfrac{\partial(F_1,\cdots,F_{k-1},F_k,F_{k+1},\cdots,F_m)}{\partial(y_1,\cdots,y_{k-1},x_j,y_{k+1},\cdots,y_m)}}{\dfrac{\partial(F_1,F_2,\cdots,F_m)}{\partial(y_1,y_2,\cdots,y_m)}}, \quad k=1,2,\cdots,m;j=1,2,\cdots,n.$$

例 12.4.4 设 $\begin{cases} y=y(x), \\ z=z(x) \end{cases}$ 是由方程组 $\begin{cases} z=xf(x+y), \\ F(x,y,z)=0 \end{cases}$ 所确定的向量值隐函数,其中 f 和 F 分别具有连续的导数和偏导数,求 $\dfrac{\mathrm{d}z}{\mathrm{d}x}$.

解 分别对方程 $z=xf(x+y)$ 和 $F(x,y,z)=0$ 的两边关于 x 求偏导数,

$$\begin{cases} \dfrac{\mathrm{d}z}{\mathrm{d}x}=f(x+y)+x\left(1+\dfrac{\mathrm{d}y}{\mathrm{d}x}\right)f'(x+y), \\ \dfrac{\partial F}{\partial x}+\dfrac{\partial F}{\partial y}\dfrac{\mathrm{d}y}{\mathrm{d}x}+\dfrac{\partial F}{\partial z}\dfrac{\mathrm{d}z}{\mathrm{d}x}=0. \end{cases}$$

整理后得到

$$\begin{cases} -xf'(x+y)\dfrac{\mathrm{d}y}{\mathrm{d}x}+\dfrac{\mathrm{d}z}{\mathrm{d}x}=f(x+y)+xf'(x+y), \\ \dfrac{\partial F}{\partial y}\dfrac{\mathrm{d}y}{\mathrm{d}x}+\dfrac{\partial F}{\partial z}\dfrac{\mathrm{d}z}{\mathrm{d}x}=-\dfrac{\partial F}{\partial x}. \end{cases}$$

解此方程组即得

$$\frac{\mathrm{d}z}{\mathrm{d}x}=\frac{[f(x+y)+xf'(x+y)]\dfrac{\partial F}{\partial y}-xf'(x+y)\dfrac{\partial F}{\partial x}}{xf'(x+y)\dfrac{\partial F}{\partial z}+\dfrac{\partial F}{\partial y}}.$$

例 12.4.5　设函数方程组

$$\begin{cases} u+v+w+x+y=a, \\ u^2+v^2+w^2+x^2+y^2=b^2, \\ u^3+v^3+w^3+x^3+y^3=c^3 \end{cases}$$

确定 u,v,w 为 x,y 的隐函数.求$\dfrac{\partial u}{\partial x},\dfrac{\partial v}{\partial x},\dfrac{\partial w}{\partial x}$.

解　将方程组化为

$$\begin{cases} F(x,y,u,v,w)=u+v+w+x+y-a=0, \\ G(x,y,u,v,w)=u^2+v^2+w^2+x^2+y^2-b^2=0, \\ H(x,y,u,v,w)=u^3+v^3+w^3+x^3+y^3-c^3=0, \end{cases}$$

那么在

$$\frac{\partial(F,G,H)}{\partial(u,v,w)}=\begin{vmatrix} 1 & 1 & 1 \\ 2u & 2v & 2w \\ 3u^2 & 3v^2 & 3w^2 \end{vmatrix}=6(v-u)(w-v)(w-u)\neq 0$$

的条件下,可以确定(u,v,w)为(x,y)的向量值函数.此时,对以上三个方程关于 x 求偏导,得到

$$\begin{cases} \dfrac{\partial u}{\partial x}+\dfrac{\partial v}{\partial x}+\dfrac{\partial w}{\partial x}+1=0, \\ 2u\dfrac{\partial u}{\partial x}+2v\dfrac{\partial v}{\partial x}+2w\dfrac{\partial w}{\partial x}+2x=0, \\ 3u^2\dfrac{\partial u}{\partial x}+3v^2\dfrac{\partial v}{\partial x}+3w^2\dfrac{\partial w}{\partial x}+3x^2=0. \end{cases}$$

解此方程组就得到

$$\frac{\partial u}{\partial x}=-\frac{(v-x)(w-x)}{(v-u)(w-u)},\quad \frac{\partial v}{\partial x}=-\frac{(u-x)(w-x)}{(u-v)(w-v)},\frac{\partial w}{\partial x}=-\frac{(u-x)(v-x)}{(u-w)(v-w)}.$$

例 12.4.6　设函数 $z=z(x,y)$ 具有二阶连续偏导数,并满足方程

$$\frac{\partial^2 z}{\partial x^2}+2\frac{\partial^2 z}{\partial x\partial y}+\frac{\partial^2 z}{\partial y^2}=0.$$

对自变量作变换

$$\begin{cases} u=x+y, \\ v=x-y, \end{cases}$$

对因变量也作变换 $w=xy-z$,导出 w 关于 u,v 的偏导数所满足的方程.

解 从自变量的变换中可以解出 $x=\dfrac{u+v}{2}, y=\dfrac{u-v}{2}$,因此 $w=xy-z$ 也是 u,v 的函数.由于 $z=xy-w$,利用复合函数求导的链式法则对此等式两边关于 x 和 y 分别求偏导,得到

$$\frac{\partial z}{\partial x}=y-\left(\frac{\partial w}{\partial u}\frac{\partial u}{\partial x}+\frac{\partial w}{\partial v}\frac{\partial v}{\partial x}\right)=y-\frac{\partial w}{\partial u}-\frac{\partial w}{\partial v},$$

$$\frac{\partial z}{\partial y}=x-\left(\frac{\partial w}{\partial u}\frac{\partial u}{\partial y}+\frac{\partial w}{\partial v}\frac{\partial v}{\partial y}\right)=x-\frac{\partial w}{\partial u}+\frac{\partial w}{\partial v}.$$

进一步还可得到

$$\frac{\partial^2 z}{\partial x^2}=-\left(\frac{\partial^2 w}{\partial u^2}+\frac{\partial^2 w}{\partial v\partial u}\right)-\left(\frac{\partial^2 w}{\partial u\partial v}+\frac{\partial^2 w}{\partial v^2}\right)=-\frac{\partial^2 w}{\partial u^2}-2\frac{\partial^2 w}{\partial u\partial v}-\frac{\partial^2 w}{\partial v^2},$$

$$\frac{\partial^2 z}{\partial x\partial y}=1-\left(\frac{\partial^2 w}{\partial u^2}+\frac{\partial^2 w}{\partial v\partial u}\right)+\left(\frac{\partial^2 w}{\partial u\partial v}+\frac{\partial^2 w}{\partial v^2}\right)=1-\frac{\partial^2 w}{\partial u^2}+\frac{\partial^2 w}{\partial v^2},$$

$$\frac{\partial^2 z}{\partial y^2}=-\left(\frac{\partial^2 w}{\partial u^2}-\frac{\partial^2 w}{\partial v\partial u}\right)+\left(\frac{\partial^2 w}{\partial u\partial v}-\frac{\partial^2 w}{\partial v^2}\right)=-\frac{\partial^2 w}{\partial u^2}+2\frac{\partial^2 w}{\partial u\partial v}-\frac{\partial^2 w}{\partial v^2}.$$

将这些表达式代入方程$\dfrac{\partial^2 z}{\partial x^2}+2\dfrac{\partial^2 z}{\partial x\partial y}+\dfrac{\partial^2 z}{\partial y^2}=0$,就得到

$$\frac{\partial^2 w}{\partial u^2}=\frac{1}{2}.$$

这样一来,方程就被大大地简化了.

实际上,我们还可以将这个方程解出来.对等式$\dfrac{\partial^2 w}{\partial u^2}=\dfrac{1}{2}$两边求积分,得到

$$\frac{\partial w}{\partial u}=\frac{1}{2}u+\varphi(v),$$

再求一次积分,就得到

$$w=\frac{1}{4}u^2+\varphi(v)u+\psi(v),$$

其中 φ 与 ψ 是任意的二阶连续可微函数.回忆一下所用的变量代换,就知道方程$\dfrac{\partial^2 z}{\partial x^2}+2\dfrac{\partial^2 z}{\partial x\partial y}+\dfrac{\partial^2 z}{\partial y^2}=0$ 的解的一般形式为

$$z=xy-\frac{1}{4}(x+y)^2-(x+y)\varphi(x-y)-\psi(x-y).$$

这个例子说明,通过适当的变量代换,常常可以将微分方程化简乃至解出,这是微分方程和数学物理中常用的方法.

逆映射定理

一元函数的反函数存在定理在高维是否也有相应的结果呢？我们先来看看二维的情形.

设 D 为 $\mathbf{R}^2$ 中的开集,$\boldsymbol{f}:D\to\mathbf{R}^2$ 为映射,其坐标分量函数表示为

$$\begin{cases}x=x(u,v),\\ y=y(u,v).\end{cases}$$

如果 f 在 D 上可导(即 $x(u,v)$ 和 $y(u,v)$ 在 D 上可偏导),我们称

$$\frac{\partial(x,y)}{\partial(u,v)}$$

为映射 f 的 **Jacobi** 行列式.

定理 12.4.5　设 $\boldsymbol{P}_0=(u_0,v_0)\in D$, $x_0=x(u_0,v_0)$, $y_0=y(u_0,v_0)$, $\boldsymbol{P}_0'=(x_0,y_0)$,且 f 在 D 上具有连续导数.如果在 $\boldsymbol{P}_0$ 点处 f 的 Jacobi 行列式

$$\frac{\partial(x,y)}{\partial(u,v)}\neq 0,$$

那么存在 $\boldsymbol{P}_0'$ 的一个邻域 $O(\boldsymbol{P}_0',\rho)$,在这个邻域上存在 f 的具有连续导数的逆映射 $\boldsymbol{g}$:

$$\begin{cases}u=u(x,y),\\ v=v(x,y),\end{cases}\quad (x,y)\in O(\boldsymbol{P}_0',\rho),$$

满足

(1) $u_0=u(x_0,y_0)$, $v_0=v(x_0,y_0)$;

(2) $$\frac{\partial u}{\partial x}=\frac{\partial y}{\partial v}\Big/\frac{\partial(x,y)}{\partial(u,v)},\quad \frac{\partial u}{\partial y}=-\frac{\partial x}{\partial v}\Big/\frac{\partial(x,y)}{\partial(u,v)},$$
$$\frac{\partial v}{\partial x}=-\frac{\partial y}{\partial u}\Big/\frac{\partial(x,y)}{\partial(u,v)},\quad \frac{\partial v}{\partial y}=\frac{\partial x}{\partial u}\Big/\frac{\partial(x,y)}{\partial(u,v)}.$$

证　考虑函数方程组

$$\begin{cases}F(x,y,u,v)=x-x(u,v)=0,\\ G(x,y,u,v)=y-y(u,v)=0.\end{cases}$$

由假设,在 (x_0,y_0,u_0,v_0) 点处

$$\frac{\partial(F,G)}{\partial(u,v)}=\frac{\partial(x,y)}{\partial(u,v)}\neq 0.$$

由向量值函数的隐函数存在定理,在 (x_0,y_0,u_0,v_0) 附近存在向量值函数 $\boldsymbol{g}$:

$$\begin{cases}u=u(x,y),\\ v=v(x,y),\end{cases}\quad (x,y)\in O(\boldsymbol{P}_0',\rho),$$

满足

(i) $u_0=u(x_0,y_0)$, $v_0=v(x_0,y_0)$;

(ii) $$\begin{cases}x(u(x,y),v(x,y))=x,\\ y(u(x,y),v(x,y))=y,\end{cases}$$

而且 $u(x,y)$ 和 $v(x,y)$ 在 $O(\boldsymbol{P}_0',\rho)$ 上具有连续的偏导数.这也说明在 $O(\boldsymbol{P}_0',\rho)$ 上 $\boldsymbol{g}$ 为 f 的逆映射.

在(ii)式中对 x 求偏导,得到

$$\frac{\partial x}{\partial u}\frac{\partial u}{\partial x}+\frac{\partial x}{\partial v}\frac{\partial v}{\partial x}=1,$$
$$\frac{\partial y}{\partial u}\frac{\partial u}{\partial x}+\frac{\partial y}{\partial v}\frac{\partial v}{\partial x}=0.$$

因此

$$\frac{\partial u}{\partial x}=\frac{\partial y}{\partial v}\Big/\frac{\partial(x,y)}{\partial(u,v)},\quad \frac{\partial v}{\partial x}=-\frac{\partial y}{\partial u}\Big/\frac{\partial(x,y)}{\partial(u,v)}.$$

同理可得

$$\frac{\partial u}{\partial y}=-\frac{\partial x}{\partial v}\Big/\frac{\partial(x,y)}{\partial(u,v)},\quad \frac{\partial v}{\partial y}=\frac{\partial x}{\partial u}\Big/\frac{\partial(x,y)}{\partial(u,v)}.$$

证毕

注　从定理的结论(2)可以立即得到

$$\frac{\partial(x,y)}{\partial(u,v)}\cdot\frac{\partial(u,v)}{\partial(x,y)}=1,$$

即映射 $\boldsymbol{f}$ 与其逆映射 $\boldsymbol{g}$ 的 Jacobi 行列式互为倒数,这是一元函数的反函数求导公式的推广.

例如极坐标变换(即映射)

$$\begin{cases} x=r\cos\theta, \\ y=r\sin\theta, \end{cases}$$

的 Jacobi 行列式为

$$\frac{\partial(x,y)}{\partial(r,\theta)}=\begin{vmatrix} \cos\theta & -r\sin\theta \\ \sin\theta & r\cos\theta \end{vmatrix}=r.$$

因此在任意点 $(x,y)(x^2+y^2\neq 0)$ 附近,存在逆变换 $r=r(x,y),\theta=\theta(x,y)$.

一般来说,连续映射不一定将开集映射为开集. 例如,常值映射就不是将开集映射为开集. 但若一个连续映射在某个开集上的 Jacobi 行列式恒不等于零,那么它将这个开集映射为开集,这就是下面的定理.

定理 12.4.6 设 D 为 $\mathbf{R}^2$ 中的开集,且映射 $\boldsymbol{f}:D\to\mathbf{R}^2$ 在 D 上具有连续导数. 如果 $\boldsymbol{f}$ 的 Jacobi 行列式在 D 上恒不为零,那么 D 的像集 $\boldsymbol{f}(D)$ 是开集.

证 沿用定理 12.4.5 的记号.

设 $\boldsymbol{P}_0'=(x_0,y_0)$ 为 $\boldsymbol{f}(D)$ 上的任一点,那么从定理 12.4.5 的证明可知,存在 $\boldsymbol{P}_0'$ 的一个邻域 $O(\boldsymbol{P}_0',\rho)$,使得这个邻域中的点都是 $\boldsymbol{f}$ 的像点,因此 $\boldsymbol{P}_0'$ 是 $\boldsymbol{f}(D)$ 的内点. 这就是说,$\boldsymbol{f}(D)$ 是开集.

证毕

定理 12.4.5 和定理 12.4.6 在高维也成立. 请有兴趣的读者考虑一下.

习 题

1. 求下列方程所确定的隐函数的导数或偏导数:

(1) $\sin y+\mathrm{e}^x-xy^2=0$,求 $\dfrac{\mathrm{d}y}{\mathrm{d}x}$;

(2) $x^y=y^x$,求 $\dfrac{\mathrm{d}y}{\mathrm{d}x}$;

(3) $\ln\sqrt{x^2+y^2}=\arctan\dfrac{y}{x}$,求 $\dfrac{\mathrm{d}y}{\mathrm{d}x}$;

(4) $\arctan\dfrac{x+y}{a}-\dfrac{y}{a}=0$,求 $\dfrac{\mathrm{d}y}{\mathrm{d}x}$ 和 $\dfrac{\mathrm{d}^2y}{\mathrm{d}x^2}$;

(5) $\dfrac{x}{z}=\ln\dfrac{z}{y}$,求 $\dfrac{\partial z}{\partial x}$ 和 $\dfrac{\partial z}{\partial y}$;

(6) $\mathrm{e}^z-xyz=0$,求 $\dfrac{\partial z}{\partial x},\dfrac{\partial z}{\partial y},\dfrac{\partial^2 z}{\partial x^2}$ 和 $\dfrac{\partial^2 z}{\partial x\partial y}$;

(7) $z^3-3xyz=a^3$,求 $\dfrac{\partial z}{\partial x},\dfrac{\partial z}{\partial y},\dfrac{\partial^2 z}{\partial x^2}$ 和 $\dfrac{\partial^2 z}{\partial x\partial y}$;

(8) $f(x+y,y+z,z+x)=0$,求 $\dfrac{\partial z}{\partial x}$ 和 $\dfrac{\partial z}{\partial y}$;

(9) $z=f(xz,z-y)$,求 $\dfrac{\partial z}{\partial x},\dfrac{\partial z}{\partial y}$ 和 $\dfrac{\partial^2 z}{\partial x^2}$;

(10) $f(x,x+y,x+y+z)=0$,求 $\dfrac{\partial z}{\partial x},\dfrac{\partial z}{\partial y},\dfrac{\partial^2 z}{\partial x^2}$ 和 $\dfrac{\partial^2 z}{\partial x\partial y}$.

2. 设 $y=\tan(x+y)$ 确定 y 为 x 的隐函数,验证

$$\frac{\mathrm{d}^3y}{\mathrm{d}x^3}=-\frac{2(3y^4+8y^2+5)}{y^8}.$$

3. 设 φ 是可微函数,证明由 $\varphi(cx-az,cy-bz)=0$ 所确定的隐函数 $z=f(x,y)$ 满足方程

$$a\frac{\partial z}{\partial x}+b\frac{\partial z}{\partial y}=c.$$

4. 设方程 $\varphi(x+zy^{-1},y+zx^{-1})=0$ 确定隐函数 $z=f(x,y)$,证明它满足方程

$$x\frac{\partial z}{\partial x}+y\frac{\partial z}{\partial y}=z-xy.$$

5. 求下列方程组所确定的隐函数的导数或偏导数:

(1) $\begin{cases}z-x^2-y^2=0,\\x^2+2y^2+3z^2=4a^2,\end{cases}$ 求$\dfrac{\mathrm{d}y}{\mathrm{d}x},\dfrac{\mathrm{d}z}{\mathrm{d}x},\dfrac{\mathrm{d}^2y}{\mathrm{d}x^2}$和$\dfrac{\mathrm{d}^2z}{\mathrm{d}x^2}$;

(2) $\begin{cases}xu+yv=0,\\yu+xv=1,\end{cases}$ 求$\dfrac{\partial u}{\partial x},\dfrac{\partial u}{\partial y},\dfrac{\partial^2u}{\partial x^2}$和$\dfrac{\partial^2u}{\partial x\partial y}$;

(3) $\begin{cases}u=f(ux,v+y),\\v=g(u-x,v^2y),\end{cases}$ 求$\dfrac{\partial u}{\partial x}$和$\dfrac{\partial v}{\partial x}$;

(4) $\begin{cases}x=u+v,\\y=u-v,\\z=u^2v^2,\end{cases}$ 求$\dfrac{\partial z}{\partial x}$和$\dfrac{\partial z}{\partial y}$;

(5) $\begin{cases}x=\mathrm{e}^u\cos v,\\y=\mathrm{e}^u\sin v,\\z=u^2+v^2,\end{cases}$ 求$\dfrac{\partial z}{\partial x}$和$\dfrac{\partial z}{\partial y}$.

6. 求微分:

(1) $x+2y+z-2\sqrt{xyz}=0$,求 $\mathrm{d}z$;

(2) $\begin{cases}x+y=u+v,\\\dfrac{x}{y}=\dfrac{\sin u}{\sin v},\end{cases}$ 求 $\mathrm{d}u$ 与 $\mathrm{d}v$.

7. 设$\begin{cases}x=x(y),\\z=z(y)\end{cases}$是由方程组$\begin{cases}F(y-x,y-z)=0,\\G\left(xy,\dfrac{z}{y}\right)=0\end{cases}$所确定的向量值隐函数,其中二元函数 F 和 G 分别具有连续的偏导数,求$\dfrac{\mathrm{d}x}{\mathrm{d}y}$和$\dfrac{\mathrm{d}z}{\mathrm{d}y}$.

8. 设 $f(x,y)$ 具有二阶连续偏导数.在极坐标$\begin{cases}x=r\cos\theta,\\y=r\sin\theta\end{cases}$变换下,求

$$\frac{\partial^2f}{\partial x^2}+\frac{\partial^2f}{\partial y^2}$$

关于极坐标的表达式.

9. 设二元函数 f 具有二阶连续偏导数.证明:通过适当线性变换

$$\begin{cases}u=x+\lambda y,\\v=x+\mu y,\end{cases}$$

可以将方程

$$A\frac{\partial^2f}{\partial x^2}+2B\frac{\partial^2f}{\partial x\partial y}+C\frac{\partial^2f}{\partial y^2}=0\qquad(AC-B^2<0)$$

化简为

$$\frac{\partial^2 f}{\partial u\partial v}=0.$$

并说明此时 λ,μ 为一元二次方程 $A+2Bt+Ct^2=0$ 的两个相异实根.

10. 通过自变量变换 $\begin{cases}x=\mathrm{e}^{\xi},\\ y=\mathrm{e}^{\eta}\end{cases}$ 变换方程

$$ax^2\frac{\partial^2 z}{\partial x^2}+2bxy\frac{\partial^2 z}{\partial x\partial y}+cy^2\frac{\partial^2 z}{\partial y^2}=0,a,b,c\text{ 为常数}.$$

11. 通过自变量变换 $\begin{cases}u=x-2\sqrt{y},\\ v=x+2\sqrt{y}\end{cases}$ 变换方程

$$\frac{\partial^2 z}{\partial x^2}-y\frac{\partial^2 z}{\partial y^2}=\frac{1}{2}\frac{\partial z}{\partial y},\quad y>0.$$

12. 导出新的因变量关于新的自变量的偏导数所满足的方程:

(1) 用 $\begin{cases}u=x^2+y^2,\\ v=\dfrac{1}{x}+\dfrac{1}{y}\end{cases}$ 及 $w=\ln z-(x+y)$ 变换方程

$$y\frac{\partial z}{\partial x}-x\frac{\partial z}{\partial y}=(y-x)z;$$

(2) 用 $\begin{cases}u=x,\\ v=x+y\end{cases}$ 及 $w=x+y+z$ 变换方程

$$\frac{\partial^2 z}{\partial x^2}-2\frac{\partial^2 z}{\partial x\partial y}+\left(1+\frac{y}{x}\right)\frac{\partial^2 z}{\partial y^2}=0;$$

(3) 用 $\begin{cases}u=x+y,\\ v=\dfrac{y}{x}\end{cases}$ 及 $w=\dfrac{z}{x}$ 变换方程

$$\frac{\partial^2 z}{\partial x^2}-2\frac{\partial^2 z}{\partial x\partial y}+\frac{\partial^2 z}{\partial y^2}=0.$$

13. 设 $y=f(x,t)$,而 t 是由方程 $F(x,y,t)=0$ 所确定的 x,y 的隐函数,其中 f 和 F 都具有连续偏导数.证明

$$\frac{\mathrm{d}y}{\mathrm{d}x}=\frac{\dfrac{\partial f}{\partial x}\dfrac{\partial F}{\partial t}-\dfrac{\partial f}{\partial t}\dfrac{\partial F}{\partial x}}{\dfrac{\partial f}{\partial t}\dfrac{\partial F}{\partial y}+\dfrac{\partial F}{\partial t}}.$$

14. 设二元函数 $f(x,y):\mathbf{R}^2\to\mathbf{R}$ 具有连续偏导数,证明:存在一对一的连续的向量值函数 $\boldsymbol{G}(t):\mathbf{R}\to\mathbf{R}^2$,使得

$$f\circ\boldsymbol{G}\equiv\text{常数}.$$

§5 偏导数在几何中的应用

空间曲线的切线和法平面

一条空间曲线可以看成一个质点在空间运动的轨迹.取定一个直角坐标系,设质

点在时刻 t 位于点 $P(x(t),y(t),z(t))$ 处,也就是它在任一时刻的坐标可用

$$\begin{cases}x=x(t),\\ y=y(t), \quad a\leqslant t\leqslant b\\ z=z(t),\end{cases}$$

来表示,随着 t 的连续变动,相应点 (x,y,z) 的轨迹就是空间中的一条曲线.

这种表达式称为**空间曲线的参数方程**,它也可以写成向量的形式

$$\boldsymbol{r}(t)=x(t)\boldsymbol{i}+y(t)\boldsymbol{j}+z(t)\boldsymbol{k}, \quad a\leqslant t\leqslant b.$$

定义 12.5.1　若 $\boldsymbol{r}'(t)=x'(t)\boldsymbol{i}+y'(t)\boldsymbol{j}+z'(t)\boldsymbol{k}$ 在 $[a,b]$ 上连续,并且 $\boldsymbol{r}'(t)\neq\boldsymbol{0}, t\in[a,b]$,则称

$$\boldsymbol{r}(t)=x(t)\boldsymbol{i}+y(t)\boldsymbol{j}+z(t)\boldsymbol{k}, \quad a\leqslant t\leqslant b$$

所确定的空间曲线为**光滑曲线**.

光滑曲线的切线位置随切点在曲线上的位置变动而连续变动.

记由以上参数方程所确定的光滑曲线为 Γ. 现在来讨论 Γ 上一点 $P_0(x(t_0),y(t_0),z(t_0))$ 处的切线(见图 12.5.1). 空间曲线的切线的定义与平面的情况相同,即定义为割线的极限位置.

记 $x_0=x(t_0)$, $y_0=y(t_0)$, $z_0=z(t_0)$. 取 Γ 上一点 $P_1(x(t),y(t),z(t))$,则过 P_0 和 P_1 的割线方程为

$$\frac{x-x_0}{x(t)-x(t_0)}=\frac{y-y_0}{y(t)-y(t_0)}=\frac{z-z_0}{z(t)-z(t_0)}.$$

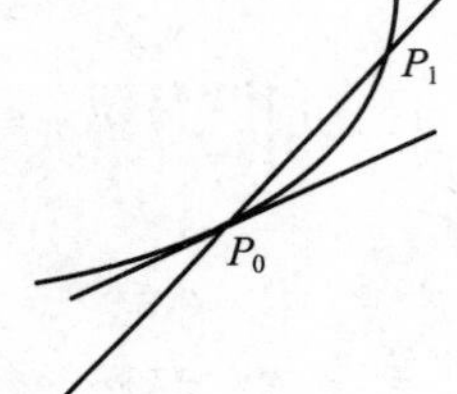

图 12.5.1

将其改写为

$$\frac{x-x_0}{\dfrac{x(t)-x(t_0)}{t-t_0}}=\frac{y-y_0}{\dfrac{y(t)-y(t_0)}{t-t_0}}=\frac{z-z_0}{\dfrac{z(t)-z(t_0)}{t-t_0}},$$

再令 $t\to t_0$,就得到曲线 Γ 在 P_0 点的切线方程

$$\frac{x-x_0}{x'(t_0)}=\frac{y-y_0}{y'(t_0)}=\frac{z-z_0}{z'(t_0)}.①$$

向量 $\boldsymbol{r}'(t_0)=(x'(t_0),y'(t_0),z'(t_0))$ 就是曲线 Γ 在 P_0 点的切线的一个方向向量,它也称为 Γ 在 P_0 点的**切向量**.

过 P_0 点且与切线垂直的平面称为曲线 Γ 在 P_0 点的**法平面**. 显然,该法平面的一个法向量就是 Γ 在 P_0 点的切向量,因此曲线 Γ 在 P_0 点的法平面方程可写成

$$x'(t_0)(x-x_0)+y'(t_0)(y-y_0)+z'(t_0)(z-z_0)=0,$$

或写成等价的向量形式

$$\boldsymbol{r}'(t_0)\cdot(\boldsymbol{x}-\boldsymbol{x}_0)=0.$$

---

① 这个公式应按空间解析几何中有关直线的对称式方程的说明来理解. 例如,当 $x'(t_0)\neq 0$, $y'(t_0)\neq 0$, $z'(t_0)=0$ 时,这个公式应理解为 $\begin{cases}\dfrac{x-x_0}{x'(t_0)}=\dfrac{y-y_0}{y'(t_0)},\\ z=z_0.\end{cases}$

特别地，如果曲线的方程为

$$y=f(x),z=g(x),$$

把它看成以 x 为参数的参数方程

$$\begin{cases}x=x,\\ y=f(x),\\ z=g(x),\end{cases}$$

即得到它在 $P_0(x_0,f(x_0),g(x_0))$ 点的切线方程为

$$\frac{x-x_0}{1}=\frac{y-f(x_0)}{f'(x_0)}=\frac{z-g(x_0)}{g'(x_0)};$$

法平面方程为

$$(x-x_0)+f'(x_0)(y-f(x_0))+g'(x_0)(z-g(x_0))=0.$$

空间曲线还可以表示为空间中两张曲面的交.设曲线 Γ 的方程为

$$\begin{cases}F(x,y,z)=0,\\ G(x,y,z)=0.\end{cases}$$

$P_0(x_0,y_0,z_0)$ 为 Γ 上一点，且 Jacobi 矩阵

$$\boldsymbol{J}=\begin{pmatrix}F_x & F_y & F_z\\ G_x & G_y & G_z\end{pmatrix}$$

在 P_0 点是满秩的，即 $\operatorname{rank}\boldsymbol{J}=2$.我们来求曲线 Γ 在 P_0 点的切线与法平面方程.

由于矩阵 $\boldsymbol{J}$ 在 P_0 点满秩，不失一般性，假设在 P_0 点成立

$$\frac{\partial(F,G)}{\partial(y,z)}=\begin{vmatrix}F_y & F_z\\ G_y & G_z\end{vmatrix}\neq 0.$$

由隐函数存在定理，在 P_0 点附近惟一确定了满足 $y_0=f(x_0),z_0=g(x_0)$ 的隐函数

$$y=f(x),\quad z=g(x),\quad x\in O(x_0,\varepsilon).$$

且有

$$f'(x_0)=\frac{\partial(F,G)}{\partial(z,x)}(P_0)\Big/\frac{\partial(F,G)}{\partial(y,z)}(P_0),\quad g'(x_0)=\frac{\partial(F,G)}{\partial(x,y)}(P_0)\Big/\frac{\partial(F,G)}{\partial(y,z)}(P_0).$$

于是，曲线 Γ 在 P_0 点的切线方程为

$$\frac{x-x_0}{\frac{\partial(F,G)}{\partial(y,z)}(P_0)}=\frac{y-y_0}{\frac{\partial(F,G)}{\partial(z,x)}(P_0)}=\frac{z-z_0}{\frac{\partial(F,G)}{\partial(x,y)}(P_0)};$$

法平面方程为

$$\frac{\partial(F,G)}{\partial(y,z)}(P_0)(x-x_0)+\frac{\partial(F,G)}{\partial(z,x)}(P_0)(y-y_0)+\frac{\partial(F,G)}{\partial(x,y)}(P_0)(z-z_0)=0.$$

由空间解析几何知道，由一点及两个线性无关(即非平行)的向量确定一张过该点的平面(称为这两个向量**张成的平面**)，平面上的任一向量都可以表为这两个向量的线性组合.

定理 12.5.1 曲线$\begin{cases}F(x,y,z)=0,\\ G(x,y,z)=0\end{cases}$在 P_0 点的法平面就是由梯度向量 $\mathbf{grad}F(P_0)$ 和

$\mathbf{grad}G(P_0)$张成的过P_0的平面.

证　仍记该曲线为Γ.由于矩阵$\boldsymbol{J}=\begin{pmatrix}F_x & F_y & F_z\\ G_x & G_y & G_z\end{pmatrix}$在$P_0$点满秩,因此

$$\mathbf{grad}F(P_0)=(F_x(P_0),F_y(P_0),F_z(P_0))$$

与

$$\mathbf{grad}G(P_0)=(G_x(P_0),G_y(P_0),G_z(P_0))$$

线性无关,因此它们可以张成一个过P_0点的平面π.

要证明平面π就是曲线Γ在P_0点的法平面,只要证明Γ在P_0点的切向量与π垂直,即与$\mathbf{grad}F(P_0)$和$\mathbf{grad}G(P_0)$均垂直即可.

因为曲线Γ在P_0点的切向量为

$$\boldsymbol{\tau}=\left(\frac{\partial(F,G)}{\partial(y,z)}(P_0),\frac{\partial(F,G)}{\partial(z,x)}(P_0),\frac{\partial(F,G)}{\partial(x,y)}(P_0)\right),$$

于是

$$\begin{aligned}\boldsymbol{\tau}\cdot\mathbf{grad}F(P_0)&=F_x(P_0)\frac{\partial(F,G)}{\partial(y,z)}(P_0)+F_y(P_0)\frac{\partial(F,G)}{\partial(z,x)}(P_0)+F_z(P_0)\frac{\partial(F,G)}{\partial(x,y)}(P_0)\\&=\begin{vmatrix}F_x(P_0) & F_y(P_0) & F_z(P_0)\\ F_x(P_0) & F_y(P_0) & F_z(P_0)\\ G_x(P_0) & G_y(P_0) & G_z(P_0)\end{vmatrix}=0.\end{aligned}$$

同理$\boldsymbol{\tau}\cdot\mathbf{grad}G(P_0)=0$.因此平面$\pi$就是曲线$\Gamma$在$P_0$点的法平面.

证毕

这个定理刻画了曲线Γ在P_0点的法平面的几何性质.

例 12.5.1　一质点一方面按逆时针方向以等角速度ω绕z轴旋转,另一方面又沿z轴正向以匀速c上升,已知时刻$t=0$时质点在点$P_0(a,0,0)$$(a>0)$处,求

(1) 该质点的运动轨迹Γ;

(2) 该质点在时刻t的速度;

(3) 当$\omega=1$时,曲线Γ在$t=\dfrac{\pi}{2}$时所对应点处的切线与法平面方程.

解　(1) 设在时刻t,质点在$P(x,y,z)$处,θ为OM与x轴正向的夹角(如图12.5.2所示).

因为质点按逆时针方向以等角速度ω绕z轴旋转,而且$t=0$时质点在$P_0(a,0,0)$处,所以

$$\theta=\omega t,$$

于是

$$x=a\cos\theta=a\cos\omega t,$$
$$y=a\sin\theta=a\sin\omega t.$$

又因为质点以匀速c上升,于是

$$z=ct.$$

那么质点运动的轨迹方程为

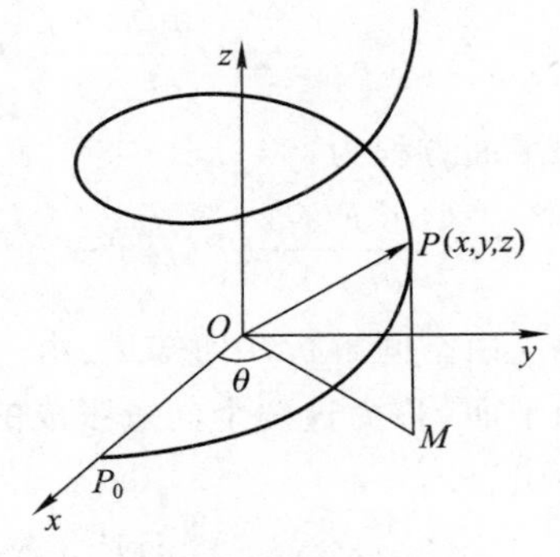

图 12.5.2

$$\begin{cases} x=a\cos\omega t, \\ y=a\sin\omega t, \\ z=ct. \end{cases} \qquad t\geqslant 0,$$

这样的曲线称为**螺旋线**.

（2）我们将质点的轨迹方程用向量值函数写出来就是

$$\boldsymbol{r}(t)=(a\cos\omega t,a\sin\omega t,ct)$$

那么质点的运动速度就为

$$\boldsymbol{r}'(t)=(-a\omega\sin\omega t,a\omega\cos\omega t,c).$$

（3）当 $\omega=1$ 时，曲线 Γ 的方程即为

$$\begin{cases} x=a\cos t, \\ y=a\sin t, \\ z=ct, \end{cases}$$

而 $t=\dfrac{\pi}{2}$ 时对应曲线上的点 $M_0\left(0,a,\dfrac{c\pi}{2}\right)$. 由于 $\boldsymbol{r}'(t)=(-a\sin t,a\cos t,c)$，从而

$$\boldsymbol{r}'\left(\frac{\pi}{2}\right)=(-a,0,c).$$

因此曲线 Γ 在 M_0 点的切线方程为

$$\frac{x-0}{-a}=\frac{y-a}{0}=\frac{z-\dfrac{c\pi}{2}}{c},$$

或

$$\begin{cases} \dfrac{x}{-a}=\dfrac{z-\dfrac{c\pi}{2}}{c}, \\ y=a. \end{cases}$$

曲线 Γ 在 M_0 点的法平面方程为

$$-ax+cz-\frac{c^2\pi}{2}=0.$$

例 12.5.2 求曲线 $\Gamma:\begin{cases} x^2+y^2+z^2-2y=4, \\ x+y+z=0 \end{cases}$ 在点 $(1,1,-2)$ 处的切线和法平面的方程（见图12.5.3）.

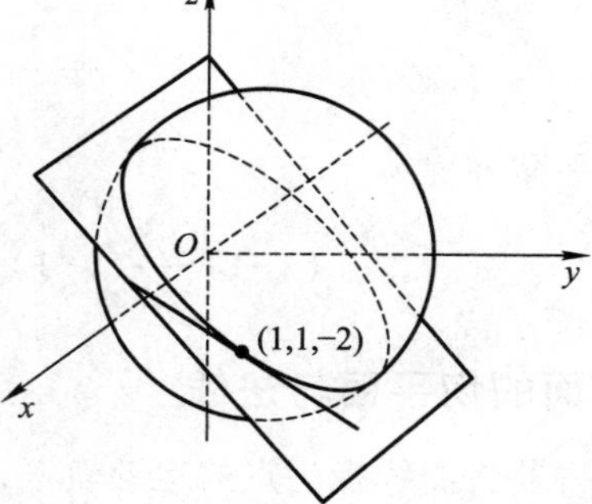

图 12.5.3

解法一 直接利用公式求解.

曲线 Γ 的方程为

$$\begin{cases} F(x,y,z)=x^2+y^2+z^2-2y-4=0, \\ G(x,y,z)=x+y+z=0. \end{cases}$$

所以

$$\frac{\partial(F,G)}{\partial(y,z)}=\begin{vmatrix} 2y-2 & 2z \\ 1 & 1 \end{vmatrix}=2(y-z-1), \quad \frac{\partial(F,G)}{\partial(z,x)}=\begin{vmatrix} 2z & 2x \\ 1 & 1 \end{vmatrix}=2(z-x),$$

$$\frac{\partial(F,G)}{\partial(x,y)}=\begin{vmatrix}2x & 2y-2\\ 1 & 1\end{vmatrix}=2(x-y+1).$$

因此

$$\left.\frac{\partial(F,G)}{\partial(y,z)}\right|_{(1,1,-2)}=4,\quad \left.\frac{\partial(F,G)}{\partial(z,x)}\right|_{(1,1,-2)}=-6,\quad \left.\frac{\partial(F,G)}{\partial(x,y)}\right|_{(1,1,-2)}=2.$$

于是所求的切线方程为

$$\frac{x-1}{4}=\frac{y-1}{-6}=\frac{z+2}{2},\text{即}\frac{x-1}{2}=\frac{y-1}{-3}=\frac{z+2}{1};$$

法平面方程为

$$4(x-1)-6(y-1)+2(z+2)=0,\text{即 }2x-3y+z+3=0.$$

解法二 依照推导公式的方法来求解.

在所给的两个曲面方程两边对 x 求导,

$$\begin{cases}2x+2y\dfrac{\mathrm{d}y}{\mathrm{d}x}+2z\dfrac{\mathrm{d}z}{\mathrm{d}x}-2\dfrac{\mathrm{d}y}{\mathrm{d}x}=0,\\ 1+\dfrac{\mathrm{d}y}{\mathrm{d}x}+\dfrac{\mathrm{d}z}{\mathrm{d}x}=0.\end{cases}$$

解这个方程组,得到

$$\frac{\mathrm{d}y}{\mathrm{d}x}=\frac{z-x}{y-z-1},\quad \frac{\mathrm{d}z}{\mathrm{d}x}=\frac{1-y+x}{y-z-1}.$$

于是

$$\left.\frac{\mathrm{d}y}{\mathrm{d}x}\right|_{(1,1,-2)}=-\frac{3}{2},\quad \left.\frac{\mathrm{d}z}{\mathrm{d}x}\right|_{(1,1,-2)}=\frac{1}{2},$$

曲线 Γ 在 $(1,1,-2)$ 处的切向量为 $\left(1,-\dfrac{3}{2},\dfrac{1}{2}\right)$.因此所求的切线方程为

$$\frac{x-1}{1}=\frac{y-1}{-\frac{3}{2}}=\frac{z+2}{\frac{1}{2}},\quad \text{即}\quad \frac{x-1}{2}=\frac{y-1}{-3}=\frac{z+2}{1};$$

法平面方程为

$$(x-1)-\frac{3}{2}(y-1)+\frac{1}{2}(z+2)=0,\quad \text{即}\quad 2x-3y+z+3=0.$$

曲面的切平面与法线

若将曲线视为点的运动轨迹,则曲面就可以看成曲线的运动轨迹.

曲面方程一般表示为

$$F(x,y,z)=0,\quad (x,y,z)\in D,$$

这里只考虑 F 在 D 上具有连续偏导数,且 Jacobi 矩阵 (F_x,F_y,F_z) 在曲面上恒为满秩,即 $F_x^2+F_y^2+F_z^2\neq 0$ 的情况.

记以上方程确定的曲面为 S,并设 $P_0(x_0,y_0,z_0)$ 为 S 上一点.考察曲面 S 上过点 P_0 的任意一条光滑曲线 Γ:

$$\begin{cases}x=x(t),\\ y=y(t),\\ z=z(t).\end{cases}$$

并设 $x_0=x(t_0),y_0=y(t_0),z_0=z(t_0)$. 由于曲线 Γ 在 S 上，因此

$$F(x(t),y(t),z(t))\equiv 0,$$

对 t 在 $t=t_0$ 求导就得到

$$F_x(P_0)x'(t_0)+F_y(P_0)y'(t_0)+F_z(P_0)z'(t_0)=0.$$

这说明，曲面 S 上过 P_0 的任意一条光滑曲线 Γ 在 P_0 点的切线（因为切向量为 $(x'(t_0),y'(t_0),z'(t_0))$）都与向量

$$\boldsymbol{n}=(F_x(P_0),F_y(P_0),F_z(P_0))$$

垂直，因此这些切线都在一张平面 π 上.

平面 π 称为曲面 S 在点 P_0 的**切平面**，它的法向量 $\boldsymbol{n}$ 称为 S 在 P_0 点的**法向量**（见图 12.5.4）. 这样，S 在点 P_0 的切平面方程可以表示为

$$F_x(P_0)(x-x_0)+F_y(P_0)(y-y_0)+F_z(P_0)(z-z_0)=0.$$

过 P_0 点且与切平面垂直的直线称为曲面 S 在 P_0 点的**法线**，它的方程显然为

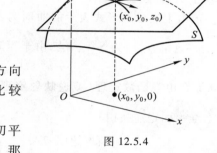

$$\frac{x-x_0}{F_x(P_0)}=\frac{y-y_0}{F_y(P_0)}=\frac{z-z_0}{F_z(P_0)},$$

这是空间中过 P_0 点，并以向量 $\mathbf{grad}F(P_0)$ 为方向的直线（请读者将上述结果与定理 12.5.1 比较一下）.

如果一张曲面具有连续变动的切平面，即切平面位置随切点在曲面上的位置变动而连续变动，那么称该曲面为**光滑曲面**.

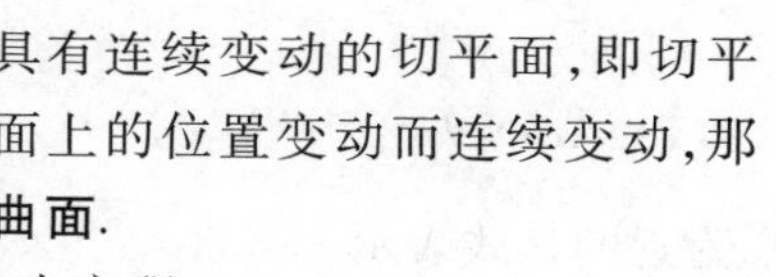

图 12.5.4

于是，若曲面 S 由方程

$$F(x,y,z)=0,\quad (x,y,z)\in D$$

确定，那么当 F_x,F_y,F_z 都在 D 上连续，且在曲面上 $F_x^2+F_y^2+F_z^2\neq 0$ 时，S 是光滑曲面.

若曲面 S 的方程可显式表示为

$$z=f(x,y),$$

也就是

$$F(x,y,z)=f(x,y)-z=0,$$

且 $z=f(x,y)$ 在 (x_0,y_0) 点可微，则曲面 S 在 $P_0(x_0,y_0,z_0)$ 点（其中 $z_0=f(x_0,y_0)$）的切平面方程即为

$$\frac{\partial f}{\partial x}(x_0,y_0)(x-x_0)+\frac{\partial f}{\partial y}(x_0,y_0)(y-y_0)-(z-z_0)=0.$$

将它与

$$f(x,y)-f(x_0,y_0)=f_x(x_0,y_0)(x-x_0)+f_y(x_0,y_0)(y-y_0)+o(\sqrt{\Delta x^2+\Delta y^2})$$

比较一下就知道：若 $z=f(x,y)$ 在 (x_0,y_0) 点可微，则在 (x_0,y_0) 点附近可以用曲面 S 在 (x_0,y_0,z_0) 点的切平面近似代替它，其误差是 $\sqrt{(x-x_0)^2+(y-y_0)^2}$ 的高阶无穷小.

相应地，曲面 S 在 (x_0,y_0,z_0) 点的法线方程为

$$\frac{x-x_0}{\dfrac{\partial f}{\partial x}(x_0,y_0)}=\frac{y-y_0}{\dfrac{\partial f}{\partial y}(x_0,y_0)}=\frac{z-z_0}{-1}.$$

曲面方程也可以表示成参数形式：

$$\begin{cases}x=x(u,v),\\ y=y(u,v), \quad (u,v)\in D,\\ z=z(u,v),\end{cases}$$

其中 D 是 $\mathbf{R}^2$ 中的区域，它称为**曲面的参数方程**.它也可以表为向量形式

$$\boldsymbol{r}(u,v)=x(u,v)\boldsymbol{i}+y(u,v)\boldsymbol{j}+z(u,v)\boldsymbol{k}, \quad (x,y)\in D.$$

以下我们假设 Jacobi 矩阵

$$\boldsymbol{J}=\begin{pmatrix}x_u & x_v\\ y_u & y_v\\ z_u & z_v\end{pmatrix}$$

在 D 上恒为满秩.

记由上述参数形式表示的曲面为 S，并设 $P_0(x_0,y_0,z_0)(x_0=x(u_0,v_0),y_0=y(u_0,v_0),z_0=z(u_0,v_0))$ 为 S 上一点.由于矩阵 $\boldsymbol{J}$ 是满秩的，不失一般性，假设 $\left.\dfrac{\partial(x,y)}{\partial(u,v)}\right|_{(u_0,v_0)}\neq 0$.那么由隐函数定理（或逆映射定理），可以由 $\begin{cases}x=x(u,v),\\ y=y(u,v)\end{cases}$ 在某个邻域 $O((x_0,y_0),\rho)$ 上惟一确定逆映射

$$\begin{cases}u=u(x,y),\\ v=v(x,y)\end{cases}(u_0=u(x_0,y_0),v_0=v(x_0,y_0)).$$

代入 $z=z(u,v)$，就得到曲面 S 在 P_0 附近的显式表示

$$z=z(u(x,y),v(x,y))=f(x,y),$$

且成立

$$\frac{\partial u}{\partial x}=\frac{\partial y}{\partial v}\Big/\frac{\partial(x,y)}{\partial(u,v)},\quad \frac{\partial v}{\partial x}=-\frac{\partial y}{\partial u}\Big/\frac{\partial(x,y)}{\partial(u,v)},$$

$$\frac{\partial u}{\partial y}=-\frac{\partial x}{\partial v}\Big/\frac{\partial(x,y)}{\partial(u,v)},\quad \frac{\partial v}{\partial y}=\frac{\partial x}{\partial u}\Big/\frac{\partial(x,y)}{\partial(u,v)}.$$

由此得到

$$\frac{\partial f}{\partial x}=\frac{\partial z}{\partial u}\frac{\partial u}{\partial x}+\frac{\partial z}{\partial v}\frac{\partial v}{\partial x}=-\frac{\partial(y,z)}{\partial(u,v)}\Big/\frac{\partial(x,y)}{\partial(u,v)},$$

$$\frac{\partial f}{\partial y}=\frac{\partial z}{\partial u}\frac{\partial u}{\partial y}+\frac{\partial z}{\partial v}\frac{\partial v}{\partial y}=-\frac{\partial(z,x)}{\partial(u,v)}\Big/\frac{\partial(x,y)}{\partial(u,v)}.$$

于是 S 在 P_0 点的切平面方程为

$$\left.\frac{\partial(y,z)}{\partial(u,v)}\right|_{(u_0,v_0)}(x-x_0)+\left.\frac{\partial(z,x)}{\partial(u,v)}\right|_{(u_0,v_0)}(y-y_0)+\left.\frac{\partial(x,y)}{\partial(u,v)}\right|_{(u_0,v_0)}(z-z_0)=0;$$

法线方程为

$$\frac{x-x_0}{\left.\frac{\partial(y,z)}{\partial(u,v)}\right|_{(u_0,v_0)}}=\frac{y-y_0}{\left.\frac{\partial(z,x)}{\partial(u,v)}\right|_{(u_0,v_0)}}=\frac{z-z_0}{\left.\frac{\partial(x,y)}{\partial(u,v)}\right|_{(u_0,v_0)}}.$$

例 12.5.3　求曲面 $e^z-z+xy=3$ 在点$(2,1,0)$处的切平面与法线方程.

解　曲面方程即为 $F(x,y,z)=e^z-z+xy-3=0$. 由于

$$F_x=y,\quad F_y=x,\quad F_z=e^z-1,$$

因此曲面在点$(2,1,0)$处的法向量为

$$\boldsymbol{n}=(F_x(2,1,0),F_y(2,1,0),F_z(2,1,0))=(1,2,0),$$

于是曲面在点$(2,1,0)$处的切平面方程为

$$1\cdot(x-2)+2\cdot(y-1)+0\cdot(z-0)=0,\text{即 } x+2y-4=0;$$

法线方程为

$$\begin{cases}\dfrac{x-2}{1}=\dfrac{y-1}{2},\\ z=0.\end{cases}$$

例 12.5.4　求曲面

$$\begin{cases}x=a\operatorname{ch}u\cos v,\\ y=b\operatorname{ch}u\sin v,\\ z=\operatorname{sh}u\end{cases}$$

在$(u,v)=\left(0,\dfrac{\pi}{4}\right)$所对应的点处的切平面和法线方程.

解　因为

$$\frac{\partial x}{\partial u}=a\operatorname{sh}u\cos v,\quad \frac{\partial x}{\partial v}=-a\operatorname{ch}u\sin v,$$

$$\frac{\partial y}{\partial u}=b\operatorname{sh}u\sin v,\quad \frac{\partial y}{\partial v}=b\operatorname{ch}u\cos v,$$

$$\frac{\partial z}{\partial u}=\operatorname{ch}u,\quad \frac{\partial z}{\partial v}=0,$$

所以在$(u,v)=\left(0,\dfrac{\pi}{4}\right)$处,

$$\frac{\partial x}{\partial u}=0,\quad \frac{\partial x}{\partial v}=-\frac{a}{\sqrt{2}},$$

$$\frac{\partial y}{\partial u}=0,\quad \frac{\partial y}{\partial v}=\frac{b}{\sqrt{2}},$$

$$\frac{\partial z}{\partial u}=1,\quad \frac{\partial z}{\partial v}=0.$$

于是在这点

$$\frac{\partial(y,z)}{\partial(u,v)}=-\frac{b}{\sqrt{2}},\quad \frac{\partial(z,x)}{\partial(u,v)}=-\frac{a}{\sqrt{2}},\quad \frac{\partial(x,y)}{\partial(u,v)}=0.$$

由于$(u,v)=\left(0,\dfrac{\pi}{4}\right)$对应于$(x,y,z)=\left(\dfrac{a}{\sqrt{2}},\dfrac{b}{\sqrt{2}},0\right)$点,因此曲面在这点的切平面方

程为

$$-\frac{b}{\sqrt{2}}\left(x-\frac{a}{\sqrt{2}}\right)-\frac{a}{\sqrt{2}}\left(y-\frac{b}{\sqrt{2}}\right)+0\cdot(z-0)=0 \quad 即 \quad bx+ay-\sqrt{2}ab=0;$$

法线方程为

$$\begin{cases}\dfrac{x-\frac{a}{\sqrt{2}}}{-\frac{b}{\sqrt{2}}}=\dfrac{y-\frac{b}{\sqrt{2}}}{-\frac{a}{\sqrt{2}}},\\ z=0,\end{cases} \quad 即 \quad \begin{cases}\dfrac{x-\frac{a}{\sqrt{2}}}{b}=\dfrac{y-\frac{b}{\sqrt{2}}}{a},\\ z=0.\end{cases}$$

例 12.5.5　已知曲面Σ：$e^{2x-z}=f(\pi y-\sqrt{2}z)$，其中$f$为具有连续导数的一元函数.证明$\Sigma$为柱面.

证　要证明曲面Σ为柱面，只要证Σ在任意一点的切平面都平行于一条定直线，即证Σ在任意一点的法向量垂直于一个定向量.

曲面Σ的方程为$F(x,y,z)=e^{2x-z}-f(\pi y-\sqrt{2}z)=0$，所以$\Sigma$在任意一点$(x,y,z)$处的法向量为

$$\boldsymbol{n}=(F_x,F_y,F_z)=(2e^{2x-z},-\pi f'(\pi y-\sqrt{2}z),-e^{2x-z}+\sqrt{2}f'(\pi y-\sqrt{2}z)).$$

设定向量为$\boldsymbol{a}=(l,m,n)$，要使$\boldsymbol{n}$与$\boldsymbol{a}$垂直，只要$\boldsymbol{n}\cdot\boldsymbol{a}=0$.取

$$l=\pi,\quad m=2\sqrt{2},\quad n=2\pi,$$

则

$$\boldsymbol{n}\cdot\boldsymbol{a}=2\pi e^{2x-z}-2\sqrt{2}\pi f'(\pi y-\sqrt{2}z)-2\pi e^{2x-z}+2\sqrt{2}\pi f'(\pi y-\sqrt{2}z)=0,$$

即曲面Σ在任意一点的法向量$\boldsymbol{n}$垂直于定向量$\boldsymbol{a}=(\pi,2\sqrt{2},2\pi)$，因此$\Sigma$为柱面.

证毕

我们现在引入夹角的概念.两条曲线在交点处的夹角，是指这两条曲线在交点处的切向量之间的夹角.两张曲面在交线上一点的夹角，是指这两张曲面在该点的法向量之间的夹角.如果两张曲面在交线上每一点正交，即夹角为直角，就称这两张曲面正交.

例 12.5.6　证明两球面$x^2+y^2+z^2=2ax$与$x^2+y^2+z^2=2by\ (a,b>0)$是相互正交的.

证　球面$x^2+y^2+z^2=2ax$在两球面的任一交点(x,y,z)处的法向量为$\boldsymbol{n}_1=(x-a,y,z)$；球面$x^2+y^2+z^2=2by$在点$(x,y,z)$处的法向量为$\boldsymbol{n}_2=(x,y-b,z)$.于是，在两球面的任一交点$(x,y,z)$处，

$$\begin{aligned}\boldsymbol{n}_1\cdot\boldsymbol{n}_2&=(x-a)\cdot x+y(y-b)+z\cdot z=x^2+y^2+z^2-ax-by\\&=\frac{1}{2}(x^2+y^2+z^2-2ax)+\frac{1}{2}(x^2+y^2+z^2-2by)=0.\end{aligned}$$

因此两球面是正交的.

习　题

1. 求下列曲线在指定点处的切线与法平面方程：

(1) $\begin{cases} y=x^2, \\ z=\dfrac{x}{1+x}, \end{cases}$ 在$\left(1,1,\dfrac{1}{2}\right)$点；

(2) $\begin{cases} x=t-\sin t, \\ y=1-\cos t, \\ z=4\sin\dfrac{t}{2}, \end{cases}$ 在 $t=\dfrac{\pi}{2}$对应的点；

(3) $\begin{cases} x+y+z=0, \\ x^2+y^2+z^2=6. \end{cases}$ 在$(1,-2,1)$点；

(4) $\begin{cases} x^2+y^2=R^2, \\ x^2+z^2=R^2, \end{cases}$ 在$\left(\dfrac{R}{\sqrt{2}},\dfrac{R}{\sqrt{2}},\dfrac{R}{\sqrt{2}}\right)$点.

2. 在曲线 $x=t,y=t^2,z=t^3$ 上求一点，使曲线在这一点的切线与平面$x+2y+z=10$平行.

3. 求曲线 $x=\sin^2 t,y=\sin t\cos t,z=\cos^2 t$ 在 $t=\dfrac{\pi}{2}$所对应的点处的切线的方向余弦.

4. 求下列曲面在指定点的切平面与法线方程：

(1) $z=2x^4+3y^3$，在点$(2,1,35)$；

(2) $e^{\frac{x}{z}}+e^{\frac{y}{z}}=4$，在点$(\ln 2,\ln 2,1)$；

(3) $x=u+v,y=u^2+v^2,z=u^3+v^3$，在点 $u=0,v=1$ 所对应的点.

5. 在马鞍面 $z=xy$ 上求一点，使得这一点的法线与平面 $x+3y+z+9=0$ 垂直，并写出此法线的方程.

6. 求椭球面 $x^2+2y^2+3z^2=498$ 的平行于平面 $x+3y+5z=7$ 的切平面.

7. 求圆柱面 $x^2+y^2=a^2$ 与马鞍面 $bz=xy$ 的交角.

8. 已知曲面 $x^2-y^2-3z=0$，求经过点 $A(0,0,-1)$且与直线$\dfrac{x}{2}=\dfrac{y}{1}=\dfrac{z}{2}$平行的切平面的方程.

9. 设椭球面 $2x^2+3y^2+z^2=6$ 上点 $P(1,1,1)$处指向外侧的法向量为 $\boldsymbol{n}$，求函数 $u=\dfrac{\sqrt{6x^2+8y^2}}{z}$在点 P 处沿方向 $\boldsymbol{n}$ 的方向导数.

10. 证明：曲面$\sqrt{x}+\sqrt{y}+\sqrt{z}=\sqrt{a}\ (a>0)$上任一点的切平面在各坐标轴上的截距之和等于 a.

11. 证明：曲线

$$\begin{cases} x=ae^t\cos t, \\ y=ae^t\sin t, \\ z=ae^t \end{cases}$$

与锥面 $x^2+y^2=z^2$ 的各母线相交的角度相同.

12. 证明：曲面$f(ax-bz,ay-cz)=0$ 上的切平面都与某一定直线平行，其中函数f具有连续偏导数，且常数 a,b,c 不同时为零.

13. 证明：曲面 $z=xf\left(\dfrac{y}{x}\right)\ (x\neq 0)$在任一点处的切平面都通过原点，其中函数$f$具有连续偏导数.

14. 证明：曲面 $F\left(\frac{z}{y},\frac{x}{z},\frac{y}{x}\right)=0$ 的所有切平面都过某一定点，其中函数 F 具有连续偏导数.

15. 设 $F(x,y,z)$ 具有连续偏导数，且 $F_x^2+F_y^2+F_z^2\neq 0$. 进一步，设 k 为正整数，$F(x,y,z)$ 为 k 次齐次函数，即对于任意的实数 t 和 (x,y,z)，成立

$$F(tx,ty,tz)=t^kF(x,y,z).$$

证明：曲面 $F(x,y,z)=0$ 上所有点的切平面相交于一定点.

§6 无条件极值

无条件极值

我们已经讨论了在只有一个自变量的情况下，如何解决诸如用料最省、路程最短、收益最大等问题. 但实际问题一般总受到多个因素的制约，因此有必要讨论多元函数的最值问题. 与一元函数类似，多元函数的最值与极值有着密切联系，下面先引入多元函数的极值概念.

定义 12.6.1 设 $D\in\mathbf{R}^n$ 为开区域，$f(\boldsymbol{x})$ 为定义在 D 上的函数，$\boldsymbol{x}_0=(x_1^0,x_2^0,\cdots,x_n^0)\in D$. 若存在 $\boldsymbol{x}_0$ 的邻域 $O(\boldsymbol{x}_0,r)$，使得

$$f(\boldsymbol{x}_0)\geqslant f(\boldsymbol{x})\ (\text{或 } f(\boldsymbol{x}_0)\leqslant f(\boldsymbol{x})),\quad \boldsymbol{x}\in O(\boldsymbol{x}_0,r),$$

则称 $\boldsymbol{x}_0$ 为 f 的**极大值点**（或**极小值点**）；相应地，称 $f(\boldsymbol{x}_0)$ 为相应的**极大值**（或**极小值**）；极大值点与极小值点统称为**极值点**，极大值与极小值统称为**极值**.

先考察一个点为极值点的必要条件. 下面的结论是一元函数的 Fermat 引理在多元函数情况的推广.

定理 12.6.1（必要条件） 设 $\boldsymbol{x}_0$ 为函数 f 的极值点，且 f 在 $\boldsymbol{x}_0$ 点可偏导，则 f 在 $\boldsymbol{x}_0$ 点的各个一阶偏导数都为零，即

$$f_{x_1}(\boldsymbol{x}_0)=f_{x_2}(\boldsymbol{x}_0)=\cdots=f_{x_n}(\boldsymbol{x}_0)=0.$$

证 只证明 $f_{x_1}(\boldsymbol{x}_0)=0$，其他类似. 考虑一元函数

$$\varphi(x_1)=f(x_1,x_2^0,\cdots,x_n^0),$$

则 x_1^0 是 $\varphi(x_1)$ 的极值点. 由于 f 在 $\boldsymbol{x}_0$ 点可偏导，因此 $\varphi(x_1)$ 在 x_1^0 点可导，由 Fermat 引理，即得到

$$\varphi'(x_1^0)=f_{x_1}(x_1^0,x_2^0,\cdots,x_n^0)=0.$$

证毕

使函数 f 的各个一阶偏导数同时为零的点称为 f 的**驻点**.

下面给出与一元函数情况类似的两点说明. 首先，定理 12.6.1 的条件不是充分的，即驻点不一定是极值点. 如马鞍面方程 $f(x,y)=xy$ 满足

$$f_x(0,0)=f_y(0,0)=0,$$

但在 $(0,0)$ 的任何邻域里，总同时存在使 $f(x,y)$ 为正和为负的点. 而 $f(0,0)=0$，因此 $(0,0)$ 不是 f 的极值点（见图 12.6.1）.

其次,偏导数不存在的点也可能是极值点.如柱面方程 $f(x,y)=|x|$,整个 y 轴上的每一点 $(0,y)$ 都是 f 的极小值点.但在 y 轴上的任一点 $(0,y)$ 处,f 关于 x 的偏导数都不存在(见图 12.6.2).

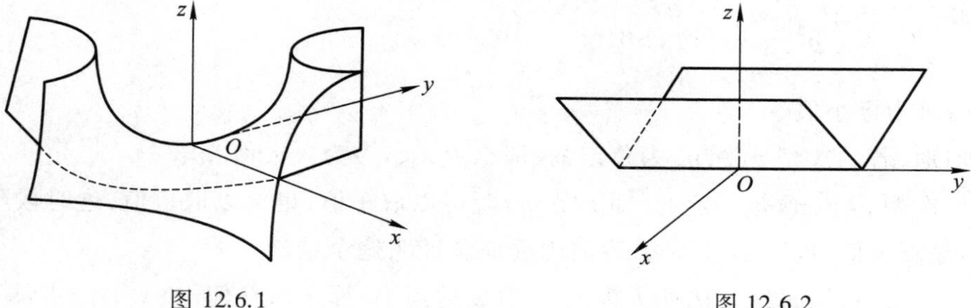

图 12.6.1　　　　图 12.6.2

那么,要加上什么条件才能保证驻点是极值点呢?我们先对二元函数进行讨论.

设 $z=f(x,y)$ 在 (x_0,y_0) 点附近具有二阶连续偏导数,且 (x_0,y_0) 为 f 的驻点,即

$$f_x(x_0,y_0)=f_y(x_0,y_0)=0,$$

那么由 Taylor 公式得到

$$f(x_0+\Delta x,y_0+\Delta y)-f(x_0,y_0)=\frac{1}{2}\{f_{xx}(\tilde{P})\Delta x^2+2f_{xy}(\tilde{P})\Delta x\Delta y+f_{yy}(\tilde{P})\Delta y^2\},$$

其中 $\tilde{P}=(x_0+\theta\Delta x,y_0+\theta\Delta y)$,$0<\theta<1$.由于 f 的二阶偏导数在 (x_0,y_0) 点连续,因此

$$f_{xx}(\tilde{P})=f_{xx}(x_0,y_0)+\alpha,f_{xy}(\tilde{P})=f_{xy}(x_0,y_0)+\beta,f_{yy}(\tilde{P})=f_{yy}(x_0,y_0)+\gamma,$$

其中 α,β,γ 为当 $\rho=\sqrt{\Delta x^2+\Delta y^2}\to 0$ 时的无穷小量.

于是

$$\begin{aligned}&f(x_0+\Delta x,y_0+\Delta y)-f(x_0,y_0)\\&=\frac{1}{2}\{f_{xx}(x_0,y_0)\Delta x^2+2f_{xy}(x_0,y_0)\Delta x\Delta y+f_{yy}(x_0,y_0)\Delta y^2+\alpha\Delta x^2+2\beta\Delta x\Delta y+\gamma\Delta y^2\}\\&=\frac{1}{2}\rho^2\{f_{xx}(x_0,y_0)\xi^2+2f_{xy}(x_0,y_0)\xi\eta+f_{yy}(x_0,y_0)\eta^2+o(1)\}\quad(\rho\to 0),\end{aligned}$$

其中 $\xi=\dfrac{\Delta x}{\rho},\eta=\dfrac{\Delta y}{\rho}$.

由于 $\xi^2+\eta^2=1$,因此,判断 $f(x_0,y_0)$ 是否为极值的问题就转化为判断二次型

$$g(\xi,\eta)=f_{xx}(x_0,y_0)\xi^2+2f_{xy}(x_0,y_0)\xi\eta+f_{yy}(x_0,y_0)\eta^2$$

在单位圆周

$$S=\{(\xi,\eta)\in\mathbf{R}^2\mid\xi^2+\eta^2=1\}$$

上是否保号的问题.等价地,是二次型 $g(\xi,\eta)$ 是否保号的问题.(请读者想想为什么.)

若二次型 $g(\xi,\eta)$ 是正定的,那么 $g(\xi,\eta)$ 在 S 上的最小值(这是一定存在的,请读者考虑一下为什么)一定满足

$$\min_{(\xi,\eta)\in S}\{g(\xi,\eta)\}=m>0.$$

因此当 $\rho\neq 0$ 且 ρ 充分小时,

$$\begin{aligned}&f(x_0+\Delta x,y_0+\Delta y)-f(x_0,y_0)\\&=\frac{1}{2}\rho^2\{f_{xx}(x_0,y_0)\xi^2+2f_{xy}(x_0,y_0)\xi\eta+f_{yy}(x_0,y_0)\eta^2+o(1)\}\\&\geqslant\frac{1}{2}\rho^2\{m+o(1)\}>0,\end{aligned}$$

即 $f(x_0,y_0)$ 为极小值.

类似地,若二次型 $g(\xi,\eta)$ 为负定的,那么 $f(x_0,y_0)$ 为极大值.

若二次型 $g(\xi,\eta)$ 是不定的,即 $g(\xi,\eta)$ 既可以取正值,也可以取负值,这时候 $f(x_0,y_0)$ 既不是极大值,也不是极小值.我们用反证法证明这个结论.

假设 $f(x_0,y_0)$ 为极值,例如为极大值.取 ρ 适当小,那么沿任何过 (x_0,y_0) 点的直线段 $x=x_0+t\Delta x, y=y_0+t\Delta y, -1<t<1$,函数

$$\varphi(t)=f(x_0+t\Delta x,y_0+t\Delta y)$$

在 $t=0$ 也取极大值.由一元函数的二阶导数与极值的关系,这时必成立 $\varphi''(0)\leqslant 0$(否则 φ 在 $t=0$ 将取极小值).但易计算

$$\varphi'(t)=f_x(x_0+t\Delta x,y_0+t\Delta y)\Delta x+f_y(x_0+t\Delta x,y_0+t\Delta y)\Delta y,$$

$$\varphi''(t)=f_{xx}(x_0+t\Delta x,y_0+t\Delta y)\Delta x^2+2f_{xy}(x_0+t\Delta x,y_0+t\Delta y)\Delta x\Delta y+f_{yy}(x_0+t\Delta x,y_0+t\Delta y)\Delta y^2.$$

因此

$$\begin{aligned}0\geqslant\varphi''(0)&=f_{xx}(x_0,y_0)\Delta x^2+2f_{xy}(x_0,y_0)\Delta x\Delta y+f_{yy}(x_0,y_0)\Delta y^2\\&=\rho^2\{f_{xx}(x_0,y_0)\xi^2+2f_{xy}(x_0,y_0)\xi\eta+f_{yy}(x_0,y_0)\eta^2\}.\end{aligned}$$

这说明二次型 $g(\xi,\eta)$ 在 $S=\{(\xi,\eta)\in\mathbf{R}^2\mid\xi^2+\eta^2=1\}$ 上不大于零,从而二次型 $g(\xi,\eta)$ 不大于零,这与假设矛盾,因此 $f(x_0,y_0)$ 不是极值.

综合以上讨论并利用代数学知识,就得到

定理 12.6.2　设 (x_0,y_0) 为 f 的驻点,f 在 (x_0,y_0) 附近具有二阶连续偏导数.记

$$A=f_{xx}(x_0,y_0),\quad B=f_{xy}(x_0,y_0),\quad C=f_{yy}(x_0,y_0),$$

并记

$$H=\begin{vmatrix}A&B\\B&C\end{vmatrix}=AC-B^2,$$

那么

(1) 若 $H>0$:$A>0$ 时 $f(x_0,y_0)$ 为极小值;$A<0$ 时 $f(x_0,y_0)$ 为极大值;

(2) 若 $H<0$:$f(x_0,y_0)$ 不是极值.

读者不难举例说明,当 $H=0$ 时,$f(x_0,y_0)$ 可能是极值,也可能不是极值.

例 12.6.1　求函数 $f(x,y)=xy(a-x-y)\quad(a\neq 0)$ 的极值.

解　先找驻点,即解方程组

$$\begin{cases}\dfrac{\partial f}{\partial x}=y(a-x-y)-xy=0,\\[2mm]\dfrac{\partial f}{\partial y}=x(a-x-y)-xy=0.\end{cases}$$

易解出驻点为$(0,0)$，$(a,0)$，$(0,a)$和$\left(\frac{a}{3},\frac{a}{3}\right)$.

再求二阶偏导数，

$$\frac{\partial^2 f}{\partial x^2}=-2y,\quad \frac{\partial^2 f}{\partial x\partial y}=a-2x-2y,\quad \frac{\partial^2 f}{\partial y^2}=-2x,$$

得到计算结果

	A	B	C	H
$(0,0)$	0	a	0	$-a^2$
$(a,0)$	0	$-a$	$-2a$	$-a^2$
$(0,a)$	$-2a$	$-a$	0	$-a^2$
$\left(\frac{a}{3},\frac{a}{3}\right)$	$-\frac{2}{3}a$	$-\frac{a}{3}$	$-\frac{2}{3}a$	$\frac{1}{3}a^2$

从表中可以看出，$(0,0)$，$(a,0)$和$(0,a)$都不是f的极值点.而在$\left(\frac{a}{3},\frac{a}{3}\right)$点处，当$a>0$时，$f\left(\frac{a}{3},\frac{a}{3}\right)=\frac{a^3}{27}$为极大值；当$a<0$时，$f\left(\frac{a}{3},\frac{a}{3}\right)=\frac{a^3}{27}$为极小值.

例 12.6.2 讨论$f(x,y)=x^2-2xy^2+y^4-y^5$的极值.

解 解方程组

$$\begin{cases}\dfrac{\partial f}{\partial x}=2x-2y^2=0,\\ \dfrac{\partial f}{\partial y}=-4xy+4y^3-5y^4=0,\end{cases}$$

求得驻点$(0,0)$.再计算二阶偏导数，

$$\frac{\partial^2 f}{\partial x^2}=2,\quad \frac{\partial^2 f}{\partial x\partial y}=-4y,\quad \frac{\partial^2 f}{\partial y^2}=-4x+12y^2-20y^3,$$

在$(0,0)$处有$AC-B^2=0$，这时候无法用定理判定.

注意到$f(0,0)=0$，以及$f(x,y)=(x-y^2)^2-y^5$，那么，在曲线$x=y^2(y>0)$上$f(x,y)<0$；在曲线$x=y^2$ $(y<0)$上$f(x,y)>0$，因此$f(0,0)=0$不是极值(见图12.6.3).

图 12.6.3

对于一般的多元函数，可同样得出

定理 12.6.3 设n元函数$f(\boldsymbol{x})$在$\boldsymbol{x}_0=(x_1^0,x_2^0,\cdots,x_n^0)$附近具有二阶连续偏导数，且$\boldsymbol{x}_0$为$f(\boldsymbol{x})$的驻点.那么当二次型

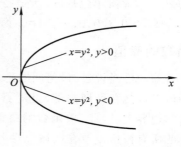

$$g(\zeta)=\sum_{i,j=1}^{n}f_{x_ix_j}(\boldsymbol{x}_0)\zeta_i\zeta_j$$

正定时，$f(\boldsymbol{x}_0)$为极小值；当$g(\zeta)$负定时，$f(\boldsymbol{x}_0)$为极大值；当$g(\zeta)$不定时，$f(\boldsymbol{x}_0)$不是极值.

记 $a_{ij}=f_{x_ix_j}(\boldsymbol{x}_0)$，并记

$$\boldsymbol{A}_k=\begin{pmatrix} a_{11} & a_{12} & \cdots & a_{1k} \\ a_{21} & a_{22} & \cdots & a_{2k} \\ \vdots & \vdots & & \vdots \\ a_{k1} & a_{k2} & \cdots & a_{kk} \end{pmatrix},$$

它称为 f 的 k 阶 **Hessian 矩阵**. 由代数学知识即可得到

推论 12.6.1 若 $\det\boldsymbol{A}_k>0(k=1,2,\cdots,n)$，则二次型 $g(\xi)$ 是正定的，此时 $f(\boldsymbol{x}_0)$ 为极小值；若 $(-1)^k\det\boldsymbol{A}_k>0(k=1,2,\cdots,n)$，则二次型 $g(\xi)$ 是负定的，此时 $f(\boldsymbol{x}_0)$ 为极大值.

例 12.6.3 设 $f(x_1,x_2,\cdots,x_n)=\mathrm{e}^{-x_1^2-x_2^2-\cdots-x_n^2}$，讨论它的极值.

解 显然

$$f_{x_i}(x_1,x_2,\cdots,x_n)=-2x_i\mathrm{e}^{-x_1^2-x_2^2-\cdots-x_n^2},\quad i=1,2,\cdots,n.$$

令

$$f_{x_1}=f_{x_2}=\cdots=f_{x_n}=0,$$

解得驻点为 $(0,0,\cdots,0)$. 再计算二阶偏导数得到

$$f_{x_ix_i}(x_1,x_2,\cdots,x_n)=-2(1-2x_i^2)\mathrm{e}^{-x_1^2-x_2^2-\cdots-x_n^2},\quad i=1,2,\cdots,n,$$

及

$$f_{x_ix_j}(x_1,x_2,\cdots,x_n)=4x_ix_j\mathrm{e}^{-x_1^2-x_2^2-\cdots-x_n^2},\quad i,j=1,2,\cdots,n,i\neq j.$$

那么

$$f_{x_ix_i}(0,0,\cdots,0)=-2,\quad i=1,2,\cdots,n.$$
$$f_{x_ix_j}(0,0,\cdots,0)=0,\quad i,j=1,2,\cdots,n,i\neq j.$$

因此 f 的 Hessian 矩阵为

$$\boldsymbol{A}_k=\begin{pmatrix} -2 & 0 & \cdots & 0 \\ 0 & -2 & \cdots & 0 \\ \vdots & \vdots & & \vdots \\ 0 & 0 & \cdots & -2 \end{pmatrix}=-2\boldsymbol{I}_k,$$

其中 I_k 为 k 阶单位矩阵. 于是 $(-1)^k\det\boldsymbol{A}_k=2^k>0(k=1,2,\cdots,n)$，因此 $\boldsymbol{A}_n$ 是负定的. 由推论 12.6.1，$f(0,0,\cdots,0)=1$ 为极大值.

函数的最值

前面已经说过，最值问题是求函数在其定义域内某个区域上的最大值和最小值. 最值点可能在区域内部（此时必是极值点），也可能在区域的边界上，因此，求函数的最值时，要求出它在区域内部的所有极值以及在区域边界上的最值，再加以比较，从中找出 f 在整个区域上的最值.

例 12.6.4 在以 $O(0,0)$，$A(1,0)$ 和 $B(0,1)$ 为顶点的三角形所围成的闭区域（见图 12.6.4）上找点，使它们到三个顶点的距离平方和分别为最大和最小，并求出最大值和最小值.

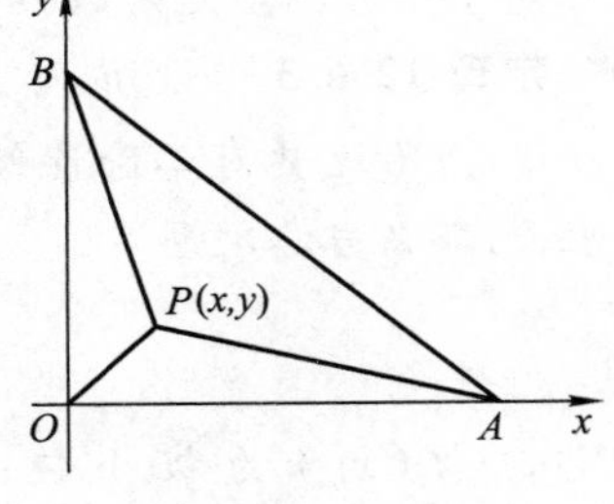

图 12.6.4

解 设$\triangle ABC$上的一点为$P(x,y)$，那么它到O,A,B三点的距离的平方和为

$$z=x^2+y^2+(x-1)^2+y^2+x^2+(y-1)^2=3x^2+3y^2-2x-2y+2.$$

我们先求函数z在$\triangle ABC$内部的驻点.解方程组

$$\begin{cases}\dfrac{\partial z}{\partial x}=6x-2=0,\\ \dfrac{\partial z}{\partial y}=6y-2=0,\end{cases}$$

得到驻点$\left(\dfrac{1}{3},\dfrac{1}{3}\right)$. 由于$\dfrac{\partial^2 z}{\partial x^2}=6$，$\dfrac{\partial^2 z}{\partial x\partial y}=0$，$\dfrac{\partial^2 z}{\partial y^2}=6$，因此$H=AC-B^2=36>0$，$A=6>0$，于是$z\Big|_{\left(\frac{1}{3},\frac{1}{3}\right)}=\dfrac{4}{3}$是极小值.

再讨论函数z在区域边界上的最大值与最小值.

在OA边上，$y=0$，因此$z=3x^2-2x+2$，$0\leqslant x\leqslant 1$.这个函数在区间$[0,1]$的端点$x=1$处（即A点）达到最大值3，在$x=\dfrac{1}{3}$处达到最小值$\dfrac{5}{3}$.

在OB边上，$x=0$，因此$z=3y^2-2y+2$，$0\leqslant y\leqslant 1$.这个函数在区间$[0,1]$的端点$y=1$处（即B点）达到最大值3，在$y=\dfrac{1}{3}$处达到最小值$\dfrac{5}{3}$.

在AB边上，$x+y=1$，故有$z=6x^2-6x+3$，$0\leqslant x\leqslant 1$.这个函数在区间$[0,1]$的端点$x=0$和$x=1$处（即A点和B点）达到最大值3，在$x=\dfrac{1}{2}$处达到最小值$\dfrac{3}{2}$.

综上所述，A、B两点到$\triangle ABC$的三个顶点的距离平方和最大，且最大值为3.而$\left(\dfrac{1}{3},\dfrac{1}{3}\right)$点到三个顶点的距离平方和最小，且最小值为$\dfrac{4}{3}$.

事实上$\left(\dfrac{1}{3},\dfrac{1}{3}\right)$点就是这个三角形的三条中线的交点，即重心.读者可以证明更一般的结论：三角形的重心到它的三个顶点的距离平方和最小.

计算函数在区域边界上的最值有时较为复杂.在实际问题中，往往可以根据问题的性质，判定函数的最值就在区域内部.此时，若偏导数在区域内处处存在，只要比较函数在驻点的值就能得到最值.特别地，如果函数在区域内只有一个驻点，就可以断定，它就是函数的最值点.

例 12.6.5 有一宽为 24 cm 的长方形铁板，把它两边折起来，做成一个横截面为等腰梯形的水槽（见图 12.6.5）.问采用怎样的折法，才能使梯形的截面积最大.

解 设折起来的边长为x cm，折角为α（如图 12.6.5），那么水槽的横截面的面积为

$$A(x,\alpha)=\frac{1}{2}[(24-2x)+(24-2x)+2x\cos\alpha]x\sin\alpha=24x\sin\alpha-2x^2\sin\alpha+x^2\sin\alpha\cos\alpha.$$

依题意，其定义域为$D=\{(x,\alpha)\mid 0\leqslant x\leqslant 12,0\leqslant\alpha\leqslant\pi\}$.由于

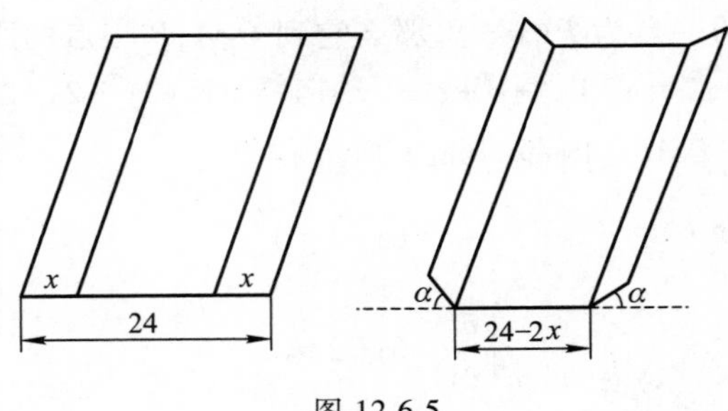

图 12.6.5

$$\frac{\partial A}{\partial x}=24\sin\alpha-4x\sin\alpha+2x\sin\alpha\cos\alpha=2\sin\alpha(12-2x+x\cos\alpha),$$

$$\frac{\partial A}{\partial \alpha}=24x\cos\alpha-2x^2\cos\alpha+x^2(\cos^2\alpha-\sin^2\alpha)=24x\cos\alpha-2x^2\cos\alpha+x^2(2\cos^2\alpha-1),$$

令$\frac{\partial A}{\partial x}=0,\frac{\partial A}{\partial \alpha}=0$,得到方程组

$$\begin{cases}2\sin\alpha(12-2x+x\cos\alpha)=0,\\ x[24\cos\alpha-2x\cos\alpha+x(2\cos^2\alpha-1)]=0.\end{cases}$$

我们求 $A(x,\alpha)$ 在区域 D 内部的驻点.这时 $x\neq0,\alpha\neq0,\pi$,上面的方程就化为

$$\begin{cases}12-2x+x\cos\alpha=0,\\ 24\cos\alpha-2x\cos\alpha+x(2\cos^2\alpha-1)=0.\end{cases}$$

解此方程组得 $x=8,\alpha=\frac{\pi}{3}$,即 $A(x,\alpha)$ 在 D 内的驻点为$\left(8,\frac{\pi}{3}\right)$.

由实际背景,截面面积的最大值一定存在,且不在边界达到.现在面积函数 $A(x,\alpha)$ 在 D 内只有一个驻点$\left(8,\frac{\pi}{3}\right)$,因此它必为最大值点.这样,立即得到截面面积的最大值为

$$A\left(8,\frac{\pi}{3}\right)=48\sqrt{3}\ \text{cm}^2.$$

例 12.6.6　证明:

$$xy\leqslant x\ln x-x+e^y,\quad x\geqslant1,y\geqslant0.$$

证　设 $D=\{(x,y)\mid 1\leqslant x<+\infty,0\leqslant y<+\infty\}$,定义 $f(x,y)=x\ln x-x+e^y-xy$, $(x,y)\in D$.

对于每个 $x_0\geqslant1$,由于在半直线 $x=x_0(y\geqslant0)$ 上,$f(x,y)$ 满足

$$\begin{cases}\frac{\partial f}{\partial y}(x_0,y)=e^y-x_0<0,\quad 0\leqslant y<\ln x_0,\\ \frac{\partial f}{\partial y}(x_0,y)=e^y-x_0>0,\quad \ln x_0<y<+\infty,\end{cases}$$

因此在半直线 $x=x_0,(y\geqslant0)$ 上,$f(x_0,y)$ 在 $y_0=\ln x_0$ 达到最小值.

由于在曲线 $y=\ln x(x\geqslant 1)$ 上 $f(x,y)$ 满足

$$f(x,\ln x)=x\ln x-x+e^{\ln x}-x\ln x=0,$$

因此在区域 D 上总成立 $f(x,y)\geqslant 0$，即

$$xy\leqslant x\ln x-x+e^{y},\quad x\geqslant 1,y\geqslant 0,$$

且等号仅在曲线 $y=\ln x(x\geqslant 1)$ 上成立.

证毕

最小二乘法

先看一个实际例子.

通过观察知道，红铃虫的产卵数与温度有关，下面是一组实验观察值：

表 12.6.1

温度	21	23	25	27	29	32	35
产卵数	7	11	21	24	66	105	325

将这批数据在直角坐标上描成点，就是图 12.6.6，这种图形称为**散点图**.

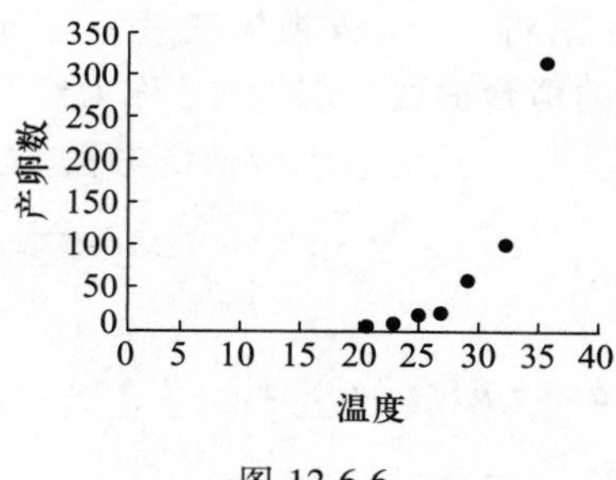

图 12.6.6

看起来两者呈指数关系，因此可设产卵数 z 与温度 x 的关系为

$$z=\beta e^{\alpha x}.$$

我们的目标是具体确定常数 α,β.

对上式两边取对数，令 $y=\ln z,a=\alpha,b=\ln\beta$，则原式变成了线性关系

$$y=ax+b,$$

而原来的表 12.6.1 变为表 12.6.2，散点图 12.6.6 变为图 12.6.7.

表 12.6.2

x	21	23	25	27	29	32	35
$y=\ln z$	1.945 910	2.397 895	3.044 522	3.178 054	4.189 655	4.653 960	5.783 825

于是，问题化为找一直线 $y=ax+b$（即找 a,b），使得表 12.6.2 中的数据基本满足这个函数关系.

这个问题的一般提法是：已知一组大致满足线性关系的实验数据

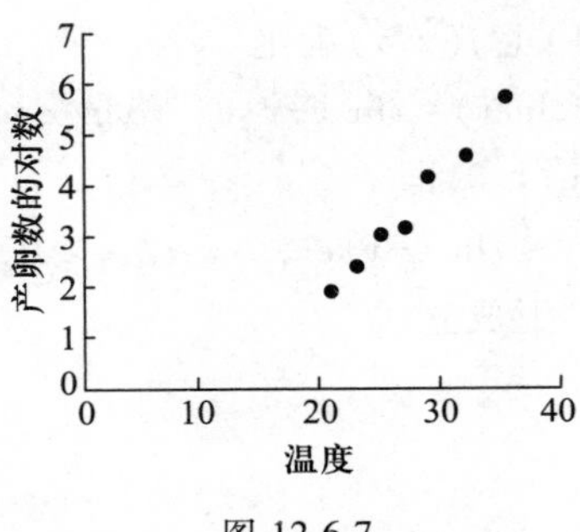

图 12.6.7

x	x_1	x_2	x_3	…	x_n
y	y_1	y_2	y_3	…	y_n

要确定直线 $y=ax+b$，使得所有观测值 y_i 与函数值 ax_i+b 之差的平方和

$$Q=\sum_{i=1}^{n}(y_i-ax_i-b)^2$$

最小.这种方法叫做**最小二乘法**.将 $y=ax+b$ 视为变量 y 与 x 之间的近似函数关系，称为这组数据在最小二乘意义下的**拟合曲线**(实践中常称为经验公式).

确定常数 a,b 用的方法就是二元函数求极值的方法.显然 Q 是 a,b 的函数，令

$$\frac{\partial Q}{\partial a}=-2\sum_{i=1}^{n}(y_i-ax_i-b)x_i=2a\sum_{i=1}^{n}x_i^2-2\sum_{i=1}^{n}x_iy_i+2b\sum_{i=1}^{n}x_i=0,$$

$$\frac{\partial Q}{\partial b}=-2\sum_{i=1}^{n}(y_i-ax_i-b)=2a\sum_{i=1}^{n}x_i-2\sum_{i=1}^{n}y_i+2nb=0,$$

就得到线性方程组

$$\begin{pmatrix}\sum\limits_{i=1}^{n}x_i^2 & \sum\limits_{i=1}^{n}x_i\\ \sum\limits_{i=1}^{n}x_i & n\end{pmatrix}\begin{pmatrix}a\\ b\end{pmatrix}=\begin{pmatrix}\sum\limits_{i=1}^{n}x_iy_i\\ \sum\limits_{i=1}^{n}y_i\end{pmatrix}.$$

解这个方程组，得到

$$a=\frac{n\sum\limits_{i=1}^{n}x_iy_i-\sum\limits_{i=1}^{n}x_i\sum\limits_{i=1}^{n}y_i}{n\sum\limits_{i=1}^{n}x_i^2-\left(\sum\limits_{i=1}^{n}x_i\right)^2},\quad b=\frac{\sum\limits_{i=1}^{n}x_i^2\sum\limits_{i=1}^{n}y_i-\sum\limits_{i=1}^{n}x_i\sum\limits_{i=1}^{n}x_iy_i}{n\sum\limits_{i=1}^{n}x_i^2-\left(\sum\limits_{i=1}^{n}x_i\right)^2}.$$

由问题的实际情况知，Q 在这个(a,b)点取最小值.

现在解决本段开始时提出的问题.从表 12.6.2 可得下表：

i	1	2	3	4	5	6	7
x_i	21	23	25	27	29	32	35
y_i	1.945 910	2.397 895	3.044 522	3.178 054	4.189 655	4.653 960	5.783 825

经计算得：

$\sum_{i=1}^{7} x_i$	$\sum_{i=1}^{7} x_i^2$	$\sum_{i=1}^{7} x_i y_i$	$\sum_{i=1}^{7} y_i$	a	b	e^b
192	5 414	730.796 8	25.193 82	0.269 211	-3.784 956	0.022 710

所以表 12.6.2 的拟合直线方程为

$$y = 0.269\ 211x - 3.784\ 956,$$

于是，红铃虫的产卵数与温度的关系为

$$z = 0.022\ 71e^{0.269\ 211x}.$$

相应的拟合曲线见图 12.6.8 和图 12.6.9.

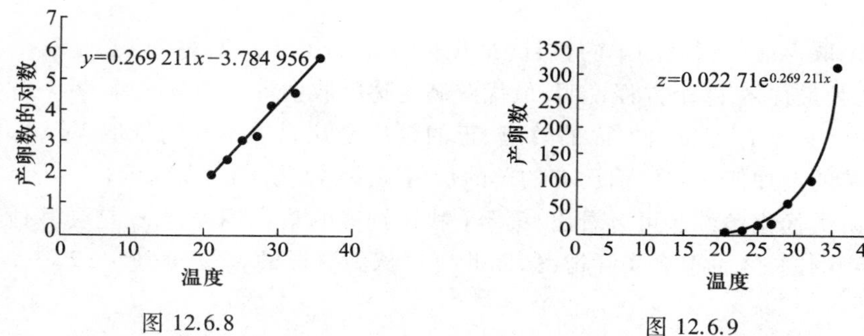

图 12.6.8　　图 12.6.9

最小二乘法广泛用于实际生活中，物理学、化学、生物学、医学、经济学、商业统计等方面都要用到它来确定经验公式.在数学上，数理统计中的回归分析方法就要用到这个工具.熟悉计算机的读者会发现，许多计算机软件也是用这种方法来作出拟合曲线的.

"牧童"经济模型

这个模型是制度经济学家非常熟悉的.它说明了，如果一种资源没有适当的管理，就会导致对这种资源的过度使用.

假设一个牧场有 n 个牧民，他们共同拥有一片草地，并且每个牧民都有在草地上放牧的自由.每年春天，他们都要决定养多少只羊.我们记 x_i 为第 i 个牧民饲养的羊数，那么 $x_i \in [0, +\infty)$ $(i=1,2,\cdots,n)$.设 V 表示每只羊的平均价值，显然我们可以将 V 看作总羊数

$$X = \sum_{i=1}^{n} x_i$$

的函数，即 $V=V(X)$.因为一只羊至少需要一定数量的草才不至于饿死，所以这片草地上所能饲养羊的数目是有限的.设 $X_{\max}$ 为这个最大数目，显然，当 $X<X_{\max}$ 时，$V(X)>0$；而当 $X \geqslant X_{\max}$ 时，可以认为 $V(X)=0$.注意到随着羊的总数的不断增加，羊的价值就会不断下降，并且总数增加得越快，价值也下降得越快，因此在这个模型里可以假定

$$\frac{\mathrm{d}V}{\mathrm{d}X}<0, \quad \frac{\mathrm{d}^2 V}{\mathrm{d}X^2}<0.$$

其变化趋势如图 12.6.10 所示.

在这个模型里，我们认为每个牧民都会根据自己的意愿选择饲养的数目以最大化自己的利润.假设购买一只羊羔的价值为 c，那么第 i 个牧民将得到的利润为

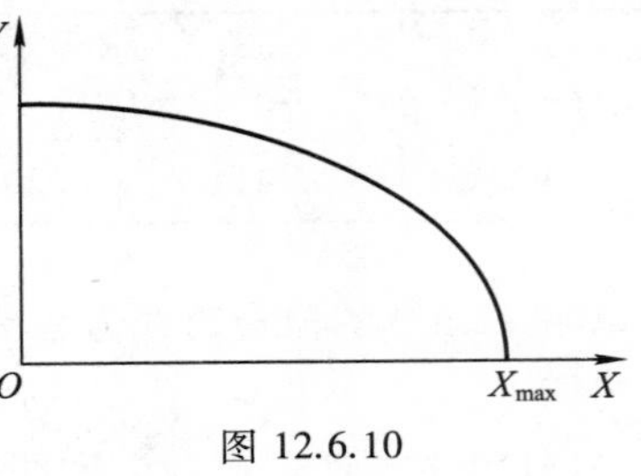

图 12.6.10

$$P_i(x_1, x_2, \cdots, x_n) = x_i V(X) - x_i c = x_i V\left(\sum_{i=1}^{n} x_i\right) - x_i c, \quad i = 1, 2, \cdots, n.$$

于是他要取得最大利润，羊的数目必须满足下面的一阶最优化条件

$$\frac{\partial P_i}{\partial x_i} = V(X) + x_i V'(X) - c = 0, \quad i = 1, 2, \cdots, n. \tag{$*$}$$

即每个牧民取得最大利润的羊的数目（最优饲养量）$x_i(i=1,2,\cdots,n)$ 必是这个方程组的解，称之为最优解.这个方程说明：最优解满足边际收益等于边际成本.另一方面也说明了，增加一只羊有正负两方面的效应，正的效应是这只羊本身的价值 $V(X)$，负的效应是这只羊的增加使在它之前已有的羊的价值减少（因为 $x_i V'(X)<0$）.

从一阶最优化条件还可以看出，第 i 个牧民饲养的最优饲养量 x_i 是受其他牧民的饲养数目影响的，这也符合实际情况，因此可以认为这样的 x_i 是 $x_j(j=1,2,\cdots,n, j\neq i)$ 的函数，即

$$x_i = x_i(x_1, \cdots, x_{i-1}, x_{i+1}, \cdots, x_n),$$

通常也称它为反应函数.那么在一阶最优化条件中对 $x_j(j\neq i)$ 求导得

$$V'(X)\left(\frac{\partial x_i}{\partial x_j}+1\right) + V'(X)\frac{\partial x_i}{\partial x_j} + x_i V''(X)\left(\frac{\partial x_i}{\partial x_j}+1\right) = 0.$$

因此

$$\frac{\partial x_i}{\partial x_j} = -\frac{V'(X) + x_i V''(X)}{2V'(X) + x_i V''(X)} < 0.$$

这说明了第 i 个牧民的最优饲养量 x_i 是随其他牧民饲养的数目的增加而减少.

解方程组（$*$）就得到每个牧民的最优饲养量 x_i^*，$i=1,2,\cdots,n$.注意，以上的计算都是关于 x_i 来考虑的，也就是说，这样得到的最优饲养量 x_i^* 是在以下情况下得到的：每个牧民在决定增加饲养量时尽管考虑了对现有羊的价值的负效应，但他考虑的只是对自己的羊的影响，而不是对所有羊的影响.因此这样得到的个人最优饲养量的总和

$$X^* = \sum_{i=1}^{n} x_i^*$$

并不一定是整个牧场的总体最优饲养量.事实上，整个牧场获取的最大利润是以下函数

$$XV(X) - Xc$$

的最大值，它的一阶最优化条件为

$$V(X) + XV'(X) - c = 0.$$

设 X^{**} 为使整个牧场获取最大利润所饲养的羊的数目，即整个牧场的最优饲养量.那么

$$V(X^{**}) + X^{**} V'(X^{**}) - c = 0.$$

将(∗)中的 n 个式子相加,得到

$$V(X^*)+\frac{X^*}{n}V'(X^*)-c=0.$$

以上两个式子相比较,利用 $V(X)$ 和 $V'(X)$ 的单调减少性质就得到

$$X^*>X^{**},$$

即个人最优饲养量的总和大于整个牧场的最优饲养量.它说明了在没有管理的情况下公有草地有可能被过度使用.这就是没有管理的公共资源的悲剧(Tragedy of Commons).

公共资源的过度使用常常会导致严重的后果.

"牧童"经济出典于中世纪时英格兰的一段历史.当时是畜牧业鼎盛时期,到处是茂盛的草场和成群的牛羊,这时当局公布了一条法令:"公共牧地为一般公众自由使用".法令公布之后,牧场上的饲养量大增.道理很简单,牧场是公共地,放牧的收益却归牧民所有.于是牧民为了获得更多的收益,无限制地扩大其放牧的牛羊数,结果不仅青草被一扫而光,连草根也被啃得一干二净.这样一来,牧场成了荒漠.

"牧童"经济模型仍有其现实意义.海洋鱼类的过度捕捞,森林的乱砍滥伐,大气污染等问题,都是这个模型的例子.

习　题

1. 讨论下列函数的极值:

   (1) $f(x,y)=x^4+2y^4-2x^2-12y^2+6$;

   (2) $f(x,y)=x^4+y^4-x^2-2xy-y^2$;

   (3) $f(x,y,z)=x^2+y^2-z^2$;

   (4) $f(x,y)=(y-x^2)(y-x^4)$;

   (5) $f(x,y)=xy+\frac{a^3}{x}+\frac{b^3}{y}$,其中常数 $a>0,b>0$;

   (6) $f(x,y,z)=x+\frac{y}{x}+\frac{z}{y}+\frac{2}{z}\ (x,y,z>0)$.

2. 设 $f(x,y,z)=x^2+3y^2+2z^2-2xy+2xz$,证明:函数 f 的最小值为 0.

3. 证明:函数 $f(x,y)=(1+e^y)\cos x-ye^y$ 有无穷多个极大值点,但无极小值点.

4. 求函数 $f(x,y)=\sin x+\sin y-\sin(x+y)$ 在闭区域

   $$D=\{(x,y)\mid x\geqslant 0,y\geqslant 0,x+y\leqslant 2\pi\}$$

   上的最大值与最小值.

5. 在[0,1]上用怎样的直线 $\xi=ax+b$ 来代替曲线 $y=x^2$,才能使它为在平方误差的积分

   $$J(a,b)=\int_0^1(y-\xi)^2\mathrm{d}x$$

   极小意义下的最佳近似.

6. 在半径为 R 的圆上,求内接三角形的面积最大者.

7. 要做一圆柱形帐幕，并给它加一个圆锥形的顶.问：在体积为定值时，圆柱的半径 R，高 H，及圆锥的高 h 满足什么关系时，所用的布料最省？

8. 求由方程 $x^2+2xy+2y^2=1$ 所确定的隐函数 $y=y(x)$ 的极值.

9. 求由方程 $2x^2+2y^2+z^2+8yz-z+8=0$ 所确定的隐函数 $z=z(x,y)$ 的极值.

10. 在 Oxy 平面上求一点，使它到三直线 $x=0,y=0$，和 $x+2y-16=0$ 的距离的平方和最小.

11. 证明：圆的所有外切三角形中，以正三角形的面积为最小.

12. 证明：圆的所有内接 n 边形中，以正 n 边形的面积为最大.

13. 证明：当 $0<x<1,0<y<+\infty$ 时，成立不等式

$$yx^y(1-x)<e^{-1}.$$

14. 某养殖场饲养两种鱼，若甲种鱼放养 x（万尾），乙种鱼放养 y（万尾），收获时两种鱼的收获量分别为

$$(3-\alpha x-\beta y)x \text{ 和 } (4-\beta x-2\alpha y)y \quad (\alpha>\beta>0).$$

求使产鱼总量最大的放养数.

计算实习题

（在教师的指导下，编制程序在电子计算机上实际计算）

1. 某种机器零件的加工需经两道工序，x 表示零件在第一道工序中出现的疵点数（疵点指气泡、砂眼、裂痕等），y 表示在第二道工序中出现的疵点数.某日测得 8 个零件的 x 与 y 如下：

x	0	1	3	6	8	5	4	2
y	1	2	2	4	4	3	3	2

画出这些数据的散点图，找出它们之间关系的经验公式 $y=ax+b$，并画出拟合曲线.

2. 某品种大豆的脂肪含量 x(%)与蛋白质含量 y(%)的测定结果如下表所示：

x	16.5	17.5	18.5	19.5	20.5	21.5	22.5	23.5	24.5
y	43.5	42.6	41.8	40.6	40.3	38.7	37.2	36.0	34.0

画出这些数据的散点图，找出它们之间关系的经验公式，并画出拟合曲线.

3. 某种产品加工前的含水率(%)与加工后含水率(%)的测试结果如下表：

测试编号 i	1	2	3	4	5	6	7	8	9	10
加工前的含水率 x_i	16.7	18.2	18.0	17.9	17.4	16.6	17.2	17.7	15.7	17.1
加工后的含水率 y_i	17.5	18.7	18.6	18.5	18.2	17.5	18.0	18.2	16.9	17.8

试确定加工后的含水率 y 与加工前含水率 x 的关系.

4. 盛钢水的钢包，在使用过程中由于钢水对耐火材料的侵蚀，容积会不断增大.在生产过程中，积累了使用次数与钢包容积增大量之间的以下 16 组数据.画出这些数据的散点图，找出使用次数 x 与钢包容积增大量 y 之间的关系，并画出拟合曲线.

x	2	3	4	5	6	7	8	9
y	6.42	8.20	9.58	9.50	9.70	10.00	9.93	9.99
x	10	11	12	13	14	15	16	17
y	10.50	10.59	10.60	10.63	10.60	10.90	10.76	10.80

(**提示**:假设 $y=ax^2+bx+c$.)

5. 在研究化学反应速度时,得到下列数据.找出实验开始后的时间 t 与反应物的量 m 之间的关系,并画出拟合曲线.

t	3	6	9	12	15	18	21	24
m	57.6	41.5	31.2	22.9	15.4	12.1	8.9	6.4

(**提示**:m 与 t 的关系为 $m=ae^{bt}$.)

§ 7 条件极值问题与 Lagrange 乘数法

Lagrange 乘数法

在考虑函数的极值或最值问题时,经常需要对函数的自变量附加一定的条件.例如,求原点到直线

$$\begin{cases}x+y+z=1,\\ x+2y+3z=6\end{cases}$$

的距离,就是在限制条件 $x+y+z=1$ 和 $x+2y+3z=6$ 的情况下,计算函数 $f(x,y,z)=\sqrt{x^2+y^2+z^2}$ 的最小值.这就是所谓的**条件极值**问题.

以三元函数为例,条件极值问题的提法是:求**目标函数**

$$f(x,y,z)$$

在**约束条件**

$$\begin{cases}G(x,y,z)=0,\\ H(x,y,z)=0\end{cases}$$

下的极值.

在本节中假定 f,F,G 具有连续偏导数,且 Jacobi 矩阵

$$\boldsymbol{J}=\begin{pmatrix}G_x & G_y & G_z\\ H_x & H_y & H_z\end{pmatrix}$$

在满足约束条件的点处是满秩的,即 $\operatorname{rank}\boldsymbol{J}=2$.

先考虑取到条件极值的必要条件.上述约束条件实际上是空间曲线的方程.设曲线上一点 (x_0,y_0,z_0) 为条件极值点,由于在该点 $\operatorname{rank}\boldsymbol{J}=2$,不妨假设在 (x_0,y_0,z_0) 点 $\dfrac{\partial(G,H)}{\partial(y,z)}\neq 0$,则由隐函数存在定理,在 (x_0,y_0,z_0) 附近由该方程可以惟一确定

$$y=y(x),\quad z=z(x),\quad x\in O(x_0,\rho)\,(y_0=y(x_0),\quad z_0=z(x_0)).$$

它是这个曲线方程的参数形式.

将它们代入目标函数,原问题就转化为函数

$$\Phi(x)=f(x,y(x),z(x)),\quad x\in O(x_0,\rho)$$

的无条件极值问题,x_0 是函数 $\Phi(x)$ 的极值点,因此 $\Phi'(x_0)=0$,即

$$f_x(x_0,y_0,z_0)+f_y(x_0,y_0,z_0)\frac{\mathrm{d}y}{\mathrm{d}x}+f_z(x_0,y_0,z_0)\frac{\mathrm{d}z}{\mathrm{d}x}=0.$$

这说明向量

$$\mathbf{grad}\,f(x_0,y_0,z_0)=f_x(x_0,y_0,z_0)\boldsymbol{i}+f_y(x_0,y_0,z_0)\boldsymbol{j}+f_z(x_0,y_0,z_0)\boldsymbol{k}$$

与向量 $\boldsymbol{\tau}=\left(1,\frac{\mathrm{d}y}{\mathrm{d}x},\frac{\mathrm{d}z}{\mathrm{d}x}\right)$ 正交,即与曲线在 (x_0,y_0,z_0) 点的切向量正交,因此 $\mathbf{grad}\,f(x_0,y_0,z_0)$ 可看作是曲线在 (x_0,y_0,z_0) 点处的法平面上的向量.由定理 12.5.1,这个法平面是由 $\mathbf{grad}G(x_0,y_0,z_0)$ 与 $\mathbf{grad}H(x_0,y_0,z_0)$ 张成的,因此 $\mathbf{grad}\,f(x_0,y_0,z_0)$ 可以由 $\mathbf{grad}G(x_0,y_0,z_0)$ 和 $\mathbf{grad}H(x_0,y_0,z_0)$ 线性表出,或者说,存在常数 λ_0,μ_0,使得

$$\mathbf{grad}\,f(x_0,y_0,z_0)=\lambda_0\mathbf{grad}G(x_0,y_0,z_0)+\mu_0\mathbf{grad}H(x_0,y_0,z_0),$$

这就是点 (x_0,y_0,z_0) 为条件极值点的必要条件.

将这个方程按分量写开就是

$$\begin{cases}f_x(x_0,y_0,z_0)-\lambda_0G_x(x_0,y_0,z_0)-\mu_0H_x(x_0,y_0,z_0)=0,\\ f_y(x_0,y_0,z_0)-\lambda_0G_y(x_0,y_0,z_0)-\mu_0H_y(x_0,y_0,z_0)=0,\\ f_z(x_0,y_0,z_0)-\lambda_0G_z(x_0,y_0,z_0)-\mu_0H_z(x_0,y_0,z_0)=0.\end{cases}$$

于是,如果我们构造 **Lagrange 函数**

$$L(x,y,z,\lambda,\mu)=f(x,y,z)-\lambda G(x,y,z)-\mu H(x,y,z)$$

(λ,μ 称为 **Lagrange 乘数**),则条件极值点就在方程组

$$\begin{cases}L_x=f_x-\lambda G_x-\mu H_x=0,\\ L_y=f_y-\lambda G_y-\mu H_y=0,\\ L_z=f_z-\lambda G_z-\mu H_z=0,\\ G=0,\\ H=0\end{cases}$$

的所有解 $(x_0,y_0,z_0,\lambda_0,\mu_0)$ 所对应的点 (x_0,y_0,z_0) 中.用这种方法来求可能的条件极值点的方法,称为 **Lagrange 乘数法**.

作为一个例子,现在用 Lagrange 乘数法来解决本节开始提出的问题,即求函数

$$F(x,y,z)=x^2+y^2+z^2$$

在约束条件

$$\begin{cases}x+y+z=1,\\ x+2y+3z=6\end{cases}$$

下的最小值(最小值的平方根就是距离).为此,作 Lagrange 函数

$$L(x,y,z,\lambda,\mu)=x^2+y^2+z^2-\lambda(x+y+z-1)-\mu(x+2y+3z-6),$$

在方程组

$$\begin{cases}L_x=2x-\lambda-\mu=0,\\ L_y=2y-\lambda-2\mu=0,\\ L_z=2z-\lambda-3\mu=0,\\ x+y+z-1=0,\\ x+2y+3z-6=0\end{cases}$$

中,把方程组中的第一、第二和第三式相加,再利用第四式得

$$3\lambda+6\mu=2.$$

把第一式、第二式的两倍和第三式的三倍相加,再利用第五式得

$$6\lambda+14\mu=12.$$

从以上两个方程解得

$$\lambda=-\frac{22}{3},\quad \mu=4,$$

由此可得惟一的可能极值点 $x=-\dfrac{5}{3},\quad y=\dfrac{1}{3},\quad z=\dfrac{7}{3}.$

由于点到直线的距离,即这个问题的最小值必定存在,因此这个惟一的可能极值点$\left(-\dfrac{5}{3},\dfrac{1}{3},\dfrac{7}{3}\right)$必是最小值点,也就是说,原点到直线$\begin{cases}x+y+z=1,\\ x+2y+3z=6\end{cases}$的距离为

$$\sqrt{F\left(-\frac{5}{3},\frac{1}{3},\frac{7}{3}\right)}=\sqrt{\frac{25}{3}}=\frac{5}{\sqrt{3}}.$$

一般地,考虑目标函数 $f(x_1,x_2,\cdots,x_n)$ 在 m 个约束条件

$$g_i(x_1,x_2,\cdots,x_n)=0\quad(i=1,2,\cdots,m;m<n)$$

下的极值,这里 $f,g_i(i=1,2,\cdots,m)$ 具有连续偏导数,且 Jacobi 矩阵

$$\boldsymbol{J}=\begin{pmatrix}\dfrac{\partial g_1}{\partial x_1} & \dfrac{\partial g_1}{\partial x_2} & \cdots & \dfrac{\partial g_1}{\partial x_n}\\ \dfrac{\partial g_2}{\partial x_1} & \dfrac{\partial g_2}{\partial x_2} & \cdots & \dfrac{\partial g_2}{\partial x_n}\\ \vdots & \vdots & & \vdots\\ \dfrac{\partial g_m}{\partial x_1} & \dfrac{\partial g_m}{\partial x_2} & \cdots & \dfrac{\partial g_m}{\partial x_n}\end{pmatrix}$$

在满足约束条件的点处是满秩的,即 $\operatorname{rank}\boldsymbol{J}=m$.那么我们有下述类似的结论:

定理 12.7.1(条件极值的必要条件)　*若点 $\boldsymbol{x}_0=(x_1^0,x_2^0,\cdots,x_n^0)$ 为函数 $f(\boldsymbol{x})$ 满足约束条件的条件极值点,则必存在 m 个常数 $\lambda_1,\lambda_2,\cdots,\lambda_m$,使得在 $\boldsymbol{x}_0$ 点成立*

$$\mathbf{grad}\,f=\lambda_1\mathbf{grad}g_1+\lambda_2\mathbf{grad}g_2+\cdots+\lambda_m\mathbf{grad}g_m.$$

于是可以将 Lagrange 乘数法推广到一般情形.同样地构造 Lagrange 函数

$$L(x_1,x_2,\cdots,x_n,\lambda_1,\lambda_2,\cdots,\lambda_m)=f(x_1,x_2,\cdots,x_n)-\sum_{i=1}^{m}\lambda_i g_i(x_1,x_2,\cdots,x_n),$$

那么条件极值点就在方程组

$$\begin{cases}\dfrac{\partial L}{\partial x_k}=\dfrac{\partial f}{\partial x_k}-\sum\limits_{i=1}^{m}\lambda_i\dfrac{\partial g_i}{\partial x_k}=0, & (k=1,2,\cdots,n;l=1,2,\cdots,m)\\ g_l=0\end{cases}\qquad(*)$$

的所有解$(x_1,x_2,\cdots,x_n,\lambda_1,\lambda_2,\cdots,\lambda_m)$所对应的点$(x_1,x_2,\cdots,x_n)$中.

判断如上所得的点是否为极值点有以下的一个充分条件,我们不加证明地给出,请有兴趣的读者将证明补上.

定理 12.7.2　设点$\boldsymbol{x}_0=(x_1^0,x_2^0,\cdots,x_n^0)$及 m 个常数 $\lambda_1,\lambda_2,\cdots,\lambda_m$ 满足方程组$(*)$,则当方阵

$$\left(\frac{\partial^2 L}{\partial x_k\partial x_l}(\boldsymbol{x}_0,\lambda_1,\lambda_2,\cdots,\lambda_m)\right)_{n\times n}$$

为正定(负定)矩阵时,$\boldsymbol{x}_0$ 为满足约束条件的条件极小(大)值点,因此$f(\boldsymbol{x}_0)$为满足约束条件的条件极小(大)值.

注意,当这个定理中的方阵为不定时,并不能说明$f(\boldsymbol{x}_0)$不是极值.例如,在求函数$f(x,y,z)=x^2+y^2-z^2$ 在约束条件 $z=0$ 下的极值时,构造Lagrange函数$L(x,y,z)=x^2+y^2-z^2-\lambda z$,并解方程组

$$\begin{cases}L_x=2x=0,\\ L_y=2y=0,\\ L_z=-2z-\lambda=0,\\ z=0\end{cases}$$

得 $x=y=z=\lambda=0$.而在$(0,0,0,0)$点,方阵

$$\begin{pmatrix}L_{xx}&L_{xy}&L_{xz}\\L_{yx}&L_{yy}&L_{yz}\\L_{zx}&L_{zy}&L_{zz}\end{pmatrix}=\begin{pmatrix}2&0&0\\0&2&0\\0&0&-2\end{pmatrix}$$

是不定的.但在约束条件 $z=0$ 下,$f(x,y,z)=x^2+y^2\geqslant f(0,0,0)=0$,即$f(0,0,0)$是条件极小值.

在实际问题中往往遇到的是求最值问题,这时可以根据问题本身的性质判定最值的存在性(如前面的例子).这样的话,只要把用 Lagrange 乘数法所解得的点的函数值加以比较,最大的(最小的)就是所考虑问题的最大值(最小值).

例 12.7.1　要制造一个容积为 a m^3 的无盖长方形水箱,问这个水箱的长、宽、高为多少米时,用料最省?

解　设水箱的长为 x、宽为 y、高为 z(单位:m),那么问题就变成在水箱容积

$$xyz=a$$

的约束条件下,求水箱的表面积

$$S(x,y,z)=xy+2xz+2yz$$

的最小值.

作 Lagrange 函数

$$L(x,y,z,\lambda)=xy+2xz+2yz-\lambda(xyz-a),$$

从方程组

$$\begin{cases}L_x = y+2z-\lambda yz = 0, \\ L_y = x+2z-\lambda xz = 0, \\ L_z = 2x+2y-\lambda xy = 0, \\ xyz-a = 0\end{cases}$$

得到惟一解

$$x=\sqrt[3]{2a},\quad y=\sqrt[3]{2a},\quad z=\frac{\sqrt[3]{2a}}{2}.$$

由于问题的最小值必定存在，因此它就是最小值点. 也就是说，当水箱的底为边长是 $\sqrt[3]{2a}$ m 的正方形，高为 $\sqrt[3]{2a}/2$ m 时，用料最省.

例 12.7.2 求平面 $x+y+z=0$ 与椭球面 $x^2+y^2+4z^2=1$ 相交而成的椭圆的面积(见图 12.7.1).

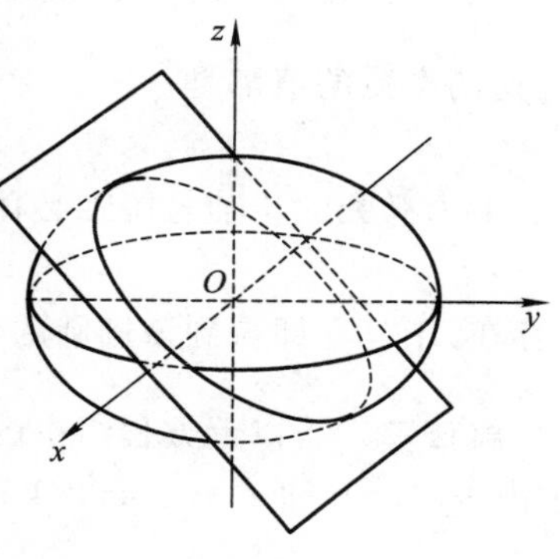

图 12.7.1

解 椭圆的面积为 πab，其中 a,b 分别为椭圆的两个半轴，因为椭圆的中心在原点，所以 a,b 分别是椭圆上的点到原点的最大距离与最小距离.

于是，可以将问题表述为求

$$f(x,y,z)=x^2+y^2+z^2$$

在约束条件

$$\begin{cases}x+y+z=0, \\ x^2+y^2+4z^2=1\end{cases}$$

下的最大值与最小值.

作 Lagrange 函数

$$L(x,y,z,\lambda,\mu)=x^2+y^2+z^2-\lambda(x+y+z)-\mu(x^2+y^2+4z^2-1),$$

得到相应的方程组

$$\begin{cases}L_x=2(1-\mu)x-\lambda=0, \\ L_y=2(1-\mu)y-\lambda=0, \\ L_z=2(1-4\mu)z-\lambda=0, \\ x+y+z=0, \\ x^2+y^2+4z^2-1=0.\end{cases}$$

解法一 将以上方程组中的第一式乘以 $1-4\mu$，第二式乘以 $1-4\mu$，第三式乘以 $1-\mu$ 后相加，得到

$$3\lambda(1-3\mu)=0,$$

因此 $\lambda=0$ 或 $1-3\mu=0$.

分两种情况讨论：

(1) 当 $\lambda=0$ 时，将以上方程组中的前三个式子相加得

$$6\mu z=0.$$

但此时 $\mu\neq 0$(否则从 $\lambda=0,\mu=0$ 得到 $x=y=z=0$，这不是椭圆上的点)，因此 $z=0$. 代入方程组 $x+y+z=0, x^2+y^2+4z^2-1=0$ 就得到 (x,y,z) 的两组解

$$\left(\frac{1}{\sqrt{2}},-\frac{1}{\sqrt{2}},0\right) \text{与} \left(-\frac{1}{\sqrt{2}},\frac{1}{\sqrt{2}},0\right),$$

f 在这两个点的值都是 1.

(2) 当 $1-3\mu=0$ 时，从方程组中的前三个式子得到

$$x=\frac{3}{4}\lambda,\quad y=\frac{3}{4}\lambda,\quad z=-\frac{3}{2}\lambda.$$

代入 $x^2+y^2+4z^2-1=0$ 得到 $\lambda=\pm\frac{2\sqrt{2}}{9}$.它对应$(x,y,z)$的两组解为

$$\left(\frac{\sqrt{2}}{6},\frac{\sqrt{2}}{6},-\frac{\sqrt{2}}{3}\right) \quad \text{和} \quad \left(-\frac{\sqrt{2}}{6},-\frac{\sqrt{2}}{6},\frac{\sqrt{2}}{3}\right),$$

f 在这两个点的值都是$\frac{1}{3}$.

由于椭圆的长轴与短轴必存在，因此 f 在椭圆$\begin{cases}x+y+z=0,\\x^2+y^2+4z^2=1\end{cases}$上的最大值与最小值必存在，于是立即得到该椭圆的半长轴为 1，半短轴为$\frac{1}{\sqrt{3}}$，面积为$\frac{\pi}{\sqrt{3}}$.

解法二　将以上方程组中的第一式乘以 x，第二式乘以 y，第三式乘以 z 后相加，再利用 $x+y+z=0$ 和 $x^2+y^2+4z^2=1$ 得到

$$f(x,y,z)=x^2+y^2+z^2=\mu.$$

这说明椭圆的半长轴与半短轴的平方包含在方程组关于 μ 的解中，所以问题转化为求 μ 的值.

如解法一得到 $3\lambda(1-3\mu)=0$，也分两种情况：

(1) 当 $1-3\mu=0$ 时，得 $\mu=\frac{1}{3}$.

(2) 当 $\lambda=0$ 时，原方程组就是

$$\begin{cases}(1-\mu)x=0,\\(1-\mu)y=0,\\(1-4\mu)z=0,\\x+y+z=0,\\x^2+y^2+4z^2-1=0.\end{cases}$$

此时 $\mu=1$（否则从以上方程组的第一，第二和第四式得到 $x=y=z=0$，这不是椭圆上的点）.

于是同样得到，该椭圆的半长轴为 1，半短轴为$\frac{1}{\sqrt{3}}$，面积为$\frac{\pi}{\sqrt{3}}$.

许多实际问题并不需要完全解出方程组来求得最值，解法二是一种常用的方法，可以使解决问题的方法与计算简化.

例 12.7.3　求函数 $f(x,y)=ax^2+2bxy+cy^2$ ($b^2-ac<0$; $a,b,c>0$) 在闭区域 $D=\{(x,y)\mid x^2+y^2\leqslant 1\}$ 上的最大值和最小值.

解　首先考察函数 f 在 D 的内部 $\{(x,y)\mid x^2+y^2<1\}$ 的极值，这是无条件极值问题.

为此解线性方程组

$$\begin{cases}f_x=2ax+2by=0,\\ f_y=2bx+2cy=0.\end{cases}$$

由假设 $b^2-ac<0$ 知道方程组的系数行列式不等于零,因此只有零解 $x=0,y=0$,即(0,0)点是驻点.易计算在(0,0)点

$$f_{xx}(0,0)=2a,\quad f_{xy}(0,0)=2b,\quad f_{yy}(0,0)=2c,$$

因此 $f_{xx}(0,0)f_{yy}(0,0)-f_{xy}^2(0,0)=4(ac-b^2)>0$.而 $f_{xx}>0$,所以(0,0)点是函数 f 的极小值点,极小值为 $f(0,0)=0$.

再考察函数 f 在 D 的边界 $\{(x,y)\mid x^2+y^2=1\}$ 上的极值,这是条件极值问题.为此作 Lagrange 函数

$$L(x,y,\lambda)=ax^2+2bxy+cy^2-\lambda(x^2+y^2-1),$$

并得方程组

$$\begin{cases}(a-\lambda)x+by=0,\\ bx+(c-\lambda)y=0,\\ x^2+y^2-1=0.\end{cases}$$

将方程组中的第一式乘以 x,第二式乘以 y 后相加,再用第三式代入就得到

$$f(x,y)=ax^2+2bxy+cy^2=\lambda(x^2+y^2)=\lambda,$$

这说明 $f(x,y)$ 在 $\{(x,y)\mid x^2+y^2=1\}$ 上的极大值与极小值包含在方程组关于 λ 的解中.下面来求 λ 的值.

由联立方程组中的 $x^2+y^2-1=0$,可知二元一次方程组 $\begin{cases}(a-\lambda)x+by=0,\\ bx+(c-\lambda)y=0\end{cases}$ 有非零解,因此系数行列式等于零,即

$$\lambda^2-(a+c)\lambda+ac-b^2=0.$$

解这个关于 λ 的方程,得到

$$\lambda=\frac{1}{2}\left[(a+c)\pm\sqrt{(a+c)^2-4(ac-b^2)}\right]$$

(注意根号中 $(a+c)^2-4(ac-b^2)=(a-c)^2+4b^2>0$).

由于连续函数 f 在紧集 $\{(x,y)\mid x^2+y^2=1\}$ 上必可取到最大值与最小值,因此 f 在 D 的边界上的最大值为

$$\lambda_1=\frac{1}{2}\left[(a+c)+\sqrt{(a+c)^2-4(ac-b^2)}\right];$$

最小值为

$$\lambda_2=\frac{1}{2}\left[(a+c)-\sqrt{(a+c)^2-4(ac-b^2)}\right].$$

再与 f 在 D 内部的极值 $f(0,0)=0$ 比较,就得到 f 在 D 上的最大值为

$$\max\{\lambda_1,0\}=\frac{1}{2}\left[(a+c)+\sqrt{(a+c)^2-4(ac-b^2)}\right];$$

最小值为

$$\min\{\lambda_2,0\}=0.$$

例 12.7.4　设 $a>0,a_i>0(i=1,2,\cdots,n)$.求 n 元函数

$$f(x_1,x_2,\cdots,x_n)=x_1^{a_1}x_2^{a_2}\cdots x_n^{a_n}$$

在约束条件 $x_1+x_2+\cdots+x_n=a(x_i>0,i=1,2,\cdots,n)$ 下的最大值.

解　作辅助函数

$$g(x_1,x_2,\cdots,x_n)=\ln f(x_1,x_2,\cdots,x_n)=a_1\ln x_1+a_2\ln x_2+\cdots+a_n\ln x_n,$$

因为函数 $\ln u$ 严格单调,所以只要考虑函数 g 的极值就可以得到 f 的极值.

作 Lagrange 函数

$$L=a_1\ln x_1+a_2\ln x_2+\cdots+a_n\ln x_n-\lambda(x_1+x_2+\cdots+x_n-a).$$

由极值的必要条件得到

$$\begin{cases}\dfrac{\partial L}{\partial x_i}=\dfrac{a_i}{x_i}-\lambda=0, & i=1,2,\cdots,n,\\ x_1+x_2+\cdots+x_n=a.\end{cases}$$

由前 n 个方程得到 $x_i=\dfrac{a_i}{\lambda},i=1,2,\cdots,n$,再代入最后一个方程得到

$$\lambda=\frac{a_1+a_2+\cdots+a_n}{a},$$

所以

$$x_i=\frac{aa_i}{a_1+a_2+\cdots+a_n},\quad i=1,2,\cdots,n.$$

于是 $(x_1,x_2,\cdots,x_n)$ 是函数 g 的惟一可能条件极值点.由于

$$\left(\frac{\partial^2 L}{\partial x_k\partial x_l}(x_1,x_2,\cdots,x_n,\lambda)\right)_{n\times n}=\begin{pmatrix}-\dfrac{a_1}{x_1^2} & 0 & \cdots & 0\\ 0 & -\dfrac{a_2}{x_2^2} & \cdots & 0\\ \vdots & \vdots & & \vdots\\ 0 & 0 & \cdots & -\dfrac{a_n}{x_n^2}\end{pmatrix}$$

为负定矩阵,由定理 12.7.2 可知 $(x_1,x_2,\cdots,x_n)$ 为 g 的条件极大值点.它也是 f 的惟一条件极大值点,显然它就是 f 的条件最大值点.于是 f 在约束条件下的最大值为

$$\prod_{i=1}^{n}\left(\frac{aa_i}{a_1+a_2+\cdots+a_n}\right)^{a_i}=a_1^{a_1}a_2^{a_2}\cdots a_n^{a_n}\left(\frac{a}{a_1+a_2+\cdots+a_n}\right)^{a_1+a_2+\cdots+a_n}.$$

特别地,当 $a_1=a_2=\cdots=a_n=1$ 及 $a=1$ 时,f 的最大值为 $\left(\dfrac{1}{n}\right)^n$,即当 $x_1+x_2+\cdots+x_n=1$

及 $x_i>0(i=1,2,\cdots,n)$ 时成立

$$x_1x_2\cdots x_n\leqslant\left(\frac{1}{n}\right)^n.$$

对于任意正数 $y_1,y_2,\cdots,y_n$，只要令

$$x_i=\frac{y_i}{y_1+y_2+\cdots+y_n}\quad(i=1,2,\cdots,n),$$

就得到

$$\prod_{i=1}^{n}\frac{y_i}{y_1+y_2+\cdots+y_n}\leqslant\left(\frac{1}{n}\right)^n,$$

即

$$\sqrt[n]{y_1y_2\cdots y_n}\leqslant\frac{y_1+y_2+\cdots+y_n}{n}.$$

这就是熟知的平均值不等式.

一个最优价格模型

在生产和销售商品的过程中，销售价格上涨将使厂家在单位商品上获得的利润增加，但同时也使消费者的购买欲望下降，造成销售量下降，导致厂家削减产量. 但在规模生产中，单位商品的生产成本是随着产量的增加而降低的，因此销售量、成本与售价是相互影响的. 厂家要选择合理的销售价格才能获得最大利润，这个价格称为**最优价格**.

例如，一家电视机厂在对某种型号电视机的销售价格决策时面对如下数据：

(1) 根据市场调查，当地对该种电视机的年需求量为 100 万台；

(2) 去年该厂共售出 10 万台，每台售价为 4 000 元；

(3) 仅生产 1 台电视机的成本为 4 000 元；但在批量生产后，生产 1 万台时成本降低为每台 3 000 元.

问：在生产方式不变的情况下，今年的最优销售价格是多少？

下面先建立一个一般的数学模型. 设这种电视机的总销售量为 x，每台生产成本为 c，销售价格为 v，那么厂家的利润为

$$u(c,v,x)=(v-c)x.$$

根据市场预测，销售量与销售价格之间有下面的关系：

$$x=Me^{-\alpha v},\quad M>0,\alpha>0,$$

这里 M 为市场的最大需求量，α 是价格系数（这个公式也反映出，售价越高，销售量越少）. 同时，生产部门对每台电视机的成本有如下测算：

$$c=c_0-k\ln x,\quad c_0,k,x>0,$$

这里 c_0 是只生产 1 台电视机时的成本，k 是规模系数（这也反映出，产量越大即销售量越大，成本越低）.

于是，问题化为求利润函数

$$u(c,v,x)=(v-c)x$$

在约束条件

$$\begin{cases} x = M\mathrm{e}^{-\alpha v}, \\ c = c_0 - k\ln x \end{cases}$$

下的极值问题.

作 Lagrange 函数

$$L(c,v,x,\lambda,\mu) = (v-c)x - \lambda(x - M\mathrm{e}^{-\alpha v}) - \mu(c - c_0 + k\ln x),$$

就得到最优化条件

$$\begin{cases} L_c = -x - \mu = 0, \\ L_v = x - \lambda M\alpha\mathrm{e}^{-\alpha v} = 0, \\ L_x = v - c - \lambda - \mu\dfrac{k}{x} = 0, \\ x - M\mathrm{e}^{-\alpha v} = 0, \\ c - c_0 + k\ln x = 0. \end{cases}$$

由方程组中第二和第四式得到

$$\lambda\alpha = 1, 即\ \lambda = \frac{1}{\alpha}.$$

将第四式代入第五式得到

$$c = c_0 - k(\ln M - \alpha v).$$

再由第一式知

$$\mu = -x.$$

将所得的这三个式子代入方程组中第三式,得到

$$v - (c_0 - k(\ln M - \alpha v)) - \frac{1}{\alpha} + k = 0,$$

由此解得最优价格为

$$v^* = \frac{c_0 - k\ln M + \dfrac{1}{\alpha} - k}{1 - \alpha k}.$$

只要确定了规模系数 k 与价格系数 α,问题就迎刃而解了.

现在利用这个模型解决本段开始提出的问题.此时 $M = 1\ 000\ 000$, $c_0 = 4\ 000$.由于去年该厂共售出 10 万台,每台售价为 4 000 元,因此得到

$$\alpha = \frac{\ln M - \ln x}{v} = \frac{\ln 1\ 000\ 000 - \ln 1\ 00\ 000}{4\ 000} = 0.000\ 58;$$

又由于生产 1 万台时成本就降低为每台 3 000 元,因此得到

$$k = \frac{c_0 - c}{\ln x} = \frac{4\ 000 - 3\ 000}{\ln 10\ 000} = 108.57.$$

将这些数据代入 v^* 的表达式,就得到今年的最优价格应为

$$v^* = \frac{4\ 000 - 108.57\ln 1\ 000\ 000 + \dfrac{1}{0.000\ 58} - 108.57}{1 - 0.000\ 58 \times 108.57} \approx 4\ 392(元/台).$$

习　题

1. 求下列函数的条件极值：

(1) $f(x,y)=xy$，约束条件为 $x+y=1$；

(2) $f(x,y,z)=x-2y+2z$，约束条件为 $x^2+y^2+z^2=1$；

(3) $f(x,y,z)=\frac{x^2}{a^2}+\frac{y^2}{b^2}+\frac{z^2}{c^2}$，约束条件为

$$\begin{cases}x^2+y^2+z^2=1,\\Ax+By+Cz=0,\end{cases}$$ 其中 $a>b>c>0, A^2+B^2+C^2=1$.

2. 在周长为 $2p$ 的一切三角形中，找出面积最大的三角形.

3. 要做一个容积为 1 m^3 的有盖铝圆桶，什么样的尺寸才能使用料最省？

4. 抛物面 $z=x^2+y^2$ 被平面 $x+y+z=1$ 截成一椭圆，求原点到这个椭圆的最长距离与最短距离.

5. 求椭圆 $x^2+3y^2=12$ 的内接等腰三角形，其底边平行于椭圆的长轴，而使面积最大.

6. 求空间一点 (a,b,c) 到平面 $Ax+By+Cz+D=0$ 的距离.

7. 求平面 $Ax+By+Cz=0$ 与柱面 $\frac{x^2}{a^2}+\frac{y^2}{b^2}=1$ 相交所成的椭圆的面积（A,B,C 都不为零；a,b 为正数）.

8. 求 $z=\frac{1}{2}(x^4+y^4)$ 在条件 $x+y=a$ 下的最小值，其中 $x\geqslant 0, y\geqslant 0, a$ 为常数.并证明不等式

$$\frac{x^4+y^4}{2}\geqslant\left(\frac{x+y}{2}\right)^4.$$

9. 当 $x>0, y>0, z>0$ 时，求函数

$$f(x,y,z)=\ln x+2\ln y+3\ln z$$

在球面 $x^2+y^2+z^2=6R^2$ 上的最大值.并由此证明：当 a,b,c 为正实数时，成立不等式

$$ab^2c^3\leqslant 108\left(\frac{a+b+c}{6}\right)^6.$$

10. (1) 求函数 $f(x,y,z)=x^ay^bz^c(x>0,y>0,z>0)$ 在约束条件 $x^k+y^k+z^k=1$ 下的极大值，其中 k,a,b,c 均为正常数；

(2) 利用(1)的结果证明：对于任何正数 u,v,w，成立不等式

$$\left(\frac{u}{a}\right)^a\left(\frac{v}{b}\right)^b\left(\frac{w}{c}\right)^c\leqslant\left(\frac{u+v+w}{a+b+c}\right)^{a+b+c}.$$

11. 求 a,b 之值，使得椭圆 $\frac{x^2}{a^2}+\frac{y^2}{b^2}=1$ 包含圆 $(x-1)^2+y^2=1$，且面积最小.

12. 设三角形 ABC 的三个顶点分别在三条光滑曲线 $f(x,y)=0, g(x,y)=0$ 及 $h(x,y)=0$ 上.证明：若三角形 ABC 的面积取极大值，则各曲线分别在三个顶点处的法线必通过三角形 ABC 的垂心.

13. 设 $a_1,a_2,\cdots,a_n$ 为 n 个已知正数.求 n 元函数

$$f(x_1,x_2,\cdots,x_n)=\sum_{k=1}^{n}a_kx_k$$

在约束条件

$$\sum_{k=1}^{n}x_k^2\leqslant 1$$

下的最大值与最小值.

14. 求二次型 $\sum_{i,j=1}^{n} a_{ij}x_i x_j (a_{ij} = a_{ji})$ 在 n 维单位球面

$$\left\{ (x_1, x_2, \cdots, x_n) \in \mathbf{R}^n \;\middle|\; \sum_{k=1}^{n} x_k^2 = 1 \right\}$$

上的最大值与最小值.

15. 设生产某种产品必须投入两种要素，x_1 和 x_2 分别为两要素的投入量，Q 为产出量.若生产函数为 $Q = 2x_1^{\alpha} x_2^{\beta}$，其中 α, β 为正的常数，且 $\alpha + \beta = 1$.假定两种要素的价格分别为 p_1 和 p_2，试问：当产出量为 12 时，两种要素各投入多少可以使得投入总费用最小？

补充习题

第十三章 重积分

§1 有界闭区域上的重积分

面积

在一元定积分中已经学过计算曲边梯形等平面图形的面积的方法，但是，并不能将其简单地照搬到一般的平面点集上，因为一般平面点集是否有面积还是一个问题. 为此，先引入面积的定义.

设 D 为 $\mathbf{R}^2$ 上的有界子集. 设 $U=[a,b]\times[c,d]$ 为包含 D 的一个闭矩形. 在 $[a,b]$ 中插入分点

$$a = x_0 < x_1 < \cdots < x_n = b;$$

在 $[c,d]$ 中插入分点

$$c = y_0 < y_1 < \cdots < y_m = d;$$

过这些分点作平行于坐标轴的直线，将 U 分成许多小矩形

$$U_{i,j} = [x_{i-1},x_i] \times [y_{j-1},y_j], \quad i = 1,2,\cdots,n; j = 1,2,\cdots,m,$$

这称为 U 的一个**划分**（见图 13.1.1）.

记完全包含于 D 内的那些小矩形的面积之和为 mA，与 $\overline{D}$ 的交集非空的那些小矩形的面积之和为 mB，则显然它们与 U 的划分有关，且有 $mA\leqslant mB$.

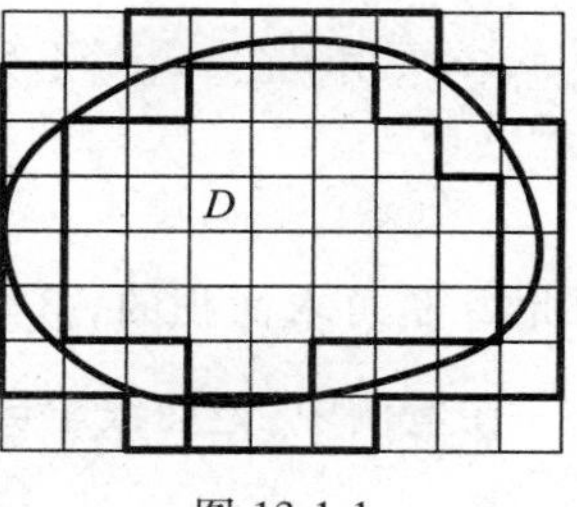

图 13.1.1

利用与讨论一元函数定积分的 Darboux 和类似的方法容易证明：若在原有划分的基础上，在 $[a,b]$ 和 $[c,d]$ 中再增加有限个分点（所得的新划分称为原来划分的**加细**），则 mB 不增，mA 不减；且任意一种划分所得到的 mA 不大于任意一种划分所得到的 mB.

这样，这些 mA 有一个上确界 mD_*，mB 有一个下确界 mD^*，并且

$$mD_* \leqslant mD^*.$$

若 $mD_*=mD^*$，则称这个值为 D 的面积，记为 mD，此时称 D 是**可求面积**的.

显然 D 的面积与 U 的选取无关.

同样可以考虑 D 的边界 ∂D 的面积. 记与 ∂D 的交集非空的那些小矩形的面积之和

为 $mB_{\partial D}$，若所有 $mB_{\partial D}$ 的下确界 $m\partial D^*=0$（因此 $m\partial D_*=0$），则称 ∂D 的面积为零．边界的面积为零的有界区域称为**零边界区域**．

利用上确界与下确界的定义，通过取加细的方法可以证明 D 是可求面积的充分必要条件是：对于任意给定的 $\varepsilon>0$，存在 U 的一个划分，使得

$$mB-mA(=mB_{\partial D})<\varepsilon.$$

所以有

定理 13.1.1 *有界点集 D 是可求面积的充分必要条件是它的边界 ∂D 的面积为 0.*

因此零边界区域是可求面积的．

面积具有可加性，就是说，如果有界点集 D 由点集 D_1 和 D_2 组成，D_1 和 D_2 可求面积，且 $D_1^o\cap D_2^o=\varnothing$，那么 D 可求面积，并满足

$$mD=mD_1+mD_2.$$

这从直观上来说是显然的．

例 13.1.1 设 $y=f(x)(a\leqslant x\leqslant b)$ 为非负连续函数．则它与直线 $x=a,x=b$ 和 $y=0$ 所围成的区域 D 是可求面积的（见图 13.1.2）．

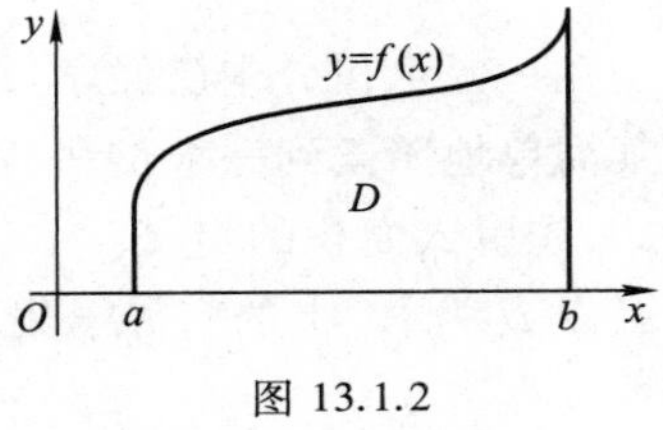

图 13.1.2

证 由于 f 在 $[a,b]$ 上连续，那么它在 $[a,b]$ 上可积（在定积分意义下）．在 $[a,b]$ 上插入分点 $a=x_0<x_1<\cdots<x_n=b$ 将 $[a,b]$ n 等分．记 $M=\max\limits_{a\leqslant x\leqslant b}\{f(x)\}$，那么矩形 $U=[a,b]\times[0,M]$ 就包含了区域 D．设 m_i 和 M_i 分别为 $f(x)$ 在 $[x_{i-1},x_i]$ 上的最大值与最小值 $(i=1,2,\cdots,n)$．再在 $[0,M]$ 上插入分点 $m_i,M_i(i=1,2,\cdots,n)$，就得到 U 的一个划分．容易看出，包含于 D 内的那些小矩形的面积之和为 $mA_n=\sum\limits_{i=1}^{n}m_i(x_i-x_{i-1})$（这是 f 的一个 Darboux 小和）；与 D 的交集非空的那些小矩形的面积之和为 $mB_n=\sum\limits_{i=1}^{n}M_i(x_i-x_{i-1})$（这是 f 的一个 Darboux 大和）．由于

$$mA_n\leqslant mD_*\leqslant mD^*\leqslant mB_n,$$

令 $n\to\infty$，由 f 在 $[a,b]$ 上的可积性及极限的夹逼性得

$$mD_*=mD^*=\int_a^b f(x)\,\mathrm{d}x.$$

因此 D 是可求面积的，且面积为 $\int_a^b f(x)\,\mathrm{d}x$．这与以前学过的知识相吻合．

在上例中，记曲线 $y=f(x)(a\leqslant x\leqslant b)$ 为 L，那么小矩形

$$[x_{i-1},x_i]\times[m_i,M_i],\quad i=1,2,\cdots,n$$

的全体包含 L，其面积为

$$\sum_{i=1}^{n}(M_i-m_i)(x_i-x_{i-1}),$$

当 $n\to\infty$ 时，它的极限是零．所以 L 的面积为 0.

可以用同样方法进一步证明：*平面上光滑曲线段的面积为 0*．因此，若一个有界区域的边界是分段光滑曲线（即由有限条光滑曲线衔接而成的曲线），那么它是可求面积的．

注意,并不是所有有界平面点集都是可求面积的.例如,平面点集

$$S=\{(x,y)\mid 0\leqslant x\leqslant 1,0\leqslant y\leqslant D(x)\}$$

就不可求面积,这里

$$D(x)=\begin{cases}1, & x\text{ 为有理数},\\ 0, & x\text{ 为无理数}\end{cases}$$

为 Dirichlet 函数.事实上,S 的边界为$\partial S=[0,1]\times[0,1]$,它的面积为 1.这说明 S 不是可求面积的.

二重积分的概念

考察一个**曲顶柱体**:它的底是 xy 平面上的具有零边界的有界闭区域 D,顶是非负连续函数 $z=f(x,y),(x,y)\in D$ 所确定的曲面,侧面是以 D 的边界曲线为准线,母线平行于 z 轴的柱面(见图 13.1.3).

为了求出它的体积 V,我们先用一个面积为零的曲线段组成的曲线网将区域 D 分成 n 个小区域 ΔD_1,$\Delta D_2,\cdots,\Delta D_n$.由前面的讨论,每个 ΔD_i 都是可求面积的($i=1,2,\cdots,n$).再分别以这些小区域的边界为准线,作母线平行于 z 轴的柱面,这些柱面将原曲顶柱体分成 n 个细的小曲顶柱体.在每个 ΔD_i 上任取一点(ξ_i,η_i),那么以 ΔD_i 为底的小曲顶柱体的体积近似地等于

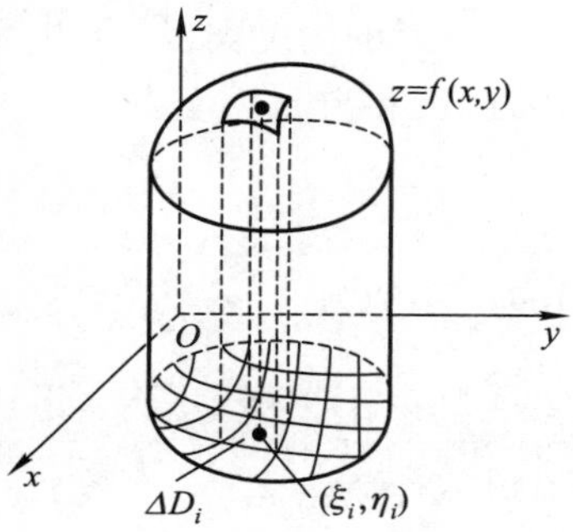

$$f(\xi_i,\eta_i)\Delta\sigma_i,$$

这里 $\Delta\sigma_i$ 表示 ΔD_i 的面积.于是,原曲顶柱体的体积近似地等于

图 13.1.3

$$\sum_{i=1}^{n}f(\xi_i,\eta_i)\Delta\sigma_i.$$

当所有的小区域 ΔD_i 的最大直径(记为 λ)趋于零时,这个近似值趋于原曲顶柱体的体积,即

$$V=\lim_{\lambda\to 0}\sum_{i=1}^{n}f(\xi_i,\eta_i)\Delta\sigma_i.$$

这就是二重积分的概念(以下讨论积分存在性时,总假定区域的边界以及用来分割区域的曲线段的面积为 0,这就保证了所涉及的一切区域的面积都存在).

定义 13.1.1 设 D 为 $\mathbf{R}^2$ 上的零边界闭区域,函数 $z=f(x,y)$ 在 D 上有界.将 D 用曲线网分成 n 个小区域 $\Delta D_1,\Delta D_2,\cdots,\Delta D_n$①(它称为 D 的一个划分),并记所有的小区域 ΔD_i 的最大直径为 λ,即

$$\lambda=\max_{1\leqslant i\leqslant n}\{\operatorname{diam}\Delta D_i\}.$$

在每个 ΔD_i 上任取一点(ξ_i,η_i),记 $\Delta\sigma_i$ 为 ΔD_i 的面积,若 λ 趋于零时,和式

---

① 用面积为零的曲线网对 $\mathbf{R}^2$ 上的有界闭区域 D 分割时,可能会将它分成无穷块小区域,这时需要将它们归并成有限块.因此这里所说的小区域可能不是连通的,而是一些连通的小区域的并集.

$$\sum_{i=1}^{n} f(\xi_i,\eta_i)\Delta\sigma_i$$

的极限存在且与区域的分法和点(ξ_i,η_i)的取法无关，则称$f(x,y)$在D上**可积**，并称此极限为$f(x,y)$在D上的**二重积分**，记为

$$\iint_D f(x,y)\,\mathrm{d}\sigma \quad \left(=\lim_{\lambda\to 0}\sum_{i=1}^{n} f(\xi_i,\eta_i)\Delta\sigma_i\right).$$

$f(x,y)$称为**被积函数**，D称为**积分区域**，x和y称为**积分变量**，$\mathrm{d}\sigma$称为**面积元素**，$\iint_D f(x,y)\,\mathrm{d}\sigma$也称为**积分值**.

前面提到的曲顶柱体的体积即为

$$V=\iint_D f(x,y)\,\mathrm{d}\sigma.$$

与一元的情况类似，设M_i和m_i分别为$f(x,y)$在ΔD_i上的上确界与下确界，定义Darboux大和为

$$S=\sum_{i=1}^{n} M_i\Delta\sigma_i;$$

Darboux小和为

$$s=\sum_{i=1}^{n} m_i\Delta\sigma_i.$$

则有以下性质：

性质1　若在已有的划分上添加有限条曲线作进一步划分，则Darboux大和不增，Darboux小和不减.

性质2　任何一个Darboux小和都不大于任何一个Darboux大和. 因此，若记$I^*=\inf\{S\}$，$I_*=\sup\{s\}$（这里上、下确界是对所有划分来取的），则有

$$s\leqslant I_*\leqslant I^*\leqslant S.$$

性质3　$f(x,y)$在D上可积的充分必要条件是：

$$\lim_{\lambda\to 0}(S-s)=0,$$

即

$$\lim_{\lambda\to 0}\sum_{i=1}^{n}\omega_i\Delta\sigma_i=0.$$

这里$\omega_i=M_i-m_i$是$f(x,y)$在ΔD_i上的**振幅**. 此时成立

$$\lim_{\lambda\to 0}s=\lim_{\lambda\to 0}S=\iint_D f(x,y)\,\mathrm{d}\sigma.$$

利用这个性质就可得到：

定理 13.1.2　若$f(x,y)$在零边界闭区域D上连续，那么它在D上可积.

证　记σ为D的面积. 因为$f(x,y)$在紧集D上连续，所以它在D上一致连续，于是对任意$\varepsilon>0$，存在$\delta>0$，使得当$\sqrt{(x_1-x_2)^2+(y_1-y_2)^2}<\delta$时，成立

$$|f(x_1,y_1)-f(x_2,y_2)|<\frac{\varepsilon}{\sigma}.$$

因此对 D 的任一划分 $\Delta D_1,\Delta D_2,\cdots,\Delta D_n$，当所有 ΔD_i 的最大直径 $\lambda<\delta$ 时，$f(x,y)$ 在每个 ΔD_i 上的振幅 ω_i 就小于 $\dfrac{\varepsilon}{\sigma}$，这就成立

$$\sum_{i=1}^{n}\omega_i\Delta\sigma_i<\frac{\varepsilon}{\sigma}\sum_{i=1}^{n}\Delta\sigma_i=\frac{\varepsilon}{\sigma}\cdot\sigma=\varepsilon,$$

所以 $\lim\limits_{\lambda\to 0}\sum\limits_{i=1}^{n}\omega_i\Delta\sigma_i=0$，即 $f(x,y)$ 在 D 上可积.

证毕

通过稍微复杂一点的证明，还可将定理中函数的条件放宽到 $f(x,y)$ 有界，但至多在有限条面积为零的曲线上不连续.

多重积分

同 $\mathbf{R}^2$ 中定义面积一样，可以在 $\mathbf{R}^n(n\geqslant 3)$ 中引入体积的概念.若定义 $\mathbf{R}^n$ 中的 n 维闭矩形 $[a_1,b_1]\times[a_2,b_2]\times\cdots\times[a_n,b_n]$ 的体积为 $(b_1-a_1)(b_2-a_2)\cdots(b_n-a_n)$，那么就可以将 $\mathbf{R}^2$ 上定义面积的叙述完全平移到 $\mathbf{R}^n(n\geqslant 3)$ 上来定义体积，并同样称边界体积为零的有界区域为**零边界区域**，而且可以证明光滑曲面片的体积为零，这里就不一一详述了.设 Ω 是 $\mathbf{R}^n(n\geqslant 3)$ 上的有界区域，其边界是一张或数张无重点的封闭曲面（本章总是如此假定），那么同样可得：*有界点集 Ω 是可求体积的充分必要条件为其边界的体积为零，即 Ω 为零边界区域.*

同 $\mathbf{R}^2$ 中的原理一样，我们引入 n 重积分的概念：

定义 13.1.2 *设 Ω 为 $\mathbf{R}^n$ 上的零边界闭区域，函数 $u=f(\boldsymbol{x})$ 在 Ω 上有界.将 Ω 用曲面网分成 n 个小区域 $\Delta\Omega_1,\Delta\Omega_2,\cdots,\Delta\Omega_n$*①*（称为 Ω 的一个划分），记 ΔV_i 为 $\Delta\Omega_i$ 的体积，并记所有的小区域 $\Delta\Omega_i$ 的最大直径为 λ.在每个 $\Delta\Omega_i$ 上任取一点 $\boldsymbol{x}_i$，若 λ 趋于零时，和式*

$$\sum_{i=1}^{n}f(\boldsymbol{x}_i)\Delta V_i$$

*的极限存在且与区域的分法和点 $\boldsymbol{x}_i$ 的取法无关，则称 $f(\boldsymbol{x})$ 在 Ω 上***可积***，并称此极限为 $f(\boldsymbol{x})$ 在有界闭区域 Ω 上的 n* **重积分***，记为*

$$\int_{\Omega}f\mathrm{d}V\left(=\lim_{\lambda\to 0}\sum_{i=1}^{n}f(\boldsymbol{x}_i)\Delta V_i\right).$$

*$f(\boldsymbol{x})$ 称为***被积函数***，Ω 称为***积分区域***，$\boldsymbol{x}$ 称为***积分变量***，$\mathrm{d}V$ 称为***体积元素***，$\int_{\Omega}f\mathrm{d}V$ 也称为***积分值**.

类似于二维情形可知，若 $f(\boldsymbol{x})$ 在零边界闭区域 Ω 上连续，那么它在 Ω 上可积.

注意到 $n=2$ 与 $n>2$ 的重积分定义并没有本质的区别，今后我们经常把它们一起讨论.为明确起见，通常采用如下记法：

在 $\mathbf{R}^2$ 中，$f(x,y)$ 在 D 上的二重积分记为

$$\iint_{D}f(x,y)\,\mathrm{d}x\mathrm{d}y;$$

---

① 这里对小区域的理解同在二重积分定义中一样.

在 $\mathbf{R}^3$ 中，$f(x,y,z)$ 在 Ω 上的三重积分记为

$$\iiint\limits_{\Omega} f(x,y,z)\,\mathrm{d}x\mathrm{d}y\mathrm{d}z \text{ 或} \iiint\limits_{\Omega} f(x,y,z)\,\mathrm{d}V;$$

而在 $\mathbf{R}^n$ 中，$f(x_1,x_2,\cdots,x_n)$ 在 Ω 上的 n 重积分记为

$$\int_{\Omega} f(x_1,x_2,\cdots,x_n)\,\mathrm{d}x_1\mathrm{d}x_2\cdots\mathrm{d}x_n \text{ 或} \iint_{\Omega}\cdots\int f(x_1,x_2,\cdots,x_n)\,\mathrm{d}x_1\mathrm{d}x_2\cdots\mathrm{d}x_n.$$

例 13.1.2 设 $\Omega\subset\mathbf{R}^3$ 为具有分片光滑表面的物体，$f(x,y,z)$ 是 Ω 在 (x,y,z) 处的密度.将 Ω 用分片光滑曲面分成充分小的块 $\Delta\Omega_1,\Delta\Omega_2,\cdots,\Delta\Omega_n$，那么 $f(\xi_i,\eta_i,\zeta_i)\Delta V_i$ 就近似的为 $\Delta\Omega_i$ 的质量，这里 ΔV_i 为 $\Delta\Omega_i$ 的体积，(ξ_i,η_i,ζ_i) 为 $\Delta\Omega_i$ 上任一点. 于是，$\sum\limits_{i=1}^{n} f(\xi_i,\eta_i,\zeta_i)\Delta V_i$ 就近似的表示 Ω 的质量.以 λ 表示所有 $\Delta\Omega_i$ 的最大直径，则

$$\Omega \text{ 的质量} = \lim_{\lambda\to 0}\sum_{i=1}^{n} f(\xi_i,\eta_i,\zeta_i)\Delta V_i = \iiint\limits_{\Omega} f(x,y,z)\,\mathrm{d}x\mathrm{d}y\mathrm{d}z.$$

现在来计算此物体的质心 $(\bar{x},\bar{y},\bar{z})$.

如果空间上有 n 个质点，它们的质量分别为 $m_1,m_2,\cdots,m_n$，且相应地位于点

$$(x_1,y_1,z_1),(x_2,y_2,z_2),\cdots,(x_n,y_n,z_n),$$

那么这个质点系的质心坐标为

$$\bar{x}=\frac{\sum\limits_{i=1}^{n} m_i x_i}{\sum\limits_{i=1}^{n} m_i},\ \bar{y}=\frac{\sum\limits_{i=1}^{n} m_i y_i}{\sum\limits_{i=1}^{n} m_i},\ \bar{z}=\frac{\sum\limits_{i=1}^{n} m_i z_i}{\sum\limits_{i=1}^{n} m_i}.$$

当 λ 充分小时，如果将 $\Delta\Omega_i$ 看成质点，$f(\xi_i,\eta_i,\zeta_i)\Delta V_i$ 就近似的为 $\Delta\Omega_i$ 的质量，其中 (ξ_i,η_i,ζ_i) 为 $\Delta\Omega_i$ 上任一点.那么其质心坐标为

$$\bar{x}\approx\frac{\sum\limits_{i=1}^{n}\xi_i f(\xi_i,\eta_i,\zeta_i)\Delta V_i}{\sum\limits_{i=1}^{n} f(\xi_i,\eta_i,\zeta_i)\Delta V_i},\bar{y}\approx\frac{\sum\limits_{i=1}^{n}\eta_i f(\xi_i,\eta_i,\zeta_i)\Delta V_i}{\sum\limits_{i=1}^{n} f(\xi_i,\eta_i,\zeta_i)\Delta V_i},\bar{z}\approx\frac{\sum\limits_{i=1}^{n}\zeta_i f(\xi_i,\eta_i,\zeta_i)\Delta V_i}{\sum\limits_{i=1}^{n} f(\xi_i,\eta_i,\zeta_i)\Delta V_i},$$

因此当 λ 趋于零就得到

$$\bar{x}=\frac{\iiint\limits_{\Omega} xf(x,y,z)\,\mathrm{d}x\mathrm{d}y\mathrm{d}z}{\iiint\limits_{\Omega} f(x,y,z)\,\mathrm{d}x\mathrm{d}y\mathrm{d}z},\bar{y}=\frac{\iiint\limits_{\Omega} yf(x,y,z)\,\mathrm{d}x\mathrm{d}y\mathrm{d}z}{\iiint\limits_{\Omega} f(x,y,z)\,\mathrm{d}x\mathrm{d}y\mathrm{d}z},\bar{z}=\frac{\iiint\limits_{\Omega} zf(x,y,z)\,\mathrm{d}x\mathrm{d}y\mathrm{d}z}{\iiint\limits_{\Omega} f(x,y,z)\,\mathrm{d}x\mathrm{d}y\mathrm{d}z}.$$

注意上式的分母就是 Ω 的质量.

Peano 曲线

值得注意的是，一条平面曲线所绘出的图形的面积并不一定是零. Peano 发现，存在将实轴上的闭区间映满平面上的一个二维区域（如三角形和正方形）的连续映射.也就是说，这条曲线通过该二维区域的每个点，这种曲线被称为 **Peano 曲线**.

以下我们给出一个将 $[0,1]$ 映满平面上边长为 $1/2$ 的正三角形的连续映射的大致构造，具体细节请有兴趣的读者补上.

设 Δ 为平面上边长为 1/2 的闭正三角形.作连续映射 $f_1:[0,1]\to\Delta$,使得它的像是三角形的一个顶点到重心再到另一个顶点的折线,如图 13.1.4 所示.将 Δ 分为四个全等三角形,再作 $f_2:[0,1]\to\Delta$,使得 f_2 在每个区间 $\left[\frac{i}{4},\frac{i+1}{4}\right]$ 上的像分别完全落在一个小三角形 $\Delta_i(i=0,1,2,3)$ 上,且 f_2 的像在小三角形 Δ_i 的部分恰如 f_1 的像,如图 13.1.5 所示.继续将每个小三角形 Δ_i 分为四个更小的全等三角形,作连续映射 $f_3:[0,1]\to\Delta$,使得在每个区间 $\left[\frac{i}{4},\frac{i+1}{4}\right]$ $(i=0,1,2,3)$ 上的像分别完全落在一个小三角形 Δ_i 上,f_3 在这个区间上的构造完全类似于 f_2 在[0,1]上的构造,而且 f_3 的像在更小的三角形的部分恰如 f_1 的像,如图13.1.6 所示.如此继续下去,将正三角形 Δ 等分为 4^{n-1} 个小全等三角形,用归纳法可作出连续映射 $f_n:[0,1]\to\Delta$,使得从 f_{n-1} 到 f_n 的构造完全类似于从 f_2 到 f_3 的构造,且 f_n 的像在每个小三角形的部分恰如 f_1 的像.这样就可以构造一个连续映射序列 $\{f_n\}$.

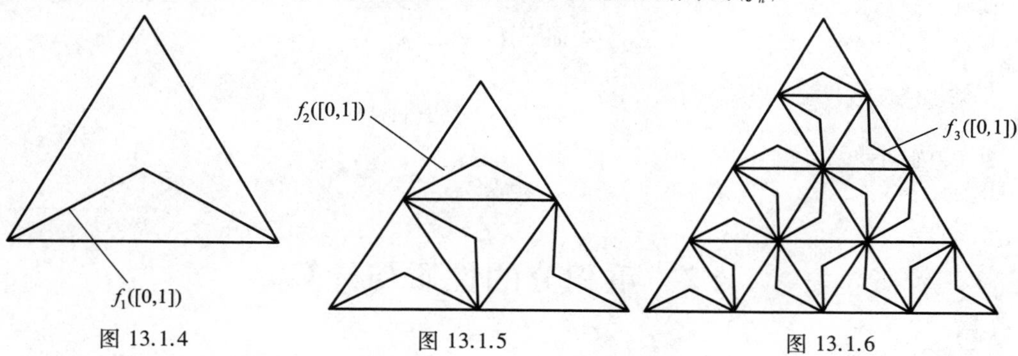

图 13.1.4　　图 13.1.5　　图 13.1.6

由序列 $\{f_n\}$ 的构造可知,若 $m\leqslant n$,则对于每个 $t\in[0,1]$,可以找到边长为 $1/2^m$ 的小三角形同时含有 $f_m(t)$ 和 $f_n(t)$,因此在[0,1]上成立

$$|f_m(t)-f_n(t)|\leqslant 1/2^m.$$

于是连续映射序列 $\{f_n\}$ 在[0,1]上一致收敛于一个连续映射 $f:[0,1]\to\Delta$,且 f 满足

$$|f_m(t)-f(t)|\leqslant 1/2^m,\quad t\in[0,1].$$

现在证明 f 的像为整个 Δ.

首先证明 Δ 上每一点都是 f 的像集的聚点.从 $\{f_n\}$ 的构造可知:f_n 的像到 Δ 上任一点的距离不超过 $1/2^n$(关于点与点集的距离的定义见第十一章第三节习题 4).对于 Δ 上任一点 $\boldsymbol{a}$ 及 $\boldsymbol{a}$ 的任一邻域 U,取 N 充分大,使得 $O(\boldsymbol{a},1/2^{N-1})\subset U$,并且取 $t_0\in[0,1]$,使得

$$|\boldsymbol{a}-f_N(t_0)|\leqslant 1/2^N.$$

因此

$$|\boldsymbol{a}-f(t_0)|\leqslant|\boldsymbol{a}-f_N(t_0)|+|f_N(t_0)-f(t_0)|\leqslant 1/2^N+1/2^N=1/2^{N-1},$$

所以 $f(t_0)\in O(\boldsymbol{a},1/2^{N-1})\subset U$,这说明 $\boldsymbol{a}$ 是 f 的像集的聚点.

显然 $f([0,1])\subset\Delta$.而 f 为连续映射,所以 $f([0,1])$ 为紧集,因此是闭集,所以 $f([0,1])$ 包含它的所有聚点,因此 $f([0,1])=\Delta$,即 f 的像为整个 Δ.

习　题

1. 设一平面薄板(不计其厚度),它在 xy 平面上的表示是由光滑的简单闭曲线围成的闭区域 D.如果

该薄板分布有面密度为$\mu(x,y)$的电荷，且$\mu(x,y)$在D上连续，试用二重积分表示该薄板上的全部电荷.

2. 设函数$f(x,y)$在矩形$D=[0,\pi]\times[0,1]$上有界，而且除了曲线段$y=\sin x, 0\leqslant x\leqslant\pi$外，$f(x,y)$在$D$上其他点连续.证明$f$在$D$上可积.

3. 按定义计算二重积分$\iint\limits_D xy\mathrm{d}x\mathrm{d}y$，其中$D=[0,1]\times[0,1]$.

4. 设一元函数$f(x)$在$[a,b]$上可积，$D=[a,b]\times[c,d]$.定义二元函数
$$F(x,y)=f(x),\quad (x,y)\in D.$$
证明$F(x,y)$在D上可积.

5. 设D是$\mathbf{R}^2$上的零边界闭区域，二元函数$f(x,y)$和$g(x,y)$在D上可积.
证明
$$H(x,y)=\max\{f(x,y),g(x,y)\}$$
和
$$h(x,y)=\min\{f(x,y),g(x,y)\}$$
也在D上可积.

§2　重积分的性质与计算

重积分的性质

定义重积分的思想方法与定义定积分是一致的，因此它们的性质也是类似的，以下性质请读者参照一元的情况自行加以证明.

除非特别声明，本节中总假定考虑的区域是$\mathbf{R}^n(n\geqslant 2)$中的零边界闭区域.

性质 1(线性性)　设f和g都在区域Ω上可积，α,β为常数，则$\alpha f+\beta g$在Ω上也可积，并且
$$\int_\Omega(\alpha f+\beta g)\mathrm{d}V=\alpha\int_\Omega f\mathrm{d}V+\beta\int_\Omega g\mathrm{d}V.$$

性质 2(区域可加性)　设区域Ω被分成两个内点不相交的区域Ω_1和Ω_2，如果f在Ω上可积，则f在Ω_1和Ω_2上都可积；反之，如果f在Ω_1和Ω_2上可积，则f也在Ω上可积.此时成立
$$\int_\Omega f\mathrm{d}V=\int_{\Omega_1}f\mathrm{d}V+\int_{\Omega_2}f\mathrm{d}V.$$

性质 3　设被积函数$f\equiv 1$.当$n=2$时
$$\iint\limits_\Omega\mathrm{d}x\mathrm{d}y=\iint\limits_\Omega 1\mathrm{d}x\mathrm{d}y=\Omega\text{ 的面积};$$
当$n\geqslant 3$时
$$\int_\Omega\mathrm{d}V=\int_\Omega 1\mathrm{d}V=\Omega\text{ 的体积}.$$

性质 4(保序性)　设f和g都在区域Ω上可积，且满足$f\leqslant g$，则成立不等式

$$\int_{\Omega} f\mathrm{d}V \leqslant \int_{\Omega} g\mathrm{d}V.$$

性质 5 设 f 在区域 Ω 上可积，M 与 m 分别为 f 在 Ω 上的上确界和下确界，则成立不等式

$$mV \leqslant \int_{\Omega} f\mathrm{d}V \leqslant MV,$$

其中 V 当 $n=2$ 时为 Ω 的面积，当 $n>2$ 时为 Ω 的体积.

性质 5 是性质 4 的直接推论.

性质 6(绝对可积性) 设 f 在区域 Ω 上可积，则 $|f|$ 也在 Ω 上可积，且成立不等式

$$\left|\int_{\Omega} f\mathrm{d}V\right| \leqslant \int_{\Omega} |f| \mathrm{d}V.$$

性质 7(乘积可积性) 设 f 和 g 都在区域 Ω 上可积，则 $f \cdot g$ 也在 Ω 上可积.

性质 8(积分中值定理) 设 f 和 g 都在区域 Ω 上可积，且 g 在 Ω 上不变号.设 M 与 m 分别为 f 在 Ω 上的上确界和下确界，则存在常数 $\mu \in [m, M]$，使得

$$\int_{\Omega} f \cdot g\mathrm{d}V = \mu \int_{\Omega} g\mathrm{d}V.$$

特别地，如果 f 在 Ω 上连续，则存在 $\xi \in \Omega$，使得

$$\int_{\Omega} f \cdot g\mathrm{d}V = f(\xi) \int_{\Omega} g\mathrm{d}V.$$

矩形区域上的重积分计算

设 $D=[a,b]\times[c,d]$ 是 $\mathbf{R}^2$ 上的闭矩形，$z=f(x,y)$ 是 D 上的非负连续函数，则以 D 为底、曲面 $z=f(x,y)$ 为顶的曲顶柱体的体积 V 正是二重积分

$$\iint_{D} f(x,y)\,\mathrm{d}x\mathrm{d}y.$$

但若换一个角度来看，这块柱体被过 $(x,0,0)$ $(a \leqslant x \leqslant b)$ 点，且与 yz 平面平行的平面所截的截面是曲边梯形(见图 13.2.1)，其面积为

$$A(x) = \int_{c}^{d} f(x,y)\,\mathrm{d}y.$$

利用定积分中的结论，即知此曲顶柱体的体积为

$$V = \int_{a}^{b} A(x)\,\mathrm{d}x = \int_{a}^{b}\left(\int_{c}^{d} f(x,y)\,\mathrm{d}y\right)\mathrm{d}x.$$

$\int_{a}^{b}\left(\int_{c}^{d} f(x,y)\,\mathrm{d}y\right)\mathrm{d}x$ 称为 $f(x,y)$ 先对 y，再对 x 的**累次积分**，习惯上写成 $\int_{a}^{b}\mathrm{d}x\int_{c}^{d} f(x,y)\,\mathrm{d}y$，因此有等式

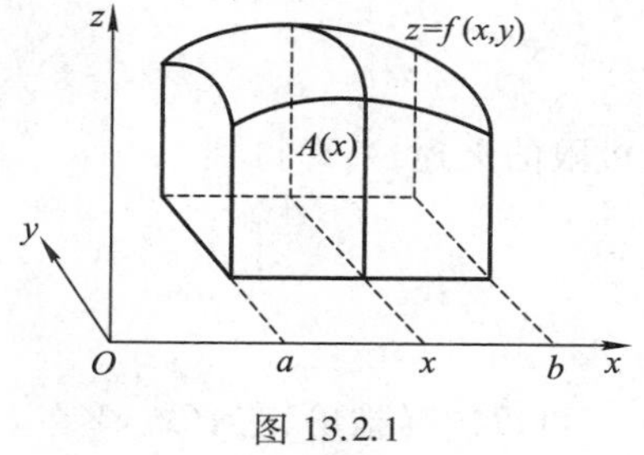

图 13.2.1

$$\iint_{D} f(x,y)\,\mathrm{d}x\mathrm{d}y = \int_{a}^{b}\mathrm{d}x\int_{c}^{d} f(x,y)\,\mathrm{d}y.$$

这个几何方法提示我们：重积分可以通过累次积分来计算，这正是求重积分的关键所在，它可以如下严格叙述和证明.

定理 13.2.1　设二元函数 $f(x,y)$ 在闭矩形 $D=[a,b]\times[c,d]$ 上可积.若积分

$$h(x)=\int_c^d f(x,y)\,\mathrm{d}y$$

对于每个 $x\in[a,b]$ 存在,则 $h(x)$ 在 $[a,b]$ 上可积,并有等式

$$\iint_D f(x,y)\,\mathrm{d}x\mathrm{d}y=\int_a^b h(x)\,\mathrm{d}x=\int_a^b\left(\int_c^d f(x,y)\,\mathrm{d}y\right)\mathrm{d}x=\int_a^b \mathrm{d}x\int_c^d f(x,y)\,\mathrm{d}y.$$

证　在 $[a,b]$ 中插入分点

$$a=x_0<x_1<\cdots<x_n=b,$$

并记 $\Delta x_i=x_i-x_{i-1}(i=1,2,\cdots,n)$.显然,要得到定理的结论,只要证明

$$\lim_{\lambda\to 0}\sum_{i=1}^n h(\xi_i)\Delta x_i=\iint_D f(x,y)\,\mathrm{d}x\mathrm{d}y,$$

这里 ξ_i 为 $[x_{i-1},x_i]$ 中任意一点,λ 为所有 Δx_i 的最大者.

再在 $[c,d]$ 中插入分点

$$c=y_0<y_1<\cdots<y_m=d,$$

并记 $\Delta y_j=y_j-y_{j-1}(j=1,2,\cdots,m)$.过 $[a,b]$ 和 $[c,d]$ 上的这些分点分别作平行于坐标轴的直线将 D 分成许多小矩形(这是 D 的一个划分),并记

$$D_{ij}=[x_{i-1},x_i]\times[y_{j-1},y_j],\quad i=1,2,\cdots,n;\quad j=1,2,\cdots,m.$$

记

$$m_{ij}=\inf_{(x,y)\in D_{ij}}\{f(x,y)\},\quad M_{ij}=\sup_{(x,y)\in D_{ij}}\{f(x,y)\}.$$

由于 $\xi_i\in[x_{i-1},x_i]$,所以

$$\sum_{j=1}^m m_{ij}\Delta y_j\leqslant h(\xi_i)=\sum_{j=1}^m\int_{y_{j-1}}^{y_j}f(\xi_i,y)\,\mathrm{d}y\leqslant\sum_{j=1}^m M_{ij}\Delta y_j,i=1,2,\cdots,n.$$

将这些不等式分别乘以 Δx_i,再把它们逐个加起来就得

$$\sum_{i=1}^n\sum_{j=1}^m m_{ij}\Delta x_i\Delta y_j\leqslant\sum_{i=1}^n h(\xi_i)\Delta x_i\leqslant\sum_{i=1}^n\sum_{j=1}^m M_{ij}\Delta x_i\Delta y_j.$$

注意到这个不等式的左右两端正是 $f(x,y)$ 在所作划分上的 Darboux 小和与大和,由于 $f(x,y)$ 在 D 上可积,当所有 $\Delta x_i,\Delta y_j$ 都趋于零时,这个不等式两端都趋于

$$\iint_D f(x,y)\,\mathrm{d}x\mathrm{d}y.$$

由极限的夹逼性,即得到

$$\int_a^b h(x)\,\mathrm{d}x=\lim_{\lambda\to 0}\sum_{i=1}^n h(\xi_i)\Delta x_i=\iint_D f(x,y)\,\mathrm{d}x\mathrm{d}y.$$

证毕

可以同样推出,若 $f(x,y)$ 在 $D=[a,b]\times[c,d]$ 上可积,且对所有 $y\in[c,d]$,积分 $\int_a^b f(x,y)\,\mathrm{d}x$ 都存在,则 $f(x,y)$ 先对 x,再对 y 的累次积分 $\int_c^d\mathrm{d}y\int_a^b f(x,y)\,\mathrm{d}x$ 也存在,且成立

$$\iint_D f(x,y)\,\mathrm{d}x\mathrm{d}y=\int_c^d\mathrm{d}y\int_a^b f(x,y)\,\mathrm{d}x.$$

特别地,从定理 13.2.1 直接得到:设一元函数 $f(x)$ 在闭区间 $[a,b]$ 上可积,$g(y)$ 在

闭区间$[c,d]$上可积.则成立

$$\iint\limits_{[a,b]\times[c,d]} f(x)g(y)\,\mathrm{d}x\mathrm{d}y = \int_a^b\left(\int_c^d f(x)g(y)\,\mathrm{d}y\right)\mathrm{d}x$$

$$= \int_a^b f(x)\left(\int_c^d g(y)\,\mathrm{d}y\right)\mathrm{d}x = \int_a^b f(x)\,\mathrm{d}x\cdot\int_c^d g(y)\,\mathrm{d}y.$$

例 13.2.1 计算柱面 $x^2+z^2=R^2$ 与平面 $y=0$ 和 $y=a(a>0)$ 所围立体的体积(见图 13.2.2).

解 由对称性,所求立体的体积 V 是该立体在第一卦限部分的体积的 4 倍.而它在第一卦限的部分是以曲面 $z=\sqrt{R^2-x^2}$ 为顶,以 xy 平面上区域 $D=[0,R]\times[0,a]$为底的曲顶柱体.因此

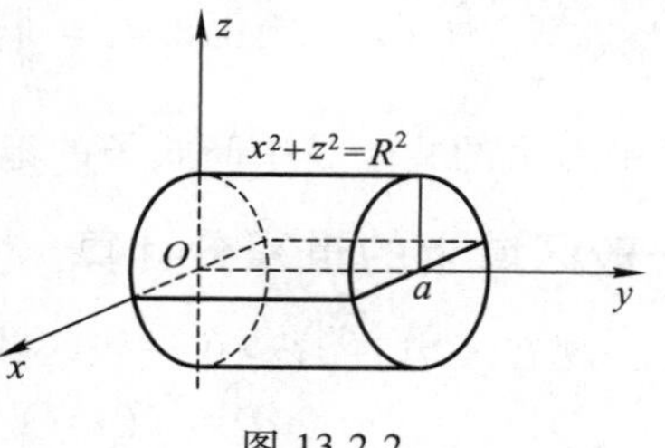

图 13.2.2

$$V = 4\iint\limits_D\sqrt{R^2-x^2}\,\mathrm{d}x\mathrm{d}y = 4\int_0^R\mathrm{d}x\int_0^a\sqrt{R^2-x^2}\,\mathrm{d}y$$

$$= 4a\int_0^R\sqrt{R^2-x^2}\,\mathrm{d}x = a\pi R^2.$$

注意并不是所有重积分都能化为累次积分来计算.例如,设 $D=[0,1]\times[0,1]$,

$$f(x,y)=\begin{cases}\dfrac{1}{p_x}+\dfrac{1}{p_y}, & x=\dfrac{q_x}{p_x},y=\dfrac{q_y}{p_y}\text{ 均为既约分数},\\ 0, & \text{其他点}.\end{cases}$$

易证明$f(x,y)$在 D 上可积,且

$$\iint\limits_D f(x,y)\,\mathrm{d}x\mathrm{d}y = 0.$$

但它的两个累次积分都不存在.请读者自己把细节补上.

下面的定理是定理 13.2.1 在 $\mathbf{R}^n$ 上的直接推广,其证明方法也类似.

定理 13.2.2 设$f(x_1,x_2,\cdots,x_n)$在 n 维闭矩形 $\Omega=[a_1,b_1]\times[a_2,b_2]\times\cdots\times[a_n,b_n]$上可积.记 $\Omega_*=[a_2,b_2]\times\cdots\times[a_n,b_n]$.若积分

$$h(x_1)=\int_{\Omega_*}f(x_1,x_2,\cdots,x_n)\,\mathrm{d}x_2\cdots\mathrm{d}x_n$$

对于每个 $x_1\in[a_1,b_1]$存在,则 $h(x_1)$在$[a_1,b_1]$上可积,并成立

$$\int_\Omega f(x_1,x_2,\cdots,x_n)\,\mathrm{d}x_1\mathrm{d}x_2\cdots\mathrm{d}x_n=\int_{a_1}^{b_1}h(x_1)\,\mathrm{d}x_1=\int_{a_1}^{b_1}\mathrm{d}x_1\int_{\Omega_*}f(x_1,x_2,\cdots,x_n)\,\mathrm{d}x_2\cdots\mathrm{d}x_n.$$

证明留给读者.

特别,当 $n=2$ 时,这就是定理 13.2.1;当 $n=3$ 时,记 $\Omega=[a,b]\times[c,d]\times[e,f]$,$\Omega_*=[c,d]\times[e,f]$,那么上式成为

$$\iiint\limits_\Omega f(x,y,z)\,\mathrm{d}x\mathrm{d}y\mathrm{d}z=\int_a^b\mathrm{d}x\iint\limits_{\Omega_*}f(x,y,z)\,\mathrm{d}y\mathrm{d}z.$$

从定理 13.2.2 直接得到:

推论 13.2.1 设$f(x_1,x_2,\cdots,x_n)$在 n 维闭矩形 $\Omega=[a_1,b_1]\times[a_2,b_2]\times\cdots\times[a_n,b_n]$上连续,则有

$$\int_{\Omega} f(x_1,x_2,\cdots,x_n)\mathrm{d}x_1\mathrm{d}x_2\cdots\mathrm{d}x_n=\int_{a_1}^{b_1}\mathrm{d}x_1\int_{a_2}^{b_2}\mathrm{d}x_2\cdots\int_{a_{n-1}}^{b_{n-1}}\mathrm{d}x_{n-1}\int_{a_n}^{b_n} f(x_1,x_2,\cdots,x_n)\mathrm{d}x_n.$$

正像二重积分在一定条件下可以化为两种不同的累次积分一样，在 $n>2$ 时，n 重积分也可以化为先对某个变量作定积分，再对其余 $n-1$ 个变量作重积分的累次积分.例如，如果 $f(x,y,z)$ 在 $\Omega=[a,b]\times[c,d]\times[e,f]$ 可积，并且对于每个 $(y,z)\in\Omega_*=[c,d]\times[e,f]$，$\int_a^b f(x,y,z)\mathrm{d}x$ 都存在，那么

$$\iiint_{\Omega} f(x,y,z)\mathrm{d}x\mathrm{d}y\mathrm{d}z=\iint_{\Omega_*}\left(\int_a^b f(x,y,z)\mathrm{d}x\right)\mathrm{d}y\mathrm{d}z=\iint_{\Omega_*}\mathrm{d}y\mathrm{d}z\int_a^b f(x,y,z)\mathrm{d}x,$$

其中右边的式子是中间式子的记号.

一般区域上的重积分计算

现在考虑 $f(x,y)$ 在一般区域上的二重积分.设 $f(x,y)$ 在区域

$$D=\{(x,y)\mid y_1(x)\leqslant y\leqslant y_2(x),a\leqslant x\leqslant b\}$$

上连续，其中 $y_1(x),y_2(x)$ 为 $[a,b]$ 上的一元连续函数.

令 $c=\min\limits_{a\leqslant x\leqslant b} y_1(x)$，$d=\max\limits_{a\leqslant x\leqslant b} y_2(x)$，作闭矩形（见图 13.2.3）

$$\widetilde{D}=[a,b]\times[c,d]\supset D.$$

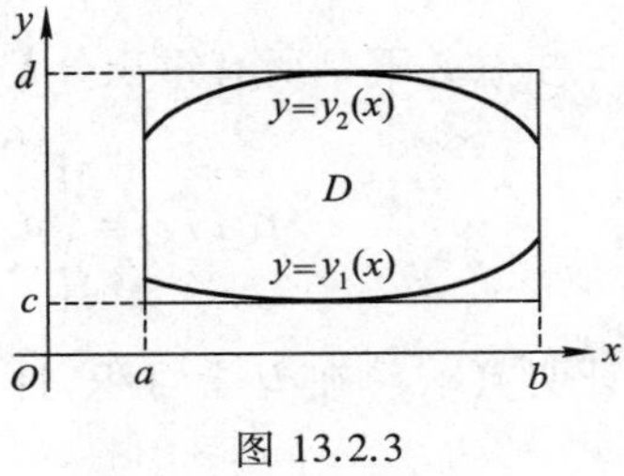

图 13.2.3

令

$$\tilde{f}(x,y)=\begin{cases} f(x,y), & (x,y)\in D,\\ 0, & (x,y)\in\widetilde{D}-D,\end{cases}$$

易证明 $\tilde{f}(x,y)$ 在 $\widetilde{D}$ 上也可积.注意到 $\tilde{f}(x,y)$ 在 D 外为零，就得到

$$\begin{aligned}\int_c^d \tilde{f}(x,y)\mathrm{d}y&=\int_c^{y_1(x)}\tilde{f}(x,y)\mathrm{d}y+\int_{y_1(x)}^{y_2(x)}\tilde{f}(x,y)\mathrm{d}y+\int_{y_2(x)}^{d}\tilde{f}(x,y)\mathrm{d}y\\&=\int_{y_1(x)}^{y_2(x)}\tilde{f}(x,y)\mathrm{d}y=\int_{y_1(x)}^{y_2(x)} f(x,y)\mathrm{d}y.\end{aligned}$$

由于 f 在 D 上连续，以上积分对每个 $x\in[a,b]$ 总存在.因此

$$\iint_D f(x,y)\mathrm{d}x\mathrm{d}y=\iint_{\widetilde{D}}\tilde{f}(x,y)\mathrm{d}x\mathrm{d}y=\int_a^b\mathrm{d}x\int_c^d\tilde{f}(x,y)\mathrm{d}y=\int_a^b\mathrm{d}x\int_{y_1(x)}^{y_2(x)} f(x,y)\mathrm{d}y.$$

类似地，如果 $f(x,y)$ 在 $D=\{(x,y)\mid x_1(y)\leqslant x\leqslant x_2(y),c\leqslant y\leqslant d\}$ 上连续，其中 $x_1(y),x_2(y)$ 在 $[c,d]$ 上连续，则有

$$\iint_D f(x,y)\mathrm{d}x\mathrm{d}y=\int_c^d\mathrm{d}y\int_{x_1(y)}^{x_2(y)} f(x,y)\mathrm{d}x.$$

同样，在三维情形，若 $f(x,y,z)$ 在

$$\Omega=\{(x,y,z)\mid z_1(x,y)\leqslant z\leqslant z_2(x,y),y_1(x)\leqslant y\leqslant y_2(x),a\leqslant x\leqslant b\}$$

（见图 13.2.4）上连续，且 $z_1(x,y),z_2(x,y),y_1(x)$ 和 $y_2(x)$ 都连续，则有

$$\iiint\limits_{\Omega} f(x,y,z)\,dxdydz = \iint\limits_{\Omega_{xy}} dxdy\int_{z_1(x,y)}^{z_2(x,y)} f(x,y,z)\,dz = \int_a^b dx\int_{y_1(x)}^{y_2(x)} dy\int_{z_1(x,y)}^{z_2(x,y)} f(x,y,z)\,dz,$$

其中 $\Omega_{xy}=\{(x,y)\mid y_1(x)\leqslant y\leqslant y_2(x),a\leqslant x\leqslant b\}$ 为区域 Ω 在 xy 平面的投影.

利用类似的思想方法还可得到:设 Ω 为限制在平面 $z=e$ 和 $z=f$ 之间的一个具有分片光滑边界的区域,过 $(0,0,z)(e\leqslant z\leqslant f)$ 且与 xy 平面平行的平面截 Ω 成一个图形,记这个图形在 xy 平面的投影区域为 Ω_z.若 $f(x,y,z)$ 是 Ω 上的连续函数,则成立以下公式:

$$\iiint\limits_{\Omega} f(x,y,z)\,dxdydz = \int_e^f dz\iint\limits_{\Omega_z} f(x,y,z)\,dxdy.$$

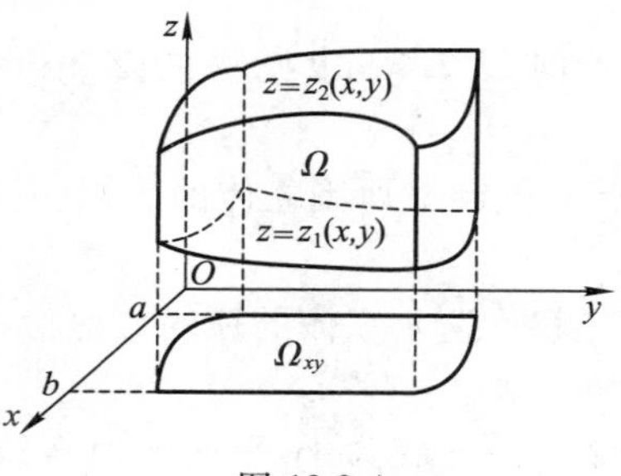

图 13.2.4

对于不同类型的区域,也可视方便按不同顺序对变量 x,y,z 进行逐次积分,这里不一一叙述了.

例 13.2.2 计算 $\iint\limits_D xy\,dxdy$,D 为抛物线 $y^2=x$ 和直线 $y=x-2$ 所围成的闭区域.

解法一 化为先对 y 后对 x 的累次积分.这时,区域边界的下部是由两段不同的曲线组成的,因此用直线 $x=1$ 将 D 分为 $D_1=\{(x,y)\mid -\sqrt{x}\leqslant y\leqslant\sqrt{x},0\leqslant x\leqslant 1\}$ 和 $D_2=\{(x,y)\mid x-2\leqslant y\leqslant\sqrt{x},1\leqslant x\leqslant 4\}$ 两部分(见图 13.2.5).那么

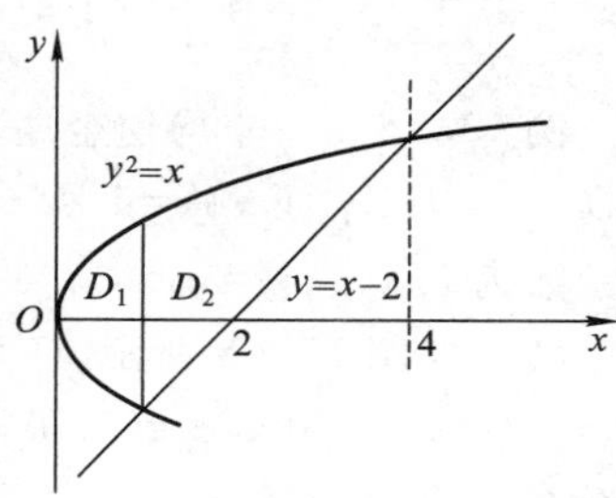

图 13.2.5

$$\begin{aligned}\iint\limits_D xy\,dxdy &= \iint\limits_{D_1} xy\,dxdy + \iint\limits_{D_2} xy\,dxdy\\ &= \int_0^1 dx\int_{-\sqrt{x}}^{\sqrt{x}} xy\,dy + \int_1^4 dx\int_{x-2}^{\sqrt{x}} xy\,dy\\ &= 0 + \frac{1}{2}\int_1^4 x[x-(x-2)^2]\,dx = \frac{45}{8}.\end{aligned}$$

解法二 化为先对 x 后对 y 的累次积分来计算,这时 D 可统一表示为 $\{(x,y)\mid y^2\leqslant x\leqslant y+2,-1\leqslant y\leqslant 2\}$.因此

$$\iint\limits_D xy\,dxdy = \int_{-1}^2 dy\int_{y^2}^{y+2} xy\,dx = \frac{1}{2}\int_{-1}^2 y[(y+2)^2-y^4]\,dy = \frac{45}{8}.$$

显然,第二种解法较为简单.

例 13.2.3 计算 $\iint\limits_D \sin x^2\,dxdy$,$D$ 为 $y=0,x=\sqrt{\pi/2}$ 和 $y=x$ 所围成的闭区域(见图 13.2.6).

解 若将此积分化为先对 x 后对 y 的累次积分

$$\iint\limits_D \sin x^2\,dxdy = \int_0^{\sqrt{\pi/2}} dy\int_y^{\sqrt{\pi/2}} \sin x^2\,dx,$$

但这个积分是积不出来的.但若化为先对 y 后对 x 的累次积分就得

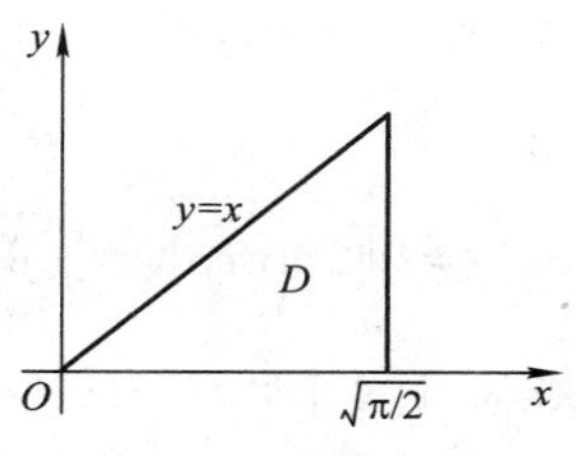

图 13.2.6

$$\iint\limits_D \sin x^2 \mathrm{d}x\mathrm{d}y = \int_0^{\sqrt{\pi/2}} \mathrm{d}x\int_0^x \sin x^2 \mathrm{d}y = \int_0^{\sqrt{\pi/2}} x\sin x^2 \mathrm{d}x = \frac{1}{2}.$$

由此可见,适当选取累次积分次序非常重要.

例 13.2.4 求抛物柱面 $2y^2=x$,平面 $\frac{x}{4}+\frac{y}{2}+\frac{z}{2}=1$ 和 $z=0$ 所围立体的体积(见图 13.2.7).

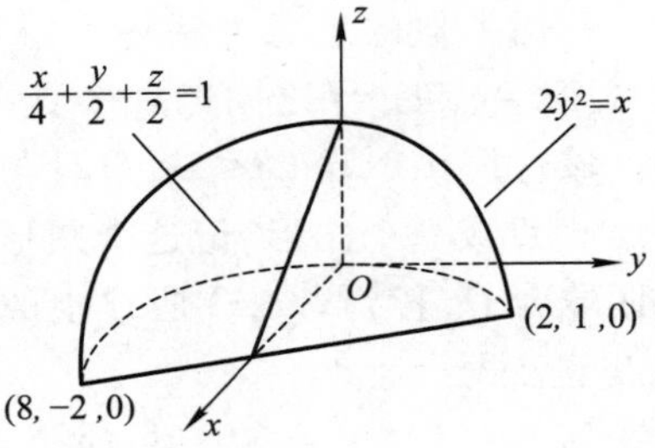

图 13.2.7

解 这个立体的顶的方程为 $\frac{x}{4}+\frac{y}{2}+\frac{z}{2}=1$,即 $z=2-y-\frac{x}{2}$,底为 xy 平面上由直线 $\frac{x}{4}+\frac{y}{2}=1$ 和抛物线 $2y^2=x$ 所围成的区域 D,因此它的体积为

$$V = \iint\limits_D \left(2-y-\frac{x}{2}\right)\mathrm{d}x\mathrm{d}y = \int_{-2}^{1}\mathrm{d}y\int_{2y^2}^{4-2y}\left(2-y-\frac{x}{2}\right)\mathrm{d}x$$

$$= \int_{-2}^{1}(4-4y-3y^2+2y^3+y^4)\mathrm{d}y = \frac{81}{10}.$$

例 13.2.5 一非均匀金属块在空间的表示是由双曲抛物面 $z=xy$,平面 $x+y=1$ 和 $z=0$ 所围成的区域 Ω,其密度函数为 $\rho(x,y,z)=xy$.求它的质量.

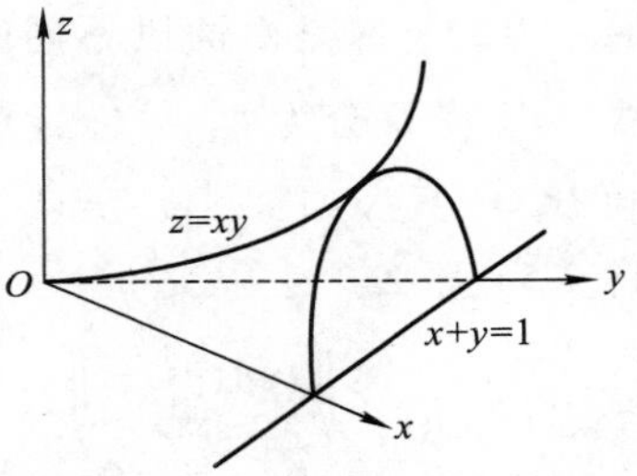

解 如图 13.2.8 所示,Ω 可表为

$$\Omega = \{(x,y,z)\mid 0\leqslant z\leqslant xy, 0\leqslant y\leqslant 1-x, 0\leqslant x\leqslant 1\},$$

因此金属块的质量为

$$M = \iiint\limits_\Omega \rho(x,y,z)\mathrm{d}x\mathrm{d}y\mathrm{d}z = \iiint\limits_\Omega xy\mathrm{d}x\mathrm{d}y\mathrm{d}z = \int_0^1\mathrm{d}x\int_0^{1-x}\mathrm{d}y\int_0^{xy}xy\mathrm{d}z$$

$$= \int_0^1\mathrm{d}x\int_0^{1-x}x^2y^2\mathrm{d}y = \frac{1}{3}\int_0^1 x^2(1-x)^3\mathrm{d}x = \frac{1}{180}.$$

图 13.2.8

例 13.2.6 计算 $I=\iiint\limits_\Omega z^2\mathrm{d}x\mathrm{d}y\mathrm{d}z$,其中 Ω 是由锥面 $z^2=\frac{h^2}{R^2}(x^2+y^2)$ 与平面 $z=h$ 所围成的闭区域(见图 13.2.9).

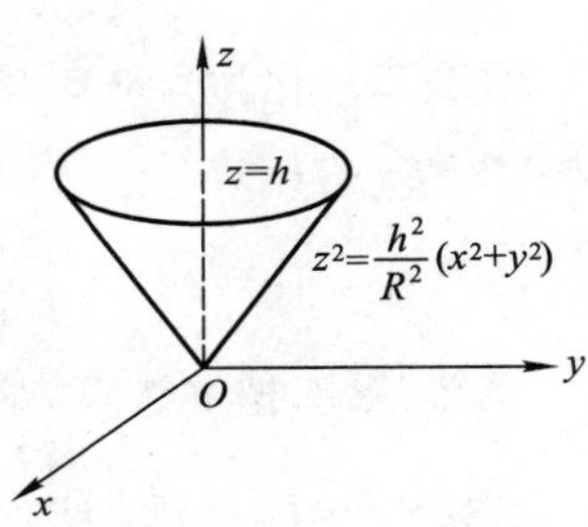

图 13.2.9

解 这时 Ω 可表为

$$\Omega = \left\{(x,y,z)\ \middle|\ 0\leqslant z\leqslant h, \frac{h^2}{R^2}(x^2+y^2)\leqslant z^2\right\},$$

因此

$$I = \iiint\limits_\Omega z^2\mathrm{d}x\mathrm{d}y\mathrm{d}z = \int_0^h\mathrm{d}z\iint\limits_{\Omega_z}z^2\mathrm{d}x\mathrm{d}y = \int_0^h z^2\mathrm{d}z\iint\limits_{\Omega_z}\mathrm{d}x\mathrm{d}y,$$

这里对于每个 z,Ω_z 为过 $(0,0,z)$ 点且平行于 xy 平面的平面截 Ω 所得图形在 xy 平面的投影,它为区域 $\left\{(x,y)\ \middle|\ \frac{h^2}{R^2}(x^2+y^2)\leqslant z^2\right\}$,其面积为 $\pi\frac{R^2}{h^2}z^2$,即 $\iint\limits_{\Omega_z}\mathrm{d}x\mathrm{d}y=\pi\frac{R^2}{h^2}z^2$.

因此

$$I=\int_0^h \pi\frac{R^2}{h^2}z^4\mathrm{d}z=\frac{\pi R^2h^3}{5}.$$

例 13.2.7 求 $\mathbf{R}^n$ 中几何体

$$T_n=\{(x_1,x_2,\cdots,x_n)\mid x_1\geqslant 0,x_2\geqslant 0,\cdots,x_n\geqslant 0,x_1+x_2+\cdots+x_n\leqslant h\}$$

(它称为 n **维单纯形**)的体积.

解 当 $n=2$ 时,T_2 的体积为

$$\iint\limits_{T_2}\mathrm{d}x\mathrm{d}y=\int_0^h\mathrm{d}x\int_0^{h-x}\mathrm{d}y=\int_0^h(h-x)\mathrm{d}x=\frac{1}{2}h^2.$$

当 $n=3$ 时,T_3 的体积为

$$\iiint\limits_{T_3}\mathrm{d}x\mathrm{d}y\mathrm{d}z=\int_0^h\mathrm{d}x\iint\limits_{\substack{y+z\leqslant h-x\\ y\geqslant 0,z\geqslant 0}}\mathrm{d}y\mathrm{d}z=\int_0^h\frac{(h-x)^2}{2}\mathrm{d}x=\frac{h^3}{3!}.$$

设 T_{n-1}的体积为

$$\int_{T_{n-1}}\mathrm{d}x_1\mathrm{d}x_2\cdots\mathrm{d}x_{n-1}=\frac{h^{n-1}}{(n-1)!},$$

则利用上式得 T_n 的体积为

$$\int_{T_n}\mathrm{d}x_1\mathrm{d}x_2\cdots\mathrm{d}x_n=\int_0^h\mathrm{d}x_1\int\limits_{\substack{x_2\geqslant 0,x_3\geqslant 0,\cdots,x_n\geqslant 0\\ x_2+x_3+\cdots+x_n\leqslant h-x_1}}\mathrm{d}x_2\mathrm{d}x_3\cdots\mathrm{d}x_n=\int_0^h\frac{(h-x_1)^{n-1}}{(n-1)!}\mathrm{d}x_1=\frac{h^n}{n!}.$$

习　题

1. 证明重积分的性质 8.
2. 根据二重积分的性质,比较下列积分的大小:

   (1) $\iint\limits_D(x+y)^2\mathrm{d}x\mathrm{d}y$ 与 $\iint\limits_D(x+y)^3\mathrm{d}x\mathrm{d}y$,

   其中 D 为 x 轴,y 轴与直线 $x+y=1$ 所围的区域;

   (2) $\iint\limits_D\ln(x+y)\mathrm{d}x\mathrm{d}y$ 与 $\iint\limits_D[\ln(x+y)]^2\mathrm{d}x\mathrm{d}y$,

   其中 D 为闭矩形$[3,5]\times[0,1]$.
3. 利用重积分的性质估计下列重积分的值:

   (1) $\iint\limits_D xy(x+y)\mathrm{d}x\mathrm{d}y$,其中 D 为闭矩形$[0,1]\times[0,1]$;

   (2) $\iint\limits_D\frac{\mathrm{d}x\mathrm{d}y}{100+\cos^2x+\cos^2y}$,其中 D 为区域$\{(x,y)\mid |x|+|y|\leqslant 10\}$;

   (3) $\iiint\limits_\Omega\frac{\mathrm{d}x\mathrm{d}y\mathrm{d}z}{1+x^2+y^2+z^2}$,其中 Ω 为单位球$\{(x,y,z)\mid x^2+y^2+z^2\leqslant 1\}$.
4. 计算下列重积分:

   (1) $\iint\limits_D(x^3+3x^2y+y^3)\mathrm{d}x\mathrm{d}y$,其中 D 为闭矩形$[0,1]\times[0,1]$;

(2) $\iint\limits_{D} xye^{x^2+y^2}\mathrm{d}x\mathrm{d}y$，其中 D 为闭矩形 $[a,b]\times[c,d]$；

(3) $\iiint\limits_{\Omega}\dfrac{\mathrm{d}x\mathrm{d}y\mathrm{d}z}{(x+y+z)^3}$，其中 Ω 为长方体 $[1,2]\times[1,2]\times[1,2]$.

5. 在下列积分中改变累次积分的次序：

(1) $\int_a^b\mathrm{d}x\int_a^x f(x,y)\mathrm{d}y\quad(a<b)$；

(2) $\int_0^{2a}\mathrm{d}x\int_{\sqrt{2ax-x^2}}^{\sqrt{2ax}} f(x,y)\mathrm{d}y\quad(a>0)$；

(3) $\int_0^{2\pi}\mathrm{d}x\int_0^{\sin x} f(x,y)\mathrm{d}y$；

(4) $\int_0^1\mathrm{d}y\int_0^{2y} f(x,y)\mathrm{d}x+\int_1^3\mathrm{d}y\int_0^{3-y} f(x,y)\mathrm{d}x$；

(5) $\int_0^1\mathrm{d}x\int_0^{1-x}\mathrm{d}y\int_0^{x+y} f(x,y,z)\mathrm{d}z$（改成按 y 方向、x 方向、z 方向的次序积分）；

(6) $\int_{-1}^1\mathrm{d}x\int_{-\sqrt{1-x^2}}^{\sqrt{1-x^2}}\mathrm{d}y\int_{\sqrt{x^2+y^2}}^1 f(x,y,z)\mathrm{d}z$（改成按 x 方向、y 方向、z 方向的次序积分）.

6. 计算下列重积分：

(1) $\iint\limits_{D} xy^2\mathrm{d}x\mathrm{d}y$，其中 D 为抛物线 $y^2=2px$ 和直线 $x=\dfrac{p}{2}\ (p>0)$ 所围的区域；

(2) $\iint\limits_{D}\dfrac{\mathrm{d}x\mathrm{d}y}{\sqrt{2a-x}}\ (a>0)$，其中 D 为圆心在 (a,a)，半径为 a 并且和坐标轴相切的圆周上较短的一段弧和坐标轴所围的区域；

(3) $\iint\limits_{D} e^{x+y}\mathrm{d}x\mathrm{d}y$，其中 D 为区域 $\{(x,y)\mid |x|+|y|\leqslant 1\}$；

(4) $\iint\limits_{D}(x^2+y^2)\mathrm{d}x\mathrm{d}y$，其中 D 为直线 $y=x,y=x+a,y=a$ 和 $y=3a\ (a>0)$ 所围的区域；

(5) $\iint\limits_{D} y\mathrm{d}x\mathrm{d}y$，其中 D 为摆线的一拱 $x=a(t-\sin t),y=a(1-\cos t)\ (0\leqslant t\leqslant 2\pi)$ 与 x 轴所围的区域；

(6) $\iint\limits_{D} y\left[1+xe^{\frac{1}{2}(x^2+y^2)}\right]\mathrm{d}x\mathrm{d}y$，其中 D 为直线 $y=x,y=-1$ 和 $x=1$ 所围的区域；

(7) $\iint\limits_{D} x^2y\mathrm{d}x\mathrm{d}y$，其中 $D=\{(x,y)\mid x^2+y^2\geqslant 2x,0\leqslant x\leqslant 2,0\leqslant y\leqslant x\}$；

(8) $\iiint\limits_{\Omega} xy^2z^3\mathrm{d}x\mathrm{d}y\mathrm{d}z$，其中 Ω 为曲面 $z=xy$，平面 $y=x,x=1$ 和 $z=0$ 所围的区域；

(9) $\iiint\limits_{\Omega}\dfrac{\mathrm{d}x\mathrm{d}y\mathrm{d}z}{(1+x+y+z)^3}$，其中 Ω 为平面 $x=0,y=0,z=0$ 和 $x+y+z=1$ 所围成的四面体；

(10) $\iiint\limits_{\Omega} z\mathrm{d}x\mathrm{d}y\mathrm{d}z$，其中 Ω 为抛物面 $z=x^2+y^2$ 与平面 $z=h\ (h>0)$ 所围的区域；

(11) $\iiint\limits_{\Omega} z^2\mathrm{d}x\mathrm{d}y\mathrm{d}z$，其中 Ω 为球体 $x^2+y^2+z^2\leqslant R^2$ 和 $x^2+y^2+z^2\leqslant 2Rz\ (R>0)$ 的公共部分；

(12) $\iiint\limits_{\Omega} x^2\mathrm{d}x\mathrm{d}y\mathrm{d}z$，其中 Ω 为椭球体 $\dfrac{x^2}{a^2}+\dfrac{y^2}{b^2}+\dfrac{z^2}{c^2}\leqslant 1$.

7. 设平面薄片所占的区域是由直线 $x+y=2,y=x$ 和 x 轴所围成，它的面密度为 $\rho(x,y)=x^2+y^2$，求这个薄片的质量.

8. 求抛物线 $y^2=2px+p^2$ 与 $y^2=-2qx+q^2\quad(p,q>0)$ 所围图形的面积.

9. 求四张平面 $x=0, y=0, x=1, y=1$ 所围成的柱体被平面 $z=0$ 和 $2x+3y+z=6$ 截的立体的体积.

10. 求柱面 $y^2+z^2=1$ 与三张平面 $x=0, y=x, z=0$ 所围的在第一卦限的立体的体积.

11. 求旋转抛物面 $z=x^2+y^2$,三个坐标平面及平面 $x+y=1$ 所围有界区域的体积.

12. 设 $f(x)$ 在 $\mathbf{R}$ 上连续,a,b 为常数.证明:

(1) $\int_a^b \mathrm{d}x\int_a^x f(y)\,\mathrm{d}y=\int_a^b f(y)(b-y)\,\mathrm{d}y$;

(2) $\int_0^a \mathrm{d}y\int_0^y \mathrm{e}^{(a-x)}f(x)\,\mathrm{d}x=\int_0^a (a-x)\mathrm{e}^{(a-x)}f(x)\,\mathrm{d}x \quad (a>0)$.

13. 设 $f(x)$ 在 $[0,1]$ 上连续,证明

$$\int_0^1 \mathrm{d}y\int_y^{\sqrt{y}} \mathrm{e}^y f(x)\,\mathrm{d}x=\int_0^1 (\mathrm{e}^x-\mathrm{e}^{x^2})f(x)\,\mathrm{d}x.$$

14. 设 $D=[0,1]\times[0,1]$,证明

$$1\leqslant \iint_D [\sin(x^2)+\cos(y^2)]\,\mathrm{d}x\mathrm{d}y\leqslant \sqrt{2}.$$

15. 设 $D=[0,1]\times[0,1]$,利用不等式 $1-\dfrac{t^2}{2}\leqslant \cos t\leqslant 1\ (|t|\leqslant \pi/2)$ 证明:

$$\frac{49}{50}\leqslant \iint_D \cos(xy)^2\,\mathrm{d}x\mathrm{d}y\leqslant 1.$$

16. 设 D 是由 xy 平面上的分段光滑简单闭曲线所围成的区域,D 在 x 轴和 y 轴上的投影长度分别为 l_x 和 l_y,(α,β) 是 D 内任意一点.证明:

(1) $\left|\iint_D (x-\alpha)(y-\beta)\,\mathrm{d}x\mathrm{d}y\right|\leqslant l_x l_y mD$;

(2) $\left|\iint_D (x-\alpha)(y-\beta)\,\mathrm{d}x\mathrm{d}y\right|\leqslant \dfrac{l_x^2 l_y^2}{4}$.

17. 利用重积分的性质和计算方法证明:设 $f(x)$ 在 $[a,b]$ 上连续,则

$$\left[\int_a^b f(x)\,\mathrm{d}x\right]^2\leqslant (b-a)\int_a^b [f(x)]^2\,\mathrm{d}x.$$

18. 设 $f(x)$ 在 $[a,b]$ 上连续,证明

$$\iint_{[a,b]\times[a,b]} \mathrm{e}^{f(x)-f(y)}\,\mathrm{d}x\mathrm{d}y\geqslant (b-a)^2.$$

19. 设 $\Omega=\{(x_1,x_2,\cdots,x_n)\mid 0\leqslant x_i\leqslant 1, i=1,2,\cdots,n\}$,计算下列 n 重积分:

(1) $\int_\Omega (x_1^2+x_2^2+\cdots+x_n^2)\,\mathrm{d}x_1\mathrm{d}x_2\cdots\mathrm{d}x_n$;

(2) $\int_\Omega (x_1+x_2+\cdots+x_n)^2\,\mathrm{d}x_1\mathrm{d}x_2\cdots\mathrm{d}x_n$.

§3 重积分的变量代换

曲线坐标

设 U 为 uv 平面上的开集,V 是 xy 平面上开集,映射

$$T: \quad x=x(u,v), \quad y=y(u,v)$$

是 U 到 V 的一个一一对应,它的逆变换记为 $T^{-1}: u=u(x,y), v=v(x,y)$.

在 U 中取直线 $u=u_0$,就相应得到 xy 平面上的一条曲线

$$x=x(u_0,v), \quad y=y(u_0,v),$$

我们称之为 v-曲线;同样,取直线 $v=v_0$,就相应得到 xy 平面上的 u-曲线,

$$x=x(u,v_0), \quad y=y(u,v_0).$$

由于映射 T 是一一对应的,因此 V 上的任意一点 P 既可以惟一地用 (x,y) 表示,也可以惟一地用 (u,v) 表示.我们称 u-曲线和 v-曲线构成了**曲线坐标网**,称 (u,v) 为 P 的**曲线坐标**,而称 T 为**坐标变换**(见图 13.3.1).

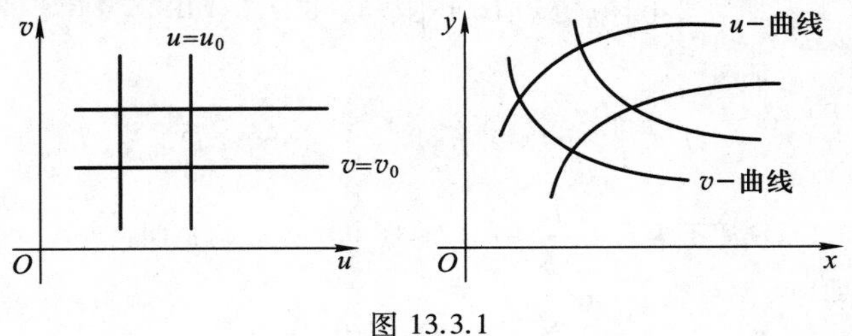

图 13.3.1

例如,在映射 $T: x=r\cos\theta, y=r\sin\theta$ 下,θ-曲线是一族以原点为圆心的同心圆,r-曲线是一族从原点出发的半射线,它们构成平面上的极坐标网.(r,θ) 为点 $P(x,y)$ 的极坐标,T 即为极坐标变换.

二重积分的变量代换

现在,进一步假设 $x=x(u,v), y=y(u,v)$ 具有连续偏导数,且有 $\dfrac{\partial(x,y)}{\partial(u,v)}\neq 0$,则由连续性可知 $\dfrac{\partial(x,y)}{\partial(u,v)}$ 在 U 上不变号.因此,对 U 中任意具有分段光滑边界的有界闭区域 D,记它的像为 $E=T(D)\subset V$,则 D 的内点和边界分别被映为 E 的内点和边界,同时,由于连通集的像也连通,所以 $E=T(D)$ 也是具有分段光滑边界的有界闭区域.在这样的假设下,有如下的二重积分的变量代换公式.

定理 13.3.1(二重积分变量代换公式) 映射 T 和区域 D 如上假设.如果二元函数 $f(x,y)$ 在 $T(D)$ 上连续,则

$$\iint_{T(D)} f(x,y)\,\mathrm{d}x\mathrm{d}y=\iint_{D} f(x(u,v),y(u,v))\left|\frac{\partial(x,y)}{\partial(u,v)}\right|\mathrm{d}u\mathrm{d}v.$$

显然,当 $f(x,y)\equiv 1$ 时,由以上定理得

$$\iint_{D}\left|\frac{\partial(x,y)}{\partial(u,v)}\right|\mathrm{d}u\mathrm{d}v=mT(D) \quad (\text{即 } T(D) \text{ 的面积}).$$

定理的证明放到下一段,现在先来看一看 Jacobi 行列式的几何意义和应用.

设 T,D 满足本节开始时的假定,(u_0,v_0) 是区域 D 中的一点,σ 是包含此点的具有分段光滑边界的小区域,并记 $d(\sigma)$ 为 σ 的直径(见图 13.3.2),那么由定理 13.3.1 和重积分的中值定理,得

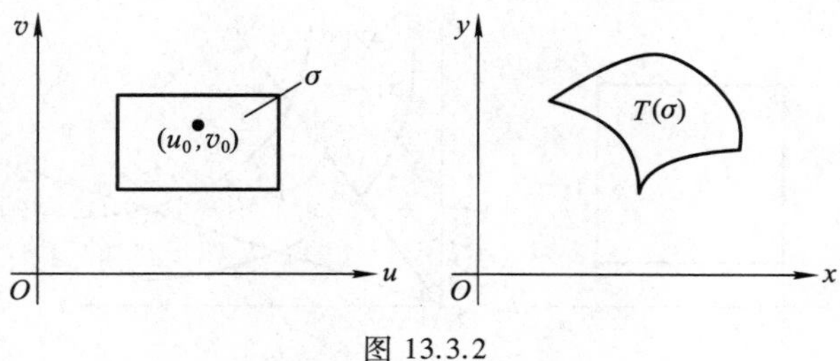

图 13.3.2

$$\begin{aligned} mT(\sigma) &= \iint_{\sigma}\left|\frac{\partial(x,y)}{\partial(u,v)}\right|\mathrm{d}u\mathrm{d}v = \left|\frac{\partial(x,y)}{\partial(u,v)}\right|_{(r,s)}\cdot m\sigma \\ &= \left|\frac{\partial(x,y)}{\partial(u,v)}\right|_{(u_0,v_0)}\cdot m\sigma + o(1)\cdot m\sigma, \end{aligned}$$

其中(r,s)为 σ 中一点,$o(1)$为当 $d(\sigma)\to 0$(即 σ 收缩到(u_0,v_0))时的无穷小量.因此

$$\lim_{d(\sigma)\to 0}\frac{mT(\sigma)}{m\sigma} = \left|\frac{\partial(x,y)}{\partial(u,v)}\right|_{(u_0,v_0)},$$

或等价地

$$mT(\sigma)\sim\left|\frac{\partial(x,y)}{\partial(u,v)}\right|_{(u_0,v_0)}\cdot m\sigma\quad (d(\sigma)\to 0).$$

这说明 Jacobi 行列式$\left|\dfrac{\partial(x,y)}{\partial(u,v)}\right|$的几何意义为面积的比例系数.

例 13.3.1 计算曲线$(x-y)^2+x^2=a^2\quad(a>0)$所围区域 D 的面积.

解 作变换 $x=u,x-y=v$,则曲线方程对应于 $u^2+v^2=a^2$.

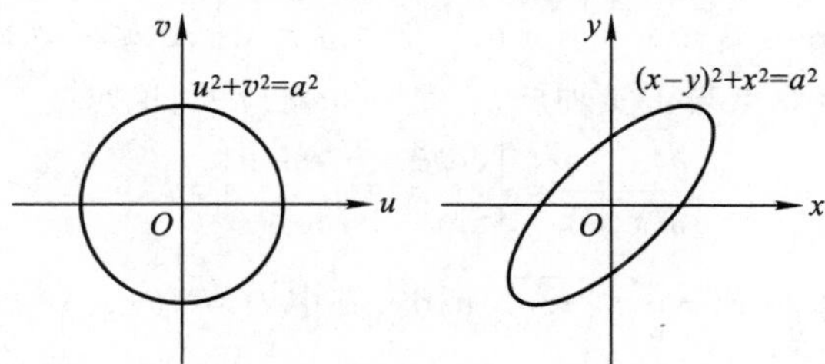

图 13.3.3

显然这个变换将图 13.3.3 中左边的圆盘 $u^2+v^2\leqslant a^2$ 一一对应地映为右边的椭圆区域 D.由于

$$\frac{\partial(x,y)}{\partial(u,v)} = \begin{vmatrix} 1 & 0 \\ 1 & -1 \end{vmatrix} = -1,$$

因此 D 的面积

$$S = \iint_D \mathrm{d}x\mathrm{d}y = \iint_{u^2+v^2\leqslant a^2}\left|\frac{\partial(x,y)}{\partial(u,v)}\right|\mathrm{d}u\mathrm{d}v = \iint_{u^2+v^2\leqslant a^2}\mathrm{d}u\mathrm{d}v = \pi a^2.$$

例 13.3.2 求双曲线 $xy=p,xy=q$ 与直线 $y=ax,y=bx$ 在第一象限所围图形(见图 13.3.4)的面积,其中 $q>p>0,b>a>0$.

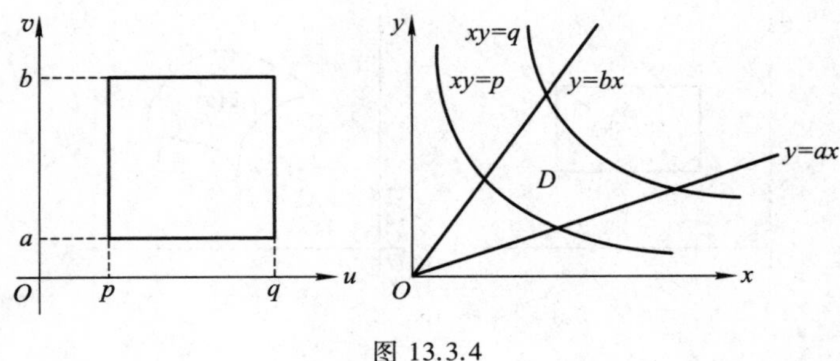

图 13.3.4

解　在变换 $xy=u,\dfrac{y}{x}=v$ 下，区域 D 被一一对应地映为

$$D_1=\{(u,v)\mid p\leqslant u\leqslant q,a\leqslant v\leqslant b\},$$

这时有 $x=\sqrt{\dfrac{u}{v}},y=\sqrt{uv}$，于是

$$\frac{\partial(x,y)}{\partial(u,v)}=\begin{vmatrix}\dfrac{1}{2\sqrt{uv}} & -\dfrac{1}{2}\sqrt{\dfrac{u}{v^3}}\\ \dfrac{1}{2}\sqrt{\dfrac{v}{u}} & \dfrac{1}{2}\sqrt{\dfrac{u}{v}}\end{vmatrix}=\frac{1}{2v}.$$

因此，所求面积为

$$\iint\limits_D \mathrm{d}x\mathrm{d}y=\iint\limits_{D_1}\left|\frac{\partial(x,y)}{\partial(u,v)}\right|\mathrm{d}u\mathrm{d}v=\iint\limits_{D_1}\frac{1}{2v}\mathrm{d}u\mathrm{d}v=\frac{1}{2}\int_p^q\mathrm{d}u\int_a^b\frac{1}{v}\mathrm{d}v=\frac{1}{2}(q-p)\ln\frac{b}{a}.$$

极坐标变换

$$x=r\cos\theta,\quad y=r\sin\theta,\quad 0\leqslant\theta\leqslant 2\pi,0\leqslant r<+\infty$$

是我们十分熟悉的.除原点与正实轴外，它是一一对应的，这时

$$\frac{\partial(x,y)}{\partial(r,\theta)}=\begin{vmatrix}\cos\theta & -r\sin\theta\\ \sin\theta & r\cos\theta\end{vmatrix}=r.$$

例 13.3.3　计算 $\iint\limits_D\sin(\pi\sqrt{x^2+y^2})\mathrm{d}x\mathrm{d}y$，其中 $D=\{(x,y)\mid x^2+y^2\leqslant 1\}$.

解　引入极坐标变换 $x=r\cos\theta,y=r\sin\theta$，那么 D 对应于区域 $D_1=\{(r,\theta)\mid 0\leqslant r\leqslant 1,0\leqslant\theta\leqslant 2\pi\}$.因此

$$\begin{aligned}\iint\limits_D\sin(\pi\sqrt{x^2+y^2})\mathrm{d}x\mathrm{d}y&=\iint\limits_{D_1}(\sin\pi r)\left|\frac{\partial(x,y)}{\partial(r,\theta)}\right|\mathrm{d}r\mathrm{d}\theta\\&=\iint\limits_{D_1}(\sin\pi r)r\mathrm{d}r\mathrm{d}\theta=\int_0^{2\pi}\mathrm{d}\theta\int_0^1(\sin\pi r)r\mathrm{d}r=2.\end{aligned}$$

严格说来，由于极坐标变换在原点与正实轴上不是一对一的.在应用变量代换公式时，应该去掉原点与正实轴，也就是说，应该用以下方法来计算（积分区域如图 13.3.5）：

$$\iint\limits_D\sin(\pi\sqrt{x^2+y^2})\mathrm{d}x\mathrm{d}y=\lim_{\varepsilon\to 0}\iint\limits_{\substack{\varepsilon\leqslant\sqrt{x^2+y^2}\leqslant 1\\ \varepsilon\leqslant\theta\leqslant 2\pi-\varepsilon}}\sin(\pi\sqrt{x^2+y^2})\mathrm{d}x\mathrm{d}y$$

$$= \lim_{\varepsilon \to 0} \iint\limits_{\substack{\varepsilon \leqslant r \leqslant 1 \\ \varepsilon \leqslant \theta \leqslant 2\pi - \varepsilon}} (\sin \pi r) r \mathrm{d}r \mathrm{d}\theta = \lim_{\varepsilon \to 0} \int_{\varepsilon}^{2\pi - \varepsilon} \mathrm{d}\theta \int_{\varepsilon}^{1} \sin(\pi r) r \mathrm{d}r$$

$$= \lim_{\varepsilon \to 0} (2\pi - 2\varepsilon) \left[-\frac{r}{\pi} \cos \pi r + \frac{\sin \pi r}{\pi^2} \right] \Bigg|_{\varepsilon}^{1} = 2.$$

图 13.3.5

这种方法的实质就是，在原积分区域 D 上适当挖掉一个（或几个）包含非一一对应点集的小区域，从而得到一个区域 D_1，再将被积函数在 D 上的积分看作在 D_1 上的积分当 D_1 趋于 D 时的极限. 但在了解这种原理之后，就不必每次都照此办理，可直接仿照第一种方法直接计算.

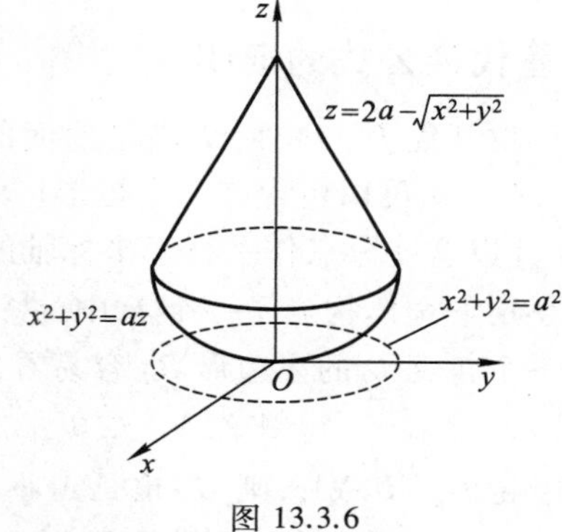

图 13.3.6

例 13.3.4 求抛物面 $x^2+y^2=az$ 和锥面 $z=2a-\sqrt{x^2+y^2}$ $(a>0)$ 所围成立体（见图 13.3.6）的体积.

解 易求得两曲面的交线在 xy 平面的投影的方程为 $x^2+y^2=a^2$. 设 $D=\{(x,y) \mid x^2+y^2 \leqslant a^2\}$，于是利用极坐标变换得到所求立体的体积为

$$\iint\limits_{D} \left[2a - \sqrt{x^2+y^2} - \left(\frac{x^2+y^2}{a} \right) \right] \mathrm{d}x\mathrm{d}y = \iint\limits_{\substack{0 \leqslant r \leqslant a \\ 0 \leqslant \theta \leqslant 2\pi}} \left(2a - r - \frac{r^2}{a} \right) r \mathrm{d}r \mathrm{d}\theta$$

$$= \int_0^{2\pi} \mathrm{d}\theta \int_0^a \left(2a - r - \frac{r^2}{a} \right) r \mathrm{d}r = 2\pi \int_0^a \left(2a - r - \frac{r^2}{a} \right) r \mathrm{d}r = \frac{5}{6} \pi a^3.$$

例 13.3.5 求曲线 $\left(\dfrac{x^2}{a^2} + \dfrac{y^2}{b^2} \right)^2 = \dfrac{xy}{c^2}$ $(a,b,c>0)$ 所围图形（见图 13.3.7）的面积.

解 由曲线的方程 $\left(\dfrac{x^2}{a^2} + \dfrac{y^2}{b^2} \right)^2 = \dfrac{xy}{c^2}$ 可以看出，该曲线在第一、三象限上，且关于原点对称. 因此只需计算该曲线所围图形在第一象限的部分的面积，再乘以 2 就是整个图形的面积. 设该图形在第一象限的部分为 D. 这个方程中有 $\dfrac{x^2}{a^2} + $

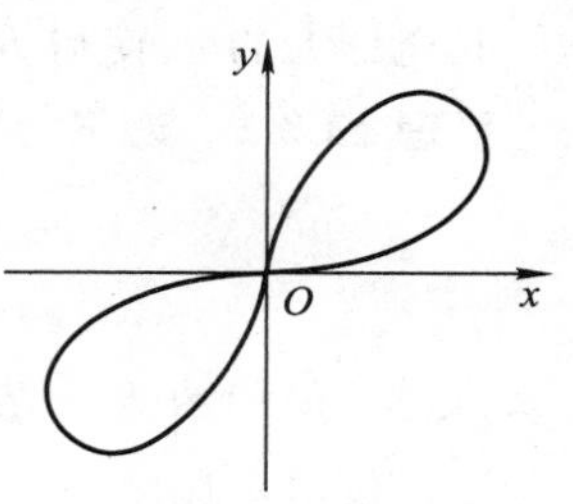

图 13.3.7

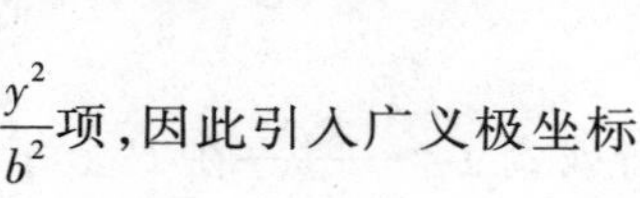

$\dfrac{y^2}{b^2}$ 项，因此引入广义极坐标

$$x = a r\cos\theta,\quad y = b r\sin\theta.$$

这个变换的 Jacobi 行列式为

$$\frac{\partial(x,y)}{\partial(r,\theta)} = \begin{vmatrix} a\cos\theta & -a r\sin\theta \\ b\sin\theta & b r\cos\theta \end{vmatrix} = abr.$$

在 $r\theta$ 平面上这条曲线的像的方程是

$$r^2 = \frac{ab}{c^2}\sin\theta\cos\theta,$$

且 D 所对应的区域为

$$D_1 = \left\{(r,\theta)\ \middle|\ 0 \leqslant \theta \leqslant \frac{\pi}{2}, 0 \leqslant r \leqslant \sqrt{\frac{ab}{c^2}\sin\theta\cos\theta}\right\}.$$

因此所求的面积为

$$2\iint_D \mathrm{d}x\mathrm{d}y = 2\iint_{D_1} abr\mathrm{d}r\mathrm{d}\theta = 2\int_0^{\frac{\pi}{2}}\mathrm{d}\theta\int_0^{\sqrt{\frac{ab}{c^2}\sin\theta\cos\theta}} abr\mathrm{d}r = \frac{a^2b^2}{c^2}\int_0^{\frac{\pi}{2}}\sin\theta\cos\theta\mathrm{d}\theta = \frac{a^2b^2}{2c^2}.$$

变量代换公式的证明

设开集 U 与映射 T 满足前面的假设，D 是 U 中的具有分段光滑边界的有界闭区域，显然 D 可以包含在一个矩形 $[a,b]\times[c,d]$ 中. 分别将区间 $[a,b]$ 和 $[c,d]$ 作 2^n 等分，并以这些分点作平行于坐标轴的直线，就得到了此矩形和 D 的划分. 包含于 D 的那些小矩形全体构成了一个 D 中的多边形 A_n，而与 D 的交非空的那些小矩形全体构成了一个包含 D 的多边形 B_n. 容易看出（见图13.3.8）

$$A_n \subset A_{n+1} \subset B_{n+1} \subset B_n.$$

记 $C_n = B_n \setminus A_n^{\circ}$，则 C_n 也是由小矩形拼成的，而且它包含了 D 的边界 ∂D. 由于 D 是可求面积的，易知

$$\lim_{n\to\infty} mA_n = \lim_{n\to\infty} mB_n = mD,\quad \lim_{n\to\infty} mC_n = 0.$$

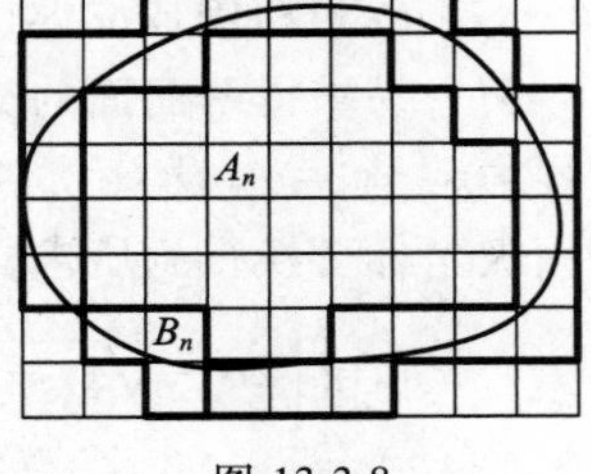

图 13.3.8

先对如下定义的本原映射 T 来证明定理 13.3.1.

定义 13.3.1　形如

$$T_x: x = x(u,v) = u,\quad y = y(u,v)$$

或

$$T_y: x = x(u,v),\quad y = y(u,v) = v$$

的映射称为**本原映射**.

取充分大的 n，使得 $B_n \subset U$，那么下面的结果成立.

引理 13.3.1　设 T 为本原映射，则对于每个属于 B_n 的小矩形 R，等式

$$mT(R) = \left|\frac{\partial(x,y)}{\partial(u,v)}\right|_{(\tilde{u},\tilde{v})} mR$$

成立，这里 $(\tilde{u},\tilde{v})$ 为 R 上某一点.

证　仅对本原映射 T_x 证明，对 T_y 是类似的.

因为 $x=x(u,v)$，$y=y(u,v)$ 具有连续偏导数，且 Jacobi 行列式 $J=\dfrac{\partial(x,y)}{\partial(u,v)}$ 在 U 上不

为零，那么这个 D 的划分的像也是 $E=T(D)$ 的一个划分（因为直线段是光滑的），而且它所分成的小区域的内点被映为其像的内点.

设在 U 上 $J>0$. 由于这时成立

$$J=\frac{\partial(x,y)}{\partial(u,v)}=\begin{vmatrix}1 & 0\\ \dfrac{\partial y}{\partial u} & \dfrac{\partial y}{\partial v}\end{vmatrix}=\frac{\partial y}{\partial v}>0,$$

所以在每个包含于 B_n 中的小矩形（见图 13.3.9）

$$R=[e,f]\times[g,h]$$

上，对于固定的 u，$y(u,v)$ 是 v 的单调增加函数，因此 R 被一一对应地映到

$$T(R)=\{(x,y)\mid e\leqslant x\leqslant f,y(x,g)\leqslant y\leqslant y(x,h)\}.$$

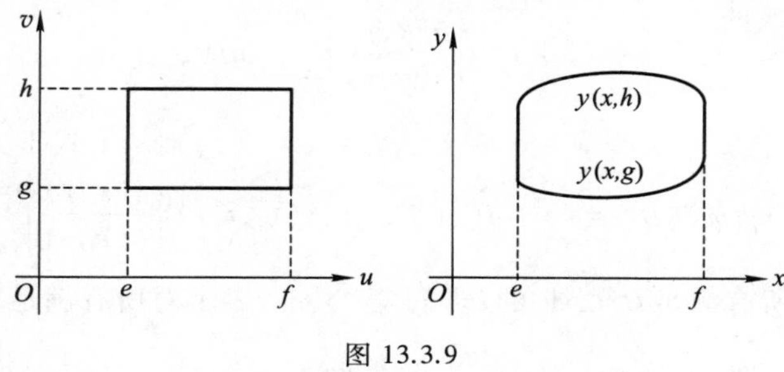

图 13.3.9

所以 $T(R)$ 的面积为

$$mT(R)=\iint\limits_{T(R)}\mathrm{d}x\mathrm{d}y=\int_e^f\mathrm{d}x\int_{y(x,g)}^{y(x,h)}\mathrm{d}y=\int_e^f[y(x,h)-y(x,g)]\mathrm{d}x$$

$$=(y(\tilde{u},h)-y(\tilde{u},g))(f-e),$$

其中 $e\leqslant\tilde{u}\leqslant f$. 最后一步是利用了积分中值定理. 再用一次微分中值定理得

$$mT(R)=\frac{\partial y}{\partial v}(\tilde{u},\tilde{v})(h-g)(f-e)=\frac{\partial y}{\partial v}(\tilde{u},\tilde{v})mR=\left(\frac{\partial(x,y)}{\partial(u,v)}\right)_{(\tilde{u},\tilde{v})}mR,$$

其中 $g<\tilde{v}<h$.

如果 T 的 Jacobi 行列式为负的，以上讨论中关于 y 的不等式反向，重复以上证明可同样得到

$$mT(R)=\left|\frac{\partial(x,y)}{\partial(u,v)}\right|_{(\tilde{u},\tilde{v})}mR.$$

证毕

注意到 $\dfrac{\partial(x,y)}{\partial(u,v)}$ 在 U 上的连续性，我们可找到一个与 n 无关的正数 $K>0$，使得当 n 充分大时，总成立

$$\left|\frac{\partial(x,y)}{\partial(u,v)}\right|_{(u,v)}\leqslant K,\quad (u,v)\in B_n.$$

由于 C_n 是由 B_n 中的一些小矩形拼成的，于是由以上引理得到

$$mT(C_n)\leqslant KmC_n.$$

因此

$$\lim_{n\to\infty} mT(C_n)=0.$$

下面再证明变量代换公式对于本原映射成立.

引理 13.3.2 设 T 为本原映射,二元函数 $f(x,y)$ 在 $T(D)$ 上连续,则

$$\iint\limits_{T(D)} f(x,y)\,\mathrm{d}x\mathrm{d}y=\iint\limits_{D} f(x(u,v),y(u,v))\left|\frac{\partial(x,y)}{\partial(u,v)}\right|\mathrm{d}u\mathrm{d}v.$$

证 记 $H=\max\limits_{(x,y)\in T(D)}\{|f(x,y)|\}$.

由于所作的那些平行于坐标轴的直线将 D 划分成一个个小区域,将它们排列为 $D_1,D_2,\cdots,D_M$.对于每个 $D_i\subset A_n$,它当然是属于 B_n 的小矩形,因此由引理 13.3.1,在这样的 D_i 上成立

$$mT(D_i)=\left|\frac{\partial(x,y)}{\partial(u,v)}\right|_{(\tilde{u}_i,\tilde{v}_i)} mD_i,$$

这里 $(\tilde{u}_i,\tilde{v}_i)$ 为 D_i 中某一点.设 $\tilde{x}_i=x(\tilde{u}_i,\tilde{v}_i)$,$\tilde{y}_i=y(\tilde{u}_i,\tilde{v}_i)$,则从上式得

$$\sum_i{}^{*} f(\tilde{x}_i,\tilde{y}_i)mT(D_i)=\sum_i{}^{*} f(x(\tilde{u}_i,\tilde{v}_i),y(\tilde{u}_i,\tilde{v}_i))\left|\frac{\partial(x,y)}{\partial(u,v)}\right|_{(\tilde{u}_i,\tilde{v}_i)} mD_i,$$

这里 $\sum\limits_i{}^{*}$ 表示对所有满足 $D_i\subset A_n$ 的 i 求和.若 $\sum\limits_i{}^{**}$ 表示对所有满足 $D_i\subset D\backslash A_n^o$ 的 i 求和的话,在每个这样的 D_i 中取一点 $(\tilde{u}_i,\tilde{v}_i)$,并设 $\tilde{x}_i=x(\tilde{u}_i,\tilde{v}_i)$,$\tilde{y}_i=y(\tilde{u}_i,\tilde{v}_i)$,那么

$$\begin{aligned}
\sum_{i=1}^{M} f(\tilde{x}_i,\tilde{y}_i)mT(D_i)&=\sum_i{}^{*} f(\tilde{x}_i,\tilde{y}_i)mT(D_i)+\sum_i{}^{**} f(\tilde{x}_i,\tilde{y}_i)mT(D_i)\\
&=\sum_i{}^{*} f(x(\tilde{u}_i,\tilde{v}_i),y(\tilde{u}_i,\tilde{v}_i))\left|\frac{\partial(x,y)}{\partial(u,v)}\right|_{(\tilde{u}_i,\tilde{v}_i)} mD_i+\\
&\quad\sum_i{}^{**} f(x(\tilde{u}_i,\tilde{v}_i),y(\tilde{u}_i,\tilde{v}_i))\left|\frac{\partial(x,y)}{\partial(u,v)}\right|_{(\tilde{u}_i,\tilde{v}_i)} mD_i+\\
&\quad\left(\sum_i{}^{**} f(\tilde{x}_i,\tilde{y}_i)mT(D_i)-\sum_i{}^{**} f(x(\tilde{u}_i,\tilde{v}_i),y(\tilde{u}_i,\tilde{v}_i))\left|\frac{\partial(x,y)}{\partial(u,v)}\right|_{(\tilde{u}_i,\tilde{v}_i)} mD_i\right)\\
&=\sum_{i=1}^{M} f(x(\tilde{u}_i,\tilde{v}_i),y(\tilde{u}_i,\tilde{v}_i))\left|\frac{\partial(x,y)}{\partial(u,v)}\right|_{(\tilde{u}_i,\tilde{v}_i)} mD_i+\\
&\quad\left(\sum_i{}^{**} f(\tilde{x}_i,\tilde{y}_i)mT(D_i)-\sum_i{}^{**} f(x(\tilde{u}_i,\tilde{v}_i),y(\tilde{u}_i,\tilde{v}_i))\left|\frac{\partial(x,y)}{\partial(u,v)}\right|_{(\tilde{u}_i,\tilde{v}_i)} mD_i\right).
\end{aligned}$$

由于 $D\backslash A_n^o\subset C_n$,所以

$$\left|\sum_i{}^{**} f(\tilde{x}_i,\tilde{y}_i)mT(D_i)\right|\leqslant H\cdot\sum_i{}^{**} mT(D_i)\leqslant H\cdot mT(C_n)\leqslant HKmC_n;$$

$$\left|\sum_i{}^{**} f(x(\tilde{u}_i,\tilde{v}_i),y(\tilde{u}_i,\tilde{v}_i))\left|\frac{\partial(x,y)}{\partial(u,v)}\right|_{(\tilde{u}_i,\tilde{v}_i)} mD_i\right|\leqslant HK\sum_i{}^{**} mD_i\leqslant HKmC_n.$$

因此当 n 趋于无穷大时,这两项趋于零.令 $n\to\infty$,由二重积分的定义,从刚才的式子即得

$$\iint\limits_{T(D)} f(x,y)\,\mathrm{d}x\mathrm{d}y=\iint\limits_{D} f(x(u,v),y(u,v))\left|\frac{\partial(x,y)}{\partial(u,v)}\right|\mathrm{d}u\mathrm{d}v.$$

证毕

为了完全证明定理 13.3.1,还需要以下的结果:

引理 13.3.3　*若 T 满足定理 13.3.1 的假设,则对于任意 $Q_0=(u_0,v_0)\in U$, T 在 Q_0 附近可以表示成 2 个具有连续导数的、一对一的本原映射的复合.*

证　设 $x_0=x(u_0,v_0)$, $y_0=y(u_0,v_0)$, $P_0=(x_0,y_0)$.

由于$\dfrac{\partial(x,y)}{\partial(u,v)}(u_0,v_0)\neq 0$,行列式中必有元素不为零.不妨设$\dfrac{\partial x}{\partial u}(u_0,v_0)\neq 0$,于是,本原映射

$$T_1:\begin{cases}\xi = x(u,v),\\ \eta = v\end{cases}$$

的 Jacobi 行列式$\dfrac{\partial(\xi,\eta)}{\partial(u,v)}(u_0,v_0)=\dfrac{\partial x}{\partial u}(u_0,v_0)\neq 0$,由隐函数存在定理(或逆映射定理),局部地可得逆映射$\begin{cases}u=g(\xi,\eta),\\ v=\eta,\end{cases}$且 $g(\xi,\eta)$ 在 $T_1(u_0,v_0)$ 的一个邻域具有连续偏导数.注意这时成立 $g(x(u,v),v)=u$.

作

$$T_2:\begin{cases}x = \xi,\\ y = y(g(\xi,\eta),\eta),\end{cases}$$

则有

$$\begin{aligned}&x = \xi = x(u,v),\\ &y = y(g(\xi,\eta),\eta) = y(g(x(u,v),v),v) = y(u,v).\end{aligned}$$

即 $T_2\circ T_1=T$.显然 T_1 和 T_2 是局部一一的.

证毕

定理 13.3.1 的证明:

根据引理 13.3.3,对于每点 $Q=(u,v)\in D$ 存在它的一个邻域 $U_\delta(Q)$,在这个邻域中,T 可以表示为两个一对一的本原映射的复合.由于$\{U_{\delta/2}(Q)\mid Q\in D\}$覆盖了 D,由 Heine-Borel 定理,存在有限多个邻域

$$U_{\delta_1/2}(Q_1),U_{\delta_2/2}(Q_2),\cdots,U_{\delta_S/2}(Q_S),$$

它们覆盖了 D.设 $\delta_*=\min\left\{\dfrac{\delta_1}{2},\dfrac{\delta_2}{2},\cdots,\dfrac{\delta_S}{2}\right\}$.

取 n 充分大,使得所有$[a,b]\times[c,d]$中的小矩形的对角线长度都小于 δ_*,那么每个与 D^o 的交非空的小矩形,必包含在某个 $U_{\delta_j}(Q)$ 中$(1\leqslant j\leqslant S)$.仍设 D 的划分如引理 13.3.2.注意每个 $D_i(i=1,2,\cdots,M)$都包含在某个与 D^o 的交非空的小矩形中,因此也必包含在某个 $U_{\delta_j}(Q)$ 中$(1\leqslant j\leqslant S)$.于是在每个 $D_i(i=1,2,\cdots,M)$上成立 $T=T_2\circ T_1$(为简便起见去掉了标记 i,注意对不同的 D_i,可能有不同 T_1 和 T_2),这里 T_1 和 T_2 是本原映射.设

$$T_1:\begin{cases}\xi = \xi(u,v),\\ \eta = \eta(u,v),\end{cases}\quad 和\quad T_2:\begin{cases}x = x(\xi,\eta),\\ y = y(\xi,\eta),\end{cases}$$

那么

$$\frac{\partial(x,y)}{\partial(u,v)}=\frac{\partial(x,y)}{\partial(\xi,\eta)}\cdot\frac{\partial(\xi,\eta)}{\partial(u,v)}.$$

由于 T_1 和 T_2 是本原映射,因此由引理 13.3.2 得

$$\iint_{T(D_i)} f(x,y)\,\mathrm{d}x\mathrm{d}y=\iint_{T_1(D_i)} f(x(\xi,\eta),y(\xi,\eta))\left|\frac{\partial(x,y)}{\partial(\xi,\eta)}\right|\mathrm{d}\xi\mathrm{d}\eta$$

$$=\iint_{D_i} f(x(\xi(u,v),\eta(u,v)),y(\xi(u,v),\eta(u,v)))\left|\frac{\partial(x,y)}{\partial(\xi,\eta)}\right|\left|\frac{\partial(\xi,\eta)}{\partial(u,v)}\right|\mathrm{d}u\mathrm{d}v$$

$$=\iint_{D_i} f(x(u,v),y(u,v))\left|\frac{\partial(x,y)}{\partial(u,v)}\right|\mathrm{d}u\mathrm{d}v.$$

因此

$$\iint_{T(D)} f(x,y)\,\mathrm{d}x\mathrm{d}y=\sum_{i=1}^{M}\iint_{T(D_i)} f(x,y)\,\mathrm{d}x\mathrm{d}y=\sum_{i=1}^{M}\iint_{D_i} f(x(u,v),y(u,v))\left|\frac{\partial(x,y)}{\partial(u,v)}\right|\mathrm{d}u\mathrm{d}v$$

$$=\iint_{D} f(x(u,v),y(u,v))\left|\frac{\partial(x,y)}{\partial(u,v)}\right|\mathrm{d}u\mathrm{d}v.$$

证毕

n 重积分的变量代换

设 U 为 $\mathbf{R}^n(n>2)$ 上的开集,映射

$$T: y_1=y_1(x_1,x_2,\cdots,x_n),y_2=y_2(x_1,x_2,\cdots,x_n),\cdots,y_n=y_n(x_1,x_2,\cdots,x_n)$$

将 U 一一对应地映到 $V\subset\mathbf{R}^n$ 上,因此它有逆变换 T^{-1}. 进一步假设 $y_1=y_1(x_1,x_2,\cdots,x_n),y_2=y_2(x_1,x_2,\cdots,x_n),\cdots,y_n=y_n(x_1,x_2,\cdots,x_n)$ 都具有连续偏导数,而且这个映射的Jacobi行列式不等于零.

设 Ω 为 U 中具有分片光滑边界的有界闭区域,则与二维情形类似的有结论:

定理 13.3.2　映射 T 和区域 Ω 如上假设. 如果 $f(y_1,y_2,\cdots,y_n)$ 是 $T(\Omega)$ 上的连续函数,那么变量代换公式

$$\int_{T(\Omega)} f(y_1,y_2,\cdots,y_n)\,\mathrm{d}y_1\mathrm{d}y_2\cdots\mathrm{d}y_n=\int_{\Omega} f(y_1(\boldsymbol{x}),y_2(\boldsymbol{x}),\cdots,y_n(\boldsymbol{x}))\left|\frac{\partial(y_1,y_2,\cdots,y_n)}{\partial(x_1,x_2,\cdots,x_n)}\right|\mathrm{d}x_1\mathrm{d}x_2\cdots\mathrm{d}x_n$$

成立,其中 $\boldsymbol{x}=(x_1,x_2,\cdots,x_n)$.

这个定理的证明思想与定理 13.3.1 类似,只是过程复杂得多,在此从略.

三维空间中有两种非常重要的变换,一种是柱面坐标变换(见图 13.3.10)

$$\begin{cases}x=r\cos\theta,\\ y=r\sin\theta,\\ z=z,\end{cases}$$

它将 $0\leqslant r<+\infty$,$0\leqslant\theta\leqslant 2\pi$,$-\infty<z<+\infty$ 映为整个 xyz 空间,变换的 Jacobi 行列式为

$$\frac{\partial(x,y,z)}{\partial(r,\theta,z)}=r.$$

另一种是球面坐标变换(见图 13.3.11)

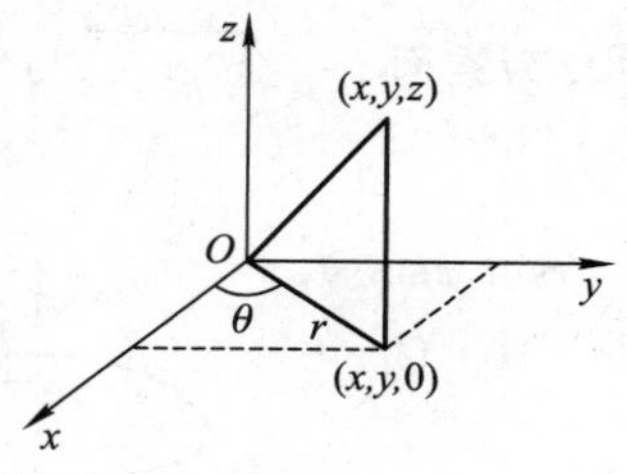

图 13.3.10

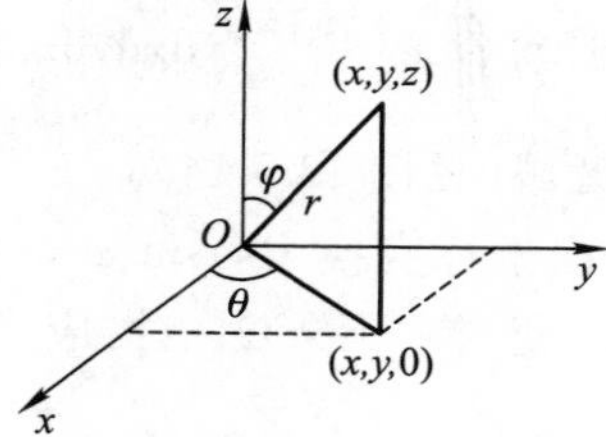

图 13.3.11

$$\begin{cases} x = r\sin\varphi\cos\theta, \\ y = r\sin\varphi\sin\theta, \\ z = r\cos\varphi, \end{cases}$$

它将 $0\leqslant r<+\infty$，$0\leqslant\varphi\leqslant\pi$，$0\leqslant\theta\leqslant 2\pi$ 映为整个 xyz 空间，变换的 Jacobi 行列式为

$$\frac{\partial(x,y,z)}{\partial(r,\varphi,\theta)} = r^2\sin\varphi.$$

例 13.3.6　计算 $\iiint\limits_{\Omega}(x^2+y^2)\,\mathrm{d}x\mathrm{d}y\mathrm{d}z$，其中 Ω 为抛物面 $z=x^2+y^2$ 与平面 $z=h$ 所围的闭区域（见图 13.3.12）.

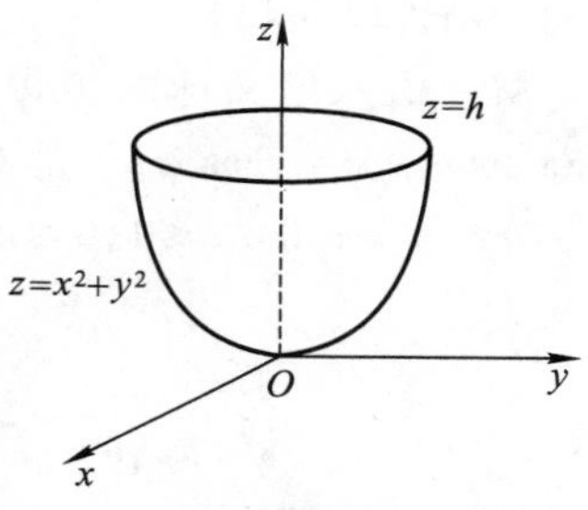

图 13.3.12

解　引入柱面坐标变换 $x=r\cos\theta, y=r\sin\theta, z=z$. 在此变换下 Ω 对应于 $r\theta z$ 空间的区域 $\Omega_1=\{(r,\theta,z)\mid r^2\leqslant z\leqslant h, 0\leqslant r\leqslant\sqrt{h}, 0\leqslant\theta\leqslant 2\pi\}$，因此

$$\begin{aligned}\iiint\limits_{\Omega}(x^2+y^2)\,\mathrm{d}x\mathrm{d}y\mathrm{d}z &= \iiint\limits_{\Omega_1} r^2 r\,\mathrm{d}r\mathrm{d}\theta\mathrm{d}z \\ &= \int_0^{2\pi}\mathrm{d}\theta\int_0^{\sqrt{h}} r^3\,\mathrm{d}r\int_{r^2}^{h}\mathrm{d}z = \frac{\pi}{6}h^3.\end{aligned}$$

例 13.3.7　求抛物面 $z=1-x^2-y^2$ 与平面 $z=0$ 所围立体 Ω（见图 13.3.13）的质心. 设此立体具有均匀密度 $\rho=1$.

解　引入柱面坐标变换 $x=r\cos\theta, y=r\sin\theta, z=z$. 在此变换下 Ω 对应于 $r\theta z$ 空间的区域 $\Omega_1=\{(r,\theta,z)\mid 0\leqslant\theta\leqslant 2\pi, 0\leqslant r\leqslant 1, 0\leqslant z\leqslant 1-r^2\}$. 因此 Ω 的质量为

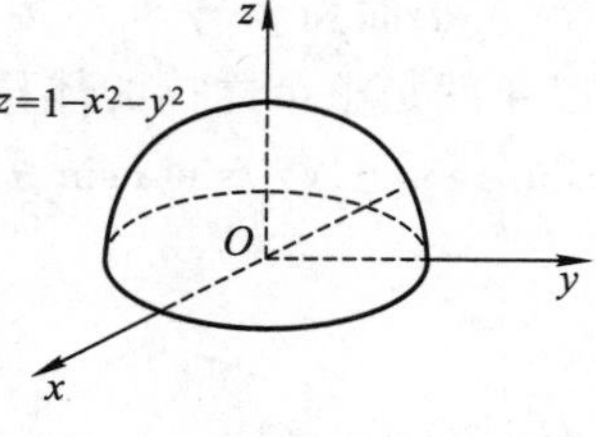

图 13.3.13

$$\begin{aligned} M &= \iiint\limits_{\Omega}\mathrm{d}x\mathrm{d}y\mathrm{d}z = \iiint\limits_{\Omega_1} r\,\mathrm{d}r\mathrm{d}\theta\mathrm{d}z = \int_0^{2\pi}\mathrm{d}\theta\int_0^1 r\,\mathrm{d}r\int_0^{1-r^2}\mathrm{d}z \\ &= 2\pi\int_0^1 r(1-r^2)\,\mathrm{d}r = \frac{\pi}{2}.\end{aligned}$$

记立体 Ω 的质心为 $(\bar{x},\bar{y},\bar{z})$. 由对称性可知 $\bar{x}=\bar{y}=0$. 而

$$\begin{aligned}\bar{z} &= \frac{1}{M}\iiint\limits_{\Omega} z\,\mathrm{d}x\mathrm{d}y\mathrm{d}z = \frac{1}{M}\iiint\limits_{\Omega_1} rz\,\mathrm{d}r\mathrm{d}\theta\mathrm{d}z = \frac{1}{M}\int_0^{2\pi}\mathrm{d}\theta\int_0^1 r\,\mathrm{d}r\int_0^{1-r^2} z\,\mathrm{d}z \\ &= \frac{\pi}{M}\int_0^1 r(1-r^2)^2\,\mathrm{d}r = \frac{1}{3}.\end{aligned}$$

因此质心为 $\left(0,0,\dfrac{1}{3}\right)$.

例 13.3.8　计算 $\iiint\limits_{\Omega} z\mathrm{e}^{-(x^2+y^2+z^2)}\mathrm{d}x\mathrm{d}y\mathrm{d}z$，其中 Ω 为锥面 $z=\sqrt{x^2+y^2}$ 与球面 $x^2+y^2+z^2=1$ 所围成的闭区域(见图 13.3.14).

解　引入球面坐标变换 $x=r\sin\varphi\cos\theta, y=r\sin\varphi\sin\theta, z=r\cos\varphi$. 在此变换下 Ω 对应于区域 $\Omega_1=\left\{(r,\varphi,\theta)\mid 0\leqslant\theta\leqslant 2\pi, 0\leqslant r\leqslant 1, 0\leqslant\varphi\leqslant\frac{\pi}{4}\right\}$. 因此

$$\iiint\limits_{\Omega} z\mathrm{e}^{-(x^2+y^2+z^2)}\mathrm{d}x\mathrm{d}y\mathrm{d}z=\iiint\limits_{\Omega_1} r^3\mathrm{e}^{-r^2}\cos\varphi\sin\varphi\mathrm{d}r\mathrm{d}\varphi\mathrm{d}\theta$$

$$=\int_0^{2\pi}\mathrm{d}\theta\int_0^1 r^3\mathrm{e}^{-r^2}\mathrm{d}r\int_0^{\frac{\pi}{4}}\sin\varphi\cos\varphi\mathrm{d}\varphi=\frac{\pi}{2}\left(\frac{1}{2}-\frac{1}{\mathrm{e}}\right).$$

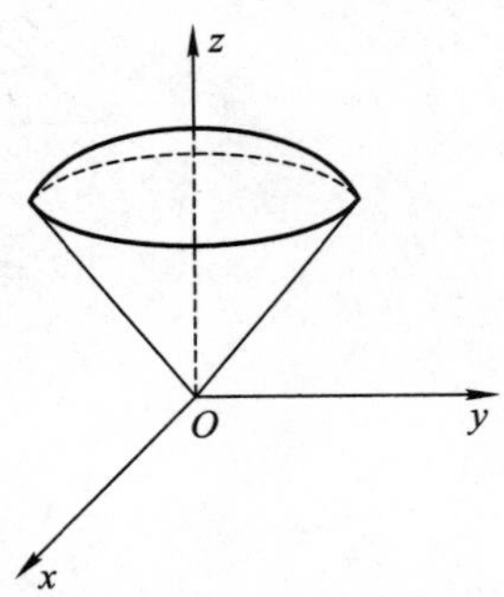

图 13.3.14

例 13.3.9　求椭球体 $\Omega=\left\{(x,y,z)\,\middle|\,\frac{x^2}{a^2}+\frac{y^2}{b^2}+\frac{z^2}{c^2}\leqslant 1\right\}$ 的体积(见图 13.3.15).

解　引入广义球面坐标变换 $x=ar\sin\varphi\cos\theta, y=br\sin\varphi\sin\theta, z=cr\cos\varphi$，于是 Ω 对应于区域 $\Omega_1=\{(r,\varphi,\theta)\mid 0\leqslant\theta\leqslant 2\pi, 0\leqslant r\leqslant 1, 0\leqslant\varphi\leqslant\pi\}$. 此变换的 Jacobi 行列式为

$$\frac{\partial(x,y,z)}{\partial(r,\varphi,\theta)}=abcr^2\sin\varphi.$$

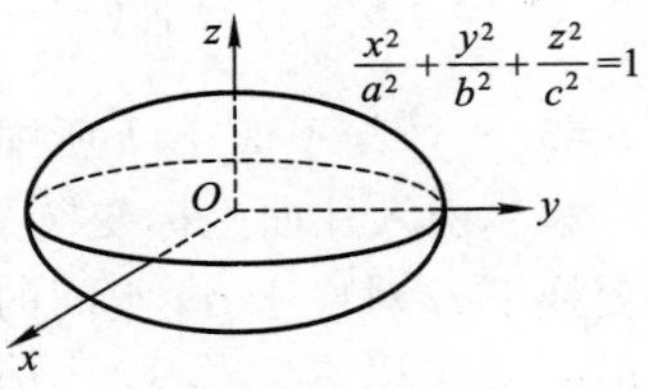

图 13.3.15

因此椭球的体积为

$$\iiint\limits_{\Omega}\mathrm{d}x\mathrm{d}y\mathrm{d}z=\iiint\limits_{\Omega_1} abcr^2\sin\varphi\mathrm{d}r\mathrm{d}\varphi\mathrm{d}\theta=abc\int_0^1 r^2\mathrm{d}r\int_0^{2\pi}\mathrm{d}\theta\int_0^{\pi}\sin\varphi\mathrm{d}\varphi=\frac{4\pi}{3}abc.$$

例 13.3.10　求曲面 $(x^2+y^2)^2+z^4=y$ 所围立体的体积.

解　由曲面的方程 $(x^2+y^2)^2+z^4=y$ 可以看出，该曲面位于半空间 $y\geqslant 0$ 内，且分别关于 xy 平面和 yz 平面对称. 因此只需计算它所围立体在第一卦限上的部分的体积，再乘以 4 就是整个立体的体积. 设该立体在第一卦限上的部分为 Ω. 引入球面坐标变换 $x=r\sin\varphi\cos\theta, y=r\sin\varphi\sin\theta, z=r\cos\varphi$. 那么曲面方程 $(x^2+y^2)^2+z^4=y$ 在此变换下变为

$$r=\sqrt[3]{\frac{\sin\theta\sin\varphi}{\sin^4\varphi+\cos^4\varphi}},$$

而 Ω 对应于区域

$$\Omega_1=\left\{(r,\varphi,\theta)\,\middle|\,0\leqslant\theta\leqslant\pi/2, 0\leqslant\varphi\leqslant\pi/2, 0\leqslant r\leqslant\sqrt[3]{\frac{\sin\theta\sin\varphi}{\sin^4\varphi+\cos^4\varphi}}\right\}.$$

因此所求立体的体积为

$$4\iiint\limits_{\Omega}\mathrm{d}x\mathrm{d}y\mathrm{d}z=4\iiint\limits_{\Omega_1} r^2\sin\varphi\mathrm{d}r\mathrm{d}\varphi\mathrm{d}\theta=4\int_0^{\frac{\pi}{2}}\mathrm{d}\theta\int_0^{\frac{\pi}{2}}\sin\varphi\mathrm{d}\varphi\int_0^{\sqrt[3]{\frac{\sin\theta\sin\varphi}{\sin^4\varphi+\cos^4\varphi}}} r^2\mathrm{d}r$$

$$=\frac{4}{3}\int_0^{\frac{\pi}{2}}\sin\theta\mathrm{d}\theta\int_0^{\frac{\pi}{2}}\frac{\sin^2\varphi}{\sin^4\varphi+\cos^4\varphi}\mathrm{d}\varphi=\frac{4}{3}\int_0^{\frac{\pi}{2}}\frac{\sin^2\varphi}{\sin^4\varphi+\cos^4\varphi}\mathrm{d}\varphi$$

$$= \frac{4}{3}\int_0^{+\infty} \frac{t^2}{1+t^4}\mathrm{d}t \quad (令\ t=\tan\varphi) = \frac{\sqrt{2}}{3}\pi.$$

事实上，在 $\mathbf{R}^n(n \geqslant 3)$ 上都可以引入球面坐标变换

$$\begin{cases} x_1 = r\cos\varphi_1, \\ x_2 = r\sin\varphi_1\cos\varphi_2, \\ x_3 = r\sin\varphi_1\sin\varphi_2\cos\varphi_3, \\ \cdots\cdots\cdots\cdots \\ x_{n-1} = r\sin\varphi_1\sin\varphi_2\cdots\sin\varphi_{n-2}\cos\varphi_{n-1}, \\ x_n = r\sin\varphi_1\sin\varphi_2\cdots\sin\varphi_{n-2}\sin\varphi_{n-1}, \end{cases}$$

其中

$$0 \leqslant r < +\infty, 0 \leqslant \varphi_1 \leqslant \pi, \cdots, 0 \leqslant \varphi_{n-2} \leqslant \pi, 0 \leqslant \varphi_{n-1} \leqslant 2\pi.$$

显然

$$x_1^2 + x_2^2 + \cdots + x_n^2 = r^2.$$

易计算这个变换的 Jacobi 行列式为

$$J = \frac{\partial(x_1, x_2, \cdots, x_n)}{\partial(r, \varphi_1, \cdots, \varphi_{n-1})} = r^{n-1}\sin^{n-2}\varphi_1\sin^{n-3}\varphi_2\cdots\sin\varphi_{n-2}.$$

例 13.3.11 求 n 维球体 $B_n = \{(x_1, x_2, \cdots, x_n) \mid x_1^2+x_2^2+\cdots+x_n^2 \leqslant R^2\}$ 的体积 V_n.

解 在球面坐标变换下，B_n 就对应于区域

$$E_n = \{(r, \varphi_1, \cdots, \varphi_{n-2}, \varphi_{n-1}) \mid 0 \leqslant r \leqslant R, 0 \leqslant \varphi_1 \leqslant \pi, \cdots, 0 \leqslant \varphi_{n-2} \leqslant \pi, 0 \leqslant \varphi_{n-1} \leqslant 2\pi\},$$

因此利用球面坐标变换得

$$\begin{aligned} V_n &= \int_{B_n} \mathrm{d}x_1\mathrm{d}x_2\cdots\mathrm{d}x_n \\ &= \int_{E_n} r^{n-1}\sin^{n-2}\varphi_1\sin^{n-3}\varphi_2\cdots\sin^2\varphi_{n-3}\sin\varphi_{n-2}\mathrm{d}r\mathrm{d}\varphi_1\cdots\mathrm{d}\varphi_{n-2}\mathrm{d}\varphi_{n-1} \\ &= \left(\int_0^R r^{n-1}\mathrm{d}r\right)\left(\int_0^\pi \sin^{n-2}\varphi_1\mathrm{d}\varphi_1\right)\cdots\left(\int_0^\pi \sin^2\varphi_{n-3}\mathrm{d}\varphi_{n-3}\right)\left(\int_0^\pi \sin\varphi_{n-2}\mathrm{d}\varphi_{n-2}\right)\left(\int_0^{2\pi}\mathrm{d}\varphi_{n-1}\right). \end{aligned}$$

由于当 k 为正整数时，

$$\int_0^\pi \sin^{k-1}\varphi\mathrm{d}\varphi = 2\int_0^{\frac{\pi}{2}} \sin^{k-1}\varphi\mathrm{d}\varphi.$$

从公式

$$\int_0^{\frac{\pi}{2}} \sin^n\varphi\mathrm{d}\varphi = \begin{cases} \dfrac{(2m-1)!!}{(2m)!!}\dfrac{\pi}{2}, & n = 2m, \\ \dfrac{(2m)!!}{(2m+1)!!}, & n = 2m+1 \end{cases}$$

即得

$$V_n = \begin{cases} \dfrac{R^{2m}}{m!}\pi^m, & n = 2m, \\ \dfrac{2^{m+1}R^{2m+1}}{(2m+1)!!}\pi^m, & n = 2m+1. \end{cases}$$

均匀球体的引力场模型

设有一个半径为 a 的均匀球体(密度为常数 ρ),我们要计算它所产生的引力场,即求出它对于单位质量的质点的引力.

以球心为原点建立直角坐标系(见图 13.3.16),则球体即 $\Omega=\{(x,y,z)\mid x^2+y^2+z^2\leqslant a^2\}$.由对称性,只需考虑球体对在 z 轴上的具有单位质量的质点的引力.设单位质点 P_0 的位置为$(0,0,s)$,显然,球体对质点 P_0 的引力在 x 与 y 方向的分量 $F_x=F_y=0$.

用微元法求该引力在 z 方向的分量 F_z.考虑球体上任一点 $P(x,y,z)$,则包含 P 的体积微元 $\mathrm{d}V$ 的质量为 $\rho\mathrm{d}V$.它对单位质点 P_0 所产生的引力的方向与$\overrightarrow{P_0P}=x\boldsymbol{i}+y\boldsymbol{j}+(z-s)\boldsymbol{k}$ 的方向相同,因此引力方向的单位向量为

$$\boldsymbol{e}(x,y,z)=\frac{x\boldsymbol{i}+y\boldsymbol{j}+(z-s)\boldsymbol{k}}{\sqrt{x^2+y^2+(z-s)^2}}.$$

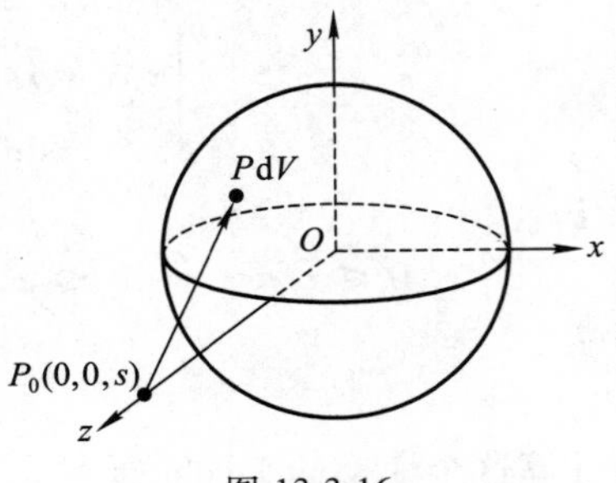

图 13.3.16

由万有引力定律,两质点之间的引力大小与这两个质点的质量的乘积成正比,与它们之间的距离的平方成反比,于是体积微元 $\mathrm{d}V$ 对单位质点 P_0 的引力在 z 方向的分量为

$$\mathrm{d}F_z=G\frac{z-s}{[x^2+y^2+(z-s)^2]^{3/2}}\rho\mathrm{d}V.$$

其中 G 为万有引力常量.因此,整个球体对单位质点 P_0 的引力在 z 方向的分量为

$$F_z=G\rho\iiint\limits_{\Omega}\frac{z-s}{[x^2+y^2+(z-s)^2]^{3/2}}\mathrm{d}V=G\rho\iiint\limits_{\Omega}\frac{z-s}{[x^2+y^2+(z-s)^2]^{3/2}}\mathrm{d}x\mathrm{d}y\mathrm{d}z.$$

作球面坐标变换 $x=r\sin\varphi\cos\theta,y=r\sin\varphi\sin\theta,z=r\cos\varphi$ 就得

$$\begin{aligned}F_z&=G\rho\iiint\limits_{\Omega_1}\frac{(r\cos\varphi-s)}{(r^2+s^2-2rs\cos\varphi)^{3/2}}r^2\sin\varphi\mathrm{d}r\mathrm{d}\varphi\mathrm{d}\theta\\&=G\rho\int_0^{2\pi}\mathrm{d}\theta\int_0^a r^2\mathrm{d}r\int_0^{\pi}\frac{(r\cos\varphi-s)\sin\varphi}{(r^2+s^2-2rs\cos\varphi)^{3/2}}\mathrm{d}\varphi.\end{aligned}$$

在积分

$$I=\int_0^{\pi}\frac{(r\cos\varphi-s)\sin\varphi}{(r^2+s^2-2rs\cos\varphi)^{3/2}}\mathrm{d}\varphi$$

中,令 $\xi^2=r^2+s^2-2rs\cos\varphi$,那么

$$\begin{aligned}I&=\frac{1}{2s^2r}\int_{|r-s|}^{r+s}\left(\frac{r^2-s^2}{\xi^2}-1\right)\mathrm{d}\xi\\&=-\frac{1}{2s^2r}\left(2r-\frac{r^2-s^2}{|r-s|}-|r-s|\right)\\&=\begin{cases}0, & r>s,\\-\dfrac{2}{s^2}, & r<s.\end{cases}\end{aligned}$$

于是

$$F_z=\begin{cases}G\rho\int_0^{2\pi}\mathrm{d}\theta\int_0^a r^2\mathrm{d}r\left(-\dfrac{2}{s^2}\right)\\ G\rho\int_0^{2\pi}\mathrm{d}\theta\int_0^s r^2\mathrm{d}r\left(-\dfrac{2}{s^2}\right)\end{cases}=\begin{cases}-G\rho\dfrac{4\pi a^3}{3s^2}, & s\geqslant a,\\ -G\rho\dfrac{4\pi s}{3}, & s<a.\end{cases}$$

上式的物理意义是：

（1）当 $s\geqslant a$ 时，即质点在球体外或球面上，球体对质点的引力等效于将整个球体的质量 $\rho\dfrac{4\pi a^3}{3}$ 全部集中在球心时，球心对该质点的引力.这在天体力学中有很重要的应用，在考虑星球之间的引力时，常常将星球的质量看作是集中于球心来处理.

（2）当 $s<a$ 时，即质点在球体内部时，球体对质点的引力等效于一个球心与原球相同，而半径为 s 的球体对该质点的引力.即，等效于将半径为 s 的球体的质量 $\rho\dfrac{4\pi s^3}{3}$ 全部集中在球心时，球心对该质点的引力.

习　题

1. 利用极坐标计算下列二重积分：

（1）$\iint\limits_D \mathrm{e}^{-(x^2+y^2)}\mathrm{d}x\mathrm{d}y$，其中 D 是由圆周 $x^2+y^2=R^2(R>0)$ 所围区域；

（2）$\iint\limits_D \sqrt{x}\,\mathrm{d}x\mathrm{d}y$，其中 D 是由圆周 $x^2+y^2=x$ 所围区域；

（3）$\iint\limits_D (x+y)\mathrm{d}x\mathrm{d}y$，其中 D 是由圆周 $x^2+y^2=x+y$ 所围区域；

（4）$\iint\limits_D \sqrt{\dfrac{1-x^2-y^2}{1+x^2+y^2}}\mathrm{d}x\mathrm{d}y$，其中 D 是由圆周 $x^2+y^2=1$ 及坐标轴所围成的在第一象限上的区域.

2. 求下列图形的面积：

（1）$(a_1x+b_1y+c_1)^2+(a_2x+b_2y+c_2)^2=1\quad(\delta=a_1b_2-a_2b_1\neq 0)$ 所围的区域；

（2）由抛物线 $y^2=mx, y^2=nx\quad(0<m<n)$，直线 $y=\alpha x, y=\beta x$ $(0<\alpha<\beta)$ 所围的区域；

（3）三叶玫瑰线 $(x^2+y^2)^2=a(x^3-3xy^2)\quad(a>0)$ 所围的图形；

（4）曲线 $\left(\dfrac{x}{h}+\dfrac{y}{k}\right)^4=\dfrac{x^2}{a^2}+\dfrac{y^2}{b^2}(h,k>0;a,b>0)$ 所围图形在 $x>0$，$y>0$ 的部分.

3. 求极限

$$\lim_{\rho\to 0}\frac{1}{\pi\rho^2}\iint\limits_{x^2+y^2\leqslant\rho^2}f(x,y)\mathrm{d}x\mathrm{d}y,$$

其中 $f(x,y)$ 在原点附近连续.

4. 选取适当的坐标变换计算下列二重积分：

（1）$\iint\limits_D(\sqrt{x}+\sqrt{y})\mathrm{d}x\mathrm{d}y$，其中 D 是由坐标轴及抛物线 $\sqrt{x}+\sqrt{y}=1$ 所围的区域；

(2) $\iint\limits_D \left(\frac{x^2}{a^2}+\frac{y^2}{b^2}\right)\mathrm{d}x\mathrm{d}y$,其中$D$是由 i) 椭圆$\frac{x^2}{a^2}+\frac{y^2}{b^2}=1$所围区域;ii) 圆$x^2+y^2=R^2$所围的区域;

(3) $\iint\limits_D y\mathrm{d}x\mathrm{d}y$,其中$D$是由直线$x=-2,y=0,y=2$,以及曲线$x=-\sqrt{2y-y^2}$所围的区域;

(4) $\iint\limits_D \mathrm{e}^{\frac{x-y}{x+y}}\mathrm{d}x\mathrm{d}y$,其中$D$是由直线$x+y=2,x=0$及$y=0$所围的区域;

(5) $\iint\limits_D \frac{(x+y)^2}{1+(x-y)^2}\mathrm{d}x\mathrm{d}y$,其中闭区域$D=\{(x,y)\mid |x|+|y|\leqslant 1\}$;

(6) $\iint\limits_D \frac{\sqrt{x^2+y^2}}{\sqrt{4a^2-x^2-y^2}}\mathrm{d}x\mathrm{d}y$,　其中闭区域$D$是由曲线$y=\sqrt{a^2-x^2}-a\ (a>0)$和直线$y=-x$所围成.

5. 选取适当的坐标变换计算下列三重积分:

(1) $\iiint\limits_\Omega (x^2+y^2+z^2)\mathrm{d}x\mathrm{d}y\mathrm{d}z$,其中$\Omega$为球$\{(x,y,z)\mid x^2+y^2+z^2\leqslant 1\}$;

(2) $\iiint\limits_\Omega \sqrt{1-\frac{x^2}{a^2}-\frac{y^2}{b^2}-\frac{z^2}{c^2}}\mathrm{d}x\mathrm{d}y\mathrm{d}z$,其中$\Omega$为椭球$\left\{(x,y,z)\ \middle|\ \frac{x^2}{a^2}+\frac{y^2}{b^2}+\frac{z^2}{c^2}\leqslant 1\right\}$;

(3) $\iiint\limits_\Omega z\sqrt{x^2+y^2}\mathrm{d}x\mathrm{d}y\mathrm{d}z$,其中$\Omega$为柱面$y=\sqrt{2x-x^2}$及平面$z=0,z=a\ \ (a>0)$和$y=0$所围的区域;

(4) $\iiint\limits_\Omega \frac{z\ln(1+x^2+y^2+z^2)}{1+x^2+y^2+z^2}\mathrm{d}x\mathrm{d}y\mathrm{d}z$,其中$\Omega$为半球$\{(x,y,z)\mid x^2+y^2+z^2\leqslant 1,z\geqslant 0\}$;

(5) $\iiint\limits_\Omega (x+y+z)^2\mathrm{d}x\mathrm{d}y\mathrm{d}z$,其中$\Omega$为抛物面$x^2+y^2=2az$与球面$x^2+y^2+z^2=3a^2(a>0)$所围的区域.

(6) $\iiint\limits_\Omega (x^2+y^2)\mathrm{d}x\mathrm{d}y\mathrm{d}z$,其中$\Omega$为平面曲线$\begin{cases} y^2=2z, \\ x=0 \end{cases}$绕$z$轴旋转一周形成的曲面与平面$z=8$所围的区域;

(7) $\iiint\limits_\Omega \frac{1}{\sqrt{x^2+y^2+z^2}}\mathrm{d}x\mathrm{d}y\mathrm{d}z$,其中闭区域$\Omega=\{(x,y,z)\mid x^2+y^2+(z-1)^2\leqslant 1\}$;

(8) $\iiint\limits_\Omega (x+y-z)(x-y+z)(y+z-x)\mathrm{d}x\mathrm{d}y\mathrm{d}z$,其中闭区域

$$\Omega=\{(x,y,z)\mid 0\leqslant x+y-z\leqslant 1,0\leqslant x-y+z\leqslant 1,0\leqslant y+z-x\leqslant 1\}.$$

6. 求球面$x^2+y^2+z^2=R^2$和圆柱面$x^2+y^2=Rx(R>0)$所围立体的体积.

7. 求抛物面$z=6-x^2-y^2$与锥面$z=\sqrt{x^2+y^2}$所围立体的体积.

8. 求下列曲面所围空间区域的体积:

(1) $\left(\frac{x^2}{a^2}+\frac{y^2}{b^2}+\frac{z^2}{c^2}\right)^2=ax(a,b,c>0)$;

(2) $\left(\frac{x}{a}+\frac{y}{b}\right)^2+\left(\frac{z}{c}\right)^2=1(a,b,c>0)$与三张平面$x=0,y=0,z=0$所围的在第一卦限的立体.

9. 设一物体在空间的表示为由曲面$4z^2=25(x^2+y^2)$与平面$z=5$所围成的一立体.其密度为$\rho(x,y,z)=x^2+y^2$,求此物体的质量.

10. 在一个形状为旋转抛物面$z=x^2+y^2$的容器内,已经盛有$8\pi\mathrm{cm}^3$的水,现又倒入$120\pi\mathrm{cm}^3$的水,问水面比原来升高多少厘米.

11. 求质量为 M 的均匀薄片 $\begin{cases}x^2+y^2\leqslant a^2,\\ z=0\end{cases}$ 对 z 轴上 $(0,0,c)(c>0)$ 点处的单位质量的质点的引力.

12. 已知球体 $x^2+y^2+z^2\leqslant 2Rz$,在其上任一点的密度在数量上等于该点到原点距离的平方,求球体的质量与质心.

13. 证明不等式

$$2\pi(\sqrt{17}-4)\leqslant \iint\limits_{x^2+y^2\leqslant 1}\frac{\mathrm{d}x\mathrm{d}y}{\sqrt{16+\sin^2x+\sin^2y}}\leqslant \frac{\pi}{4}.$$

14. 设一元函数 $f(u)$ 在 $[-1,1]$ 上连续,证明:

$$\iint\limits_{|x|+|y|\leqslant 1} f(x+y)\,\mathrm{d}x\mathrm{d}y=\int_{-1}^{1}f(u)\,\mathrm{d}u.$$

15. 设一元函数 $f(u)$ 在 $[-1,1]$ 上连续.证明:

$$\iiint\limits_{\Omega}f(z)\,\mathrm{d}x\mathrm{d}y\mathrm{d}z=\pi\int_{-1}^{1}f(u)(1-u^2)\,\mathrm{d}u,$$

其中 Ω 为单位球 $x^2+y^2+z^2\leqslant 1$.

16. 计算下列 n 重积分:

(1) $\int\limits_{\Omega}\sqrt{x_1+x_2+\cdots+x_n}\,\mathrm{d}x_1\mathrm{d}x_2\cdots\mathrm{d}x_n$,其中

$\Omega=\{(x_1,x_2,\cdots,x_n)\mid x_1+x_2+\cdots+x_n\leqslant 1,x_i\geqslant 0,i=1,2,\cdots,n\}$;

(2) $\int\limits_{\Omega}(x_1^2+x_2^2+\cdots+x_n^2)\,\mathrm{d}x_1\mathrm{d}x_2\cdots\mathrm{d}x_n$,

其中 Ω 为 n 维球体 $\{(x_1,x_2,\cdots,x_n)\mid x_1^2+x_2^2+\cdots+x_n^2\leqslant 1\}$.

§4　反常重积分

无界区域上的反常重积分

设 D 为平面 $\mathbf{R}^2$ 上的无界区域,它的边界是由有限条光滑曲线组成的.除非特别声明,本节总是假设 D 上的函数 $f(x,y)$ 具有下述性质:它在 D 中有界、在可求面积的子区域上可积.并假设所取的割线 Γ 为一条面积为零的曲线,它将 D 割出一个有界子区域,记为 D_Γ(见图 13.4.1),并记 $d(\Gamma)=\inf\{\sqrt{x^2+y^2}\mid(x,y)\in\Gamma\}$ 为 Γ 到原点的距离.

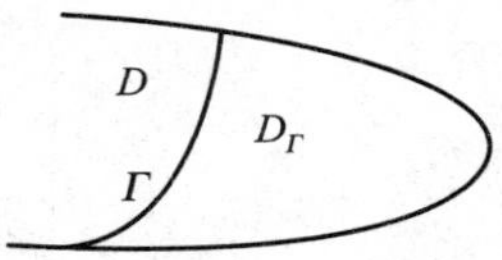

图 13.4.1

定义 13.4.1　若当 $d(\Gamma)$ 趋于无穷大,即 D_Γ 趋于 D 时,$\iint\limits_{D_\Gamma}f(x,y)\,\mathrm{d}x\mathrm{d}y$ 的极限存在,就称 $f(x,y)$ 在 D 上**可积**,并记

$$\iint\limits_{D}f(x,y)\,\mathrm{d}x\mathrm{d}y=\lim_{d(\Gamma)\to+\infty}\iint\limits_{D_\Gamma}f(x,y)\,\mathrm{d}x\mathrm{d}y.$$

这个极限值称为 $f(x,y)$ 在 D 上的**反常二重积分**,这时也称反常二重积分 $\iint\limits_{D}f(x,y)\,\mathrm{d}x\mathrm{d}y$ **收敛**.如果右端的极限不存在,就称这一反常二重积分**发散**.

与一元的情形一样，为了容易入手，我们先考虑函数是非负的情况. 后面将看到，非负函数的反常二重积分的收敛问题具有特殊的意义.

引理 13.4.1　设 $f(x,y)$ 为无界区域 D 上的非负函数. 如果 $\{\Gamma_n\}$ 是一列曲线，它们割出的 D 的有界子区域 $\{D_n\}$ 满足

$$D_1 \subset D_2 \subset \cdots \subset D_n \subset \cdots, \text{及} \lim_{n\to\infty} d(\Gamma_n) = +\infty.$$

则反常积分 $\iint\limits_D f(x,y)\,\mathrm{d}x\mathrm{d}y$ 在 D 上收敛的充分必要条件是：数列 $\left\{\iint\limits_{D_n} f(x,y)\,\mathrm{d}x\mathrm{d}y\right\}$ 收敛. 且在收敛时成立

$$\iint\limits_D f(x,y)\,\mathrm{d}x\mathrm{d}y = \lim_{n\to\infty}\iint\limits_{D_n} f(x,y)\,\mathrm{d}x\mathrm{d}y.$$

证　由定义，必要性是显然的，下面证明充分性.

如果 $\left\{\iint\limits_{D_n} f(x,y)\,\mathrm{d}x\mathrm{d}y\right\}$ 收敛，记 $\lim\limits_{n\to\infty}\iint\limits_{D_n} f(x,y)\,\mathrm{d}x\mathrm{d}y = I$. 我们现在证明

$$\lim_{d(\Gamma)\to+\infty}\iint\limits_{D_\Gamma} f(x,y)\,\mathrm{d}x\mathrm{d}y = I.$$

对于曲线 Γ，令 $\rho(\Gamma) = \sup\left\{\sqrt{x^2+y^2}\ \middle|\ (x,y)\in\Gamma\right\}$. 由假设 $\lim\limits_{n\to\infty} d(\Gamma_n) = +\infty$ 得知，当 n 充分大时，总成立 $d(\Gamma_n) > \rho(\Gamma)$，因此由数列 $\left\{\iint\limits_{D_n} f(x,y)\,\mathrm{d}x\mathrm{d}y\right\}$ 的单调增加性得

$$\iint\limits_{D_\Gamma} f(x,y)\,\mathrm{d}x\mathrm{d}y \leqslant \iint\limits_{D_n} f(x,y)\,\mathrm{d}x\mathrm{d}y \leqslant I.$$

另一方面，由数列 $\left\{\iint\limits_{D_n} f(x,y)\,\mathrm{d}x\mathrm{d}y\right\}$ 收敛于 I 得到，对于任意正数 ε，存在正整数 N，使得

$$\iint\limits_{D_N} f(x,y)\,\mathrm{d}x\mathrm{d}y > I - \varepsilon.$$

因此当 $d(\Gamma) > \rho(\Gamma_N)$ 时，就有

$$I \geqslant \iint\limits_{D_\Gamma} f(x,y)\,\mathrm{d}x\mathrm{d}y \geqslant \iint\limits_{D_N} f(x,y)\,\mathrm{d}x\mathrm{d}y > I - \varepsilon.$$

这就是说

$$\lim_{d(\Gamma)\to+\infty}\iint\limits_{D_\Gamma} f(x,y)\,\mathrm{d}x\mathrm{d}y = I.$$

证毕

例 13.4.1　设 $D = \{(x,y)\mid a^2 \leqslant x^2+y^2 < +\infty\}\ (a>0)$. 记 $r=\sqrt{x^2+y^2}$，

$$f(x,y) = \frac{1}{r^p}\quad (p>0)$$

为定义在 D 上的函数. 证明积分 $\iint\limits_D f(x,y)\,\mathrm{d}x\mathrm{d}y$ 当 $p>2$ 时收敛；当 $p\leqslant 2$ 时发散.

证　取 $\Gamma_\rho = \{(x,y)\mid x^2+y^2=\rho^2\}\ (\rho>a)$，它割出的 D 的有界部分为

$$D_\rho = \{(x,y)\mid a^2 \leqslant x^2+y^2 \leqslant \rho^2\}.$$

因此利用极坐标变换得

$$\iint_{D_\rho} f(x,y)\,\mathrm{d}x\mathrm{d}y = \int_0^{2\pi}\mathrm{d}\theta\int_a^\rho r^{1-p}\,\mathrm{d}r = 2\pi\int_a^\rho r^{1-p}\,\mathrm{d}r.$$

当 ρ 趋于正无穷大时，最后一个积分当 $p>2$ 时收敛，当 $p\leqslant 2$ 时发散.从引理 13.4.1 就得知所需的结论.

证毕

从以上推导可以看出，当 D 为扇形区域

$$\{a\leqslant r<+\infty,\alpha\leqslant\theta\leqslant\beta\quad(\alpha,\beta\in[0,2\pi])\}$$

时，上述结论也成立.

读者不难参照一元函数的情况导出比较判别法.

定理 13.4.1（比较判别法） 设 D 为 $\mathbf{R}^2$ 上具有分段光滑边界的无界区域，在 D 上成立 $0\leqslant f(x,y)\leqslant g(x,y)$.那么

（1）当 $\iint_D g(x,y)\,\mathrm{d}x\mathrm{d}y$ 收敛时，$\iint_D f(x,y)\,\mathrm{d}x\mathrm{d}y$ 也收敛；

（2）当 $\iint_D f(x,y)\,\mathrm{d}x\mathrm{d}y$ 发散时，$\iint_D g(x,y)\,\mathrm{d}x\mathrm{d}y$ 也发散.

证明从略.

反常二重积分有一个重要特点：可积与绝对可积的概念是等价的.

定理 13.4.2 设 D 为 $\mathbf{R}^2$ 上具有分段光滑边界的无界区域，则 $f(x,y)$ 在 D 上可积的充分必要条件是：$|f(x,y)|$ 在 D 上可积.

证 记

$$f^+(x,y)=\begin{cases} f(x,y), & \text{当 } f(x,y)\geqslant 0,\\ 0, & \text{当 } f(x,y)<0;\end{cases}$$

及

$$f^-(x,y)=\begin{cases} 0, & \text{当 } f(x,y)>0,\\ -f(x,y), & \text{当 } f(x,y)\leqslant 0.\end{cases}$$

显然，这两个函数都是非负的，且不大于 $|f(x,y)|$.

因此，由比较判别法，若 $|f(x,y)|$ 在 D 上可积，则 $f^+(x,y)$ 和 $f^-(x,y)$ 均在 D 上可积，于是

$$f(x,y)=f^+(x,y)-f^-(x,y)$$

也在 D 上可积.充分性得证.

下面证明必要性，用反证法.设 $f(x,y)$ 在 D 上可积，但 $|f(x,y)|$ 在 D 上不可积.由于

$$|f(x,y)|=f^+(x,y)+f^-(x,y),$$

那么非负函数 $f^+(x,y)$ 和 $f^-(x,y)$ 中至少有一个在 D 上不可积.不妨设 $f^+(x,y)$ 在 D 上不可积.由引理 13.4.1 知，对于任意大的正数 K，存在一条曲线 Γ，使得在它割出的 D 的有界子区域 D_Γ 上成立

$$\iint_{D_\Gamma} f^+(x,y)\,\mathrm{d}x\mathrm{d}y > K.$$

因此用归纳法可知，存在一族曲线 $\{\Gamma_n\}$，它们割出的 D 的有界子区域 $\{D_n\}$ 满足

$$D_1\subset D_2\subset\cdots\subset D_n\subset\cdots,\text{及}\lim_{n\to\infty}d(\Gamma_n)=+\infty.$$

且成立

$$\iint\limits_{D_{n+1}} f^+(x,y)\mathrm{d}x\mathrm{d}y > 2\iint\limits_{D_n}|f(x,y)|\mathrm{d}x\mathrm{d}y+n \qquad (n=1,2,\cdots).$$

因此

$$\iint\limits_{D_{n+1}-D_n} f^+(x,y)\mathrm{d}x\mathrm{d}y > \iint\limits_{D_n}|f(x,y)|\mathrm{d}x\mathrm{d}y+n \quad (n=1,2,\cdots).$$

由于$f(x,y)$在$D_{n+1}-D_n$上可积，所以$f^+(x,y)$在$D_{n+1}-D_n$上可积（见本章§1习题5），其Darboux小和收敛于它在$D_{n+1}-D_n$上的积分.所以充分细分$D_{n+1}-D_n$后，$f^+(x,y)$的Darboux小和

$$\sum_{i=1}^{S_n}m_n^i\Delta\sigma_n^i > \iint\limits_{D_{n+1}-D_n} f^+(x,y)\mathrm{d}x\mathrm{d}y-1 > \iint\limits_{D_n}|f(x,y)|\mathrm{d}x\mathrm{d}y+n-1,(n=1,2,\cdots),$$

其中$\Delta\sigma_n^i$为细分$D_{n+1}-D_n$后所得小区域σ_n^i的面积$(i=1,2,\cdots,S_n)$，m_n^i为$f^+(x,y)$在小区域σ_n^i上的下确界.由上式知，存在许多$D_{n+1}-D_n$上的小区域σ_n^i，在它们上面成立$m_n^i>0$，记P_n为所有这样的小区域的并集.那么

$$\iint\limits_{P_n}f^+(x,y)\mathrm{d}x\mathrm{d}y \geqslant \sum_{i=1}^{S_n}m_n^i\Delta\sigma_n^i > \iint\limits_{D_n}|f(x,y)|\mathrm{d}x\mathrm{d}y+n-1 \quad (n=1,2,\cdots).$$

记$E_n=D_n\cup P_n$，就有

$$\begin{aligned}\iint\limits_{E_n}f(x,y)\mathrm{d}x\mathrm{d}y &= \iint\limits_{D_n}f(x,y)\mathrm{d}x\mathrm{d}y+\iint\limits_{P_n}f(x,y)\mathrm{d}x\mathrm{d}y=\iint\limits_{D_n}f(x,y)\mathrm{d}x\mathrm{d}y+\iint\limits_{P_n}f^+(x,y)\mathrm{d}x\mathrm{d}y\\ &\geqslant -\iint\limits_{D_n}|f(x,y)|\mathrm{d}x\mathrm{d}y+\iint\limits_{P_n}f^+(x,y)\mathrm{d}x\mathrm{d}y > n-1 \quad (n=1,2,\cdots).\end{aligned}$$

问题是$E_n=D_n\cup P_n$不一定连通，这时我们可以用一些狭小的“走廊”将其连通后得到区域Σ_n，而且这些“走廊”的总面积能充分的小，使得

$$\iint\limits_{\Sigma_n}f(x,y)\mathrm{d}x\mathrm{d}y > n-2 \quad (n=1,2,\cdots).$$

这说明$f(x,y)$在D上不可积，与假设矛盾.　　证毕

结合例13.4.1、定理13.4.1和定理13.4.2立即得到

推论13.4.1（Cauchy判别法）　设D为用极坐标表示的区域

$$D=\{(r,\theta)\mid a\leqslant r<+\infty,\alpha\leqslant\theta\leqslant\beta \quad (\alpha,\beta\in[0,2\pi])\}(a>0),$$

其中$r=\sqrt{x^2+y^2}$.$f(x,y)$为定义在D上的函数.则

(1) 如果存在正常数M，使得在D上成立$|f(x,y)|\leqslant\dfrac{M}{r^p}$，则当$p>2$时，$\iint\limits_{D}f(x,y)\mathrm{d}x\mathrm{d}y$收敛；

(2) 如果存在正常数m，使得在D上成立$|f(x,y)|\geqslant\dfrac{m}{r^p}$，则当$p\leqslant2$时，$\iint\limits_{D}f(x,y)\mathrm{d}x\mathrm{d}y$发散.

至于如何计算,我们同样可以采用化为累次积分和变量代换的方法.如果一个反常二重积分化为累次积分后,其累次积分是收敛与绝对收敛的,就可以继续计算下去,这就是下面的定理:

定理 13.4.3 设 $f(x,y)$ 在 $D=[a,+\infty)\times[c,+\infty)$ 上连续,且 $\int_a^{+\infty}\mathrm{d}x\int_c^{+\infty}f(x,y)\mathrm{d}y$ 和 $\int_a^{+\infty}\mathrm{d}x\int_c^{+\infty}|f(x,y)|\mathrm{d}y$ 都存在,则 $f(x,y)$ 在 D 上可积,而且

$$\iint\limits_{[a,+\infty)\times[c,+\infty)}f(x,y)\mathrm{d}x\mathrm{d}y=\int_a^{+\infty}\mathrm{d}x\int_c^{+\infty}f(x,y)\mathrm{d}y.$$

设一一对应映射 $T:D\to T(D)$

$$\begin{cases}x=x(u,v),\\y=y(u,v)\end{cases}$$

具有连续导数,且 Jacobi 行列式 $\dfrac{\partial(x,y)}{\partial(u,v)}$ 在 D 上不等于零.那么关于反常二重积分的变量代换,我们有与正常二重积分同样的公式,详细地说,就是:

定理 13.4.4 变量代换公式

$$\iint\limits_{T(D)}f(x,y)\mathrm{d}x\mathrm{d}y=\iint\limits_{D}f(x(u,v),y(u,v))\left|\frac{\partial(x,y)}{\partial(u,v)}\right|\mathrm{d}u\mathrm{d}v$$

依然成立,并且等式某一边的积分收敛可以推出另一个积分收敛.

在高维情形,只要将"曲线"换为"曲面",即可类似定义反常积分,并得到与定理 13.4.1—定理 13.4.4 相同的结论,这里不再展开了(注意:例 13.4.1 和推论 13.4.1 中的"$p>2$"和"$p\leqslant 2$"要分别换为"$p>n$"和"$p\leqslant n$").

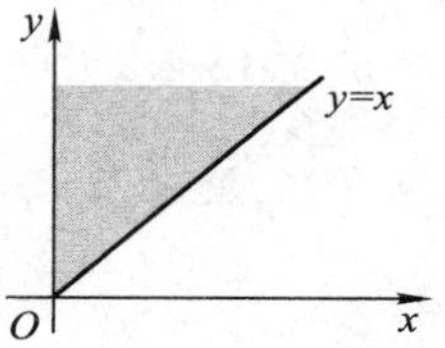

例 13.4.2 计算 $\iint\limits_{0\leqslant x\leqslant y}\mathrm{e}^{-(x+y)}\mathrm{d}x\mathrm{d}y$.

解 积分区域如图 13.4.2 所示.由于被积函数是正的,因此

$$\begin{aligned}\iint\limits_{0\leqslant x\leqslant y}\mathrm{e}^{-(x+y)}\mathrm{d}x\mathrm{d}y&=\lim_{R\to+\infty}\iint\limits_{0\leqslant x\leqslant y\leqslant R}\mathrm{e}^{-(x+y)}\mathrm{d}x\mathrm{d}y=\lim_{R\to+\infty}\int_0^R\mathrm{d}x\int_x^R\mathrm{e}^{-(x+y)}\mathrm{d}y\\&=\lim_{R\to+\infty}-\int_0^R\mathrm{e}^{-x}\cdot\mathrm{e}^{-y}\Big|_x^R\mathrm{d}x=\lim_{R\to+\infty}\int_0^R(\mathrm{e}^{-2x}-\mathrm{e}^{-x-R})\mathrm{d}x\\&=\lim_{R\to+\infty}\left(\frac{1}{2}(1-\mathrm{e}^{-2R})+\mathrm{e}^{-2R}-\mathrm{e}^{-R}\right)=\frac{1}{2}.\end{aligned}$$

图 13.4.2

事实上,我们已经指出,可以直接用化累次积分方法来计算,因此

$$\iint\limits_{0\leqslant x\leqslant y}\mathrm{e}^{-(x+y)}\mathrm{d}x\mathrm{d}y=\int_0^{+\infty}\mathrm{d}x\int_x^{+\infty}\mathrm{e}^{-(x+y)}\mathrm{d}y=-\int_0^{+\infty}\mathrm{e}^{-x}\cdot\mathrm{e}^{-y}\Big|_x^{+\infty}\mathrm{d}x=\int_0^{+\infty}\mathrm{e}^{-2x}\mathrm{d}x=\frac{1}{2}.$$

以后我们都采用这种方法,而省略极限过程.

例 13.4.3 计算 $\iint\limits_{\mathbf{R}^2}\mathrm{e}^{-(x^2+y^2)}\mathrm{d}x\mathrm{d}y$,并求 $\int_0^{+\infty}\mathrm{e}^{-x^2}\mathrm{d}x$.

解 利用极坐标变换 $x=r\cos\theta,y=r\sin\theta$,$\mathbf{R}^2$ 就变换为

$$D=\{(r,\theta)\mid 0\leqslant r<+\infty,0\leqslant\theta\leqslant 2\pi\}.$$

因此利用变量代换法得

$$\iint\limits_{\mathbf{R}^2}\mathrm{e}^{-(x^2+y^2)}\mathrm{d}x\mathrm{d}y=\iint\limits_{D}\mathrm{e}^{-r^2}r\mathrm{d}r\mathrm{d}\theta=\int_0^{2\pi}\mathrm{d}\theta\int_0^{+\infty}r\mathrm{e}^{-r^2}\mathrm{d}r=2\pi\int_0^{+\infty}r\mathrm{e}^{-r^2}\mathrm{d}r=\pi.$$

又由于 $\mathbf{R}^2=(-\infty,+\infty)\times(-\infty,+\infty)$，所以利用化累次积分法得

$$\pi=\iint\limits_{\mathbf{R}^2}\mathrm{e}^{-(x^2+y^2)}\mathrm{d}x\mathrm{d}y=\int_{-\infty}^{+\infty}\mathrm{d}x\int_{-\infty}^{+\infty}\mathrm{e}^{-(x^2+y^2)}\mathrm{d}y=\int_{-\infty}^{+\infty}\mathrm{e}^{-x^2}\mathrm{d}x\int_{-\infty}^{+\infty}\mathrm{e}^{-y^2}\mathrm{d}y=\left(\int_{-\infty}^{+\infty}\mathrm{e}^{-x^2}\mathrm{d}x\right)^2.$$

因此

$$\int_{-\infty}^{+\infty}\mathrm{e}^{-x^2}\mathrm{d}x=\sqrt{\pi}.$$

所以

$$\int_0^{+\infty}\mathrm{e}^{-x^2}\mathrm{d}x=\frac{\sqrt{\pi}}{2}.$$

最后一个积分叫 **Poisson 积分**，在概率统计等领域中有着重要应用.

无界函数的反常重积分

设 D 为 $\mathbf{R}^2$ 上的有界区域，点 $P_0\in D$，$f(x,y)$ 在 $D\setminus\{P_0\}$ 上有定义，但在点 P_0 的任何去心邻域内无界.这时 P_0 称为 f 的**奇点**.

设 γ 为内部含有 P_0 的、面积为零的闭曲线，记 σ 为它所包围的区域.并设二重积分

$$\iint\limits_{D\setminus\sigma}f(x,y)\mathrm{d}x\mathrm{d}y$$

总是存在(除非特别声明，本节总是如此假定).

定义 13.4.2 设 $\rho(\gamma)=\sup\{\,|P-P_0|\,|\,P\in\gamma\}$.若 $\rho(\gamma)$ 趋于零时，$\iint\limits_{D\setminus\sigma}f(x,y)\mathrm{d}x\mathrm{d}y$ 的极限存在，就称 $f(x,y)$ 在 D 上可积，并记

$$\iint\limits_{D}f(x,y)\mathrm{d}x\mathrm{d}y=\lim_{\rho(\gamma)\to0}\iint\limits_{D\setminus\sigma}f(x,y)\mathrm{d}x\mathrm{d}y,$$

这个极限值称为**无界函数** $f(x,y)$ 在 D 上的**反常二重积分**，这时也称无界函数的反常二重积分 $\iint\limits_{D}f(x,y)\mathrm{d}x\mathrm{d}y$ **收敛**.如果右端的极限不存在，就称这一反常二重积分**发散**.

如果函数 $f(x,y)$ 在区域 D 上有**奇线** Γ_0，即 $f(x,y)$ 在 $D\setminus\Gamma_0$ 上有定义，但在任何包含曲线 Γ_0 的区域上无界.同定义 13.4.2 一样可以定义 $f(x,y)$ 在 D 上的反常二重积分.请读者自行将定义补上.

例 13.4.4 设 $D=\{(x,y)\,|\,x^2+y^2\leqslant a^2\}\,(a>0)$.记 $r=\sqrt{x^2+y^2}$，

$$f(x,y)=\frac{1}{r^p},\quad r\neq0\quad(p>0)$$

为定义在 $D\setminus\{(0,0)\}$ 上的函数. 证明 $\iint\limits_{D}f(x,y)\mathrm{d}x\mathrm{d}y$ 当 $p<2$ 时收敛；当 $p\geqslant2$ 时发散.

证 取 $\gamma_\rho=\{(x,y)\,|\,x^2+y^2=\rho^2\}\,(0<\rho\leqslant a)$，它所围的区域为

$$D_\rho=\{(x,y)\,|\,x^2+y^2\leqslant\rho^2\}.$$

因此利用极坐标变换得

$$\iint\limits_{D\setminus D_\rho} f(x,y)\,\mathrm{d}x\mathrm{d}y=\int_0^{2\pi}\mathrm{d}\theta\int_\rho^a r^{1-p}\mathrm{d}r=2\pi\int_\rho^a r^{1-p}\mathrm{d}r.$$

当 ρ 趋于零时，最后一个积分当 $p<2$ 时收敛，当 $p\geqslant 2$ 时发散.故由 $f(x,y)$ 的非负性，即得知所需的结论.

证毕

例 13.4.5 判断反常重积分

$$\iint\limits_D \frac{x-y}{(x+y)^3}\mathrm{d}x\mathrm{d}y$$

的敛散性，其中 $D=\{(x,y)\mid 0\leqslant x\leqslant 1,0\leqslant y\leqslant 1\}$（见图 13.4.3）.

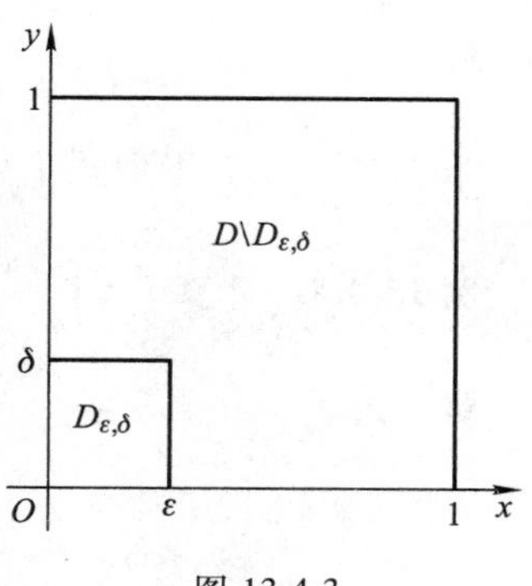

图 13.4.3

解 显然 $(0,0)$ 点是被积函数 $\frac{x-y}{(x+y)^3}$ 的奇点.

记

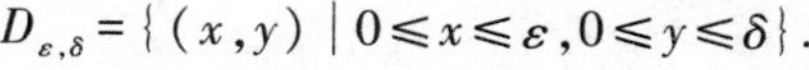

$$D_{\varepsilon,\delta}=\{(x,y)\mid 0\leqslant x\leqslant\varepsilon,0\leqslant y\leqslant\delta\}.$$

则

$$\begin{aligned}\iint\limits_{D\setminus D_{\varepsilon,\delta}}\frac{x-y}{(x+y)^3}\mathrm{d}x\mathrm{d}y&=\iint\limits_{\substack{0\leqslant x\leqslant\varepsilon\\ \delta\leqslant y\leqslant 1}}\frac{x-y}{(x+y)^3}\mathrm{d}x\mathrm{d}y+\iint\limits_{\substack{\varepsilon\leqslant x\leqslant 1\\ 0\leqslant y\leqslant 1}}\frac{x-y}{(x+y)^3}\mathrm{d}x\mathrm{d}y\\
&=\int_0^\varepsilon\mathrm{d}x\int_\delta^1\frac{x-y}{(x+y)^3}\mathrm{d}y+\int_\varepsilon^1\mathrm{d}x\int_0^1\frac{x-y}{(x+y)^3}\mathrm{d}y\\
&=\int_0^\varepsilon\mathrm{d}x\int_\delta^1\left[\frac{2x}{(x+y)^3}-\frac{1}{(x+y)^2}\right]\mathrm{d}y+\int_\varepsilon^1\mathrm{d}x\int_0^1\left[\frac{2x}{(x+y)^3}-\frac{1}{(x+y)^2}\right]\mathrm{d}y\\
&=\frac{\delta}{\varepsilon+\delta}-\frac{1}{2}.\end{aligned}$$

由于当 $\varepsilon\to 0+,\delta\to 0+$ 时，$\iint\limits_{D\setminus D_{\varepsilon,\delta}}\frac{x-y}{(x+y)^3}\mathrm{d}x\mathrm{d}y$ 无极限，所以反常积分 $\iint\limits_D\frac{x-y}{(x+y)^3}\mathrm{d}x\mathrm{d}y$ 发散.

同无界区域的情形一样，比较判别法和 Cauchy 判别法也对无界函数的反常积分成立；此时可积与绝对可积的概念也是等价的；也可以用化为累次积分和变量代换的方法来计算.而且以后我们都采用直接化为累次积分的方法，而省略与例 13.4.4 和例 13.4.5 中类似的极限过程.

无界函数的反常积分的概念也可以推广到高维空间去，这里不详述了.

例 13.4.6 计算 $\iint\limits_D\frac{\mathrm{d}x\mathrm{d}y}{\sqrt{x^2+y^2}}$，其中 $D=\{(x,y)\mid x^2+y^2\leqslant x\}$.

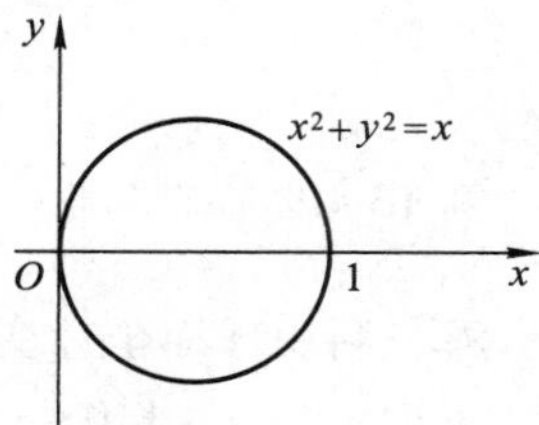

图 13.4.4

解 利用极坐标变换，D 就对应于 $D_1=\left\{(r,\theta)\mid -\frac{\pi}{2}\leqslant\theta\leqslant\frac{\pi}{2},0\leqslant r\leqslant\cos\theta\right\}$（见图 13.4.4），因此

$$\iint\limits_{D}\frac{\mathrm{d}x\mathrm{d}y}{\sqrt{x^2+y^2}}=\iint\limits_{D_1}\mathrm{d}r\mathrm{d}\theta=\int_{-\frac{\pi}{2}}^{\frac{\pi}{2}}\mathrm{d}\theta\int_0^{\cos\theta}\mathrm{d}r=\int_{-\frac{\pi}{2}}^{\frac{\pi}{2}}\cos\theta\mathrm{d}\theta=2.$$

注意这里的反常积分通过变量代换变成了正常积分.

例 13.4.7 计算 $\iint\limits_{D}\frac{xy}{(x^2+y^2)^{3/2}}\mathrm{d}x\mathrm{d}y$,其中 $D=\{(x,y)\mid 0\leqslant x\leqslant 1,0\leqslant y\leqslant 1\}$.

解

$$\iint\limits_{D}\frac{xy}{(x^2+y^2)^{3/2}}\mathrm{d}x\mathrm{d}y=\int_0^1\mathrm{d}x\int_0^1\frac{xy}{(x^2+y^2)^{3/2}}\mathrm{d}y=\int_0^1\left(1-\frac{x}{\sqrt{1+x^2}}\right)\mathrm{d}x=2-\sqrt{2}.$$

例 13.4.8 计算 $I=\int_0^1\frac{\arctan x}{x\sqrt{1-x^2}}\mathrm{d}x.$

解 由于

$$\frac{\arctan x}{x}=\int_0^1\frac{\mathrm{d}y}{1+x^2y^2},$$

所以

$$I=\int_0^1\mathrm{d}x\int_0^1\frac{\mathrm{d}y}{(1+x^2y^2)\sqrt{1-x^2}}.$$

利用反常重积分

$$\iint\limits_{[0,1]\times[0,1]}\frac{1}{(1+x^2y^2)\sqrt{1-x^2}}\mathrm{d}x\mathrm{d}y$$

化为累次积分的方法,可以得到

$$\begin{aligned}I&=\int_0^1\mathrm{d}x\int_0^1\frac{\mathrm{d}y}{(1+x^2y^2)\sqrt{1-x^2}}=\iint\limits_{[0,1]\times[0,1]}\frac{\mathrm{d}x\mathrm{d}y}{(1+x^2y^2)\sqrt{1-x^2}}\\&=\int_0^1\mathrm{d}y\int_0^1\frac{\mathrm{d}x}{(1+x^2y^2)\sqrt{1-x^2}}.\end{aligned}$$

而对于积分 $\int_0^1\frac{\mathrm{d}x}{(1+x^2y^2)\sqrt{1-x^2}}$ 作变量代换 $x=\cos\theta$ 得

$$\int_0^1\frac{\mathrm{d}x}{(1+x^2y^2)\sqrt{1-x^2}}=\int_0^{\frac{\pi}{2}}\frac{\mathrm{d}\theta}{1+y^2\cos^2\theta}=\frac{1}{\sqrt{1+y^2}}\arctan\frac{\tan\theta}{\sqrt{1+y^2}}\Bigg|_0^{\frac{\pi}{2}}=\frac{\pi}{2}\frac{1}{\sqrt{1+y^2}}.$$

于是

$$I=\frac{\pi}{2}\int_0^1\frac{1}{\sqrt{1+y^2}}\mathrm{d}y=\frac{\pi}{2}\ln(1+\sqrt{2}).$$

例 13.4.9 计算 $\iiint\limits_{\Omega}\frac{\mathrm{d}x\mathrm{d}y\mathrm{d}z}{\sqrt{1-x^2-y^2-z^2}}$,其中 $\Omega=\{(x,y,z)\mid x^2+y^2+z^2\leqslant 1\}$.

解 利用球面坐标变换 $x=r\sin\varphi\cos\theta,y=r\sin\varphi\sin\theta,z=r\cos\varphi$,这时 Ω 对应于 $\Omega_1=\{(r,\varphi,\theta)\mid 0\leqslant r\leqslant 1,0\leqslant\theta\leqslant 2\pi,0\leqslant\varphi\leqslant\pi\}$,因此

$$\iiint_{\Omega}\frac{\mathrm{d}x\mathrm{d}y\mathrm{d}z}{\sqrt{1-x^2-y^2-z^2}}=\iiint_{\Omega_1}\frac{r^2\sin\varphi}{\sqrt{1-r^2}}\mathrm{d}r\mathrm{d}\varphi\mathrm{d}\theta=\int_0^{2\pi}\mathrm{d}\theta\int_0^{\pi}\sin\varphi\mathrm{d}\varphi\int_0^1\frac{r^2}{\sqrt{1-r^2}}\mathrm{d}r=\pi^2.$$

注意这时被积函数的奇线在边界上.

还可用另一种方法计算这个反常积分,并且可以推广到高维,如下所示:当 $n\geqslant 2$ 时,

$$\begin{aligned}I&=\int_{x_1^2+x_2^2+\cdots+x_n^2\leqslant 1}\frac{\mathrm{d}x_1\mathrm{d}x_2\cdots\mathrm{d}x_n}{\sqrt{1-x_1^2-x_2^2-\cdots-x_n^2}}\\&=\int_{x_1^2+x_2^2+\cdots+x_{n-1}^2\leqslant 1}\mathrm{d}x_1\mathrm{d}x_2\cdots\mathrm{d}x_{n-1}\int_{-\sqrt{1-x_1^2-x_2^2-\cdots-x_{n-1}^2}}^{\sqrt{1-x_1^2-x_2^2-\cdots-x_{n-1}^2}}\frac{\mathrm{d}x_n}{\sqrt{1-x_1^2-x_2^2-\cdots-x_n^2}}\\&=\pi\int_{x_1^2+x_2^2+\cdots+x_{n-1}^2\leqslant 1}\mathrm{d}x_1\mathrm{d}x_2\cdots\mathrm{d}x_{n-1}=\begin{cases}\dfrac{1}{m!}\pi^{m+1}, & n=2m+1,\\ \dfrac{2^m}{(2m-1)!!}\pi^m, & n=2m.\end{cases}\end{aligned}$$

这里利用了 $\int_{-a}^{a}\frac{\mathrm{d}u}{\sqrt{a^2-u^2}}=\pi$ 和上节例 13.3.11 的结果.

习　题

1. 讨论下列反常重积分的敛散性:

(1) $\iint_{\mathbf{R}^2}\frac{\mathrm{d}x\mathrm{d}y}{(1+|x|^p)(1+|y|^q)}$;

(2) $\iint_D\frac{\varphi(x,y)}{(1+x^2+y^2)^p}\mathrm{d}x\mathrm{d}y$, $D=\{(x,y)\mid 0\leqslant y\leqslant 1\}$,而且 $0<m\leqslant|\varphi(x,y)|\leqslant M$($m,M$ 为常数);

(3) $\iint_{x^2+y^2\leqslant 1}\frac{\varphi(x,y)}{(1-x^2-y^2)^p}\mathrm{d}x\mathrm{d}y$,其中 $\varphi(x,y)$ 满足与上题同样的条件;

(4) $\iint_{[0,a]\times[0,a]}\frac{\mathrm{d}x\mathrm{d}y}{|x-y|^p}$;

(5) $\iiint_{x^2+y^2+z^2\leqslant 1}\frac{\mathrm{d}x\mathrm{d}y\mathrm{d}z}{(x^2+y^2+z^2)^p}$.

2. 计算下列反常重积分:

(1) $\iint_D\frac{\mathrm{d}x\mathrm{d}y}{x^py^q}$,其中 $D=\{(x,y)\mid xy\geqslant 1,x\geqslant 1\}$,且 $p>q>1$;

(2) $\iint_{\frac{x^2}{a^2}+\frac{y^2}{b^2}\geqslant 1}\mathrm{e}^{-\left(\frac{x^2}{a^2}+\frac{y^2}{b^2}\right)}\mathrm{d}x\mathrm{d}y$;

(3) $\iiint_{\mathbf{R}^3}\mathrm{e}^{-(x^2+y^2+z^2)}\mathrm{d}x\mathrm{d}y\mathrm{d}z$.

3. 设 D 是由第一象限内的抛物线 $y=x^2$，圆周 $x^2+y^2=1$ 以及 x 轴所围的平面区域，证明 $\iint\limits_{D}\frac{\mathrm{d}x\mathrm{d}y}{x^2+y^2}$ 收敛.

4. 判别反常重积分

$$I=\iint\limits_{\mathbf{R}^2}\frac{\mathrm{d}x\mathrm{d}y}{(1+x^2)(1+y^2)}$$

是否收敛.如果收敛，求其值.

5. 设 $F(t)=\iint\limits_{\substack{0\leqslant x\leqslant t\\0\leqslant y\leqslant t}}\mathrm{e}^{-\frac{tx}{y^2}}\mathrm{d}x\mathrm{d}y$，求 $F'(t)$.

6. 设函数 $f(x)$ 在 $[0,a]$ 上连续，证明：

$$\iint\limits_{0\leqslant y\leqslant x\leqslant a}\frac{f(y)}{\sqrt{(a-x)(x-y)}}\mathrm{d}x\mathrm{d}y=\pi\int_0^a f(x)\,\mathrm{d}x.$$

7. 计算积分 $\int\limits_{\mathbf{R}^n}\mathrm{e}^{-(x_1^2+x_2^2+\cdots+x_n^2)}\mathrm{d}x_1\mathrm{d}x_2\cdots\mathrm{d}x_n$.

§5 微分形式

有向面积与向量的外积

前面导出二重积分变量代换公式

$$\iint\limits_{T(D)}f(x,y)\,\mathrm{d}x\mathrm{d}y=\iint\limits_{D}f(x(u,v),y(u,v))\left|\frac{\partial(x,y)}{\partial(u,v)}\right|\mathrm{d}u\mathrm{d}v$$

时已经指出，加了绝对值号的 Jacobi 行列式 $\left|\frac{\partial(x,y)}{\partial(u,v)}\right|$ 的几何意义是 xy 平面上的面积微元 $\mathrm{d}x\mathrm{d}y$ 与 uv 平面上的面积微元 $\mathrm{d}u\mathrm{d}v$ 之间的比例系数.那么，不加绝对值号的 Jacobi 行列式 $\frac{\partial(x,y)}{\partial(u,v)}$ 的几何意义又是什么呢？一个顺理成章的回答应该是，它代表带符号的面积微元之间的比例系数.

带符号的面积称为**有向面积**.下面我们从最简单的平行四边形出发，给出一个定义有向面积的例子.

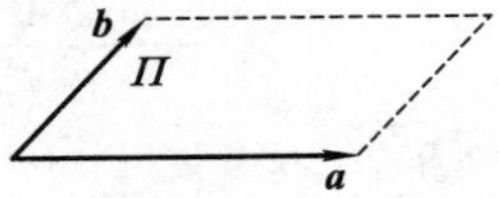

设 $\boldsymbol{a}=(a_1,a_2)$，$\boldsymbol{b}=(b_1,b_2)$ 为平面 $\mathbf{R}^2$ 上两个线性无关向量，Π 为 $\mathbf{R}^2$ 上由向量 $\boldsymbol{a}$ 和 $\boldsymbol{b}$ 所张成的平行四边形，我们规定：如果从向量 $\boldsymbol{a}$ 出发在 Π 中旋转到 $\boldsymbol{b}$ 是逆时针方向（即 $\boldsymbol{a}$ 的方向，$\boldsymbol{b}$ 的方向和指向读者的方向成右手定则，见图13.5.1），这个平行四边形的面积为正，否则为负.

图 13.5.1

容易看出，二阶行列式 $\begin{vmatrix}a_1&a_2\\b_1&b_2\end{vmatrix}$ 正是由 $\boldsymbol{a}$ 和 $\boldsymbol{b}$ 所张成的平行四边形 Π 的有向面积：由解析几何知道，它的绝对值就是 Π 在普通意义下的面积.将这两个向量用极坐标

表示为

$$\boldsymbol{a}=(r_1\cos\theta_1,r_1\sin\theta_1),\quad \boldsymbol{b}=(r_2\cos\theta_2,r_2\sin\theta_2),$$

若从 $\boldsymbol{a}$ 出发在 Π 中旋转到 $\boldsymbol{b}$ 是逆时针方向的,则有 $\theta_1<\theta_2<\theta_1+\pi$,因此

$$\begin{vmatrix} a_1 & a_2 \\ b_1 & b_2 \end{vmatrix}=r_1r_2(\cos\theta_1\sin\theta_2-\sin\theta_1\cos\theta_2)=r_1r_2\sin(\theta_2-\theta_1)>0.$$

与 Π 的有向面积的符号规定一致.此外,若交换 $\boldsymbol{a}$ 和 $\boldsymbol{b}$ 的位置,即从 $\boldsymbol{a}$ 出发在 Π 中旋转到 $\boldsymbol{b}$ 是顺时针方向的,则结果反号.

我们将这种运算称为向量 $\boldsymbol{a}$ 与 $\boldsymbol{b}$ 的**外积**,记为 $\boldsymbol{a}\wedge\boldsymbol{b}$,即

$$\boldsymbol{a}\wedge\boldsymbol{b}=\begin{vmatrix} a_1 & a_2 \\ b_1 & b_2 \end{vmatrix}.$$

易验证外积运算具有以下性质:

(1) 反称性

$$\boldsymbol{a}\wedge\boldsymbol{b}=-\boldsymbol{b}\wedge\boldsymbol{a},\quad \boldsymbol{a},\ \boldsymbol{b}\in\mathbf{R}^2,$$

因此立即得出

$$\boldsymbol{a}\wedge\boldsymbol{a}=0,\quad \boldsymbol{a}\in\mathbf{R}^2.$$

(2) 双线性(分配律)

$$\left.\begin{aligned} &\boldsymbol{a}\wedge(\boldsymbol{b}+\boldsymbol{c})=\boldsymbol{a}\wedge\boldsymbol{b}+\boldsymbol{a}\wedge\boldsymbol{c},\\ &(\boldsymbol{a}+\boldsymbol{b})\wedge\boldsymbol{c}=\boldsymbol{a}\wedge\boldsymbol{c}+\boldsymbol{b}\wedge\boldsymbol{c},\\ &(\lambda\boldsymbol{a})\wedge\boldsymbol{b}=\boldsymbol{a}\wedge(\lambda\boldsymbol{b})=\lambda(\boldsymbol{a}\wedge\boldsymbol{b}),\end{aligned}\right\}\quad \boldsymbol{a},\boldsymbol{b},\boldsymbol{c}\in\mathbf{R}^2,\lambda\in\mathbf{R}.$$

例 13.5.1 设 $\boldsymbol{e}_1,\boldsymbol{e}_2$ 为 $\mathbf{R}^2$ 上的一组基(不一定要求正交),

$$\boldsymbol{a}_1=a_{11}\boldsymbol{e}_1+a_{12}\boldsymbol{e}_2,$$
$$\boldsymbol{a}_2=a_{21}\boldsymbol{e}_1+a_{22}\boldsymbol{e}_2$$

是 $\mathbf{R}^2$ 中的任意两个向量,那么由外积的性质得到

$$\begin{aligned}\boldsymbol{a}_1\wedge\boldsymbol{a}_2&=(a_{11}\boldsymbol{e}_1+a_{12}\boldsymbol{e}_2)\wedge(a_{21}\boldsymbol{e}_1+a_{22}\boldsymbol{e}_2)\\ &=a_{11}a_{21}\boldsymbol{e}_1\wedge\boldsymbol{e}_1+a_{11}a_{22}\boldsymbol{e}_1\wedge\boldsymbol{e}_2+a_{12}a_{21}\boldsymbol{e}_2\wedge\boldsymbol{e}_1+a_{12}a_{22}\boldsymbol{e}_2\wedge\boldsymbol{e}_2\\ &=a_{11}a_{22}\boldsymbol{e}_1\wedge\boldsymbol{e}_2+a_{12}a_{21}\boldsymbol{e}_2\wedge\boldsymbol{e}_1\\ &=(a_{11}a_{22}-a_{12}a_{21})\boldsymbol{e}_1\wedge\boldsymbol{e}_2=\begin{vmatrix} a_{11} & a_{12} \\ a_{21} & a_{22} \end{vmatrix}\boldsymbol{e}_1\wedge\boldsymbol{e}_2.\end{aligned}$$

上式两端的 $\boldsymbol{a}_1\wedge\boldsymbol{a}_2$ 和 $\boldsymbol{e}_1\wedge\boldsymbol{e}_2$ 分别表示由 $\boldsymbol{a}_1,\boldsymbol{a}_2$ 和 $\boldsymbol{e}_1,\boldsymbol{e}_2$ 所张成的平行四边形的有向面积,而行列式 $\begin{vmatrix} a_{11} & a_{12} \\ a_{21} & a_{22} \end{vmatrix}$ 就是这两个有向面积之间的比例系数.若行列式大于零,说明这两个有向面积的符号相同,即从 $\boldsymbol{e}_1$ 到 $\boldsymbol{e}_2$ 的旋转方向与从 $\boldsymbol{a}_1$ 到 $\boldsymbol{a}_2$ 的旋转方向相同;若行列式小于零,说明这两个有向面积的符号相反,即从 $\boldsymbol{e}_1$ 到 $\boldsymbol{e}_2$ 的旋转方向与从 $\boldsymbol{a}_1$ 到 $\boldsymbol{a}_2$ 的旋转方向相反.

微分形式

从例 13.5.1 得到启发,若能将重积分变量代换公式中的微元关系

$$\mathrm{d}x\mathrm{d}y=\left|\frac{\partial(x,y)}{\partial(u,v)}\right|\mathrm{d}u\mathrm{d}v$$

写成形式

$$\mathrm{d}x\wedge\mathrm{d}y=\frac{\partial(x,y)}{\partial(u,v)}\mathrm{d}u\wedge\mathrm{d}v,$$

而 $\mathrm{d}x\wedge\mathrm{d}y$ 和 $\mathrm{d}u\wedge\mathrm{d}v$ 理解为带符号的面积微元，使上式成立，就无须对变量代换的 Jacobi 行列式取绝对值了.但是，这里的 $\mathrm{d}x,\mathrm{d}y$（或 $\mathrm{d}u,\mathrm{d}v$）并非向量，因此需要引入微分形式和外积的概念.

我们已经学过，一个可微函数 $f(x_1,x_2,\cdots,x_n)$ 的全微分为

$$\mathrm{d}f=\sum_{i=1}^{n}\frac{\partial f}{\partial x_i}\mathrm{d}x_i.$$

它是函数 $f(x_1,x_2,\cdots,x_n)$ 对应于自变量的增量 $\mathrm{d}x_1,\mathrm{d}x_2,\cdots,\mathrm{d}x_n$ 而产生的相应增量的一阶近似，而且它是 $\mathrm{d}x_1,\mathrm{d}x_2,\cdots,\mathrm{d}x_n$ 的线性组合.因此，如果将 $\mathrm{d}x_1,\mathrm{d}x_2,\cdots,\mathrm{d}x_n$ 看作一个向量空间的基，是有其合理性的.下面我们构造这样的向量空间.

设 U 为 $\mathbf{R}^n$ 上的区域，记 $\boldsymbol{x}=(x_1,x_2,\cdots,x_n)$，$C^1(U)$ 为 U 上具有连续偏导数的函数全体.将 $\{\mathrm{d}x_1,\mathrm{d}x_2,\cdots,\mathrm{d}x_n\}$ 看作一组基，其线性组合

$$a_1(\boldsymbol{x})\mathrm{d}x_1+a_2(\boldsymbol{x})\mathrm{d}x_2+\cdots+a_n(\boldsymbol{x})\mathrm{d}x_n,\quad a_i(\boldsymbol{x})\in C^1(U)\ (i=1,2,\cdots,n)$$

称为**一次微分形式**，简称 **1-形式**.1-形式的全体记为 Λ^1（严格地说应为 $\Lambda^1(U)$，下同.）

对于任意 $\omega,\eta\in\Lambda^1$：

$$\omega=a_1(\boldsymbol{x})\mathrm{d}x_1+a_2(\boldsymbol{x})\mathrm{d}x_2+\cdots+a_n(\boldsymbol{x})\mathrm{d}x_n,$$
$$\eta=b_1(\boldsymbol{x})\mathrm{d}x_1+b_2(\boldsymbol{x})\mathrm{d}x_2+\cdots+b_n(\boldsymbol{x})\mathrm{d}x_n,$$

我们分别定义 $\omega+\eta$ 和 $\lambda\omega(\lambda\in C^1(U))$ 为

$$\omega+\eta=(a_1(\boldsymbol{x})+b_1(\boldsymbol{x}))\mathrm{d}x_1+(a_2(\boldsymbol{x})+b_2(\boldsymbol{x}))\mathrm{d}x_2+\cdots+(a_n(\boldsymbol{x})+b_n(\boldsymbol{x}))\mathrm{d}x_n,$$
$$\lambda\omega=(\lambda(\boldsymbol{x})a_1(\boldsymbol{x}))\mathrm{d}x_1+(\lambda(\boldsymbol{x})a_2(\boldsymbol{x}))\mathrm{d}x_2+\cdots+(\lambda(\boldsymbol{x})a_n(\boldsymbol{x}))\mathrm{d}x_n.$$

上述运算显然满足交换律、结合律以及对 $C^1(U)$ 的乘法分配律.若定义 Λ^1 中的“零元”为

$$0=0\mathrm{d}x_1+0\mathrm{d}x_2+\cdots+0\mathrm{d}x_n,$$

而且定义 $-\omega$ 为

$$-\omega=(-a_1(\boldsymbol{x}))\mathrm{d}x_1+(-a_2(\boldsymbol{x}))\mathrm{d}x_2+\cdots+(-a_n(\boldsymbol{x}))\mathrm{d}x_n,$$

那么 Λ^1 成为 $C^1(U)$ 上的向量空间.

进一步，在 $\{\mathrm{d}x_1,\mathrm{d}x_2,\cdots,\mathrm{d}x_n\}$ 中任取 2 个组成二元有序元，记为 $\mathrm{d}x_i\wedge\mathrm{d}x_j(i,j=1,2,\cdots,n)$，称为 $\mathrm{d}x_i$ 与 $\mathrm{d}x_j$ 的外积（暂时先将它看作一种记号）.

仿照向量的外积，规定

$$\mathrm{d}x_i\wedge\mathrm{d}x_j=-\mathrm{d}x_j\wedge\mathrm{d}x_i,\quad \mathrm{d}x_i\wedge\mathrm{d}x_i=0,\quad i,j=1,2,\cdots,n.$$

因此共有 C_n^2 个有序元

$$\mathrm{d}x_i\wedge\mathrm{d}x_j,\quad 1\leqslant i<j\leqslant n.$$

同 Λ^1 的构造类似，以这些有序元为基就可以构造一个 $C^1(U)$ 上的向量空间 Λ^2.Λ^2 的元素称为**二次微分形式**，简称 2-形式.于是 Λ^2 的元素就可表为

$$\sum_{1\leqslant i<j\leqslant n}g_{ij}(\boldsymbol{x})\mathrm{d}x_i\wedge\mathrm{d}x_j.$$

这称为 2-形式的标准形式.

例 13.5.2 在 $\mathbf{R}^3$ 上，Λ^2 的基为 $dx_1\wedge dx_2, dx_1\wedge dx_3$ 和 $dx_2\wedge dx_3$，而 $\mathbf{R}^3$ 上的 2-形式为

$$\sum_{1\leqslant i<j\leqslant 3} g_{ij}(\boldsymbol{x})\,dx_i \wedge dx_j.$$

一般地，在 $\{dx_1, dx_2, \cdots, dx_n\}$ 中任意选取 k 个组成有序元，记为

$$dx_{i1}\wedge dx_{i2}\wedge\cdots\wedge dx_{ik},$$

这里 $i_1, i_2, \cdots, i_k$ 是从集合 $\{1,2,\cdots,n\}$ 中选取的任意 k 个整数（同样地，我们也把 $\wedge$ 称为外积）. 规定

$$dx_{i1}\wedge\cdots\wedge dx_{ir}\wedge dx_{ir+1}\cdots\wedge dx_{ik}=-dx_{i1}\wedge\cdots\wedge dx_{ir+1}\wedge dx_{ir}\cdots\wedge dx_{ik}, 1\leqslant r\leqslant k-1,$$

而且如果 $i_1, i_2, \cdots, i_k$ 中有两个是相同的，则规定 $dx_{i1}\wedge dx_{i2}\wedge\cdots\wedge dx_{ik}=0$. 因此共有 C_n^k 个有序元

$$dx_{i1}\wedge dx_{i2}\wedge\cdots\wedge dx_{ik},\quad 1\leqslant i_1<i_2<\cdots<i_k\leqslant n.$$

以这些有序元为基构造一个 $C^1(U)$ 上的向量空间 Λ^k. Λ^k 的元素称为 k **次微分形式**，简称 k-形式. 于是一般 k-形式就可表示为

$$\sum_{1\leqslant i_1<i_2<\cdots<i_k\leqslant n} g_{i_1,i_2,\cdots,i_k}(\boldsymbol{x})\,dx_{i1}\wedge dx_{i2}\wedge\cdots\wedge dx_{ik}.$$

这称为 k-形式的标准形式.

特别地，Λ^n 是 $C^1(U)$ 上的 $C_n^n=1$ 维的向量空间，它的基为 $dx_1\wedge dx_2\wedge\cdots\wedge dx_n$，因此一般 n-形式为

$$g(\boldsymbol{x})\,dx_1\wedge dx_2\wedge\cdots\wedge dx_n,\quad g(\boldsymbol{x})\in C^1(U).$$

注意当 $k>n$ 时，$dx_{i1}, dx_{i2}, \cdots, dx_{ik}$ 中必有两个是相同的，因此总有 $dx_{i1}\wedge dx_{i2}\wedge\cdots\wedge dx_{ik}=0$，即 $\Lambda^k=\{0\}$.

U 上的具有连续偏导数的函数称为 0-形式，它们的全体记为 Λ^0，它也是一个向量空间，函数 $g\equiv 1$ 是它的一个基.

例 13.5.3 在 $\mathbf{R}^3$ 上，

$$\omega=x_1dx_2\wedge dx_1-x_2dx_3\wedge dx_2+x_3dx_2\wedge dx_3+dx_1\wedge dx_2+x_1^2dx_1\wedge dx_3$$

的标准形式为

$$\omega=(1-x_1)\,dx_1\wedge dx_2+x_1^2dx_1\wedge dx_3+(x_2+x_3)\,dx_2\wedge dx_3.$$

微分形式的外积

现在把 $dx_i\wedge dx_j$ 中的 $\wedge$ 理解为一种运算. 先考虑任意 $\omega, \eta\in\Lambda^1$：

$$\omega=a_1(\boldsymbol{x})\,dx_1+a_2(\boldsymbol{x})\,dx_2+\cdots+a_n(\boldsymbol{x})\,dx_n,$$
$$\eta=b_1(\boldsymbol{x})\,dx_1+b_2(\boldsymbol{x})\,dx_2+\cdots+b_n(\boldsymbol{x})\,dx_n,$$

定义 ω 与 η 的**外积**为

$$\begin{aligned}\omega\wedge\eta&=\sum_{i,j=1}^{n}a_i(\boldsymbol{x})\,b_j(\boldsymbol{x})\,dx_i\wedge dx_j\\&=\sum_{1\leqslant i<j\leqslant n}(a_i(\boldsymbol{x})\,b_j(\boldsymbol{x})-a_j(\boldsymbol{x})\,b_i(\boldsymbol{x}))\,dx_i\wedge dx_j\\&=\sum_{1\leqslant i<j\leqslant n}\begin{vmatrix}a_i(\boldsymbol{x}) & a_j(\boldsymbol{x})\\ b_i(\boldsymbol{x}) & b_j(\boldsymbol{x})\end{vmatrix}dx_i\wedge dx_j,\end{aligned}$$

它是 Λ^2 中的元素.

显然,这样的外积定义可以推广到任意的 Λ^i 与 Λ^j 中去.为此,将前面的向量空间 $\Lambda^0,\Lambda^1,\cdots,\Lambda^n$ 合并为

$$\Lambda=\Lambda^0+\Lambda^1+\cdots+\Lambda^n,$$

则 Λ 是一个 $C^1(U)$ 上的 $\mathrm{C}_n^0+\mathrm{C}_n^1+\cdots+\mathrm{C}_n^n=2^n$ 维的向量空间.它的基即为 $\Lambda^0,\Lambda^1,\cdots,\Lambda^n$ 中的基的全体,Λ 中的元素的一般形式为

$$\omega=\omega_0+\omega_1+\cdots+\omega_n,\quad \omega_i\in\Lambda^i,\quad i=0,1,\cdots,n.$$

现在在 Λ 上引入外积运算 $\wedge$:

记 $\mathrm{d}x_I=\mathrm{d}x_{i1}\wedge\mathrm{d}x_{i2}\wedge\cdots\wedge\mathrm{d}x_{ip}$, $\mathrm{d}x_J=\mathrm{d}x_{j_1}\wedge\mathrm{d}x_{j_2}\wedge\cdots\wedge\mathrm{d}x_{jq}$.则 $\mathrm{d}x_I$ 与 $\mathrm{d}x_J$ 的外积定义为

$$\mathrm{d}x_I\wedge\mathrm{d}x_J=\mathrm{d}x_{i1}\wedge\mathrm{d}x_{i2}\wedge\cdots\wedge\mathrm{d}x_{ip}\wedge\mathrm{d}x_{j1}\wedge\mathrm{d}x_{j2}\wedge\cdots\wedge\mathrm{d}x_{jq},$$

它是 $(p+q)$-形式.显然如果 $\mathrm{d}x_I$ 和 $\mathrm{d}x_J$ 中有公共元素,那么 $\mathrm{d}x_I\wedge\mathrm{d}x_J=0$.对于一般 p-形式 $\omega=\sum\limits_I g_I(\boldsymbol{x})\mathrm{d}x_I$ 和 q-形式 $\boldsymbol{\eta}=\sum\limits_J h_J(\boldsymbol{x})\mathrm{d}x_J$,定义 ω 和 $\boldsymbol{\eta}$ 的外积 $\omega\wedge\boldsymbol{\eta}$ 为

$$\omega\wedge\boldsymbol{\eta}=\sum_{I,J}g_I(\boldsymbol{x})h_J(\boldsymbol{x})\mathrm{d}x_I\wedge\mathrm{d}x_J.$$

它是 $(p+q)$-形式.在 Λ 中引入外积运算后,就明白为什么在微分形式的定义中采用外积符号 $\wedge$,它把定义与运算统一起来.在外积定义中,实际上假定了 $p\geqslant1,q\geqslant1$.对于 0-形式 f,我们补充定义

$$f\omega=f\wedge\omega=\sum_I f(\boldsymbol{x})g_I(\boldsymbol{x})\mathrm{d}x_I,\quad \omega\in\Lambda^p.$$

外积有以下性质.

性质 1 设 $\omega\in\Lambda^p,\boldsymbol{\eta}\in\Lambda^q$,则当 $p+q>n$ 时,

$$\omega\wedge\boldsymbol{\eta}=0.$$

这是因为当 $p+q>n$ 时,$\{i_1,i_2,\cdots,i_p\}$ 和 $\{j_1,j_2,\cdots,j_q\}$ 必有公共元素.

性质 2 设 $\omega\in\Lambda^p,\boldsymbol{\eta}\in\Lambda^q$,则

$$\omega\wedge\boldsymbol{\eta}=(-1)^{pq}\boldsymbol{\eta}\wedge\omega.$$

证 由外积的线性性质知,只要对 $\omega=g(\boldsymbol{x})\mathrm{d}x_{i1}\wedge\mathrm{d}x_{i2}\wedge\cdots\wedge\mathrm{d}x_{ip}$ 和 $\boldsymbol{\eta}=h(\boldsymbol{x})\mathrm{d}x_{j1}\wedge\mathrm{d}x_{j2}\wedge\cdots\wedge\mathrm{d}x_{jq}$ 证明即可.若 $\{i_1,i_2,\cdots,i_p\}$ 与 $\{j_1,j_2,\cdots,j_q\}$ 有公共元素,则有 $\omega\wedge\boldsymbol{\eta}=\boldsymbol{\eta}\wedge\omega=0$,命题已经成立.否则由定义知

$$\omega\wedge\boldsymbol{\eta}=g(\boldsymbol{x})h(\boldsymbol{x})\mathrm{d}x_{i1}\wedge\mathrm{d}x_{i2}\wedge\cdots\wedge\mathrm{d}x_{ip}\wedge\mathrm{d}x_{j1}\wedge\mathrm{d}x_{j2}\wedge\cdots\wedge\mathrm{d}x_{jq},$$
$$\boldsymbol{\eta}\wedge\omega=h(\boldsymbol{x})g(\boldsymbol{x})\mathrm{d}x_{j1}\wedge\mathrm{d}x_{j2}\wedge\cdots\wedge\mathrm{d}x_{jq}\wedge\mathrm{d}x_{i1}\wedge\mathrm{d}x_{i2}\wedge\cdots\wedge\mathrm{d}x_{ip}.$$

要使 $\omega\wedge\boldsymbol{\eta}$ 中的微分变到 $\boldsymbol{\eta}\wedge\omega$ 中的顺序,只要把每个 $\mathrm{d}x_{ir}(r=1,2,\cdots,p)$ 与 q 个 $\mathrm{d}x_{j_s}(s=1,2,\cdots q)$ 交换次序,每次交换次序都要改变符号,而总共要进行 pq 个外积次序的交换.

证毕

推论 13.5.1 设 $\omega\in\Lambda^p,\omega\neq0$,则当 p 为奇数时,$\omega\wedge\omega=0$.

注意:当 p 为偶数时,不一定成立 $\omega\wedge\omega=0$.

例 13.5.4 在 $\mathbf{R}^4$ 上,如果 $\omega=\mathrm{d}x_1\wedge\mathrm{d}x_2+\mathrm{d}x_3\wedge\mathrm{d}x_4$,那么

$$\begin{aligned}\omega\wedge\omega&=(\mathrm{d}x_1\wedge\mathrm{d}x_2+\mathrm{d}x_3\wedge\mathrm{d}x_4)\wedge(\mathrm{d}x_1\wedge\mathrm{d}x_2+\mathrm{d}x_3\wedge\mathrm{d}x_4)\\&=\mathrm{d}x_1\wedge\mathrm{d}x_2\wedge\mathrm{d}x_3\wedge\mathrm{d}x_4+\mathrm{d}x_3\wedge\mathrm{d}x_4\wedge\mathrm{d}x_1\wedge\mathrm{d}x_2\end{aligned}$$

$$=2\mathrm{d}x_1\wedge\mathrm{d}x_2\wedge\mathrm{d}x_3\wedge\mathrm{d}x_4.$$

这时 $\omega\wedge\omega\neq 0$.

性质 3 对于任意 $\omega,\eta,\sigma\in\Lambda$,成立

分配律:$(\omega+\eta)\wedge\sigma=\omega\wedge\sigma+\eta\wedge\sigma$,

$\sigma\wedge(\omega+\eta)=\sigma\wedge\omega+\sigma\wedge\eta$.

结合律:$(\omega\wedge\eta)\wedge\sigma=\omega\wedge(\eta\wedge\sigma)$.

证明留作习题.

例 13.5.5 在 $\mathbf{R}^n$ 上,如果 $\omega=\sum\limits_i f_i\mathrm{d}x_i,\eta=\sum\limits_j g_j\mathrm{d}x_j$,则

$$\omega\wedge\eta=\sum_{i,j}f_ig_j\mathrm{d}x_i\wedge\mathrm{d}x_j=\sum_{1\leqslant i<j\leqslant n}(f_ig_j-f_jg_i)\mathrm{d}x_i\wedge\mathrm{d}x_j.$$

如果 $\lambda=\sum\limits_{1\leqslant j<k\leqslant n}h_{jk}\mathrm{d}x_j\wedge\mathrm{d}x_k$,则

$$\omega\wedge\lambda=\sum_{i,j<k}f_ih_{jk}\mathrm{d}x_i\wedge\mathrm{d}x_j\wedge\mathrm{d}x_k=\sum_{1\leqslant i<j<k\leqslant n}(f_ih_{jk}-f_jh_{ik}+f_kh_{ij})\mathrm{d}x_i\wedge\mathrm{d}x_j\wedge\mathrm{d}x_k.$$

例 13.5.6 设

$$T:x=x(u,v),\quad y=y(u,v)$$

为区域 $D(\subset\mathbf{R}^2)$ 上具有连续偏导数的映射.则

$$\mathrm{d}x=x_u\mathrm{d}u+x_v\mathrm{d}v,\quad \mathrm{d}y=y_u\mathrm{d}u+y_v\mathrm{d}v.$$

因此

$$\begin{aligned}\mathrm{d}x\wedge\mathrm{d}y&=(x_u\mathrm{d}u+x_v\mathrm{d}v)\wedge(y_u\mathrm{d}u+y_v\mathrm{d}v)\\&=x_uy_v\mathrm{d}u\wedge\mathrm{d}v+x_vy_u\mathrm{d}v\wedge\mathrm{d}u=(x_uy_v-x_vy_u)\mathrm{d}u\wedge\mathrm{d}v\\&=\frac{\partial(x,y)}{\partial(u,v)}\mathrm{d}u\wedge\mathrm{d}v.\end{aligned}$$

现在回到一开始讲的问题,介绍微分形式的一个应用.先以极坐标变换

$$T:\ x=r\cos\theta,\quad y=r\sin\theta$$

为例.这时

$$\mathrm{d}x\wedge\mathrm{d}y=\frac{\partial(x,y)}{\partial(r,\theta)}\mathrm{d}r\wedge\mathrm{d}\theta=r\mathrm{d}r\wedge\mathrm{d}\theta.$$

如果我们将 $\mathrm{d}x\wedge\mathrm{d}y$ 与 $\mathrm{d}r\wedge\mathrm{d}\theta$ 看作有向面积微元,上式就是极坐标变换下的有向面积微元之间的关系,而 $\dfrac{\partial(x,y)}{\partial(r,\theta)}=r>0$ 说明这两个有向面积微元具有相同的符号.将 $\mathrm{d}x\wedge\mathrm{d}y$ 与 $\mathrm{d}r\wedge\mathrm{d}\theta$ 分别看成正面积微元 $\mathrm{d}x\mathrm{d}y$ 与 $\mathrm{d}r\mathrm{d}\theta$,就得到变量代换公式

$$\iint_{T(D)}f(x,y)\mathrm{d}x\wedge\mathrm{d}y=\iint_D f(r\cos\theta,r\sin\theta)\frac{\partial(x,y)}{\partial(r,\theta)}\mathrm{d}r\wedge\mathrm{d}\theta.$$

一般地,设 $\mathbf{R}^n$ 中的坐标变换为

$$T:y_1=y_1(x_1,x_2,\cdots,x_n),y_2=y_2(x_1,x_2,\cdots,x_n),\cdots,y_n=y_n(x_1,x_2,\cdots,x_n).$$

对上式取微分,得到

$$\mathrm{d}y_i=\sum_k\frac{\partial y_i}{\partial x_k}\mathrm{d}x_k,(i=1,2,\cdots,n).$$

从此式得到(留作习题)

$$dy_1 \wedge dy_2 \wedge \cdots \wedge dy_n = \frac{\partial(y_1,y_2,\cdots,y_n)}{\partial(x_1,x_2,\cdots,x_n)} dx_1 \wedge dx_2 \wedge \cdots \wedge dx_n.$$

这说明在坐标变换下，基本 n-形式之间相差的因子就是映射的 Jacobi 行列式．如果也将 $dy_1 \wedge dy_2 \wedge \cdots \wedge dy_n$ 和 $dx_1 \wedge dx_2 \wedge \cdots \wedge dx_n$ 分别看成坐标系 $(y_1,y_2,\cdots,y_n)$ 和坐标系 $(x_1,x_2,\cdots,x_n)$ 中的有向体积微元（$n=2$ 时为有向面积微元），那么同样成立用微分形式表示的重积分变量代换公式

$$\int_{T(D)} f(y_1,y_2,\cdots,y_n)\, dy_1 \wedge dy_2 \wedge \cdots \wedge dy_n$$
$$= \int_D f(y_1(\boldsymbol{x}),y_2(\boldsymbol{x}),\cdots,y_n(\boldsymbol{x})) \frac{\partial(y_1,y_2,\cdots,y_n)}{\partial(x_1,x_2,\cdots,x_n)} dx_1 \wedge dx_2 \wedge \cdots \wedge dx_n.$$

以后将知道，这样做会带来很大的方便．这也是引入微分形式的目的之一．

习　题

1. 计算下列外积：

（1）$(x dx+7z^2 dy) \wedge (y dx-x dy+6dz)$；

（2）$(\cos y dx+\cos x dy) \wedge (\sin y dx-\sin x dy)$；

（3）$(6dx \wedge dy+27dx \wedge dz) \wedge (dx+dy+dz)$．

2. 设

$\omega = a_0+a_1 dx_1+a_2 dx_1 \wedge dx_3+a_3 dx_2 \wedge dx_3 \wedge dx_4$，

$\eta = b_1 dx_1 \wedge dx_2+b_2 dx_1 \wedge dx_3+b_3 dx_1 \wedge dx_2 \wedge dx_3+b_4 dx_2 \wedge dx_3 \wedge dx_4$．

求 $\omega+\eta$ 和 $\omega \wedge \eta$．

3. 求

$$\omega = x_1 dx_1 \wedge dx_2+x_3 dx_2 \wedge dx_3+(1+x_2^2) dx_1 \wedge dx_3+x_2^2 dx_3 \wedge dx_1+ (x_3^2+x_2^2) dx_2 \wedge dx_1 \wedge dx_3-x_1^2 dx_3 \wedge dx_2$$

的标准形式．

4. 证明外积满足分配律和结合律．

5. 写出微分形式 $dx \wedge dy \wedge dz$ 在下列变换下的表达式：

（1）柱面坐标变换

$$x=r\cos\theta,\quad y=r\sin\theta,\quad z=z;$$

（2）球面坐标变换

$$x=r\sin\varphi\cos\theta,\quad y=r\sin\varphi\sin\theta,\quad z=r\cos\varphi.$$

6. 设 $\omega_j = \sum_{i=1}^{n} a_i^j dx_i (j = 1,2,\cdots,n)$ 为 $\mathbf{R}^n$ 上的 1-形式，证明

$$\omega_1 \wedge \omega_2 \wedge \cdots \wedge \omega_n = \det(a_i^j) dx_1 \wedge dx_2 \wedge \cdots \wedge dx_n.$$

补充习题

第十四章 曲线积分、曲面积分与场论

§1 第一类曲线积分与第一类曲面积分

第一类曲线积分

在设计曲线形细长构件时，常常需要计算它们的质量，而构件的线密度（单位长度的质量）却是因点而异的. 工程技术人员常常用这样的方法来计算一个构件的质量：设想构件为空间上一条具有质量的曲线 L，L 上任一点 (x,y,z) 处的线密度为 $\rho(x,y,z)$，这样就把实际问题定量化.

如图 14.1.1 将 L 分成 n 个小曲线段 $L_i(i=1,2,\cdots,n)$，并在 L_i 上任取一点 (ξ_i,η_i,ζ_i)，那么当每个 L_i 的长度 Δs_i 都很小时，每一小段的质量就近似的等于 $\rho(\xi_i,\eta_i,\zeta_i)\Delta s_i$，于是整个 L 的质量就近似的等于

$$\sum_{i=1}^{n}\rho(\xi_i,\eta_i,\zeta_i)\Delta s_i.$$

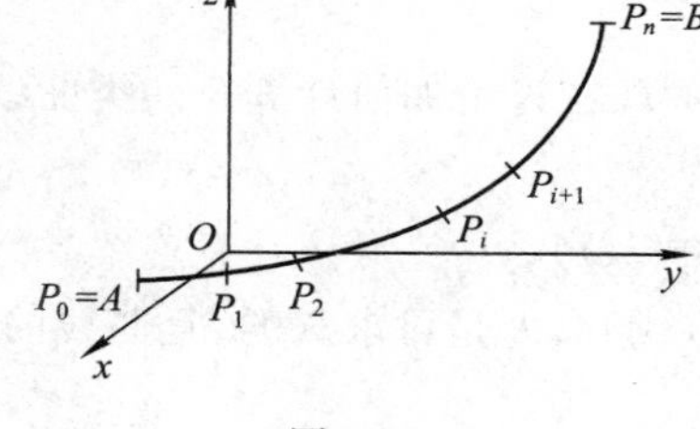

图 14.1.1

当对 L 的分割越来越细时（即所有的小弧段的最大长度 λ 趋于零），这个近似值的极限就是构件的质量，因此就解决了所提出的问题.

这种思想使我们引入第一类曲线积分的概念.

定义 14.1.1 设 L 是空间 $\mathbf{R}^3$ 上一条可求长的连续曲线，其端点为 A 和 B，函数 $f(x,y,z)$ 在 L 上有界. 令 $A=P_0$，$B=P_n$. 在 L 上从 A 到 B 顺序地插入分点 $P_1,P_2,\cdots,P_{n-1}$，再分别在每个小弧段 $P_{i-1}P_i$ 上任取一点 (ξ_i,η_i,ζ_i)，并记第 i 个小弧段 $P_{i-1}P_i$ 的长度为 $\Delta s_i(i=1,2,\cdots,n)$，作和式

$$\sum_{i=1}^{n}f(\xi_i,\eta_i,\zeta_i)\Delta s_i.$$

如果当所有小弧段的最大长度 λ 趋于零时，这个和式的极限存在，且与分点 $\{P_i\}$ 的取法及 $P_{i-1}P_i$ 上的点 (ξ_i,η_i,ζ_i) 的取法无关，则称这个极限值为 $f(x,y,z)$ 在曲线 L 上的**第一类曲线积分**，记为

$$\int_L f(x,y,z)\,\mathrm{d}s \quad 或 \quad \int_L f(P)\,\mathrm{d}s.$$

即

$$\int_L f(x,y,z)\,\mathrm{d}s=\lim_{\lambda\to 0}\sum_{i=1}^{n} f(\xi_i,\eta_i,\zeta_i)\Delta s_i,$$

其中 $f(x,y,z)$ 称为**被积函数**，L 称为**积分路径**.

在平面情形下，函数 $f(x,y)$ 在平面曲线 L 上的第一类曲线积分记为 $\int_L f(x,y)\,\mathrm{d}s$.

这样，本节一开始所要求的构件质量就可表为

$$M=\int_L \rho(x,y,z)\,\mathrm{d}s.$$

从定义可以看出，第一类曲线积分与积分路径的方向无关，且第一类曲线积分具有以下性质：

性质 1（线性性）　如果函数 f,g 在 L 上的第一类曲线积分存在，则对于任何常数 $\alpha,\beta,\alpha f+\beta g$ 在 L 上的第一类曲线积分也存在，且成立

$$\int_L(\alpha f+\beta g)\,\mathrm{d}s=\alpha\int_L f\mathrm{d}s+\beta\int_L g\mathrm{d}s.$$

性质 2（路径可加性）　设曲线 L 分成了两段 L_1,L_2.如果函数 f 在 L 上的第一类曲线积分存在，则它在 L_1 和 L_2 上的第一类曲线积分也存在.反之，如果函数 f 在 L_1 和 L_2 上的第一类曲线积分存在，则它在 L 上的第一类曲线积分也存在.并成立

$$\int_L f\mathrm{d}s=\int_{L_1} f\mathrm{d}s+\int_{L_2} f\mathrm{d}s.$$

现在讨论如何计算第一类曲线积分.设 L 的方程为

$$x=x(t),\quad y=y(t),\quad z=z(t),\quad \alpha\leqslant t\leqslant\beta,$$

其中 $x(t),y(t),z(t)$ 具有连续导数，且 $x'(t),y'(t),z'(t)$ 不同时为零（即 L 为光滑曲线），那么 L 是可求长的，且曲线的弧长为

$$s=\int_\alpha^\beta\sqrt{x'^2(t)+y'^2(t)+z'^2(t)}\,\mathrm{d}t.$$

定理 14.1.1　设 L 为光滑曲线，函数 $f(x,y,z)$ 在 L 上连续.则 $f(x,y,z)$ 在 L 上的第一类曲线积分存在，且

$$\int_L f(x,y,z)\,\mathrm{d}s=\int_\alpha^\beta f(x(t),y(t),z(t))\sqrt{x'^2(t)+y'^2(t)+z'^2(t)}\,\mathrm{d}t.$$

证　记

$$I=\int_\alpha^\beta f(x(t),y(t),z(t))\sqrt{x'^2(t)+y'^2(t)+z'^2(t)}\,\mathrm{d}t.$$

如定义中一样，在 L 上顺次插入分点 $P_i(x(t_i),y(t_i),z(t_i))\,(i=1,2,\cdots,n-1)$，并设 $P_0=(x(\alpha),y(\alpha),z(\alpha)),P_n=(x(\beta),y(\beta),z(\beta))$.注意，这时成立 $\alpha=t_0<t_1<t_2<\cdots<t_n=\beta$.记小弧段 $P_{i-1}P_i$ 的长度为 Δs_i，那么它的弧长为 $\Delta s_i=\int_{t_{i-1}}^{t_i}\sqrt{x'^2(t)+y'^2(t)+z'^2(t)}\,\mathrm{d}t$.令

$$\sigma=\sum_{i=1}^{n} f(x(\xi_i),y(\xi_i),z(\xi_i))\Delta s_i,$$

其中 $(x(\xi_i),y(\xi_i),z(\xi_i))$ 为弧段 $P_{i-1}P_i$ 上任意一点.那么

$$\sigma-I=\sum_{i=1}^{n}f(x(\xi_i),y(\xi_i),z(\xi_i))\Delta s_i-\int_{\alpha}^{\beta}f(x(t),y(t),z(t))\sqrt{x'^2(t)+y'^2(t)+z'^2(t)}\,\mathrm{d}t$$

$$=\sum_{i=1}^{n}\int_{t_{i-1}}^{t_i}[f(x(\xi_i),y(\xi_i),z(\xi_i))-f(x(t),y(t),z(t))]\sqrt{x'^2(t)+y'^2(t)+z'^2(t)}\,\mathrm{d}t.$$

设 L 的弧长为 s.由于 $f(x,y,z)$ 在紧集 L 上连续,因此一致连续.所以对任意给定的正数 ε,当 $\lambda=\max(\Delta s_i)$ 充分小时,$f(x,y,z)$ 在每个弧段 $P_{i-1}P_i$ 上的振幅均小于 ε/s.于是成立

$$|\sigma-I|\leqslant\sum_{i=1}^{n}\int_{t_{i-1}}^{t_i}|f(x(\xi_i),y(\xi_i),z(\xi_i))-f(x(t),y(t),z(t))|\cdot\sqrt{x'^2(t)+y'^2(t)+z'^2(t)}\,\mathrm{d}t$$

$$<\frac{\varepsilon}{s}\int_{\alpha}^{\beta}\sqrt{x'^2(t)+y'^2(t)+z'^2(t)}\,\mathrm{d}t=\frac{\varepsilon}{s}s=\varepsilon.$$

即

$$\int_L f(x,y,z)\,\mathrm{d}s=\lim_{\lambda\to0}\sigma=I.$$

证毕

特别地,如果平面光滑曲线 L 的方程为

$$y=y(x),\quad a\leqslant x\leqslant b,$$

则

$$\int_L f(x,y)\,\mathrm{d}s=\int_a^b f(x,y(x))\sqrt{1+y'^2(x)}\,\mathrm{d}x.$$

例 14.1.1 计算 $I=\int_L \mathrm{e}^{\sqrt{x^2+y^2}}\mathrm{d}s$,其中 L 为圆周 $x^2+y^2=a^2$,直线 $y=x$ 及 x 轴在第一象限所围图形的边界(见图 14.1.2).

解 由于

$$I=\int_{\overline{OA}}\mathrm{e}^{\sqrt{x^2+y^2}}\mathrm{d}s+\int_{\overset{\frown}{AB}}\mathrm{e}^{\sqrt{x^2+y^2}}\mathrm{d}s+\int_{\overline{OB}}\mathrm{e}^{\sqrt{x^2+y^2}}\mathrm{d}s,$$

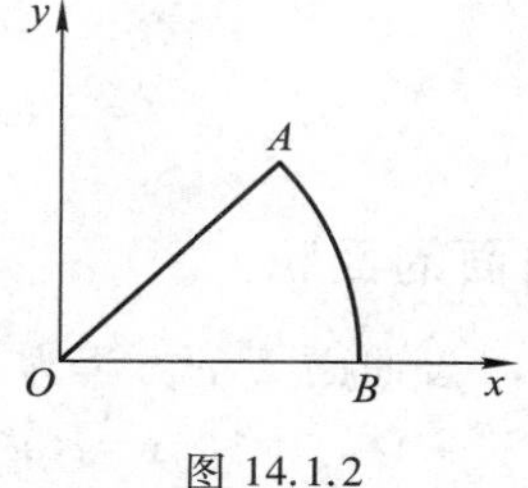

图 14.1.2

而线段 $\overline{OA}$ 的方程为 $y=x,0\leqslant x\leqslant a/\sqrt{2}$,所以

$$\int_{\overline{OA}}\mathrm{e}^{\sqrt{x^2+y^2}}\mathrm{d}s=\int_0^{a/\sqrt{2}}\mathrm{e}^{\sqrt{2}x}\sqrt{2}\,\mathrm{d}x=\mathrm{e}^a-1.$$

圆弧 $\overset{\frown}{AB}$ 的参数方程为 $x=a\cos\theta,y=a\sin\theta,0\leqslant\theta\leqslant\pi/4$,所以

$$\int_{\overset{\frown}{AB}}\mathrm{e}^{\sqrt{x^2+y^2}}\mathrm{d}s=\int_0^{\pi/4}\mathrm{e}^a a\,\mathrm{d}\theta=\frac{\pi}{4}a\mathrm{e}^a.$$

线段 $\overline{OB}$ 的方程为 $y=0,0\leqslant x\leqslant a$,所以

$$\int_{\overline{OB}}\mathrm{e}^{\sqrt{x^2+y^2}}\mathrm{d}s=\int_0^a\mathrm{e}^x\,\mathrm{d}x=\mathrm{e}^a-1.$$

因此

$$I=2(\mathrm{e}^a-1)+\frac{\pi}{4}a\mathrm{e}^a.$$

例 14.1.2　已知一条非均匀金属线 L 的方程为

$$x=e^t\cos t,\quad y=e^t\sin t,\quad z=e^t,\quad 0\leqslant t\leqslant 1,$$

它在每点的线密度与该点到原点的距离的平方成反比，而且在点$(1,0,1)$处的线密度为 1.求它的质量 M.

解　由题意，L 在(x,y,z)点的线密度为

$$\rho(x,y,z)=\frac{k}{x^2+y^2+z^2}=\frac{k}{2e^{2t}},$$

其中 k 为常数.由 $\rho(1,0,1)=1$ 得 $k=2$，所以 $\rho(x,y,z)=e^{-2t}$.因此

$$M=\int_L\rho(x,y,z)\,ds=\int_0^1 e^{-2t}\sqrt{3}\,e^t\,dt=\sqrt{3}\int_0^1 e^{-t}\,dt=\sqrt{3}\,(1-e^{-1}).$$

例 14.1.3　计算 $I=\int_L(x^2+y^2+2z)\,ds$，其中 L 为球面 $x^2+y^2+z^2=a^2$ 和平面 $x+y+z=0$ 的交线.

解　由对称性得

$$\int_L x^2ds=\int_L y^2ds=\int_L z^2ds=\frac{1}{3}\int_L(x^2+y^2+z^2)\,ds.$$

由于在 L 上成立 $x^2+y^2+z^2=a^2$，且 L 是一个半径为 a 的圆周，因此

$$\int_L(x^2+y^2+z^2)\,ds=\int_L a^2ds=a^2\int_L ds=2\pi a^3.$$

同理

$$\int_L x\,ds=\int_L y\,ds=\int_L z\,ds=\frac{1}{3}\int_L(x+y+z)\,ds=\frac{1}{3}\int_L 0\,ds=0.$$

于是

$$I=\int_L(x^2+y^2+2z)\,ds=\int_L x^2ds+\int_L y^2ds+2\int_L z\,ds=\frac{4}{3}\pi a^3.$$

曲面的面积

设曲面 Σ 的方程为

$$x=x(u,v),\quad y=y(u,v),\quad z=z(u,v),\quad (u,v)\in D,$$

即

$$\boldsymbol{r}(u,v)=x(u,v)\boldsymbol{i}+y(u,v)\boldsymbol{j}+z(u,v)\boldsymbol{k},\quad (u,v)\in D,$$

这里 D 为 uv 平面上具有光滑（或分段光滑）边界的有界闭区域.假设这个映射是一一对应的（这样的曲面称为**简单曲面**），且 x,y,z 对 u 和 v 有连续偏导数，相应的 Jacobi 矩阵

$$\boldsymbol{J}=\begin{pmatrix}\dfrac{\partial x}{\partial u} & \dfrac{\partial x}{\partial v}\\[2mm] \dfrac{\partial y}{\partial u} & \dfrac{\partial y}{\partial v}\\[2mm] \dfrac{\partial z}{\partial u} & \dfrac{\partial z}{\partial v}\end{pmatrix}$$

满秩，则曲面 Σ 为光滑的.

我们先看这个假设的意义.对曲面上任一点 $Q(x_0,y_0,z_0)$ $(x_0=x(u_0,v_0),y_0=y(u_0,v_0),z_0=z(u_0,v_0))$,曲线 $\boldsymbol{r}(u,v_0)=x(u,v_0)\boldsymbol{i}+y(u,v_0)\boldsymbol{j}+z(u,v_0)\boldsymbol{k}$ 就是曲面上过 Q 点的 u-曲线;曲线 $\boldsymbol{r}(u_0,v)=x(u_0,v)\boldsymbol{i}+y(u_0,v)\boldsymbol{j}+z(u_0,v)\boldsymbol{k}$ 就是曲面上过 Q 点的 v-曲线.这两条曲线在 Q 点的切向量分别为

$$\boldsymbol{r}_u(u_0,v_0)=\frac{\partial x}{\partial u}(u_0,v_0)\boldsymbol{i}+\frac{\partial y}{\partial u}(u_0,v_0)\boldsymbol{j}+\frac{\partial z}{\partial u}(u_0,v_0)\boldsymbol{k},$$

$$\boldsymbol{r}_v(u_0,v_0)=\frac{\partial x}{\partial v}(u_0,v_0)\boldsymbol{i}+\frac{\partial y}{\partial v}(u_0,v_0)\boldsymbol{j}+\frac{\partial z}{\partial v}(u_0,v_0)\boldsymbol{k},$$

因此,Jacobi 矩阵满秩就保证了 $\boldsymbol{r}_u(u_0,v_0)$ 与 $\boldsymbol{r}_v(u_0,v_0)$ 线性无关.所以它们所张成的过 Q 点的平面就是曲面 Σ 在 Q 点的切平面;向量 $\boldsymbol{r}_u(u_0,v_0)\times\boldsymbol{r}_v(u_0,v_0)$ 就是曲面 Σ 在 Q 点的法向量,它的模长 $\|\boldsymbol{r}_u(u_0,v_0)\times\boldsymbol{r}_v(u_0,v_0)\|$ 就是切平面上以 $\boldsymbol{r}_u(u_0,v_0)$ 和 $\boldsymbol{r}_v(u_0,v_0)$ 为邻边的平行四边形的面积.

现在用微元法来计算曲面 Σ 的面积.

首先考察 D 中一个小矩形 σ,它的四个顶点为

$$P_1(u_0,v_0),P_2(u_0+\Delta u,v_0),P_3(u_0+\Delta u,v_0+\Delta v),P_4(u_0,v_0+\Delta v).$$

设 σ 被映为 Σ 上的以 Q_1,Q_2,Q_3,Q_4 为顶点的小曲面片 $\tilde{\sigma}$,这里

$Q_1=(x(u_0,v_0),y(u_0,v_0),z(u_0,v_0))$;

$Q_2=(x(u_0+\Delta u,v_0),y(u_0+\Delta u,v_0),z(u_0+\Delta u,v_0))$;

$Q_3=(x(u_0+\Delta u,v_0+\Delta v),y(u_0+\Delta u,v_0+\Delta v),z(u_0+\Delta u,v_0+\Delta v))$;

$Q_4=(x(u_0,v_0+\Delta v),y(u_0,v_0+\Delta v),z(u_0,v_0+\Delta v))$.

(见图 14.1.3.)

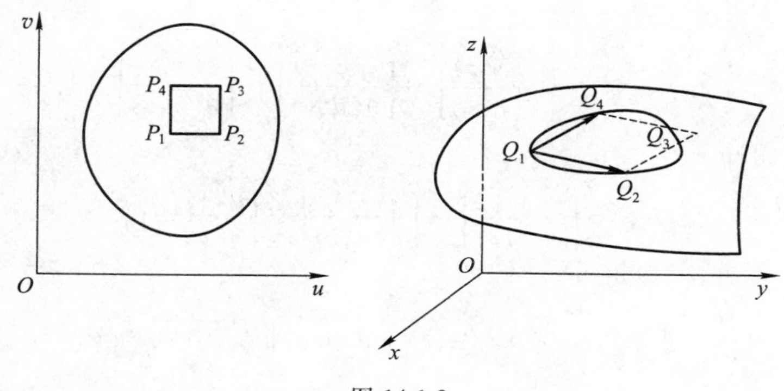

图 14.1.3

那么

$$\overrightarrow{Q_1Q_2}=\boldsymbol{r}(u_0+\Delta u,v_0)-\boldsymbol{r}(u_0,v_0)=\boldsymbol{r}_u(u_0,v_0)\Delta u+\boldsymbol{o}(\Delta u),$$

$$\overrightarrow{Q_1Q_4}=\boldsymbol{r}(u_0,v_0+\Delta v)-\boldsymbol{r}(u_0,v_0)=\boldsymbol{r}_v(u_0,v_0)\Delta v+\boldsymbol{o}(\Delta v),$$

这里 $\boldsymbol{o}(\Delta u),\boldsymbol{o}(\Delta v)$ 表示向量,其模分别是 Δu 和 Δv 的高阶无穷小量.

显然,小曲面片 $\tilde{\sigma}$ 的面积近似地等于 $\overrightarrow{Q_1Q_2}$ 与 $\overrightarrow{Q_1Q_4}$ 所张成的平行四边形的面积,忽略高阶无穷小量后,$\overrightarrow{Q_1Q_2}$ 与 $\overrightarrow{Q_1Q_4}$ 所张成的平行四边形的面积近似地等于 $\|\boldsymbol{r}_u(u_0,v_0)\times\boldsymbol{r}_v(u_0,v_0)\|\Delta u\Delta v$.这就是说,忽略高阶无穷小量后,小曲面片 $\tilde{\sigma}$ 的面积近似地等于切平

面上由 $\boldsymbol{r}_u(u_0,v_0)\Delta u$ 和 $\boldsymbol{r}_v(u_0,v_0)\Delta v$ 所张成的平行四边形的面积 $\|\boldsymbol{r}_u(u_0,v_0)\times\boldsymbol{r}_v(u_0,v_0)\|\Delta u\Delta v$.因此,曲面的面积微元

$$\mathrm{d}S=\|\boldsymbol{r}_u(u_0,v_0)\times\boldsymbol{r}_v(u_0,v_0)\|\mathrm{d}u\mathrm{d}v.$$

于是,曲面的面积就为

$$S=\iint_D\|\boldsymbol{r}_u(u,v)\times\boldsymbol{r}_v(u,v)\|\mathrm{d}u\mathrm{d}v.$$

显然,利用面积的可加性可以将曲面的面积的计算方法推广到由有限片这样的曲面拼成的分片光滑曲面上去.

至于如何计算曲面的面积,我们有以下的定理:

定理 14.1.2　对满足上述假设条件的曲面 Σ,它的面积为

$$S=\iint_D\sqrt{EG-F^2}\,\mathrm{d}u\mathrm{d}v,$$

其中

$$E=\boldsymbol{r}_u\cdot\boldsymbol{r}_u=x_u^2+y_u^2+z_u^2,$$
$$F=\boldsymbol{r}_u\cdot\boldsymbol{r}_v=x_ux_v+y_uy_v+z_uz_v,$$
$$G=\boldsymbol{r}_v\cdot\boldsymbol{r}_v=x_v^2+y_v^2+z_v^2,$$

它称为曲面的 **Gauss** 系数.

证　由于

$$\boldsymbol{r}_u=x_u\boldsymbol{i}+y_u\boldsymbol{j}+z_u\boldsymbol{k},$$
$$\boldsymbol{r}_v=x_v\boldsymbol{i}+y_v\boldsymbol{j}+z_v\boldsymbol{k},$$

则

$$\boldsymbol{r}_u\times\boldsymbol{r}_v=(x_u\boldsymbol{i}+y_u\boldsymbol{j}+z_u\boldsymbol{k})\times(x_v\boldsymbol{i}+y_v\boldsymbol{j}+z_v\boldsymbol{k})=\frac{\partial(y,z)}{\partial(u,v)}\boldsymbol{i}+\frac{\partial(z,x)}{\partial(u,v)}\boldsymbol{j}+\frac{\partial(x,y)}{\partial(u,v)}\boldsymbol{k}.$$

所以

$$\|\boldsymbol{r}_u\times\boldsymbol{r}_v\|^2=\left[\frac{\partial(y,z)}{\partial(u,v)}\right]^2+\left[\frac{\partial(z,x)}{\partial(u,v)}\right]^2+\left[\frac{\partial(x,y)}{\partial(u,v)}\right]^2.$$

而直接计算就得知

$$EG-F^2=\left[\frac{\partial(y,z)}{\partial(u,v)}\right]^2+\left[\frac{\partial(z,x)}{\partial(u,v)}\right]^2+\left[\frac{\partial(x,y)}{\partial(u,v)}\right]^2.$$

因此

$$S=\iint_D\|\boldsymbol{r}_u(u,v)\times\boldsymbol{r}_v(u,v)\|\mathrm{d}u\mathrm{d}v=\iint_D\sqrt{EG-F^2}\,\mathrm{d}u\mathrm{d}v.$$

证毕

现在考虑两种特殊情况:

(1) 曲面 Σ 的方程为 $z=f(x,y),(x,y)\in D$,其中 $f(x,y)$ 具有连续的偏导数,D 为具有分段光滑边界的有界区域.

此时 Σ 的方程为

$$\boldsymbol{r}=x\boldsymbol{i}+y\boldsymbol{j}+f(x,y)\boldsymbol{k}.$$

因此

$$\boldsymbol{r}_x=\boldsymbol{i}+f_x(x,y)\boldsymbol{k},\quad \boldsymbol{r}_y=\boldsymbol{j}+f_y(x,y)\boldsymbol{k}.$$

而 $EG-F^2=(1+f_x^2)(1+f_y^2)-(f_xf_y)^2=1+f_x^2+f_y^2$. 于是，$\Sigma$ 的面积为

$$S=\iint_D\sqrt{1+f_x^2(x,y)+f_y^2(x,y)}\,dxdy.$$

(2) 曲面 Σ 的方程为 $H(x,y,z)=0$，其中 $H(x,y,z)$ 具有连续偏导数，且在 Σ 上 $H_z(x,y,z)\neq0$. 进一步假设 Σ 在 xy 平面上的投影将 Σ 一一对应地映为具有分段光滑边界的有界区域 D.

这时由一一对应性，从 $H(x,y,z)=0$ 就可得出 z 为 x,y 的函数：

$$z=f(x,y),\quad (x,y)\in D.$$

遗憾的是 $f(x,y)$ 不一定可以显式表达. 但由于在 Σ 上 $H_z(x,y,z)\neq0$，由隐函数存在定理知，

$$f_x=-\frac{H_x}{H_z},\quad f_y=-\frac{H_y}{H_z}.$$

从而 Σ 的面积为

$$S=\iint_D\sqrt{1+f_x^2+f_y^2}\,dxdy=\iint_D\sqrt{1+\left(-\frac{H_x}{H_z}\right)^2+\left(-\frac{H_y}{H_z}\right)^2}\,dxdy=\iint_D\frac{\|\mathbf{grad}H\|}{|H_z|}dxdy.$$

例 14.1.4　求抛物面 $z=x^2+y^2$ 被平面 $z=1$ 所割下的有界部分 Σ 的面积(见图 14.1.4).

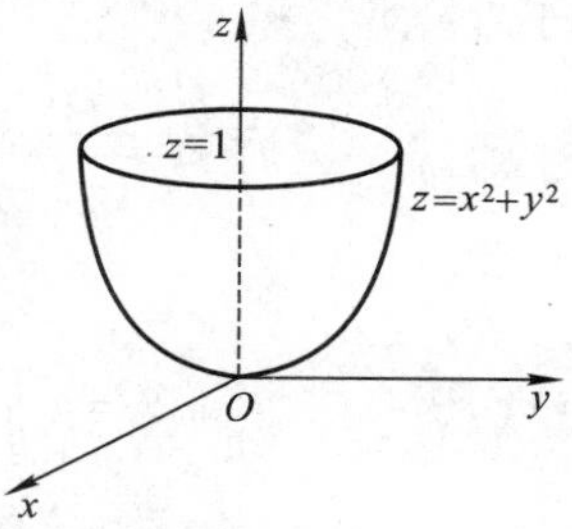

图 14.1.4

解　曲面 Σ 的方程为 $z=x^2+y^2$，$(x,y)\in D$，这里 D 为曲面 Σ 在 xy 平面的投影区域 $\{(x,y)\mid x^2+y^2\leqslant1\}$. 因此

$$S=\iint_D\sqrt{1+z_x^2+z_y^2}\,dxdy=\iint_D\sqrt{1+4(x^2+y^2)}\,dxdy$$
$$=\int_0^{2\pi}d\theta\int_0^1\sqrt{1+4r^2}\,rdr=\frac{5\sqrt5-1}{6}\pi.$$

例 14.1.5　设 Σ 为球面 $x^2+y^2+z^2=2Rz$ 包含在锥面 $z^2=3(x^2+y^2)$ 内的部分(见图 14.1.5)，求它的面积.

解法一　在球面坐标

$$x=r\sin\varphi\cos\theta,\quad y=r\sin\varphi\sin\theta,\quad z=r\cos\varphi$$

下，所给的球面方程为 $r=2R\cos\varphi$，于是 Σ 的参数方程为

$$x=2R\sin\varphi\cos\varphi\cos\theta,$$
$$y=2R\sin\varphi\cos\varphi\sin\theta,\quad z=2R\cos^2\varphi,$$

其中 $0\leqslant\theta\leqslant2\pi$，$0\leqslant\varphi\leqslant\dfrac{\pi}{6}$. 经计算可知

$$EG-F^2=4R^4\sin^22\varphi.$$

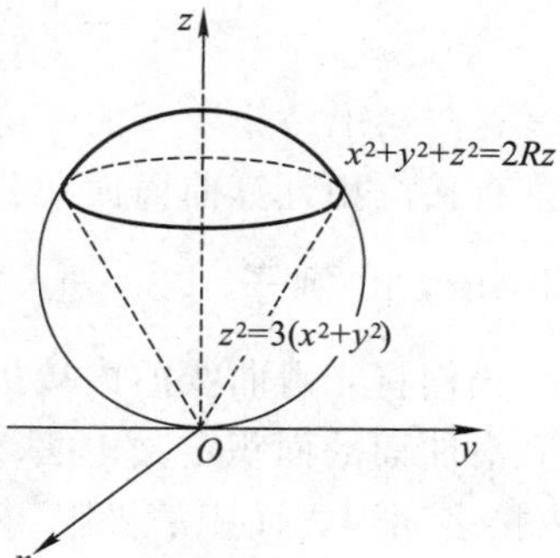

图 14.1.5

注意到对称性，Σ 的面积为它在第一卦限部分面积的 4 倍，所以 Σ 的面积为

$$S=4\iint_{\substack{0\leqslant\theta\leqslant\pi/2\\0\leqslant\varphi\leqslant\pi/6}}2R^2\sin2\varphi\,d\varphi d\theta=8R^2\int_0^{\frac{\pi}{2}}d\theta\int_0^{\frac{\pi}{6}}\sin2\varphi\,d\varphi=\pi R^2.$$

解法二　球面的方程为 $H(x,y,z)=x^2+y^2+z^2-2Rz=0$. 这时

$$H_x = 2x,\quad H_y = 2y,\quad H_z = 2z - 2R.$$

由于 Σ 在 xy 平面的投影为 $D = \left\{ (x, y) \mid x^2 + y^2 \leqslant \dfrac{3}{4} R^2 \right\}$，所以 Σ 的面积为

$$S = \iint_D \frac{\sqrt{x^2 + y^2 + (z-R)^2}}{z-R} \mathrm{d}x\mathrm{d}y.$$

注意到在球面上成立 $x^2 + y^2 + (z-R)^2 = R^2$，就得到

$$S = \iint_D \frac{R}{\sqrt{R^2 - (x^2 + y^2)}} \mathrm{d}x\mathrm{d}y = R\int_0^{2\pi} \mathrm{d}\theta \int_0^{\frac{\sqrt{3}}{2}R} \frac{r\mathrm{d}r}{\sqrt{R^2 - r^2}} = \pi R^2.$$

在计算二重积分时，利用了极坐标变换.

例 14.1.6　设一元函数 $f(x)$ 在 $[a, b]$ 上具有连续导数，且满足 $f(x) > 0$，求曲线 $y = f(x)$ 绕 x 轴旋转一周所成的旋转曲面的面积 S.

解　由对称性，该旋转曲面的面积是曲面在 $y \geqslant 0, z \geqslant 0$ 部分的面积的 4 倍，而旋转曲面在 $y \geqslant 0, z \geqslant 0$ 部分的方程为

$$z = \sqrt{f^2(x) - y^2},\quad (x, y) \in D = \{ (x, y) \mid 0 \leqslant y \leqslant f(x), a \leqslant x \leqslant b \}.$$

由于

$$z_x = \frac{f'(x) f(x)}{\sqrt{f^2(x) - y^2}},\quad z_y = \frac{-y}{\sqrt{f^2(x) - y^2}},\quad a \leqslant x \leqslant b,\quad 0 \leqslant y < f(x),$$

所以

$$\begin{aligned} S &= 4\iint_D \sqrt{1 + z_x^2 + z_y^2}\, \mathrm{d}x\mathrm{d}y = 4\iint_D \frac{f(x)\sqrt{1 + f'^2(x)}}{\sqrt{f^2(x) - y^2}} \mathrm{d}x\mathrm{d}y \\ &= 4\int_a^b f(x)\sqrt{1 + f'^2(x)}\, \mathrm{d}x \int_0^{f(x)} \frac{1}{\sqrt{f^2(x) - y^2}} \mathrm{d}y \\ &= 2\pi \int_a^b f(x)\sqrt{1 + f'^2(x)}\, \mathrm{d}x. \end{aligned}$$

这与第七章第 4 节的结论相吻合. 注意上式中的二重积分是反常积分，请读者思考一下直接应用计算曲面面积公式的理由.

Schwarz 的例子

我们将光滑曲线的内接折线长度的极限定义为曲线的弧长，但这一定义不能推广到光滑曲面的面积定义上去. Schwarz 曾举过一个例子：即使对一段圆柱面，都无法用“内接多面形之面积的极限”来定义它的面积.

设一圆柱面的高是 h，半径是 r，那么它的面积显然是 $2\pi rh$. 在这个圆柱面上取三点 A，B 和 C，使得 A, B 在同一高度上，而 C 和 A, B 不在同一高度上，且 C 在 A, B 的连线上的投影 C' 恰是线段 AB 的中点（见图 14.1.6）.

作三角形 ABC，则它是圆柱面的一个内接多边形. 再由图 14.1.7 那样，作出圆柱面的内接多面形，它是由许多三角形连结起来的，每一个三角形都如同三角形 ABC. 问题是当这些三角形的直径都趋于 0 时，它们的面积之和的极限是否为圆柱面的面积 $2\pi rh$ 呢？

把圆柱面的底圆 m 等分，高 n 等分，这时图 14.1.7 中的三角形共有 $2mn$ 个，并且都是全等的. 易计算每个三角形的底边(即平行于底圆的边)长是 $2r\sin\dfrac{\pi}{m}$，高是 $\sqrt{r^2\left(1-\cos\dfrac{\pi}{m}\right)^2+\left(\dfrac{h}{n}\right)^2}$，那么其面积为

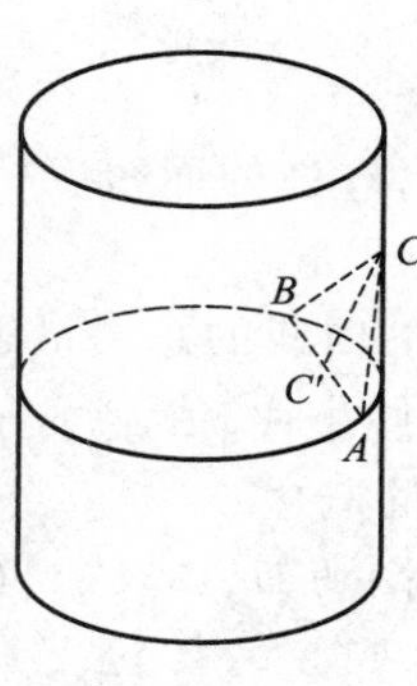

图 14.1.6

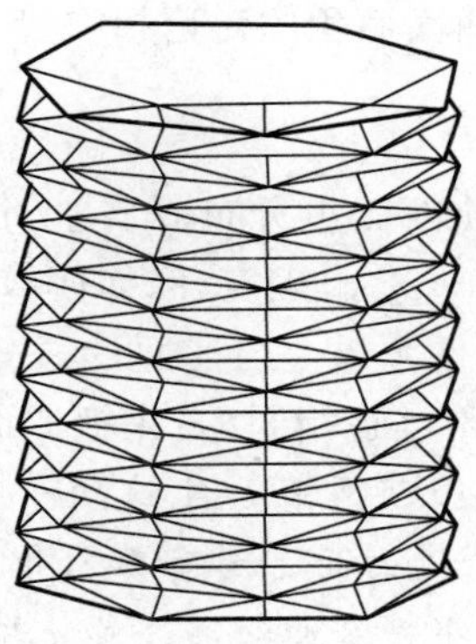

图 14.1.7

$$\frac{1}{2}\cdot 2r\sin\frac{\pi}{m}\sqrt{r^2\left(1-\cos\frac{\pi}{m}\right)^2+\left(\frac{h}{n}\right)^2}=r\sin\frac{\pi}{m}\sqrt{4r^2\sin^4\frac{\pi}{2m}+\frac{h^2}{n^2}}.$$

于是所有小三角形组成的内接多面形的面积 S_{mn} 为

$$S_{mn}=2mnr\sin\frac{\pi}{m}\sqrt{4r^2\sin^4\frac{\pi}{2m}+\frac{h^2}{n^2}}=2\pi rh\left(\frac{\sin\dfrac{\pi}{m}}{\dfrac{\pi}{m}}\right)\sqrt{\frac{\pi^4r^2}{4h^2}\left(\frac{\sin\dfrac{\pi}{2m}}{\dfrac{\pi}{2m}}\right)^4\frac{n^2}{m^4}+1}.$$

由于当 $m\to\infty$，$n\to\infty$ 时，上式中两圆括号内的值都趋于 1，因此 S_{mn} 的极限与 $\dfrac{n}{m^2}$ 的极限有关. 当 $\dfrac{n}{m^2}$ 的极限不存在时，S_{mn} 的极限也不存在；当 $\dfrac{n}{m^2}$ 有极限 l 时，S_{mn} 的极限为

$$S(l)=2\pi r\sqrt{\frac{\pi^4r^2l^2}{4}+h^2}.$$

这一极限与 l 有关，即与 m,n 同时趋于无穷大的方式有关. 只有当 $l=0$ 时它才是圆柱面的面积 $2\pi rh$.

由于 m,n 可以各自独立地趋于无穷大，所以 S_{mn} 确实没有一个与 m,n 增加方式无关的极限. 也就是说，无法用“内接多面形之面积的极限”来定义曲面的面积.

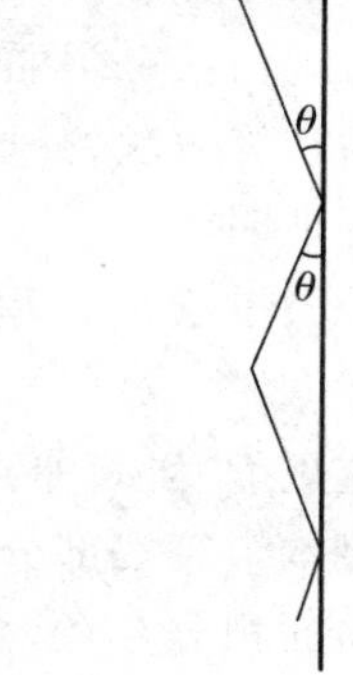

图 14.1.8

再来看一下 $l=0$ 的几何意义：设 θ 是三角形所在平面与圆柱面母线的夹角(见图 14.1.8)，那么当 $l=0$，即 $\dfrac{n}{m^2}\to 0$ 时，显然有

$$\tan\theta=\frac{r-r\cos\dfrac{\pi}{m}}{\dfrac{h}{n}}=\frac{2r\sin^2\dfrac{\pi}{2m}}{\dfrac{h}{n}}=\frac{\pi^2 r}{2h}\left(\frac{\sin\dfrac{\pi}{2m}}{\dfrac{\pi}{2m}}\right)^2\frac{n}{m^2}\to 0,$$

这说明只有当三角形所在的平面趋于切平面时，S_{mn}才可能以圆柱面的面积为极限.这正好与前面关于曲面面积的讨论相吻合.

第一类曲面积分

设空间中一曲面Σ上分布着质量，任一点(x,y,z)处的面密度（单位面积上的质量）由分布函数$\rho(x,y,z)$确定，问如何求出Σ上的总质量.

显然，这个问题本质上与前面计算分布着质量的曲线的总质量思想是类似的，因此解决问题的思路也是相同的：先把曲面Σ分成一些小片，估计每一小片上的质量并相加，最后取极限以获得精确值.这同样是一个积分的概念.

定义 14.1.2 设曲面Σ为有界光滑（或分片光滑）曲面，函数$z=f(x,y,z)$在Σ上有界.将曲面Σ用一个光滑曲线网分成n片小曲面$\Delta\Sigma_1,\Delta\Sigma_2,\cdots,\Delta\Sigma_n$，并记$\Delta\Sigma_i$的面积为$\Delta S_i$.在每片$\Delta\Sigma_i$上任取一点$(\xi_i,\eta_i,\zeta_i)$，作和式

$$\sum_{i=1}^{n}f(\xi_i,\eta_i,\zeta_i)\Delta S_i.$$

如果当所有小曲面$\Delta\Sigma_i$的最大直径λ趋于零时，这个和式的极限存在，且极限值与小曲面的分法和点(ξ_i,η_i,ζ_i)的取法无关，则称此极限值为$f(x,y,z)$在曲面Σ上的**第一类曲面积分**，记为$\iint\limits_{\Sigma}f(x,y,z)\,\mathrm{d}S$，即

$$\iint\limits_{\Sigma}f(x,y,z)\,\mathrm{d}S=\lim_{\lambda\to 0}\sum_{i=1}^{n}f(\xi_i,\eta_i,\zeta_i)\Delta S_i,$$

其中$f(x,y,z)$称为**被积函数**，Σ称为**积分曲面**.

这样，本小节一开始所要求的曲面Σ上的总质量为

$$M=\iint\limits_{\Sigma}\rho(x,y,z)\,\mathrm{d}S.$$

由第一类曲面积分与第一类曲线积分的定义可以推断出，第一类曲线积分的性质与计算方法，只要稍作处理，就可以移植到第一类曲面积分上来，因此以下结论不再重复证明了.

设Σ的方程为

$$x=x(u,v),\quad y=y(u,v),\quad z=z(u,v),\quad (u,v)\in D,$$

这里D为uv平面上具有分段光滑边界的区域.进一步设这个映射是一一对应的，且满足本节第二部分开始时的假设.那么如果$f(x,y,z)$在Σ上连续，则它在Σ上的第一类曲面积分存在，且成立以下计算公式

$$\iint\limits_{\Sigma}f(x,y,z)\,\mathrm{d}S=\iint\limits_{D}f(x(u,v),y(u,v),z(u,v))\sqrt{EG-F^2}\,\mathrm{d}u\mathrm{d}v.$$

特别地，当Σ的方程为

$$z=z(x,y),\quad (x,y)\in D,$$

时，成立

$$\iint_{\Sigma} f(x,y,z)\,\mathrm{d}S=\iint_{D} f(x,y,z(x,y))\sqrt{1+z_x^2(x,y)+z_y^2(x,y)}\,\mathrm{d}x\mathrm{d}y.$$

例 14.1.7 计算 $I=\iint\limits_{\Sigma}\sqrt{\dfrac{x^2}{a^4}+\dfrac{y^2}{b^4}+\dfrac{z^2}{c^4}}\,\mathrm{d}S$，其中 Σ 为椭球面 $\dfrac{x^2}{a^2}+\dfrac{y^2}{b^2}+\dfrac{z^2}{c^2}=1\ (a,b,c>0)$.

解 椭球面的参数方程为

$$x=a\sin\varphi\cos\theta,\quad y=b\sin\varphi\sin\theta,\quad z=c\cos\varphi,$$

其中 $0\leqslant\theta\leqslant 2\pi, 0\leqslant\varphi\leqslant\pi$. 经计算得到

$$\frac{\partial(y,z)}{\partial(\varphi,\theta)}=bc\sin^2\varphi\cos\theta,\quad \frac{\partial(z,x)}{\partial(\varphi,\theta)}=ac\sin^2\varphi\sin\theta,\quad \frac{\partial(x,y)}{\partial(\varphi,\theta)}=ab\sin\varphi\cos\varphi,$$

所以

$$\begin{aligned}EG-F^2&=\left(\frac{\partial(y,z)}{\partial(\varphi,\theta)}\right)^2+\left(\frac{\partial(z,x)}{\partial(\varphi,\theta)}\right)^2+\left(\frac{\partial(x,y)}{\partial(\varphi,\theta)}\right)^2\\&=(abc)^2\sin^2\varphi\left(\frac{\cos^2\theta\sin^2\varphi}{a^2}+\frac{\sin^2\theta\sin^2\varphi}{b^2}+\frac{\cos^2\varphi}{c^2}\right).\end{aligned}$$

而这时被积函数化为

$$\sqrt{\frac{x^2}{a^4}+\frac{y^2}{b^4}+\frac{z^2}{c^4}}=\sqrt{\frac{\cos^2\theta\sin^2\varphi}{a^2}+\frac{\sin^2\theta\sin^2\varphi}{b^2}+\frac{\cos^2\varphi}{c^2}}.$$

由被积函数与积分曲面的对称性，它在第一卦限的积分后再乘 8 即为所求. 所以

$$\begin{aligned}I&=8\iint\limits_{\left[0,\frac{\pi}{2}\right]\times\left[0,\frac{\pi}{2}\right]} abc\left(\frac{\cos^2\theta\sin^2\varphi}{a^2}+\frac{\sin^2\theta\sin^2\varphi}{b^2}+\frac{\cos^2\varphi}{c^2}\right)\sin\varphi\,\mathrm{d}\varphi\mathrm{d}\theta\\&=\frac{4}{3}abc\pi\left(\frac{1}{a^2}+\frac{1}{b^2}+\frac{1}{c^2}\right).\end{aligned}$$

例 14.1.8 设圆锥面 $z^2=x^2+y^2$（见图 14.1.9）上具有均匀的单位面密度，它被平面 $z=a$ 和 $z=b(0<a<b)$ 所截部分为 Σ. 求 Σ 对位于原点处、具有单位质量的质点的引力.

解 设 Σ 对质点的引力为 $\boldsymbol{F}=(F_x,F_y,F_z)$，由对称性，引力在 x 轴和 y 轴方向的分量为零，即 $F_x=F_y=0$.

对于曲面上任一点 $P(x,y,z)$，包含它的曲面面积微元 $\mathrm{d}S$ 所具有的质量为 $1\cdot\mathrm{d}S$. 由万有引力定律，$\mathrm{d}S$ 对锥面顶点处的质点的引力在 z 轴上的分量为

$$G\frac{\mathrm{d}S}{x^2+y^2+z^2}\cos\theta,$$

其中 G 为万有引力常量，而 θ 为矢径 $\overrightarrow{OP}$ 与 z 轴之间的夹角，它恰好为锥面的半顶角 $\dfrac{\pi}{4}$. 所以由微元法可知

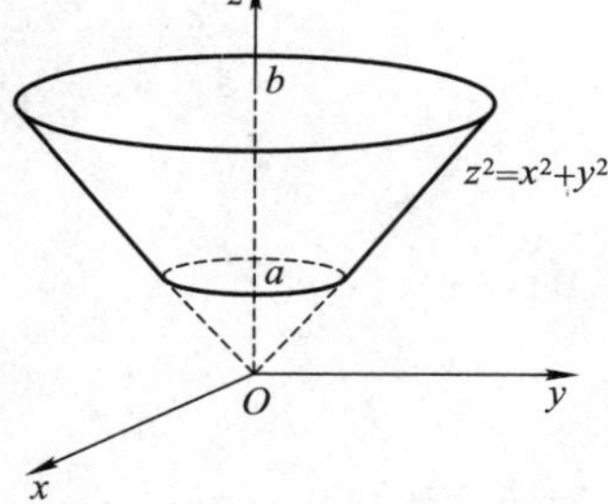

图 14.1.9

$$F_z=\iint_{\Sigma} G\frac{\mathrm{d}S}{\sqrt{2}(x^2+y^2+z^2)}.$$

由于 Σ 的方程为

$$z=\sqrt{x^2+y^2},\quad (x,y)\in D,$$

这里 D 为它在 xy 平面上的投影 $\{(x,y)\mid a^2\leqslant x^2+y^2\leqslant b^2\}$.因此

$$\begin{aligned}F_z&=\iint_D G\frac{1}{\sqrt{2}(x^2+y^2+z^2)}\sqrt{1+z_x^2+z_y^2}\,\mathrm{d}x\mathrm{d}y\\&=G\iint_D\frac{1}{x^2+y^2+z^2}\mathrm{d}x\mathrm{d}y=G\iint_D\frac{1}{2(x^2+y^2)}\mathrm{d}x\mathrm{d}y\\&=G\int_0^{2\pi}\mathrm{d}\theta\int_a^b\frac{r\mathrm{d}r}{2r^2}=G\pi\ln\frac{b}{a}.\end{aligned}$$

通讯卫星的电波覆盖的地球面积

将通讯卫星发射到赤道的上空,使它位于赤道所在的平面内.如果卫星自西向东地绕地球飞行一周的时间正好等于地球自转一周的时间,那么它始终在地球某一个位置的上空,即相对静止的.这样的卫星称为地球同步卫星.

现在来计算该卫星的电波所能覆盖的地球的表面积.为简化问题,把地球看成一个球体,且不考虑其他天体对卫星的影响.

我们已经知道,地球的半径 R 为 6 371 km,地球自转的角速度 $\omega=\dfrac{2\pi}{24\times3\ 600}$,由于卫星绕地球飞行一周的时间,正好等于地球自转一周的时间,因此 ω 也就是卫星绕地球飞行的角速度.

我们先确定卫星离地面的高度 h.要使卫星不会脱离其预定轨道,卫星所受地球的引力必须与它绕地球飞行所受的离心力相等,即

$$\frac{GMm}{(R+h)^2}=m\omega^2(R+h),$$

其中 M 为地球的质量,m 为卫星的质量,G 是引力常量.由于重力加速度(即在地面的单位质量所受的引力)$g=\dfrac{GM}{R^2}$.那么从上式得

$$(R+h)^3=\frac{GM}{\omega^2}=\frac{GM}{R^2}\cdot\frac{R^2}{\omega^2}=g\frac{R^2}{\omega^2}.$$

于是

$$h=\sqrt[3]{g\frac{R^2}{\omega^2}}-R.$$

将 $R=6\ 371\ 000,\omega=\dfrac{2\pi}{24\times3\ 600},g=9.8$ 代入上式,就得到卫星离地面的高度为

$$h=\sqrt[3]{9.8\times\frac{6\ 371\ 000^2\times24^2\times3\ 600^2}{4\pi^2}}-6\ 371\ 000\approx36\ 000\ 000(\mathrm{m})=36\ 000(\mathrm{km}).$$

为计算卫星的电波所覆盖的地球表面的面积,取地心为坐标原点.取过地心与卫星中心、方向从地心到卫星中心的有向直线为 z 轴(见图 14.1.10,为简明起见,只画出了 xz 平面),则卫星的电波所覆盖的地球表面的面积为

$$S=\iint_{\Sigma}\mathrm{d}S,$$

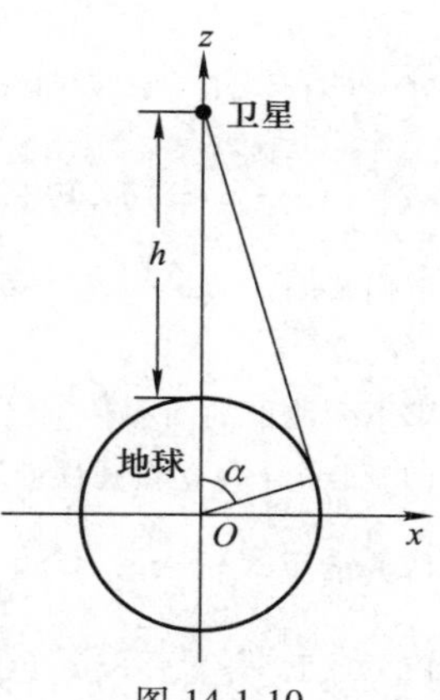

图 14.1.10

其中 Σ 是上半球面 $x^2+y^2+z^2=R^2(z\geqslant 0)$ 上满足 $z\geqslant R\cos\alpha$ 的部分,即

$$\Sigma: z=\sqrt{R^2-x^2-y^2},\quad x^2+y^2\leqslant R^2\sin^2\alpha.$$

利用第一类曲面积分的计算公式得

$$S=\iint_D\sqrt{1+\left(\frac{\partial z}{\partial x}\right)^2+\left(\frac{\partial z}{\partial y}\right)^2}\,\mathrm{d}x\mathrm{d}y=\iint_D\frac{R}{\sqrt{R^2-x^2-y^2}}\mathrm{d}x\mathrm{d}y,$$

这里 D 为 xy 平面上区域 $\{(x,y)\mid x^2+y^2\leqslant R^2\sin^2\alpha\}$. 利用极坐标变换,得

$$S=\int_0^{2\pi}\mathrm{d}\theta\int_0^{R\sin\alpha}\frac{R}{\sqrt{R^2-r^2}}r\mathrm{d}r=2\pi R\left(-\sqrt{R^2-r^2}\right)\Big|_0^{R\sin\alpha}=2\pi R^2(1-\cos\alpha).$$

因为 $\cos\alpha=\dfrac{R}{R+h}$,所以

$$\begin{aligned}S&=2\pi R^2\frac{h}{R+h}=2\pi\times 6\ 371\ 000^2\times\frac{36\ 000\ 000}{6\ 371\ 000+36\ 000\ 000}\\&\approx 2.166\ 85\times 10^{14}(\mathrm{m}^2)=2.166\ 85\times 10^8(\mathrm{km}^2).\end{aligned}$$

我们再看一个有趣现象. 由于

$$S=2\pi R^2\cdot\frac{h}{R+h}=4\pi R^2\cdot\frac{h}{2(R+h)},$$

且 $4\pi R^2$ 正是地球的表面积,而

$$\frac{h}{2(R+h)}=\frac{36\ 000\ 000}{2(6\ 371\ 000+36\ 000\ 000)}\approx 0.424\ 8.$$

因此,卫星的电波覆盖了地球表面三分之一以上的面积. 于是,从理论上说,只要在赤道上空使用三颗相间 $2\pi/3$ 的通讯卫星,它们的电波就可以覆盖几乎整个地球表面.

习　题

1. 求下列第一类曲线积分:

(1) $\int_L(x+y)\mathrm{d}s$,其中 L 是以 $O(0,0)$,$A(1,0)$,$B(0,1)$ 为顶点的三角形;

(2) $\int_L|y|\mathrm{d}s$,其中 L 为单位圆周 $x^2+y^2=1$;

(3) $\int_L|x|^{1/3}\mathrm{d}s$,其中 L 为星形线 $x^{2/3}+y^{2/3}=a^{2/3}$;

(4) $\int_L|x|\mathrm{d}s$,其中 L 为双纽线 $(x^2+y^2)^2=x^2-y^2$;

(5) $\int_L(x^2+y^2+z^2)\mathrm{d}s$,$L$ 为一段螺旋线 $x=a\cos t,y=a\sin t,z=bt,0\leqslant t\leqslant 2\pi$;

(6) $\int_L xyz\mathrm{d}s$,其中 L 为曲线 $x=t, y=\frac{2\sqrt{2t^3}}{3}, z=\frac{1}{2}t^2$ 上相应于 t 从 0 变到 1 的一段弧；

(7) $\int_L (xy+yz+zx)\mathrm{d}s$,其中 L 为球面 $x^2+y^2+z^2=a^2$ 和平面 $x+y+z=0$ 的交线.

2. 求椭圆周 $x=a\cos t, y=b\sin t, 0\leqslant t\leqslant 2\pi$ 的质量,已知曲线在点 $M(x,y)$ 处的线密度是 $\rho(x,y)=|y|$.

3. 求下列曲面的面积:

(1) $z=axy$ 包含在圆柱面 $x^2+y^2=a^2(a>0)$ 内的部分；

(2) 锥面 $x^2+y^2=\frac{1}{3}z^2(z\geqslant 0)$ 被平面 $x+y+z=2a(a>0)$ 所截的部分；

(3) 球面 $x^2+y^2+z^2=a^2$ 包含在锥面 $z=\sqrt{x^2+y^2}$ 内的部分；

(4) 圆柱面 $x^2+y^2=a^2$ 被两平面 $x+z=0, x-z=0(x>0,y>0)$ 所截部分；

(5) 抛物面 $x^2+y^2=2az$ 包含在柱面 $(x^2+y^2)^2=2a^2xy(a>0)$ 内的部分；

(6) 环面 $\begin{cases} x=(b+a\cos\theta)\cos\varphi, \\ y=(b+a\cos\theta)\sin\varphi, 0\leqslant\theta\leqslant 2\pi, 0\leqslant\varphi\leqslant 2\pi, \text{其中 } 0<a<b. \\ z=a\sin\theta, \end{cases}$

4. 求下列第一类曲面积分:

(1) $\iint_\Sigma (x+y+z)\mathrm{d}S$,其中 Σ 是左半球面 $x^2+y^2+z^2=a^2, y\leqslant 0$；

(2) $\iint_\Sigma (x^2+y^2)\mathrm{d}S$,其中 Σ 是区域 $\{(x,y,z) \mid \sqrt{x^2+y^2}\leqslant z\leqslant 1\}$ 的边界；

(3) $\iint_\Sigma (xy+yz+zx)\mathrm{d}S$,其中 Σ 是锥面 $z=\sqrt{x^2+y^2}$ 被柱面 $x^2+y^2=2ax$ 所截部分；

(4) $\iint_\Sigma \frac{1}{x^2+y^2+z^2}\mathrm{d}S$,其中 Σ 是圆柱面 $x^2+y^2=a^2$ 介于平面 $z=0$ 与 $z=H$ 之间的部分；

(5) $\iint_\Sigma \left(\frac{x^2}{2}+\frac{y^2}{3}+\frac{z^2}{4}\right)\mathrm{d}S$,其中 Σ 是球面 $x^2+y^2+z^2=a^2$；

(6) $\iint_\Sigma (x^3+y^2+z)\mathrm{d}S$,其中 Σ 是抛物面 $2z=x^2+y^2$ 介于平面 $z=0$ 与 $z=8$ 之间的部分；

(7) $\iint_\Sigma z\mathrm{d}S$,其中 Σ 是螺旋面 $x=u\cos v, y=u\sin v, z=v, 0\leqslant u\leqslant a, 0\leqslant v\leqslant 2\pi$ 的一部分.

5. 设球面 Σ 的半径为 R,球心在球面 $x^2+y^2+z^2=a^2$ 上.问当 R 为何值时,Σ 在球面 $x^2+y^2+z^2=a^2$ 内部的面积最大？并求该最大面积.

6. 求密度为 $\rho(x,y)=z$ 的抛物面壳 $z=\frac{1}{2}(x^2+y^2), 0\leqslant z\leqslant 1$ 的质量与质心.

7. 求均匀球面(半径是 a,密度是 1)对不在该球面上的质点(质量为 1)的引力.

8. 设 $u(x,y,z)$ 为连续函数,它在 $M(x_0,y_0,z_0)$ 处有连续的二阶偏导数.记 Σ 为以 M 点为中心,半径为 R 的球面,以及

$$T(R)=\frac{1}{4\pi R^2}\iint_\Sigma u(x,y,z)\mathrm{d}S.$$

(1) 证明:$\lim\limits_{R\to 0}T(R)=u(x_0,y_0,z_0)$；

(2) 若 $\left(\frac{\partial^2 u}{\partial x^2}+\frac{\partial^2 u}{\partial y^2}+\frac{\partial^2 u}{\partial z^2}\right)\Bigg|_{(x_0,y_0,z_0)}\neq 0$,求当 $R\to 0$ 时无穷小量 $T(R)-u(x_0,y_0,z_0)$ 的主要部分.

9. 设 Σ 为上半椭球面 $\frac{x^2}{2}+\frac{y^2}{2}+z^2=1(z\geqslant 0)$，$\pi$ 为 Σ 在点 $P(x,y,z)$ 处的切平面，$\rho(x,y,z)$ 为原点 $O(0,0,0)$ 到平面 π 的距离，求 $\iint\limits_{\Sigma}\frac{z}{\rho(x,y,z)}\mathrm{d}S$.

10. 设 Σ 是单位球面 $x^2+y^2+z^2=1$.证明

$$\iint\limits_{\Sigma}f(ax+by+cz)\,\mathrm{d}S=2\pi\int_{-1}^{1}f(u\sqrt{a^2+b^2+c^2})\,\mathrm{d}u,$$

其中 a,b,c 为不全为零的常数，$f(u)$ 是 $|u|\leqslant\sqrt{a^2+b^2+c^2}$ 上的一元连续函数.

11. 设有一高度为 $h(t)$（t 为时间）的雪堆在融化过程中，其侧面满足方程（设长度单位为 cm，时间单位为 h）

$$z=h(t)-\frac{2(x^2+y^2)}{h(t)}.$$

已知体积减少的速率与侧面积成正比（比例系数 0.9）.问高度为 130 cm 的雪堆全部融化需多少时间？

§2 第二类曲线积分与第二类曲面积分

第二类曲线积分

设 L 为空间中一条光滑曲线，起点为 A，终点为 B（这时称 L 为定向的）.一个质点在力

$$\boldsymbol{F}(x,y,z)=P(x,y,z)\boldsymbol{i}+Q(x,y,z)\boldsymbol{j}+R(x,y,z)\boldsymbol{k}$$

的作用下沿 L 从 A 移动到 B，我们要计算 $\boldsymbol{F}(x,y,z)$ 所做的功.

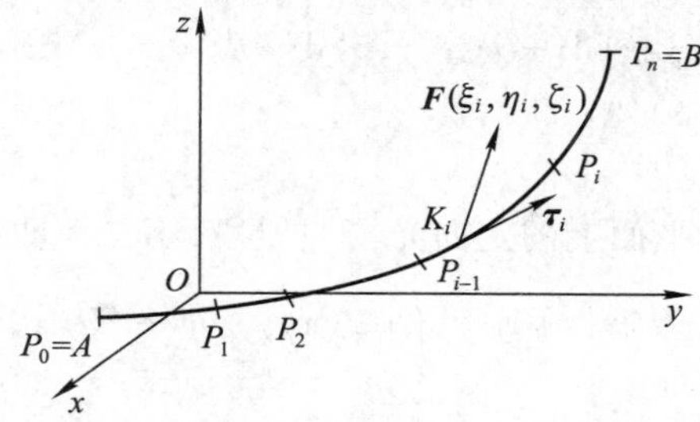

图 14.2.1

为了解决这个问题，在曲线 L 上插入一些分点

$$P_1(x_1,y_1,z_1),P_2(x_2,y_2,z_2),\cdots,P_{n-1}(x_{n-1},y_{n-1},z_{n-1}),$$

并令 $P_0(x_0,y_0,z_0)=A$，$P_n(x_n,y_n,z_n)=B$（见图 14.2.1）.并且这些点是从 A 到 B 计数的.这样一来，L 被这些分点分成 n 个小弧段 $P_{i-1}P_i(i=1,2,\cdots,n)$.在小弧段 $P_{i-1}P_i$ 上任取一点 $K_i(\xi_i,\eta_i,\zeta_i)$，取曲线 L 在 K_i 的单位切向量

$$\boldsymbol{\tau}_i=\cos\alpha_i\boldsymbol{i}+\cos\beta_i\boldsymbol{j}+\cos\gamma_i\boldsymbol{k},$$

使它的方向与 L 的定向相一致.那么质点从 P_{i-1} 移动到 P_i 时（$i=1,2,\cdots,n$），$\boldsymbol{F}$ 所做的

功近似地等于

$$\boldsymbol{F}(\xi_i,\eta_i,\zeta_i)\cdot\boldsymbol{\tau}_i\Delta s_i=[P(\xi_i,\eta_i,\zeta_i)\cos\alpha_i+Q(\xi_i,\eta_i,\zeta_i)\cos\beta_i+R(\xi_i,\eta_i,\zeta_i)\cos\gamma_i]\Delta s_i.$$

这里 Δs_i 是小弧段 $P_{i-1}P_i$ 的弧长.因此 $\boldsymbol{F}$ 将质点沿 L 从 A 移动到 B 所做的功为

$$\begin{aligned}W&=\lim_{\lambda\to 0}\sum_{i=1}^{n}\boldsymbol{F}(\xi_i,\eta_i,\zeta_i)\cdot\boldsymbol{\tau}_i\Delta s_i\\&=\lim_{\lambda\to 0}\sum_{i=1}^{n}[P(\xi_i,\eta_i,\zeta_i)\cos\alpha_i+Q(\xi_i,\eta_i,\zeta_i)\cos\beta_i+R(\xi_i,\eta_i,\zeta_i)\cos\gamma_i]\Delta s_i\\&=\int_L[P(x,y,z)\cos\alpha+Q(x,y,z)\cos\beta+R(x,y,z)\cos\gamma]\mathrm{d}s,\end{aligned}$$

其中 λ 为所有的小弧段的最大长度.

根据这种思想我们引入下面的定义.

定义 14.2.1　设 L 为一条定向的光滑曲线,起点为 A,终点为 B.在 L 上每一点取单位切向量 $\boldsymbol{\tau}=(\cos\alpha,\cos\beta,\cos\gamma)$,使它与 L 的定向相一致.设

$$\boldsymbol{f}(x,y,z)=P(x,y,z)\boldsymbol{i}+Q(x,y,z)\boldsymbol{j}+R(x,y,z)\boldsymbol{k}$$

是定义在 L 上的向量值函数,则称

$$\int_L\boldsymbol{f}\cdot\boldsymbol{\tau}\mathrm{d}s=\int_L[P(x,y,z)\cos\alpha+Q(x,y,z)\cos\beta+R(x,y,z)\cos\gamma]\mathrm{d}s$$

为 $\boldsymbol{f}$ 在 L 上的**第二类曲线积分**(如果右面的第一类曲线积分存在的话).

在曲线 L 上的点 (x,y,z) 处取一个 L 的弧长微元 $\mathrm{d}s$,作向量 $\mathrm{d}\boldsymbol{s}=\boldsymbol{\tau}\mathrm{d}s$,其中 $\boldsymbol{\tau}=(\cos\alpha,\cos\beta,\cos\gamma)$ 为曲线 L 在点 (x,y,z) 处与 L 同向的单位切向量.那么 $\mathrm{d}\boldsymbol{s}$ 在 x 轴上的投影是 $\cos\alpha\mathrm{d}s$,因此可记为 $\mathrm{d}x$,即 $\mathrm{d}x=\cos\alpha\mathrm{d}s$.同理记 $\mathrm{d}y=\cos\beta\mathrm{d}s$,$\mathrm{d}z=\cos\gamma\mathrm{d}s$.于是,第二类曲线积分又可以表示为

$$\int_L\boldsymbol{f}\cdot\boldsymbol{\tau}\mathrm{d}s=\int_L\boldsymbol{f}\cdot\mathrm{d}\boldsymbol{s}=\int_L P(x,y,z)\mathrm{d}x+Q(x,y,z)\mathrm{d}y+R(x,y,z)\mathrm{d}z.$$

它也称为 1-形式 $\omega=P(x,y,z)\mathrm{d}x+Q(x,y,z)\mathrm{d}y+R(x,y,z)\mathrm{d}z$ 在 L 上的第二类曲线积分,记为 $\int_L\omega$.

特别地,如果 L 为 xy 平面上的定向光滑曲线段,第二类曲线积分就简化为

$$\begin{aligned}\int_L P(x,y)\mathrm{d}x+Q(x,y)\mathrm{d}y&=\int_L[P(x,y)\cos\alpha+Q(x,y)\cos\beta]\mathrm{d}s\\&=\int_L[P(x,y)\cos\alpha+Q(x,y)\sin\alpha]\mathrm{d}s,\end{aligned}$$

其中 α 为 L 的沿 L 方向的切向量与 x 轴正向的夹角.

第二类曲线积分定义在定向曲线(即指定了方向的曲线)上,它具有如下性质.

性质 1(方向性)　设向量值函数 $\boldsymbol{f}$ 在定向的分段光滑曲线 L 上的第二类曲线积分存在.记 $-L$ 是定向曲线 L 的反向曲线,则 $\boldsymbol{f}$ 在 $-L$ 上的第二类曲线积分也存在,且成立

$$\int_L\boldsymbol{f}\cdot\boldsymbol{\tau}\mathrm{d}s=-\int_{-L}\boldsymbol{f}\cdot\boldsymbol{\tau}\mathrm{d}s.$$

注意这个等式两边的 $\boldsymbol{\tau}$ 是方向相反的.

性质 2(线性性)　设两个向量值函数 $\boldsymbol{f},\boldsymbol{g}$ 在定向的分段光滑曲线 L 上的第二类曲

线积分存在，则对于任何常数 $\alpha,\beta,\alpha\boldsymbol{f}+\beta\boldsymbol{g}$ 在 L 上的第二类曲线积分也存在，且成立

$$\int_L(\alpha\boldsymbol{f}+\beta\boldsymbol{g})\cdot\boldsymbol{\tau}\mathrm{d}s=\alpha\int_L\boldsymbol{f}\cdot\boldsymbol{\tau}\mathrm{d}s+\beta\int_L\boldsymbol{g}\cdot\boldsymbol{\tau}\mathrm{d}s.$$

性质 3(路径可加性)　设定向分段光滑曲线 L 分成了两段 L_1 和 L_2，它们与 L 的取向相同(这时记为 $L=L_1+L_2$)，如果向量值函数 $\boldsymbol{f}$ 在 L 上的第二类曲线积分存在，则它在 L_1 和 L_2 上的第二类曲线积分也存在.反之，如果 $\boldsymbol{f}$ 在 L_1 和 L_2 上的第二类曲线积分存在，则它在 L 上的第二类曲线积分也存在.且成立

$$\int_L\boldsymbol{f}\cdot\boldsymbol{\tau}\mathrm{d}s=\int_{L_1}\boldsymbol{f}\cdot\boldsymbol{\tau}\mathrm{d}s+\int_{L_2}\boldsymbol{f}\cdot\boldsymbol{\tau}\mathrm{d}s.$$

现在讨论如何计算第二类曲线积分.设光滑曲线 L 的方程为

$$x=x(t),\quad y=y(t),\quad z=z(t),\quad t:a\to b,$$

这里 $t:a\to b$ 表示参数 t 从 a 变化到 b，这就确定了 L 的方向.则 L 是可求长的，且曲线的弧长的微分 $\mathrm{d}s=\sqrt{x'^2(t)+y'^2(t)+z'^2(t)}\,\mathrm{d}t$.注意到 $(x'(t),y'(t),z'(t))$ 是曲线的切向量，因此它的单位切向量为

$$\boldsymbol{\tau}=(\cos\alpha,\cos\beta,\cos\gamma)=\frac{1}{\sqrt{x'^2(t)+y'^2(t)+z'^2(t)}}(x'(t),y'(t),z'(t)).$$

若向量值函数

$$\boldsymbol{f}(x,y,z)=P(x,y,z)\boldsymbol{i}+Q(x,y,z)\boldsymbol{j}+R(x,y,z)\boldsymbol{k}$$

在 L 上连续，那么由定理 14.1.1 得到第二类曲线积分的计算公式：

$$\begin{aligned}&\int_L P(x,y,z)\mathrm{d}x+Q(x,y,z)\mathrm{d}y+R(x,y,z)\mathrm{d}z\\=&\int_L[P(x,y,z)\cos\alpha+Q(x,y,z)\cos\beta+R(x,y,z)\cos\gamma]\mathrm{d}s\\=&\int_a^b[P(x(t),y(t),z(t))x'(t)+Q(x(t),y(t),z(t))y'(t)+R(x(t),y(t),z(t))z'(t)]\mathrm{d}t.\end{aligned}$$

特别地，如果 L 的方程是

$$y=y(x),\quad z=z(x),\quad x:a\to b$$

则

$$\begin{aligned}&\int_L P(x,y,z)\mathrm{d}x+Q(x,y,z)\mathrm{d}y+R(x,y,z)\mathrm{d}z\\=&\int_a^b[P(x,y(x),z(x))+Q(x,y(x),z(x))y'(x)+R(x,y(x),z(x))z'(x)]\mathrm{d}x.\end{aligned}$$

如果 L 为 xy 平面上光滑曲线，其方程为

$$x=x(t),\quad y=y(t),\quad t:a\to b,$$

则

$$\int_L P(x,y)\mathrm{d}x+Q(x,y)\mathrm{d}y=\int_a^b[P(x(t),y(t))x'(t)+Q(x(t),y(t))y'(t)]\mathrm{d}t.$$

因此，如果 L 是 xy 平面上的方程为

$$y=y(x),\quad x:a\to b$$

的光滑曲线，则

$$\int_L P(x,y)\,\mathrm{d}x+Q(x,y)\,\mathrm{d}y=\int_a^b [P(x,y(x))+Q(x,y(x))y'(x)]\,\mathrm{d}x.$$

例 14.2.1 计算 $\int_L y^2\mathrm{d}x+x^2\mathrm{d}y$，其中 L 为：(1) 圆周 $x^2+y^2=R^2$ 的上半部分，方向为逆时针方向；(2) 从点 $M(R,0)$ 到点 $N(-R,0)$ 的直线段（见图 14.2.2）.

解 (1) 这时 L 的参数方程为

$$x=R\cos t,\quad y=R\sin t,\quad t:0\to\pi,$$

因此

$$\begin{aligned}\int_L y^2\mathrm{d}x+x^2\mathrm{d}y &= \int_0^{\pi}[R^2\sin^2 t(-R\sin t)+R^2\cos^2 t(R\cos t)]\,\mathrm{d}t\\ &=R^3\int_0^{\pi}[(1-\cos^2 t)(-\sin t)+(1-\sin^2 t)\cos t]\,\mathrm{d}t\\ &=-\frac{4}{3}R^3.\end{aligned}$$

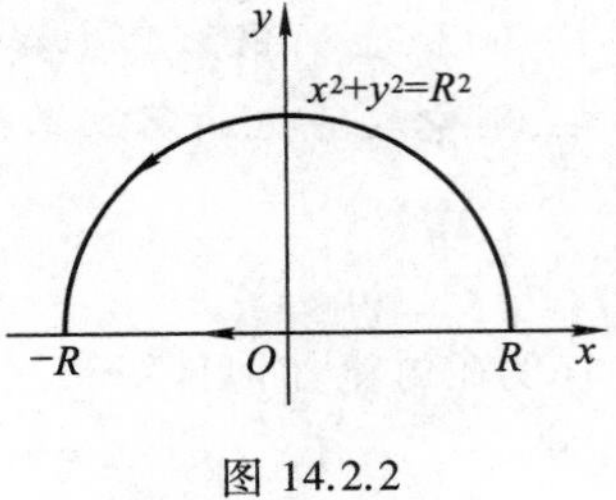

图 14.2.2

(2) 这时 L 的方程为

$$y=y(x)=0,\quad x:R\to -R,$$

因此

$$\int_L y^2\mathrm{d}x+x^2\mathrm{d}y=\int_R^{-R} 0\cdot\mathrm{d}x=0.$$

例 14.2.2 求空间中一质量为 m 的物体沿某一光滑曲线 L 从 A 点移动到 B 点时，重力所做的功.

解 作直角坐标系，使 z 轴铅直向上（见图 14.2.3）. 在这个坐标系下，设 $A=(x_1,y_1,z_1)$，$B=(x_2,y_2,z_2)$. 设 L 的方程为

$$x=x(t),\quad y=y(t),\quad z=z(t),\quad t:\alpha\to\beta.$$

则 $A=(x_1,y_1,z_1)=(x(\alpha),y(\alpha),z(\alpha))$，$B=(x_2,y_2,z_2)=(x(\beta),y(\beta),z(\beta))$.

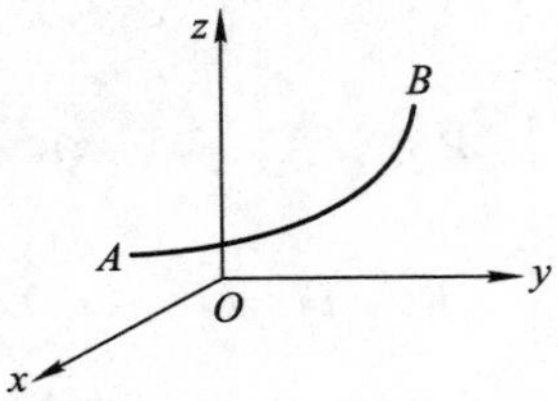

图 14.2.3

显然重力 $\boldsymbol{F}=-mg\boldsymbol{k}$，这里 g 为重力加速度. 则重力所做的功为

$$W=\int_L(-mg)\,\mathrm{d}z=-mg\int_L \mathrm{d}z=-mg\int_{\alpha}^{\beta}z'(t)\,\mathrm{d}t=-mg(z(\beta)-z(\alpha))=mg(z_1-z_2).$$

这说明了，重力所做的功与路径无关，它仅取决于物体下降（或上升）的距离.

这两个例子说明了第二类曲线积分既可能与路径有关，也可能与路径无关. 我们将在下一节讨论第二类曲线积分与路径无关的条件.

例 14.2.3 计算 $\int_L (y^2-z^2)\,\mathrm{d}x+(z^2-x^2)\,\mathrm{d}y+(x^2-y^2)\,\mathrm{d}z$，其中 L 为球面 $x^2+y^2+z^2=1$ 在第一卦限部分的边界，当从球面外面看时为顺时针方向.

解 曲线是由圆弧段 $\overset{\frown}{AB}$，$\overset{\frown}{BC}$，$\overset{\frown}{CA}$ 组成（见图 14.2.4）. 而圆弧段 $\overset{\frown}{AB}$ 的参数方程为

$$x=0,\quad y=\cos t,\quad z=\sin t,\quad t:\frac{\pi}{2}\to 0,$$

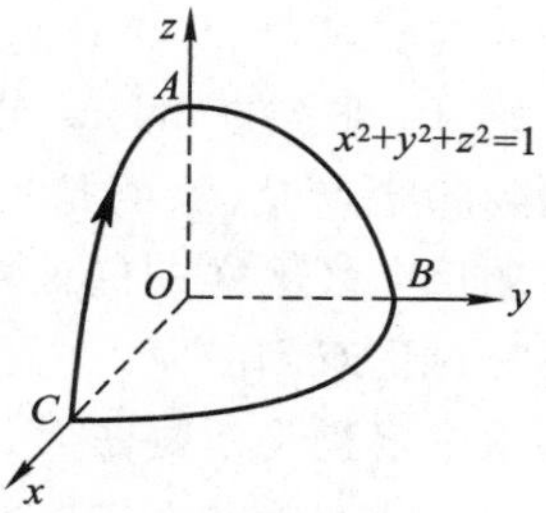

因此

$$\int_{\widehat{AB}}(y^2-z^2)\,\mathrm{d}x+(z^2-x^2)\,\mathrm{d}y+(x^2-y^2)\,\mathrm{d}z$$

$$=\int_{\frac{\pi}{2}}^{0}[\sin^2 t(-\sin t)-\cos^2 t(\cos t)]\,\mathrm{d}t=\int_0^{\frac{\pi}{2}}(\sin^3 t+\cos^3 t)\,\mathrm{d}t$$

$$=\frac{4}{3}.$$

图 14.2.4

由对称性得到

$$\int_{\widehat{BC}}(y^2-z^2)\,\mathrm{d}x+(z^2-x^2)\,\mathrm{d}y+(x^2-y^2)\,\mathrm{d}z$$

$$=\int_{\widehat{CA}}(y^2-z^2)\,\mathrm{d}x+(z^2-x^2)\,\mathrm{d}y+(x^2-y^2)\,\mathrm{d}z$$

$$=\int_{\widehat{AB}}(y^2-z^2)\,\mathrm{d}x+(z^2-x^2)\,\mathrm{d}y+(x^2-y^2)\,\mathrm{d}z=\frac{4}{3}.$$

于是

$$\int_L(y^2-z^2)\,\mathrm{d}x+(z^2-x^2)\,\mathrm{d}y+(x^2-y^2)\,\mathrm{d}z$$

$$=3\int_{\widehat{AB}}(y^2-z^2)\,\mathrm{d}x+(z^2-x^2)\,\mathrm{d}y+(x^2-y^2)\,\mathrm{d}z=4.$$

曲面的侧

如果放一只蚂蚁在一张白纸上，无论它怎样爬，只要它不越过白纸的边界，当它再爬回到原来的位置时，还是在纸的上方，不会到下面去.这就像在白纸上的一点处选择一个指向上方的单位法向量，然后沿任何一条不越过边界的闭曲线连续地移动它，使它与所过之点处的一个单位法向量相合，并保持这种相合的连续性，那么当它又回到原来的位置时，它还是原来的那个单位法向量，而不会变成指向白纸下方的那个单位法向量.具有这种性质的曲面叫做双侧曲面.具体的定义是：

定义 14.2.2 设 Σ 是一张光滑曲面，P 为 Σ 上任一点，Γ_P 是过 P 点且不越过曲面边界的任意一条闭曲线.取定 Σ 在 P 点的一个单位法向量，让它沿 Γ_P 连续移动，使它与所过之点处的一个单位法向量连续地相合.如果当它再回到 P 点时，法向量的指向仍与原选的方向相同，则称 Σ 为**双侧曲面**.

这样一来，在双侧曲面 Σ 上，如果选定了一点 P 和曲面 Σ 在该点的一个法向量，通过从这点连续地移动法向量就可以惟一地确定 Σ 上其他点的法向量的方向.于是曲面 Σ 就由法向量的方向被分为两侧（例如，球面有内侧和外侧）.选好一侧的曲面称为**定向曲面**.

并非所有光滑曲面都是双侧曲面.例如，把长方形 $ABCD$ 先扭转一次再首尾相粘，

即 A 与 C 相粘，B 与 D 点相粘，就做成了所谓的 **Möbius 带**（见图14.2.5）．如果从某一点开始，用刷子在 Möbius 带上连续地涂色（即指定法向量），最后就会涂满整条带子，但回到起始点时，涂的是反面（即法向量与已选择的反向）．这样的曲面叫做**单侧曲面**．我们今后只讨论双侧曲面（注意数片双侧曲面拼在一起不一定仍是双侧曲面，如 Möbius 带可以看成是由两片双侧曲面拼成的）．

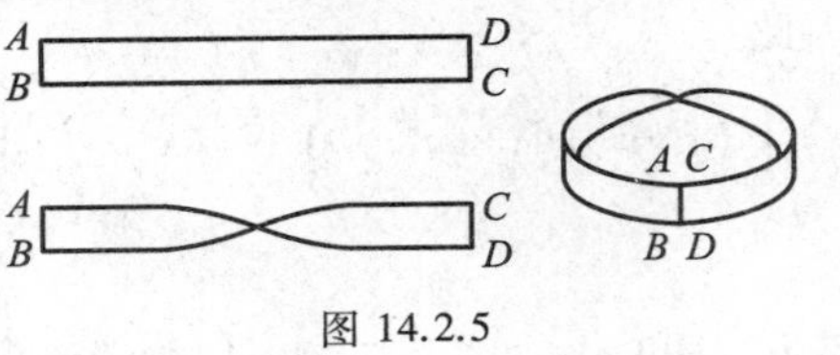

图 14.2.5

设双侧曲面 Σ 的方程为

$$x=x(u,v),\quad y=y(u,v),\quad z=z(u,v),\quad (u,v)\in D.$$

这里 D 为 uv 平面上具有分段光滑边界的区域．进一步假设 x,y,z 对 u 和 v 有连续偏导数，且相应的 Jacobi 矩阵

$$\boldsymbol{J}=\begin{pmatrix}\dfrac{\partial x}{\partial u} & \dfrac{\partial x}{\partial v}\\ \dfrac{\partial y}{\partial u} & \dfrac{\partial y}{\partial v}\\ \dfrac{\partial z}{\partial u} & \dfrac{\partial z}{\partial v}\end{pmatrix}$$

总是满秩的．这时曲面 Σ 是光滑的．

前面已经知道，曲面的法向量可以表示为

$$\pm\boldsymbol{r}_u\times\boldsymbol{r}_v=\pm\left(\frac{\partial(y,z)}{\partial(u,v)},\frac{\partial(z,x)}{\partial(u,v)},\frac{\partial(x,y)}{\partial(u,v)}\right),$$

“±”表示曲面上每个点 $(x(u,v),y(u,v),z(u,v))$ 都有方向相反的两个法向量．于是在这点的单位法向量及方向余弦为

$$\boldsymbol{n}=(\cos\alpha,\cos\beta,\cos\gamma)=\frac{1}{\pm\sqrt{EG-F^2}}\left(\frac{\partial(y,z)}{\partial(u,v)},\frac{\partial(z,x)}{\partial(u,v)},\frac{\partial(x,y)}{\partial(u,v)}\right),$$

这里 $EG-F^2=\left[\dfrac{\partial(y,z)}{\partial(u,v)}\right]^2+\left[\dfrac{\partial(z,x)}{\partial(u,v)}\right]^2+\left[\dfrac{\partial(x,y)}{\partial(u,v)}\right]^2$.

在根号前取定一个符号后，曲面对每一个点 $(x(u,v),y(u,v),z(u,v))$ 都确定了一个单位法向量．而又由假设，方向余弦是连续的，因此所确定的单位法向量是连续变动的，曲面的双侧性就保证了法向量不会指向另一侧去．这就是说，在根号前取定一个符号后，也就确定了曲面的一侧．

例如，光滑曲面 Σ 的方程为

$$z=z(x,y),\quad (x,y)\in D,$$

其中 D 为平面区域．那么

$$\boldsymbol{n}=(\cos\alpha,\cos\beta,\cos\gamma)=\frac{1}{\pm\sqrt{1+z_x^2+z_y^2}}(-z_x,-z_y,1).$$

如果取正号，则 $\cos\gamma>0$，这时法向量与 z 轴成锐角，意味着取定了曲面的上侧，而取负号则意味着取定了曲面的下侧．

第二类曲面积分

已知不可压缩流体(设其密度为 1)在(x,y,z)处的流速可以表示为

$$\boldsymbol{v}=P(x,y,z)\boldsymbol{i}+Q(x,y,z)\boldsymbol{j}+R(x,y,z)\boldsymbol{k},$$

并设它与时间无关,我们来计算单位时间内通过定向曲面 Σ 的(质量)流量.

用光滑曲线网将 Σ 分成 n 片小曲面 $\Delta\Sigma_1,\Delta\Sigma_2,\cdots,\Delta\Sigma_n$.设 $\Delta\Sigma_i$ 的面积为 ΔS_i,在它上面任取一点 $M_i(\xi_i,\eta_i,\zeta_i)$,那么在这点的流速为

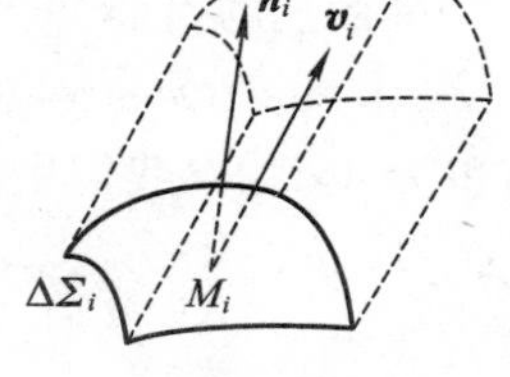

图 14.2.6

$$\boldsymbol{v}_i=P(\xi_i,\eta_i,\zeta_i)\boldsymbol{i}+Q(\xi_i,\eta_i,\zeta_i)\boldsymbol{j}+R(\xi_i,\eta_i,\zeta_i)\boldsymbol{k}.$$

记曲面 Σ 在 M_i 点的单位法向量为

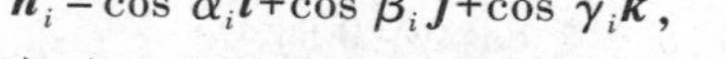

$$\boldsymbol{n}_i=\cos\alpha_i\boldsymbol{i}+\cos\beta_i\boldsymbol{j}+\cos\gamma_i\boldsymbol{k},$$

那么单位时间内流过 $\Delta\Sigma_i$ 的流量(见图 14.2.6)就近似的为

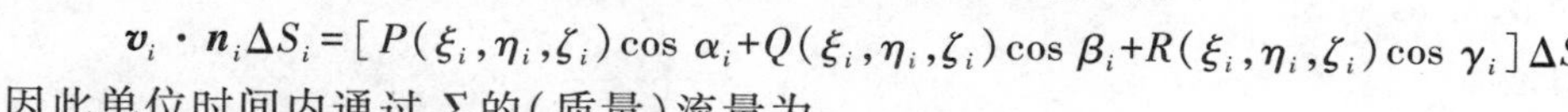

$$\boldsymbol{v}_i\cdot\boldsymbol{n}_i\Delta S_i=[P(\xi_i,\eta_i,\zeta_i)\cos\alpha_i+Q(\xi_i,\eta_i,\zeta_i)\cos\beta_i+R(\xi_i,\eta_i,\zeta_i)\cos\gamma_i]\Delta S_i.$$

因此单位时间内通过 Σ 的(质量)流量为

$$\begin{aligned}\Phi&=\lim_{\lambda\to0}\sum_{i=1}^{n}\boldsymbol{v}_i\cdot\boldsymbol{n}_i\Delta S_i\\&=\lim_{\lambda\to0}\sum_{i=1}^{n}[P(\xi_i,\eta_i,\zeta_i)\cos\alpha_i+Q(\xi_i,\eta_i,\zeta_i)\cos\beta_i+R(\xi_i,\eta_i,\zeta_i)\cos\gamma_i]\Delta S_i\\&=\iint\limits_{\Sigma}[P(x,y,z)\cos\alpha+Q(x,y,z)\cos\beta+R(x,y,z)\cos\gamma]\mathrm{d}S,\end{aligned}$$

其中 λ 是所有小曲面片的最大直径.

这种思想使我们引入下面的定义.

定义 14.2.3　设 Σ 为定向的光滑曲面,曲面上的每一点指定了单位法向量 $\boldsymbol{n}=(\cos\alpha,\cos\beta,\cos\gamma)$.如果 $\boldsymbol{f}(x,y,z)=P(x,y,z)\boldsymbol{i}+Q(x,y,z)\boldsymbol{j}+R(x,y,z)\boldsymbol{k}$ 是定义在 Σ 上的向量值函数,称

$$\iint\limits_{\Sigma}\boldsymbol{f}\cdot\boldsymbol{n}\mathrm{d}S=\iint\limits_{\Sigma}[P(x,y,z)\cos\alpha+Q(x,y,z)\cos\beta+R(x,y,z)\cos\gamma]\mathrm{d}S$$

为 $\boldsymbol{f}$ 在 Σ 上的**第二类曲面积分**(如果右面的第一类曲面积分存在).

第二类曲面积分定义在定向曲面上,它具有与第二类曲线积分类似的性质.

性质 1(方向性)　设向量值函数 $\boldsymbol{f}$ 在定向的光滑曲面 Σ 上的第二类曲面积分存在.记 $-\Sigma$ 为与 Σ 取相反侧的曲面,则 $\boldsymbol{f}$ 在 $-\Sigma$ 上的第二类曲面积分也存在,且成立

$$\iint\limits_{-\Sigma}\boldsymbol{f}\cdot\boldsymbol{n}\mathrm{d}S=-\iint\limits_{\Sigma}\boldsymbol{f}\cdot\boldsymbol{n}\mathrm{d}S.$$

注意这个等式两边的 $\boldsymbol{n}$ 是方向相反的.

性质 2(线性性)　设 $\boldsymbol{f}$ 和 $\boldsymbol{g}$ 在定向的光滑曲面 Σ 上的第二类曲面积分存在,则对任何常数 α,β,$\alpha\boldsymbol{f}+\beta\boldsymbol{g}$ 在 Σ 上的第二类曲面积分也存在,且成立

$$\iint\limits_{\Sigma}(\alpha\boldsymbol{f}+\beta\boldsymbol{g})\cdot\boldsymbol{n}\mathrm{d}S=\alpha\iint\limits_{\Sigma}\boldsymbol{f}\cdot\boldsymbol{n}\mathrm{d}S+\beta\iint\limits_{\Sigma}\boldsymbol{g}\cdot\boldsymbol{n}\mathrm{d}S.$$

性质 3(曲面可加性)　设定向的光滑曲面 Σ 分成了两片 Σ_1 和 Σ_2,它们与 Σ 的取向相同(这时记为 $\Sigma=\Sigma_1+\Sigma_2$),如果向量值函数 $\boldsymbol{f}$ 在 Σ 上的第二类曲面积分存在,则它

在 Σ_1 和 Σ_2 上的第二类曲面积分也存在.反之,如果 $\boldsymbol{f}$ 在 Σ_1 和 Σ_2 上的第二类曲面积分存在,则它在 Σ 上的第二类曲面积分也存在.且成立

$$\iint_{\Sigma}\boldsymbol{f}\cdot\boldsymbol{n}\mathrm{d}S=\iint_{\Sigma_1}\boldsymbol{f}\cdot\boldsymbol{n}\mathrm{d}S+\iint_{\Sigma_2}\boldsymbol{f}\cdot\boldsymbol{n}\mathrm{d}S.$$

利用性质 3 的思想就可以把第二类曲面积分的定义推广到分片光滑的曲面上去.

在 Σ 上的点 (x,y,z) 处取一个 Σ 的面积微元 $\mathrm{d}S$,作定向曲面微元 $\mathrm{d}\boldsymbol{S}=\boldsymbol{n}\mathrm{d}S$,其中 $\boldsymbol{n}=(\cos\alpha,\cos\beta,\cos\gamma)$ 为 Σ 在点 (x,y,z) 处的单位法向量.记 $\mathrm{d}\boldsymbol{S}$ 在 xy 平面上的投影的面积为 $\mathrm{d}\sigma$.如果我们用微分形式 $\mathrm{d}x\wedge\mathrm{d}y$ 表示 $\mathrm{d}\boldsymbol{S}$ 在 xy 平面上的有向投影面积,即

$$\mathrm{d}x\wedge\mathrm{d}y=\begin{cases}\mathrm{d}\sigma, & \text{当 }\cos\gamma>0\text{ 时};\\ -\mathrm{d}\sigma, & \text{当 }\cos\gamma<0\text{ 时};\\ 0, & \text{当 }\cos\gamma=0\text{ 时}.\end{cases}$$

那么 $\mathrm{d}x\wedge\mathrm{d}y=\cos\gamma\mathrm{d}S$.

类似地有

$$\mathrm{d}y\wedge\mathrm{d}z=\cos\alpha\mathrm{d}S,\quad \mathrm{d}z\wedge\mathrm{d}x=\cos\beta\mathrm{d}S.$$

为方便起见,常简记 $\mathrm{d}x\wedge\mathrm{d}y$ 为 $\mathrm{d}x\mathrm{d}y$,$\mathrm{d}y\wedge\mathrm{d}z$ 为 $\mathrm{d}y\mathrm{d}z$,$\mathrm{d}z\wedge\mathrm{d}x$ 为 $\mathrm{d}z\mathrm{d}x$.于是,第二类曲面积分又可以表示为

$$\begin{aligned}\iint_{\Sigma}\boldsymbol{f}\cdot\mathrm{d}\boldsymbol{S}&=\iint_{\Sigma}P(x,y,z)\mathrm{d}y\wedge\mathrm{d}z+Q(x,y,z)\mathrm{d}z\wedge\mathrm{d}x+R(x,y,z)\mathrm{d}x\wedge\mathrm{d}y\\&=\iint_{\Sigma}P(x,y,z)\mathrm{d}y\mathrm{d}z+Q(x,y,z)\mathrm{d}z\mathrm{d}x+R(x,y,z)\mathrm{d}x\mathrm{d}y.\end{aligned}$$

这也称为 2-形式

$$\omega=P(x,y,z)\mathrm{d}y\wedge\mathrm{d}z+Q(x,y,z)\mathrm{d}z\wedge\mathrm{d}x+R(x,y,z)\mathrm{d}x\wedge\mathrm{d}y$$

在 Σ 上的第二类曲面积分,记为 $\int_{\Sigma}\omega$.

下面讨论如何计算第二类曲面积分.

若定向光滑曲面 Σ 的参数方程为

$$x=x(u,v),\quad y=y(u,v),\quad z=z(u,v),\quad (u,v)\in D,$$

其中 D 为 uv 平面上有分段光滑边界的有界区域.$P(x,y,z)$,$Q(x,y,z)$,$R(x,y,z)$ 为 Σ 上的连续函数.由于

$$(\cos\alpha,\cos\beta,\cos\gamma)=\pm\frac{1}{\sqrt{EG-F^2}}\left(\frac{\partial(y,z)}{\partial(u,v)},\frac{\partial(z,x)}{\partial(u,v)},\frac{\partial(x,y)}{\partial(u,v)}\right),$$

以及 $\mathrm{d}S=\sqrt{EG-F^2}\,\mathrm{d}u\mathrm{d}v$,则由第一类曲面积分的计算公式,第二类曲面积分可由如下公式计算:

$$\begin{aligned}&\iint_{\Sigma}P(x,y,z)\mathrm{d}y\mathrm{d}z+Q(x,y,z)\mathrm{d}z\mathrm{d}x+R(x,y,z)\mathrm{d}x\mathrm{d}y\\&=\iint_{\Sigma}[P(x,y,z)\cos\alpha+Q(x,y,z)\cos\beta+R(x,y,z)\cos\gamma]\mathrm{d}S\\&=\pm\iint_{D}\left[P(x(u,v),y(u,v),z(u,v))\frac{\partial(y,z)}{\partial(u,v)}+\right.\end{aligned}$$

$$Q(x(u,v),y(u,v),z(u,v))\frac{\partial(z,x)}{\partial(u,v)}+R(x(u,v),y(u,v),z(u,v))\frac{\partial(x,y)}{\partial(u,v)}\Big]\mathrm{d}u\mathrm{d}v.$$

式中符号由曲面的侧,即方向余弦(或单位法向量)的计算公式中所取符号决定.

特别地,如果定向的光滑曲面 Σ 的方程为

$$z=z(x,y),\quad (x,y)\in D_{xy},$$

其中 D_{xy} 为 xy 平面上具有分段光滑边界的有界闭区域,$R(x,y,z)$ 为 Σ 上的连续函数,则

$$\iint\limits_{\Sigma}R(x,y,z)\,\mathrm{d}x\mathrm{d}y=\pm\iint\limits_{D_{xy}}R(x,y,z(x,y))\,\mathrm{d}x\mathrm{d}y.$$

等式右端是二重积分,当曲面的定向为上侧时,积分号前取"+";当曲面的定向为下侧时,积分号前取"-".

读者不难推出当定向的光滑曲面 Σ 的方程为

$$x=x(y,z),\quad (y,z)\in D_{yz},\quad 或\ y=y(z,x),(z,x)\in D_{zx}$$

时的类似公式.

例 14.2.4 计算 $I=\iint\limits_{\Sigma}(x+1)\,\mathrm{d}y\mathrm{d}z+(y+1)\,\mathrm{d}z\mathrm{d}x+(z+1)\,\mathrm{d}x\mathrm{d}y$,其中 Σ 为平面 $x+y+z=1$,$x=0$,$y=0$ 和 $z=0$ 所围立体的表面(见图 14.2.7),方向取外侧.

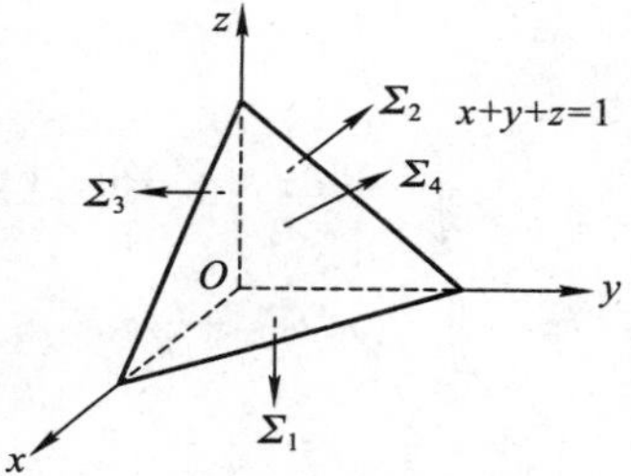

图 14.2.7

解 将曲面划分成如图所示的四片:$\Sigma_1,\Sigma_2,\Sigma_3$ 和 Σ_4.

Σ_1 的方程为 $z=0,0\leqslant y\leqslant 1-x,0\leqslant x\leqslant 1$.根据定向,其法向量与 x 轴和 y 轴的夹角都是 $\pi/2$,与 z 轴的夹角为 $-\pi$,因此

$$\iint\limits_{\Sigma_1}(x+1)\,\mathrm{d}y\mathrm{d}z+(y+1)\,\mathrm{d}z\mathrm{d}x+(z+1)\,\mathrm{d}x\mathrm{d}y=\iint\limits_{\Sigma_1}(z+1)\,\mathrm{d}x\mathrm{d}y=-\iint\limits_{\substack{0\leqslant x\leqslant 1\\0\leqslant y\leqslant 1-x}}\mathrm{d}x\mathrm{d}y=-\frac{1}{2}.$$

同理

$$\iint\limits_{\Sigma_2}(x+1)\,\mathrm{d}y\mathrm{d}z+(y+1)\,\mathrm{d}z\mathrm{d}x+(z+1)\,\mathrm{d}x\mathrm{d}y=-\frac{1}{2},$$

$$\iint\limits_{\Sigma_3}(x+1)\,\mathrm{d}y\mathrm{d}z+(y+1)\,\mathrm{d}z\mathrm{d}x+(z+1)\,\mathrm{d}x\mathrm{d}y=-\frac{1}{2}.$$

而 Σ_4 的方程可表为 $z=1-x-y,0\leqslant y\leqslant 1-x,0\leqslant x\leqslant 1$.因此

$$\iint\limits_{\Sigma_4}(z+1)\,\mathrm{d}x\mathrm{d}y=\iint\limits_{\substack{0\leqslant x\leqslant 1\\0\leqslant y\leqslant 1-x}}(2-x-y)\,\mathrm{d}x\mathrm{d}y=\frac{2}{3}.$$

由对称性得

$$\iint\limits_{\Sigma_4}(x+1)\,\mathrm{d}y\mathrm{d}z=\iint\limits_{\Sigma_4}(y+1)\,\mathrm{d}z\mathrm{d}x=\frac{2}{3}.$$

因此

$$\iint\limits_{\Sigma_4}(x+1)\,\mathrm{d}y\mathrm{d}z+(y+1)\,\mathrm{d}z\mathrm{d}x+(z+1)\,\mathrm{d}x\mathrm{d}y=2.$$

相加后即得到 $I=\dfrac{1}{2}$.

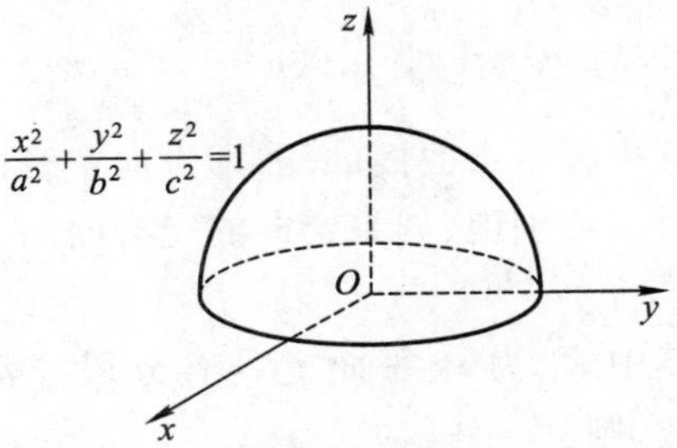

图 14.2.8

例 14.2.5　计算 $\iint\limits_{\Sigma}x^3\mathrm{d}y\mathrm{d}z+y^3\mathrm{d}z\mathrm{d}x+z^3\mathrm{d}x\mathrm{d}y$，其中 Σ 为上半椭球面 $\dfrac{x^2}{a^2}+\dfrac{y^2}{b^2}+\dfrac{z^2}{c^2}=1, z\geqslant0(a,b,c>0)$，方向取上侧(见图 14.2.8).

解　利用广义球面坐标，就可得曲面的参数方程为

$$x=a\sin\varphi\cos\theta,\quad y=b\sin\varphi\sin\theta,\quad z=c\cos\varphi, 0\leqslant\theta\leqslant2\pi,\quad 0\leqslant\varphi\leqslant\frac{\pi}{2}.$$

易计算

$$\frac{\partial(y,z)}{\partial(\varphi,\theta)}=bc\sin^2\varphi\cos\theta,\quad \frac{\partial(z,x)}{\partial(\varphi,\theta)}=ac\sin^2\varphi\sin\theta,\quad \frac{\partial(x,y)}{\partial(\varphi,\theta)}=ab\sin\varphi\cos\varphi.$$

因此

$$\begin{aligned}&\iint\limits_{\Sigma}x^3\mathrm{d}y\mathrm{d}z+y^3\mathrm{d}z\mathrm{d}x+z^3\mathrm{d}x\mathrm{d}y\\&=\iint\limits_{\substack{0\leqslant\theta\leqslant2\pi\\0\leqslant\varphi\leqslant\frac{\pi}{2}}}(a^3bc\sin^5\varphi\cos^4\theta+b^3ac\sin^5\varphi\sin^4\theta+c^3ab\sin\varphi\cos^4\varphi)\,\mathrm{d}\varphi\mathrm{d}\theta\\&=abc\int_0^{\frac{\pi}{2}}\mathrm{d}\varphi\int_0^{2\pi}(a^2\sin^5\varphi\cos^4\theta+b^2\sin^5\varphi\sin^4\theta+c^2\sin\varphi\cos^4\varphi)\,\mathrm{d}\theta\\&=\frac{2}{5}\pi abc(a^2+b^2+c^2).\end{aligned}$$

我们说明一下为什么这里积分号前取"+".因为曲面的定向为上侧，所以在 Σ 上方向余弦 $\cos\gamma>0$(除去 $\varphi=\dfrac{\pi}{2}$时的边界)，而由方向余弦的计算公式知

$$\cos\gamma=\pm\frac{1}{\sqrt{EG-F^2}}\frac{\partial(x,y)}{\partial(\varphi,\theta)}=\pm\frac{ab\sin\varphi\cos\varphi}{\sqrt{EG-F^2}},$$

要等式成立必须取"+"号，因此积分号前取"+"号.

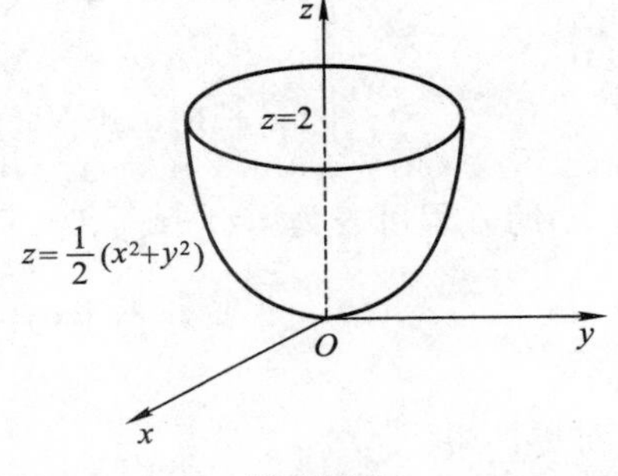

图 14.2.9

例 14.2.6　计算 $\iint\limits_{\Sigma}(z^2+x)\,\mathrm{d}y\mathrm{d}z+\sqrt{z}\,\mathrm{d}x\mathrm{d}y$，其中 Σ 为抛物面 $z=\dfrac{1}{2}(x^2+y^2)$ 在平面 $z=0$ 与 $z=2$ 之间的部分(见图 14.2.9)，方向取下侧.

解　由于 $\mathrm{d}y\mathrm{d}z=\cos\alpha\mathrm{d}S, \mathrm{d}x\mathrm{d}y=\cos\gamma\mathrm{d}S$，所以

$$\iint\limits_{\Sigma}(z^2+x)\,\mathrm{d}y\mathrm{d}z=\iint\limits_{\Sigma}(z^2+x)\cos\alpha\mathrm{d}S=\iint\limits_{\Sigma}(z^2+x)\frac{\cos\alpha}{\cos\gamma}\mathrm{d}x\mathrm{d}y.$$

而在 Σ 定向为下侧，所以

$$\cos\alpha=\frac{x}{\sqrt{1+x^2+y^2}},\quad \cos\gamma=-\frac{1}{\sqrt{1+x^2+y^2}}.$$

注意到 Σ 在 xy 平面的投影区域为 $D=\{(x,y)\mid x^2+y^2\leqslant 2^2\}$，就有

$$\begin{aligned}&\iint_{\Sigma}(z^2+x)\mathrm{d}y\mathrm{d}z+\sqrt{z}\,\mathrm{d}x\mathrm{d}y=\iint_{\Sigma}[(z^2+x)(-x)+\sqrt{z}]\mathrm{d}x\mathrm{d}y\\&=-\iint_{D}\left[\left(\left(\frac{1}{2}(x^2+y^2)\right)^2+x\right)(-x)+\sqrt{\frac{1}{2}(x^2+y^2)}\right]\mathrm{d}x\mathrm{d}y\\&=-\int_0^{2\pi}\mathrm{d}\theta\int_0^2\left(-\frac{1}{4}r^5\cos\theta-r^2\cos^2\theta+\sqrt{\frac{1}{2}r}\right)r\mathrm{d}r=\left(4-\frac{8}{3}\sqrt{2}\right)\pi.\end{aligned}$$

习　题

1. 求下列第二类曲线积分：

(1) $\int_L(x^2+y^2)\mathrm{d}x+(x^2-y^2)\mathrm{d}y$，其中 L 是以 $A(1,0)$，$B(2,0)$，$C(2,1)$，$D(1,1)$ 为顶点的正方形，方向为逆时针方向；

(2) $\int_L(x^2-2xy)\mathrm{d}x+(y^2-2xy)\mathrm{d}y$，其中 L 是抛物线的一段：$y=x^2$，$-1\leqslant x\leqslant 1$，方向由 $(-1,1)$ 到 $(1,1)$；

(3) $\int_L\frac{(x+y)\mathrm{d}x-(x-y)\mathrm{d}y}{x^2+y^2}$，其中 L 是圆周 $x^2+y^2=a^2$，方向为逆时针方向；

(4) $\int_L y\mathrm{d}x-x\mathrm{d}y+(x^2+y^2)\mathrm{d}z$，其中 L 是曲线 $x=\mathrm{e}^t$，$y=\mathrm{e}^{-t}$，$z=a^t$，$0\leqslant t\leqslant 1$，方向由 $(\mathrm{e},\mathrm{e}^{-1},a)$ 到 $(1,1,1)$；

(5) $\int_L x\mathrm{d}x+y\mathrm{d}y+(x+y-1)\mathrm{d}z$，其中 L 是从点 $(1,1,1)$ 到点 $(2,3,4)$ 的直线段；

(6) $\int_L y\mathrm{d}x+z\mathrm{d}y+x\mathrm{d}z$，其中 L 为曲线 $\begin{cases}x^2+y^2+z^2=2az,\\x+z=a(a>0),\end{cases}$ 若从 z 轴的正向看去，L 的方向为逆时针方向；

(7) $\int_L(y-z)\mathrm{d}x+(z-x)\mathrm{d}y+(x-y)\mathrm{d}z$，$L$ 为圆周 $\begin{cases}x^2+y^2+z^2=1,\\y=x\tan\alpha\left(0<\alpha<\dfrac{\pi}{2}\right),\end{cases}$ 若从 x 轴的正向看去，这个圆周的方向为逆时针方向.

2. 证明不等式

$$\left|\int_L P(x,y)\mathrm{d}x+Q(x,y)\mathrm{d}y\right|\leqslant MC,$$

其中 C 是曲线 L 的弧长，$M=\max\{\sqrt{P^2(x,y)+Q^2(x,y)}\mid(x,y)\in L\}$. 记圆周 $x^2+y^2=R^2$ 为 L_R，利用以上不等式估计

$$I_R=\int_{L_R}\frac{y\mathrm{d}x-x\mathrm{d}y}{(x^2+xy+y^2)^2},$$

并证明

$$\lim_{R\to+\infty} I_R = 0.$$

3. 方向依纵轴的负方向，且大小等于作用点的横坐标的平方的力构成一个力场.求质量为 m 的质点沿抛物线 $y^2=1-x$ 从点 $(1,0)$ 移到 $(0,1)$ 时，场力所做的功.

4. 计算下列第二类曲面积分：

(1) $\iint\limits_{\Sigma}(x+y)\mathrm{d}y\mathrm{d}z+(y+z)\mathrm{d}z\mathrm{d}x+(z+x)\mathrm{d}x\mathrm{d}y$，其中 Σ 是中心在原点，边长为 $2h$ 的立方体 $[-h,h]\times[-h,h]\times[-h,h]$ 的表面，方向取外侧；

(2) $\iint\limits_{\Sigma}yz\mathrm{d}z\mathrm{d}x$，其中 Σ 是椭球面 $\dfrac{x^2}{a^2}+\dfrac{y^2}{b^2}+\dfrac{z^2}{c^2}=1$ 的上半部分，方向取上侧；

(3) $\iint\limits_{\Sigma}z\mathrm{d}y\mathrm{d}z+x\mathrm{d}z\mathrm{d}x+y\mathrm{d}x\mathrm{d}y$，其中 Σ 是柱面 $x^2+y^2=1$ 被平面 $z=0$ 和 $z=4$ 所截部分，方向取外侧；

(4) $\iint\limits_{\Sigma}zx\mathrm{d}y\mathrm{d}z+3\mathrm{d}x\mathrm{d}y$，其中 Σ 是抛物面 $z=4-x^2-y^2$ 在 $z\geqslant 0$ 部分，方向取下侧；

(5) $\iint\limits_{\Sigma}[f(x,y,z)+x]\mathrm{d}y\mathrm{d}z+[2f(x,y,z)+y]\mathrm{d}z\mathrm{d}x+[f(x,y,z)+z]\mathrm{d}x\mathrm{d}y$，其中 $f(x,y,z)$ 为连续函数，Σ 是平面 $x-y+z=1$ 在第四卦限部分，方向取上侧；

(6) $\iint\limits_{\Sigma}x^2\mathrm{d}y\mathrm{d}z+y^2\mathrm{d}z\mathrm{d}x+(z^2+5)\mathrm{d}x\mathrm{d}y$，其中 Σ 是锥面 $z=\sqrt{x^2+y^2}\ (0\leqslant z\leqslant h)$，方向取下侧；

(7) $\iint\limits_{\Sigma}\dfrac{\mathrm{e}^{\sqrt{y}}}{\sqrt{z^2+x^2}}\mathrm{d}z\mathrm{d}x$，其中 Σ 是抛物面 $y=x^2+z^2$ 与平面 $y=1,y=2$ 所围立体的表面，方向取外侧；

(8) $\iint\limits_{\Sigma}\dfrac{1}{x}\mathrm{d}y\mathrm{d}z+\dfrac{1}{y}\mathrm{d}z\mathrm{d}x+\dfrac{1}{z}\mathrm{d}x\mathrm{d}y$，其中 Σ 为椭球面 $\dfrac{x^2}{a^2}+\dfrac{y^2}{b^2}+\dfrac{z^2}{c^2}=1$，方向取外侧；

(9) $\iint\limits_{\Sigma}x^2\mathrm{d}y\mathrm{d}z+y^2\mathrm{d}z\mathrm{d}x+z^2\mathrm{d}x\mathrm{d}y$，其中 Σ 是球面 $(x-a)^2+(y-b)^2+(z-c)^2=R^2$，方向取外侧.

§3　Green 公式、Gauss 公式和 Stokes 公式

Green 公式

设 L 为平面上的一条曲线，它的方程是 $\boldsymbol{r}(t)=x(t)\boldsymbol{i}+y(t)\boldsymbol{j},\alpha\leqslant t\leqslant\beta$.如果 $\boldsymbol{r}(\alpha)=\boldsymbol{r}(\beta)$，而且当 $t_1,t_2\in(\alpha,\beta),t_1\neq t_2$ 时总成立 $\boldsymbol{r}(t_1)\neq\boldsymbol{r}(t_2)$，则称 L 为**简单闭曲线**（或 **Jordan 曲线**）.这就是说，简单闭曲线除两个端点相重合外，曲线自身不相交.

设 D 为平面上的一个区域.如果 D 内的任意一条封闭曲线都可以不经过 D 外的点而连续地收缩成 D 中一点，那么 D 称为**单连通区域**.否则它称为**复连通区域**.例如，圆盘 $\{(x,y)\mid x^2+y^2<1\}$ 是单连通区域，而圆环 $\left\{(x,y)\,\middle|\,\dfrac{1}{2}<x^2+y^2<1\right\}$ 是复连通区域.单连通区域 D 也可以这样叙述：D 内的任何一条封闭曲线所围的点集仍属于 D.因此，通俗地说，单连通区域之中不含有“洞”，而复连通区域之中会有“洞”.

对于平面区域 D,我们给它的边界 ∂D 规定一个正向:如果一个人沿 ∂D 的这个方向行走时,D 总是在他左边.这个定向也称为 D 的诱导定向,带有这样定向的 ∂D 称为 D 的正向边界.例如,如图 14.3.1 所示的区域 D 由 L 与 l 所围成,那么在我们规定的正向下,L 为逆时针方向,而 l 为顺时针方向.

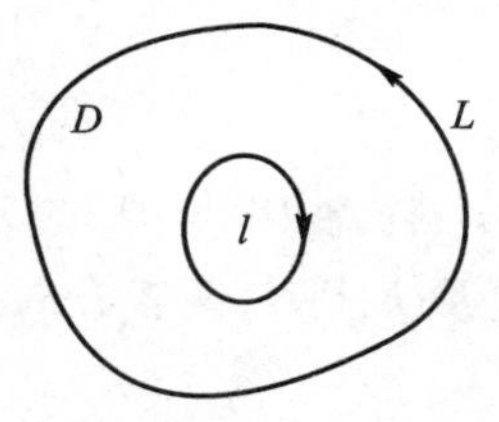

图 14.3.1

定理 14.3.1(Green 公式) *设 D 为平面上由光滑或分段光滑的简单闭曲线所围的单连通闭区域.如果函数 $P(x,y)$,$Q(x,y)$ 在 D 上具有连续偏导数,那么*

$$\int_{\partial D} P\mathrm{d}x + Q\mathrm{d}y = \iint_D \left(\frac{\partial Q}{\partial x} - \frac{\partial P}{\partial y}\right)\mathrm{d}x\mathrm{d}y,$$

其中 ∂D 取正向,即诱导定向.

证 我们先证明 D 可同时表为以下两种形式

$$D = \{(x,y) \mid y_1(x) \leqslant y \leqslant y_2(x), a \leqslant x \leqslant b\} = \{(x,y) \mid x_1(y) \leqslant x \leqslant x_2(y), c \leqslant y \leqslant d\}$$

的情形(这时平行于 x 轴或 y 轴的直线与区域 D 的边界至多交两点).这样的区域称为**标准区域**(参见图 14.3.2).

在这种情况下,

$$\iint_D \frac{\partial P}{\partial y}\mathrm{d}x\mathrm{d}y = \int_a^b \mathrm{d}x \int_{y_1(x)}^{y_2(x)} \frac{\partial P}{\partial y}\mathrm{d}y$$

$$= \int_a^b [P(x,y_2(x)) - P(x,y_1(x))]\mathrm{d}x$$

$$= -\int_a^b P(x,y_1(x))\mathrm{d}x - \int_b^a P(x,y_2(x))\mathrm{d}x$$

$$= -\int_{\partial D} P(x,y)\mathrm{d}x,$$

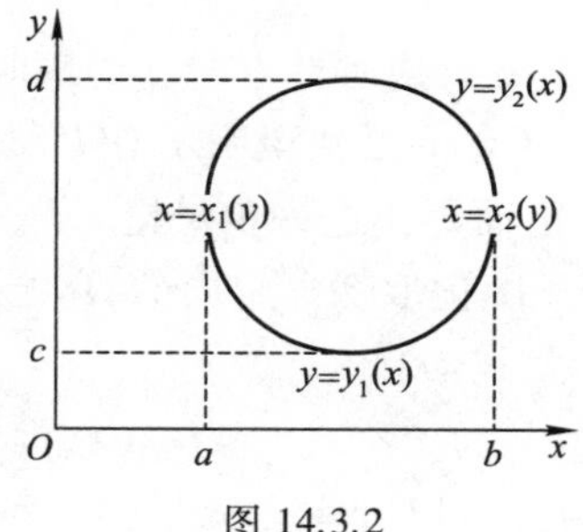

图 14.3.2

式中最后一步是利用了曲线积分的计算公式.同理又有

$$\iint_D \frac{\partial Q}{\partial x}\mathrm{d}x\mathrm{d}y = \int_c^d \mathrm{d}y \int_{x_1(y)}^{x_2(y)} \frac{\partial Q}{\partial x}\mathrm{d}x$$

$$= \int_c^d [Q(x_2(y),y) - Q(x_1(y),y)]\mathrm{d}y = \int_c^d Q(x_2(y),y)\mathrm{d}y + \int_d^c Q(x_1(y),y)\mathrm{d}y$$

$$= \int_{\partial D} Q(x,y)\mathrm{d}y.$$

两式合并就得所需结果.

再证区域 D 可分成有限块标准区域的情形.我们只考虑如图 14.3.3 的区域,在这种区域上,平行于 y 轴的直线与 D 的边界的交点可能会多于两个.如图所示用光滑曲线 AB 将 D 分割成两个标准区域 D_1 与 D_2(D_1 的边界为曲线 $ABMA$,D_2 的边界为曲线 $ANBA$).因此可以应用 Green 公式得

$$\int_{\partial D_1} P\mathrm{d}x + Q\mathrm{d}y = \iint_{D_1}\left(\frac{\partial Q}{\partial x} - \frac{\partial P}{\partial y}\right)\mathrm{d}x\mathrm{d}y,$$

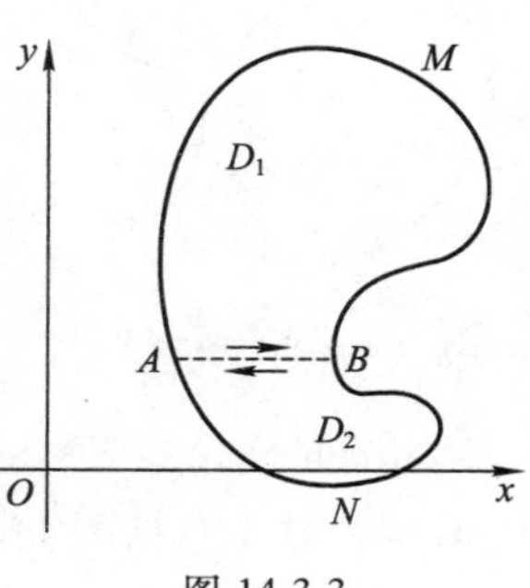

图 14.3.3

$$\int_{\partial D_2} P\mathrm{d}x+Q\mathrm{d}y=\iint_{D_2}\left(\frac{\partial Q}{\partial x}-\frac{\partial P}{\partial y}\right)\mathrm{d}x\mathrm{d}y.$$

注意 D_1 与 D_2 的公共边界 AB，其方向相对于 ∂D_1 而言是从 A 到 B，相对于 ∂D_2 而言是从 B 到 A，两者方向正好相反，所以将上面的两式相加便得

$$\oint_{\partial D} P\mathrm{d}x+Q\mathrm{d}y=\iint_{D}\left(\frac{\partial Q}{\partial x}-\frac{\partial P}{\partial y}\right)\mathrm{d}x\mathrm{d}y.$$

对于 Green 公式一般情形的证明比较复杂，这里从略.

证毕

Green 公式还可以推广到具有有限个“洞”的复连通区域上去. 以只有一个洞为例（见图 14.3.4），用光滑曲线联结其外边界 L 上一点 M 与内边界 l 上一点 N，将 D 割为单连通区域. 由定理 14.3.1 得

$$\begin{aligned}\iint_{D}\left(\frac{\partial Q}{\partial x}-\frac{\partial P}{\partial y}\right)\mathrm{d}x\mathrm{d}y&=\left(\int_L+\int_{MN}+\int_l+\int_{NM}\right)P\mathrm{d}x+Q\mathrm{d}y\\&=\left(\int_L+\int_l\right)P\mathrm{d}x+Q\mathrm{d}y=\int_{\partial D}P\mathrm{d}x+Q\mathrm{d}y,\end{aligned}$$

其中 L 为逆时针方向，l 为顺时针方向，这与 ∂D 的诱导定向相同.

Green 公式说明了有界闭区域上的二重积分与沿区域边界的第二类曲线积分的关系. 下面再作进一步讨论.

1. 记取诱导定向的 ∂D 上的单位切向量为 $\boldsymbol{\tau}$，单位外法向量为 $\boldsymbol{n}$（见图14.3.5），那么显然

$$\cos(\boldsymbol{n},y)=-\cos(\boldsymbol{\tau},x),\quad \cos(\boldsymbol{n},x)=\sin(\boldsymbol{\tau},x).$$

因此得到 Green 公式的另一种常用表示形式

$$\begin{aligned}\iint_{D}\left(\frac{\partial F}{\partial x}+\frac{\partial G}{\partial y}\right)\mathrm{d}x\mathrm{d}y&=\int_{\partial D}F\mathrm{d}y-G\mathrm{d}x=\int_{\partial D}[F\sin(\boldsymbol{\tau},x)-G\cos(\boldsymbol{\tau},x)]\mathrm{d}s\\&=\int_{\partial D}[F\cos(\boldsymbol{n},x)+G\cos(\boldsymbol{n},y)]\mathrm{d}s.\end{aligned}$$

这个形式便于记忆和推广.

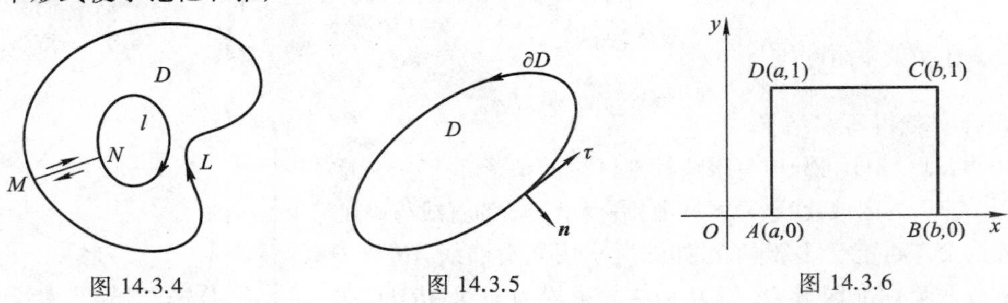

图 14.3.4　　图 14.3.5　　图 14.3.6

2. Green 公式是 Newton-Leibniz 公式的推广. 设 $f(x)$ 在 $[a,b]$ 上具有连续导数，取 $D=[a,b]\times[0,1]$（见图 14.3.6）. 在 Green 公式中取 $P=0,Q=f(x)$，就得

$$\iint_{D}f'(x)\mathrm{d}x\mathrm{d}y=\int_{\partial D}f(x)\mathrm{d}y.$$

利用化累次积分的方法就知道,等式左边就是 $\int_0^1 \mathrm{d}y\int_a^b f'(x)\,\mathrm{d}x=\int_a^b f'(x)\,\mathrm{d}x$. 而等式右边等于

$$\left(\int_{\overline{AB}}+\int_{\overline{BC}}+\int_{\overline{CD}}+\int_{\overline{DA}}\right)f(x)\,\mathrm{d}y=\left(\int_{\overline{BC}}+\int_{\overline{DA}}\right)f(x)\,\mathrm{d}y=\int_0^1 f(b)\,\mathrm{d}y+\int_1^0 f(a)\,\mathrm{d}y=f(b)-f(a).$$

这就得到 Newton-Leibniz 公式

$$\int_a^b f'(x)\,\mathrm{d}x=f(b)-f(a).$$

3. 从 Green 公式还可以得到一个求区域面积的方法(证明留给读者):

设 D 为平面上的有界闭区域,其边界为分段光滑的简单闭曲线,则它的面积为

$$S=\int_{\partial D}x\,\mathrm{d}y=-\int_{\partial D}y\,\mathrm{d}x=\frac{1}{2}\int_{\partial D}x\,\mathrm{d}y-y\,\mathrm{d}x,$$

其中 ∂D 取正向.

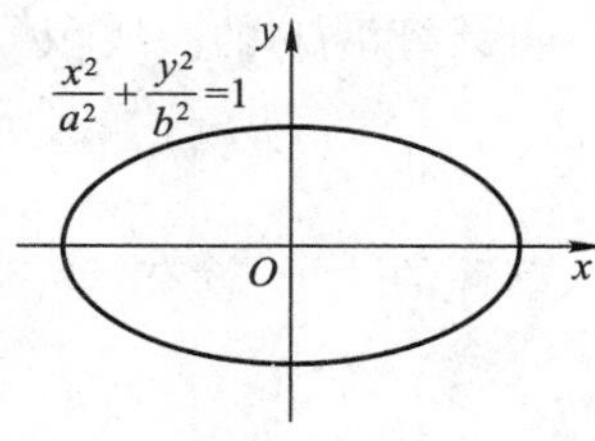

图 14.3.7

例 14.3.1 计算椭圆 $\frac{x^2}{a^2}+\frac{y^2}{b^2}=1\ (a,b>0)$ 所围图形的面积(见图 14.3.7).

解 此椭圆的参数方程为

$$x=a\cos\theta,\quad y=b\sin\theta,\quad 0\leqslant\theta\leqslant 2\pi.$$

设椭圆的正向边界为 L,那么所求面积为

$$S=\frac{1}{2}\int_L x\,\mathrm{d}y-y\,\mathrm{d}x=\frac{1}{2}\int_0^{2\pi}(ab\cos^2\theta+ab\sin^2\theta)\,\mathrm{d}\theta=\frac{ab}{2}\int_0^{2\pi}\mathrm{d}\theta=\pi ab.$$

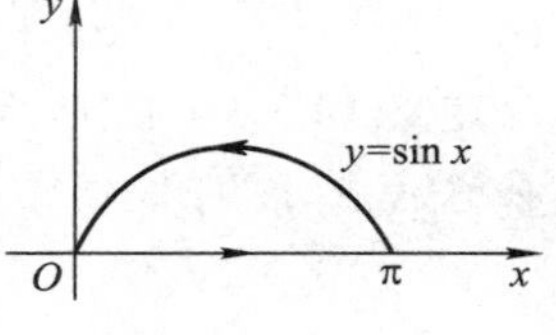

图 14.3.8

例 14.3.2 计算 $I=\int_L\sqrt{x^2+y^2}\,\mathrm{d}x+y\left[xy+\ln\left(x+\sqrt{x^2+y^2}\right)\right]\mathrm{d}y$, 其中 L 为曲线 $y=\sin x,0\leqslant x\leqslant\pi$ 与直线段 $y=0,0\leqslant x\leqslant\pi$ 所围区域 D 的正向边界(见图14.3.8).

解 这时 $P=\sqrt{x^2+y^2}$, $Q=y\left[xy+\ln\left(x+\sqrt{x^2+y^2}\right)\right]$, 则

$$\frac{\partial P}{\partial y}=\frac{y}{\sqrt{x^2+y^2}},\quad \frac{\partial Q}{\partial x}=y^2+\frac{y}{\sqrt{x^2+y^2}}.$$

由 Green 公式得

$$I=\iint_D\left(\frac{\partial Q}{\partial x}-\frac{\partial P}{\partial y}\right)\mathrm{d}x\mathrm{d}y=\iint_D y^2\,\mathrm{d}x\mathrm{d}y=\int_0^{\pi}\mathrm{d}x\int_0^{\sin x}y^2\,\mathrm{d}y=\frac{1}{3}\int_0^{\pi}\sin^3x\,\mathrm{d}x=\frac{4}{9}.$$

注意,在这个例子中,P 和 Q 在 D 的边界点(0,0)并不可偏导.请读者想想为什么可以这样直接计算

例 14.3.3 计算 $I=\int_L(\mathrm{e}^x\sin y-my)\,\mathrm{d}x+(\mathrm{e}^x\cos y-m)\,\mathrm{d}y$, 其中 L 为圆 $(x-a)^2+y^2=a^2\ (a>0)$ 的上半圆周,方向为从点 $A(2a,0)$ 到原点 $O(0,0)$.

解 现在曲线不是闭的,不能直接用 Green 公式,但添加一条直线段 $\overline{OA}$(方向从 O

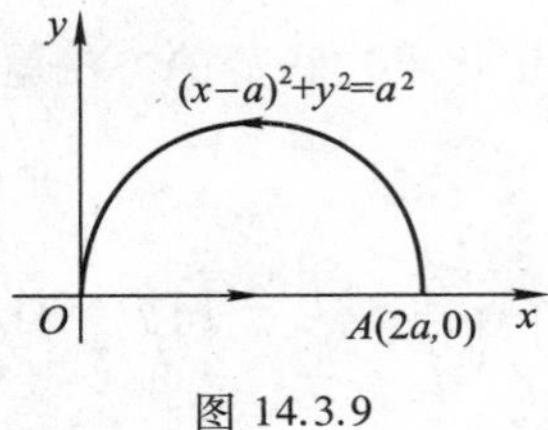

图 14.3.9

到 A)后，L 与 $\overline{OA}$ 合起来就是闭曲线(见图 14.3.9).设这样得到的闭曲线所围的区域为 D.这时

$$P=\mathrm{e}^x\sin y-my,\quad Q=\mathrm{e}^x\cos y-m,$$

$$\frac{\partial P}{\partial y}=\mathrm{e}^x\cos y-m,\quad \frac{\partial Q}{\partial x}=\mathrm{e}^x\cos y.$$

利用 Green 公式，得到

$$\int_L(\mathrm{e}^x\sin y-my)\mathrm{d}x+(\mathrm{e}^x\cos y-m)\mathrm{d}y+\int_{\overline{OA}}(\mathrm{e}^x\sin y-my)\mathrm{d}x+(\mathrm{e}^x\cos y-m)\mathrm{d}y$$

$$=m\iint_D\mathrm{d}x\mathrm{d}y=\frac{m\pi a^2}{2}.$$

再计算沿 $\overline{OA}$ 的曲线积分.因为 $\overline{OA}$ 的方程为 $y=0,x:0\to2a$，那么

$$\int_{\overline{OA}}(\mathrm{e}^x\sin y-my)\mathrm{d}x+(\mathrm{e}^x\cos y-m)\mathrm{d}y=\int_0^{2a}0\mathrm{d}x+0=0.$$

代入前面的式子，就有

$$\int_L(\mathrm{e}^x\sin y-my)\mathrm{d}x+(\mathrm{e}^x\cos y-m)\mathrm{d}y=\frac{m\pi a^2}{2}.$$

曲线积分与路径无关的条件

容易想像，若一个函数沿着联结 A,B 两个端点的一条路径 L 积分，一般说来，积分值不仅会随端点变化而变化，还会随路径的不同而不同.

但上一节中曾指出，也有一些曲线积分的值，如重力所做的功，可以仅与路径的端点有关而与路径无关.下面就来探讨曲线积分与路径无关的条件.先给出积分与路径无关的定义.

定义 14.3.1　设 D 为平面区域，$P(x,y)$，$Q(x,y)$ 为 D 上的连续函数.如果对于 D 内任意两点 A,B，积分值

$$\int_L P\mathrm{d}x+Q\mathrm{d}y$$

只与 A,B 两点有关，而与从 A 到 B 的路径 L(这里只考虑光滑或分段光滑曲线)无关，就称曲线积分 $\int_L P\mathrm{d}x+Q\mathrm{d}y$ **与路径无关**.否则称为与路径有关.

曲线积分与路径无关问题可以归纳为下面的定理：

定理 14.3.2(Green 定理)　设 D 为平面上的单连通区域，$P(x,y)$，$Q(x,y)$ 在 D 上具有连续偏导数.则下面的四个命题等价：

(1) 对于 D 内的任意一条光滑(或分段光滑)闭曲线 L，

$$\int_L P\mathrm{d}x+Q\mathrm{d}y=0;$$

(2) 曲线积分 $\int_L P\mathrm{d}x+Q\mathrm{d}y$ 与路径无关；

(3) 存在 D 上的可微函数 $U(x,y)$，使得

$$\mathrm{d}U=P\mathrm{d}x+Q\mathrm{d}y,$$

即 $P\mathrm{d}x+Q\mathrm{d}y$ 为 $U(x,y)$ 的全微分，这时称 $U(x,y)$ 为 1-形式 $P\mathrm{d}x+Q\mathrm{d}y$ 的**原函数**；

(4) 在 D 内成立等式

$$\frac{\partial P}{\partial y}=\frac{\partial Q}{\partial x}.$$

证 (1)⇒(2)：设 A,B 为 D 内任意两点，L_1 和 L_2 是 D 中从 A 到 B 的任意两条路径，则 $C=L_1+(-L_2)$ 就是 D 中的一条闭曲线.因此

$$0=\int_C P\mathrm{d}x+Q\mathrm{d}y=\left(\int_{L_1}+\int_{-L_2}\right)P\mathrm{d}x+Q\mathrm{d}y=\int_{L_1}P\mathrm{d}x+Q\mathrm{d}y-\int_{L_2}P\mathrm{d}x+Q\mathrm{d}y,$$

于是

$$\int_{L_1}P\mathrm{d}x+Q\mathrm{d}y=\int_{L_2}P\mathrm{d}x+Q\mathrm{d}y,$$

因此曲线积分与路径无关.

(2)⇒(3)：取一定点 $(x_0,y_0)\in D$，作函数

$$U(x,y)=\int_{(x_0,y_0)}^{(x,y)}P\mathrm{d}x+Q\mathrm{d}y,$$

这里积分沿从 (x_0,y_0) 到 (x,y) 的任意路径.由于曲线积分与路径无关，因此 $U(x,y)$ 是有确定意义的.当取如图 14.3.10 所示的积分路径时，就成立

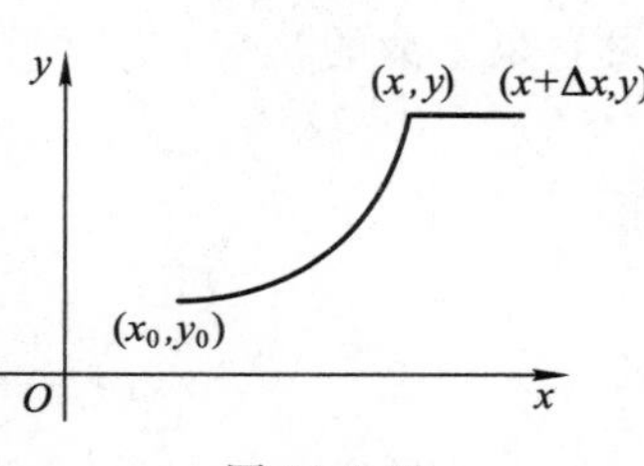

图 14.3.10

$$\begin{aligned}\frac{\Delta U}{\Delta x}&=\frac{U(x+\Delta x,y)-U(x,y)}{\Delta x}=\frac{1}{\Delta x}\left(\int_{(x_0,y_0)}^{(x+\Delta x,y)}P\mathrm{d}x+Q\mathrm{d}y-\int_{(x_0,y_0)}^{(x,y)}P\mathrm{d}x+Q\mathrm{d}y\right)\\&=\frac{1}{\Delta x}\int_{(x,y)}^{(x+\Delta x,y)}P\mathrm{d}x+Q\mathrm{d}y=\frac{1}{\Delta x}\int_x^{x+\Delta x}P(t,y)\mathrm{d}t=P(\xi,y),\end{aligned}$$

其中 ξ 在 x 与 $x+\Delta x$ 之间，这是利用了积分中值定理.因此

$$\frac{\partial U}{\partial x}=\lim_{\Delta x\to 0}\frac{\Delta U}{\Delta x}=\lim_{\Delta x\to 0}P(\xi,y)=P(x,y).$$

同理可证 $\dfrac{\partial U}{\partial y}=Q(x,y)$.所以在 D 内成立 $\mathrm{d}U=P\mathrm{d}x+Q\mathrm{d}y$.

(3)⇒(4)：由于存在 D 上的可微函数 U，使得 $\mathrm{d}U=P\mathrm{d}x+Q\mathrm{d}y$，那么

$$\frac{\partial U}{\partial x}=P(x,y),\quad \frac{\partial U}{\partial y}=Q(x,y).$$

又由于函数 $P(x,y)$ 和 $Q(x,y)$ 在 D 内具有连续偏导数，于是

$$\frac{\partial P}{\partial y}=\frac{\partial^2 U}{\partial y\partial x}=\frac{\partial^2 U}{\partial x\partial y}=\frac{\partial Q}{\partial x}.$$

(4)⇒(1)：对于包含在 D 内的光滑(或分段光滑)闭曲线 L，设它包围的图形是 $\widetilde{D}$，那么由 Green 公式就得

$$\int_L P\mathrm{d}x+Q\mathrm{d}y=\iint_{\widetilde{D}}\left(\frac{\partial Q}{\partial x}-\frac{\partial P}{\partial y}\right)\mathrm{d}x\mathrm{d}y=0.$$

证毕

上面的证明还给出了当曲线积分与路径无关时，$P\mathrm{d}x+Q\mathrm{d}y$ 在 D 上的原函数的构造

方法,即

$$U(x,y)=\int_{(x_0,y_0)}^{(x,y)} P\mathrm{d}x+Q\mathrm{d}y.$$

设 $A(x_A,y_A),B(x_B,y_B)\in D$,对于从 A 到 B 的任意路径 L,任取一条 D 内从(x_0,y_0)到 A 的路径 l,则

$$U(x_A,y_A)=\int_l P\mathrm{d}x+Q\mathrm{d}y,\quad U(x_B,y_B)=\int_{l+L} P\mathrm{d}x+Q\mathrm{d}y.$$

因此

$$\int_L P\mathrm{d}x+Q\mathrm{d}y=\int_{l+L} P\mathrm{d}x+Q\mathrm{d}y-\int_l P\mathrm{d}x+Q\mathrm{d}y=U(x_B,y_B)-U(x_A,y_A).$$

反之,若 $U(x,y)$ 是 $P\mathrm{d}x+Q\mathrm{d}y$ 在 D 上的一个原函数,任取一条从 A 到 B 的路径(不妨设它是光滑的)

$$L:x=x(t),\quad y=y(t),\quad a\leqslant t\leqslant b,$$

使得

$$x(a)=x_A,\quad y(a)=y_A,\quad x(b)=x_B,\quad y(b)=y_B,$$

那么

$$\begin{aligned}\int_L P\mathrm{d}x+Q\mathrm{d}y&=\int_a^b[P(x(t),y(t))x'(t)+Q(x(t),y(t))y'(t)]\mathrm{d}t\\&=U(x(t),y(t))\Big|_a^b=U(x_B,y_B)-U(x_A,y_A).\end{aligned}$$

于是得到:

定理 14.3.3　设 D 为平面单连通区域,$P(x,y)$和 $Q(x,y)$为 D 上的连续函数.那么曲线积分 $\int_L P\mathrm{d}x+Q\mathrm{d}y$ 与路径无关的充分必要条件是在 D 上存在 $P\mathrm{d}x+Q\mathrm{d}y$ 的一个原函数 $U(x,y)$.这时,对于 D 内任意两点 $A(x_A,y_A),B(x_B,y_B)$,计算公式

$$\int_{\overset{\frown}{AB}} P\mathrm{d}x+Q\mathrm{d}y=U(x_B,y_B)-U(x_A,y_A)$$

成立,其中$\overset{\frown}{AB}$为任意从 A 到 B 的路径.

求 $P\mathrm{d}x+Q\mathrm{d}y$ 的原函数常用的是如图 14.3.11 所示的两个积分路径.

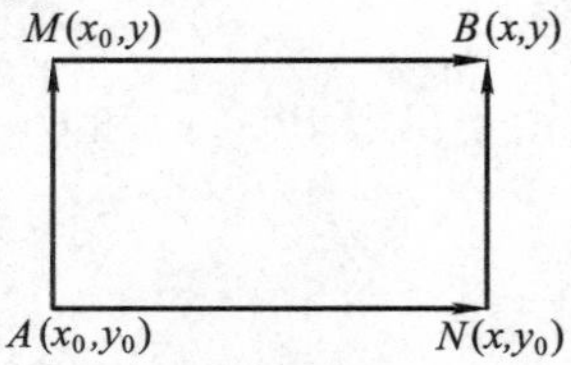

由于 $U(x,y)-U(x_0,y_0)=\int_{(x_0,y_0)}^{(x,y)} P\mathrm{d}x+Q\mathrm{d}y$,那么如果积分路径取 ANB,则

$$\begin{aligned}U(x,y)&=\int_{(x_0,y_0)}^{(x,y)} P\mathrm{d}x+Q\mathrm{d}y+U(x_0,y_0)\\&=\int_{AN} P\mathrm{d}x+Q\mathrm{d}y+\int_{NB} P\mathrm{d}x+Q\mathrm{d}y+U(x_0,y_0)\\&=\int_{x_0}^x P(x,y_0)\mathrm{d}x+\int_{y_0}^y Q(x,y)\mathrm{d}y+c.\end{aligned}$$

图 14.3.11

其中 $c=U(x_0,y_0)$为任意常数.若积分路径取 AMB,同样可以得到

$$U(x,y)=\int_{y_0}^{y}Q(x_0,y)\,\mathrm{d}y+\int_{x_0}^{x}P(x,y)\,\mathrm{d}x+c.$$

例 14.3.4 证明:在整个 xy 平面上,$(\mathrm{e}^x\sin y-my)\mathrm{d}x+(\mathrm{e}^x\cos y-mx)\mathrm{d}y$ 是某个函数的全微分,求这样一个函数,并计算

$$I=\int_L(\mathrm{e}^x\sin y-my)\,\mathrm{d}x+(\mathrm{e}^x\cos y-mx)\,\mathrm{d}y,$$

其中 L 为从(0,0)到(1,1)的任意一条道路.

解 令 $P(x,y)=\mathrm{e}^x\sin y-my,Q(x,y)=\mathrm{e}^x\cos y-mx$,于是恒成立

$$\frac{\partial P}{\partial y}=\mathrm{e}^x\cos y-m=\frac{\partial Q}{\partial x}.$$

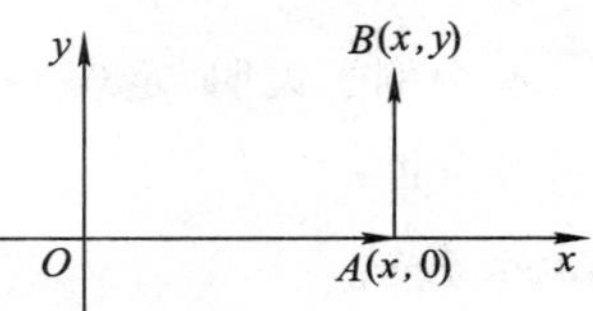

图 14.3.12

因此由定理 14.3.2 知$(\mathrm{e}^x\sin y-my)\mathrm{d}x+(\mathrm{e}^x\cos y-mx)\mathrm{d}y$ 是某个函数的全微分.

取路径如图 14.3.12,那么它的一个原函数为

$$\begin{aligned}U(x,y)&=\int_{(0,0)}^{(x,y)}(\mathrm{e}^x\sin y-my)\,\mathrm{d}x+(\mathrm{e}^x\cos y-mx)\,\mathrm{d}y\\&=\left(\int_{\overline{OA}}+\int_{\overline{AB}}\right)(\mathrm{e}^x\sin y-my)\,\mathrm{d}x+(\mathrm{e}^x\cos y-mx)\,\mathrm{d}y\\&=\int_0^x 0\,\mathrm{d}x+\int_0^y(\mathrm{e}^x\cos y-mx)\,\mathrm{d}y=\mathrm{e}^x\sin y-mxy.\end{aligned}$$

于是由定理 14.3.3 得

$$I=\int_L(\mathrm{e}^x\sin y-my)\,\mathrm{d}x+(\mathrm{e}^x\cos y-mx)\,\mathrm{d}y=U(1,1)-U(0,0)=\mathrm{e}\sin 1-m.$$

例 14.3.5 计算 $\displaystyle\int_L\frac{x\mathrm{d}y-y\mathrm{d}x}{x^2+y^2}$,其中 L 为一条不经过原点的简单闭曲线,方向为逆时针方向.

解 设 L 所围的区域为 D.这时 $P(x,y)=\dfrac{-y}{x^2+y^2},Q(x,y)=\dfrac{x}{x^2+y^2}$.而

$$\frac{\partial P}{\partial y}=\frac{y^2-x^2}{(x^2+y^2)^2}=\frac{\partial Q}{\partial x},\quad x^2+y^2\neq 0,$$

那么当 D 不包含原点时,由 Green 公式即得

$$\int_L\frac{x\mathrm{d}y-y\mathrm{d}x}{x^2+y^2}=0.$$

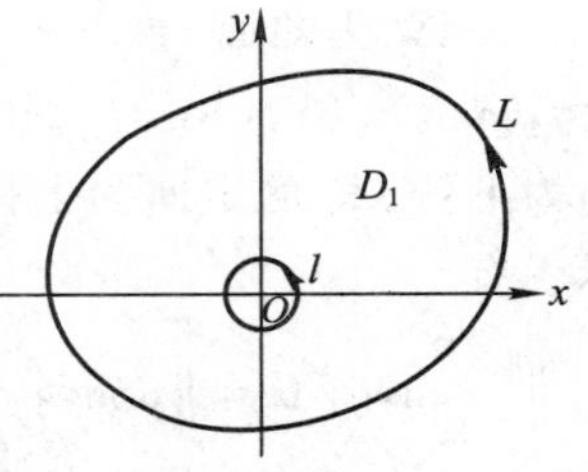

图 14.3.13

当 D 包含原点时,函数 P,Q 在原点不满足 Green 公式的条件,因此不能直接使用.但在 D 中挖去一个以原点为心,半径为 r 的小圆盘后,对于余下的部分 Green 公式的条件就满足了.记 D 中挖去小圆盘后的区域为 D_1,小圆盘的边界为 l(见图 14.3.13),在区域 D_1 上应用 Green 公式得

$$\int_L \frac{x\mathrm{d}y - y\mathrm{d}x}{x^2 + y^2} - \int_l \frac{x\mathrm{d}y - y\mathrm{d}x}{x^2 + y^2} = 0 .$$

注意上式对 l 取的方向是逆时针方向,这时 l 的参数方程为

$$x = r\cos\theta,\quad y = r\sin\theta\quad (0 \leqslant \theta \leqslant 2\pi),$$

因此

$$\int_L \frac{x\mathrm{d}y - y\mathrm{d}x}{x^2 + y^2} = \int_l \frac{x\mathrm{d}y - y\mathrm{d}x}{x^2 + y^2} = \int_0^{2\pi} \frac{r^2\cos^2\theta + r^2\sin^2\theta}{r^2}\mathrm{d}\theta = 2\pi .$$

这个例子说明,定理 14.3.2 中对于区域是单连通和函数 P,Q 具有连续偏导数的要求是必要的.

Gauss 公式

对于三重积分也有类似于 Green 公式的结论,在叙述前先引入空间上的二维单连通区域的概念.

设 Ω 为空间上的一个区域.如果 Ω 内的任何一张封闭曲面所围的立体仍属于 Ω,那么称 Ω 为**二维单连通区域**,否则称 Ω 为**二维复连通区域**.通俗地说,二维单连通区域之中不含有“洞”,而二维复连通区域之中含有“洞”.例如,单位球 $\{(x,y,z) \mid x^2+y^2+z^2<1\}$ 是二维单连通区域,而空心球 $\{(x,y,z) \mid \frac{1}{2}<x^2+y^2+z^2<1\}$ 是二维复连通区域.

定理 14.3.4(Gauss 公式)　设 Ω 是 $\mathbf{R}^3$ 上由光滑(或分片光滑)的封闭曲面所围成的二维单连通闭区域,函数 $P(x,y,z)$,$Q(x,y,z)$ 和 $R(x,y,z)$ 在 Ω 上具有连续偏导数,则成立

$$\iiint_\Omega \left(\frac{\partial P}{\partial x} + \frac{\partial Q}{\partial y} + \frac{\partial R}{\partial z}\right)\mathrm{d}x\mathrm{d}y\mathrm{d}z = \iint_{\partial\Omega} P\mathrm{d}y\mathrm{d}z + Q\mathrm{d}z\mathrm{d}x + R\mathrm{d}x\mathrm{d}y.$$

这里 $\partial\Omega$ 的定向为外侧,它称为 Ω 的**诱导定向**.

证　考虑 Ω 可同时表为以下三种形式

$$\begin{aligned}\Omega &= \{(x,y,z) \mid z_1(x,y) \leqslant z \leqslant z_2(x,y),(x,y) \in \Omega_{xy}\}\\ &= \{(x,y,z) \mid y_1(z,x) \leqslant y \leqslant y_2(z,x),(z,x) \in \Omega_{zx}\}\\ &= \{(x,y,z) \mid x_1(y,z) \leqslant x \leqslant x_2(y,z),(y,z) \in \Omega_{yz}\}\end{aligned}$$

的情形,其中 Ω_{xy},Ω_{zx},Ω_{yz} 分别为 Ω 在 xy,zx,yz 平面的投影(见图 14.3.14),这样的区域称为标准区域.

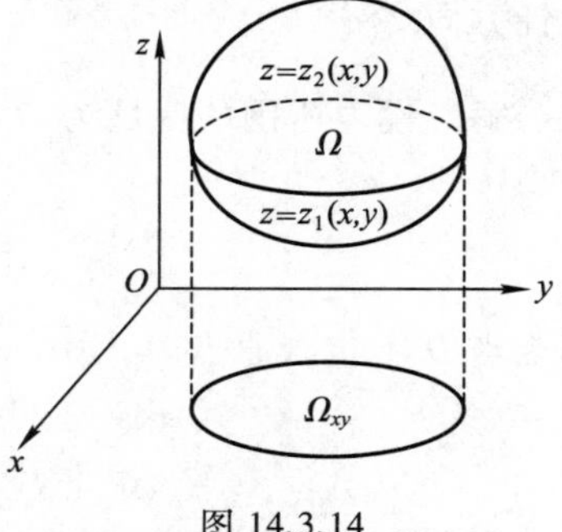

图 14.3.14

设 Σ_1 为曲面 $z=z_1(x,y)$,$(x,y) \in \Omega_{xy}$,Σ_2 为曲面 $z=z_2(x,y)$,$(x,y) \in \Omega_{xy}$,按照所规定的定向,Σ_1 的定向为下侧;Σ_2 的定向为上侧.那么利用 Ω 的第一种表示就有

$$\begin{aligned}\iiint_\Omega \frac{\partial R}{\partial z}\mathrm{d}x\mathrm{d}y\mathrm{d}z &= \iint_{\Omega_{xy}}\mathrm{d}x\mathrm{d}y\int_{z_1(x,y)}^{z_2(x,y)} \frac{\partial R}{\partial z}\mathrm{d}z = \iint_{\Omega_{xy}}[R(x,y,z_2(x,y)) - R(x,y,z_1(x,y))]\mathrm{d}x\mathrm{d}y\\ &= \iint_{\Sigma_2} R(x,y,z)\mathrm{d}x\mathrm{d}y + \iint_{\Sigma_1} R(x,y,z)\mathrm{d}x\mathrm{d}y = \iint_{\partial\Omega} R(x,y,z)\mathrm{d}x\mathrm{d}y.\end{aligned}$$

同理利用 Ω 的第二种表示和第三种表示可证

$$\iiint_{\Omega}\frac{\partial Q}{\partial y}\mathrm{d}x\mathrm{d}y\mathrm{d}z=\iint_{\partial\Omega}Q(x,y,z)\,\mathrm{d}z\mathrm{d}x,\iiint_{\Omega}\frac{\partial P}{\partial x}\mathrm{d}x\mathrm{d}y\mathrm{d}z=\iint_{\partial\Omega}P(x,y,z)\,\mathrm{d}y\mathrm{d}z.$$

三式相加就是 Gauss 公式.

当 Ω 可分成有限块标准区域时,可添加辅助曲面(见图 14.3.15),将其分成一块块标准区域.如同讨论 Green 公式的情形一样,对每块标准区域应用 Gauss 公式,再把它们加起来.注意到如果一片曲面为两块不同标准区域的共同边界时,会出现沿它不同侧面的两个曲面积分,在相加时它们就会互相抵消,最后只留下的是沿 $\partial\Omega$ 的曲面积分.这种情况就得到证明.

更一般的情况比较复杂,这里从略.

证毕

Gauss 公式也可以推广到具有有限个"洞"的二维复连通区域上去.如对图 14.3.16 所示的有一个"洞"的区域,用适当的曲面将它分割成两个二维单连通区域后分别应用 Gauss 公式,再相加,即可推出 Gauss 公式依然成立.注意,这时区域外面的边界还是取外侧,但内部的边界却取内侧.但相对于区域,它们事实上都是外侧.

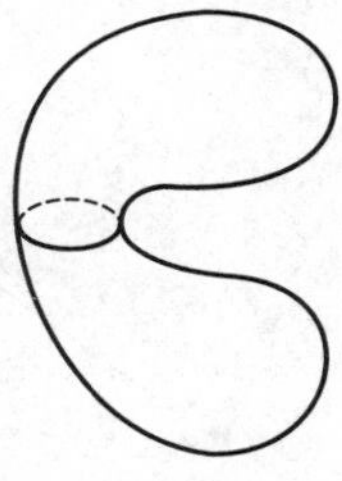

图 14.3.15

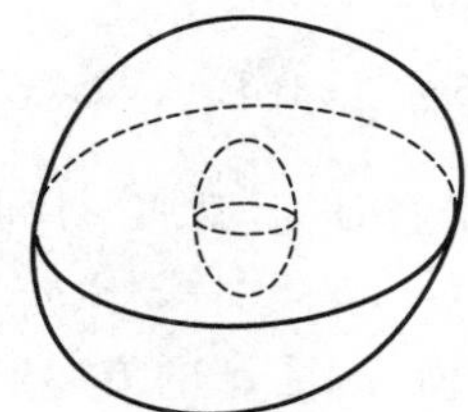

图 14.3.16

Gauss 公式说明了在空间中一个区域 Ω 上的三重积分与沿其边界 $\partial\Omega$ 的曲面积分间的内在关系,可视为 Green 公式的一个推广.与 Green 公式一样,Gauss 公式的一个直接应用就是可用沿区域 Ω 的边界的曲面积分来计算 Ω 的体积,具体地说就是

$$V=\iiint_{\Omega}\mathrm{d}x\mathrm{d}y\mathrm{d}z=\iint_{\partial\Omega}x\mathrm{d}y\mathrm{d}z=\iint_{\partial\Omega}y\mathrm{d}z\mathrm{d}x=\iint_{\partial\Omega}z\mathrm{d}x\mathrm{d}y=\frac{1}{3}\iint_{\partial\Omega}x\mathrm{d}y\mathrm{d}z+y\mathrm{d}z\mathrm{d}x+z\mathrm{d}x\mathrm{d}y,$$

其中 $\partial\Omega$ 的定向为外侧.

例 14.3.6 用上述公式计算椭球面 $\frac{x^2}{a^2}+\frac{y^2}{b^2}+\frac{z^2}{c^2}=1$ 所围椭球的体积.

解 椭球的体积在上一章已经计算过,这里采用另一种方法.椭球面的参数方程为

$$x=a\sin\varphi\cos\theta,\quad y=b\sin\varphi\sin\theta,\quad z=c\cos\varphi,\quad 0\leqslant\theta\leqslant 2\pi,\quad 0\leqslant\varphi\leqslant\pi,$$

于是

$$\frac{\partial(x,y)}{\partial(\varphi,\theta)}=ab\sin\varphi\cos\varphi.$$

所以,由以上公式得椭球的体积为

$$V=\iint_{\partial\Omega}z\mathrm{d}x\mathrm{d}y=\iint_{\substack{0\leqslant\theta\leqslant2\pi\\0\leqslant\varphi\leqslant\pi}}c\cos\varphi\,\frac{\partial(x,y)}{\partial(\varphi,\theta)}\mathrm{d}\varphi\mathrm{d}\theta$$

$$=abc\iint_{\substack{0\leqslant\theta\leqslant2\pi\\0\leqslant\varphi\leqslant\pi}}\sin\varphi\cos^2\varphi\mathrm{d}\varphi\mathrm{d}\theta=abc\int_0^{2\pi}\mathrm{d}\theta\int_0^{\pi}\sin\varphi\cos^2\varphi\mathrm{d}\varphi=\frac{4}{3}\pi abc.$$

请读者想想,为什么在运算中第一步到第二步时积分号前取“+”号.

例 14.3.7 求 $\iint_{\Sigma}x^3\mathrm{d}y\mathrm{d}z+y^3\mathrm{d}z\mathrm{d}x+z^3\mathrm{d}x\mathrm{d}y$,其中 Σ 为球面 $x^2+y^2+z^2=a^2$,方向取外侧.

解 由 Gauss 公式并应用球面坐标变换得

$$\iint_{\Sigma}x^3\mathrm{d}y\mathrm{d}z+y^3\mathrm{d}z\mathrm{d}x+z^3\mathrm{d}x\mathrm{d}y=3\iiint_{x^2+y^2+z^2\leqslant a^2}(x^2+y^2+z^2)\mathrm{d}x\mathrm{d}y\mathrm{d}z$$

$$=3\int_0^{2\pi}\mathrm{d}\theta\int_0^{\pi}\mathrm{d}\varphi\int_0^a r^4\sin\varphi\mathrm{d}r=\frac{12}{5}\pi a^5.$$

例 14.3.8 设某种流体的速度为 $\boldsymbol{v}=x\boldsymbol{i}+y\boldsymbol{j}+z\boldsymbol{k}$,求单位时间内流体流过曲面 $\boldsymbol{\Sigma}$:$y=x^2+z^2(0\leqslant y\leqslant h)$ 的流量,其中 Σ 的方向取左侧(见图 14.3.17).

解 流量的计算公式为

$$\Phi=\iint_{\Sigma}\boldsymbol{v}\cdot\boldsymbol{n}\mathrm{d}S=\iint_{\Sigma}x\mathrm{d}y\mathrm{d}z+y\mathrm{d}z\mathrm{d}x+z\mathrm{d}x\mathrm{d}y.$$

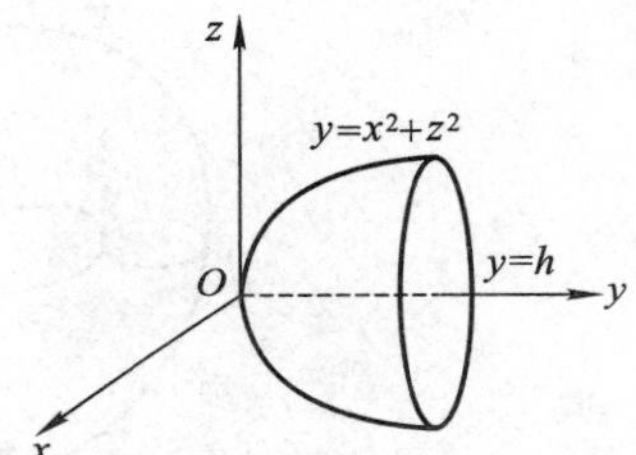

图 14.3.17

由于 Σ 不是封闭曲面,但添加一片曲面

$$\sigma:y=h,\quad x^2+z^2\leqslant h$$

后,$\Sigma+\sigma$ 就是封闭曲面,这里 σ 的方向取右侧.

记 $\Sigma+\sigma$ 所围的区域为 Ω,则由 Gauss 公式,得

$$\iint_{\Sigma}x\mathrm{d}y\mathrm{d}z+y\mathrm{d}z\mathrm{d}x+z\mathrm{d}x\mathrm{d}y+\iint_{\sigma}x\mathrm{d}y\mathrm{d}z+y\mathrm{d}z\mathrm{d}x+z\mathrm{d}x\mathrm{d}y$$

$$=\iiint_{\Omega}3\mathrm{d}x\mathrm{d}y\mathrm{d}z=3\int_0^{2\pi}\mathrm{d}\theta\int_0^{\sqrt{h}}r\mathrm{d}r\int_{r^2}^{h}\mathrm{d}y=\frac{3\pi}{2}h^2,$$

其中计算三重积分时利用了柱面坐标变换 $z=r\cos\theta,x=r\sin\theta,y=y$.由于

$$\iint_{\sigma}x\mathrm{d}y\mathrm{d}z+y\mathrm{d}z\mathrm{d}x+z\mathrm{d}x\mathrm{d}y=\iint_{\sigma}y\mathrm{d}z\mathrm{d}x=\iint_{x^2+z^2\leqslant h}h\mathrm{d}z\mathrm{d}x=\pi h^2,$$

所以

$$\Phi=\iint_{\Sigma}x\mathrm{d}y\mathrm{d}z+y\mathrm{d}z\mathrm{d}x+z\mathrm{d}x\mathrm{d}y=\frac{3\pi}{2}h^2-\pi h^2=\frac{\pi}{2}h^2.$$

Stokes 公式

设 Σ 为具有分段光滑边界的非封闭光滑双侧曲面.选定曲面的一侧,并如下规定 Σ 的边界 $\partial\Sigma$ 的一个正向:如果一个人保持与曲面选定一侧的法向量同向站立,当他沿 $\partial\Sigma$ 的这个方向行走时,曲面 Σ 总是在他左边.$\partial\Sigma$ 的这个定向也称为 Σ 的诱导定向,这种定向方法称为**右手定则**.

定理 14.3.5(Stokes 公式) 设 Σ 为光滑曲面,其边界 $\partial\Sigma$ 为分段光滑闭曲线.若函

数 $P(x,y,z)$, $Q(x,y,z)$, $R(x,y,z)$ 在 Σ 及其边界 $\partial\Sigma$ 上具有连续偏导数，则成立

$$\int_{\partial\Sigma} P\mathrm{d}x + Q\mathrm{d}y + R\mathrm{d}z = \iint_{\Sigma}\left(\frac{\partial R}{\partial y}-\frac{\partial Q}{\partial z}\right)\mathrm{d}y\mathrm{d}z + \left(\frac{\partial P}{\partial z}-\frac{\partial R}{\partial x}\right)\mathrm{d}z\mathrm{d}x + \left(\frac{\partial Q}{\partial x}-\frac{\partial P}{\partial y}\right)\mathrm{d}x\mathrm{d}y$$

$$= \iint_{\Sigma}\left[\left(\frac{\partial R}{\partial y}-\frac{\partial Q}{\partial z}\right)\cos\alpha + \left(\frac{\partial P}{\partial z}-\frac{\partial R}{\partial x}\right)\cos\beta + \left(\frac{\partial Q}{\partial x}-\frac{\partial P}{\partial y}\right)\cos\gamma\right]\mathrm{d}S,$$

其中 $\partial\Sigma$ 取诱导定向.

证 只证明 Σ 可同时表为以下三种形式

$$\begin{aligned}\Sigma &= \{(x,y,z) \mid z=z(x,y),\quad (x,y)\in\Sigma_{xy}\}\\ &= \{(x,y,z) \mid y=y(z,x),\quad (z,x)\in\Sigma_{zx}\}\\ &= \{(x,y,z) \mid x=x(y,z),\quad (y,z)\in\Sigma_{yz}\}\end{aligned}$$

的情形，其中 Σ_{xy}, Σ_{zx}, Σ_{yz} 分别为 Σ 在 xy, zx, yz 平面的投影（见图 14.3.18），这样的曲面称为标准曲面. 其他复杂情况从略.

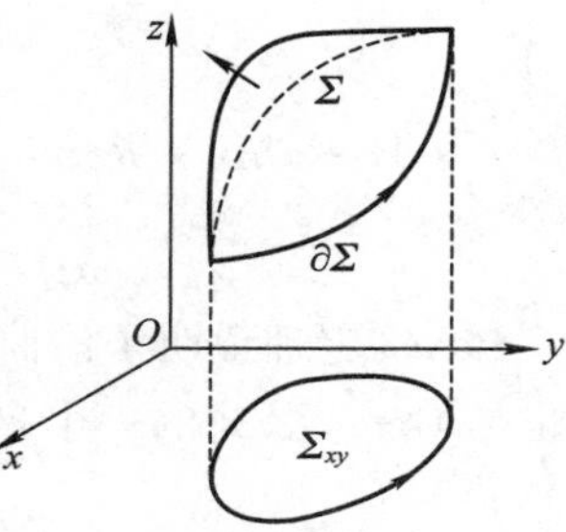

图 14.3.18

不妨设 Σ 的定向为上侧. 利用曲线积分的计算公式，由 Σ 的第一种表示易得

$$\int_{\partial\Sigma} P(x,y,z)\,\mathrm{d}x = \int_{\partial\Sigma_{xy}} P(x,y,z(x,y))\,\mathrm{d}x,$$

其中 $\partial\Sigma_{xy}$ 为 Σ_{xy} 的正向边界. 再对后一式应用 Green 公式得

$$\begin{aligned}\int_{\partial\Sigma_{xy}} P(x,y,z(x,y))\,\mathrm{d}x &= -\iint_{\Sigma_{xy}}\frac{\partial}{\partial y}P(x,y,z(x,y))\,\mathrm{d}x\mathrm{d}y\\ &= -\iint_{\Sigma_{xy}}\left[\frac{\partial P}{\partial y}(x,y,z(x,y)) + \frac{\partial P}{\partial z}(x,y,z(x,y))\cdot\frac{\partial z}{\partial y}\right]\mathrm{d}x\mathrm{d}y.\end{aligned}$$

注意到曲面取上侧，则 Σ 的法向量的方向余弦为

$$(\cos\alpha,\cos\beta,\cos\gamma)=\frac{1}{\sqrt{1+\left(\frac{\partial z}{\partial x}\right)^2+\left(\frac{\partial z}{\partial y}\right)^2}}\left(-\frac{\partial z}{\partial x},-\frac{\partial z}{\partial y},1\right),$$

因此 $\frac{\partial z}{\partial y}=-\frac{\cos\beta}{\cos\gamma}$. 所以

$$\begin{aligned}&\iint_{\Sigma_{xy}}\left[\frac{\partial P}{\partial y}(x,y,z(x,y)) + \frac{\partial P}{\partial z}(x,y,z(x,y))\cdot\frac{\partial z}{\partial y}\right]\mathrm{d}x\mathrm{d}y\\ &= \iint_{\Sigma}\left[\frac{\partial P}{\partial y}+\frac{\partial P}{\partial z}\cdot\frac{\partial z}{\partial y}\right]\mathrm{d}x\mathrm{d}y = \iint_{\Sigma}\left[\frac{\partial P}{\partial y}+\frac{\partial P}{\partial z}\cdot\frac{\partial z}{\partial y}\right]\cos\gamma\,\mathrm{d}S\\ &= \iint_{\Sigma}\frac{\partial P}{\partial y}\cos\gamma\,\mathrm{d}S - \iint_{\Sigma}\frac{\partial P}{\partial z}\frac{\cos\beta}{\cos\gamma}\cos\gamma\,\mathrm{d}S\\ &= \iint_{\Sigma}\frac{\partial P}{\partial y}\cos\gamma\,\mathrm{d}S - \iint_{\Sigma}\frac{\partial P}{\partial z}\cos\beta\,\mathrm{d}S = \iint_{\Sigma}\frac{\partial P}{\partial y}\mathrm{d}x\mathrm{d}y - \iint_{\Sigma}\frac{\partial P}{\partial z}\mathrm{d}z\mathrm{d}x.\end{aligned}$$

结合这几式就得

$$\int_{\partial\Sigma} P(x,y,z)\,\mathrm{d}x = \iint_{\Sigma} \frac{\partial P}{\partial z}\mathrm{d}z\mathrm{d}x - \frac{\partial P}{\partial y}\mathrm{d}x\mathrm{d}y.$$

同理可证

$$\int_{\partial\Sigma} Q(x,y,z)\,\mathrm{d}y = \iint_{\Sigma} \frac{\partial Q}{\partial x}\mathrm{d}x\mathrm{d}y - \frac{\partial Q}{\partial z}\mathrm{d}y\mathrm{d}z,$$

$$\int_{\partial\Sigma} R(x,y,z)\,\mathrm{d}z = \iint_{\Sigma} \frac{\partial R}{\partial y}\mathrm{d}y\mathrm{d}z - \frac{\partial R}{\partial x}\mathrm{d}z\mathrm{d}x.$$

三式相加即得 Stokes 公式.

证毕

利用行列式记号,可以将 Stokes 公式写成

$$\int_{\partial\Sigma} P\mathrm{d}x + Q\mathrm{d}y + R\mathrm{d}z = \iint_{\Sigma}\begin{vmatrix} \mathrm{d}y\mathrm{d}z & \mathrm{d}z\mathrm{d}x & \mathrm{d}x\mathrm{d}y \\ \dfrac{\partial}{\partial x} & \dfrac{\partial}{\partial y} & \dfrac{\partial}{\partial z} \\ P & Q & R \end{vmatrix} = \iint_{\Sigma}\begin{vmatrix} \cos\alpha & \cos\beta & \cos\gamma \\ \dfrac{\partial}{\partial x} & \dfrac{\partial}{\partial y} & \dfrac{\partial}{\partial z} \\ P & Q & R \end{vmatrix}\mathrm{d}S.$$

Stokes 定理说明了沿曲面 Σ 的曲面积分与沿其边界 $\partial\Sigma$ 的曲线积分间的内在关系.它也是 Green 公式的一个自然推广(这时在 Green 公式中,平面区域的定向为指向读者).

例 14.3.9　计算 $I=\int_L (y^2-z^2)\mathrm{d}x+(z^2-x^2)\mathrm{d}y+(x^2-y^2)\mathrm{d}z$,其中 L 为平面 $x+y+z=1$ 被三个坐标平面所截三角形 Σ 的边界,若从 x 轴的正向看去,定向为逆时针方向(见图 14.3.19).

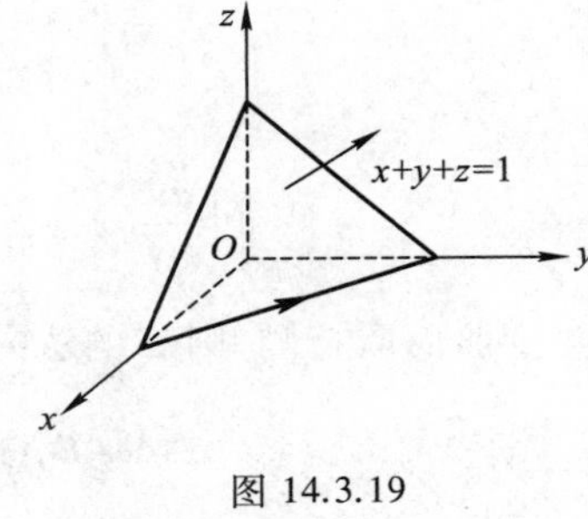

图 14.3.19

解　由 Stokes 公式得

$$\begin{aligned} I &= \int_L (y^2-z^2)\mathrm{d}x + (z^2-x^2)\mathrm{d}y + (x^2-y^2)\mathrm{d}z \\ &= \iint_{\Sigma}\begin{vmatrix} \cos\alpha & \cos\beta & \cos\gamma \\ \dfrac{\partial}{\partial x} & \dfrac{\partial}{\partial y} & \dfrac{\partial}{\partial z} \\ y^2-z^2 & z^2-x^2 & x^2-y^2 \end{vmatrix}\mathrm{d}S \\ &= -2\iint_{\Sigma}[(y+z)\cos\alpha + (x+z)\cos\beta + (x+y)\cos\gamma]\mathrm{d}S. \end{aligned}$$

由于 Σ 的方程为 $x+y+z=1$,定向为上侧(这是要与 L 的定向相配合来使用 Stokes 公式),则易计算

$$\cos\alpha=\cos\beta=\cos\gamma=\frac{1}{\sqrt{3}}.$$

因此注意到在三角形 Σ 上成立 $x+y+z=1$,且 Σ 的面积为 $\dfrac{\sqrt{3}}{2}$,就得

$$I=-\frac{4}{\sqrt{3}}\iint_{\Sigma}(x+y+z)\mathrm{d}S=-\frac{4}{\sqrt{3}}\iint_{\Sigma}\mathrm{d}S=-2.$$

例 14.3.10 计算 $I=\int_L (y^2+z^2)\mathrm{d}x+(z^2+x^2)\mathrm{d}y+(x^2+y^2)\mathrm{d}z$，其中 L 是上半球面 $x^2+y^2+z^2=2Rx(z\geqslant 0)$ 与圆柱面 $x^2+y^2=2rx(R>r>0)$ 的交线，从 z 轴的正向看去，是逆时针方向(见图 14.3.20).

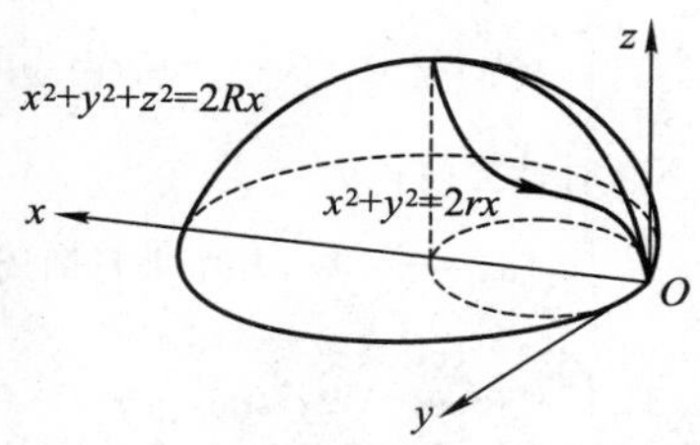

图 14.3.20

解 记在球面 $x^2+y^2+z^2=2Rx$ 上由 L 所围的曲面为 Σ. 由于 L 的定向，为应用 Stokes 定理取 Σ 的定向为上侧，所以其法向量的方向余弦为

$$\cos\alpha=\frac{x-R}{R},\quad \cos\beta=\frac{y}{R},\quad \cos\gamma=\frac{z}{R}.$$

于是由 Stokes 定理得

$$\begin{aligned}
I&=\int_L (y^2+z^2)\mathrm{d}x+(z^2+x^2)\mathrm{d}y+(x^2+y^2)\mathrm{d}z\\
&=\iint_\Sigma\begin{vmatrix}\cos\alpha & \cos\beta & \cos\gamma\\ \dfrac{\partial}{\partial x} & \dfrac{\partial}{\partial y} & \dfrac{\partial}{\partial z}\\ y^2+z^2 & z^2+x^2 & x^2+y^2\end{vmatrix}\mathrm{d}S\\
&=2\iint_\Sigma[(y-z)\cos\alpha+(z-x)\cos\beta+(x-y)\cos\gamma]\mathrm{d}S\\
&=2\iint_\Sigma\left[(y-z)\frac{x-R}{R}+(z-x)\frac{y}{R}+(x-y)\frac{z}{R}\right]\mathrm{d}S\\
&=2\left(\iint_\Sigma z\mathrm{d}S-\iint_\Sigma y\mathrm{d}S\right).
\end{aligned}$$

由于曲面 Σ 关于 xz 平面对称，因此

$$\iint_\Sigma y\mathrm{d}S=0.$$

而在上半球面 $x^2+y^2+z^2=2Rx(z\geqslant 0)$ 上，$z=\sqrt{2Rx-x^2-y^2}$，所以在 Σ 上有

$$\sqrt{1+\left(\frac{\partial z}{\partial x}\right)^2+\left(\frac{\partial z}{\partial y}\right)^2}=\sqrt{1+\frac{(x-R)^2}{z^2}+\frac{y^2}{z^2}}=\frac{R}{z}.$$

利用曲面积分的计算公式就得

$$I=2\iint_\Sigma z\mathrm{d}S=2\iint_{(x-r)^2+y^2\leqslant r^2} z\,\frac{R}{z}\mathrm{d}x\mathrm{d}y=2R\iint_{(x-r)^2+y^2\leqslant r^2}\mathrm{d}x\mathrm{d}y=2\pi r^2R.$$

有兴趣的读者可以再利用 L 的参数方程来计算一下这个曲线积分.

习　题

1. 利用 Green 公式计算下列积分:

(1) $\int_L (x+y)^2\mathrm{d}x-(x^2+y^2)\mathrm{d}y$，其中 L 是以 $A(1,1)$，$B(3,2)$，$C(2,5)$ 为顶点的三角形的边界，逆时针方向；

(2) $\int_L xy^2\mathrm{d}x-x^2y\mathrm{d}y$，其中 L 是圆周 $x^2+y^2=a^2$，逆时针方向；

(3) $\int_L (x^2y\cos x+2xy\sin x-y^2\mathrm{e}^x)\mathrm{d}x+(x^2\sin x-2y\mathrm{e}^x)\mathrm{d}y$，其中 L 是星形线 $x^{\frac{2}{3}}+y^{\frac{2}{3}}=a^{\frac{2}{3}}(a>0)$，逆时针方向；

(4) $\int_L \mathrm{e}^x[(1-\cos y)\mathrm{d}x-(y-\sin y)\mathrm{d}y]$，其中 L 是曲线 $y=\sin x$ 上从 $(0,0)$ 到 $(\pi,0)$ 的一段；

(5) $\int_L (x^2-y)\mathrm{d}x-(x+\sin^2 y)\mathrm{d}y$，其中 L 是圆周 $x^2+y^2=2x$ 的上半部分，方向从点 $(0,0)$ 到点 $(2,0)$；

(6) $\int_L [\mathrm{e}^x\sin y-b(x+y)]\mathrm{d}x+(\mathrm{e}^x\cos y-ax)\mathrm{d}y$，其中 a,b 是正常数，L 为从点 $A(2a,0)$ 沿曲线 $y=\sqrt{2ax-x^2}$ 到点 $O(0,0)$ 的一段；

(7) $\int_L \frac{x\mathrm{d}y-y\mathrm{d}x}{4x^2+y^2}$，其中 L 是以点 $(1,0)$ 为中心，R 为半径的圆周 $(R>1)$，逆时针方向；

(8) $\int_L \frac{(x-y)\mathrm{d}x+(x+4y)\mathrm{d}y}{x^2+4y^2}$，其中 L 为单位圆周 $x^2+y^2=1$，逆时针方向；

(9) $\int_L \frac{\mathrm{e}^x[(x\sin y-y\cos y)\mathrm{d}x+(x\cos y+y\sin y)\mathrm{d}y]}{x^2+y^2}$，其中 L 是包围原点的简单光滑闭曲线，逆时针方向.

2. 利用曲线积分，求下列曲线所围成的图形的面积：

(1) 星形线 $x=a\cos^3 t, y=a\sin^3 t$；

(2) 抛物线 $(x+y)^2=ax(a>0)$ 与 x 轴；

(3) 旋轮线的一段：$\begin{cases}x=a(t-\sin t),\\ y=a(1-\cos t),\end{cases}$ $t\in[0,2\pi]$ 与 x 轴.

3. 先证明曲线积分与路径无关，再计算积分值：

(1) $\int_{(0,0)}^{(1,1)}(x-y)(\mathrm{d}x-\mathrm{d}y)$；

(2) $\int_{(2,1)}^{(1,2)}\varphi(x)\mathrm{d}x+\psi(y)\mathrm{d}y$，其中 $\varphi(x)$，$\psi(y)$ 为连续函数；

(3) $\int_{(1,0)}^{(6,8)}\frac{x\mathrm{d}x+y\mathrm{d}y}{\sqrt{x^2+y^2}}$，沿不通过原点的路径.

4. 证明：$(2x\cos y+y^2\cos x)\mathrm{d}x+(2y\sin x-x^2\sin y)\mathrm{d}y$ 在整个 xy 平面上是某个函数的全微分，并找出它的一个原函数.

5. 证明：$\frac{x\mathrm{d}x+y\mathrm{d}y}{x^2+y^2}$ 在除去 y 的负半轴及原点的裂缝 xy 平面上是某个函数的全微分，并找出它的一个原函数.

6. 设 $Q(x,y)$ 在 xy 平面上有连续偏导数，曲线积分 $\int_L 2xy\mathrm{d}x+Q(x,y)\mathrm{d}y$ 与路径无关，并且对任意 t 恒有

$$\int_{(0,0)}^{(t,1)}2xy\mathrm{d}x+Q(x,y)\mathrm{d}y=\int_{(0,0)}^{(1,t)}2xy\mathrm{d}x+Q(x,y)\mathrm{d}y,$$

求 $Q(x,y)$.

7. 确定常数 λ,使得右半平面 $x>0$ 上的向量函数 $\boldsymbol{r}(x,y)=2xy(x^4+y^2)^{\lambda}\boldsymbol{i}-x^2(x^4+y^2)^{\lambda}\boldsymbol{j}$ 为某二元函数 $u(x,y)$ 的梯度,并求 $u(x,y)$.

8. 设一力场为 $\boldsymbol{F}=(3x^2y+8xy^2)\boldsymbol{i}+(x^3+8x^2y+12ye^y)\boldsymbol{j}$,证明:质点在此场内移动时,场力所做的功与路径无关.

9. 利用 Gauss 公式计算下列曲面积分:

(1) $\iint\limits_{\Sigma}x^2\mathrm{d}y\mathrm{d}z+y^2\mathrm{d}z\mathrm{d}x+z^2\mathrm{d}x\mathrm{d}y$,$\Sigma$ 为立方体 $0\leqslant x,y,z\leqslant a$ 的表面,方向取外侧;

(2) $\iint\limits_{\Sigma}(x-y+z)\mathrm{d}y\mathrm{d}z+(y-z+x)\mathrm{d}z\mathrm{d}x+(z-x+y)\mathrm{d}x\mathrm{d}y$,其中 Σ 为闭曲面 $|x-y+z|+|y-z+x|+|z-x+y|=1$,方向取外侧;

(3) $\iint\limits_{\Sigma}(x^2\cos\alpha+y^2\cos\beta+z^2\cos\gamma)\mathrm{d}S$,其中 Σ 为锥面 $z^2=x^2+y^2$ 介于平面 $z=0$ 与 $z=h(h>0)$ 之间的部分,方向取下侧;

(4) $\iint\limits_{\Sigma}x\mathrm{d}y\mathrm{d}z+y\mathrm{d}z\mathrm{d}x+z\mathrm{d}x\mathrm{d}y$,其中 Σ 为上半球面 $z=\sqrt{R^2-x^2-y^2}$,方向取上侧;

(5) $\iint\limits_{\Sigma}2(1-x^2)\mathrm{d}y\mathrm{d}z+8xy\mathrm{d}z\mathrm{d}x-4zx\mathrm{d}x\mathrm{d}y$,其中 Σ 是由 xy 平面上的曲线 $x=e^y(0\leqslant y\leqslant a)$ 绕 x 轴旋转而成的旋转面,曲面的法向量与 x 轴的正向的夹角为钝角;

(6) $\iint\limits_{\Sigma}(2x+z)\mathrm{d}y\mathrm{d}z+z\mathrm{d}x\mathrm{d}y$,其中 Σ 是曲面 $z=x^2+y^2(0\leqslant z\leqslant 1)$,曲面的法向量与 z 轴的正向的夹角为锐角;

(7) $\iint\limits_{\Sigma}\dfrac{ax\mathrm{d}y\mathrm{d}z+(a+z)^2\mathrm{d}x\mathrm{d}y}{(x^2+y^2+z^2)^{1/2}}(a>0)$,其中 Σ 是下半球面 $z=-\sqrt{a^2-x^2-y^2}$,方向取上侧;

(8) $\iint\limits_{\Sigma}\dfrac{x\mathrm{d}y\mathrm{d}z+y\mathrm{d}z\mathrm{d}x+z\mathrm{d}x\mathrm{d}y}{(x^2+y^2+z^2)^{3/2}}$,其中 Σ 是

(i) 椭球面 $x^2+2y^2+3z^2=1$,方向取外侧;

(ii) 抛物面 $1-\dfrac{z}{5}=\dfrac{(x-2)^2}{16}+\dfrac{(y-1)^2}{9}\quad(z\geqslant 0)$,方向取上侧.

10. 利用 Gauss 公式证明阿基米德原理:将物体全部浸没在液体中时,物体所受的浮力等于与物体同体积的液体的重量,而方向是垂直向上的.

11. 设某种流体的速度场为 $\boldsymbol{v}=yz\boldsymbol{i}+xz\boldsymbol{j}+xy\boldsymbol{k}$,求单位时间内流体

(1) 流过圆柱:$x^2+y^2\leqslant a^2,0\leqslant z\leqslant h$ 的侧面(方向取外侧)的流量;

(2) 流过该圆柱的全表面(方向取外侧)的流量.

12. 利用 Stokes 公式计算下列曲线积分:

(1) $\int_L y\mathrm{d}x+z\mathrm{d}y+x\mathrm{d}z$,其中 L 是球面 $x^2+y^2+z^2=a^2$ 与平面 $x+y+z=0$ 的交线(它是圆周),从 x 轴的正向看去,此圆周的方向是逆时针方向;

(2) $\int_L 3z\mathrm{d}x+5x\mathrm{d}y-2y\mathrm{d}z$,其中 L 是圆柱面 $x^2+y^2=1$ 与平面 $z=y+3$ 的交线(它是椭圆),从 z 轴的正向看去,是逆时针方向;

(3) $\int_L(y-z)\mathrm{d}x+(z-x)\mathrm{d}y+(x-y)\mathrm{d}z$,其中 L 为圆柱面 $x^2+y^2=a^2$ 和平面 $\dfrac{x}{a}+\dfrac{z}{h}=1(a>0,h>0)$ 的交线(它是椭圆),从 x 轴的正向看去,是逆时针方向;

(4) $\int_L (y^2-z^2)\mathrm{d}x+(z^2-x^2)\mathrm{d}y+(x^2-y^2)\mathrm{d}z$，其中 L 是用平面 $x+y+z=\frac{3}{2}$ 截立方体 $0\leqslant x,y,z\leqslant 1$ 的表面所得的截痕，从 x 轴的正向看去，是逆时针方向；

(5) $\int_L (x^2-yz)\mathrm{d}x+(y^2-xz)\mathrm{d}y+(z^2-xy)\mathrm{d}z$，其中 L 是沿着螺线 $x=a\cos\varphi, y=a\sin\varphi, z=\frac{h}{2\pi}\varphi$ 从点 $A(a,0,0)$ 至点 $B(a,0,h)$ 的路径；

(6) $\int_L (y^2-z^2)\mathrm{d}x+(2z^2-x^2)\mathrm{d}y+(3x^2-y^2)\mathrm{d}z$，其中 L 是平面 $x+y+z=2$ 与柱面 $|x|+|y|=1$ 的交线，从 z 轴的正向看去，是逆时针方向.

13. 设 $f(t)$ 是 $\mathbf{R}$ 上恒为正值的连续函数，L 是逆时针方向的圆周 $(x-a)^2+(y-a)^2=1$.证明

$$\int_L xf(y)\mathrm{d}y-\frac{y}{f(x)}\mathrm{d}x\geqslant 2\pi.$$

14. 设 D 为两条直线 $y=x, y=4x$ 和两条双曲线 $xy=1, xy=4$ 所围成的区域，$F(u)$ 是具有连续导数的一元函数，记 $f(u)=F'(u)$.证明

$$\int_{\partial D}\frac{F(xy)}{y}\mathrm{d}y=\ln 2\int_1^4 f(u)\mathrm{d}u,$$

其中 ∂D 的方向为逆时针方向.

15. 证明：若 Σ 为封闭曲面，$\boldsymbol{l}$ 为一固定向量，则

$$\iint_\Sigma \cos(\boldsymbol{n},\boldsymbol{l})\mathrm{d}S=0,$$

其中 $\boldsymbol{n}$ 为曲面 Σ 的单位外法向量.

16. 设区域 Ω 由分片光滑封闭曲面 Σ 所围成.证明：

$$\iiint_\Omega \frac{\mathrm{d}x\mathrm{d}y\mathrm{d}z}{r}=\frac{1}{2}\iint_\Sigma \cos(\boldsymbol{r},\boldsymbol{n})\mathrm{d}S,$$

其中 $\boldsymbol{n}$ 为曲面 Σ 的单位外法向量，$\boldsymbol{r}=(x,y,z)$，$r=\sqrt{x^2+y^2+z^2}$.

17. 设函数 $P(x,y,z)$，$Q(x,y,z)$ 和 $R(x,y,z)$ 在 $\mathbf{R}^3$ 上具有连续偏导数.且对于任意光滑曲面 Σ，成立

$$\iint_\Sigma P\mathrm{d}y\mathrm{d}z+Q\mathrm{d}z\mathrm{d}x+R\mathrm{d}x\mathrm{d}y=0.$$

证明：在 $\mathbf{R}^3$ 上，$\frac{\partial P}{\partial x}+\frac{\partial Q}{\partial y}+\frac{\partial R}{\partial z}\equiv 0$.

18. 设 L 是平面 $x\cos\alpha+y\cos\beta+z\cos\gamma-p=0$ 上的简单闭曲线，它所包围的区域 D 的面积为 S，其中 $(\cos\alpha,\cos\beta,\cos\gamma)$ 是平面取定方向上的单位向量.证明

$$S=\frac{1}{2}\int_L\begin{vmatrix}\mathrm{d}x & \mathrm{d}y & \mathrm{d}z\\ \cos\alpha & \cos\beta & \cos\gamma\\ x & y & z\end{vmatrix},$$

其中 L 的定向与平面的定向符合右手定则.

§4 微分形式的外微分

外微分

设 $U\subset\mathbf{R}^n$ 为区域，U 上的可微函数 $f(x_1,x_2,\cdots,x_n)$ 的全微分为

$$df=\sum_{n=1}^{n}\frac{\partial f}{\partial x_i}dx_i.$$

这可以理解为,一个 0-形式作了微分运算后成为了 1-形式.

现在将微分运算 d 推广到 Λ^k 上去.对 Λ^k 中的任意一个 k-形式

$$\omega=\sum_{1\leqslant i_1<i_2<\cdots<i_k\leqslant n}g_{i_1,i_2,\cdots,i_k}(\boldsymbol{x})dx_{i_1}\wedge dx_{i_2}\wedge\cdots\wedge dx_{i_k},$$

定义

$$\begin{aligned}d\omega&=\sum_{1\leqslant i_1<i_2<\cdots<i_k\leqslant n}(dg_{i_1,i_2,\cdots,i_k}(\boldsymbol{x}))\wedge dx_{i_1}\wedge dx_{i_2}\wedge\cdots\wedge dx_{i_k}\\&=\sum_{1\leqslant i_1<i_2<\cdots<i_k\leqslant n}\sum_{i=1}^{n}\frac{\partial g_{i_1,i_2,\cdots,i_k}}{\partial x_i}dx_i\wedge dx_{i_1}\wedge dx_{i_2}\wedge\cdots\wedge dx_{i_k}.\end{aligned}$$

同时,对空间 $\Lambda=\Lambda^0+\Lambda^1+\cdots+\Lambda^n$ 上的任意一个元素

$$\omega=\omega_0+\omega_1+\cdots+\omega_n,\omega_i\in\Lambda^i,$$

定义

$$d\omega=d\omega_0+d\omega_1+\cdots+d\omega_n.$$

这样一来,微分运算 $d:\Lambda\to\Lambda$ 就是线性的,即 $d(\alpha\omega+\beta\eta)=\alpha d\omega+\beta d\eta$,其中 $\omega,\eta\in\Lambda,\alpha,\beta$ 为常数.这样的微分运算 d 称为**外微分**.

由定义直接得

$$\begin{aligned}&d(dx_{i_1}\wedge dx_{i_2}\wedge\cdots\wedge dx_{i_k})=d(1dx_{i_1}\wedge dx_{i_2}\wedge\cdots\wedge dx_{i_k})\\&=(d1)\wedge dx_{i_1}\wedge dx_{i_2}\wedge\cdots\wedge dx_{i_k}=0.\end{aligned}$$

例 14.4.1 设 $\omega=P(x,y)dx+Q(x,y)dy$ 为 $\mathbf{R}^2$ 上的 1-形式,则

$$\begin{aligned}d\omega&=(dP)\wedge dx+(dQ)\wedge dy\\&=\left(\frac{\partial P}{\partial x}dx+\frac{\partial P}{\partial y}dy\right)\wedge dx+\left(\frac{\partial Q}{\partial x}dx+\frac{\partial Q}{\partial y}dy\right)\wedge dy\\&=\frac{\partial P}{\partial y}dy\wedge dx+\frac{\partial Q}{\partial x}dx\wedge dy=\left(\frac{\partial Q}{\partial x}-\frac{\partial P}{\partial y}\right)dx\wedge dy.\end{aligned}$$

例 14.4.2 设 $\omega=P(x,y,z)dx+Q(x,y,z)dy+R(x,y,z)dz$ 为 $\mathbf{R}^3$ 上的 1-形式,则

$$\begin{aligned}d\omega&=(dP)\wedge dx+(dQ)\wedge dy+(dR)\wedge dz\\&=\left(\frac{\partial P}{\partial x}dx+\frac{\partial P}{\partial y}dy+\frac{\partial P}{\partial z}dz\right)\wedge dx+\left(\frac{\partial Q}{\partial x}dx+\frac{\partial Q}{\partial y}dy+\frac{\partial Q}{\partial z}dz\right)\wedge dy+\left(\frac{\partial R}{\partial x}dx+\frac{\partial R}{\partial y}dy+\frac{\partial R}{\partial z}dz\right)\wedge dz\\&=\left(\frac{\partial R}{\partial y}-\frac{\partial Q}{\partial z}\right)dy\wedge dz+\left(\frac{\partial P}{\partial z}-\frac{\partial R}{\partial x}\right)dz\wedge dx+\left(\frac{\partial Q}{\partial x}-\frac{\partial P}{\partial y}\right)dx\wedge dy.\end{aligned}$$

例 14.4.3 设

$$\omega=P(x,y,z)dy\wedge dz+Q(x,y,z)dz\wedge dx+R(x,y,z)dx\wedge dy$$

为 $\mathbf{R}^3$ 上的 2-形式,则

$$\begin{aligned}d\omega&=(dP)\wedge dy\wedge dz+(dQ)\wedge dz\wedge dx+(dR)\wedge dx\wedge dy\\&=\left(\frac{\partial P}{\partial x}dx+\frac{\partial P}{\partial y}dy+\frac{\partial P}{\partial z}dz\right)\wedge dy\wedge dz+\left(\frac{\partial Q}{\partial x}dx+\frac{\partial Q}{\partial y}dy+\frac{\partial Q}{\partial z}dz\right)\wedge dz\wedge dx+\left(\frac{\partial R}{\partial x}dx+\frac{\partial R}{\partial y}dy+\frac{\partial R}{\partial z}dz\right)\wedge dx\wedge dy\\&=\left(\frac{\partial P}{\partial x}+\frac{\partial Q}{\partial y}+\frac{\partial R}{\partial z}\right)dx\wedge dy\wedge dz.\end{aligned}$$

下面列出外微分的两个性质.

性质 1　设 ω 为 k-形式, η 为 l-形式, 则

$$d(\omega\wedge\eta)=d\omega\wedge\eta+(-1)^k\omega\wedge d\eta.$$

证　由于 d 的线性性质, 只要证明

$$\omega=a(\boldsymbol{x})dx_{i_1}\wedge dx_{i_2}\wedge\cdots\wedge dx_{i_k},\eta=b(\boldsymbol{x})dx_{j_1}\wedge dx_{j_2}\wedge\cdots\wedge dx_{j_l}$$

的情形即可.这时

$$\begin{aligned}
&d(\omega\wedge\eta)\\
&=d(a(\boldsymbol{x})b(\boldsymbol{x})\wedge dx_{i_1}\wedge dx_{i_2}\wedge\cdots\wedge dx_{i_k}\wedge dx_{j_1}\wedge dx_{j_2}\wedge\cdots\wedge dx_{j_l})\\
&=d(a(\boldsymbol{x})b(\boldsymbol{x}))\wedge dx_{i_1}\wedge dx_{i_2}\wedge\cdots\wedge dx_{i_k}\wedge dx_{j_1}\wedge dx_{j_2}\wedge\cdots\wedge dx_{j_l}\\
&=\sum_{i=1}^n\left(b\frac{\partial a}{\partial x_i}dx_i+a\frac{\partial b}{\partial x_i}dx_i\right)\wedge dx_{i_1}\wedge dx_{i_2}\wedge\cdots\wedge dx_{i_k}\wedge dx_{j_1}\wedge dx_{j_2}\wedge\cdots\wedge dx_{j_l}\\
&=\left(\sum_{i=1}^n b\frac{\partial a}{\partial x_i}dx_i\right)\wedge dx_{i_1}\wedge dx_{i_2}\wedge\cdots\wedge dx_{i_k}\wedge dx_{j_1}\wedge dx_{j_2}\wedge\cdots\wedge dx_{j_l}+\\
&\quad(-1)^k(a\,dx_{i_1}\wedge dx_{i_2}\wedge\cdots\wedge dx_{i_k})\wedge\left(\sum_{i=1}^n\frac{\partial b}{\partial x_i}dx_i\right)\wedge dx_{j_1}\wedge dx_{j_2}\wedge\cdots\wedge dx_{j_l}\\
&=d\omega\wedge\eta+(-1)^k\omega\wedge d\eta.
\end{aligned}$$

设 $\omega\in\Lambda$, 定义 $d^2\omega=d(d\omega)$. 在以下讨论中, 我们假设微分形式的系数都具有二阶连续偏导数.

例 14.4.4　设 $f\in\Lambda^0$ 为 0-形式, 证明 $d^2f=0$.

证　由于 f 具有二阶连续偏导数, 因此 $\frac{\partial^2 f}{\partial x_i\partial x_j}=\frac{\partial^2 f}{\partial x_j\partial x_i}$. 所以

$$\begin{aligned}
d^2f=d(df)=d\left(\sum_{i=1}^n\frac{\partial f}{\partial x_i}dx_i\right)&=\sum_{i=1}^n\sum_{j=1}^n\frac{\partial^2 f}{\partial x_j\partial x_i}dx_j\wedge dx_i\\
&=\sum_{i<j}\left(\frac{\partial^2 f}{\partial x_i\partial x_j}-\frac{\partial^2 f}{\partial x_j\partial x_i}\right)dx_i\wedge dx_j=0.
\end{aligned}$$

性质 2　对任意 $\omega\in\Lambda$, 有 $d^2\omega=0$.

证　由于 d 的线性性质, 只要证明

$$\omega=a(\boldsymbol{x})dx_{i_1}\wedge dx_{i_2}\wedge\cdots\wedge dx_{i_k}$$

的情形即可.这时

$$d\omega=(da(\boldsymbol{x}))\wedge dx_{i_1}\wedge dx_{i_2}\wedge\cdots\wedge dx_{i_k},$$

因此由性质 1 和例 14.4.4 的结果

$$\begin{aligned}
d^2\omega&=d(d\omega)=(d^2a)\wedge dx_{i_1}\wedge dx_{i_2}\wedge\cdots\wedge dx_{i_k}-(da)\wedge d(dx_{i_1}\wedge dx_{i_2}\wedge\cdots\wedge dx_{i_k})\\
&=0\wedge dx_{i_1}\wedge dx_{i_2}\wedge\cdots\wedge dx_{i_k}-(da)\wedge 0=0.
\end{aligned}$$

外微分的应用

首先看 Green 公式

$$\int_{\partial D}P\,dx+Q\,dy=\iint_D\left(\frac{\partial Q}{\partial x}-\frac{\partial P}{\partial y}\right)dx\,dy,$$

其中 ∂D 取 D 的诱导定向. 在上一章第五节中, 我们已经提到可以将 $dx\wedge dy$ 看成有向面

积元素,那么如果将它看成是正面积元素 $\mathrm{d}x\mathrm{d}y$ 的话,上式就可以表为

$$\int_{\partial D} P\mathrm{d}x + Q\mathrm{d}y = \iint_{D} \left(\frac{\partial Q}{\partial x} - \frac{\partial P}{\partial y} \right) \mathrm{d}x \wedge \mathrm{d}y .$$

因此由例 14.4.1 得到,对于 1-形式 $\omega=P(x,y)\mathrm{d}x+Q(x,y)\mathrm{d}y$ 成立

$$\int_{\partial D} \omega = \int_{D} \mathrm{d}\omega .$$

再看 Stokes 公式

$$\begin{aligned}&\int_{\partial \Sigma} P\mathrm{d}x + Q\mathrm{d}y + R\mathrm{d}z\\ &= \iint_{\Sigma} \left(\frac{\partial R}{\partial y} - \frac{\partial Q}{\partial z} \right) \mathrm{d}y \wedge \mathrm{d}z + \left(\frac{\partial P}{\partial z} - \frac{\partial R}{\partial x} \right) \mathrm{d}z \wedge \mathrm{d}x + \left(\frac{\partial Q}{\partial x} - \frac{\partial P}{\partial y} \right) \mathrm{d}x \wedge \mathrm{d}y ,\end{aligned}$$

其中$\partial\Sigma$ 取 Σ 的诱导定向.注意等式左边和右边分别是 1-形式和 2-形式的在定向曲线和曲面上的积分,因此由例 14.4.2 可知,对于 1-形式 $\omega=P(x,y,z)\mathrm{d}x+Q(x,y,z)\mathrm{d}y+R(x,y,z)\mathrm{d}z$,上式就是

$$\int_{\partial \Sigma} \omega = \int_{\Sigma} \mathrm{d}\omega.$$

同样地,对于 Gauss 公式

$$\iint_{\partial \Omega} P\mathrm{d}y\mathrm{d}z + Q\mathrm{d}z\mathrm{d}x + R\mathrm{d}x\mathrm{d}y = \iiint_{\Omega} \left(\frac{\partial P}{\partial x} + \frac{\partial Q}{\partial y} + \frac{\partial R}{\partial z} \right) \mathrm{d}x\mathrm{d}y\mathrm{d}z,$$

如果我们将有向体积元素 $\mathrm{d}x\wedge\mathrm{d}y\wedge\mathrm{d}z$ 看成是正体积元素 $\mathrm{d}x\mathrm{d}y\mathrm{d}z$ 的话,它就可以表为

$$\iint_{\partial \Omega} P\mathrm{d}y \wedge \mathrm{d}z + Q\mathrm{d}z \wedge \mathrm{d}x + R\mathrm{d}x \wedge \mathrm{d}y = \iiint_{\Omega} \left(\frac{\partial P}{\partial x} + \frac{\partial Q}{\partial y} + \frac{\partial R}{\partial z} \right) \mathrm{d}x \wedge \mathrm{d}y \wedge \mathrm{d}z,$$

其中$\partial\Omega$ 取 Ω 的诱导定向.因此由例 14.4.3 可知,对于 2-形式

$$\omega = P(x,y,z)\mathrm{d}y \wedge \mathrm{d}z + Q(x,y,z)\mathrm{d}z \wedge \mathrm{d}x + R(x,y,z)\mathrm{d}x \wedge \mathrm{d}y,$$

上式就是

$$\int_{\partial \Omega} \omega = \int_{\Omega} \mathrm{d}\omega .$$

最后看看 Newton-Leibniz 公式

$$\int_a^b \mathrm{d}f(x) = f(x) \Big|_a^b ,$$

如果将上式右端视为 0-形式 $f(x)$ 在区间 $D=[a,b]$ 的诱导定向边界 $\partial D=\{a,b\}$ 上的积分,那么上式就可以表为

$$\int_{\partial D} f = \int_{D} \mathrm{d}f.$$

这样一来,Newton-Leibniz 公式、Green 公式、Gauss 公式和 Stokes 公式就可以统一地写成如下形式:

$$\int_{\partial M} \omega = \int_{M} \mathrm{d}\omega.$$

这个式子统称为 **Stokes 公式**.它说明了,高次的微分形式 $\mathrm{d}\omega$ 在给定区域上的积分等于低一次的微分形式 ω 在低一维的区域边界上的积分.Stokes 公式是单变量情形的

Newton-Leibniz 公式在多变量情形的推广,是数学分析中最精彩的结论之一.读者在今后的课程中还会看到它的广泛应用.

习　　题

1. 计算下列微分形式的外微分:
   (1) 1-形式 $\omega=2xy\mathrm{d}x+x^2\mathrm{d}y$;
   (2) 1-形式 $\omega=\cos y\mathrm{d}x-\sin x\mathrm{d}y$;
   (3) 2-形式 $\omega=6z\mathrm{d}x\wedge\mathrm{d}y-xy\mathrm{d}x\wedge\mathrm{d}z$.
2. 设 $\omega=a_1(x_1)\mathrm{d}x_1+a_2(x_2)\mathrm{d}x_2+\cdots+a_n(x_n)\mathrm{d}x_n$ 是 $\mathbf{R}^n$ 上的 1-形式,求 $\mathrm{d}\omega$.
3. 设 $\omega=a_1(x_2,x_3)\mathrm{d}x_2\wedge\mathrm{d}x_3+a_2(x_1,x_3)\mathrm{d}x_3\wedge\mathrm{d}x_1+a_3(x_1,x_2)\mathrm{d}x_1\wedge\mathrm{d}x_2$ 是 $\mathbf{R}^3$ 上的 2-形式,求 $\mathrm{d}\omega$.
4. 设在 $\mathbf{R}^3$ 上在一个开区域 $\Omega=(a,b)\times(c,d)\times(e,f)$ 上定义了具有连续导数的函数 $a_1(z),a_2(x)$, $a_3(y)$,试求形如
$$\omega=b_1(y)\mathrm{d}x+b_2(z)\mathrm{d}y+b_3(x)\mathrm{d}z$$
的 1-形式 ω,使得
$$\mathrm{d}\omega=a_1(z)\mathrm{d}y\wedge\mathrm{d}z+a_2(x)\mathrm{d}z\wedge\mathrm{d}x+a_3(y)\mathrm{d}x\wedge\mathrm{d}y.$$
5. 设 $\omega=\sum\limits_{i,j=1}^{n}a_{ij}\mathrm{d}x_i\wedge\mathrm{d}x_j(a_{ij}=-a_{ji},i,j=1,2,\cdots,n)$ 是 $\mathbf{R}^n$ 上的 2-形式,证明
$$\mathrm{d}\omega=\frac{1}{3}\sum_{i,j,k=1}^{n}\left(\frac{\partial a_{ij}}{\partial x_k}+\frac{\partial a_{jk}}{\partial x_i}+\frac{\partial a_{ki}}{\partial x_j}\right)\mathrm{d}x_i\wedge\mathrm{d}x_j\wedge\mathrm{d}x_k.$$

§5　场论初步

在实际应用中,常常要考察某种物理量(如温度,密度,电场强度,力,速度等)在空间的分布和变化规律,从数学和物理上看就是**场**.

设 $\Omega\subset\mathbf{R}^3$ 是一个区域,若在时刻 t,Ω 中每一点 (x,y,z) 都有一个确定的数值 $f(x,y,z,t)$(或确定的向量值 $\boldsymbol{f}(x,y,z,t)$)与它对应,就称 $f(x,y,z,t)$(或 $\boldsymbol{f}(x,y,z,t)$)为 Ω 上的**数量场**(或**向量场**).例如,某一区域上每一点的温度确定了一个数量场,它称为温度场;而某流体在某一区域上每一点的速度确定了一个向量场,它称为速度场,如此等等.如果一个场不随时间的变化而变化,就称该场为**稳定场**;否则称为**不稳定场**.在本节中除非特别声明,我们只考虑稳定场.

梯度

显然,Ω 上任何一个三元函数 $f(x,y,z)$ 都可以看成是 Ω 上的一个数量场.若 $f(x,y,z)$ 在 Ω 上具有连续偏导数,我们知道其梯度为
$$\mathbf{grad}\,f=f_x\boldsymbol{i}+f_y\boldsymbol{j}+f_z\boldsymbol{k},$$
而且沿方向

$$\boldsymbol{l}=\cos(\boldsymbol{l},x)\boldsymbol{i}+\cos(\boldsymbol{l},y)\boldsymbol{j}+\cos(\boldsymbol{l},z)\boldsymbol{k}$$

的方向导数可以表为

$$\frac{\partial f}{\partial \boldsymbol{l}}=\mathbf{grad}\, f\cdot \boldsymbol{l}.$$

我们称曲面

$$f(x,y,z)=c(\text{常数})$$

为 f 的等值面.我们知道,若 f_x,f_y,f_z 不同时为零,那么在等值面上的一个单位法向量为 $\boldsymbol{n}=\dfrac{f_x\boldsymbol{i}+f_y\boldsymbol{j}+f_z\boldsymbol{k}}{\sqrt{f_x^2+f_y^2+f_z^2}}$,以及 $\dfrac{\partial f}{\partial \boldsymbol{n}}=\|\mathbf{grad}\, f\|$,它大于零,并且

$$\mathbf{grad}\, f=\frac{\partial f}{\partial \boldsymbol{n}}\boldsymbol{n}.$$

这说明,f 在一点的梯度方向与它的等值面在这点的一个法线方向相同,这个法线方向就是方向导数取得最大值 $\|\mathbf{grad}\, f\|$ 的方向,且从数值较低的等值面指向数值较高的等值面.于是,沿着与梯度方向相同的方向,函数值增加最快.而 f 在这点沿相反方向(即梯度的相反方向)的方向导数达到最小值 $-\|\mathbf{grad}\, f\|$,于是,沿着与梯度方向相反的方向,函数值减少最快.进一步,梯度是与坐标系的选取无关的向量.

我们称由数量场 f 产生的向量场 $\mathbf{grad}\, f=f_x\boldsymbol{i}+f_y\boldsymbol{j}+f_z\boldsymbol{k}$ 为**梯度场**.

再看一个实际例子.经测量某积雪山顶的高度可用函数 $z=f(x,y)$ 来表示,图 14.5.1 是等高线图,即 $f(x,y)=c$ 的图形.当雪融化时,由于重力的作用,雪水会沿高度下降最快的方向,即 $-\mathbf{grad}\, f$ 方向流动,溪流就是这样形成的.

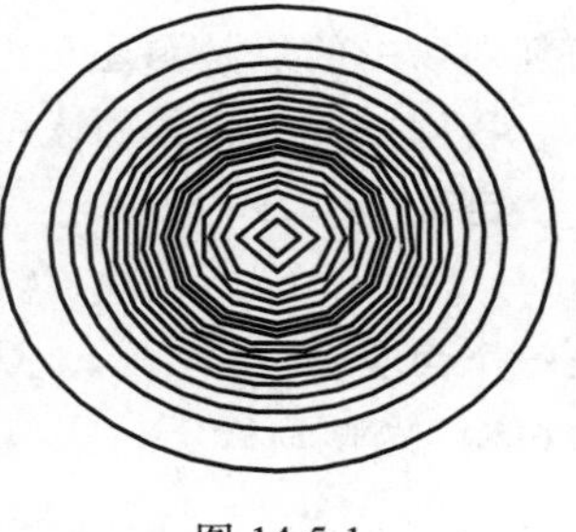

图 14.5.1

通量与散度

设 Ω 上稳定流动的不可压缩流体(假定其密度为 1)的速度场为

$$\boldsymbol{v}=v_x(x,y,z)\boldsymbol{i}+v_y(x,y,z)\boldsymbol{j}+v_z(x,y,z)\boldsymbol{k},$$

其中 v_x,v_y,v_z 具有连续偏导数.设 Σ 是 Ω 中的一片定向曲面,则单位时间内通过 Σ 流向指定侧的流量为

$$\Phi=\iint_{\Sigma} v_x(x,y,z)\,\mathrm{d}y\mathrm{d}z+v_y(x,y,z)\,\mathrm{d}z\mathrm{d}x+v_z(x,y,z)\,\mathrm{d}x\mathrm{d}y=\iint_{\Sigma}\boldsymbol{v}\cdot\boldsymbol{n}\mathrm{d}S=\iint_{\Sigma}\boldsymbol{v}\cdot\mathrm{d}\boldsymbol{S},$$

这里 $\boldsymbol{n}=\cos\alpha\boldsymbol{i}+\cos\beta\boldsymbol{j}+\cos\gamma\boldsymbol{k}$ 为 Σ 在 (x,y,z) 处的、在指定侧的单位法向量.

显然,$\Phi>0$ 说明了向指定侧穿过曲面 Σ 的流量多于向相反方向穿过曲面 Σ 的流量;$\Phi<0$ 或 $\Phi=0$ 分别说明了向指定侧穿过曲面 Σ 的流量少于或等于向相反方向穿过曲面 Σ 的流量.如果 Σ 为一张封闭曲面,定向为外侧.那么当 $\Phi>0$ 时,就说明了从曲面内的流出量大于流入量,此时在 Σ 内必有产生流体的源头(源);当 $\Phi<0$ 时,就说明了从曲面内的流出量小于流入量,此时在 Σ 内必有排泄流体的漏洞(汇).

要判断场中一点 $M(x,y,z)$ 是否为源或汇,以及源的"强弱"或汇的"大小",可以作一张包含 M 的封闭曲面 Σ(定向为外侧),考察 Σ 所围区域 V 收缩到 M 点时(记为

$V\to M$), $\Phi=\iint\limits_{\Sigma}\boldsymbol{v}\cdot \mathrm{d}\boldsymbol{S}$ 的值.但因为 $V\to M$ 时有 $\Phi\to 0$,所以实际上我们考虑的是

$$\lim_{V\to M}\frac{\Phi}{mV}=\lim_{V\to M}\frac{\iint\limits_{\Sigma}\boldsymbol{v}\cdot \mathrm{d}\boldsymbol{S}}{mV}\ (mV\text{ 为 }V\text{ 的体积}).$$

显然,这不改变其物理意义.由 Gauss 公式,并利用积分中值定理得

$$\begin{aligned}\Phi&=\iint\limits_{\Sigma}\boldsymbol{v}\cdot \mathrm{d}\boldsymbol{S}=\iint\limits_{\Sigma}v_x\mathrm{d}y\mathrm{d}z+v_y\mathrm{d}z\mathrm{d}x+v_z\mathrm{d}x\mathrm{d}y\\&=\iiint\limits_{V}\left(\frac{\partial v_x}{\partial x}+\frac{\partial v_y}{\partial y}+\frac{\partial v_z}{\partial z}\right)\mathrm{d}x\mathrm{d}y\mathrm{d}z=\left(\frac{\partial v_x}{\partial x}+\frac{\partial v_y}{\partial y}+\frac{\partial v_z}{\partial z}\right)_{\widetilde{M}}\cdot mV.\end{aligned}$$

其中 $\widetilde{M}$ 为 V 上某一点.因此当 $V\to M$ 时有

$$\lim_{V\to M}\frac{\Phi}{mV}=\lim_{\widetilde{M}\to M}\left(\frac{\partial v_x}{\partial x}+\frac{\partial v_y}{\partial y}+\frac{\partial v_z}{\partial z}\right)_{\widetilde{M}}=\frac{\partial v_x(x,y,z)}{\partial x}+\frac{\partial v_y(x,y,z)}{\partial y}+\frac{\partial v_z(x,y,z)}{\partial z}.$$

因此,可以用

$$\frac{\partial v_x(x,y,z)}{\partial x}+\frac{\partial v_y(x,y,z)}{\partial y}+\frac{\partial v_z(x,y,z)}{\partial z}$$

来判别场中的点是源还是汇,以及源的“强弱”或汇的“大小”.

我们以此为背景引入一般性的概念.

定义 14.5.1　设

$$\boldsymbol{a}(x,y,z)=P(x,y,z)\boldsymbol{i}+Q(x,y,z)\boldsymbol{j}+R(x,y,z)\boldsymbol{k},\quad (x,y,z)\in\Omega$$

是一个向量场,$P(x,y,z)$,$Q(x,y,z)$,$R(x,y,z)$ 在 Ω 上具有连续偏导数.Σ 为场中的定向曲面,称曲面积分

$$\Phi=\iint\limits_{\Sigma}\boldsymbol{a}\cdot \mathrm{d}\boldsymbol{S}$$

为向量场 $\boldsymbol{a}$ 沿指定侧通过曲面 Σ 的**通量**.

设 M 为这个场中任一点.称

$$\frac{\partial P}{\partial x}(M)+\frac{\partial Q}{\partial y}(M)+\frac{\partial R}{\partial z}(M)$$

为向量场 $\boldsymbol{a}$ 在 M 点的**散度**,记为 $\operatorname{div}\boldsymbol{a}(M)$.

想一想刚才举的流体的例子就可理解,如果 $\operatorname{div}\boldsymbol{a}(M)$ 大于零,则称在 M 点处有正源(源);如果 $\operatorname{div}\boldsymbol{a}(M)$ 小于零,则称在 M 点处有负源(汇);如果 $\operatorname{div}\boldsymbol{a}(M)=0$,则称在 M 点处无源.如果在场中每一点都成立 $\operatorname{div}\boldsymbol{a}=0$,则称 $\boldsymbol{a}$ 为**无源场**.

利用散度的记号,Gauss 公式就可写成如下形式

$$\iiint\limits_{\Omega}\operatorname{div}\boldsymbol{a}\mathrm{d}V=\iint\limits_{\partial\Omega}\boldsymbol{a}\cdot \mathrm{d}\boldsymbol{S}.$$

设 M 为这个场中任一点.作包含 M 的一张封闭曲面 Σ,记 Σ 所围区域为 V,V 的体积记为 mV.如果 Σ 定向为外侧,那么 $\Phi=\iint\limits_{\Sigma}\boldsymbol{a}\cdot \mathrm{d}\boldsymbol{S}$ 就是从 V 穿出 Σ 的通量.用刚才处理流体速度场的方法就可得出:

定理 14.5.1 $\boldsymbol{a}$ 的散度是通量关于体积的变化率,即

$$\operatorname{div}\boldsymbol{a}(M)=\lim_{V\to M}\frac{\displaystyle\iint_{\Sigma}\boldsymbol{a}\cdot\mathrm{d}\boldsymbol{S}}{mV}.$$

换句话说,散度就是穿出单位体积边界的通量.

从这个定理可以看出,散度的定义本质上是与坐标系的选取无关的.我们称由向量场 $\boldsymbol{a}$ 产生的数量场 $\operatorname{div}\boldsymbol{a}$ 为**散度场**.

向量线

我们知道,在稳定流动的流体中,质点的瞬时运动方向是该点的速度方向,这就是说,流体中质点的运动轨迹的切线方向,就是速度方向,这条轨迹称为流线.这就是一般向量场中的向量线概念.

设

$$\boldsymbol{a}(x,y,z)=P(x,y,z)\boldsymbol{i}+Q(x,y,z)\boldsymbol{j}+R(x,y,z)\boldsymbol{k},\quad (x,y,z)\in\Omega$$

为向量场,Γ 为 Ω 中的一条曲线.若 Γ 上的每一点处的切线方向都与场向量在该点的方向一致,则称 Γ 为向量场 $\boldsymbol{a}$ 的**向量线**.静电场中的电力线、磁场中的磁力线等都是向量线的实际例子.

再看向量线需要满足什么条件.设 $M(x,y,z)$ 为向量线上任一点,则其矢量方程为

$$\boldsymbol{r}=x\boldsymbol{i}+y\boldsymbol{j}+z\boldsymbol{k},$$

那么

$$\mathrm{d}\boldsymbol{r}=\mathrm{d}x\boldsymbol{i}+\mathrm{d}y\boldsymbol{j}+\mathrm{d}z\boldsymbol{k}$$

就是向量线在 M 点处的切向量.由定义,它与在 M 点处的场向量共线,因此

$$\frac{\mathrm{d}x}{P(x,y,z)}=\frac{\mathrm{d}y}{Q(x,y,z)}=\frac{\mathrm{d}z}{R(x,y,z)}.$$

这就是向量线所满足的方程,如果解出它的话,一般就得到向量线族.如果再利用过 M 点这个条件,就得到过 M 点的向量线.一般来说,向量场中每一点有一条且仅有一条向量线通过它,向量线族充满了向量场所在的空间.

例 14.5.1 由电磁学中的 Coulomb 定律,在位于原点的点电荷 q(这里 q 表示电荷大小)所产生的静电场中,任何一点 $M(x,y,z)$ 处的电场强度为

$$\boldsymbol{E}=\frac{q}{4\pi\varepsilon_0 r^3}\boldsymbol{r},$$

其中 $r=\sqrt{x^2+y^2+z^2}$ 为点 M 到原点的距离,$\boldsymbol{r}=x\boldsymbol{i}+y\boldsymbol{j}+z\boldsymbol{k}$,$\varepsilon_0$ 为真空介电常数.

将 $\boldsymbol{E}$ 具体写出来就是

$$\boldsymbol{E}=\frac{q}{4\pi\varepsilon_0 r^3}\boldsymbol{r}=\frac{qx}{4\pi\varepsilon_0 r^3}\boldsymbol{i}+\frac{qy}{4\pi\varepsilon_0 r^3}\boldsymbol{j}+\frac{qz}{4\pi\varepsilon_0 r^3}\boldsymbol{k}.$$

由于

$$\frac{\partial}{\partial x}\left(\frac{qx}{4\pi\varepsilon_0 r^3}\right)=\frac{q}{4\pi\varepsilon_0}\frac{r^2-3x^2}{r^5},\quad \frac{\partial}{\partial y}\left(\frac{qy}{4\pi\varepsilon_0 r^3}\right)=\frac{q}{4\pi\varepsilon_0}\frac{r^2-3y^2}{r^5},\ \frac{\partial}{\partial z}\left(\frac{qz}{4\pi\varepsilon_0 r^3}\right)=\frac{q}{4\pi\varepsilon_0}\frac{r^2-3z^2}{r^5},$$

所以

$$\operatorname{div}\boldsymbol{E}=\frac{\partial}{\partial x}\left(\frac{qx}{4\pi\varepsilon_0 r^3}\right)+\frac{\partial}{\partial y}\left(\frac{qy}{4\pi\varepsilon_0 r^3}\right)+\frac{\partial}{\partial z}\left(\frac{qz}{4\pi\varepsilon_0 r^3}\right)=0,\quad x^2+y^2+z^2\neq 0.$$

1. 设 S 是以原点为心，R 为半径的球面，定向取外侧. 注意到在球面 S 上恒有 $r=R$，且 $\boldsymbol{E}$ 的方向与球面 S 的外法向量的方向相同，因此从内部穿出球面 S 的通量（称为**电通量**）为

$$\Phi=\iint\limits_S \boldsymbol{E}\cdot\mathrm{d}\boldsymbol{S}=\iint\limits_S \frac{q}{4\pi\varepsilon_0 r^2}\mathrm{d}S=\iint\limits_S \frac{q}{4\pi\varepsilon_0 R^2}\mathrm{d}S=\frac{q}{4\pi\varepsilon_0 R^2}\iint\limits_S \mathrm{d}S=\frac{q}{\varepsilon_0}.$$

2. 设 $\boldsymbol{\Sigma}$ 为任意一张光滑或分片光滑的封闭曲面.

(i) 如果 $\boldsymbol{\Sigma}$ 内不含原点. 记 Σ 所包围的区域为 Ω，则由 Gauss 公式得

$$\Phi=\iint\limits_\Sigma \boldsymbol{E}\cdot\mathrm{d}\boldsymbol{S}=\iiint\limits_\Omega \operatorname{div}\boldsymbol{E}\mathrm{d}V=0.$$

(ii) 如果 $\boldsymbol{\Sigma}$ 内含有原点，那么不能直接用 Gauss 公式. 在曲面 $\boldsymbol{\Sigma}$ 所包围的区域内取一个以原点为心的小球面 σ，定向取内侧. 记 Ω_1 为介于 σ 与 $\boldsymbol{\Sigma}$ 之间的区域. 由 Gauss 公式得

$$\iint\limits_\Sigma \boldsymbol{E}\cdot\mathrm{d}\boldsymbol{S}+\iint\limits_\sigma \boldsymbol{E}\cdot\mathrm{d}\boldsymbol{S}=\iiint\limits_{\Omega_1}\operatorname{div}\boldsymbol{E}\,\mathrm{d}V=0,$$

因此从内部穿出曲面 $\boldsymbol{\Sigma}$ 的电通量

$$\Phi=\iint\limits_\Sigma \boldsymbol{E}\cdot\mathrm{d}\boldsymbol{S}=-\iint\limits_\sigma \boldsymbol{E}\cdot\mathrm{d}\boldsymbol{S}=\frac{q}{\varepsilon_0}.$$

因此，电场强度穿出任一封闭曲面的电通量等于其内部的电荷量除以 ε_0，这正是电磁学中的 Gauss 定律.

此外，利用前面的讨论，电场强度的向量线（即电力线）应满足关系式

$$\frac{\mathrm{d}x}{x}=\frac{\mathrm{d}y}{y}=\frac{\mathrm{d}z}{z},$$

由此解得电力线的方程为

$$\begin{cases}y=C_1x,\\z=C_2x.\end{cases}$$

这是一族从坐标原点出发的半射线（见图 14.5.2）.

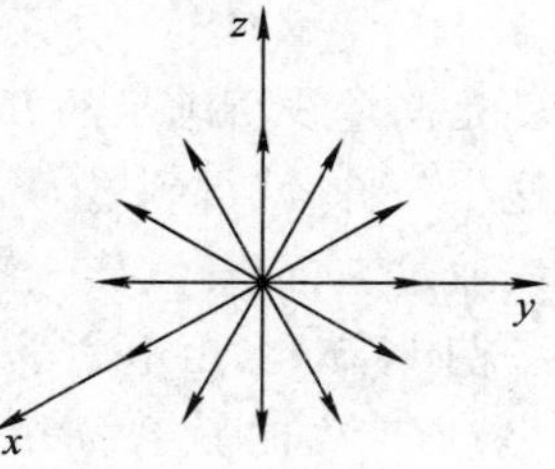

图 14.5.2

环量与旋度

设稳定不可压缩流体的速度场为

$$\boldsymbol{v}=v_x(x,y,z)\boldsymbol{i}+v_y(x,y,z)\boldsymbol{j}+v_z(x,y,z)\boldsymbol{k},$$

其中 v_x,v_y,v_z 具有连续偏导数. 设 $M_0(x_0,y_0,z_0)$ 是场中一点. 如果在 M_0 点有漩涡，流体以角速度 $\boldsymbol{\omega}$ 旋转（这里 $\boldsymbol{\omega}$ 在漩涡的轴线上，且方向与漩涡的旋转方向成右手螺旋定则）. 那么流体在 M_0 附近的任一点 $M(x,y,z)$ 的速度 $\boldsymbol{v}$ 可以表为

$$\boldsymbol{v}=\boldsymbol{v}_0+\boldsymbol{\omega}\times\boldsymbol{r},$$

其中 $\boldsymbol{v}_0$ 表示在点 M_0 的速度，$\boldsymbol{r}$ 表示向量 $\overrightarrow{M_0M}$（见图 14.5.3）. 这就

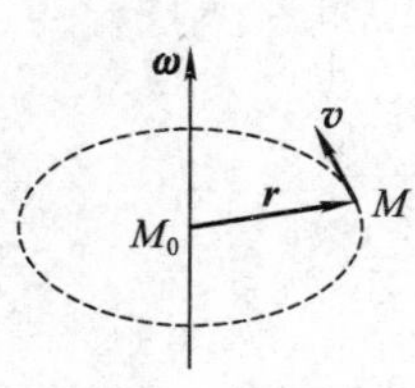

图 14.5.3

是说，流体在 M 点的速度是平移速度 $\boldsymbol{v}_0$ 与旋转产生的线速度 $\boldsymbol{\omega}\times\boldsymbol{r}$ 的叠加.

记 $\boldsymbol{\omega}=(\omega_x,\omega_y,\omega_z)$，$\boldsymbol{v}_0=(v_{0x},v_{0y},v_{0z})$，则流体在 M 点的速度 $\boldsymbol{v}=(v_x,v_y,v_z)$ 的分量为

$$v_x=v_{0x}+\omega_y(z-z_0)-\omega_z(y-y_0),$$
$$v_y=v_{0y}+\omega_z(x-x_0)-\omega_x(z-z_0),$$
$$v_z=v_{0z}+\omega_x(y-y_0)-\omega_y(x-x_0).$$

于是在 M 点成立

$$\frac{\partial v_z}{\partial y}-\frac{\partial v_y}{\partial z}=2\omega_x,\quad \frac{\partial v_x}{\partial z}-\frac{\partial v_z}{\partial x}=2\omega_y,\quad \frac{\partial v_y}{\partial x}-\frac{\partial v_x}{\partial y}=2\omega_z.$$

因此向量

$$\boldsymbol{B}=\left(\frac{\partial v_z}{\partial y}-\frac{\partial v_y}{\partial z}\right)\boldsymbol{i}+\left(\frac{\partial v_x}{\partial z}-\frac{\partial v_z}{\partial x}\right)\boldsymbol{j}+\left(\frac{\partial v_y}{\partial x}-\frac{\partial v_x}{\partial y}\right)\boldsymbol{k}=2\boldsymbol{\omega}$$

同样可以描述漩涡的强度和方向，然而 $\boldsymbol{B}$ 是由速度场本身决定的，不用真正测量出角速度 $\boldsymbol{\omega}$.

设 Γ 为场中的定向闭曲线，由 Stokes 公式，

$$\int_\Gamma \boldsymbol{v}\cdot \mathrm{d}\boldsymbol{s}=\iint_\Sigma \boldsymbol{B}\cdot \mathrm{d}\boldsymbol{S},$$

这里 Σ 是任意以 Γ 为边界的曲面，定向与 Γ 符合右手定则.由此可见，曲线积分 $\int_\Gamma \boldsymbol{v}\cdot \mathrm{d}\boldsymbol{s}$ 也与流体的旋转状态有密切关系.

我们以此为背景引入一般性的概念.

定义 14.5.2 设

$$\boldsymbol{a}(x,y,z)=P(x,y,z)\boldsymbol{i}+Q(x,y,z)\boldsymbol{j}+R(x,y,z)\boldsymbol{k},\quad (x,y,z)\in\Omega$$

是一个向量场，$P(x,y,z)$，$Q(x,y,z)$，$R(x,y,z)$ 在 Ω 上具有连续偏导数.

设 Γ 为场中的定向曲线，称曲线积分

$$\int_\Gamma \boldsymbol{a}\cdot \mathrm{d}\boldsymbol{s}$$

为向量场 $\boldsymbol{a}$ 沿定向曲线 Γ 的**环量**.

设 M 为这个场中任一点.称向量

$$\begin{pmatrix} \boldsymbol{i} & \boldsymbol{j} & \boldsymbol{k} \\ \dfrac{\partial}{\partial x} & \dfrac{\partial}{\partial y} & \dfrac{\partial}{\partial z} \\ P & Q & R \end{pmatrix}_M=\left(\frac{\partial R}{\partial y}-\frac{\partial Q}{\partial z}\right)_M\boldsymbol{i}+\left(\frac{\partial P}{\partial z}-\frac{\partial R}{\partial x}\right)_M\boldsymbol{j}+\left(\frac{\partial Q}{\partial x}-\frac{\partial P}{\partial y}\right)_M\boldsymbol{k}$$

为向量场 $\boldsymbol{a}$ 在 M 点的**旋度**，记为 $\mathbf{rot}\,\boldsymbol{a}(M)$ 或 $\mathbf{curl}\,\boldsymbol{a}(M)$.

由向量场 $\boldsymbol{a}$ 产生的向量场 $\mathbf{rot}\,\boldsymbol{a}$ 称为**旋度场**.如果在场中每一点都成立 $\mathbf{rot}\,\boldsymbol{a}=\mathbf{0}$，则称 $\boldsymbol{a}$ 为**无旋场**.

于是，Stokes 公式可以写成

$$\iint_\Sigma \mathbf{rot}\,\boldsymbol{a}\cdot \mathrm{d}\boldsymbol{S}=\int_{\partial\Sigma}\boldsymbol{a}\cdot \mathrm{d}\boldsymbol{s}.$$

对旋度可以作类似于散度的解释.在场中一点 M 处任取一个向量 $\boldsymbol{n}$，作小平面片 Σ

过 M 点且以 $\boldsymbol{n}$ 为法向量，并按右手定则取定 $\partial\Sigma$ 的方向. 记 Σ 的面积为 $m\Sigma$. 如果当 Σ 收缩到点 M 时（记为 $\Sigma\to M$），

$$\frac{\int\limits_{\partial\Sigma}\boldsymbol{a}\cdot\mathrm{d}\boldsymbol{s}}{m\Sigma}$$

的极限存在，则称此极限值为向量场 $\boldsymbol{a}$ 在 M 点沿方向 $\boldsymbol{n}$ 的**环量面密度**. 它是环量关于面积的变化率，即沿平面上单位面积边缘的环量.

定理 14.5.2　*向量场 $\boldsymbol{a}$ 在 M 点处的旋度就是这样一个向量：$\boldsymbol{a}$ 在 M 点处沿旋度方向的环量面密度最大，而且最大值就是 $\|\mathbf{rot}\,\boldsymbol{a}(M)\|$.*

证　对于包含 $M(x,y,z)$ 的小平面片 Σ，及它的法向量 $\boldsymbol{n}$，按右手定则取定 $\partial\Sigma$ 的方向. 记单位法向量 $\dfrac{\boldsymbol{n}}{|\boldsymbol{n}|}=(\cos\alpha,\cos\beta,\cos\gamma)$. 由 Stokes 公式，并利用积分中值定理得

$$\begin{aligned}\int\limits_{\partial\Sigma}\boldsymbol{a}\cdot\mathrm{d}\boldsymbol{s}&=\int\limits_{\partial\Sigma}P\mathrm{d}x+Q\mathrm{d}y+R\mathrm{d}z\\&=\iint\limits_{\Sigma}\left[\left(\frac{\partial R}{\partial y}-\frac{\partial Q}{\partial z}\right)\cos\alpha+\left(\frac{\partial P}{\partial z}-\frac{\partial R}{\partial x}\right)\cos\beta+\left(\frac{\partial Q}{\partial x}-\frac{\partial P}{\partial y}\right)\cos\gamma\right]\mathrm{d}S\\&=\left[\left(\frac{\partial R}{\partial y}-\frac{\partial Q}{\partial z}\right)\cos\alpha+\left(\frac{\partial P}{\partial z}-\frac{\partial R}{\partial x}\right)\cos\beta+\left(\frac{\partial Q}{\partial x}-\frac{\partial P}{\partial y}\right)\cos\gamma\right]_{\widetilde{M}}\cdot m\Sigma,\end{aligned}$$

其中 $\widetilde{M}$ 为 Σ 上某一点. 因此当 $\Sigma\to M$ 时，$\boldsymbol{a}$ 在 M 点沿方向 $\boldsymbol{n}$ 的环量面密度为

$$\begin{aligned}\lim_{\Sigma\to M}\frac{\int\limits_{\partial\Sigma}\boldsymbol{a}\cdot\mathrm{d}\boldsymbol{s}}{m\Sigma}&=\lim_{\widetilde{M}\to M}\left[\left(\frac{\partial R}{\partial y}-\frac{\partial Q}{\partial z}\right)\cos\alpha+\left(\frac{\partial P}{\partial z}-\frac{\partial R}{\partial x}\right)\cos\beta+\left(\frac{\partial Q}{\partial x}-\frac{\partial P}{\partial y}\right)\cos\gamma\right]_{\widetilde{M}}\\&=\left[\left(\frac{\partial R}{\partial y}-\frac{\partial Q}{\partial z}\right)\cos\alpha+\left(\frac{\partial P}{\partial z}-\frac{\partial R}{\partial x}\right)\cos\beta+\left(\frac{\partial Q}{\partial x}-\frac{\partial P}{\partial y}\right)\cos\gamma\right]_{M}\\&=\|\mathbf{rot}\,\boldsymbol{a}(M)\|\cdot\cos(\mathbf{rot}\,\boldsymbol{a}(M),\boldsymbol{n})\leqslant\|\mathbf{rot}\,\boldsymbol{a}(M)\|,\end{aligned}$$

因此 $\boldsymbol{a}$ 在 M 点处沿旋度方向的环量面密度最大，且最大值为 $\|\mathbf{rot}\,\boldsymbol{a}(M)\|$.

证毕

以前面提到的流体速度场为例，它在与 $\mathbf{rot}\,\boldsymbol{a}$ 垂直的平面上，沿单位面积边缘的环量最大（这显然符合实际），达到角速度的模的两倍.

由定理易知旋度本质上是与坐标系的选取无关的.

例 14.5.2　设一根无限长直线导线载有电流 I（见图 14.5.4）. 由电磁学知，这电流产生的磁感应强度 $\boldsymbol{B}$ 的大小为

$$B=\frac{\mu_0 I}{2\pi r},$$

这里 r 为观察点到导线的距离，μ_0 为真空磁导率. 而磁力线是围绕该导线的圆周，电流方向、半径方向和磁感应强度的方向成右手定则.

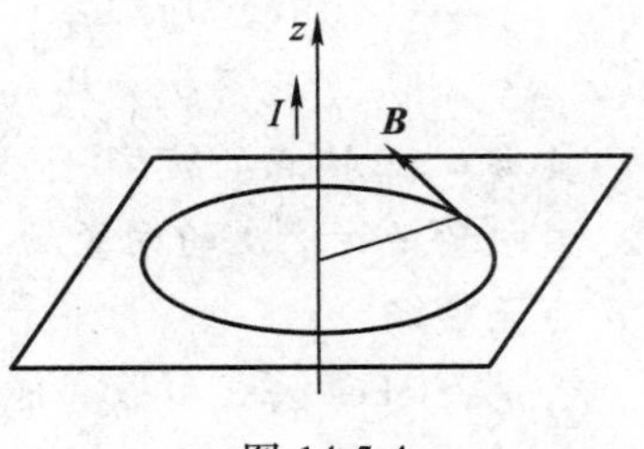

图 14.5.4

取导线为 z 轴,电流方向为 z 轴的正向.任取一张垂直于导线的平面为 xy 平面.那么在点 $M(x,y,z)(x^2+y^2\neq 0)$ 处的磁感应强度为

$$\boldsymbol{B}=\frac{\mu_0 I}{2\pi r^2}(-y\boldsymbol{i}+x\boldsymbol{j}),$$

其中 $r=\sqrt{x^2+y^2}$.于是

$$\mathbf{rot}\,\boldsymbol{B}=\frac{\mu_0 I}{2\pi}\begin{vmatrix}\boldsymbol{i} & \boldsymbol{j} & \boldsymbol{k}\\ \dfrac{\partial}{\partial x} & \dfrac{\partial}{\partial y} & \dfrac{\partial}{\partial z}\\ \dfrac{-y}{r^2} & \dfrac{x}{r^2} & 0\end{vmatrix}=\boldsymbol{0},\qquad x^2+y^2\neq 0.$$

1. 对位于垂直于导线的平面上的、围绕导线的任意简单闭曲线 Γ,如果我们取它的定向为从上往下看是逆时针方向,从例 14.3.5 知,$\boldsymbol{B}$ 沿 Γ 的环量为

$$\int_\Gamma \boldsymbol{B}\cdot \mathrm{d}\boldsymbol{s}=\int_\Gamma \boldsymbol{B}\cdot\boldsymbol{\tau}\mathrm{d}s=\frac{\mu_0 I}{2\pi}\int_\Gamma\frac{x\mathrm{d}y-y\mathrm{d}x}{x^2+y^2}=\mu_0 I.$$

2. 对于空间中任意一条简单闭曲线 Γ,取它的定向为从上往下看是逆时针方向.对于任意一张以 Γ 为边界的曲面 Σ,取 Σ 的定向与 Γ 的定向符合右手定则.

(1) 如果导线不穿过曲面 Σ,那么

$$\int_\Gamma \boldsymbol{B}\cdot\mathrm{d}\boldsymbol{s}=\iint_\Sigma \mathbf{rot}\,\boldsymbol{B}\cdot\mathrm{d}\boldsymbol{S}=0.$$

(2) 如果导线穿过曲面 Σ 一次,这时不能直接用 Stokes 定理.适当取一张垂直于导线的平面,使得它与 Σ 的交线 C 为围绕导线的简单闭曲线(见图 14.5.5,我们只考虑这种情形,其他类似).记曲面 Σ 在 Γ 和 C 之间的部分为 Σ_1.那么由 Stokes 定理得

$$\int_\Gamma \boldsymbol{B}\cdot\mathrm{d}\boldsymbol{s}+\int_C \boldsymbol{B}\cdot\mathrm{d}\boldsymbol{s}=\iint_{\Sigma_1}\mathbf{rot}\,\boldsymbol{B}\cdot\mathrm{d}\boldsymbol{S}=0.$$

注意 C 的定向取为:从上往下看是顺时针方向.因此利用(1)的结果可知

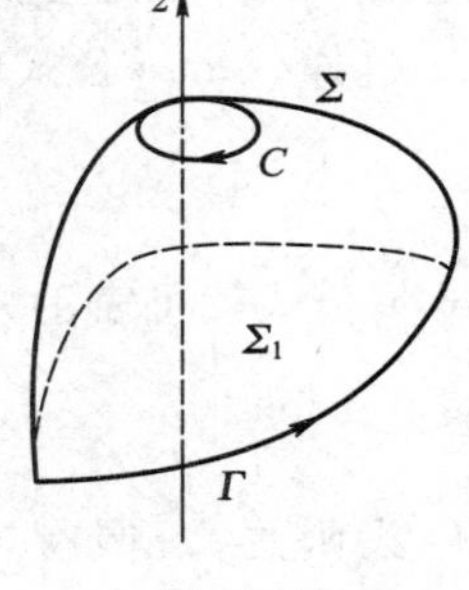

图 14.5.5

$$\int_\Gamma \boldsymbol{B}\cdot\mathrm{d}\boldsymbol{s}=-\int_C \boldsymbol{B}\cdot\mathrm{d}\boldsymbol{s}=\mu_0 I.$$

综合上述,磁感应强度沿封闭曲线 Γ 的环量与通过该曲线所围曲面的电流 I 成正比,即

$$\int_\Gamma \boldsymbol{B}\cdot\mathrm{d}\boldsymbol{s}=\mu_0 I,$$

这就是 Ampère 环路定律.

Hamilton 算子

为了方便,我们介绍 Hamilton 引进的微分算子

$$\boldsymbol{\nabla}=\boldsymbol{i}\frac{\partial}{\partial x}+\boldsymbol{j}\frac{\partial}{\partial y}+\boldsymbol{k}\frac{\partial}{\partial z},$$

记号 ∇读做“Nabla”.

若函数 $f(x,y,z)$ 和向量场 $\boldsymbol{a}(x,y,z)=P(x,y,z)\boldsymbol{i}+Q(x,y,z)\boldsymbol{j}+R(x,y,z)\boldsymbol{k}$在区域 Ω 上满足下面的运算所需的可偏导条件,则定义

$$\nabla f=\frac{\partial f}{\partial x}\boldsymbol{i}+\frac{\partial f}{\partial y}\boldsymbol{j}+\frac{\partial f}{\partial z}\boldsymbol{k}=\mathbf{grad}\ f;$$

$$\nabla\cdot\boldsymbol{a}=\left(\boldsymbol{i}\frac{\partial}{\partial x}+\boldsymbol{j}\frac{\partial}{\partial y}+\boldsymbol{k}\frac{\partial}{\partial z}\right)\cdot(P\boldsymbol{i}+Q\boldsymbol{j}+R\boldsymbol{k})=\frac{\partial P}{\partial x}+\frac{\partial Q}{\partial y}+\frac{\partial R}{\partial z}=\operatorname{div}\boldsymbol{a};$$

$$\nabla\times\boldsymbol{a}=\left(\boldsymbol{i}\frac{\partial}{\partial x}+\boldsymbol{j}\frac{\partial}{\partial y}+\boldsymbol{k}\frac{\partial}{\partial z}\right)\times(P\boldsymbol{i}+Q\boldsymbol{j}+R\boldsymbol{k})=\begin{vmatrix}\boldsymbol{i}&\boldsymbol{j}&\boldsymbol{k}\\\frac{\partial}{\partial x}&\frac{\partial}{\partial y}&\frac{\partial}{\partial z}\\P&Q&R\end{vmatrix}$$

$$=\left(\frac{\partial R}{\partial y}-\frac{\partial Q}{\partial z}\right)\boldsymbol{i}+\left(\frac{\partial P}{\partial z}-\frac{\partial R}{\partial x}\right)\boldsymbol{j}+\left(\frac{\partial Q}{\partial x}-\frac{\partial P}{\partial y}\right)\boldsymbol{k}=\mathbf{rot}\ \boldsymbol{a}.$$

显然,

$$\nabla\cdot\nabla f=\nabla\cdot(\mathbf{grad}\ f)=\operatorname{div}(\mathbf{grad}\ f)=\Delta f,$$

这里记号 $\Delta=\nabla\cdot\nabla=\frac{\partial^2}{\partial x^2}+\frac{\partial^2}{\partial y^2}+\frac{\partial^2}{\partial z^2}$称为 **Laplace 算子**,满足 **Laplace 方程**

$$\Delta u=\frac{\partial^2 u}{\partial x^2}+\frac{\partial^2 u}{\partial y^2}+\frac{\partial^2 u}{\partial z^2}=0$$

的函数叫做**调和函数**.

这样,Gauss 公式就可表示为

$$\iint_{\partial\Omega}\boldsymbol{a}\cdot\mathrm{d}\boldsymbol{S}=\iiint_{\Omega}\nabla\cdot\boldsymbol{a}\mathrm{d}V;$$

Stokes 公式就可表示为

$$\int_{\partial\Sigma}\boldsymbol{a}\cdot\mathrm{d}\boldsymbol{s}=\iint_{\Sigma}(\nabla\times\boldsymbol{a})\cdot\mathrm{d}\boldsymbol{S}.$$

设函数 f,g 具有二阶连续偏导数,容易验证等式

$$\nabla\cdot(g\ \nabla f)=\nabla g\cdot\nabla f+g\Delta f$$

成立.如果置 $\boldsymbol{a}=g\ \nabla f$,从 Gauss 公式就得到

$$\iiint_{\Omega}(\nabla g\cdot\nabla f+g\Delta f)\mathrm{d}V=\iiint_{\Omega}\nabla\cdot(g\ \nabla f)\mathrm{d}V=\iint_{\partial\Omega}g\ \nabla f\cdot\boldsymbol{n}\mathrm{d}S=\iint_{\partial\Omega}g(\mathbf{grad}\ f\cdot\boldsymbol{n})\mathrm{d}S=\iint_{\partial\Omega}g\frac{\partial f}{\partial\boldsymbol{n}}\mathrm{d}S.$$

同样置 $\boldsymbol{a}=f\ \nabla g$,就得到

$$\iiint_{\Omega}(\nabla f\cdot\nabla g+f\Delta g)\mathrm{d}V=\iint_{\partial\Omega}f\frac{\partial g}{\partial\boldsymbol{n}}\mathrm{d}S.$$

这两式相减就得到

$$\iiint_{\Omega}(f\Delta g-g\Delta f)\mathrm{d}V=\iint_{\partial\Omega}\left(f\frac{\partial g}{\partial\boldsymbol{n}}-g\frac{\partial f}{\partial\boldsymbol{n}}\right)\mathrm{d}S.$$

最后两个公式分别称为 **Green 第一公式**和 **Green 第二公式**,在数学物理中有着很多应用.

下面不加证明地列出场论中的一些基本关系式(第二式是将第一式的结果用 Hamilton 算子表示,读者可结合乘积的求导公式和向量的点积与叉积公式来帮助记忆并自行证明).设 $\boldsymbol{a}=a_x\boldsymbol{i}+a_y\boldsymbol{j}+a_z\boldsymbol{k}$,$\boldsymbol{b}=b_x\boldsymbol{i}+b_y\boldsymbol{j}+b_z\boldsymbol{k}$ 为向量场,其分量函数 a_x,a_y,a_z,b_x,b_y,b_z 和 f 均具有所需阶的连续偏导数,λ,μ 为常数.

(1) $\mathrm{div}(\lambda\boldsymbol{a}+\mu\boldsymbol{b})=\lambda\,\mathrm{div}\,\boldsymbol{a}+\mu\,\mathrm{div}\,\boldsymbol{b}$;

$\nabla\cdot(\lambda\boldsymbol{a}+\mu\boldsymbol{b})=\lambda(\nabla\cdot\boldsymbol{a})+\mu(\nabla\cdot\boldsymbol{b})$;

(2) $\mathbf{rot}(\lambda\boldsymbol{a}+\mu\boldsymbol{b})=\lambda\,\mathbf{rot}\boldsymbol{a}+\mu\,\mathbf{rot}\boldsymbol{b}$;

$\nabla\times(\lambda\boldsymbol{a}+\mu\boldsymbol{b})=\lambda(\nabla\times\boldsymbol{a})+\mu(\nabla\times\boldsymbol{b})$;

(3) $\mathrm{div}(f\boldsymbol{a})=f\mathrm{div}\boldsymbol{a}+\mathbf{grad}\,f\cdot\boldsymbol{a}$;

$\nabla\cdot(f\boldsymbol{a})=f(\nabla\cdot\boldsymbol{a})+(\nabla f)\cdot\boldsymbol{a}$;

(4) $\mathbf{rot}(f\boldsymbol{a})=f\mathbf{rot}\,\boldsymbol{a}+\mathbf{grad}\,f\times\boldsymbol{a}$;

$\nabla\times(f\boldsymbol{a})=f((\nabla\times\boldsymbol{a})+(\nabla f)\times\boldsymbol{a})$;

(5) $\mathrm{div}(\boldsymbol{a}\times\boldsymbol{b})=\boldsymbol{b}\cdot\mathbf{rot}\,\boldsymbol{a}-\boldsymbol{a}\cdot\mathbf{rot}\,\boldsymbol{b}$;

$\nabla\cdot(\boldsymbol{a}\times\boldsymbol{b})=\boldsymbol{b}\cdot(\nabla\times\boldsymbol{a})-\boldsymbol{a}\cdot(\nabla\times\boldsymbol{b})$;

(6) $\mathbf{rot}(\mathbf{grad}f)=\mathbf{0}$;

$\nabla\times(\nabla f)=(\nabla\times\nabla)f=\mathbf{0}$;

(7) $\mathrm{div}(\mathbf{rot}\,\boldsymbol{a})=0$;

$\nabla\cdot(\nabla\times\boldsymbol{a})=0.$

最后我们谈一下公式(3)的应用.从公式(3)得

$$f\mathrm{div}\boldsymbol{a}=\mathrm{div}(f\boldsymbol{a})-\mathbf{grad}\,f\cdot\boldsymbol{a},$$

两边积分便得“分部”积分公式

$$\iiint_{\Omega}f\,\mathrm{div}\,\boldsymbol{a}\,\mathrm{d}V=\iiint_{\Omega}\mathrm{div}(f\boldsymbol{a})\,\mathrm{d}V-\iiint_{\Omega}\mathbf{grad}\,f\cdot\boldsymbol{a}\mathrm{d}V=\iint_{\partial\Omega}f\boldsymbol{a}\cdot\mathrm{d}\boldsymbol{S}-\iiint_{\Omega}\mathbf{grad}\,f\cdot\boldsymbol{a}\mathrm{d}V.$$

这说明了对 $\boldsymbol{a}$ 的“导数”$\mathrm{div}\boldsymbol{a}$,利用 Gauss 公式可以转移到可能具有较好性质的函数 f 的“导数”$\mathbf{grad}\,f$ 上.读者在后续的课程中会看到,这是偏微分方程中“广义解(弱解)”的基础,也是广义导数的引入思想.

保守场与势函数

定义 14.5.3 设

$$\boldsymbol{a}(x,y,z)=P(x,y,z)\boldsymbol{i}+Q(x,y,z)\boldsymbol{j}+R(x,y,z)\boldsymbol{k},\qquad (x,y,z)\in\Omega$$

为向量场,其中 $P(x,y,z),Q(x,y,z),R(x,y,z)$ 在区域 Ω 上连续.若存在函数 $U(x,y,z)$ 满足 $\boldsymbol{a}=\mathbf{grad}\,U$,则称向量场 $\boldsymbol{a}$ 为**有势场**,并称函数 $V=-U$ 为**势函数**.

从定义看出,有势场是梯度场.一个场的势函数有无穷多个,但它们之间只相差一个常数.

定义 14.5.4 如果对于 Ω 内任意两点 A,B,积分值

$$\int_L P\mathrm{d}x+Q\mathrm{d}y+R\mathrm{d}z$$

只与 A,B 两点有关,而与从 A 到 B 的路径(这里只考虑光滑或分段光滑曲线)L 无关,就称曲线积分 $\int_L P\mathrm{d}x+Q\mathrm{d}y+R\mathrm{d}z$ 与路径无关.

如果在向量场 $\boldsymbol{a}$ 中曲线积分与路径无关，则称 $\boldsymbol{a}$ 为**保守场**.

显然，这等价于沿 Ω 内任意闭曲线的积分值为零.

同平面情形类似，我们引入空间单连通区域的概念. 如果区域 Ω 内的任意一条封闭曲线都可以不经过 Ω 外的点而连续地收缩成 Ω 中一点，那么 Ω 称为**单连通区域**. 注意单连通与二维单连通的概念是不同的. 如空心球 $\{(x,y,z)\mid 1<x^2+y^2+z^2<3\}$（见图 14.5.6）是单连通的，但不是二维单连通的；而环面的内部（见图 14.5.7）是二维单连通的，但不是单连通的.

图 14.5.6　　　　图 14.5.7

关于保守场与有势场的关系有如下定理.

定理 14.5.3　设 $\Omega\in\mathbf{R}^3$ 为单连通区域，在 Ω 上定义了向量场

$$\boldsymbol{a}(x,y,z)=P(x,y,z)\boldsymbol{i}+Q(x,y,z)\boldsymbol{j}+R(x,y,z)\boldsymbol{k},\quad (x,y,z)\in\Omega,$$

$P(x,y,z),Q(x,y,z),R(x,y,z)$ 在 Ω 上具有连续偏导数. 则以下三个命题等价：

(1) $\boldsymbol{a}$ 是保守场；

(2) $\boldsymbol{a}$ 是有势场；

(3) $\boldsymbol{a}$ 是无旋场.

事实上，这三个命题再加上"沿 Ω 内任意闭曲线的积分值为零"，就是定理 14.3.2 关于平面上曲线积分与路径无关的四个等价条件的三维形式. 请读者仿照其证明方法，并应用场论的有关定义，从 (1) ⇒ (2) ⇒ (3) ⇒ (1) 的思路证明以上定理，注意 (3) ⇒ (1) 需要利用 Stokes 公式，至于如何利用，就不在此详述了.

定理 14.5.4　设函数 $P(x,y,z),Q(x,y,z)$ 和 $R(x,y,z)$ 在单连通区域 Ω 上连续，若 $U(x,y,z)$ 是 1-形式 $P\mathrm{d}x+Q\mathrm{d}y+R\mathrm{d}z$ 的一个**原函数**（即在 Ω 上恒有 $\mathrm{d}U=P\mathrm{d}x+Q\mathrm{d}y+R\mathrm{d}z$），则对于 Ω 内任意两点 $A(x_A,y_A,z_A),B(x_B,y_B,z_B)$，成立

$$\int_{\widehat{AB}}P\mathrm{d}x+Q\mathrm{d}y+R\mathrm{d}z=U(x_B,y_B,z_B)-U(x_A,y_A,z_A),$$

其中 $\widehat{AB}$ 为从 A 到 B 的任意路径.

这个定理的证明也从略.

例 14.5.3　设在坐标原点处有一质量为 m 的质点. 根据万有引力定律，它在 $\boldsymbol{r}=x\boldsymbol{i}+y\boldsymbol{j}+z\boldsymbol{k}$ 点产生的引力场，其方向指向原点，大小与它们的距离的平方成反比. 因此质点的引力场可表为

$$\boldsymbol{F}=-\frac{Gmx}{r^3}\boldsymbol{i}-\frac{Gmy}{r^3}\boldsymbol{j}-\frac{Gmz}{r^3}\boldsymbol{k},$$

其中 $r=\sqrt{x^2+y^2+z^2}$，G 为引力常量.

容易验证 $U(x,y,z)=\dfrac{Gm}{r}$ 满足 $\mathbf{grad}U=\boldsymbol{F}$，因此 $\boldsymbol{F}$ 为有势场，它的一个势函数为 $V(x,y,z)=-\dfrac{Gm}{r}$.

将单位质量的物体从 $A(x_A,y_A,z_A)$ 处沿路径 L 移动到 $B(x_B,y_B,z_B)$ 处，引力所做的功为

$$W=\int_L \boldsymbol{F}\cdot \mathrm{d}\boldsymbol{r}=-Gm\int_L \frac{x}{r^3}\mathrm{d}x+\frac{y}{r^3}\mathrm{d}y+\frac{z}{r^3}\mathrm{d}z,$$

这里 $\mathrm{d}\boldsymbol{r}=\mathrm{d}x\boldsymbol{i}+\mathrm{d}y\boldsymbol{j}+\mathrm{d}z\boldsymbol{k}$. 由于 $\boldsymbol{F}$ 为有势场，即保守场，因此 W 与路径 L 无关. 显然，$-\dfrac{1}{r}$（它与 $V(x,y,z)$ 只相差一个常数因子）是 $\dfrac{x}{r^3}\mathrm{d}x+\dfrac{y}{r^3}\mathrm{d}y+\dfrac{z}{r^3}\mathrm{d}z$ 的一个原函数，于是

$$\begin{aligned}W&=-Gm\int_{(x_A,y_A,z_A)}^{(x_B,y_B,z_B)} \frac{x}{r^3}\mathrm{d}x+\frac{y}{r^3}\mathrm{d}y+\frac{z}{r^3}\mathrm{d}z=-Gm\left(-\frac{1}{r}\right)\Bigg|_{(x_A,y_A,z_A)}^{(x_B,y_B,z_B)}\\&=Gm\left(\frac{1}{\sqrt{x_B^2+y_B^2+z_B^2}}-\frac{1}{\sqrt{x_A^2+y_A^2+z_A^2}}\right).\end{aligned}$$

最后说一下势函数 $V(x,y,z)$ 的物理意义. 在这个力场中，设质点在无穷远点的势能为 0，那么一个单位质量的质点在点 $M(x,y,z)$ 的势能，就是将它从无穷远点 ∞ 移到点 M 时，克服引力所做的功，即

$$\int_\infty^M -\boldsymbol{F}\cdot \mathrm{d}\boldsymbol{r}=Gm\int_\infty^M \frac{x}{r^3}\mathrm{d}x+\frac{y}{r^3}\mathrm{d}y+\frac{z}{r^3}\mathrm{d}z=-\frac{Gm}{\sqrt{x^2+y^2+z^2}}=-\frac{Gm}{r},$$

这正是势函数 $V(x,y,z)$.

例 14.5.4 我们已经知道，位于原点的点电荷 q（这里 q 表示电荷的大小）产生的静电场的电场强度为

$$\boldsymbol{E}=\frac{q}{4\pi\varepsilon_0 r^3}\boldsymbol{r}=\frac{qx}{4\pi\varepsilon_0 r^3}\boldsymbol{i}+\frac{qy}{4\pi\varepsilon_0 r^3}\boldsymbol{j}+\frac{qz}{4\pi\varepsilon_0 r^3}\boldsymbol{k},\quad r=\sqrt{x^2+y^2+z^2}.$$

容易验证，

$$\boldsymbol{E}=-\mathbf{grad}\,\frac{q}{4\pi\varepsilon_0 r},$$

因此它是有势场，即保守场.

均匀带电直线的电场模型

设 L 是一条无限长的均匀带电的直线，电荷分布的线密度为 q. 现在考察它所产生的电场中任意一点的电场强度 $\boldsymbol{E}$.

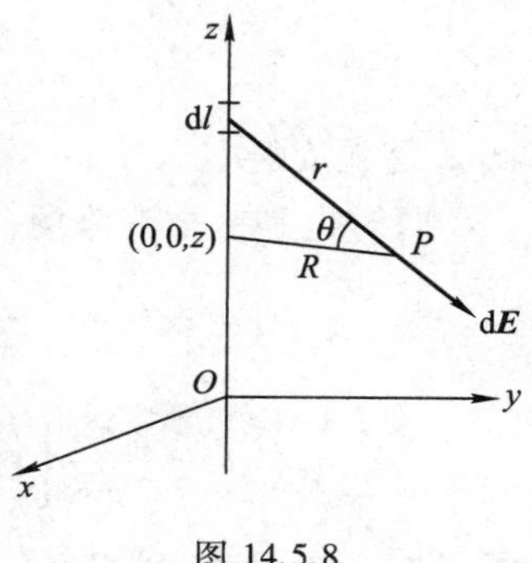

图 14.5.8

取这条直线为 z 轴，直线上任取一点 O 为坐标原点，过 O 点与 z 轴垂直的平面为 xy 平面（见图 14.5.8）. 设 $P(x,y,z)$ 为空间上的一个点. 由于 L 是无限长的，因此由对称性，在 P 点的电场强度的垂直方向分量 $\boldsymbol{E}_z=0$.

记 $\boldsymbol{E}$ 在 x 方向与 y 方向的分量 $\boldsymbol{E}_x,\boldsymbol{E}_y$ 的大小分别为 E_x,E_y.任取带电直线 L 上的线微元 $\mathrm{d}l$,那么它所带的电荷为 $q\mathrm{d}l$.若设 $\mathrm{d}l$ 的坐标为 $(0,0,a)$,则由 Coulomb 定律,它在 P 点产生的电场强度为

$$\mathrm{d}\boldsymbol{E}=\frac{1}{4\pi\varepsilon_0}\frac{q\mathrm{d}l}{r^3}\boldsymbol{r}=\frac{1}{4\pi\varepsilon_0}\frac{q\mathrm{d}l}{r^3}(x\boldsymbol{i}+y\boldsymbol{j}+(z-a)\boldsymbol{k}),$$

其中 r 为点 P 与 $\mathrm{d}l$ 的距离,$\boldsymbol{r}$ 为从 $\mathrm{d}l$ 到 P 的向量,因此 $\mathrm{d}\boldsymbol{E}$ 在 x 轴与 y 轴方向的分量的大小分别为

$$\mathrm{d}E_x=\frac{1}{4\pi\varepsilon_0}\frac{q\mathrm{d}l}{r^3}x,\quad \mathrm{d}E_y=\frac{1}{4\pi\varepsilon_0}\frac{q\mathrm{d}l}{r^3}y.$$

记 $R=\sqrt{x^2+y^2}$,则 $r=\dfrac{R}{\cos\theta}$,其中 θ 为过 $\mathrm{d}l$ 和 P 两点的直线与过 P 点且平行于 xy 平面的平面之间的夹角.如果记 $\mathrm{d}l$ 与点 $(0,0,z)$ 的距离(即 $|a-z|$)为 l,那么 $l=R\tan\theta$,于是

$$\mathrm{d}l=R\frac{\mathrm{d}\theta}{\cos^2\theta}.$$

所以

$$\mathrm{d}E_x=\frac{1}{4\pi\varepsilon_0}\frac{qx}{R^2}\cos\theta\mathrm{d}\theta,\qquad \mathrm{d}E_y=\frac{1}{4\pi\varepsilon_0}\frac{qy}{R^2}\cos\theta\mathrm{d}\theta.$$

由于带电直线 L 无限长,因此对应的 θ 的取值范围是 $(-\pi/2,\pi/2)$,所以

$$E_x=\int_{-\frac{\pi}{2}}^{\frac{\pi}{2}}\frac{1}{4\pi\varepsilon_0}\frac{qx}{R^2}\cos\theta\mathrm{d}\theta=\frac{1}{2\pi\varepsilon_0}\frac{qx}{R^2},\quad E_y=\int_{-\frac{\pi}{2}}^{\frac{\pi}{2}}\frac{1}{4\pi\varepsilon_0}\frac{qy}{R^2}\cos\theta\mathrm{d}\theta=\frac{1}{2\pi\varepsilon_0}\frac{qy}{R^2}.$$

于是,

$$\boldsymbol{E}=\frac{1}{2\pi\varepsilon_0}\frac{qx}{R^2}\boldsymbol{i}+\frac{1}{2\pi\varepsilon_0}\frac{qy}{R^2}\boldsymbol{j}+0\cdot\boldsymbol{k}=\frac{q}{2\pi\varepsilon_0}\frac{x\boldsymbol{i}+y\boldsymbol{j}}{x^2+y^2}.$$

这说明一点的电场强度的大小与电荷分布的线密度成正比,与该点到带电直线的距离的平方成反比,场强的方向与带电直线垂直.

由于

$$\mathbf{rot}\,\boldsymbol{E}=\frac{q}{2\pi\varepsilon_0}\begin{vmatrix}\boldsymbol{i} & \boldsymbol{j} & \boldsymbol{k}\\ \dfrac{\partial}{\partial x} & \dfrac{\partial}{\partial y} & \dfrac{\partial}{\partial z}\\ \dfrac{x}{x^2+y^2} & \dfrac{y}{x^2+y^2} & 0\end{vmatrix}=\boldsymbol{0},$$

因此 $\boldsymbol{E}$ 是无旋场.

$\boldsymbol{E}$ 同时也是一个有势场,它的一个势函数为

$$\begin{aligned}V=-U&=-\frac{q}{2\pi\varepsilon_0}\int_{(x_0,y_0,z_0)}^{(x,y,z)}\frac{x}{x^2+y^2}\mathrm{d}x+\frac{y}{x^2+y^2}\mathrm{d}y+0\cdot\mathrm{d}z\\&=-\frac{q}{2\pi\varepsilon_0}\left[\int_{x_0}^{x}\frac{x}{x^2+y_0^2}\mathrm{d}x+\int_{y_0}^{y}\frac{y}{x^2+y^2}\mathrm{d}y\right]=\frac{q}{4\pi\varepsilon_0}\ln\frac{x_0^2+y_0^2}{x^2+y^2},\end{aligned}$$

这里 $x_0^2+y_0^2\neq0$.于是,等势(等电势)线方程为

$$x^2+y^2=C.$$

再来求 $\boldsymbol{E}$ 的电力线方程.从关系式

$$\frac{\mathrm{d}x}{\dfrac{q}{2\pi\varepsilon_0}\dfrac{x}{x^2+y^2}}=\frac{\mathrm{d}y}{\dfrac{q}{2\pi\varepsilon_0}\dfrac{y}{x^2+y^2}}=\frac{\mathrm{d}z}{0}$$

即可解得电力线方程为

$$\begin{cases}y=C_1x,\\ z=C_2.\end{cases}$$

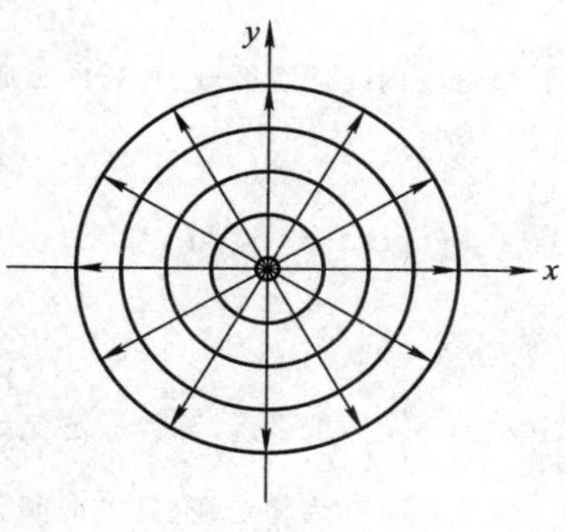

图 14.5.9

图 14.5.9 是 xy 平面上的电力线与等电势线的示意图(任意与其平行的平面上的电力线和等电势线也都是这样的形状),其中射线为电力线,圆为等电势线.

热传导模型

设 $U(x,y,z,t)$ 是某一均匀介质(密度为 ρ)上的无热源的温度场,显然它是数量场.设 Ω 为场内任意一个区域,边界的定向为外侧.任取 $\partial\Omega$ 上面积为 $\mathrm{d}S$ 的曲面微元,设它在指定侧的单位法向量为 $\boldsymbol{n}$,我们先看在时间 $\mathrm{d}t$ 内流过这个曲面微元的热量.由热学知道,热是从介质的较热部分流向较冷的部分,且温度减低得越快,流得也越快,这就是说热向 $-\mathbf{grad}\ U$ 方向流动,且传导速度与 $-\mathbf{grad}\ U$ 成正比.因此在时间 $\mathrm{d}t$ 内流过这个曲面微元的热量为(参见关于流量的计算)

$$\mathrm{d}Q=-k(\mathbf{grad}\ U)\cdot\boldsymbol{n}\,\mathrm{d}S\,\mathrm{d}t=-k\left(\frac{\partial U}{\partial x}\cos\alpha+\frac{\partial U}{\partial y}\cos\beta+\frac{\partial U}{\partial z}\cos\gamma\right)\mathrm{d}S\mathrm{d}t,$$

其中 $\cos\alpha,\cos\beta,\cos\gamma$ 为 $\boldsymbol{n}$ 的方向余弦,k 为介质的热传导系数.这样一来,在时间 $\mathrm{d}t$ 内自 Ω 通过 $\partial\Omega$ 向外流出的热量为

$$\begin{aligned}Q&=-k\mathrm{d}t\iint\limits_{\partial\Omega}\left(\frac{\partial U}{\partial x}\cos\alpha+\frac{\partial U}{\partial y}\cos\beta+\frac{\partial U}{\partial z}\cos\gamma\right)\mathrm{d}S=-k\mathrm{d}t\iint\limits_{\partial\Omega}\mathbf{grad}U\cdot\mathrm{d}\boldsymbol{S}\\&=-k\mathrm{d}t\iiint\limits_{\Omega}\mathrm{div}(\mathbf{grad}\ U)\mathrm{d}V,\end{aligned}$$

最后一步是利用了 Gauss 公式.由于场内无热源,那么时间 $\mathrm{d}t$ 内流入 Ω 的热量为

$$k\mathrm{d}t\iiint\limits_{\Omega}\mathrm{div}(\mathbf{grad}U)\mathrm{d}V,$$

这一热量引起 Ω 内部的热量变化.

另一方面,对于 Ω 内体积为 $\mathrm{d}V$ 的立体微元,在时间 $\mathrm{d}t$ 内温度改变 $\mathrm{d}U=\dfrac{\partial U}{\partial t}\mathrm{d}t$ 所需要的热量为

$$c\mathrm{d}U\rho\mathrm{d}V=c\frac{\partial U}{\partial t}\mathrm{d}t\rho\mathrm{d}V,$$

其中 c 为介质的比热.那么在时间 $\mathrm{d}t$ 内 Ω 的温度改变就需要

$$\mathrm{d}t\iiint\limits_{\Omega}c\rho\frac{\partial U}{\partial t}\mathrm{d}V$$

的热量.

由于场内无热源,所以流出与流入的热量必相等,即

$$k\mathrm{d}t\iiint\limits_{\Omega}\mathrm{div}(\mathbf{grad}\ U)\mathrm{d}V=\mathrm{d}t\iiint\limits_{\Omega}c\rho\frac{\partial U}{\partial t}\mathrm{d}V.$$

因此

$$\iiint_{\Omega}\left[c\rho\frac{\partial U}{\partial t}-k\mathrm{div}(\mathbf{grad}\ U)\right]\mathrm{d}V=0.$$

由于 Ω 是场内的任意区域，在场内必成立

$$c\rho\frac{\partial U}{\partial t}-k\mathrm{div}(\mathbf{grad}\ U)=0.$$

注意到 $\mathrm{div}(\mathbf{grad}\ U)=\Delta U$，那么上式就可表为

$$\frac{\partial U}{\partial t}=a^2\Delta U,$$

其中 $a^2=\dfrac{k}{c\rho}$. 这就是说，函数 U 必满足以上方程，它称为**热传导方程**.

当温度场 U 为稳定场（即与时间无关的场）时，以上方程就是 Laplace 方程

$$\Delta U=0.$$

也就是说，U 是调和函数.

例 14.5.5　设无热源的温度场 U 为稳定场，那么从以上的讨论知道 $\Delta U=0$.

设 Ω 为场中一个区域. 如果我们将 U 沿 $\partial\Omega$ 的单位外法向方向 $\boldsymbol{n}$ 的方向导数记为 f，那么 U 就满足方程

$$\begin{cases}\Delta U=0, & 在\ \Omega\ 中,\\ \dfrac{\partial U}{\partial \boldsymbol{n}}=f, & 在\ \partial\Omega\ 上.\end{cases}$$

再看看函数 f 需要满足什么条件. 由 Gauss 公式得

$$0=\iiint_{\Omega}\Delta U\mathrm{d}V=\iiint_{\Omega}\mathrm{div}(\mathbf{grad}\ U)\mathrm{d}V=\iint_{\partial\Omega}\mathbf{grad}\ U\cdot\boldsymbol{n}\mathrm{d}S=\iint_{\partial\Omega}\frac{\partial U}{\partial\boldsymbol{n}}\mathrm{d}S=\iint_{\partial\Omega}f\mathrm{d}S.$$

即函数 f 必须满足 $\iint_{\partial\Omega}f\mathrm{d}S=0$，它称为**相容性条件**. 这个条件很容易理解，因为 $\iint_{\partial\Omega}f\mathrm{d}S=\iint_{\partial\Omega}\frac{\partial U}{\partial\boldsymbol{n}}\mathrm{d}S$ 就是单位时间内沿 $\partial\Omega$ 的外侧流过 $\partial\Omega$ 的热量，注意到 U 是无热源的稳定场，它当然是 0.

习　题

1. 设 $\boldsymbol{a}=3\boldsymbol{i}+20\boldsymbol{j}-15\boldsymbol{k}$，对下列数量场 $f(x,y,z)$，分别计算 $\mathbf{grad}\,f$ 和 $\mathrm{div}\,(f\boldsymbol{a})$：
   （1）$f(x,y,z)=(x^2+y^2+z^2)^{-\frac{1}{2}}$；
   （2）$f(x,y,z)=x^2+y^2+z^2$；
   （3）$f(x,y,z)=\ln(x^2+y^2+z^2)$.
2. 求向量场 $\boldsymbol{a}=x^2\boldsymbol{i}+y^2\boldsymbol{j}+z^2\boldsymbol{k}$ 穿过球面 $x^2+y^2+z^2=1$ 在第一卦限部分的通量，其中球面在这一部分的定向为上侧.
3. 设 $\boldsymbol{r}=x\boldsymbol{i}+y\boldsymbol{j}+z\boldsymbol{k}$，$r=|\boldsymbol{r}|$，求：
   （1）满足 $\mathrm{div}[f(r)\boldsymbol{r}]=0$ 的函数 $f(r)$；
   （2）满足 $\mathrm{div}[\mathbf{grad}\,f(r)]=0$ 的函数 $f(r)$.
4. 计算

$$\mathbf{grad}\left\{\boldsymbol{c}\cdot\boldsymbol{r}+\frac{1}{2}\ln(\boldsymbol{c}\cdot\boldsymbol{r})\right\}$$

其中 $\boldsymbol{c}$ 是常矢量，$\boldsymbol{r}=x\boldsymbol{i}+y\boldsymbol{j}+z\boldsymbol{k}$，且 $\boldsymbol{c}\cdot\boldsymbol{r}>0$.

5. 计算向量场 $\boldsymbol{a}=\mathbf{grad}\left(\arctan\dfrac{y}{x}\right)$ 沿下列定向曲线的环量：

(1) 圆周 $(x-2)^2+(y-2)^2=1, z=0$，从 z 轴的正向看去为逆时针方向；

(2) 圆周 $x^2+y^2=4, z=1$，从 z 轴的正向看去为顺时针方向.

6. 计算向量场 $\boldsymbol{r}=xyz(\boldsymbol{i}+\boldsymbol{j}+\boldsymbol{k})$ 在点 $M(1,3,2)$ 处的旋度，以及在这点沿方向 $\boldsymbol{n}=\boldsymbol{i}+2\boldsymbol{j}+2\boldsymbol{k}$ 的环量面密度.

7. 设 $\boldsymbol{a}=a_x\boldsymbol{i}+a_y\boldsymbol{j}+a_z\boldsymbol{k}$ 为向量场，$f(x,y,z)$ 为数量场，证明：(假设函数 a_x, a_y, a_z 和 f 具有必要的连续偏导数)

(1) $\operatorname{div}(\mathbf{rot}\,\boldsymbol{a})=0$；

(2) $\mathbf{rot}(\mathbf{grad}\,f)=\mathbf{0}$；

(3) $\mathbf{grad}(\operatorname{div}\boldsymbol{a})-\mathbf{rot}(\mathbf{rot}\,\boldsymbol{a})=\Delta\boldsymbol{a}$.

8. 位于原点的点电荷 q 产生的静电场的电场强度为 $\boldsymbol{E}=\dfrac{q}{4\pi\varepsilon_0 r^3}(x\boldsymbol{i}+y\boldsymbol{j}+z\boldsymbol{k})$，其中 $r=\sqrt{x^2+y^2+z^2}$，ε_0 为真空介电常数.求 $\mathbf{rot}\,\boldsymbol{E}$.

9. 设 $\boldsymbol{a}$ 为常向量，$\boldsymbol{r}=x\boldsymbol{i}+y\boldsymbol{j}+z\boldsymbol{k}$，验证：

(1) $\nabla\cdot(\boldsymbol{a}\times\boldsymbol{r})=0$；

(2) $\nabla\times(\boldsymbol{a}\times\boldsymbol{r})=2\boldsymbol{a}$；

(3) $\nabla\cdot((\boldsymbol{r}\cdot\boldsymbol{r})\boldsymbol{a})=2\boldsymbol{r}\cdot\boldsymbol{a}$.

10. 求全微分 $(x^2-2yz)\,\mathrm{d}x+(y^2-2xz)\,\mathrm{d}y+(z^2-2xy)\,\mathrm{d}z$ 的原函数.

11. 证明向量场 $\boldsymbol{a}=\dfrac{x-y}{x^2+y^2}\boldsymbol{i}+\dfrac{x+y}{x^2+y^2}\boldsymbol{j}\quad(x>0)$ 是有势场并求势函数.

12. 证明向量场 $\boldsymbol{a}=(2x+y+z)yz\boldsymbol{i}+(x+2y+z)zx\boldsymbol{j}+(x+y+2z)xy\boldsymbol{k}$ 是有势场，并求出它的势函数.

13. 验证：

(1) $u=y^3-3x^2y$ 为平面 $\mathbf{R}^2$ 上的调和函数；

(2) $u=\ln\sqrt{(x-a)^2+(y-b)^2}$ 为 $\mathbf{R}^2\setminus\{(a,b)\}$ 上的调和函数；

(3) $u=\dfrac{1}{\sqrt{x^2+y^2+z^2}}$ 为 $\mathbf{R}^3\setminus\{(0,0,0)\}$ 上的调和函数.

14. 设 $u(x,y)$ 在 $\mathbf{R}^2$ 上具有二阶连续偏导数，证明 u 是调和函数的充要条件为：对于 $\mathbf{R}^2$ 中任意光滑封闭曲线 C，成立 $\displaystyle\int_C\frac{\partial u}{\partial \boldsymbol{n}}\mathrm{d}s=0$，其中 $\dfrac{\partial u}{\partial \boldsymbol{n}}$ 为沿 C 的外法线方向的方向导数.

15. 设 $u=u(x,y)$ 与 $v=v(x,y)$ 都为平面上的调和函数.令 $F=\sqrt{u^2+v^2}$.证明当 $p\geqslant 2$ 时，在 $F\neq 0$ 的点成立

$$\Delta(F^p)\geqslant 0.$$

16. 设 $B=\{(x,y,z)\mid x^2+y^2+z^2\leqslant 1\}$，$\boldsymbol{F}(x,y,z):\mathbf{R}^3\to\mathbf{R}^3$ 为具有连续导数的向量值函数，且满足

$$\boldsymbol{F}\big|_{\partial B}\equiv(0,0,0),\ \nabla\cdot\boldsymbol{F}\big|_B\equiv 0.$$

证明：对于任何 $\mathbf{R}^3$ 上具有连续偏导数的函数 $g(x,y,z)$ 成立

$$\iiint_B\nabla g\cdot\boldsymbol{F}\,\mathrm{d}x\mathrm{d}y\mathrm{d}z=0.$$

17. 设 $D=\{(x,y)\in\mathbf{R}^2\mid x^2+y^2<1\}$，$u(x,y)$ 在 $\overline{D}$ 上具有连续二阶偏导数.进一步，设 u 在 $\overline{D}$ 上不恒等于零，但在 D 的边界 ∂D 上恒为零，且在 D 上成立

$$\frac{\partial^2 u}{\partial x^2}+\frac{\partial^2 u}{\partial y^2}=\lambda u\quad(\lambda\text{ 为常数}).$$

证明

$$\iint_D \| \mathbf{grad}u \|^2 \mathrm{d}x\mathrm{d}y + \lambda \iint_D u^2 \mathrm{d}x\mathrm{d}y = 0.$$

18. 设区域 Ω 由分片光滑封闭曲面 Σ 所围成，$u(x,y,z)$ 在 $\overline{\Omega}$ 上具有二阶连续偏导数，且在 $\overline{\Omega}$ 上调和，即满足 $\frac{\partial^2 u}{\partial x^2}+\frac{\partial^2 u}{\partial y^2}+\frac{\partial^2 u}{\partial z^2}=0$.

(1) 证明

$$\iint_\Sigma \frac{\partial u}{\partial \boldsymbol{n}} \mathrm{d}S = 0,$$

其中 $\boldsymbol{n}$ 为 Σ 的单位外法向量；

(2) 设 $(x_0,y_0,z_0)\in\Omega$ 为一定点，证明

$$u(x_0,y_0,z_0) = \frac{1}{4\pi}\iint_\Sigma \left(u\frac{\cos(\boldsymbol{r},\boldsymbol{n})}{r^2} + \frac{1}{r}\frac{\partial u}{\partial \boldsymbol{n}} \right) \mathrm{d}S,$$

其中 $\boldsymbol{r}=(x-x_0,y-y_0,z-z_0)$，$r=|\boldsymbol{r}|$.

补充习题

第十五章 含参变量积分

§1　含参变量的常义积分

含参变量常义积分的定义

设$f(x,y)$是定义在闭矩形$[a,b]\times[c,d]$上的连续函数，于是对于任意固定的$y\in[c,d]$，$f(x,y)$是$[a,b]$上关于x的一元连续函数，因此它在$[a,b]$上的积分存在，且积分值$\int_a^b f(x,y)\,\mathrm{d}x$由$y$惟一确定.也就是说，

$$I(y)=\int_a^b f(x,y)\,\mathrm{d}x,\quad y\in[c,d]$$

确定了一个关于y的一元函数.由于式中的y可以看成一个参变量，所以称它为含参变量y的积分.同理可定义含参变量x的积分

$$J(x)=\int_c^d f(x,y)\,\mathrm{d}y,\quad x\in[a,b].$$

它们统称**含参变量常义积分**，一般就称为**含参变量积分**.

实际应用中经常遇到含参变量积分.如在计算椭圆$\dfrac{x^2}{a^2}+\dfrac{y^2}{b^2}=1\ (b>a>0)$的周长时，利用椭圆的参数方程$x=a\cos t,y=b\sin t$，记$L$为椭圆在第一象限的部分(见图 15.1.1)，则所求周长的四分之一为

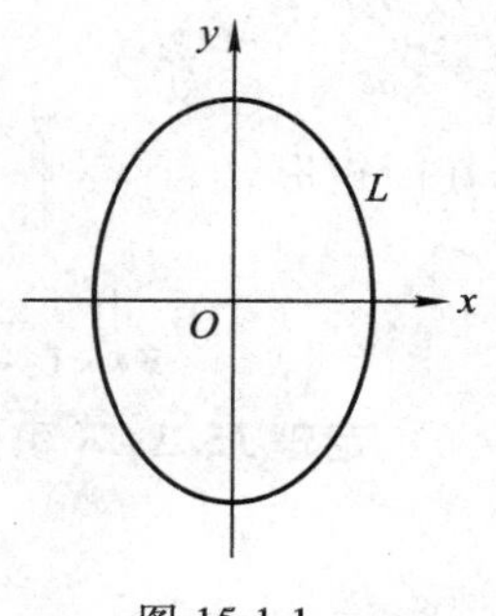

图 15.1.1

$$\int_L \mathrm{d}s=\int_0^{\frac{\pi}{2}}\sqrt{a^2\sin^2 t+b^2\cos^2 t}\,\mathrm{d}t=\int_0^{\frac{\pi}{2}}\sqrt{a^2\sin^2 t+b^2(1-\sin^2 t)}\,\mathrm{d}t$$

$$=b\int_0^{\frac{\pi}{2}}\sqrt{1-\frac{b^2-a^2}{b^2}\sin^2 t}\,\mathrm{d}t=b\int_0^{\frac{\pi}{2}}\sqrt{1-k^2\sin^2 t}\,\mathrm{d}t,$$

这里$k=\dfrac{\sqrt{b^2-a^2}}{b}$.$\int_0^{\frac{\pi}{2}}\sqrt{1-k^2\sin^2 t}\,\mathrm{d}t$就是含参变量$k$的积分，称为**第二类完全椭圆积分**.

但遗憾的是，被积函数$\sqrt{1-k^2\sin^2 t}$的原函数不能用初等函数表示.因此计算这个积分，通常只能采用数值计算的方法.

含参变量常义积分的分析性质

既然含参变量积分是参变量的函数，就应该研究它的分析性质，诸如连续性、可微性和可积性.

定理 15.1.1(连续性定理)　设 $f(x,y)$ 在闭矩形 $D=[a,b]\times[c,d]$ 上连续，则函数

$$I(y)=\int_a^b f(x,y)\,\mathrm{d}x$$

在 $[c,d]$ 上连续.

证　因为 $f(x,y)$ 在闭矩形 D 上连续，所以它在 D 上一致连续.因此，对于任意给定的 $\varepsilon>0$，存在 $\delta>0$，使得对于任意两点 (x_1,y_1)，$(x_2,y_2)\in D$，当 $\sqrt{(x_1-x_2)^2+(y_1-y_2)^2}<\delta$ 时，成立

$$|f(x_1,y_1)-f(x_2,y_2)|<\varepsilon.$$

因此，对任意定点 $y_0\in[c,d]$，只要 $|y-y_0|<\delta$ 时，就有

$$|I(y)-I(y_0)|=\left|\int_a^b[f(x,y)-f(x,y_0)]\,\mathrm{d}x\right|\leqslant\int_a^b|f(x,y)-f(x,y_0)|\,\mathrm{d}x<(b-a)\varepsilon.$$

这说明 $I(y)$ 在 $[c,d]$ 上连续.

证毕

由这个结论可知

$$\lim_{y\to y_0}\int_a^b f(x,y)\,\mathrm{d}x=\int_a^b\lim_{y\to y_0}f(x,y)\,\mathrm{d}x,\quad y_0\in[c,d].$$

即极限运算与积分运算可以交换.

例 15.1.1　求 $\lim\limits_{\alpha\to0}\int_0^1\frac{\mathrm{d}x}{1+x^2\cos\alpha x}$.

解　由于函数

$$f(x,\alpha)=\frac{1}{1+x^2\cos\alpha x}$$

在闭矩形 $[0,1]\times\left[-\frac{1}{2},\frac{1}{2}\right]$ 上连续，因此由定理 15.1.1 得

$$\lim_{\alpha\to0}\int_0^1\frac{\mathrm{d}x}{1+x^2\cos\alpha x}=\int_0^1\lim_{\alpha\to0}\frac{1}{1+x^2\cos\alpha x}\mathrm{d}x=\int_0^1\frac{1}{1+x^2}\mathrm{d}x=\frac{\pi}{4}.$$

定理 15.1.2(积分次序交换定理)　设 $f(x,y)$ 在闭矩形 $[a,b]\times[c,d]$ 上连续，则

$$\int_c^d\mathrm{d}y\int_a^b f(x,y)\,\mathrm{d}x=\int_a^b\mathrm{d}x\int_c^d f(x,y)\,\mathrm{d}y.$$

证　由于 $f(x,y)$ 在 $[a,b]\times[c,d]$ 上连续，因此由二重积分的计算公式可知

$$\int_c^d\mathrm{d}y\int_a^b f(x,y)\,\mathrm{d}x=\iint\limits_{[a,b]\times[c,d]}f(x,y)\,\mathrm{d}x\mathrm{d}y=\int_a^b\mathrm{d}x\int_c^d f(x,y)\,\mathrm{d}y.$$

证毕

例 15.1.2　计算 $I=\int_0^1\frac{x^b-x^a}{\ln x}\mathrm{d}x$，其中 $b>a>0$.

解　由于

$$\int_a^b x^y \mathrm{d}y = \frac{x^b - x^a}{\ln x},$$

因此

$$I = \int_0^1 \mathrm{d}x \int_a^b x^y \mathrm{d}y.$$

而 $f(x,y) = x^y$ 在闭矩形 $[0,1] \times [a,b]$ 上连续（这里定义 $0^y = 0, y \in [a,b]$），所以积分次序可以交换，即

$$I = \int_0^1 \mathrm{d}x \int_a^b x^y \mathrm{d}y = \int_a^b \mathrm{d}y \int_0^1 x^y \mathrm{d}x = \int_a^b \frac{1}{1+y} \mathrm{d}y = \ln \frac{1+b}{1+a}.$$

定理 15.1.3（积分号下求导定理）　设 $f(x,y)$，$f_y(x,y)$ 都在闭矩形 $[a,b] \times [c,d]$ 上连续，则 $I(y) = \int_a^b f(x,y)\mathrm{d}x$ 在 $[c,d]$ 上可导，并且在 $[c,d]$ 上成立

$$\frac{\mathrm{d}I(y)}{\mathrm{d}y} = \int_a^b f_y(x,y)\mathrm{d}x.$$

证　对任意 $y \in [c,d]$，当 $y + \Delta y \in [c,d]$ 时，利用微分中值定理得 $\dfrac{I(y+\Delta y) - I(y)}{\Delta y} = \int_a^b \dfrac{f(x,y+\Delta y) - f(x,y)}{\Delta y}\mathrm{d}x = \int_a^b f_y(x, y+\theta\Delta y)\mathrm{d}x$ 其中 $0 < \theta < 1$. 由定理 15.1.1，即有

$$\begin{aligned}\frac{\mathrm{d}I(y)}{\mathrm{d}y} &= \lim_{\Delta y \to 0} \frac{I(y+\Delta y) - I(y)}{\Delta y} = \lim_{\Delta y \to 0} \int_a^b f_y(x, y+\theta\Delta y)\mathrm{d}x \\ &= \int_a^b \lim_{\Delta y \to 0} f_y(x, y+\theta\Delta y)\mathrm{d}x = \int_a^b f_y(x,y)\mathrm{d}x.\end{aligned}$$

证毕

这个定理的结论也可写为

$$\frac{\mathrm{d}}{\mathrm{d}y}\int_a^b f(x,y)\mathrm{d}x = \int_a^b \frac{\partial}{\partial y} f(x,y)\mathrm{d}x.$$

这说明求导运算与积分运算可以交换.

定理 15.1.4　设 $f(x,y)$，$f_y(x,y)$ 都是闭矩形 $[a,b] \times [c,d]$ 上的连续函数，又设 $a(y)$，$b(y)$ 是在 $[c,d]$ 上的可导函数，满足 $a \leqslant a(y) \leqslant b$，$a \leqslant b(y) \leqslant b$，则函数

$$F(y) = \int_{a(y)}^{b(y)} f(x,y)\mathrm{d}x$$

在 $[c,d]$ 上可导，并且在 $[c,d]$ 上成立

$$F'(y) = \int_{a(y)}^{b(y)} f_y(x,y)\mathrm{d}x + f(b(y),y)b'(y) - f(a(y),y)a'(y).$$

证　将 $F(y)$ 写成复合函数形式

$$F(y) = \int_u^v f(x,y)\mathrm{d}x = I(y,u,v), \quad u = a(y), \quad v = b(y).$$

由定理 15.1.3，知

$$\frac{\partial I}{\partial y}(u,v,y) = \int_u^v f_y(x,y)\mathrm{d}x.$$

容易验证 $\dfrac{\partial I}{\partial y}(u,v,y)$ 是连续函数. 由积分上限函数的求导法则得

$$\frac{\partial I}{\partial u}=-f(u,y),\quad \frac{\partial I}{\partial v}=f(v,y),$$

它们都是连续的.所以函数 $I(y,u,v)$ 可微,于是按复合函数的链式规则得到

$$\begin{aligned}F'(y)&=\frac{\partial}{\partial y}I(y,u,v)=\frac{\partial I}{\partial y}+\frac{\partial I}{\partial u}\frac{\mathrm{d}u}{\mathrm{d}y}+\frac{\partial I}{\partial v}\frac{\mathrm{d}v}{\mathrm{d}y}\\&=\int_{a(y)}^{b(y)}f_y(x,y)\,\mathrm{d}x+f(b(y),y)b'(y)-f(a(y),y)a'(y).\end{aligned}$$

证毕

注意这时我们顺便得到:函数 $F(y)$ 在 $[c,d]$ 上连续.

例 15.1.3 设

$$F(y)=\int_0^y\frac{\ln(1+xy)}{x}\mathrm{d}x,\quad y>0,$$

求 $F'(y)$.

解

$$F'(y)=\frac{\ln(1+y^2)}{y}+\int_0^y\frac{\mathrm{d}x}{1+xy}=\frac{\ln(1+y^2)}{y}+\left(\frac{\ln(1+xy)}{y}\right)\Big|_0^y=\frac{2}{y}\ln(1+y^2).$$

例 15.1.4 计算

$$I(\theta)=\int_0^{\pi}\ln(1+\theta\cos x)\,\mathrm{d}x\quad(|\theta|<1).$$

解 对于任意满足 $|\theta|<1$ 的 θ,必有正数 $a<1$,使得 $|\theta|\leqslant a$.记 $f(x,\theta)=\ln(1+\theta\cos x)$,易知 $f(x,\theta)$ 与 $f_\theta(x,\theta)=\dfrac{\cos x}{1+\theta\cos x}$ 都在闭矩形 $[0,\pi]\times[-a,a]$ 上连续.因此由定理 15.1.3 知

$$I'(\theta)=\int_0^{\pi}\frac{\cos x}{1+\theta\cos x}\mathrm{d}x=\frac{1}{\theta}\int_0^{\pi}\left(1-\frac{1}{1+\theta\cos x}\right)\mathrm{d}x=\frac{\pi}{\theta}-\frac{1}{\theta}\int_0^{\pi}\frac{\mathrm{d}x}{1+\theta\cos x}.$$

对于最后一个积分,作万能代换 $t=\tan\dfrac{x}{2}$ 就得

$$\begin{aligned}\int_0^{\pi}\frac{\mathrm{d}x}{1+\theta\cos x}&=\int_0^{+\infty}\frac{2\mathrm{d}t}{1+t^2+\theta(1-t^2)}=\frac{2}{1+\theta}\int_0^{+\infty}\frac{\mathrm{d}t}{1+\dfrac{1-\theta}{1+\theta}t^2}\\&=\frac{2}{\sqrt{1-\theta^2}}\left(\arctan\sqrt{\frac{1-\theta}{1+\theta}}t\right)\Big|_0^{+\infty}=\frac{\pi}{\sqrt{1-\theta^2}}.\end{aligned}$$

于是

$$I'(\theta)=\frac{\pi}{\theta}-\frac{\pi}{\theta\sqrt{1-\theta^2}}.$$

再对 θ 积分即得

$$I(\theta)=\pi\ln(1+\sqrt{1-\theta^2})+C.$$

由 $I(\theta)$ 的定义知 $I(0)=0$,代入上式得 $C=-\pi\ln 2$,于是

$$I(\theta)=\pi\ln\frac{1+\sqrt{1-\theta^2}}{2}.$$

本例对参变量先求了一次导数，然后又做了一次积分，但我们并非回到了原来的出发点，而是解决了问题.这与例 15.1.2 中展示的通过交换积分次序来求积分的处理过程都是重要的方法.

习 题

1. 求下列极限：

(1) $\lim\limits_{\alpha\to 0}\int_0^{1+\alpha}\dfrac{\mathrm{d}x}{1+x^2+\alpha^2}$；

(2) $\lim\limits_{n\to\infty}\int_0^1\dfrac{\mathrm{d}x}{1+\left(1+\dfrac{x}{n}\right)^n}$.

2. 设 $f(x,y)$ 当 y 固定时，关于 x 在 $[a,b]$ 上连续，且当 $y\to y_0-$ 时，它关于 y 单调增加地趋于连续函数 $\varphi(x)$，证明

$$\lim_{y\to y_0-}\int_a^b f(x,y)\,\mathrm{d}x=\int_a^b\varphi(x)\,\mathrm{d}x.$$

3. 利用交换积分顺序的方法计算下列积分：

(1) $\int_0^1\sin\left(\ln\dfrac{1}{x}\right)\dfrac{x^b-x^a}{\ln x}\mathrm{d}x\quad(b>a>0)$；

(2) $\int_0^{\frac{\pi}{2}}\ln\dfrac{1+a\sin x}{1-a\sin x}\dfrac{\mathrm{d}x}{\sin x}\quad(1>a>0)$.

4. 求下列函数的导数：

(1) $I(y)=\int_y^{y^2}\mathrm{e}^{-x^2y}\mathrm{d}x$；

(2) $I(y)=\int_y^{y^2}\dfrac{\cos xy}{x}\mathrm{d}x$；

(3) $F(t)=\int_0^{t^2}\mathrm{d}x\int_{x-t}^{x+t}\sin(x^2+y^2-t^2)\,\mathrm{d}y$.

5. 设 $I(y)=\int_0^y(x+y)f(x)\,\mathrm{d}x$，其中 $f(x)$ 为可微函数，求 $I''(y)$.

6. 设 $F(y)=\int_a^b f(x)\left|y-x\right|\mathrm{d}x\quad(a<b)$，其中 $f(x)$ 为可微函数，求 $F''(y)$.

7. 设函数 $f(x)$ 具有二阶导数，$F(x)$ 是可导的，证明函数

$$u(x,t)=\frac{1}{2}[f(x-at)+f(x+at)]+\frac{1}{2a}\int_{x-at}^{x+at}F(y)\,\mathrm{d}y$$

满足弦振动方程

$$\frac{\partial^2u}{\partial t^2}=a^2\frac{\partial^2u}{\partial x^2}$$

及初值条件 $u(x,0)=f(x)$，$\quad\dfrac{\partial u}{\partial t}(x,0)=F(x)$.

8. 利用积分号下求导法计算下列积分：

(1) $\int_0^{\frac{\pi}{2}}\ln(a^2-\sin^2x)\,\mathrm{d}x\quad(a>1)$；

(2) $\int_0^{\pi}\ln(1-2\alpha\cos x+\alpha^2)\mathrm{d}x\quad(|\alpha|<1)$;

(3) $\int_0^{\frac{\pi}{2}}\ln(a^2\sin^2x+b^2\cos^2x)\mathrm{d}x$.

9. 证明:第二类椭圆积分

$$E(k)=\int_0^{\frac{\pi}{2}}\sqrt{1-k^2\sin^2t}\,\mathrm{d}t\qquad(0<k<1)$$

满足微分方程

$$E''(k)+\frac{1}{k}E'(k)+\frac{E(k)}{1-k^2}=0.$$

10. 设函数 $f(u,v)$ 在 $\mathbf{R}^2$ 上具有二阶连续偏导数.证明:函数

$$w(x,y,z)=\int_0^{2\pi}f(x+z\cos\varphi,y+z\sin\varphi)\mathrm{d}\varphi$$

满足偏微分方程

$$z\left(\frac{\partial^2w}{\partial x^2}+\frac{\partial^2w}{\partial y^2}-\frac{\partial^2w}{\partial z^2}\right)=\frac{\partial w}{\partial z}.$$

11. 设 $f(x)$ 在 $[0,1]$ 上连续,且 $f(x)>0$.研究函数

$$I(y)=\int_0^1\frac{yf(x)}{x^2+y^2}\mathrm{d}x$$

的连续性.

§2　含参变量的反常积分

含参变量反常积分的一致收敛

含参变量的反常积分也有两种:**无穷区间上的含参变量反常积分**和**无界函数的含参变量反常积分**.

先考虑前一种情况.设二元函数 $f(x,y)$ 定义在 $[a,+\infty)\times[c,d]$ 上,若对某个 $y_0\in[c,d]$,反常积分 $\int_a^{+\infty}f(x,y_0)\mathrm{d}x$ 收敛,则称含参变量反常积分 $\int_a^{+\infty}f(x,y)\mathrm{d}x$ 在 y_0 处收敛,并称 y_0 为它的**收敛点**.记 E 为所有收敛点组成的点集,则 E 就是函数

$$I(y)=\int_a^{+\infty}f(x,y)\mathrm{d}x$$

的定义域,也称为反常积分 $\int_a^{+\infty}f(x,y)\mathrm{d}x$ 的**收敛域**.

同样,我们要讨论函数 $I(y)$ 的连续性、可微性和可积性.为此,需要引进一致收敛的概念.(读者可以将这个概念与函数项级数的一致收敛概念相比较.)

定义 15.2.1　设二元函数 $f(x,y)$ 定义在 $[a,+\infty)\times[c,d]$ 上,且对任意的 $y\in[c,d]$,反常积分

$$I(y)=\int_a^{+\infty}f(x,y)\mathrm{d}x$$

存在.如果对于任意给定的 $\varepsilon>0$,存在与 y 无关的正数 A_0,使得当 $A>A_0$ 时,对于所有的 $y\in[c,d]$,成立

$$\left|\int_a^A f(x,y)\,\mathrm{d}x-I(y)\right|<\varepsilon,$$

即

$$\left|\int_A^{+\infty} f(x,y)\,\mathrm{d}x\right|<\varepsilon,$$

则称 $\int_a^{+\infty} f(x,y)\,\mathrm{d}x$ 关于 y 在 $[c,d]$ 上**一致收敛**(于 $I(y)$).在参变量明确时,也常简称 $\int_a^{+\infty} f(x,y)\,\mathrm{d}x$ 在 $[c,d]$ 上一致收敛.

同样可以对 $\int_{-\infty}^{a} f(x,y)\,\mathrm{d}x$ 或 $\int_{-\infty}^{+\infty} f(x,y)\,\mathrm{d}x$ 定义关于 y 的一致收敛概念.

例 15.2.1 含参变量 α 的反常积分 $\int_0^{+\infty}\mathrm{e}^{-\alpha x}\,\mathrm{d}x$ 关于 α 在 $[\alpha_0,+\infty)$ 上一致收敛($\alpha_0>0$),但在 $(0,+\infty)$ 上不一致收敛.

证 先说明 $\int_0^{+\infty}\mathrm{e}^{-\alpha x}\,\mathrm{d}x$ 在 $[\alpha_0,+\infty)$ 上一致收敛.由于当 $\alpha\geqslant\alpha_0$ 时,

$$0\leqslant\int_A^{+\infty}\mathrm{e}^{-\alpha x}\,\mathrm{d}x \xlongequal{\text{令 }\alpha x=t} \frac{1}{\alpha}\int_{\alpha A}^{+\infty}\mathrm{e}^{-t}\,\mathrm{d}t=\frac{1}{\alpha}\mathrm{e}^{-\alpha A}\leqslant\frac{1}{\alpha_0}\mathrm{e}^{-\alpha_0 A},$$

而

$$\lim_{A\to+\infty}\frac{1}{\alpha_0}\mathrm{e}^{-\alpha_0 A}=0,$$

所以对于任意给定的 $\varepsilon>0$,存在正数 A_0,使得当 $A>A_0$ 时,$\left|\frac{1}{\alpha_0}\mathrm{e}^{-\alpha_0 A}\right|<\varepsilon$.这时成立

$$\left|\int_A^{+\infty}\mathrm{e}^{-\alpha x}\,\mathrm{d}x\right|<\left|\frac{1}{\alpha_0}\mathrm{e}^{-\alpha_0 A}\right|<\varepsilon,$$

这说明 $\int_0^{+\infty}\mathrm{e}^{-\alpha x}\,\mathrm{d}x$ 在 $[\alpha_0,+\infty)$ 上一致收敛.

再说明 $\int_0^{+\infty}\mathrm{e}^{-\alpha x}\,\mathrm{d}x$ 在 $(0,+\infty)$ 上不一致收敛.对于任意取定的正数 A,由于

$$\int_A^{+\infty}\mathrm{e}^{-\alpha x}\,\mathrm{d}x=\frac{1}{\alpha}\mathrm{e}^{-\alpha A},$$

而 $\lim\limits_{\alpha\to0+}\frac{1}{\alpha}\mathrm{e}^{-\alpha A}=+\infty$,所以必存在某个 $\alpha(A)\in(0,+\infty)$,使得 $\int_A^{+\infty}\mathrm{e}^{-\alpha(A)x}\,\mathrm{d}x>1$.因此 $\int_0^{+\infty}\mathrm{e}^{-\alpha x}\,\mathrm{d}x$ 在 $(0,+\infty)$ 上不一致收敛.

对于无界函数的含参变量反常积分,同样也有一致收敛的概念:

定义 15.2.1′ 设二元函数 $f(x,y)$ 定义在 $[a,b)\times[c,d]$ 上,且对任意的 $y\in[c,d]$,以 b 为奇点的反常积分

$$I(y)=\int_a^b f(x,y)\,\mathrm{d}x$$

存在.如果对于任意 $\varepsilon>0$,存在与 y 无关的 $\delta>0$,使得当 $0<\eta<\delta$ 时,对所有 $y\in[c,$

$d]$ 成立

$$\left|\int_a^{b-\eta} f(x,y)\,\mathrm{d}x - I(y)\right| < \varepsilon,$$

即

$$\left|\int_{b-\eta}^{b} f(x,y)\,\mathrm{d}x\right| < \varepsilon,$$

则称 $\int_a^b f(x,y)\,\mathrm{d}x$ 关于 y 在 $[c,d]$ 上**一致收敛**(于 $I(y)$).在参变量明确时，也常简称 $\int_a^b f(x,y)\,\mathrm{d}x$ 在 $[c,d]$ 上一致收敛.

一致收敛的判别法

下面仅以 $\int_a^{+\infty} f(x,y)\,\mathrm{d}x$ 为例讨论一致收敛的判别方法.对于无界函数的情况，结论是类似的.以下总假定反常积分 $\int_a^{+\infty} f(x,y)\,\mathrm{d}x$ 对于每个 $y\in[c,d]$ 收敛.

对于一致收敛，同样也有 Cauchy 收敛原理：

定理 15.2.1(Cauchy 收敛原理)　含参变量反常积分 $\int_a^{+\infty} f(x,y)\,\mathrm{d}x$ 在 $[c,d]$ 上一致收敛的充分必要条件为：对于任意给定的 $\varepsilon>0$，存在与 y 无关的正数 A_0，使得对于任意的 $A',A>A_0$，成立

$$\left|\int_A^{A'} f(x,y)\,\mathrm{d}x\right| < \varepsilon,\quad y\in[c,d].$$

证明从略.

由 Cauchy 收敛原理立即得知：

推论 15.2.1　若存在 $\varepsilon_0>0$，使得对于任意大的正数 A_0，总存在 $A',A>A_0$ 及 $y_{A_0}\in[c,d]$，使得

$$\left|\int_A^{A'} f(x,y_{A_0})\,\mathrm{d}x\right| \geqslant \varepsilon_0,$$

那么含参变量反常积分 $\int_a^{+\infty} f(x,y)\,\mathrm{d}x$ 在 $[c,d]$ 上非一致收敛.

定理 15.2.2(Weierstrass 判别法)　如果存在函数 $F(x)$ 使得

(1) $|f(x,y)|\leqslant F(x),\quad a\leqslant x<+\infty,\quad c\leqslant y\leqslant d$,

(2) 反常积分 $\int_a^{+\infty} F(x)\,\mathrm{d}x$ 收敛，

那么含参变量的反常积分 $\int_a^{+\infty} f(x,y)\,\mathrm{d}x$ 在 $[c,d]$ 上一致收敛.

证　因为 $\int_a^{+\infty} F(x)\,\mathrm{d}x$ 收敛，由反常积分的 Cauchy 收敛原理知，对于任意给定的 $\varepsilon>0$，存在正数 A_0，使得对于任意的 $A',A>A_0$，成立

$$\int_A^{A'} F(x)\,\mathrm{d}x < \varepsilon.$$

因此当 $A',A>A_0$ 时，对于任意 $y\in[c,d]$，不等式

$$\left|\int_A^{A'} f(x,y)\,dx\right| \leqslant \int_A^{A'} F(x)\,dx < \varepsilon$$

成立，于是由定理 15.2.1 知$\int_a^{+\infty} f(x,y)\,dx$ 在$[c,d]$上一致收敛.

证毕

例 15.2.2 证明$\int_0^{+\infty} \frac{e^{-\alpha x}}{1+x^2}dx$ 关于 α 在$[0,+\infty)$上一致收敛.

解 由于

$$0 < \frac{e^{-\alpha x}}{1+x^2} \leqslant \frac{1}{1+x^2},\quad 0 \leqslant x < +\infty,\quad 0 \leqslant \alpha < +\infty,$$

而$\int_0^{+\infty} \frac{1}{1+x^2}dx = \frac{\pi}{2}$ 收敛，由 Weierstrass 判别法知，$\int_0^{+\infty} \frac{e^{-\alpha x}}{1+x^2}dx$ 在$[0,+\infty)$上一致收敛.

定理 15.2.3 设函数$f(x,y)$ 和 $g(x,y)$ 满足以下两组条件之一，则含参变量的反常积分

$$\int_a^{+\infty} f(x,y)g(x,y)\,dx$$

关于 y 在$[c,d]$上一致收敛.

1. **(Abel 判别法)**

(1) $\int_a^{+\infty} f(x,y)\,dx$ 关于 y 在$[c,d]$上一致收敛；

(2) $g(x,y)$ 关于 x 单调，即对每个固定的 $y \in [c,d]$，g 关于 x 是单调函数；

(3) $g(x,y)$ 一致有界，即存在正数 L，使得

$$|g(x,y)| \leqslant L,\quad a \leqslant x < +\infty,\quad c \leqslant y \leqslant d.$$

2. **(Dirichlet 判别法)**

(1) $\int_a^{A} f(x,y)\,dx$ 一致有界，即存在正数 L，使得

$$\left|\int_a^{A} f(x,y)\,dx\right| \leqslant L,\quad a < A < +\infty,\quad y \in [c,d];$$

(2) $g(x,y)$ 关于 x 单调，即对每个固定的 $y \in [c,d]$，g 关于 x 是单调函数；

(3) 当 $x \to +\infty$ 时 $g(x,y)$ 关于 y 在$[c,d]$上一致趋于零.即对于任意给定的 $\varepsilon > 0$，存在与 y 无关的正数 A_0，使得当 $x \geqslant A_0$ 时，对于任意 $y \in [c,d]$ 成立

$$|g(x,y)| < \varepsilon.$$

证 我们只证明 Abel 判别法，Dirichlet 判别法的证明类似.

由于$\int_a^{+\infty} f(x,y)\,dx$ 在$[c,d]$上一致收敛，由 Cauchy 收敛原理知，对于任意给定的 $\varepsilon > 0$，存在与 y 无关的正数 A_0，使得当 $A',A > A_0$ 时，

$$\left|\int_A^{A'} f(x,y)\,dx\right| < \varepsilon.$$

那么当 $A',A > A_0$ 时，对于任意 $y \in [c,d]$，由积分第二中值定理得

$$\left|\int_A^{A'} f(x,y)g(x,y)\,dx\right| = \left|g(A,y)\int_A^{\xi} f(x,y)\,dx + g(A',y)\int_{\xi}^{A'} f(x,y)\,dx\right|$$

$$\leqslant |g(A,y)|\left|\int_A^{\xi} f(x,y)\,\mathrm{d}x\right| + |g(A',y)|\left|\int_{\xi}^{A'} f(x,y)\,\mathrm{d}x\right| < 2L\varepsilon,$$

其中 ξ 在 A 与 A' 之间.于是由定理 15.2.1 知 $\int_a^{+\infty} f(x,y)\,\mathrm{d}x$ 在 $[c,d]$ 上一致收敛.

关于无界函数的含参变量反常积分的一致收敛性,同样有 Cauchy 收敛原理,Weierstrass 判别法,Abel 判别法和 Dirichlet 判别法,这里不一一加以叙述,请读者自己列出.

例 15.2.3　证明含参变量反常积分 $\int_0^{+\infty} \mathrm{e}^{-\alpha x}\frac{\sin x}{x}\mathrm{d}x$ 关于 α 在 $[0,+\infty)$ 上一致收敛.

解　因为 $\int_0^{+\infty}\frac{\sin x}{x}\mathrm{d}x$ 收敛,它当然关于 α 一致收敛.显然 $\mathrm{e}^{-\alpha x}$ 关于 x 单调,且

$$0\leqslant \mathrm{e}^{-\alpha x}\leqslant 1,\quad 0\leqslant \alpha<+\infty,\quad 0\leqslant x<+\infty,$$

即 $\mathrm{e}^{-\alpha x}$ 一致有界.由 Abel 判别法,$\int_0^{+\infty} \mathrm{e}^{-\alpha x}\frac{\sin x}{x}\mathrm{d}x$ 在 $[0,+\infty)$ 上一致收敛.

例 15.2.4　证明 $\int_0^{+\infty}\frac{\sin xy}{x}\mathrm{d}x$ 关于 y 在 $[y_0,+\infty)$ $(y_0>0)$ 上一致收敛,但在 $(0,+\infty)$ 上非一致收敛.

解　先证明 $\int_0^{+\infty}\frac{\sin xy}{x}\mathrm{d}x$ 在 $[y_0,+\infty)$ $(y_0>0)$ 上一致收敛.由于

$$\left|\int_0^A \sin xy\,\mathrm{d}x\right| = \left|\frac{1-\cos(Ay)}{y}\right|\leqslant\frac{2}{y}\leqslant\frac{2}{y_0},\quad A\geqslant 0,\quad y\geqslant y_0,$$

因此它在 $[y_0,+\infty)$ 一致有界.而 $\frac{1}{x}$ 是 x 的单调减少函数且 $\lim\limits_{x\to+\infty}\frac{1}{x}=0$,由于 $\frac{1}{x}$ 与 y 无关,因此这个极限关于 y 在 $[y_0,+\infty)$ 上是一致的.于是由 Dirichlet 判别法知 $\int_0^{+\infty}\frac{\sin xy}{x}\mathrm{d}x$ 在 $[y_0,+\infty)$ 上一致收敛.

再证明 $\int_0^{+\infty}\frac{\sin xy}{x}\mathrm{d}x$ 在 $(0,+\infty)$ 上非一致收敛.对于正整数 n,取 $y_n=\frac{1}{n}$,这时

$$\left|\int_{n\pi}^{\frac{3}{2}n\pi}\frac{\sin xy_n}{x}\mathrm{d}x\right| = \left|\int_{n\pi}^{\frac{3}{2}n\pi}\frac{\sin\frac{x}{n}}{x}\mathrm{d}x\right| > \frac{1}{\frac{3}{2}n\pi}\left|\int_{n\pi}^{\frac{3}{2}n\pi}\sin\frac{x}{n}\mathrm{d}x\right| = \frac{2}{3\pi}.$$

因此,只要取 $\varepsilon_0=\frac{2}{3\pi}$,则对于任意大的正数 A_0,总存在正整数 n 满足 $n\pi>A_0$,及 $y_n=\frac{1}{n}\in(0,+\infty)$,使得 $\left|\int_{n\pi}^{\frac{3}{2}n\pi}\frac{\sin xy_n}{x}\mathrm{d}x\right|>\frac{2}{3\pi}=\varepsilon_0$.由 Cauchy 收敛原理的推论 15.2.1 知 $\int_0^{+\infty}\frac{\sin xy}{x}\mathrm{d}x$ 关于 y 在 $(0,+\infty)$ 上非一致收敛.

例 15.2.5　证明 $\int_0^{+\infty}\frac{\cos x^2}{x^p}\mathrm{d}x$ 关于 p 在 $(-1,1)$ 上内闭一致收敛.

证 要证明的是：对于任意的$[p_0,p_1]\subset(-1,1)$（显然$-1<p_0<p_1<1$），$\int_0^{+\infty}\frac{\cos x^2}{x^p}\mathrm{d}x$关于$p$在$[p_0,p_1]$上一致收敛.

注意到被积函数$\frac{\cos x^2}{x^p}$在$x=0$附近无界，我们将$\int_0^{+\infty}\frac{\cos x^2}{x^p}\mathrm{d}x$写为

$$\int_0^{+\infty}\frac{\cos x^2}{x^p}\mathrm{d}x=\int_0^1\frac{\cos x^2}{x^p}\mathrm{d}x+\int_1^{+\infty}\frac{\cos x^2}{x^p}\mathrm{d}x=I_1+I_2,$$

当$I_1=\int_0^1\frac{\cos x^2}{x^p}\mathrm{d}x$与$I_2=\int_1^{+\infty}\frac{\cos x^2}{x^p}\mathrm{d}x$在$[p_0,p_1]$上都一致收敛时，$\int_0^{+\infty}\frac{\cos x^2}{x^p}\mathrm{d}x$才在$[p_0,p_1]$上一致收敛.

先看$I_1=\int_0^1\frac{\cos x^2}{x^p}\mathrm{d}x$，这是一个含参变量的无界函数的反常积分.显然

$$\left|\frac{\cos x^2}{x^p}\right|\leqslant\frac{1}{x^p}\leqslant\frac{1}{x^{p_1}},\quad 0<x\leqslant 1,\quad p_0\leqslant p\leqslant p_1,$$

由于$p_1<1$，因此$\int_0^1\frac{\mathrm{d}x}{x^{p_1}}$收敛.于是由 Weierstrass 判别法知$I_1=\int_0^1\frac{\cos x^2}{x^p}\mathrm{d}x$在$[p_0,p_1]$上一致收敛.

再看$I_2=\int_1^{+\infty}\frac{\cos x^2}{x^p}\mathrm{d}x$.作变换$t=x^2$得

$$\int_1^{+\infty}\frac{\cos x^2}{x^p}\mathrm{d}x=\frac{1}{2}\int_1^{+\infty}\frac{\cos t}{t^{\frac{1}{2}(p+1)}}\mathrm{d}t.$$

由于

$$\left|\int_1^A\cos t\mathrm{d}t\right|=|\sin A-\sin 1|\leqslant 2,\quad 1\leqslant A<+\infty,$$

即$\int_1^A\cos t\mathrm{d}t$一致有界.而对于每个$p\in[p_0,p_1]$，函数$\frac{1}{t^{\frac{1}{2}(p+1)}}$关于$t$单调减少，且成立

$$\frac{1}{t^{\frac{1}{2}(p+1)}}\leqslant\frac{1}{t^{\frac{1}{2}(p_0+1)}},\quad 1\leqslant t<+\infty,\quad p_0\leqslant p\leqslant p_1,$$

因此当$t\to+\infty$时，$\frac{1}{t^{\frac{1}{2}(p+1)}}$关于$p$在$[p_0,p_1]$上一致趋于零.于是由 Dirichlet 判别法知$\int_1^{+\infty}\frac{\cos t}{t^{\frac{1}{2}(p+1)}}\mathrm{d}t$在$[p_0,p_1]$上一致收敛，所以$I_2=\int_1^{+\infty}\frac{\cos x^2}{x^p}\mathrm{d}x$在$[p_0,p_1]$上一致收敛.

综上所述，$\int_0^{+\infty}\frac{\cos x^2}{x^p}\mathrm{d}x$在$(-1,1)$上内闭一致收敛.

定理 15.2.4（Dini 定理） 设$f(x,y)$在$[a,+\infty)\times[c,d]$上连续且保持定号，如果含参变量积分

$$I(y)=\int_a^{+\infty}f(x,y)\,\mathrm{d}x$$

在$[c,d]$上连续，那么含参变量积分$\int_a^{+\infty}f(x,y)\,\mathrm{d}x$关于$y$在$[c,d]$上一致收敛.

证　用反证法.不妨设$f(x,y)\geqslant 0$.若$\int_a^{+\infty}f(x,y)\,\mathrm{d}x$关于$y$在$[c,d]$上不一致收敛，那么存在某个正数$\varepsilon_0$，对于任何正整数$n>a$，总存在$y_n\in[c,d]$，使得

$$\int_n^{+\infty}f(x,y_n)\,\mathrm{d}x\geqslant\varepsilon_0.$$

由于有界数列$\{y_n\}$必有收敛子列，不妨就设$\{y_n\}$收敛，并记$y_0=\lim\limits_{n\to\infty}y_n\in[c,d]$.

由于反常积分$\int_a^{+\infty}f(x,y_0)\,\mathrm{d}x$收敛，所以必存在$A(>a)$使得

$$\int_A^{+\infty}f(x,y_0)\,\mathrm{d}x<\frac{\varepsilon_0}{2}.$$

并且由$f(x,y)\geqslant 0$知，当$n>A$时，

$$\int_A^{+\infty}f(x,y_n)\,\mathrm{d}x\geqslant\int_n^{+\infty}f(x,y_n)\,\mathrm{d}x\geqslant\varepsilon_0.$$

由于$\int_a^{+\infty}f(x,y)\,\mathrm{d}x$在$[c,d]$上连续，而且由常义含参变量积分的连续性定理知$\int_a^{A}f(x,y)\,\mathrm{d}x$在$[c,d]$上也连续，因此从

$$\int_A^{+\infty}f(x,y)\,\mathrm{d}x=\int_a^{+\infty}f(x,y)\,\mathrm{d}x-\int_a^{A}f(x,y)\,\mathrm{d}x$$

知道$\int_A^{+\infty}f(x,y)\,\mathrm{d}x$在$[c,d]$上连续.于是由$\lim\limits_{n\to\infty}y_n=y_0$可推出

$$\lim_{n\to\infty}\int_A^{+\infty}f(x,y_n)\,\mathrm{d}x=\int_A^{+\infty}f(x,y_0)\,\mathrm{d}x<\frac{\varepsilon_0}{2},$$

这与$\int_A^{+\infty}f(x,y_n)\,\mathrm{d}x\geqslant\varepsilon_0\ (n>A)$矛盾.因此$\int_a^{+\infty}f(x,y)\,\mathrm{d}x$在$[c,d]$上一致收敛.

证毕

一致收敛积分的分析性质

现在讨论含参变量反常积分的分析性质，即连续性、可微性和可积性.

设反常积分$\int_a^{+\infty}f(x,y)\,\mathrm{d}x$对于每个$y\in[c,d]$都收敛，这样就定义了函数

$$I(y)=\int_a^{+\infty}f(x,y)\,\mathrm{d}x,\quad y\in[c,d].$$

任取一列严格单调增加的数列$\{a_n\}$，它满足$a_0=a$以及$a_n\to+\infty\ (n\to\infty)$.置

$$u_n(y)=\int_{a_{n-1}}^{a_n}f(x,y)\,\mathrm{d}x,\quad n=1,2,\cdots.$$

那么

$$\int_a^{+\infty}f(x,y)\,\mathrm{d}x=\sum_{n=1}^{\infty}\int_{a_{n-1}}^{a_n}f(x,y)\,\mathrm{d}x=\sum_{n=1}^{\infty}u_n(y).$$

在以下引理的叙述和定理的证明中我们仍采用上面的记号.

利用 Cauchy 收敛原理容易证明如下的引理:

引理 15.2.1 若含参变量反常积分 $\int_a^{+\infty} f(x,y)\,dx$ 关于 y 在 $[c,d]$ 上一致收敛,则函数项级数 $\sum_{n=1}^{\infty} u_n(y)$ 在 $[c,d]$ 上一致收敛.

定理 15.2.5(连续性定理) 设 $f(x,y)$ 在 $[a,+\infty)\times[c,d]$ 上连续, $\int_a^{+\infty} f(x,y)\,dx$ 关于 y 在 $[c,d]$ 上一致收敛,则函数

$$I(y)=\int_a^{+\infty} f(x,y)\,dx$$

在 $[c,d]$ 上连续,即

$$\lim_{y\to y_0}\int_a^{+\infty} f(x,y)\,dx=\int_a^{+\infty}\lim_{y\to y_0} f(x,y)\,dx,\quad y_0\in[c,d].$$

也就是说,极限运算与积分运算可以交换.

证 因为 $\int_a^{+\infty} f(x,y)\,dx$ 在 $[c,d]$ 上一致收敛,那么由引理 15.2.1 知 $\sum_{n=1}^{\infty} u_n(y)$ 在 $[c,d]$ 上一致收敛.由于 $f(x,y)$ 在 $[a_{n-1},a_n]\times[c,d]$ 上连续,那么由常义含参变量积分的连续性定理知

$$u_n(y)=\int_{a_{n-1}}^{a_n} f(x,y)\,dx$$

连续 $(n=1,2,\cdots)$.根据一致收敛级数的性质就知道和函数

$$I(y)=\int_a^{+\infty} f(x,y)\,dx=\sum_{n=1}^{\infty} u_n(y)$$

连续.

证毕

注意,Dini 定理并不是这个定理的逆定理.Dini 定理只说明了在 $f(x,y)$ 保持定号的情况下,由 $I(y)=\int_a^{+\infty} f(x,y)\,dx$ 的连续性可以推出 $\int_a^{+\infty} f(x,y)\,dx$ 的一致收敛性.读者可以举例说明:去掉"保持定号"条件可能导致结论不成立.

定理 15.2.6(积分次序交换定理) 设 $f(x,y)$ 在 $[a,+\infty)\times[c,d]$ 上连续, $\int_a^{+\infty} f(x,y)\,dx$ 关于 y 在 $[c,d]$ 上一致收敛,则

$$\int_c^d dy\int_a^{+\infty} f(x,y)\,dx=\int_a^{+\infty} dx\int_c^d f(x,y)\,dy,$$

即积分次序可交换.

证 由引理 15.2.1 知 $\sum_{n=1}^{\infty} u_n(y)$ 在 $[c,d]$ 上一致收敛.根据一致收敛级数的和号与积分号可以交换的结论得

$$\begin{aligned}\int_c^d dy\int_a^{+\infty} f(x,y)\,dx&=\int_c^d\Big(\sum_{n=1}^{\infty} u_n(y)\Big)\,dy=\sum_{n=1}^{\infty}\int_c^d u_n(y)\,dy\\&=\sum_{n=1}^{\infty}\int_c^d\Big(\int_{a_{n-1}}^{a_n} f(x,y)\,dx\Big)\,dy=\sum_{n=1}^{\infty}\int_c^d dy\int_{a_{n-1}}^{a_n} f(x,y)\,dx\end{aligned}$$

$$= \sum_{n=1}^{\infty}\int_{a_{n-1}}^{a_n} dx\int_c^d f(x,y)\,dy = \int_0^{+\infty} dx\int_c^d f(x,y)\,dy.$$

其中第三行到第四行的推导利用了常义含参变量积分的积分次序可交换定理.

证毕

当$[c,d]$也改为无穷区间$[c,+\infty)$时,本定理的条件就不足以保证积分次序可交换,但有下面的结论:

定理 15.2.6′ 设$f(x,y)$在$[a,+\infty)\times[c,+\infty)$上连续,且$\int_a^{+\infty} f(x,y)\,dx$关于$y$在$[c,C]$上一致收敛$(c<C<+\infty)$,$\int_c^{+\infty} f(x,y)\,dy$关于$x$在$[a,A]$上一致收敛$(a<A<+\infty)$.进一步假设$\int_a^{+\infty} dx\int_c^{+\infty} |f(x,y)|\,dy$和$\int_c^{+\infty} dy\int_a^{+\infty} |f(x,y)|\,dx$中有一个存在,那么

$$\int_c^{+\infty} dy\int_a^{+\infty} f(x,y)\,dx = \int_a^{+\infty} dx\int_c^{+\infty} f(x,y)\,dy.$$

这个定理的证明较为复杂,这里从略.

定理 15.2.7(积分号下求导定理) 设$f(x,y)$,$f_y(x,y)$都在$[a,+\infty)\times[c,d]$上连续,且$\int_a^{+\infty} f(x,y)\,dx$对于每个$y\in[c,d]$收敛.进一步假设$\int_a^{+\infty} f_y(x,y)\,dx$关于$y$在$[c,d]$上一致收敛.则$I(y)=\int_a^{+\infty} f(x,y)\,dx$在$[c,d]$上可导,并且在$[c,d]$上成立

$$I'(y) = \int_a^{+\infty} f_y(x,y)\,dx,$$

即

$$\frac{d}{dy}\int_a^{+\infty} f(x,y)\,dx = \int_a^{+\infty} \frac{\partial}{\partial y} f(x,y)\,dx,$$

也就是说,求导运算与积分运算可交换.

证 记$\varphi(y)=\int_a^{+\infty} f_y(x,y)\,dx$,由$\int_a^{+\infty} f_y(x,y)\,dx$在$[c,d]$上一致收敛的假设知$\varphi(y)$在$[c,d]$上连续.于是对于$y\in[c,d]$,由定理15.2.6得

$$\begin{aligned}\int_c^y \varphi(z)\,dz &= \int_c^y dz\int_a^{+\infty} f_z(x,z)\,dx = \int_a^{+\infty} dx\int_c^y f_z(x,z)\,dz\\ &= \int_a^{+\infty} [f(x,y)-f(x,c)]\,dx = \int_a^{+\infty} f(x,y)\,dx - \int_a^{+\infty} f(x,c)\,dx\\ &= I(y)-I(c).\end{aligned}$$

由于$\varphi(y)$在$[c,d]$上连续,所以函数$\int_c^y \varphi(z)\,dz$可导,从而$I(y)$可导.两边求导就得

$$I'(y) = \varphi(y) = \int_a^{+\infty} f_y(x,y)\,dx.$$

证毕

例 15.2.6 确定函数$I(\alpha)=\int_0^{+\infty} \frac{\ln(1+x^3)}{x^{\alpha}}dx$的连续范围.

解 注意到$x=0$可能为奇点($\alpha\leqslant 0$时显然积分发散),将积分写为

$$I(\alpha)=\int_0^1\frac{\ln(1+x^3)}{x^\alpha}\mathrm{d}x+\int_1^{+\infty}\frac{\ln(1+x^3)}{x^\alpha}\mathrm{d}x=I_1(\alpha)+I_2(\alpha).$$

因为当 $x\to0+$ 时 $\dfrac{\ln(1+x^3)}{x^\alpha}\sim\dfrac{1}{x^{\alpha-3}}$，所以只有当 $\alpha-3<1$ 即 $\alpha<4$ 时 $I_1(\alpha)$ 才收敛；而显然只有当 $\alpha>1$ 时 $I_2(\alpha)$ 才收敛.所以 $I(\alpha)$ 的定义域为 $(1,4)$.

我们现在说明 $I(\alpha)$ 在其定义域 $(1,4)$ 上连续.为此只要说明在任意闭区间 $[a,b]\subset(1,4)$ 上 $I(\alpha)$ 连续即可.

对任意闭区间 $[a,b]\subset(1,4)$，由于

$$\left|\frac{\ln(1+x^3)}{x^\alpha}\right|=\frac{\ln(1+x^3)}{x^\alpha}\leqslant\frac{\ln(1+x^3)}{x^b},\quad 0<x\leqslant1,\quad a\leqslant\alpha\leqslant b<4,$$

且 $\int_0^1\frac{\ln(1+x^3)}{x^b}\mathrm{d}x$ 收敛，由 Weierstrass 判别法，$I_1(\alpha)=\int_0^1\frac{\ln(1+x^3)}{x^\alpha}\mathrm{d}x$ 在 $[a,b]$ 上一致收敛，因此由被积函数 $\dfrac{\ln(1+x^3)}{x^\alpha}$ 在 $(0,1]\times[a,b]$ 上的连续性，可知 $I_1(\alpha)$ 在 $[a,b]$ 上连续.

又由于

$$\left|\frac{\ln(1+x^3)}{x^\alpha}\right|=\frac{\ln(1+x^3)}{x^\alpha}\leqslant\frac{\ln(1+x^3)}{x^a},\quad 1\leqslant x<+\infty,\quad 1<a\leqslant\alpha\leqslant b,$$

且 $\int_1^{+\infty}\frac{\ln(1+x^3)}{x^a}\mathrm{d}x$ 收敛，由 Weierstrass 判别法，$I_2(\alpha)=\int_1^{+\infty}\frac{\ln(1+x^3)}{x^\alpha}\mathrm{d}x$ 在 $[a,b]$ 上一致收敛，因此由被积函数 $\dfrac{\ln(1+x^3)}{x^\alpha}$ 在 $[1,+\infty)\times[a,b]$ 上的连续性，可知 $I_2(\alpha)$ 在 $[a,b]$ 上连续.

综上所述，$I(\alpha)=I_1(\alpha)+I_2(\alpha)$ 在其定义域 $(1,4)$ 上连续.

例 15.2.7　计算 Dirichlet 积分

$$I=\int_0^{+\infty}\frac{\sin x}{x}\mathrm{d}x.$$

解　考虑含参变量反常积分

$$I(\alpha)=\int_0^{+\infty}\mathrm{e}^{-\alpha x}\frac{\sin x}{x}\mathrm{d}x,\qquad \alpha\geqslant0.$$

（这里引进了**收敛因子** $\mathrm{e}^{-\alpha x}$，这是改善被积函数收敛性质的一种常用方法.）记

$$f(x,\alpha)=\begin{cases}\mathrm{e}^{-\alpha x}\dfrac{\sin x}{x}, & x\neq0,\\ 1, & x=0.\end{cases}$$

显然 $f(x,\alpha)$ 与 $f_\alpha(x,\alpha)=-\mathrm{e}^{-\alpha x}\sin x$ 都在 $[0,+\infty)\times[0,+\infty)$ 上连续.

由例 15.2.3 知道，$\int_0^{+\infty}\mathrm{e}^{-\alpha x}\frac{\sin x}{x}\mathrm{d}x$ 关于 α 在 $[0,+\infty)$ 上一致收敛，因此 $I(\alpha)$ 在 $[0,+\infty)$ 上连续，从而

$$I=I(0)=\lim_{\alpha\to0+}I(\alpha).$$

为了找出 $I(\alpha)$，我们利用积分号下求导的方法.考虑

$$\int_0^{+\infty} f_\alpha(x,\alpha)\mathrm{d}x = -\int_0^{+\infty} \mathrm{e}^{-\alpha x}\sin x\mathrm{d}x.$$

对于任意 $\alpha_0 > 0$，由于 $|\mathrm{e}^{-\alpha x}\sin x| \leqslant \mathrm{e}^{-\alpha_0 x}(0 \leqslant x < +\infty, \alpha_0 \leqslant \alpha < +\infty)$，且$\int_0^{+\infty} \mathrm{e}^{-\alpha_0 x}\mathrm{d}x$ 收敛，由 Weierstrass 判别法，$\int_0^{+\infty} f_\alpha(x,\alpha)\mathrm{d}x = -\int_0^{+\infty} \mathrm{e}^{-\alpha x}\sin x\mathrm{d}x$ 在$[\alpha_0, +\infty)$上一致收敛，因此由定理 15.2.7 知

$$I'(\alpha) = -\int_0^{+\infty} \mathrm{e}^{-\alpha x}\sin x\mathrm{d}x = \left[\frac{\mathrm{e}^{-\alpha x}(\alpha\sin x + \cos x)}{1+\alpha^2}\right]\Bigg|_0^{+\infty} = -\frac{1}{1+\alpha^2}.$$

由 α_0 的任意性，上式在$(0, +\infty)$上都成立，因此对上式积分得到

$$I(\alpha) = -\arctan\alpha + C.$$

现在确定常数 C.由于在$(0, +\infty)$上

$$|I(\alpha)| = \left|\int_0^{+\infty} \mathrm{e}^{-\alpha x}\frac{\sin x}{x}\mathrm{d}x\right| \leqslant \int_0^{+\infty} \mathrm{e}^{-\alpha x}\mathrm{d}x = \frac{1}{\alpha},$$

因此 $\lim\limits_{\alpha\to+\infty} I(\alpha) = 0$，所以 $C = \frac{\pi}{2}$，从而 $I(\alpha) = -\arctan\alpha + \frac{\pi}{2}$.于是，

$$\int_0^{+\infty} \frac{\sin x}{x}\mathrm{d}x = I(0) = \lim_{\alpha\to0+} I(\alpha) = \lim_{\alpha\to0+}\left(-\arctan\alpha + \frac{\pi}{2}\right) = \frac{\pi}{2}.$$

从这个结果可推出一个有趣的结论：

$$\operatorname{sgn}(x) = \frac{2}{\pi}\int_0^{+\infty} \frac{\sin xt}{t}\mathrm{d}t.$$

请读者自行完成证明.

例 15.2.8　计算 $I(x) = \int_0^{+\infty} \mathrm{e}^{-t^2}\cos 2xt\mathrm{d}t$.

解　记 $f(x,t) = \mathrm{e}^{-t^2}\cos 2xt$，则 $f_x(x,t) = -2t\mathrm{e}^{-t^2}\sin 2xt$.这时有

$$|f_x(x,t)| = |-2t\mathrm{e}^{-t^2}\sin 2xt| \leqslant 2t\mathrm{e}^{-t^2},\quad -\infty < x < +\infty, 0 \leqslant t < +\infty.$$

而反常积分$\int_0^{+\infty} t\mathrm{e}^{-t^2}\mathrm{d}t$ 收敛，由 Weierstrass 判别法，

$$\int_0^{+\infty} f_x(x,t)\mathrm{d}t = -2\int_0^{+\infty} t\mathrm{e}^{-t^2}\sin 2xt\mathrm{d}t$$

关于 x 在$(-\infty, +\infty)$上一致收敛.应用积分号下求导定理，得到

$$I'(x) = -2\int_0^{+\infty} t\mathrm{e}^{-t^2}\sin 2xt\mathrm{d}t = \mathrm{e}^{-t^2}\sin 2xt\Big|_0^{+\infty} - 2x\int_0^{+\infty} \mathrm{e}^{-t^2}\cos 2xt\mathrm{d}t = -2xI(x).$$

将这个式子写成

$$\frac{I'(x)}{I(x)} = -2x,$$

再对等式两边积分，得到 $I(x) = C\mathrm{e}^{-x^2}$.由于 $I(0) = \int_0^{+\infty} \mathrm{e}^{-t^2}\mathrm{d}t = \frac{\sqrt{\pi}}{2}$，因此 $C = \frac{\sqrt{\pi}}{2}$.于是

$$I(x) = \frac{\sqrt{\pi}}{2}\mathrm{e}^{-x^2},\qquad -\infty < x < +\infty.$$

例 15.2.9 计算

$$I=\int_0^{+\infty}\frac{\cos ax-\cos bx}{x^2}\mathrm{d}x,\quad b>a>0.$$

解 利用积分次序交换的方法.由于

$$\frac{\cos ax-\cos bx}{x}=\int_a^b\sin xy\mathrm{d}y,$$

所以

$$I=\int_0^{+\infty}\mathrm{d}x\int_a^b\frac{\sin xy}{x}\mathrm{d}y.$$

由例 15.2.4 知含参变量反常积分 $\int_0^{+\infty}\frac{\sin xy}{x}\mathrm{d}x$ 在 $[a,b]$ 上一致收敛,并注意到 $\int_0^{+\infty}\frac{\sin xy}{x}\mathrm{d}x=\frac{\pi}{2}(y>0)$,就得到

$$I=\int_0^{+\infty}\mathrm{d}x\int_a^b\frac{\sin xy}{x}\mathrm{d}y=\int_a^b\mathrm{d}y\int_0^{+\infty}\frac{\sin xy}{x}\mathrm{d}x=\int_a^b\frac{\pi}{2}\mathrm{d}y=\frac{\pi}{2}(b-a).$$

习　　题

1. 证明下列含参变量反常积分在指定区间上一致收敛:

(1) $\int_0^{+\infty}\frac{\cos xy}{x^2+y^2}\mathrm{d}x, y\geqslant a>0$;　　(2) $\int_0^{+\infty}\frac{\sin 2x}{x+\alpha}\mathrm{e}^{-\alpha x}\mathrm{d}x, 0\leqslant\alpha\leqslant\alpha_0$;

(3) $\int_0^{+\infty}x\sin x^4\cos\alpha x\mathrm{d}x, a\leqslant\alpha\leqslant b$.

2. 说明下列含参变量反常积分在指定区间上非一致收敛:

(1) $\int_0^{+\infty}\frac{x\sin\alpha x}{\alpha(1+x^2)}\mathrm{d}x, 0<\alpha<+\infty$;　　(2) $\int_0^1\frac{1}{x^\alpha}\sin\frac{1}{x}\mathrm{d}x, 0<\alpha<2$.

3. 设 $f(t)$ 在 $t>0$ 上连续,反常积分 $\int_0^{+\infty}t^\lambda f(t)\mathrm{d}t$ 当 $\lambda=a$ 与 $\lambda=b$ 时都收敛,证明 $\int_0^{+\infty}t^\lambda f(t)\mathrm{d}t$ 关于 λ 在 $[a,b]$ 上一致收敛.

4. 讨论下列含参变量反常积分的一致收敛性:

(1) $\int_0^{+\infty}\frac{\cos xy}{\sqrt{x}}\mathrm{d}x$,在 $y\geqslant y_0>0$;

(2) $\int_{-\infty}^{+\infty}\mathrm{e}^{-(x-\alpha)^2}\mathrm{d}x$,在(i) $a<\alpha<b$;(ii) $-\infty<\alpha<+\infty$;

(3) $\int_0^1 x^{p-1}\ln^2 x\mathrm{d}x$,在(i) $p\geqslant p_0>0$;(ii) $p>0$;

(4) $\int_0^{+\infty}\mathrm{e}^{-\alpha x}\sin x\mathrm{d}x$,在(i) $\alpha\geqslant\alpha_0>0$;(ii) $\alpha>0$.

5. 证明:函数 $F(\alpha)=\int_1^{+\infty}\frac{\cos x}{x^\alpha}\mathrm{d}x$ 在 $(0,+\infty)$ 上连续.

6. 确定函数 $F(y)=\int_0^\pi\frac{\sin x}{x^y(\pi-x)^{2-y}}\mathrm{d}x$ 的连续范围.

7. 设$\int_0^{+\infty} f(x)\mathrm{d}x$存在.证明:$f(x)$的 Laplace 变换 $F(s)=\int_0^{+\infty} \mathrm{e}^{-sx}f(x)\mathrm{d}x$ 在$[0,+\infty)$上连续.

8. 证明:函数 $I(t)=\int_0^{+\infty}\frac{\cos x}{1+(x+t)^2}\mathrm{d}x$ 在$(-\infty,+\infty)$上可微.

9. 利用$\frac{\mathrm{e}^{-ax}-\mathrm{e}^{-bx}}{x}=\int_a^b \mathrm{e}^{-xy}\mathrm{d}y$,计算$\int_0^{+\infty}\frac{\mathrm{e}^{-ax}-\mathrm{e}^{-bx}}{x}\mathrm{d}x\quad(b>a>0)$.

10. 利用$\frac{\sin bx-\sin ax}{x}=\int_a^b\cos xy\mathrm{d}y$,计算$\int_0^{+\infty}\mathrm{e}^{-px}\frac{\sin bx-\sin ax}{x}\mathrm{d}x\quad(p>0,b>a>0)$.

11. 利用$\int_0^{+\infty}\frac{\mathrm{d}x}{a+x^2}=\frac{\pi}{2\sqrt{a}}(a>0)$,计算 $I_n=\int_0^{+\infty}\frac{\mathrm{d}x}{(a+x^2)^{n+1}}$　(n为正整数).

12. 计算 $g(\alpha)=\int_1^{+\infty}\frac{\arctan\alpha x}{x^2\sqrt{x^2-1}}\mathrm{d}x$.

13. 设$f(x)$在$[0,+\infty)$上连续,且$\lim\limits_{x\to+\infty}f(x)=0$,证明

$$\int_0^{+\infty}\frac{f(ax)-f(bx)}{x}\mathrm{d}x=f(0)\ln\frac{b}{a}\quad(a,b>0).$$

14. (1) 利用$\int_0^{+\infty}\mathrm{e}^{-y^2}\mathrm{d}y=\frac{\sqrt{\pi}}{2}$推出 $L(c)=\int_0^{+\infty}\mathrm{e}^{-y^2-\frac{c^2}{y^2}}\mathrm{d}y=\frac{\sqrt{\pi}}{2}\mathrm{e}^{-2c}\quad(c>0)$;

(2) 利用积分号下求导的方法引出$\frac{\mathrm{d}L}{\mathrm{d}c}=-2L$,以此推出与(1)同样的结果,并计算$\int_0^{+\infty}\mathrm{e}^{-ay^2-\frac{b}{y^2}}\mathrm{d}y\quad(a>0,b>0)$.

15. 利用$\int_0^{+\infty}\mathrm{e}^{-t(\alpha^2+x^2)}\mathrm{d}t=\frac{1}{\alpha^2+x^2}$,计算 $J=\int_0^{+\infty}\frac{\cos\beta x}{\alpha^2+x^2}\mathrm{d}x\quad(\alpha>0)$.

§3　Euler 积分

Beta 函数

形如

$$\mathrm{B}(p,q)=\int_0^1 x^{p-1}(1-x)^{q-1}\mathrm{d}x$$

的含参变量积分称为 **Beta 函数**,或**第一类 Euler 积分**.

先看它的定义域.将 Beta 函数写成

$$\mathrm{B}(p,q)=\int_0^{1/2}x^{p-1}(1-x)^{q-1}\mathrm{d}x+\int_{1/2}^1 x^{p-1}(1-x)^{q-1}\mathrm{d}x,$$

当$x\to0$时,$x^{p-1}(1-x)^{q-1}\sim x^{p-1}$,所以只有当$p>0$时右边第一个反常积分收敛.而当$x\to1$时,$x^{p-1}(1-x)^{q-1}\sim(1-x)^{q-1}$,所以只有当$q>0$时右边第二个反常积分收敛.这说明了$\int_0^1 x^{p-1}(1-x)^{q-1}\mathrm{d}x$对于每对$(p,q)\in(0,+\infty)\times(0,+\infty)$收敛,即 Beta 函数 $\mathrm{B}(p,q)$的定义域为$(0,+\infty)\times(0,+\infty)$.

下面叙述 Beta 函数的性质.

1. **连续性**：$B(p,q)$ 在 $(0,+\infty)\times(0,+\infty)$ 上连续.

证 对于任意固定的 $p_0>0,q_0>0$，当 $p\geqslant p_0,q\geqslant q_0$ 时，

$$x^{p-1}(1-x)^{q-1}\leqslant x^{p_0-1}(1-x)^{q_0-1},\quad 0\leqslant x\leqslant 1,$$

而 $\int_0^1 x^{p_0-1}(1-x)^{q_0-1}\mathrm{d}x$ 收敛，由 Weierstrass 判别法，$\int_0^1 x^{p-1}(1-x)^{q-1}\mathrm{d}x$ 关于 p,q 在 $[p_0,+\infty)\times[q_0,+\infty)$ 上一致收敛，从而 $B(p,q)=\int_0^1 x^{p-1}(1-x)^{q-1}\mathrm{d}x$ 在 $[p_0,+\infty)\times[q_0,+\infty)$ 上连续.

由 $p_0>0,q_0>0$ 的任意性得知 $B(p,q)$ 在 $(0,+\infty)\times(0,+\infty)$ 上连续.

2. **对称性**：$B(p,q)=B(q,p)$，$p>0,q>0$.

证 作变换 $x=1-t$ 就得到

$$B(p,q)=\int_0^1 x^{p-1}(1-x)^{q-1}\mathrm{d}x=\int_0^1(1-t)^{p-1}t^{q-1}\mathrm{d}t=B(q,p).$$

3. **递推公式**：$B(p,q)=\dfrac{q-1}{p+q-1}B(p,q-1)$，$p>0,q>1$.

证 利用分部积分法得到

$$\begin{aligned}B(p,q)&=\int_0^1\frac{1}{p}(1-x)^{q-1}\mathrm{d}x^p=\frac{1}{p}x^p(1-x)^{q-1}\Big|_0^1+\frac{q-1}{p}\int_0^1 x^p(1-x)^{q-2}\mathrm{d}x\\&=\frac{q-1}{p}\left[\int_0^1 x^{p-1}(1-x)^{q-2}\mathrm{d}x-\int_0^1 x^{p-1}(1-x)^{q-1}\mathrm{d}x\right]\\&=\frac{q-1}{p}B(p,q-1)-\frac{q-1}{p}B(p,q),\end{aligned}$$

移项整理后就得到递推公式.

由 $B(p,q)$ 的对称性并结合递推公式可得到，当 $p>1,q>1$ 时，成立

$$B(p,q)=\frac{(p-1)(q-1)}{(p+q-1)(p+q-2)}B(p-1,q-1).$$

4. **其他表示**：

(1) 作变量代换 $x=\cos^2\varphi$，得到

$$B(p,q)=2\int_0^{\pi/2}\cos^{2p-1}\varphi\sin^{2q-1}\varphi\mathrm{d}\varphi.$$

据此可以得到

$$B\left(\frac{1}{2},\frac{1}{2}\right)=\pi.$$

(2) 作变量代换 $x=\dfrac{1}{1+t}$，得到

$$B(p,q)=\int_0^{+\infty}\frac{t^{q-1}}{(1+t)^{p+q}}\mathrm{d}t=\int_0^1\frac{t^{q-1}}{(1+t)^{p+q}}\mathrm{d}t+\int_1^{+\infty}\frac{t^{q-1}}{(1+t)^{p+q}}\mathrm{d}t.$$

在最后一个积分中再作变量代换 $t=\dfrac{1}{u}$，得到

$$\int_1^{+\infty}\frac{t^{q-1}}{(1+t)^{p+q}}\mathrm{d}t=\int_0^1\frac{u^{p-1}}{(1+u)^{p+q}}\mathrm{d}u,$$

于是

$$B(p,q)=\int_0^1 \frac{t^{p-1}+t^{q-1}}{(1+t)^{p+q}}\mathrm{d}t(=B(q,p)).$$

Gamma 函数

形如

$$\Gamma(s)=\int_0^{+\infty} x^{s-1}\mathrm{e}^{-x}\mathrm{d}x$$

的含参变量积分称为 **Gamma 函数**,或**第二类 Euler 积分**.

先看它的定义域.将 Gamma 函数写成

$$\Gamma(s)=\int_0^1 x^{s-1}\mathrm{e}^{-x}\mathrm{d}x+\int_1^{+\infty} x^{s-1}\mathrm{e}^{-x}\mathrm{d}x,$$

由反常积分的收敛判别法,当 $s\leqslant 0$ 时,右边第一个反常积分发散,而当 $s>0$ 时,两个反常积分都收敛,因此 Gamma 函数 $\Gamma(s)$ 的定义域为 $(0,+\infty)$.

下面叙述 Gamma 函数的性质.

1. **连续性与可导性**:$\Gamma(s)$ 在 $(0,+\infty)$ 上连续且可导.

证 对于任意闭区间 $[a,b]\subset(0,+\infty)$,当 $s\in[a,b]$ 时成立

$$x^{s-1}\mathrm{e}^{-x}\leqslant x^{a-1}\mathrm{e}^{-x},\quad x\in(0,1],$$

而 $\int_0^1 x^{a-1}\mathrm{e}^{-x}\mathrm{d}x$ 收敛,由 Weierstrass 判别法,$\int_0^1 x^{s-1}\mathrm{e}^{-x}\mathrm{d}x$ 关于 s 在 $[a,b]$ 上一致收敛.又由于当 $s\in[a,b]$ 时成立

$$x^{s-1}\mathrm{e}^{-x}\leqslant x^{b-1}\mathrm{e}^{-x},\quad x\in[1,+\infty),$$

而 $\int_1^{+\infty} x^{b-1}\mathrm{e}^{-x}\mathrm{d}x$ 收敛,由 Weierstrass 判别法,$\int_1^{+\infty} x^{s-1}\mathrm{e}^{-x}\mathrm{d}x$ 关于 s 在 $[a,b]$ 上一致收敛.

于是 $\Gamma(s)=\int_0^{+\infty} x^{s-1}\mathrm{e}^{-x}\mathrm{d}x$ 关于 s 在 $[a,b]$ 上一致收敛,从而 $\Gamma(s)$ 在 $[a,b]$ 上连续.由区间 $[a,b]$ 的任意性知 $\Gamma(s)$ 在 $(0,+\infty)$ 上连续.

用同样方法可以证明对于任意闭区间 $[a,b]\subset(0,+\infty)$,

$$\int_0^{+\infty}\frac{\partial}{\partial s}(x^{s-1}\mathrm{e}^{-x})\mathrm{d}x=\int_0^{+\infty} x^{s-1}\mathrm{e}^{-x}\ln x\mathrm{d}x$$

关于 s 在 $[a,b]$ 上一致收敛(留做习题),于是利用积分号下求导的定理得到 $\Gamma(s)$ 在 $[a,b]$ 上可导.由区间 $[a,b]$ 的任意性知 $\Gamma(s)$ 在 $(0,+\infty)$ 上可导,且

$$\Gamma'(s)=\int_0^{+\infty} x^{s-1}\mathrm{e}^{-x}\ln x\mathrm{d}x,\quad s>0.$$

事实上,仿照以上的方法还可得到 $\Gamma(s)$ 在 $(0,+\infty)$ 上任意阶可导,且成立

$$\Gamma^{(n)}(s)=\int_0^{+\infty} x^{s-1}\mathrm{e}^{-x}(\ln x)^n\mathrm{d}x,\quad s>0.$$

2. **递推公式**:$\Gamma(s)$ 满足

$$\Gamma(s+1)=s\Gamma(s),\quad s>0.$$

证 利用分部积分法即得到

$$\Gamma(s+1)=\int_0^{+\infty} x^s\mathrm{e}^{-x}\mathrm{d}x=-\int_0^{+\infty} x^s\mathrm{d}\mathrm{e}^{-x}=-x^s\mathrm{e}^{-x}\Big|_0^{+\infty}+s\int_0^{+\infty} x^{s-1}\mathrm{e}^{-x}\mathrm{d}x=s\Gamma(s).$$

特别地，当 $s=n$ 为正整数时，

$$\Gamma(n+1)=n\Gamma(n)=n(n-1)\Gamma(n-1)=\cdots=n!\ \Gamma(1),$$

而 $\Gamma(1)=\int_0^{+\infty}\mathrm{e}^{-x}\mathrm{d}x=1$，所以

$$\Gamma(n+1)=n!.$$

因而 Gamma 函数可以说是阶乘的推广.

由于 $\Gamma(s)=\dfrac{\Gamma(s+1)}{s}$ 以及 $\Gamma(1)=1$，所以

$$\lim_{s\to0+}\Gamma(s)=+\infty.$$

3. **其他表示：**

(1) 在 $\Gamma(s)$ 的表示式中作变量代换 $x=t^2$，那么

$$\Gamma(s)=2\int_0^{+\infty}t^{2s-1}\mathrm{e}^{-t^2}\mathrm{d}t.$$

据此可知

$$\Gamma\left(\frac{1}{2}\right)=2\int_0^{+\infty}\mathrm{e}^{-t^2}\mathrm{d}t=\sqrt{\pi}.$$

(2) 作变量代换 $x=\alpha t(\alpha>0)$ 可得

$$\Gamma(s)=\alpha^s\int_0^{+\infty}t^{s-1}\mathrm{e}^{-\alpha t}\mathrm{d}t.$$

4. **定义域的延拓：**

由于等式

$$\Gamma(s)=\frac{\Gamma(s+1)}{s}$$

的右边在 $(-1,0)$ 上有意义，则可以应用上式来定义左边函数 $\Gamma(s)$ 在 $(-1,0)$ 上的值. 用同样的方法，再利用 $\Gamma(s)$ 已在 $(-1,0)$ 上定义的值，定义 $\Gamma(s)$ 在 $(-2,-1)$ 上的值. 如此继续下去，就可以把 $\Gamma(s)$ 的定义域延拓到

$$(-\infty,+\infty)\setminus\{0,-1,-2,-3,\cdots\}$$

上去. $\Gamma(s)$ 的图像如图 15.3.1 所示. 易证明 $\lim\limits_{s\to+\infty}\Gamma(s)=+\infty$（留作习题）.

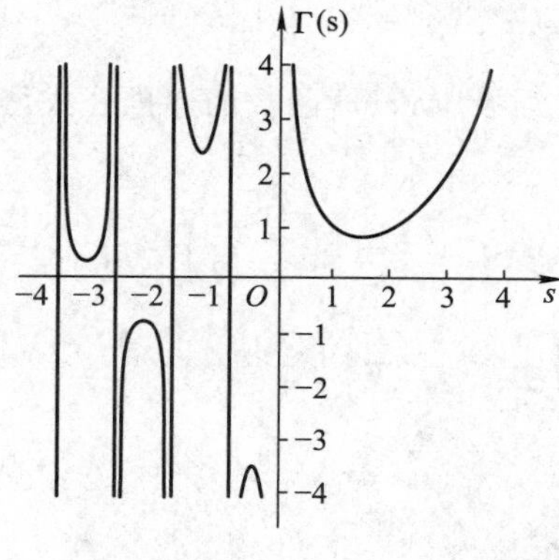

图 15.3.1

例 15.3.1 计算 $I=\int_0^{+\infty} x^{2n}\mathrm{e}^{-x^2}\mathrm{d}x$.

解 利用表示式 $\Gamma(s)=2\int_0^{+\infty} t^{2s-1}\mathrm{e}^{-t^2}\mathrm{d}t$ 和递推公式,即有

$$I=\frac{1}{2}\Gamma\left(n+\frac{1}{2}\right)=\frac{1}{2}\Gamma\left(\frac{2n-1}{2}+1\right)=\frac{2n-1}{2^2}\Gamma\left(n-1+\frac{1}{2}\right),$$

反复利用递推公式即得到

$$I=\frac{(2n-1)!!}{2^{n+1}}\Gamma\left(\frac{1}{2}\right)=\frac{(2n-1)!!}{2^{n+1}}\sqrt{\pi}.$$

Beta 函数与 Gamma 函数的关系

定理 15.3.1 Beta 函数与 Gamma 函数之间具有如下关系:

$$\mathrm{B}(p,q)=\frac{\Gamma(p)\Gamma(q)}{\Gamma(p+q)},\quad p>0,\quad q>0.$$

证 由于

$$\Gamma(p)=2\int_0^{+\infty} t^{2p-1}\mathrm{e}^{-t^2}\mathrm{d}t,\quad \Gamma(q)=2\int_0^{+\infty} t^{2q-1}\mathrm{e}^{-t^2}\mathrm{d}t,$$

取 $\Omega=\{(s,t)\mid 0\leqslant s<+\infty,0\leqslant t<+\infty\}$,利用化反常重积分为累次积分的方法得到

$$\Gamma(p)\Gamma(q)=4\int_0^{+\infty} s^{2p-1}\mathrm{e}^{-s^2}\mathrm{d}s\int_0^{+\infty} t^{2q-1}\mathrm{e}^{-t^2}\mathrm{d}t=4\iint_{\Omega} s^{2p-1}\mathrm{e}^{-s^2}t^{2q-1}\mathrm{e}^{-t^2}\mathrm{d}s\mathrm{d}t.$$

对右边的反常二重积分作极坐标变换 $s=r\cos\theta,t=r\sin\theta$,即得

$$\begin{aligned}\Gamma(p)\Gamma(q)&=4\iint\limits_{\substack{0\leqslant r<+\infty\\0\leqslant\theta\leqslant\frac{\pi}{2}}} r^{2(p+q)-1}\mathrm{e}^{-r^2}\cos^{2p-1}\theta\sin^{2q-1}\theta\mathrm{d}r\mathrm{d}\theta\\&=\left(2\int_0^{\pi/2}\cos^{2p-1}\theta\sin^{2q-1}\theta\mathrm{d}\theta\right)\left(2\int_0^{+\infty} r^{2(p+q)-1}\mathrm{e}^{-r^2}\mathrm{d}r\right)\\&=\mathrm{B}(p,q)\Gamma(p+q).\end{aligned}$$

证毕

例 15.3.2 计算 $I=\int_0^{\frac{\pi}{2}}\sin^6x\cos^4x\mathrm{d}x$.

解 利用 Beta 函数的性质及 Gamma 函数的递推公式得

$$\begin{aligned}I&=\int_0^{\frac{\pi}{2}}\sin^6x\cos^4x\mathrm{d}x=\frac{1}{2}\mathrm{B}\left(\frac{5}{2},\frac{7}{2}\right)=\frac{1}{2}\frac{\Gamma\left(\frac{5}{2}\right)\Gamma\left(\frac{7}{2}\right)}{\Gamma(6)}\\&=\frac{1}{2\cdot5!}\left(\frac{3}{2}\cdot\frac{1}{2}\sqrt{\pi}\right)\left(\frac{5}{2}\cdot\frac{3}{2}\cdot\frac{1}{2}\sqrt{\pi}\right)=\frac{3\pi}{512}.\end{aligned}$$

例 15.3.3 计算 $I=\int_0^1 x^8\sqrt{1-x^3}\mathrm{d}x$.

解 作变量代换 $x^3=t$,得

$$I=\int_0^1 x^8\sqrt{1-x^3}\mathrm{d}x=\frac{1}{3}\int_0^1 t^2\sqrt{1-t}\mathrm{d}t=\frac{1}{3}\mathrm{B}\left(3,\frac{3}{2}\right)$$

$$=\frac{1}{3}\frac{\Gamma(3)\Gamma\left(\frac{3}{2}\right)}{\Gamma\left(\frac{9}{2}\right)}=\frac{2!\ \Gamma\left(\frac{3}{2}\right)}{3\cdot\frac{7}{2}\cdot\frac{5}{2}\cdot\frac{3}{2}\cdot\Gamma\left(\frac{3}{2}\right)}=\frac{16}{315}.$$

例 15.3.4 设 $\alpha>-1$，计算 $\int_0^{\frac{\pi}{2}}\sin^\alpha x\mathrm{d}x$ 与 $\int_0^{\frac{\pi}{2}}\cos^\alpha x\mathrm{d}x$，并用 Gamma 函数表示 n 维球体 $B_n=\{(x_1,x_2,\cdots,x_n)\mid x_1^2+x_2^2+\cdots+x_n^2\leqslant R^2\}$ 的体积 V_n.

解 作变量代换 $x=\frac{\pi}{2}-t$，可知 $\int_0^{\frac{\pi}{2}}\sin^\alpha x\mathrm{d}x=\int_0^{\frac{\pi}{2}}\cos^\alpha x\mathrm{d}x$. 利用 Beta 函数的性质得

$$\int_0^{\frac{\pi}{2}}\sin^\alpha x\mathrm{d}x=\int_0^{\frac{\pi}{2}}\cos^\alpha x\mathrm{d}x=\frac{1}{2}\mathrm{B}\left(\frac{\alpha+1}{2},\frac{1}{2}\right)$$
$$=\frac{1}{2}\frac{\Gamma\left(\frac{\alpha+1}{2}\right)\Gamma\left(\frac{1}{2}\right)}{\Gamma\left(\frac{\alpha+2}{2}\right)}=\frac{\sqrt{\pi}}{2}\frac{\Gamma\left(\frac{\alpha+1}{2}\right)}{\Gamma\left(\frac{\alpha+2}{2}\right)}.$$

在例 13.3.11 中，我们计算了 n 维球体的体积，得到

$$V_n=\left(\int_0^R r^{n-1}\mathrm{d}r\right)\left(\int_0^\pi\sin^{n-2}\varphi_1\mathrm{d}\varphi_1\right)\cdots\left(\int_0^\pi\sin^2\varphi_{n-3}\mathrm{d}\varphi_{n-3}\right)\left(\int_0^\pi\sin\varphi_{n-2}\mathrm{d}\varphi_{n-2}\right)\left(\int_0^{2\pi}\mathrm{d}\varphi_{n-1}\right).$$

再利用以上的计算结果，得到

$$V_n=\frac{2\pi R^n}{n}\left(\int_0^\pi\sin^{n-2}\varphi_1\mathrm{d}\varphi_1\right)\cdots\left(\int_0^\pi\sin^2\varphi_{n-3}\mathrm{d}\varphi_{n-3}\right)\left(\int_0^\pi\sin\varphi_{n-2}\mathrm{d}\varphi_{n-2}\right)$$
$$=\frac{2\pi R^n}{n}\left(2\int_0^{\frac{\pi}{2}}\sin^{n-2}\varphi_1\mathrm{d}\varphi_1\right)\cdots\left(2\int_0^{\frac{\pi}{2}}\sin^2\varphi_{n-3}\mathrm{d}\varphi_{n-3}\right)\left(2\int_0^{\frac{\pi}{2}}\sin\varphi_{n-2}\mathrm{d}\varphi_{n-2}\right)$$
$$=\frac{2\pi R^n}{n}\left(\sqrt{\pi}\frac{\Gamma\left(\frac{n-1}{2}\right)}{\Gamma\left(\frac{n}{2}\right)}\right)\cdots\left(\sqrt{\pi}\frac{\Gamma\left(\frac{3}{2}\right)}{\Gamma\left(\frac{4}{2}\right)}\right)\left(\sqrt{\pi}\frac{\Gamma\left(\frac{2}{2}\right)}{\Gamma\left(\frac{3}{2}\right)}\right)$$
$$=\frac{2\pi R^n(\sqrt{\pi})^{n-2}}{n}\cdot\frac{\Gamma(1)}{\Gamma\left(\frac{n}{2}\right)}=\frac{\pi^{\frac{n}{2}}}{\frac{n}{2}\Gamma\left(\frac{n}{2}\right)}R^n=\frac{\pi^{\frac{n}{2}}}{\Gamma\left(\frac{n}{2}+1\right)}R^n.$$

这是 n 维球体体积的一种常用表示.

关于 Gamma 函数，我们还有三个重要公式：Legendre 公式、余元公式和 Stirling 公式.

定理 15.3.2（Legendre 公式）

$$\Gamma(s)\Gamma\left(s+\frac{1}{2}\right)=\frac{\sqrt{\pi}}{2^{2s-1}}\Gamma(2s),\quad s>0.$$

证 由于

$$\mathrm{B}(s,s)=\int_0^1 x^{s-1}(1-x)^{s-1}\mathrm{d}x=\int_0^1\left[\frac{1}{4}-\left(\frac{1}{2}-x\right)^2\right]^{s-1}\mathrm{d}x=2\int_0^{\frac{1}{2}}\left[\frac{1}{4}-\left(\frac{1}{2}-x\right)^2\right]^{s-1}\mathrm{d}x,$$

作变量代换 $\frac{1}{2}-x=\frac{1}{2}\sqrt{t}$，得到

$$B(s,s)=\frac{1}{2^{2s-1}}\int_0^1(1-t)^{s-1}t^{-\frac{1}{2}}\mathrm{d}t=\frac{1}{2^{2s-1}}B\left(\frac{1}{2},s\right).$$

利用 Beta 函数与 Gamma 函数的关系,从上式得

$$\frac{\Gamma(s)\Gamma(s)}{\Gamma(2s)}=\frac{1}{2^{2s-1}}\frac{\Gamma\left(\frac{1}{2}\right)\Gamma(s)}{\Gamma\left(s+\frac{1}{2}\right)}=\frac{1}{2^{2s-1}}\frac{\sqrt{\pi}\,\Gamma(s)}{\Gamma\left(s+\frac{1}{2}\right)}.$$

整理后就得到 Legendre 公式.

证毕

定理 15.3.3(余元公式)

$$\Gamma(s)\Gamma(1-s)=\frac{\pi}{\sin\pi s},\quad 0<s<1.$$

在证明这个定理之前,我们先给出一个一般性的结果.

引理 15.3.1 设连续可积函数序列$\{u_n(x)\}$在区间$[a,b)$上收敛于$u(x)$,函数$\varphi(x)$在$[a,b)$上可积(即$\int_a^b\varphi(x)\mathrm{d}x$收敛).进一步设

(1) $0\leqslant u_n(x)\leqslant\varphi(x)$, $a\leqslant x<b, n=1,2,\cdots$;

(2) 对于任意$\varepsilon>0$,$\{u_n(x)\}$在$[a,b-\varepsilon]$上一致收敛,

那么

$$\lim_{n\to\infty}\int_a^b u_n(x)\mathrm{d}x=\int_a^b u(x)\mathrm{d}x,$$

即极限运算与积分运算可交换.

证 由条件(1)知

$$0\leqslant u(x)\leqslant\varphi(x),\quad a\leqslant x<b,$$

所以$\int_a^b u(x)\mathrm{d}x$收敛.

根据极限的定义,要证明的是:对于任意给定的$\varepsilon>0$,存在正整数N,使得当$n>N$时,成立

$$\left|\int_a^b u_n(x)\mathrm{d}x-\int_a^b u(x)\mathrm{d}x\right|<\varepsilon.$$

由于$\int_a^b\varphi(x)\mathrm{d}x$收敛,那么存在一个正数$\eta$,使得$\int_{b-\eta}^b\varphi(x)\mathrm{d}x<\frac{\varepsilon}{3}$.因此

$$\int_{b-\eta}^b u_n(x)\mathrm{d}x\leqslant\int_{b-\eta}^b\varphi(x)\mathrm{d}x<\frac{\varepsilon}{3},$$

$$\int_{b-\eta}^b u(x)\mathrm{d}x\leqslant\int_{b-\eta}^b\varphi(x)\mathrm{d}x<\frac{\varepsilon}{3}.$$

由条件(2)知$\{u_n(x)\}$在$[a,b-\eta]$上一致收敛于$u(x)$,所以存在正整数N,使得当$n>N$时,

$$\left|\int_a^{b-\eta}u_n(x)\mathrm{d}x-\int_a^{b-\eta}u(x)\mathrm{d}x\right|<\frac{\varepsilon}{3}.$$

这样一来,当$n>N$时,

$$\begin{aligned}\left|\int_a^b u_n(x)\mathrm{d}x-\int_a^b u(x)\mathrm{d}x\right|&=\left|\int_a^{b-\eta}u_n(x)\mathrm{d}x-\int_a^{b-\eta}u(x)\mathrm{d}x+\int_{b-\eta}^b u_n(x)\mathrm{d}x-\int_{b-\eta}^b u(x)\mathrm{d}x\right|\\&\leqslant\left|\int_a^{b-\eta}u_n(x)\mathrm{d}x-\int_a^{b-\eta}u(x)\mathrm{d}x\right|+\left|\int_{b-\eta}^b u_n(x)\mathrm{d}x\right|+\left|\int_{b-\eta}^b u(x)\mathrm{d}x\right|<\varepsilon,\end{aligned}$$

即$\lim\limits_{n\to\infty}\int_a^b u_n(x)\mathrm{d}x=\int_a^b u(x)\mathrm{d}x$.

证毕

注 在这个引理中，把$[a,b)$换为$(a,b]$或(a,b)时，相应的结论也成立.

余元公式的证明：由定理 15.3.1 得

$$\Gamma(s)\Gamma(1-s)=\mathrm{B}(s,1-s)\Gamma(1)=\mathrm{B}(s,1-s),\quad 0<s<1.$$

而

$$\mathrm{B}(s,1-s)=\mathrm{B}(1-s,s)=\int_0^{+\infty}\frac{t^{s-1}}{1+t}\mathrm{d}t=\int_0^1\frac{t^{s-1}}{1+t}\mathrm{d}t+\int_1^{+\infty}\frac{t^{s-1}}{1+t}\mathrm{d}t.$$

先看$\int_0^1\frac{t^{s-1}}{1+t}\mathrm{d}t$.利用$\frac{1}{1+t}$的幂级数展开得

$$\frac{t^{s-1}}{1+t}=\sum_{n=0}^{\infty}(-1)^n t^{s+n-1},$$

且右边的级数在任意闭区间$[\varepsilon,1-\varepsilon']\subset(0,1)$上一致收敛.又因为这个级数的部分和

$$0<u_n(t)=\sum_{i=0}^{n-1}(-1)^i t^{s+i-1}=\frac{t^{s-1}(1-(-t)^n)}{1+t}\leqslant t^{s-1},\quad 0<t<1,$$

而$\int_0^1 t^{s-1}\mathrm{d}t$收敛，所以由引理 15.3.1 及其后的注得到

$$\lim_{n\to\infty}\int_0^1 u_n(t)\,\mathrm{d}t=\int_0^1\frac{t^{s-1}}{1+t}\mathrm{d}t.$$

但

$$\lim_{n\to\infty}\int_0^1 u_n(t)\,\mathrm{d}t=\lim_{n\to\infty}\sum_{i=0}^{n-1}\int_0^1(-1)^i t^{s+i-1}\mathrm{d}t=\sum_{i=0}^{\infty}\int_0^1(-1)^i t^{s+i-1}\mathrm{d}t=\sum_{i=0}^{\infty}\frac{(-1)^i}{s+i}=\sum_{n=0}^{\infty}\frac{(-1)^n}{s+n}.$$

于是

$$\int_0^1\frac{t^{s-1}}{1+t}\mathrm{d}t=\sum_{n=0}^{\infty}\frac{(-1)^n}{s+n}.$$

再看$\int_1^{+\infty}\frac{t^{s-1}}{1+t}\mathrm{d}t$.作变量代换$t=\frac{1}{u}$得

$$\int_1^{+\infty}\frac{t^{s-1}}{1+t}\mathrm{d}t=\int_0^1\frac{u^{-s}}{1+u}\mathrm{d}u=\int_0^1\frac{u^{(1-s)-1}}{1+u}\mathrm{d}u=\sum_{n=0}^{\infty}\frac{(-1)^n}{1-s+n}=\sum_{n=1}^{\infty}\frac{(-1)^n}{s-n}.$$

在下面的引理 15.3.2 中，我们要证明

$$\frac{\pi}{\sin\pi s}=\frac{1}{s}+\sum_{n=1}^{\infty}(-1)^n\left(\frac{1}{s+n}+\frac{1}{s-n}\right).$$

由这个引理就得

$$\begin{aligned}\Gamma(s)\Gamma(1-s)&=\int_0^1\frac{t^{s-1}}{1+t}\mathrm{d}t+\int_1^{+\infty}\frac{t^{s-1}}{1+t}\mathrm{d}t=\sum_{n=0}^{\infty}(-1)^n\frac{1}{s+n}+\sum_{n=1}^{\infty}(-1)^n\frac{1}{s-n}\\&=\frac{1}{s}+\sum_{n=1}^{\infty}(-1)^n\left(\frac{1}{s+n}+\frac{1}{s-n}\right)=\frac{\pi}{\sin\pi s}.\end{aligned}$$

证毕

引理 15.3.2 对于$x\in(0,1)$，成立

$$\frac{\pi}{\sin\pi x}=\frac{1}{x}+\sum_{n=1}^{\infty}(-1)^n\left(\frac{1}{x+n}+\frac{1}{x-n}\right).$$

证 我们知道

$$\sin x=x\prod_{n=1}^{\infty}\left(1-\frac{x^2}{n^2\pi^2}\right),$$

取绝对值，再取对数得

$$\ln|\sin x| = \ln|x| + \sum_{n=1}^{\infty}\ln\left|1-\frac{x^2}{n^2\pi^2}\right|,$$

在$(0,\pi)$上逐项求导得(请读者思考一下为什么可以逐项求导)

$$\frac{\cos x}{\sin x} = \cot x = \frac{1}{x} + \sum_{n=1}^{\infty}\frac{2x}{x^2-n^2\pi^2} = \frac{1}{x} + \sum_{n=1}^{\infty}\left(\frac{1}{x-n\pi}+\frac{1}{x+n\pi}\right).$$

于是在 $x\in\left(0,\frac{\pi}{2}\right)$ 上,由 $\tan x=\cot\left(\frac{\pi}{2}-x\right)$ 得

$$\tan x = \frac{1}{\frac{\pi}{2}-x} + \sum_{n=1}^{\infty}\left(\frac{1}{\frac{\pi}{2}-x-n\pi}+\frac{1}{\frac{\pi}{2}-x+n\pi}\right) = -\sum_{n=1}^{\infty}\left(\frac{1}{x-\frac{2n-1}{2}\pi}+\frac{1}{x+\frac{2n-1}{2}\pi}\right).$$

再利用

$$\frac{1}{\sin x}=\frac{1}{2}\left(\tan\frac{x}{2}+\cot\frac{x}{2}\right)$$

就得到在 $x\in(0,\pi)$上成立

$$\begin{aligned}\frac{1}{\sin x} &= \frac{1}{2}\left(\frac{1}{\frac{x}{2}} + \sum_{n=1}^{\infty}\left(\frac{1}{\frac{x}{2}-n\pi}+\frac{1}{\frac{x}{2}+n\pi}\right) - \sum_{n=1}^{\infty}\left(\frac{1}{\frac{x}{2}-\frac{2n-1}{2}\pi}+\frac{1}{\frac{x}{2}+\frac{2n+1}{2}\pi}\right)\right)\\ &= \frac{1}{x} + \sum_{n=1}^{\infty}\left(\frac{1}{x-2n\pi}+\frac{1}{x+2n\pi}\right) - \sum_{n=1}^{\infty}\left(\frac{1}{x-(2n-1)\pi}+\frac{1}{x+(2n+1)\pi}\right)\\ &= \frac{1}{x} + \sum_{n=1}^{\infty}(-1)^n\left(\frac{1}{x-n\pi}+\frac{1}{x+n\pi}\right).\end{aligned}$$

从这个式子直接就可推出所需结果.

证毕

最后给出一个关于 Gamma 函数的估计公式.

定理 15.3.4(Stirling 公式)　Gamma 函数有如下的渐进估计:

$$\Gamma(s+1)=\sqrt{2\pi s}\left(\frac{s}{\mathrm{e}}\right)^s \mathrm{e}^{\frac{\theta}{12s}},\quad s>0,$$

这里 $0<\theta<1$.特别地,当 $s=n$ 为正整数时,

$$n! = \sqrt{2\pi n}\left(\frac{n}{\mathrm{e}}\right)^n \mathrm{e}^{\frac{\theta}{12n}}.$$

这个定理的证明比较复杂,在此从略.

例 15.3.5　计算 $I=\int_0^{+\infty}\frac{\sqrt[4]{x}}{(1+x)^2}\mathrm{d}x$.

解

$$\begin{aligned} I &= \int_0^{+\infty}\frac{\sqrt[4]{x}}{(1+x)^2}\mathrm{d}x = \int_0^{+\infty}\frac{x^{\frac{5}{4}-1}}{(1+x)^{\frac{5}{4}+\frac{3}{4}}}\mathrm{d}x = \mathrm{B}\left(\frac{3}{4},\frac{5}{4}\right)\\ &= \frac{\Gamma\left(\frac{3}{4}\right)\Gamma\left(\frac{5}{4}\right)}{\Gamma(2)} = \frac{\frac{1}{4}\Gamma\left(\frac{1}{4}\right)\Gamma\left(\frac{3}{4}\right)}{1!} = \frac{1}{4}\frac{\pi}{\sin\frac{\pi}{4}} = \frac{\sqrt{2}\pi}{4}.\end{aligned}$$

例 15.3.6 计算曲线 $r^4=\sin^3\theta\cos\theta$ 所围图形的面积 A.

解 显然,曲线所围图形在第一象限部分的面积的两倍就是所要求的面积(见图 15.3.2).根据定积分中计算面积的公式得

$$A=2\cdot\frac{1}{2}\int_0^{\frac{\pi}{2}}\sin^{\frac{3}{2}}\theta\cos^{\frac{1}{2}}\theta\mathrm{d}\theta=\frac{1}{2}\mathrm{B}\left(\frac{3}{4},\frac{5}{4}\right)$$

$$=\frac{\Gamma\left(\frac{3}{4}\right)\Gamma\left(\frac{5}{4}\right)}{2\Gamma(2)}=\frac{1}{8}\Gamma\left(\frac{3}{4}\right)\Gamma\left(\frac{1}{4}\right)=\frac{\sqrt{2}\pi}{8}.$$

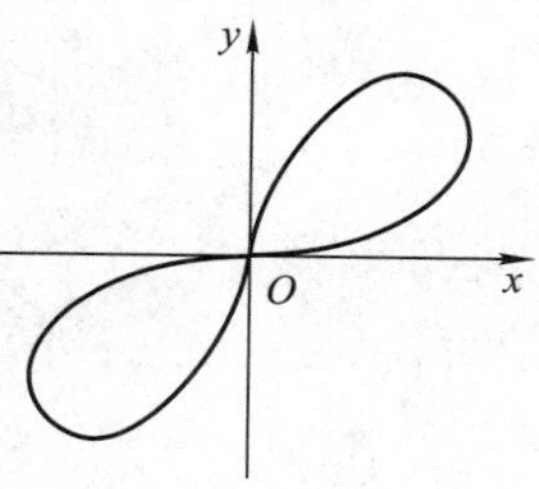

图 15.3.2

例 15.3.7 设区域 $D=\{(x,y)\mid x\geqslant 0,y\geqslant 0\}$.确定正数 α,β,使得反常重积分

$$I=\iint_D\frac{\mathrm{d}x\mathrm{d}y}{1+x^\alpha+y^\beta}$$

收敛,并在收敛时计算 I 的值.

解 如果一个非负函数的反常重积分经过变量代换或化为累次积分后收敛,则它本身一定收敛,所以我们采用间接的方法,作变量代换 $x=u^{\frac{2}{\alpha}},y=v^{\frac{2}{\beta}}$得到

$$I=\frac{4}{\alpha\beta}\iint_{D'}\frac{u^{\frac{2}{\alpha}-1}v^{\frac{2}{\beta}-1}}{1+u^2+v^2}\mathrm{d}u\mathrm{d}v,$$

其中 $D'=\{(u,v)\mid u\geqslant 0,v\geqslant 0\}$.再利用极坐标变换 $u=r\cos\theta,v=r\sin\theta$,得到

$$I=\frac{4}{\alpha\beta}\iint\limits_{\substack{0\leqslant\theta\leqslant\frac{\pi}{2}\\0\leqslant r<+\infty}}\frac{r^{\frac{2}{\alpha}+\frac{2}{\beta}-1}}{1+r^2}\cos^{\frac{2}{\alpha}-1}\theta\sin^{\frac{2}{\beta}-1}\theta\mathrm{d}r\mathrm{d}\theta=\frac{4}{\alpha\beta}\int_0^{\frac{\pi}{2}}\cos^{\frac{2}{\alpha}-1}\theta\sin^{\frac{2}{\beta}-1}\theta\mathrm{d}\theta\int_0^{+\infty}\frac{r^{\frac{2}{\alpha}+\frac{2}{\beta}-1}}{1+r^2}\mathrm{d}r.$$

关于等式右端的第一个积分,有

$$\int_0^{\frac{\pi}{2}}\cos^{\frac{2}{\alpha}-1}\theta\sin^{\frac{2}{\beta}-1}\theta\mathrm{d}\theta=\frac{1}{2}\mathrm{B}\left(\frac{1}{\alpha},\frac{1}{\beta}\right).$$

在等式右端的第二个积分中作变量代换 $r^2=t$,得到

$$\int_0^{+\infty}\frac{r^{\frac{2}{\alpha}+\frac{2}{\beta}-1}}{1+r^2}\mathrm{d}r=\frac{1}{2}\int_0^{+\infty}\frac{t^{\frac{1}{\alpha}+\frac{1}{\beta}-1}}{1+t}\mathrm{d}t,$$

它仅在 $0<\frac{1}{\alpha}+\frac{1}{\beta}<1$ 时收敛,且等于$\frac{1}{2}\mathrm{B}\left(\frac{1}{\alpha}+\frac{1}{\beta},1-\left(\frac{1}{\alpha}+\frac{1}{\beta}\right)\right)$.

于是当正数 α,β 满足$\frac{1}{\alpha}+\frac{1}{\beta}<1$ 时,反常重积分

$$I=\iint_D\frac{\mathrm{d}x\mathrm{d}y}{1+x^\alpha+y^\beta}$$

收敛,且

$$I=\frac{1}{\alpha\beta}\mathrm{B}\left(\frac{1}{\alpha},\frac{1}{\beta}\right)\mathrm{B}\left(\frac{1}{\alpha}+\frac{1}{\beta},1-\left(\frac{1}{\alpha}+\frac{1}{\beta}\right)\right)=\frac{1}{\alpha\beta}\Gamma\left(\frac{1}{\alpha}\right)\Gamma\left(\frac{1}{\beta}\right)\Gamma\left(1-\left(\frac{1}{\alpha}+\frac{1}{\beta}\right)\right).$$

习　题

1. 计算下列积分：

(1) $\int_0^1 \sqrt{x-x^2}\,dx$；　(2) $\int_0^{\pi} \frac{dx}{\sqrt{3-\cos x}}$；

(3) $\int_0^1 \frac{dx}{\sqrt[n]{1-x^n}}\quad (n>1)$；　(4) $\int_0^{+\infty} \frac{x^{m-1}}{1+x^n}dx\quad (n>m>0)$；

(5) $\int_0^{+\infty} \frac{\sqrt[4]{x}}{(1+x)^2}dx$；　(6) $\int_0^{\frac{\pi}{2}} \sin^7 x\cos^{\frac{1}{2}} x\,dx$；

(7) $\int_0^{+\infty} x^m e^{-x^n}dx\quad (m,n>0)$；　(8) $\int_0^1 x^{p-1}(1-x^n)^{q-1}dx\quad (p,q,n>0)$.

2. 证明 $\int_0^{+\infty} e^{-x^n}dx = \frac{1}{n}\Gamma\left(\frac{1}{n}\right)$ (n 为正整数)，并推出 $\lim_{n\to\infty}\int_0^{+\infty} e^{-x^n}dx = 1$.

3. 证明：$\Gamma(s)$ 在 $s>0$ 上可导，且 $\Gamma'(s) = \int_0^{+\infty} x^{s-1}e^{-x}\ln x\,dx$. 进一步证明 $\Gamma^{(n)}(s) = \int_0^{+\infty} x^{s-1}e^{-x}(\ln x)^n dx\quad (n\geqslant 1)$.

4. 证明 $\lim_{s\to+\infty}\Gamma(s)=+\infty$.

5. 计算 $\int_0^1 \ln\Gamma(x)\,dx$.

6. 设 $\Omega=\{(x,y,z)\mid x^2+y^2+z^2\leqslant 1\}$. 确定正数 p，使得反常重积分

$$I=\iiint_{\Omega}\frac{dx\,dy\,dz}{(1-x^2-y^2-z^2)^p}$$

收敛. 并在收敛时，计算 I 的值.

7. 设 $\Omega=\{(x,y,z)\mid x\geqslant 0,y\geqslant 0,z\geqslant 0\}$. 确定正数 α,β,γ，使得反常重积分

$$I=\iiint_{\Omega}\frac{dx\,dy\,dz}{1+x^{\alpha}+y^{\beta}+z^{\gamma}}$$

收敛. 并在收敛时，计算 I 的值.

8. 计算

$$I=\iint_D x^{m-1}y^{n-1}(1-x-y)^{p-1}dx\,dy,$$

其中 D 是由三条直线 $x=0,y=0$ 及 $x+y=1$ 所围成的闭区域，m,n,p 均为大于 0 的正数.

9. 证明 $\int_0^{\frac{\pi}{2}} \tan^{\alpha} x\,dx = \frac{\pi}{2\cos\frac{\alpha\pi}{2}}\quad (|\alpha|<1)$.

10. 设 $0<\alpha<2, 0<k<1$，证明：

$$\int_0^{\pi}\left(\frac{\sin\varphi}{1+\cos\varphi}\right)^{\alpha-1}\frac{d\varphi}{1+k\cos\varphi}=\frac{1}{1+k}\left(\sqrt{\frac{1+k}{1-k}}\right)^{\alpha}\frac{\pi}{\sin\frac{\alpha}{2}\pi}.$$

11. 设 $0\leqslant h<1$，正整数 $n\geqslant 3$，证明

$$\int_0^h (1-t^2)^{\frac{n-3}{2}}\mathrm{d}t \geqslant \frac{\sqrt{\pi}}{2}\frac{\Gamma\left(\frac{n-1}{2}\right)}{\Gamma\left(\frac{n}{2}\right)}h.$$

补充习题

第十六章 Fourier 级数

§1 函数的 Fourier 级数展开

古往今来,从 Archimedes 开始的众多大数学家,一直在孜孜不倦地寻找用简单函数较好地近似代替复杂函数的途径——除了理论上的需要之外,它对实际应用领域的意义更是不可估量.但在微积分发明之前,这个问题一直没能获得本质上的突破.

人们最熟悉的简单函数无非两类:幂函数和三角函数.英国数学家 Taylor 在 18 世纪初找到了用幂函数的(无限)线性组合表示一般函数 $f(x)$ 的方法,即通过 Taylor 展开将函数化成幂级数形式

$$f(x)=\sum_{n=0}^{\infty}\frac{f^{(n)}(x_0)}{n!}(x-x_0)^n,$$

经过理论上的完善之后,它很快成为了微分学(乃至整个函数论)的重要工具之一.这方面内容已在前面有关章节中作了介绍.

但是,函数的 Taylor 展开在应用中有一定的局限性.首先我们在实际问题中总是(也只能)使用 Taylor 级数的部分和,即 $f(x)$ 的 n 次 Taylor 多项式

$$P_n(x)=f(x_0)+f'(x_0)(x-x_0)+\frac{f''(x_0)}{2!}(x-x_0)^2+\cdots+\frac{f^{(n)}(x_0)}{n!}(x-x_0)^n$$

来近似地代替函数 $f(x)$,这时候它要求 $f(x)$ 有至少 n 阶的导数,这一条件对许多实际问题来说是过于苛刻的(特别是在发现了许多不可导甚至不连续的重要函数之后);同时,一般来说 Taylor 多项式仅在点 x_0 附近与 $f(x)$ 吻合得较为理想,也就是说,它只有局部性质.为此有必要寻找函数的新的级数展开方法.

形如

$$\frac{a_0}{2}+\sum_{n=1}^{\infty}(a_n\cos nx+b_n\sin nx)$$

的函数项级数称为**三角级数**,其中 a_0,a_n 和 $b_n(n=1,2,\cdots)$ 为常数.

19 世纪初,法国数学家和工程师 Fourier 在研究热传导问题时,找到了在有限区间上用三角级数表示一般函数 $f(x)$ 的方法,即把 $f(x)$ 展开成所谓的 Fourier 级数.

与 Taylor 展开相比,Fourier 展开对于 $f(x)$ 的要求要宽容得多,并且它的部分和在整个区间都与 $f(x)$ 吻合得较为理想.因此,Fourier 级数是比 Taylor 级数更有力、适用性

更广的工具,它在声学、光学、热力学、电学等研究领域极有价值,在微分方程求解方面更是起着基本的作用.可以说,Fourier 级数理论在整个现代分析学中占有核心的地位.

本章只介绍有关 Fourier 级数的一些基本知识,大致包括三个方面:

- 如何将一个给定的函数 $f(x)$ 展开为 Fourier 级数(称为 **Fourier 展开**);
- Fourier 级数的收敛条件;
- Fourier 级数的性质及某些相关问题.

周期为 2π 的函数的 Fourier 展开

以下我们总是设 $f(x)$ 在 $[-\pi,\pi]$ 上 Riemann 可积或在反常积分意义下绝对可积(为方便起见,以下简称为"可积或绝对可积"),然后按 $f(x)$ 在 $[-\pi,\pi)$ 上的值周期延拓到 $(-\infty,+\infty)$,换句话说,$f(x)$ 是定义在整个实数范围上的以 2π 为周期的周期函数.(本章中除非特别说明,我们总是如此假定,但在实际计算时,对 $f(x)$ 的延拓可以仅仅是观念上的.)

Fourier 展开的基础是三角函数的正交性.

在例 7.3.17 中已证明了函数族 $\{1,\sin x,\cos x,\sin 2x,\cos 2x,\cdots,\sin nx,\cos nx,\cdots\}$ 是任意一个长度为 2π 的区间上的正交函数列,即

$$\int_{-\pi}^{\pi}\cos mx\cos nx\mathrm{d}x=\int_{-\pi}^{\pi}\sin mx\sin nx\mathrm{d}x=\pi\cdot\delta_{m,n},\quad m,n\in\mathbf{N}^+,$$

$$\int_{-\pi}^{\pi}\cos mx\cdot\sin nx\mathrm{d}x=0,\quad m=0,1,2,\cdots,n\in\mathbf{N}^+,$$

$$\int_{-\pi}^{\pi}1\cdot\cos mx\mathrm{d}x=2\pi\cdot\delta_{m,0},\quad m=0,1,2,\cdots,$$

其中 $\delta_{m,n}=\begin{cases}1, & m=n;\\ 0, & m\neq n.\end{cases}$

下面我们先来讨论这样一个问题:假定 $f(x)$ 可以表示成如下形式的级数

$$f(x)=\frac{a_0}{2}+\sum_{n=1}^{\infty}(a_n\cos nx+b_n\sin nx),$$

也就是说假定等式右边的三角级数收敛于 $f(x)$,该如何来确定三角级数中的系数 a_n 和 b_n? 为了回答这一问题,我们将等式两边同乘以 $\cos mx(m=0,1,2,3,\cdots)$,然后对等式两边在 $[-\pi,\pi]$ 上积分,假定等式右边的三角级数可以逐项积分,并利用上述三角函数的正交性,得

$$\int_{-\pi}^{\pi}f(x)\cos mx\mathrm{d}x=\int_{-\pi}^{\pi}\left[\frac{a_0}{2}+\sum_{n=1}^{\infty}(a_n\cos nx+b_n\sin nx)\right]\cos mx\mathrm{d}x$$

$$=\frac{a_0}{2}\int_{-\pi}^{\pi}\cos mx\mathrm{d}x+\sum_{n=1}^{\infty}a_n\int_{-\pi}^{\pi}\cos nx\cos mx\mathrm{d}x+\sum_{n=1}^{\infty}b_n\int_{-\pi}^{\pi}\sin nx\cos mx\mathrm{d}x$$

$$=a_0\pi\delta_{m,0}+\sum_{n=1}^{\infty}a_n\pi\delta_{m,n}=a_m\pi,$$

从而得到(将下标 m 改写为 n)

$$a_n=\frac{1}{\pi}\int_{-\pi}^{\pi}f(x)\cos nx\mathrm{d}x,\quad n=0,1,2,\cdots.$$

将等式两边同乘以 $\sin mx(m=1,2,\cdots)$ 后在 $[-\pi,\pi]$ 上积分，同理可得到

$$b_n=\frac{1}{\pi}\int_{-\pi}^{\pi}f(x)\sin nx\mathrm{d}x,\quad n=1,2,\cdots.$$

上面两式称为 **Euler-Fourier 公式**. 注意我们将三角级数的常数项写成 $\frac{a_0}{2}$ 而不是 a_0，就是为了使系数 $a_n(n=0,1,2,\cdots)$ 有上述统一的表达式.

反过来，设周期为 2π 的函数 $f(x)$ 在 $[-\pi,\pi]$ 上可积或绝对可积，则利用 Euler-Fourier 公式就可求出系数 a_n,b_n，并记

$$f(x)\sim\frac{a_0}{2}+\sum_{n=1}^{\infty}(a_n\cos nx+b_n\sin nx),$$

右端的三角级数称为 $f(x)$ 的 **Fourier 级数**，相应的 a_n 和 b_n 称为 $f(x)$ 的 **Fourier 系数**.

要特别指出的是，目前在 $f(x)$ 和它的 Fourier 级数之间不能用等号而只能用"～"，因为我们不知道右端的三角级数是否收敛；即使收敛，也不知道它是否收敛到 $f(x)$ 本身. 这些问题我们将在下一节讨论.

例 16.1.1　求 $f(x)=\begin{cases}1, & x\in[-\pi,0),\\ 0, & x\in[0,\pi)\end{cases}$ 的 Fourier 级数.

解　先计算 $f(x)$ 的 Fourier 系数.

$$a_0=\frac{1}{\pi}\int_{-\pi}^{\pi}f(x)\mathrm{d}x=1,$$

对 $n=1,2,\cdots$

$$a_n=\frac{1}{\pi}\int_{-\pi}^{\pi}f(x)\cos nx\mathrm{d}x=\frac{1}{\pi}\int_{-\pi}^{0}\cos nx\mathrm{d}x=\frac{1}{n\pi}\sin nx\Big|_{-\pi}^{0}=0,$$

$$b_n=\frac{1}{\pi}\int_{-\pi}^{\pi}f(x)\sin nx\mathrm{d}x=\frac{1}{\pi}\int_{-\pi}^{0}\sin nx\mathrm{d}x=-\frac{1}{n\pi}\cos nx\Big|_{-\pi}^{0}=\frac{(-1)^n-1}{n\pi},$$

于是得到 $f(x)$ 的 Fourier 级数

$$\begin{aligned}f(x)&\sim\frac{1}{2}+\frac{1}{\pi}\sum_{n=1}^{\infty}\frac{(-1)^n-1}{n}\sin nx\\&=\frac{1}{2}-\frac{2}{\pi}\left(\sin x+\frac{\sin 3x}{3}+\frac{\sin 5x}{5}+\cdots+\frac{\sin(2k+1)x}{2k+1}+\cdots\right).\end{aligned}$$

$f(x)$ 的图形在电工学中称为方波（见图 16.1.1(a)），上式表明它可以由一系列的正弦波（即函数 $A\sin(\omega x+\varphi)$ 表示的图形）叠加来得到. 但显然，当 $x=0$ 和 $\pm\pi$ 时，右端级数的和为 $\frac{1}{2}$，不等于 $f(x)$ 的值.

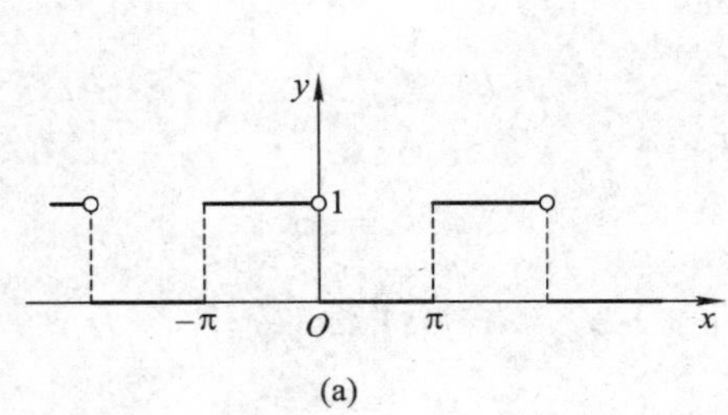

(a)

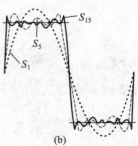

S_{15}

S_5

S_1

(b)

图 16.1.1

图 16.1.1(b)给出了在$[-\pi,\pi]$上$f(x)$的 Fourier 级数的前若干项之和的逼近情况，图中的S_m表示

$$S_m(x)=\frac{a_0}{2}+\sum_{n=1}^{m}(a_n\cos nx+b_n\sin nx),$$

这就是$f(x)$的 **Fourier 级数的部分和**.

正弦级数和余弦级数

由定积分的性质，若$f(x)$是奇函数，那么显然有$a_n=0$，而

$$b_n=\frac{2}{\pi}\int_0^{\pi}f(x)\sin nx\mathrm{d}x,\quad n=1,2,\cdots,$$

这时，相应的 Fourier 级数为

$$f(x)\sim\sum_{n=1}^{\infty}b_n\sin nx.$$

形如$\sum\limits_{n=1}^{\infty}b_n\sin nx$的三角级数称为**正弦级数**. 如在例 16.1.1 中，令$g(x)=f(x)-\frac{1}{2}$（即$f(x)$往下移动$\frac{1}{2}$），则$g(x)$是奇函数，从上面的结果看到，它的 Fourier 级数确为正弦级数.

同样，若$f(x)$是偶函数，那么有$b_n=0$和

$$a_n=\frac{2}{\pi}\int_0^{\pi}f(x)\cos nx\mathrm{d}x,\quad n=1,2,\cdots.$$

相应的 Fourier 级数为

$$f(x)\sim\frac{a_0}{2}+\sum_{n=1}^{\infty}a_n\cos nx.$$

形如$\frac{a_0}{2}+\sum\limits_{n=1}^{\infty}a_n\cos nx$的三角级数称为**余弦级数**.

反过来，在实际问题中，出于某种特殊的用途，也经常需要将一个函数展开成正弦级数或余弦级数.

例 16.1.2　将$f(x)=x(x\in[0,\pi])$分别展开为余弦级数和正弦级数.

解　先考虑余弦级数的情况.

按理说，这时应先进行偶延拓

$$\tilde{f}(x)=\begin{cases}x, & x\in[0,\pi),\\ -x, & x\in[-\pi,0).\end{cases}$$

但这一步同样只需在观念上进行，因为只要按余弦级数的情况计算 Fourier 系数，所得的自然就是偶延拓后的函数$\tilde{f}(x)$的 Fourier 级数.

经计算得

$$a_0=\frac{2}{\pi}\int_0^{\pi}x\mathrm{d}x=\left.\frac{x^2}{\pi}\right|_0^{\pi}=\pi,$$

而对$n=1,2,\cdots$，有

$$a_n=\frac{2}{\pi}\int_0^{\pi}x\cos nx\mathrm{d}x=\frac{2}{\pi}\left(\frac{x\sin nx}{n}\Big|_0^{\pi}-\frac{1}{n}\int_0^{\pi}\sin nx\mathrm{d}x\right)$$

$$=\frac{2}{\pi}\left(\frac{\cos nx}{n^2}\Big|_0^{\pi}\right)=2\cdot\frac{(-1)^n-1}{n^2\pi}=\begin{cases}0, & n=2k,\\ -\dfrac{4}{n^2\pi}, & n=2k+1,\end{cases}$$

于是得到 $f(x)$ 的余弦级数

$$f(x)\sim\frac{\pi}{2}+\frac{2}{\pi}\sum_{n=1}^{\infty}\frac{(-1)^n-1}{n^2}\cos nx$$

$$=\frac{\pi}{2}-\frac{4}{\pi}\left(\cos x+\frac{\cos 3x}{3^2}+\frac{\cos 5x}{5^2}+\cdots+\frac{\cos(2k+1)x}{(2k+1)^2}+\cdots\right).$$

这是由一系列的余弦波叠加出来的锯齿波(见图 16.1.2(a)),从图16.1.2(b)看出,其逼近情况相当好.

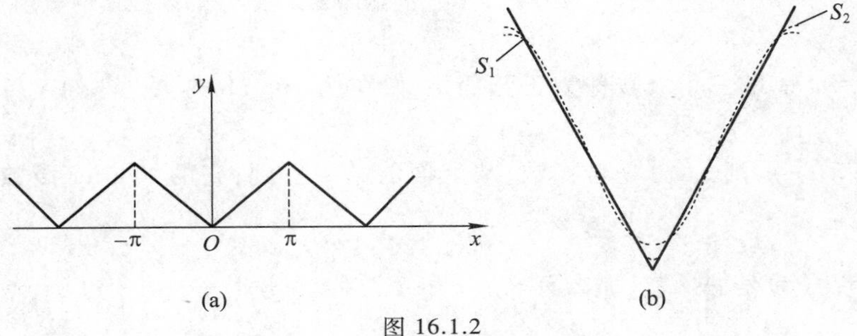

图 16.1.2

再看正弦级数的情况.

对 $n=1,2,\cdots$

$$b_n=\frac{2}{\pi}\int_0^{\pi}x\sin nx\mathrm{d}x=\frac{2}{\pi}\left(-\frac{x\cos nx}{n}\Big|_0^{\pi}+\frac{1}{n}\int_0^{\pi}\cos nx\mathrm{d}x\right)=\frac{2\cdot(-1)^{n+1}}{n},$$

于是得到 $f(x)$ 的正弦级数

$$f(x)\sim 2\sum_{n=1}^{\infty}\frac{(-1)^{n+1}}{n}\sin nx$$

$$=2\left(\sin x-\frac{\sin 2x}{2}+\frac{\sin 3x}{3}-\cdots+\frac{(-1)^{n+1}\sin nx}{n}+\cdots\right).$$

它的几何意义是由一系列的正弦波叠加出来的三角波(见图16.1.3(a)),其逼近情况见图16.1.3(b).与例 16.1.1 类似,它在 $x=\pm\pi$ 时的值是 0,与 $f(x)$ 的值不相等.

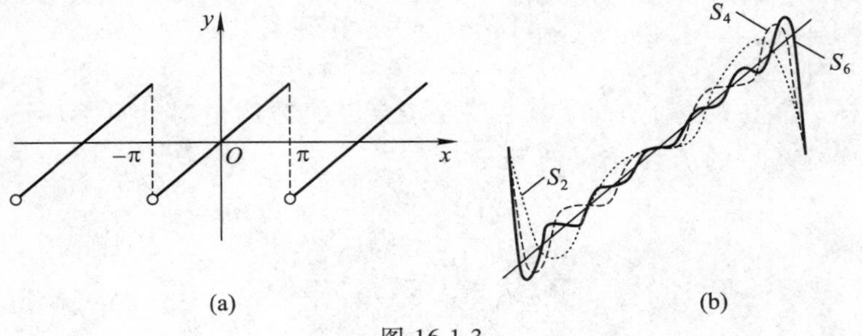

图 16.1.3

请注意,这两种级数的表达形式虽然大相径庭,但我们在下一节就会知道,若限制在$[0,\pi)$上,它们的确表示同一个函数.

任意周期的函数的 Fourier 展开

如果$f(x)$的周期为 $2T$,作变换 $x=\frac{T}{\pi}t$,则

$$\varphi(t)=f\left(\frac{T}{\pi}t\right)=f(x)$$

是定义在$(-\infty,+\infty)$上的周期为 2π 的函数.利用前面的结果,有

$$\varphi(t)\sim\frac{a_0}{2}+\sum_{n=1}^{\infty}(a_n\cos nt+b_n\sin nt),$$

代回变量,就有

$$f(x)\sim\frac{a_0}{2}+\sum_{n=1}^{\infty}\left(a_n\cos\frac{n\pi}{T}x+b_n\sin\frac{n\pi}{T}x\right).$$

相应的 Fourier 系数为

$$a_n=\frac{1}{\pi}\int_{-\pi}^{\pi}\varphi(t)\cos nt\mathrm{d}t=\frac{1}{T}\int_{-T}^{T}f(x)\cos\frac{n\pi}{T}x\mathrm{d}x,\quad n=0,1,2,\cdots,$$

$$b_n=\frac{1}{\pi}\int_{-\pi}^{\pi}\varphi(t)\sin nt\mathrm{d}t=\frac{1}{T}\int_{-T}^{T}f(x)\sin\frac{n\pi}{T}x\mathrm{d}x,\quad n=1,2,\cdots.$$

例 16.1.3 求$f(x)=\begin{cases}0, & x\in[-1,0),\\ x^2, & x\in[0,1)\end{cases}$的 Fourier 级数.

解 在上面的公式中令 $T=1$,计算$f(x)$的 Fourier 系数得

$$a_0=\frac{1}{T}\int_{-T}^{T}f(x)\mathrm{d}x=\int_0^1x^2\mathrm{d}x=\frac{1}{3},$$

对 $n=1,2,\cdots$,利用分部积分法,

$$a_n=\frac{1}{T}\int_{-T}^{T}f(x)\cos\frac{n\pi}{T}x\mathrm{d}x=\int_0^1x^2\cos n\pi x\mathrm{d}x=\frac{2\cdot(-1)^n}{n^2\pi^2},$$

$$b_n=\frac{1}{T}\int_{-T}^{T}f(x)\sin\frac{n\pi}{T}x\mathrm{d}x=\int_0^1x^2\sin n\pi x\mathrm{d}x=\frac{(-1)^{n+1}}{n\pi}+\frac{2\cdot[(-1)^n-1]}{n^3\pi^3},$$

于是得到$f(x)$的 Fourier 级数

$$f(x)\sim\frac{1}{6}+\frac{2}{\pi^2}\sum_{n=1}^{\infty}\frac{(-1)^n}{n^2}\cos n\pi x+\frac{1}{\pi}\sum_{n=1}^{\infty}\left[\frac{(-1)^{n+1}}{n}+2\frac{(-1)^n-1}{n^3\pi^2}\right]\sin n\pi x.$$

$f(x)$的图形及由一系列正弦波叠加的近似情况见图 16.1.4.

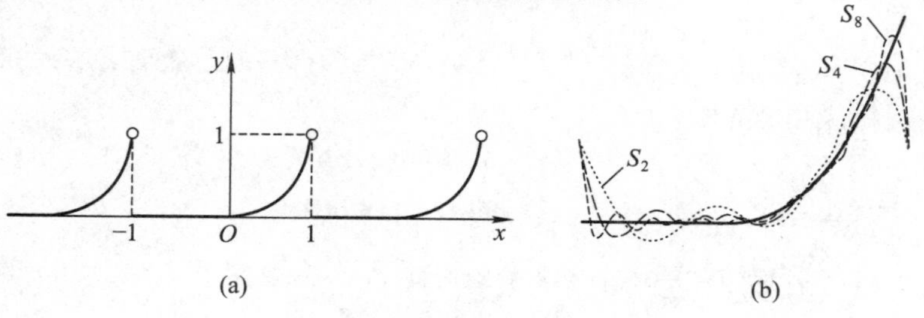

图 16.1.4

习　题

1. 设交流电的变化规律为 $E(t)=A\sin \omega t$，将它转变为直流电的整流过程有两种类型：

（1）半波整流（见图 16.1.5(a)）

$$f_1(t)=\frac{A}{2}(\sin \omega t+|\sin \omega t|);$$

（2）全波整流（见图 16.1.5(b)）

$$f_2(t)=A|\sin \omega t|;$$

现取 $\omega=1$，试将 $f_1(x)$ 和 $f_2(x)$ 在 $[-\pi,\pi]$ 展开为 Fourier 级数.

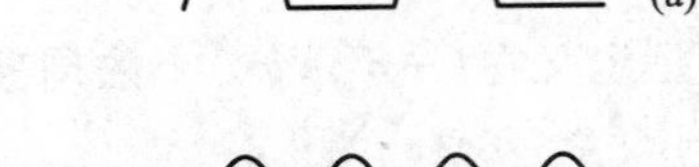

图 16.1.5

2. 将下列函数在 $[-\pi,\pi]$ 上展开成 Fourier 级数：

（1）$f(x)=\operatorname{sgn} x$；（2）$f(x)=|\cos x|$；

（3）$f(x)=\dfrac{x^2}{2}-\pi^2$；（4）$f(x)=\begin{cases}x, & x\in[-\pi,0),\\ 0, & x\in[0,\pi);\end{cases}$

（5）$f(x)=\begin{cases}ax, & x\in[-\pi,0),\\ bx, & x\in[0,\pi).\end{cases}$

3. 将下列函数展开成正弦级数：

（1）$f(x)=\pi+x, x\in[0,\pi]$；（2）$f(x)=\mathrm{e}^{-2x}, x\in[0,\pi]$；

（3）$f(x)=\begin{cases}2x, & x\in\left[0,\dfrac{\pi}{2}\right),\\ \pi, & x\in\left[\dfrac{\pi}{2},\pi\right];\end{cases}$（4）$f(x)=\begin{cases}\cos\dfrac{\pi x}{2}, & x\in[0,1),\\ 0, & x\in[1,2].\end{cases}$

4. 将下列函数展开成余弦级数：

（1）$f(x)=x(\pi-x), x\in[0,\pi]$；（2）$f(x)=\mathrm{e}^{x}, x\in[0,\pi]$；

（3）$f(x)=\begin{cases}\sin 2x, & x\in\left[0,\dfrac{\pi}{4}\right),\\ 1, & x\in\left[\dfrac{\pi}{4},\dfrac{\pi}{2}\right];\end{cases}$（4）$f(x)=x-\dfrac{\pi}{2}+\left|x-\dfrac{\pi}{2}\right|, x\in[0,\pi]$.

5. 求定义在任意一个长度为 2π 的区间 $[a,a+2\pi]$ 上的函数 $f(x)$ 的Fourier 级数及其系数的计算公式.

6. 将下列函数在指定区间展开成 Fourier 级数：

（1）$f(x)=\dfrac{\pi-x}{2}, x\in[0,2\pi]$；（2）$f(x)=x^2, x\in[0,2\pi]$；

（3）$f(x)=x, x\in[0,1]$；（4）$f(x)=\begin{cases}\mathrm{e}^{3x}, & x\in[-1,0)\\ 0, & x\in[0,1);\end{cases}$

（5）$f(x)=\begin{cases}C, & x\in[-T,0),\\ 0, & x\in[0,T)\end{cases}$（$C$ 是常数）.

7. 某可控硅控制电路中的负载电流为

$$I(t)=\begin{cases}0, & 0\leqslant t<T_0,\\ 5\sin \omega t, & T_0\leqslant t<T,\end{cases}$$

其中 ω 为圆频率，周期 $T=\dfrac{2\pi}{\omega}$. 现设初始导通时间 $T_0=\dfrac{T}{8}$（见图 16.1.6），求 $I(t)$ 在 $[0,T]$ 上的

Fourier 级数.

8. 设$f(x)$在$[-\pi,\pi]$上可积或绝对可积,证明:

(1) 若对于任意 $x\in[-\pi,\pi]$,成立 $f(x)=f(x+\pi)$,则 $a_{2n-1}=b_{2n-1}=0$;

(2) 若对于任意 $x\in[-\pi,\pi]$,成立 $f(x)=-f(x+\pi)$,则 $a_{2n}=b_{2n}=0$.

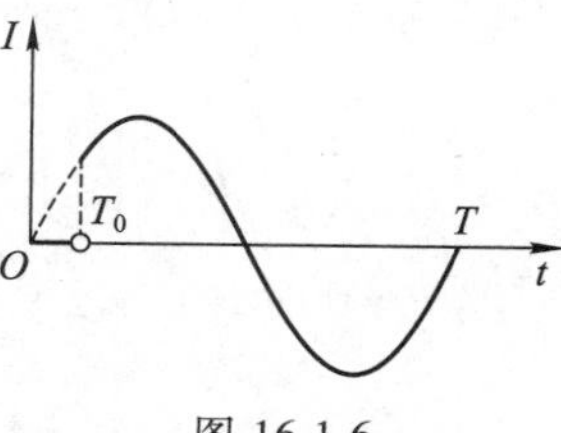

图 16.1.6

9. 设$f(x)$在$(0,\pi/2)$上可积或绝对可积,应分别对它进行怎么样的延拓,才能使它在$[-\pi,\pi]$上的 Fourier 级数的形式为

(1) $f(x)\sim\sum\limits_{n=1}^{\infty}a_n\cos(2n-1)x$; (2) $f(x)\sim\sum\limits_{n=1}^{\infty}b_n\sin 2nx$.

10. 设周期为 2π 的函数$f(x)$在$[-\pi,\pi]$上的 Fourier 系数为 a_n 和 b_n,求下列函数的 Fourier 系数 $\tilde{a}_n$ 和 $\tilde{b}_n$:

(1) $g(x)=f(-x)$; (2) $h(x)=f(x+C)$ (C 是常数);

(3) $F(x)=\dfrac{1}{\pi}\int_{-\pi}^{\pi}f(t)f(x-t)\mathrm{d}t$ (假定积分顺序可以交换).

§2 Fourier 级数的收敛判别法

Dirichlet 积分

仔细观察上一节中的几幅图像后可能会产生这样的直觉:对于一般的以 2π 为周期的函数$f(x)$,除了个别点之外(看来是不连续点),当 $m\to\infty$ 时,它的 Fourier 级数的部分和函数序列$\{S_m(x)\}$,

$$S_m(x)=\frac{a_0}{2}+\sum_{n=1}^{m}(a_n\cos nx+b_n\sin nx)$$

是收敛于$f(x)$的,下面我们从理论上来探讨这个问题.

事实上,与 Taylor 级数相比,Fourier 级数尽管具有对$f(x)$的要求较弱,以及它的部分和在整个区间上与$f(x)$逼近得较好等优点,但在收敛性问题的讨论上,Taylor 级数相对比较简单,因为对它只要确定收敛半径,并在收敛区间的端点讨论余项的收敛情况就行了,而 Fourier 级数却要复杂得多.

由于级数的收敛情况就是部分和函数序列的极限情况,因此,下面的讨论就从部分和函数序列$\{S_m(x)\}$入手.

将 Euler-Fourier 公式

$$a_n=\frac{1}{\pi}\int_{-\pi}^{\pi}f(t)\cos nt\mathrm{d}t,\quad b_n=\frac{1}{\pi}\int_{-\pi}^{\pi}f(t)\sin nt\mathrm{d}t$$

代入 $S_m(x)$,

$$S_m(x)=\frac{1}{2\pi}\int_{-\pi}^{\pi}f(t)\mathrm{d}t+\frac{1}{\pi}\sum_{n=1}^{m}\left[\left(\int_{-\pi}^{\pi}f(t)\cos nt\mathrm{d}t\right)\cos nx+\left(\int_{-\pi}^{\pi}f(t)\sin nt\mathrm{d}t\right)\sin nx\right]$$

$$= \frac{1}{\pi}\int_{-\pi}^{\pi} f(t)\left[\frac{1}{2} + \sum_{n=1}^{m}(\cos nt\cos nx + \sin nt\sin nx)\right]\mathrm{d}t$$

$$= \frac{1}{\pi}\int_{-\pi}^{\pi} f(t)\left[\frac{1}{2} + \sum_{n=1}^{m}\cos n(t-x)\right]\mathrm{d}t.$$

当 $\theta \neq 0$ 时，由三角函数的积化和差公式，有

$$\frac{1}{2} + \sum_{n=1}^{m}\cos n\theta = \frac{\sin\frac{2m+1}{2}\theta}{2\sin\frac{\theta}{2}},$$

而当 $\theta = 0$ 时，若将右端理解为当 $\theta \to 0$ 时的极限值，则等式依然成立.因此，上式对任意 $\theta \in [-\pi, \pi]$ 都是正确的.

于是

$$S_m(x) = \frac{1}{\pi}\int_{-\pi}^{\pi} f(t)\frac{\sin\frac{2m+1}{2}(t-x)}{2\sin\frac{t-x}{2}}\mathrm{d}t \quad (\text{作代换 } t-x=u)$$

$$= \frac{1}{\pi}\int_{-\pi-x}^{\pi-x} f(x+u)\frac{\sin\frac{2m+1}{2}u}{2\sin\frac{u}{2}}\mathrm{d}u = \frac{1}{\pi}\int_{-\pi}^{\pi} f(x+u)\frac{\sin\frac{2m+1}{2}u}{2\sin\frac{u}{2}}\mathrm{d}u.$$

最后一个等式利用了“周期函数在任何一个长度等于其周期的区间上的积分值相等”的性质.

这样，就把部分和转化成了积分形式.这个积分称为 **Dirichlet 积分**，是研究 Fourier 级数敛散性的重要工具.

将积分区间 $[-\pi, \pi]$ 分成 $[-\pi, 0]$ 和 $[0, \pi]$，稍加整理，就得到了 Dirichlet 积分的惯用形式

$$S_m(x) = \frac{1}{\pi}\int_{0}^{\pi}[f(x+u) + f(x-u)]\frac{\sin\frac{2m+1}{2}u}{2\sin\frac{u}{2}}\mathrm{d}u.$$

由前面的三角函数关系式，有

$$\frac{2}{\pi}\int_{0}^{\pi}\frac{\sin\frac{2m+1}{2}u}{2\sin\frac{u}{2}}\mathrm{d}u = \frac{2}{\pi}\int_{0}^{\pi}\left(\frac{1}{2} + \sum_{n=1}^{m}\cos nu\right)\mathrm{d}u = 1,$$

因此，对任意给定的函数 $\sigma(x)$，有

$$S_m(x) - \sigma(x) = \frac{1}{\pi}\int_{0}^{\pi}[f(x+u) + f(x-u) - 2\sigma(x)]\frac{\sin\frac{2m+1}{2}u}{2\sin\frac{u}{2}}\mathrm{d}u.$$

这样,若记

$$\varphi_{\sigma}(u,x)=f(x+u)+f(x-u)-2\sigma(x),$$

则 $f(x)$ 的 Fourier 级数是否收敛于某个 $\sigma(x)$ 就等价于极限

$$\lim_{m\to\infty}\int_0^{\pi}\varphi_{\sigma}(u,x)\frac{\sin\frac{2m+1}{2}u}{2\sin\frac{u}{2}}\mathrm{d}u$$

是否存在且等于 0.

Riemann 引理及其推论

下面首先引进一个重要的结果.

定理 16.2.1(Riemann 引理) 设函数 $\psi(x)$ 在 $[a,b]$ 上可积或绝对可积,则成立

$$\lim_{p\to+\infty}\int_a^b\psi(x)\sin px\mathrm{d}x=\lim_{p\to+\infty}\int_a^b\psi(x)\cos px\mathrm{d}x=0.$$

证 先考虑 $\psi(x)$ 有界的情况,这时 $\psi(x)$ Riemann 可积.

对于任意给定的 $\varepsilon>0$,由定理 7.1.3,存在着一种划分

$$a=x_0<x_1<x_2<\cdots<x_n=b,$$

满足

$$\sum_{i=1}^{n}\omega_i\Delta x_i<\frac{\varepsilon}{2},$$

这里 $\Delta x_i=x_i-x_{i-1}$,ω_i 是 $\psi(x)$ 在 $[x_{i-1},x_i]$ 中的振幅.

对于这种固定的划分,记 m_i 是 $\psi(x)$ 在 $[x_{i-1},x_i]$ 中的下确界,并取实数 $P=\frac{4}{\varepsilon}\left(\sum_{i=1}^{n}|m_i|\right)>0$,则当 $p>P$ 时,有

$$\frac{2}{p}\left(\sum_{i=1}^{n}|m_i|\right)<\frac{\varepsilon}{2}.$$

于是,对于任意给定的 $\varepsilon>0$,存在实数 $P>0$,当 $p>P$ 时,有

$$\begin{aligned}\left|\int_a^b\psi(x)\sin px\mathrm{d}x\right|&=\left|\sum_{i=1}^{n}\int_{x_{i-1}}^{x_i}\psi(x)\sin px\mathrm{d}x\right|\\&=\left|\sum_{i=1}^{n}\int_{x_{i-1}}^{x_i}(\psi(x)-m_i)\sin px\mathrm{d}x+\sum_{i=1}^{n}m_i\int_{x_{i-1}}^{x_i}\sin px\mathrm{d}x\right|\\&\leqslant\sum_{i=1}^{n}\int_{x_{i-1}}^{x_i}|\psi(x)-m_i|\cdot|\sin px|\mathrm{d}x+\sum_{i=1}^{n}|m_i|\left|\int_{x_{i-1}}^{x_i}\sin px\mathrm{d}x\right|\\&\leqslant\sum_{i=1}^{n}\int_{x_{i-1}}^{x_i}|\psi(x)-m_i|\mathrm{d}x+\frac{2}{p}\left(\sum_{i=1}^{n}|m_i|\right)\\&\leqslant\sum_{i=1}^{n}\omega_i\Delta x_i+\frac{2}{p}\left(\sum_{i=1}^{n}|m_i|\right)<\varepsilon.\end{aligned}$$

再考虑 $\psi(x)$ 无界的情况,这时 $\psi(x)$ 绝对可积.

不妨假设 b 是 $\psi(x)$ 的惟一奇点.由无界函数反常积分绝对收敛的定义,对于任意给定的 $\varepsilon>0$,存在 $\delta>0$,当 $\eta<\delta$ 时,

$$\int_{b-\eta}^{b} |\psi(x)| \mathrm{d}x < \frac{\varepsilon}{2},$$

固定 η，则 $\psi(x)$ 在 $[a,b-\eta]$ 上 Riemann 可积，应用上面的结论，存在实数 $P>0$，当 $p>P$ 时，

$$\left|\int_{a}^{b-\eta} \psi(x) \sin px \mathrm{d}x\right| < \frac{\varepsilon}{2}.$$

因此，

$$\begin{aligned}\left|\int_{a}^{b} \psi(x) \sin px \mathrm{d}x\right| &\leqslant \left|\int_{a}^{b-\eta} \psi(x) \sin px \mathrm{d}x\right| + \int_{b-\eta}^{b} |\psi(x) \sin px| \mathrm{d}x \\ &\leqslant \left|\int_{a}^{b-\eta} \psi(x) \sin px \mathrm{d}x\right| + \int_{b-\eta}^{b} |\psi(x)| \mathrm{d}x < \varepsilon.\end{aligned}$$

所以无论对哪一种情况，都有

$$\lim_{p\to+\infty}\int_{a}^{b} \psi(x) \sin px \mathrm{d}x = 0.$$

同理可证

$$\lim_{p\to+\infty}\int_{a}^{b} \psi(x) \cos px \mathrm{d}x = 0.$$

证毕

由 Riemann 引理可以得到如下的重要结论.

推论 16.2.1(局部性原理) 可积或绝对可积函数 $f(x)$ 的 Fourier 级数在 x 点是否收敛只与 $f(x)$ 在 $(x-\delta,x+\delta)$ 的性质有关，这里 δ 是任意小的正常数.

证 由于对任意给定的 $\delta>0$，$\dfrac{f(x+u)+f(x-u)}{2\sin\dfrac{u}{2}}$ 关于 u 在 $[\delta,\pi]$ 可积或绝对可积，由 Riemann 引理，

$$\lim_{m\to\infty}\int_{\delta}^{\pi} [f(x+u)+f(x-u)] \frac{\sin\dfrac{2m+1}{2}u}{2\sin\dfrac{u}{2}} \mathrm{d}u = 0.$$

因此，若将 $S_m(x)$ 的表达式中积分区间分成 $[0,\delta]$ 和 $[\delta,\pi]$ 两部分，则当 $m\to\infty$ 时，$S_m(x)$ 的敛散性显然只与

$$\frac{1}{\pi}\int_{0}^{\delta} [f(x+u)+f(x-u)] \frac{\sin\dfrac{2m+1}{2}u}{2\sin\dfrac{u}{2}} \mathrm{d}u$$

有关，而这个积分只涉及 $f(x)$ 在 $(x-\delta,x+\delta)$ 的性质.

证毕

推论 16.2.2 设函数 $\psi(u)$ 在 $[0,\delta]$ 上可积或绝对可积，则成立

$$\lim_{m\to\infty}\int_{0}^{\delta} \psi(u) \frac{\sin\dfrac{2m+1}{2}u}{2\sin\dfrac{u}{2}} \mathrm{d}u = \lim_{m\to\infty}\int_{0}^{\delta} \psi(u) \frac{\sin\dfrac{2m+1}{2}u}{u} \mathrm{d}u.$$

证　令

$$g(u)=\begin{cases}\dfrac{1}{2\sin\dfrac{u}{2}}-\dfrac{1}{u}, & u>0,\\ 0, & u=0,\end{cases}$$

容易验证 $g(u)$ 是 $[0,\delta]$ 上的连续函数,由 Riemann 引理,当 $m\to\infty$ 时,有

$$\int_0^{\delta}\psi(u)\left(\frac{1}{2\sin\dfrac{u}{2}}-\frac{1}{u}\right)\sin\left(m+\frac{1}{2}\right)u\mathrm{d}u=\int_0^{\delta}\psi(u)g(u)\sin\left(m+\frac{1}{2}\right)u\mathrm{d}u\to 0.$$

证毕

Fourier 级数的收敛判别法

以上推论进一步告诉我们,如果对点 x,能找到适当的 $\sigma(x)$,使得对于充分小的定数 $\delta>0$,有

$$\lim_{m\to\infty}\int_0^{\delta}\frac{\varphi_{\sigma}(u,x)}{u}\cdot\sin\frac{2m+1}{2}u\mathrm{d}u=0,$$

则 $f(x)$ 的 Fourier 级数在 x 点必定收敛于这个 $\sigma(x)$.

我们来粗略分析一下.显而易见,对 $x\in[-\pi,\pi]$,只要存在某个 $\delta>0$,使

$$\frac{\varphi_{\sigma}(u,x)}{u}=\frac{f(x+u)+f(x-u)-2\sigma(x)}{u}$$

关于 u 在 $[0,\delta]$ 上可积或绝对可积(这被称为 **Dini 条件**),就可以由 Riemann 引理导出上面的结果.现假设点 x 是 $f(x)$ 的连续点或第一类不连续点,而上述积分的极限存在与否只涉及 $\dfrac{\varphi_{\sigma}(u,x)}{u}$ 当 $u\to 0$ 时的性质,显然,要满足 Dini 条件首先必须有

$$\lim_{u\to 0}[f(x+u)+f(x-u)-2\sigma(x)]=0,$$

即必须有 $\sigma(x)=\dfrac{f(x+)+f(x-)}{2}$(显然当 $f(x)$ 在点 x 连续时,有 $\sigma(x)=f(x)$),于是,问题最终转化为研究使得

$$\lim_{p\to+\infty}\int_0^{\delta}\left[f(x+u)+f(x-u)-2\frac{f(x+)+f(x-)}{2}\right]\frac{\sin pu}{u}\mathrm{d}u=0$$

成立的条件——这是探索 Fourier 级数收敛性的一把钥匙.

德国数学家 Dirichlet 在 1829 年 —— Fourier 级数问世约四分之一个世纪之后,首先得到了一个函数的 Fourier 级数的收敛条件;又过了约半个世纪,另一位德国数学家 Lipschitz 得到了与之不同的收敛条件.他们的结果经后人完善,可以表述为如下定理:

定理 16.2.2　设函数 $f(x)$ 在 $[-\pi,\pi]$ 上可积或绝对可积,且满足下列两个条件之一,则 $f(x)$ 的 Fourier 级数在点 x 处收敛于 $\dfrac{f(x+)+f(x-)}{2}$.

(1) **(Dirichlet-Jordan 判别法)**　$f(x)$ 在点 x 的某个邻域 $O(x,\delta)$ 上是分段单调有界函数;

(2) **(Dini-Lipschitz 判别法)**　$f(x)$ 在点 x 处满足指数为 $\alpha\in(0,1]$ 的 Hölder

条件.

所谓的分段单调函数是这样定义的:

定义 16.2.1 设函数 f 在 $[a,b]$(或 (a,b))上有定义.如果在 $[a,b]$(或 (a,b))上存在有限个点

$$a=x_0<x_1<x_2<\cdots<x_N=b,$$

使得 f 在每个区间 (x_{i-1},x_i) $(i=1,2,\cdots,N)$ 上是单调函数,则称 f 在 $[a,b]$(或 (a,b))**上分段单调**.

所谓的"Hölder 条件"是这样定义的:

定义 16.2.2 设点 x 是函数 $f(x)$ 的连续点或第一类不连续点,若对于充分小的正数 δ,存在常数 $L>0$ 和 $\alpha\in(0,1]$,使得成立

$$|f(x\pm u)-f(x\pm)|<Lu^{\alpha}\quad(0<u<\delta),$$

则称 $f(x)$ 在点 x 处满足指数为 $\alpha\in(0,1]$ 的 **Hölder 条件**(当 $\alpha=1$ 也称为**Lipschitz 条件**).

我们先导出一个辅助命题.

定理 16.2.3(Dirichlet 引理) 设函数 $\psi(u)$ 在 $[0,\delta]$ 上单调,则成立

$$\lim_{p\to+\infty}\int_0^{\delta}\frac{\psi(u)-\psi(0+)}{u}\sin pu\mathrm{d}u=0.$$

证 不妨设 $\psi(x)$ 单调增加.于是对任意给定的 $\varepsilon>0$,存在 $\eta\in(0,\delta)$,当 $u\in(0,\eta]$ 时,

$$0\leqslant\psi(u)-\psi(0+)<\varepsilon.$$

将积分分为两部分

$$\begin{aligned}&\int_0^{\delta}\frac{\psi(u)-\psi(0+)}{u}\sin pu\mathrm{d}u\\&=\int_0^{\eta}\frac{\psi(u)-\psi(0+)}{u}\sin pu\mathrm{d}u+\int_{\eta}^{\delta}\frac{\psi(u)-\psi(0+)}{u}\sin pu\mathrm{d}u.\end{aligned}$$

对等式右边的第一项,由积分第二中值定理,存在 $\xi\in[0,\eta]$,

$$\begin{aligned}\left|\int_0^{\eta}\frac{\psi(u)-\psi(0+)}{u}\sin pu\mathrm{d}u\right|&=[\psi(\eta)-\psi(0+)]\cdot\left|\int_{\xi}^{\eta}\frac{\sin pu}{u}\mathrm{d}u\right|\\&<\left|\int_{\xi}^{\eta}\frac{\sin pu}{u}\mathrm{d}u\right|\cdot\varepsilon=\left|\int_{p\xi}^{p\eta}\frac{\sin u}{u}\mathrm{d}u\right|\cdot\varepsilon,\end{aligned}$$

利用含参变量积分中已经得到的结论

$$\int_0^{+\infty}\frac{\sin x}{x}\mathrm{d}x=\frac{\pi}{2},$$

可知存在与 p 无关的常数 K,使得

$$\left|\int_{p\xi}^{p\eta}\frac{\sin u}{u}\mathrm{d}u\right|<K,$$

即

$$\left|\int_0^{\eta}\frac{\psi(u)-\psi(0+)}{u}\sin pu\mathrm{d}u\right|<K\varepsilon.$$

而对右边的第二项，由于$\dfrac{\psi(u)-\psi(0+)}{u}$在$[\eta,\delta]$上显然是可积或绝对可积的，由 Riemann 引理，存在常数 $P>0$，当 $p>P$ 时，有

$$\left|\int_{\eta}^{\delta}[\psi(u)-\psi(0+)]\frac{\sin pu}{u}\mathrm{d}u\right|<\varepsilon.$$

综合上述两项估计，即知结论成立.

证毕

Dirichlet 引理也经常表达为等价形式

$$\lim_{p\to+\infty}\int_0^{\delta}\psi(u)\frac{\sin pu}{u}\mathrm{d}u=\frac{\pi}{2}\psi(0+).$$

如果 $\psi(u)$是分段单调有界函数，易知 Dirichlet 引理依然成立.

下面证明定理 16.2.2.

证 当$f(x)$满足条件(1)时，由 Dirichlet 引理，

$$\lim_{p\to+\infty}\int_0^{\delta}\frac{f(x+u)-f(x+)}{u}\sin pu\mathrm{d}u=0,$$

$$\lim_{p\to+\infty}\int_0^{\delta}\frac{f(x-u)-f(x-)}{u}\sin pu\mathrm{d}u=0,$$

两式相加，即有

$$\lim_{p\to+\infty}\int_0^{\delta}\left[f(x+u)+f(x-u)-2\frac{f(x+)+f(x-)}{2}\right]\frac{\sin pu}{u}\mathrm{d}u=0.$$

当$f(x)$满足条件(2)时，在$(0,\delta)$上，有

$$\frac{|f(x\pm u)-f(x\pm)|}{u}<\frac{L}{u^{1-\alpha}}\quad(0<\alpha\leqslant 1),$$

所以，

$$\frac{\varphi_{\sigma}(u,x)}{u}=\frac{f(x+u)-f(x+)}{u}+\frac{f(x-u)-f(x-)}{u}$$

在$[0,\delta]$可积或绝对可积，由 Riemann 引理，

$$\lim_{p\to+\infty}\int_0^{\delta}\left[f(x+u)+f(x-u)-2\frac{f(x+)+f(x-)}{2}\right]\frac{\sin pu}{u}\mathrm{d}u=0.$$

因此无论哪种情况，$f(x)$的 Fourier 级数在点 x 处均收敛于$\dfrac{f(x+)+f(x-)}{2}$.

证毕

由于“可导”强于“满足 Lipschitz 条件”，且易于验证，因此实际中往往使用如下条件(2)的推论(请读者自证).

推论 16.2.3 若$f(x)$在$[-\pi,\pi]$上可积或绝对可积，在点 x 处两个单侧导数$f'_+(x)$和$f'_-(x)$都存在，或更进一步，只要两个拟单侧导数

$$\lim_{h\to0+}\frac{f(x\pm h)-f(x\pm)}{h}$$

存在，则$f(x)$的 Fourier 级数在点 x 处收敛于$\dfrac{f(x+)+f(x-)}{2}$.

Dirichlet-Jordan 判别法和 Dini-Lipschitz 判别法都是 Fourier 级数收敛的充分条件，尽管在物理、化学、工程等领域的实际问题中，出现的函数一般都同时满足这两个判别法的条件（容易验证，上节例子和习题中的 $f(x)$ 均是如此），但可以构造例子说明它们确实是互不包含的（参见本节习题 10）. 附带指出，直至今天，还没有找到一个判别 Fourier 级数敛散性的既充分又必要的条件.

定理 16.2.2 告诉我们，若收敛条件满足，则 $f(x)$ 的 Fourier 级数在连续点收敛于函数值本身，而在第一类不连续点收敛于它左右极限的算术平均值.

所以，对于连续的周期函数 $f(x)$，应将 $f(x)$ 与它的（收敛的）Fourier 级数间的"~"改为"=". 如例 16.1.2 中 $f(x)$ 的余弦级数可以直截了当地写成

$$\frac{\pi}{2}-\frac{4}{\pi}\left(\cos x+\frac{\cos 3x}{3^2}+\frac{\cos 5x}{5^2}+\cdots+\frac{\cos(2k+1)x}{(2k+1)^2}+\cdots\right)=x,\quad x\in[0,\pi].$$

若周期函数 $f(x)$ 有第一类不连续点，那么展成 Fourier 级数后，要对这些点予以特别说明，画图时也要将它们的函数值标为其左右极限的算术平均值.

如例 16.1.1，应该写成

$$f(x)\sim\frac{1}{2}-\frac{2}{\pi}\left(\sin x+\frac{\sin 3x}{3}+\cdots+\frac{\sin (2k+1)x}{2k+1}+\cdots\right)$$

$$=\begin{cases}1, & x\in(-\pi,0),\\ \dfrac{1}{2}, & x=0,\pm\pi,\\ 0, & x\in(0,\pi).\end{cases}$$

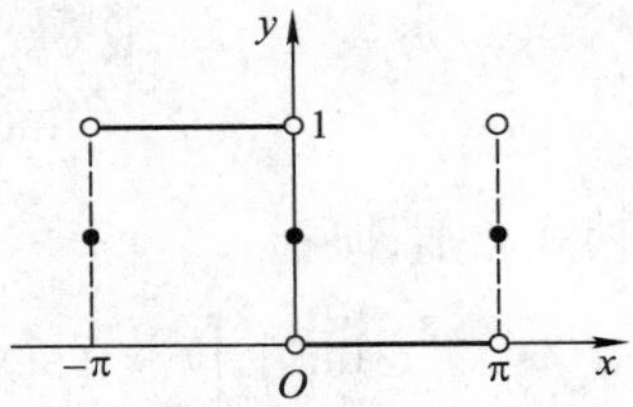

图 16.2.1

Fourier 级数的图像为图 16.2.1.

因 $x=\frac{\pi}{2}$ 属于 Fourier 级数收敛范围，因此有

$$\frac{1}{2}-\frac{2}{\pi}\left(\sin x+\frac{\sin 3x}{3}+\frac{\sin 5x}{5}+\cdots+\frac{\sin (2k+1)x}{2k+1}+\cdots\right)\Bigg|_{x=\frac{\pi}{2}}=f\left(\frac{\pi}{2}\right)=0,$$

整理后便有熟知的

$$\frac{\pi}{4}=1-\frac{1}{3}+\frac{1}{5}\cdots+(-1)^k\frac{1}{2k+1}+\cdots,$$

在 Fourier 级数的研究中，我们殊途同归，得到了与在 $y=\arctan x$ 的幂级数中取 $x=1$ 时的相同结果.

例 16.1.2 中 $f(x)$ 的正弦级数应该写成

$$f(x)\sim 2\left(\sin x-\frac{\sin 2x}{2}+\cdots+(-1)^{n+1}\frac{\sin nx}{n}+\cdots\right)=\begin{cases}x, & x\in(-\pi,\pi),\\ 0, & x=0,\pm\pi.\end{cases}$$

Fourier 级数的图像为图 16.2.2. 它在 $[0,\pi)$ 上与余弦级数表示的是同一个函数，这正是上一节中指出的结果.

而例 16.1.3 的式子也应相仿地写成

$$f(x)\sim\frac{1}{6}+\frac{2}{\pi^2}\sum_{n=1}^{\infty}\frac{(-1)^n}{n^2}\cos n\pi x+\frac{1}{\pi}\sum_{n=1}^{\infty}\left[\frac{(-1)^{n+1}}{n}+2\frac{(-1)^n-1}{n^3\pi^2}\right]\sin n\pi x$$

$$=\begin{cases}0, & x\in(-1,0],\\ \dfrac{1}{2}, & x=\pm 1,\\ x^2, & x\in(0,1).\end{cases}$$

Fourier 级数的图像为图 16.2.3.

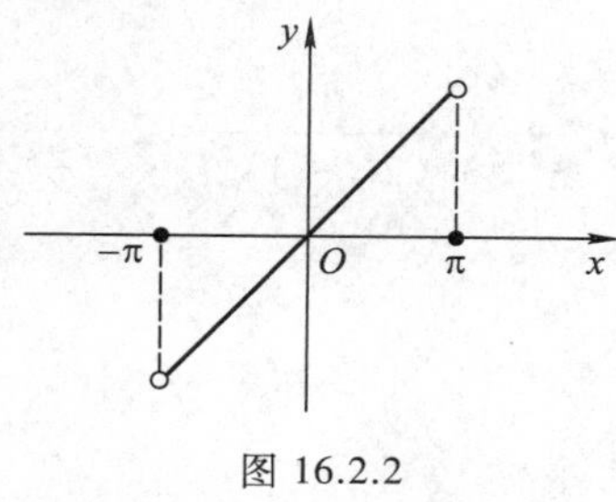

图 16.2.2

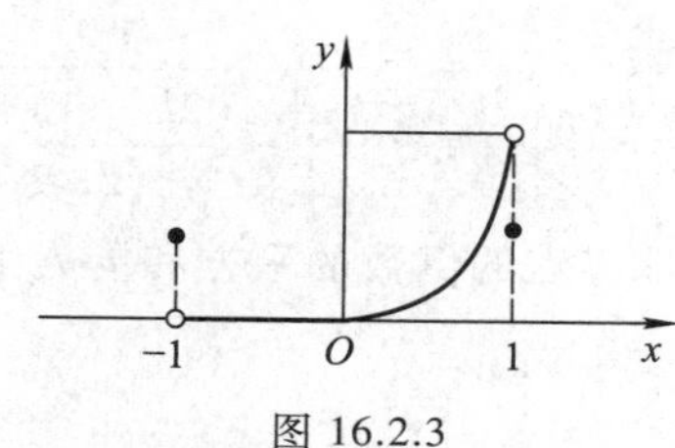

图 16.2.3

在证实了这个 Fourier 级数收敛的前提下,可以导出一个非常重要的结果.

令 $x=1$,注意到这个点是 $f(x)$ 的不连续点,其 Fourier 级数应收敛于$\dfrac{f(1+)+f(1-)}{2}=\dfrac{1}{2}$;而在上面级数的第一个和式中有 $\cos n\pi=(-1)^n$,第二个和式显然为零.因此,稍加整理就可得到

$$\sum_{n=1}^{\infty}\frac{1}{n^2}=1+\frac{1}{2^2}+\frac{1}{3^2}+\frac{1}{4^2}+\cdots=\frac{\pi^2}{6}.$$

由它还可以导出一系列类似级数的值,如

$$1-\frac{1}{2^2}+\frac{1}{3^2}-\frac{1}{4^2}+\cdots=\frac{\pi^2}{12},$$

$$1+\frac{1}{3^2}+\frac{1}{5^2}+\frac{1}{7^2}+\cdots=\frac{\pi^2}{8}$$

等(留作习题).

这些等式可以用来进行某些特殊的计算,如历史上曾有人用这些等式计算过 π 的近似值.而对某些原函数并非初等函数的积分,如 $\int_0^1\frac{\ln(1-x)}{x}\mathrm{d}x$,将被积函数 Taylor 展开,易知该级数在[0,1]可以逐项积分,因此

$$\int_0^1\frac{\ln(1-x)}{x}\mathrm{d}x=-\int_0^1\left(\sum_{n=1}^{\infty}\frac{x^{n-1}}{n}\right)\mathrm{d}x=-\sum_{n=1}^{\infty}\int_0^1\frac{x^{n-1}}{n}\mathrm{d}x=-\sum_{n=1}^{\infty}\left(\frac{x^n}{n^2}\bigg|_0^1\right)=-\sum_{n=1}^{\infty}\frac{1}{n^2}=-\frac{\pi^2}{6},$$

这正是 §8.1 关于反常积分的数值计算(计算实习题(1))中提到的结果.

这些等式也经常用来检验展开的 Fourier 级数的正确性.比如,令例16.1.2的余弦级数中的 $x=0$,

$$\frac{\pi}{2}-\frac{4}{\pi}\left(\cos x+\frac{\cos 3x}{3^2}+\frac{\cos 5x}{5^2}+\cdots+\frac{\cos(2k+1)x}{(2k+1)^2}+\cdots\right)\Bigg|_{x=0}=f(0)=0,$$

就得到了上面的最后一个等式 $\sum_{k=1}^{\infty}\frac{1}{(2k-1)^2}=\frac{\pi^2}{8}$.

还可以获得一些其他的有趣结果，如 $\cos x$ 的全部零点为 $\pm\frac{\pi}{2},\pm\frac{3\pi}{2},\cdots,\pm\frac{(2k-1)\pi}{2},\cdots$，而

$$\sum_{k=1}^{\infty}\frac{1}{\left[\frac{(2k-1)\pi}{2}\right]^2}+\sum_{k=1}^{\infty}\frac{1}{\left[-\frac{(2k-1)\pi}{2}\right]^2}=2\cdot\frac{4}{\pi^2}\sum_{k=1}^{\infty}\frac{1}{(2k-1)^2}=2\cdot\frac{4}{\pi^2}\cdot\frac{\pi^2}{8}=1,$$

即 $\cos x$ 全部零点的倒数的平方和恰为 1!

习　题

1. 设 $\psi(x)$ 在 $[0,+\infty)$ 上连续且单调，$\lim\limits_{x\to+\infty}\psi(x)=0$，证明

$$\lim_{p\to+\infty}\int_0^{+\infty}\psi(x)\sin px\mathrm{d}x=0.$$

2. 设函数 $\psi(u)$ 在 $[-\pi,\pi]$ 上可积或绝对可积，在 $u=0$ 点连续且有单侧导数，证明

$$\lim_{p\to+\infty}\int_{-\pi}^{\pi}\psi(u)\frac{\cos\frac{u}{2}-\cos pu}{2\sin\frac{u}{2}}\mathrm{d}u=\frac{1}{2}\int_0^{\pi}[\psi(u)-\psi(-u)]\cot\frac{u}{2}\mathrm{d}u.$$

3. 设函数 $\psi(u)$ 在 $[-\delta,\delta]$ 上单调，证明

$$\lim_{p\to+\infty}\int_{-\delta}^{\delta}\left\{\psi(u)-\frac{1}{2}[\psi(0+)+\psi(0-)]\right\}\frac{\sin pu}{u}\mathrm{d}u=0.$$

4. 证明：Dirichlet 引理对 $\psi(u)$ 是分段单调有界函数的情况依然成立.

5. 证明 Lipschitz 判别法的推论.

6. 对 § 16.1 的习题 2、3、4、6 中的函数，验证它们的 Fourier 级数满足收敛判别法的条件，并分别写出这些 Fourier 级数的和函数.

7. 利用 $\sum_{n=1}^{\infty}\frac{1}{n^2}=\frac{\pi^2}{6}$，证明：

(1) $1-\frac{1}{2^2}+\frac{1}{3^2}-\frac{1}{4^2}+\cdots=\frac{\pi^2}{12}$；　(2) $1+\frac{1}{3^2}+\frac{1}{5^2}+\frac{1}{7^2}+\cdots=\frac{\pi^2}{8}$.

8. 求 $\sin x$ 全部非零零点的倒数的平方和.

9. 证明下列关系式：

(1) 对 $0<x<2\pi$ 且 $a\neq 0$，有

$$\pi\mathrm{e}^{ax}=(\mathrm{e}^{2a\pi}-1)\left[\frac{1}{2a}+\sum_{n=1}^{\infty}\frac{a\cos nx-n\sin nx}{a^2+n^2}\right];$$

(2) 对 $0<x<2\pi$ 且 a 不是自然数，有

$$\pi\cos ax=\frac{\sin 2a\pi}{2a}+\sum_{n=1}^{\infty}\frac{a\sin 2a\pi\cos nx+n(\cos 2a\pi-1)\sin nx}{a^2-n^2};$$

(3) 对(2),令 $x=\pi$,有

$$\frac{a\pi}{\sin a\pi}=1+2a^2\sum_{n=1}^{\infty}\frac{(-1)^n}{a^2-n^2}.$$

10. (1) 验证函数

$$f(x)=\begin{cases}\dfrac{1}{\ln\dfrac{|x|}{2\pi}}, & x\neq 0,\\ 0, & x=0\end{cases}$$

满足 Dirichlet-Jordan 判别法条件而不满足 Dini-Lipschitz 判别法条件.

(2) 验证函数

$$f(x)=\begin{cases}x\cos\dfrac{\pi}{2x}, & x\neq 0,\\ 0, & x=0\end{cases}$$

满足 Dini-Lipschitz 判别法条件.(今后会学到,它不满足 Dirichlet-Jordan 判别法条件,在此从略.)

§3　Fourier 级数的性质

Fourier 级数的分析性质

为简单起见,假定 $f(x)$ 的周期为 2π.

首先,利用 Riemann 引理可以直接得出

定理 16.3.1　设 $f(x)$ 在 $[-\pi,\pi]$ 上可积或绝对可积,则对于 $f(x)$ 的 Fourier 系数 a_n 与 b_n,有

$$\lim_{n\to\infty}a_n=0,\quad \lim_{n\to\infty}b_n=0.$$

对于函数的 Fourier 级数表示,有必要讨论它的逐项微分和逐项积分问题.关于逐项积分,Fourier 级数有非常好的性质.

定理 16.3.2(Fourier 级数的逐项积分定理)　设 $f(x)$ 在 $[-\pi,\pi]$ 上可积或绝对可积,

$$f(x)\sim\frac{a_0}{2}+\sum_{n=1}^{\infty}(a_n\cos nx+b_n\sin nx),$$

则 $f(x)$ 的 Fourier 级数可以逐项积分,即对于任意 $c,x\in[-\pi,\pi]$,

$$\int_c^x f(t)\,\mathrm{d}t=\int_c^x\frac{a_0}{2}\mathrm{d}t+\sum_{n=1}^{\infty}\int_c^x(a_n\cos nt+b_n\sin nt)\,\mathrm{d}t.$$

由于尚未具备足够的数学工具,这里仅对 $f(x)$ 在 $[-\pi,\pi]$ 上只有有限个第一类不连续点的情况加以证明,$f(x)$ 为一般的可积或绝对可积函数的情况留待今后学习其他课程时解决.

证　考虑函数

$$F(x)=\int_c^x\left[f(t)-\frac{a_0}{2}\right]\mathrm{d}t.$$

$F(x)$是周期为2π的连续函数,且由定理 7.3.1 可知,在$f(x)$的连续点,成立$F'(x)=f(x)-\frac{a_0}{2}$,而在$f(x)$的第一类不连续点,$F(x)$的两个单侧导数

$$F'_{\pm}(x)=f(x\pm)-\frac{a_0}{2}$$

都存在.由 Dini-Lipschitz 判别法的推论,$F(x)$可展开为收敛的 Fourier 级数

$$F(x)=\frac{A_0}{2}+\sum_{n=1}^{\infty}(A_n\cos nx+B_n\sin nx).$$

利用分部积分法,即有

$$\begin{aligned}A_n&=\frac{1}{\pi}\int_{-\pi}^{\pi}F(x)\cos nx\mathrm{d}x=\frac{1}{\pi}\left[\frac{\sin nx}{n}F(x)\right]\Bigg|_{-\pi}^{\pi}-\frac{1}{n\pi}\int_{-\pi}^{\pi}F'(x)\sin nx\mathrm{d}x\\&=-\frac{1}{n\pi}\int_{-\pi}^{\pi}\left[f(x)-\frac{a_0}{2}\right]\sin nx\mathrm{d}x=-\frac{b_n}{n}.\end{aligned}$$

类似可得

$$B_n=\frac{a_n}{n}.$$

于是

$$F(x)=\frac{A_0}{2}+\sum_{n=1}^{\infty}\left(-\frac{b_n}{n}\cos nx+\frac{a_n}{n}\sin nx\right),$$

令 $x=c$,有

$$0=\frac{A_0}{2}+\sum_{n=1}^{\infty}\left(-\frac{b_n}{n}\cos nc+\frac{a_n}{n}\sin nc\right),$$

两式相减并整理,即得到

$$\begin{aligned}F(x)=\int_c^x\left[f(t)-\frac{a_0}{2}\right]\mathrm{d}t&=\sum_{n=1}^{\infty}\left(a_n\frac{\sin nx-\sin nc}{n}+b_n\frac{-\cos nx+\cos nc}{n}\right)\\&=\sum_{n=1}^{\infty}\int_c^x(a_n\cos nt+b_n\sin nt)\mathrm{d}t.\end{aligned}$$

证毕

这就是说,只要$f(x)$可以展成 Fourier 级数$\frac{a_0}{2}+\sum\limits_{n=1}^{\infty}(a_n\cos nx+b_n\sin nx)$,哪怕这个级数并不表示$f(x)$,甚至根本不收敛,它的逐项积分级数也一定能收敛于$f(x)$的积分.

从定理 16.3.2 的证明,我们还顺便得到了判断一个三角级数是否为Fourier级数的一个必要条件.

推论 16.3.1　$\frac{a_0}{2}+\sum\limits_{n=1}^{\infty}(a_n\cos nx+b_n\sin nx)$是某个在$[-\pi,\pi]$上可积或绝对可积函数的 Fourier 级数的必要条件是$\sum\limits_{n=1}^{\infty}\frac{b_n}{n}$收敛.

证明留作习题.

因此,并不是随便拿来一个收敛的三角级数就能说它一定是某个函数的 Fourier 级数的.比如三角级数 $\sum_{n=2}^{\infty}\frac{\sin nx}{\ln n}$,由 Dirichlet 判别法可知它是点点收敛的,但由于 $\sum_{n=2}^{\infty}\frac{1}{n\ln n}$ 发散,它不可能是某个可积或绝对可积函数的 Fourier 级数.

但是,Fourier 级数逐项微分的结果就远没有这么好了.一般说来,Fourier 级数是不能逐项微分的,除非是加上特别的条件.

定理 16.3.3(Fourier 级数的逐项微分定理)　设 $f(x)$ 在 $[-\pi,\pi]$ 上连续,

$$f(x)\sim\frac{a_0}{2}+\sum_{n=1}^{\infty}(a_n\cos nx+b_n\sin nx),$$

$f(-\pi)=f(\pi)$,且除了有限个点外 $f(x)$ 可导.进一步假设 $f'(x)$ 在 $[-\pi,\pi]$ 上可积或绝对可积(注意:$f'(x)$ 在有限个点可能无定义,但这并不影响其可积性).则 $f'(x)$ 的 Fourier 级数可由 $f(x)$ 的 Fourier 级数逐项微分得到,即

$$f'(x)\sim\frac{\mathrm{d}}{\mathrm{d}x}\left(\frac{a_0}{2}\right)+\sum_{n=1}^{\infty}\frac{\mathrm{d}}{\mathrm{d}x}(a_n\cos nx+b_n\sin nx)=\sum_{n=1}^{\infty}(-a_n n\sin nx+b_n n\cos nx).$$

证　由所给条件,此时 $f'(x)$ 可展开为 Fourier 级数,记 $f'(x)$ 的 Fourier 系数为 a_n' 和 b_n',则有,

$$a_0'=\frac{1}{\pi}\int_{-\pi}^{\pi}f'(x)\,\mathrm{d}x=\frac{1}{\pi}[f(\pi)-f(-\pi)]=0,$$

$$\begin{aligned}a_n'&=\frac{1}{\pi}\int_{-\pi}^{\pi}f'(x)\cos nx\mathrm{d}x\\&=\left.\frac{f(x)\cos nx}{\pi}\right|_{-\pi}^{\pi}+\frac{n}{\pi}\int_{-\pi}^{\pi}f(x)\sin nx\mathrm{d}x=nb_n,\qquad n=1,2,\cdots,\end{aligned}$$

$$b_n'=\frac{1}{\pi}\int_{-\pi}^{\pi}f'(x)\sin nx\mathrm{d}x=-na_n,\qquad n=1,2,\cdots,$$

于是

$$f'(x)\sim\sum_{n=1}^{\infty}(-a_n n\sin nx+b_n n\cos nx).$$

证毕

Fourier 级数的逼近性质

现在我们来讨论 Fourier 级数的逼近性质.

定义 16.3.1　设 S 是一个定义了内积运算 $(\cdot,\cdot)$ 的线性空间,取 S 中的范数为

$$\|\cdot\|=\sqrt{(\cdot,\cdot)},$$

T 是 S 的一个 n 维子空间,记 T 的一组正交基为 $\varphi_1,\varphi_2,\cdots,\varphi_n$,即

$$T=\operatorname{span}\{\varphi_1,\varphi_2,\cdots,\varphi_n\},$$

若对于 $x\in S$,有 $x_T=c_1\varphi_1+c_2\varphi_2+\cdots+c_n\varphi_n\in T$,使得

$$\|x-x_T\|=\min_{y\in T}\|x-y\|,$$

则称 x_T 是 x 在 T 中的**最佳平方逼近元素**.

引理 16.3.1 在上述假定下

(1) 对于任意 $x\in S$, x 在 T 中的最佳平方逼近元素 x_T 存在且惟一;

(2) $x_T\in T$ 是 x 在 T 中的最佳平方逼近元素的充分必要条件是 $x-x_T\perp T$,即

$$(x-x_T,\varphi_k)=0,\quad k=1,2,\cdots,n,$$

或者等价地, x_T 的组合系数

$$c_k=\frac{(x,\varphi_k)}{(\varphi_k,\varphi_k)},\quad k=1,2,\cdots,n;$$

(3) 最佳平方逼近的余项满足估计式

$$\|x-x_T\|^2=\|x\|^2-\|x_T\|^2=\|x\|^2-\sum_{k=1}^{n}c_k^2\|\varphi_k\|^2.$$

图 16.3.1 给出了引理 16.3.1 结论的一个简单示意.

证 先证(1)和(3).

令 $c_k=\dfrac{(x,\varphi_k)}{(\varphi_k,\varphi_k)}$,则对于任意的

$$y=d_1\varphi_1+d_2\varphi_2+\cdots+d_n\varphi_n\in T,$$

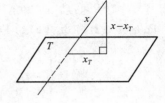

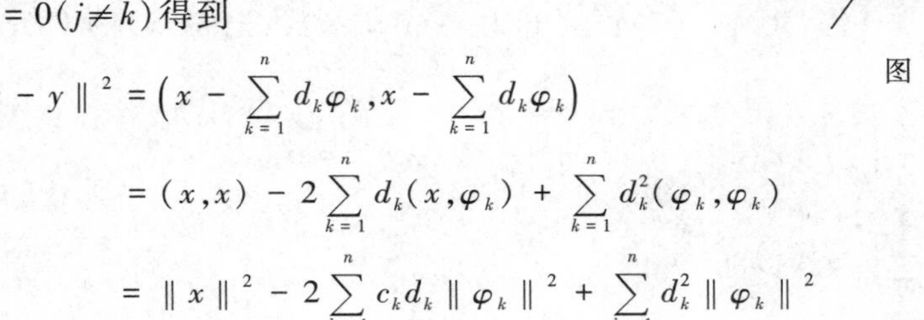

图 16.3.1

利用 $(\varphi_j,\varphi_k)=0\,(j\neq k)$ 得到

$$\begin{aligned}\|x-y\|^2&=\left(x-\sum_{k=1}^{n}d_k\varphi_k,x-\sum_{k=1}^{n}d_k\varphi_k\right)\\&=(x,x)-2\sum_{k=1}^{n}d_k(x,\varphi_k)+\sum_{k=1}^{n}d_k^2(\varphi_k,\varphi_k)\\&=\|x\|^2-2\sum_{k=1}^{n}c_kd_k\|\varphi_k\|^2+\sum_{k=1}^{n}d_k^2\|\varphi_k\|^2\\&=\|x\|^2-\sum_{k=1}^{n}c_k^2\|\varphi_k\|^2+\sum_{k=1}^{n}(c_k-d_k)^2\|\varphi_k\|^2.\end{aligned}$$

于是,当且仅当

$$d_k=c_k,\quad k=1,2,\cdots,n$$

时, $\|x-y\|$ 达到最小值. 因此取 $x_T=\sum_{k=1}^{n}c_k\varphi_k$, 则 $\|x-x_T\|=\min_{y\in T}\|x-y\|$, 且 $\|x-x_T\|^2=\|x\|^2-\sum_{k=1}^{n}c_k^2\|\varphi_k\|^2=\|x\|^2-\|x_T\|^2$.

再证(2).

对于每个 $k=1,2,\cdots,n$, x 在 T 中的最佳平方逼近元素 $x_T=\sum_{k=1}^{n}c_k\varphi_k$ 满足

$$\begin{aligned}(x-x_T,\varphi_k)&=\left(x-\sum_{j=1}^{n}c_j\varphi_j,\varphi_k\right)=(x,\varphi_k)-\sum_{j=1}^{n}c_j(\varphi_j,\varphi_k)\\&=c_k\|\varphi_k\|^2-c_k\|\varphi_k\|^2=0.\end{aligned}$$

反之,若 $y=d_1\varphi_1+d_2\varphi_2+\cdots+d_n\varphi_n\in T$ 满足

$$(x-y,\varphi_k)=0,\quad k=1,2,\cdots,n,$$

那么,

$$0=(x,\varphi_k)-(y,\varphi_k)=(x,\varphi_k)-\left(\sum_{j=1}^{n}d_j\varphi_j,\varphi_k\right)=(x,\varphi_k)-d_k(\varphi_k,\varphi_k),\quad k=1,2,\cdots,n.$$

因此 $d_k=\dfrac{(x,\varphi_k)}{(\varphi_k,\varphi_k)}=c_k$，即 $y=x_T$.

证毕

现在，具体地取 S 为 $[-\pi,\pi]$ 上 Riemann 可积或在反常积分意义下平方可积（为方便起见，以下都简称为“可积或平方可积”）的函数 $f(x)$ 全体；S 中的内积 $(\cdot,\cdot)$ 和范数 $\|\cdot\|$ 定义为

$$(f,g)=\frac{1}{\pi}\int_{-\pi}^{\pi}f(x)g(x)\,\mathrm{d}x,$$

$$\|f\|=\sqrt{(f,f)}.$$

记 T 为 n **阶三角多项式** $\dfrac{A_0}{2}+\sum\limits_{k=1}^{n}(A_k\cos kx+B_k\sin kx)$ 的全体，利用前面已得到的正交性，可将 T 表示为

$$T=\operatorname{span}\{1,\cos x,\sin x,\cos 2x,\sin 2x,\cdots,\cos nx,\sin nx\},$$

这时，有 $\|1\|^2=2$ 和

$$\|\cos kx\|^2=\|\sin kx\|^2=1,\quad k=1,2,\cdots,n.$$

由 Fourier 系数的 Euler-Fourier 公式，得到

$$(f,\cos kx)=\frac{1}{\pi}\int_{-\pi}^{\pi}f(x)\cos kx\mathrm{d}x=a_k,\quad k=0,1,2,\cdots,n,$$

$$(f,\sin kx)=\frac{1}{\pi}\int_{-\pi}^{\pi}f(x)\sin kx\mathrm{d}x=b_k,\quad k=1,2,\cdots,n,$$

于是，由引理 16.3.1 即得到下面的重要结论.

定理 16.3.4（Fourier 级数的平方逼近性质） 设 $f(x)$ 在 $[-\pi,\pi]$ 上可积或平方可积，则 $f(x)$ 在 T 中的最佳平方逼近元素恰为 $f(x)$ 的 Fourier 级数的部分和函数

$$S_n(x)=\frac{a_0}{2}+\sum_{k=1}^{n}(a_k\cos kx+b_k\sin kx),$$

逼近的余项为

$$\|f-S_n\|^2=\frac{1}{\pi}\int_{-\pi}^{\pi}f^2(x)\,\mathrm{d}x-\left[\frac{a_0^2}{2}+\sum_{k=1}^{n}(a_k^2+b_k^2)\right].$$

因为 $\|f-S_n\|^2\geqslant 0$，在余项中令 $n\to\infty$，即得到

推论 16.3.2（Bessel 不等式） 设 $f(x)$ 在 $[-\pi,\pi]$ 上可积或平方可积，则 $f(x)$ 的 Fourier 系数满足不等式

$$\frac{a_0^2}{2}+\sum_{k=1}^{\infty}(a_k^2+b_k^2)\leqslant\frac{1}{\pi}\int_{-\pi}^{\pi}f^2(x)\,\mathrm{d}x.$$

这表示 Fourier 系数的平方组成了一个收敛的级数.

进一步的研究表明，上面的不等式实际上是一个等式，称为 Parseval 等式（又称**能量恒等式**），它在理论和实际问题中都具有重要作用.

定理 16.3.5（Parseval 等式） 设 $f(x)$ 在 $[-\pi,\pi]$ 上可积或平方可积，则成立等式

$$\frac{a_0^2}{2}+\sum_{k=1}^{\infty}(a_k^2+b_k^2)=\frac{1}{\pi}\int_{-\pi}^{\pi}f^2(x)\,\mathrm{d}x.$$

证明从略.

定义 16.3.2　若函数序列 $\{\psi_n(x)\}$ 满足

$$\lim_{n\to\infty}\|f(x)-\psi_n(x)\|^2=0,$$

这里 $f(x)$ 是某一个固定函数,则称 $\{\psi_n(x)\}$ 按范数 $\|\cdot\|$ **平方收敛于** $f(x)$,简称 $\psi_n(x)$ 平方收敛于 $f(x)$.

由 Parseval 等式

$$\lim_{n\to\infty}\|f-S_n\|^2=\frac{1}{\pi}\int_{-\pi}^{\pi}f^2(x)\,\mathrm{d}x-\left[\frac{a_0^2}{2}+\sum_{k=1}^{\infty}(a_k^2+b_k^2)\right]=0,$$

即得到一个精彩而重要的结论.

推论 16.3.3(Fourier 级数的平方收敛性质)　设 $f(x)$ 在 $[-\pi,\pi]$ 上可积或平方可积,则 $f(x)$ 的 Fourier 级数的部分和函数序列平方收敛于 $f(x)$.

而对一致收敛,我们不加证明地引进一个同样精彩、同样重要的结论.

定理 16.3.6(Weierstrass 第二逼近定理)　对周期为 2π 的任意一个连续函数 $f(x)$,都存在三角多项式序列

$$\left\{\psi_n(x)=\frac{A_0}{2}+\sum_{k=1}^{n}(A_k\cos kx+B_k\sin kx)\right\},$$

使得 $\{\psi_n(x)\}$ 一致收敛于 $f(x)$.

等周问题

在平面上周长相等的所有简单闭曲线中,怎样的曲线所围图形的面积最大? 这就是著名的“等周问题”.早在古希腊时期,人们就已经猜测这样的曲线应该是圆周.但这一事实的严格证明是近代才给出的.确切的结论如下:

定理 16.3.7　平面上具有定长的所有简单闭曲线中,圆周所围的面积最大.换言之,若 L 是平面上简单闭曲线 C 的长度,A 是曲线 C 所围图形的面积,则

$$A\leqslant\frac{L^2}{4\pi},$$

且等号成立时,C 必须是圆周.

注　$\dfrac{L^2}{4\pi}$ 就是周长为 L 的圆所围的面积.

我们现在仅限于对平面上分段光滑的简单闭曲线讨论问题.以下的证明是 Hurwitz 在 1902 年给出的.

引理 16.3.2(Wirtinger)　设 $f(x)$ 在 $[-\pi,\pi]$ 上连续,$f(-\pi)=f(\pi)$, $\int_{-\pi}^{\pi}f(x)\,\mathrm{d}x=0$,且除了有限个点外 $f(x)$ 可导,但在不可导的点,$f(x)$ 的单侧导数存在.进一步假设,$f(x)$ 的导数 $f'(x)$ 在 $[-\pi,\pi]$ 上可积或平方可积,则

$$\int_{-\pi}^{\pi}f^2(x)\,\mathrm{d}x\leqslant\int_{-\pi}^{\pi}f'^2(x)\,\mathrm{d}x,$$

等号成立当且仅当 $f(x)=a\cos x+b\sin x$ $(a,b$ 为常数$)$.

证 由推论 16.2.3，$f(x)$ 的 Fourier 级数在 $[-\pi,\pi]$ 上点点收敛于 $f(x)$. 由于 $a_0=\frac{1}{\pi}\int_{-\pi}^{\pi}f(x)\,\mathrm{d}x=0$，所以

$$f(x)=\sum_{n=1}^{\infty}(a_n\cos nx+b_n\sin nx),\quad x\in[-\pi,\pi];$$

进一步，由定理 16.3.3，

$$f'(x)\sim\sum_{n=1}^{\infty}(-a_n n\sin nx+b_n n\cos nx).$$

于是，由 Parseval 等式得到

$$\frac{1}{\pi}\int_{-\pi}^{\pi}f^2(x)\,\mathrm{d}x=\sum_{k=1}^{\infty}(a_k^2+b_k^2),$$

$$\frac{1}{\pi}\int_{-\pi}^{\pi}f'^2(x)\,\mathrm{d}x=\sum_{k=1}^{\infty}n^2(a_k^2+b_k^2)$$

及

$$\int_{-\pi}^{\pi}f'^2(x)\,\mathrm{d}x-\int_{-\pi}^{\pi}f^2(x)\,\mathrm{d}x=\pi\sum_{k=2}^{\infty}(n^2-1)(a_k^2+b_k^2).$$

上式说明 $\int_{-\pi}^{\pi}f'^2(x)\,\mathrm{d}x-\int_{-\pi}^{\pi}f^2(x)\,\mathrm{d}x\geqslant 0$，并且等号成立当且仅当 $a_n=0,b_n=0(n=2,3,\cdots)$，即

$$f(x)=a_1\cos x+b_1\sin x.$$

定理 16.3.7 的证明

设曲线 C 以弧长为参数的方程为

$$x=x(s),\quad y=y(s),\quad s\in[0,L],$$

且参数 s 从 0 变到 L 时，点 $(x(s),y(s))$ 沿逆时针方向画出曲线 C. 因为 C 是闭曲线，所以 $x(0)=x(L)$，$y(0)=y(L)$. 作变量代换 $s=\frac{L}{2\pi}t+\frac{L}{2}$，可将该曲线的方程改写为

$$x=\varphi(t),\quad y=\psi(t),\quad t\in[-\pi,\pi],$$

且成立 $\varphi(-\pi)=\varphi(\pi)$，$\psi(-\pi)=\psi(\pi)$.

不妨假设 $\int_{-\pi}^{\pi}\varphi(t)\,\mathrm{d}t=0$. 若 $\int_{-\pi}^{\pi}\varphi(t)\,\mathrm{d}t=k\neq 0$，则闭曲线 $\widetilde{C}$：

$$\tilde{x}=x-\frac{k}{2\pi}=\varphi(t)-\frac{k}{2\pi},\ \tilde{y}=y=\psi(t)\quad(t\in[-\pi,\pi])$$

是 C 的一个平移，其所围图形的面积与 C 所围图形的面积相同，于是考虑 C 即可.

由于 $s=\frac{L}{2\pi}t+\frac{L}{2}$，所以 $\frac{\mathrm{d}s}{\mathrm{d}t}=\frac{L}{2\pi}$，再由弧长的微分公式得

$$\frac{L^2}{4\pi^2}=\left(\frac{\mathrm{d}s}{\mathrm{d}t}\right)^2=\varphi'^2(t)+\psi'^2(t),\quad t\in[-\pi,\pi].$$

对上式在 $[-\pi,\pi]$ 上取定积分得

$$\frac{L^2}{2\pi}=\int_{-\pi}^{\pi}[\varphi'^2(t)+\psi'^2(t)]\,\mathrm{d}t.$$

其次, C 所围图形的面积 A 可用曲线积分表示

$$A=\int_C x\mathrm{d}y=\int_{-\pi}^{\pi}\varphi(t)\psi'(t)\mathrm{d}t,$$

因此

$$\begin{aligned}\frac{L^2}{2\pi}-2A&=\int_{-\pi}^{\pi}[\varphi'^2(t)+\psi'^2(t)-2\varphi(t)\psi'(t)]\mathrm{d}t\\&=\int_{-\pi}^{\pi}[\varphi'^2(t)-\varphi^2(t)]\mathrm{d}t+\int_{-\pi}^{\pi}[\psi'(t)-\varphi(t)]^2\mathrm{d}t.\end{aligned}$$

由于 C 是分段光滑曲线, 所以 $\varphi(t)$ 满足引理 16.3.2 的条件, 因此 $\int_{-\pi}^{\pi}[\varphi'^2(t)-\varphi^2(t)]\mathrm{d}t\geqslant 0$,又显然$\int_{-\pi}^{\pi}[\psi'(t)-\varphi(t)]^2\mathrm{d}t\geqslant 0$,所以

$$A\leqslant\frac{L^2}{4\pi},$$

等号成立当且仅当

$$\int_{-\pi}^{\pi}[\varphi'^2(t)-\varphi^2(t)]\mathrm{d}t=0,\quad\int_{-\pi}^{\pi}[\psi'(t)-\varphi(t)]^2\mathrm{d}t=0,$$

等价地,就是

$$\varphi(t)=a\cos t+b\sin t,\quad\psi'(t)=\varphi(t),\quad t\in[-\pi,\pi],$$

这时 C 的参数方程为

$$\begin{cases}x=\varphi(t)=a\cos t+b\sin t,\\y=\psi(t)=a\sin t-b\cos t+c,\end{cases}\qquad t\in[-\pi,\pi],$$

即 C 是一个圆周.

证毕

习　题

1. 由例 16.1.2 的结果

$$x\sim 2\sum_{n=1}^{\infty}\frac{(-1)^{n+1}}{n}\sin nx,\qquad x\in(-\pi,\pi),$$

用逐项积分法求 x^2 和 x^3 的 Fourier 级数.

2. 证明定理 16.3.2 的推论 16.3.1: $\frac{a_0}{2}+\sum_{n=1}^{\infty}(a_n\cos nx+b_n\sin nx)$是某个在$[-\pi,\pi]$上可积或绝对可积函数的 Fourier 级数的必要条件是 $\sum_{n=1}^{\infty}\frac{b_n}{n}$收敛.

3. 说明级数 $\sum_{n=2}^{\infty}\frac{\sin nx}{\ln n}$和 $\sum_{n=2}^{\infty}\frac{\sin nx}{\ln\ln n}$点点收敛,但不可能是任何可积或绝对可积函数的 Fourier 级数.

4. 利用例 16.1.1 的结果

$$f(x)=\begin{cases}1,&x\in[-\pi,0)\\0,&x\in[0,\pi)\end{cases}\sim\frac{1}{2}-\frac{2}{\pi}\sum_{n=1}^{\infty}\frac{\sin(2n-1)x}{2n-1}$$

和 Parseval 等式，证明 $\sum_{n=1}^{\infty}\frac{1}{(2n-1)^2}=\frac{\pi^2}{8}$.

5. 利用例 16.1.2 的结果

$$f(x)=\begin{cases}x, & x\in[0,\pi)\\ -x, & x\in[-\pi,0)\end{cases}\sim\frac{\pi}{2}+\frac{2}{\pi}\sum_{n=1}^{\infty}\frac{(-1)^n-1}{n^2}\cos nx$$

和 Parseval 等式，求 $\sum_{n=1}^{\infty}\frac{1}{(2n-1)^4}$.

6. 利用

$$x^2=\frac{\pi^2}{3}+4\sum_{n=1}^{\infty}\frac{(-1)^n}{n^2}\cos nx, x\in(-\pi,\pi)$$

和 Parseval 等式，求 $\sum_{n=1}^{\infty}\frac{1}{n^4}$.

7. 设 $f(x)$ 为 $(-\infty,+\infty)$ 上以 2π 为周期，且具有二阶连续导数的函数，记

$$b_n=\frac{1}{\pi}\int_{-\pi}^{\pi}f(x)\sin nx\mathrm{d}x,\quad b''_n=\frac{1}{\pi}\int_{-\pi}^{\pi}f''(x)\sin nx\mathrm{d}x.$$

证明：若 $\sum_{n=1}^{\infty}b''_n$ 绝对收敛，则

$$\sum_{n=1}^{\infty}\sqrt{|b_n|}<\frac{1}{2}\left(2+\sum_{n=1}^{\infty}|b''_n|\right).$$

8. 设 $f(x)$ 为 $(-\infty,+\infty)$ 上的以 2π 为周期的连续函数. 证明：若 $f(x)$ 的 Fourier 系数全为零，则 $f(x)\equiv 0$.

9. 设 $f(x)$ 是周期为 2π 的任意一个连续函数，证明对于任意给定的 $\varepsilon>0$，存在三角多项式

$$\psi_n(x)=\frac{A_0}{2}+\sum_{k=1}^{n}(A_k\cos kx+B_k\sin kx),$$

使得

$$\int_{-\pi}^{\pi}|f(x)-\psi_n(x)|\mathrm{d}x<\varepsilon.$$

§4 Fourier 变换和 Fourier 积分

Fourier 变换及其逆变换

以上关于 Fourier 级数的论述都是对周期函数而言的，那么对于不具备周期性的函数，又该如何处理呢？

在 $(-\infty,+\infty)$ 上可积的非周期函数 $f(x)$ 可以看成是周期函数的极限情况，处理思路是这样的：

（1）先取 $f(x)$ 在 $[-T,T]$ 上的部分（即把它视为仅定义在 $[-T,T]$ 上的函数），再以 $2T$ 为周期，将它延拓为 $(-\infty,+\infty)$ 上的周期函数 $f_T(x)$；

（2）对得到的周期函数 $f_T(x)$ 作 Fourier 展开；

（3）令 T 趋于无穷大.

下面来导出具体过程.将 Euler 公式

$$\cos\theta=\frac{e^{i\theta}+e^{-i\theta}}{2},\quad \sin\theta=\frac{e^{i\theta}-e^{-i\theta}}{2i}=-\frac{i}{2}(e^{i\theta}-e^{-i\theta})$$

代入周期为 $2T$ 的函数 $f_T(x)$ 的 Fourier 级数,记 $\frac{\pi}{T}$ 是圆频率(下面就简称为频率),$\omega_n=\frac{n\pi}{T}$,得到

$$f_T(x)\sim\frac{a_0}{2}+\sum_{n=1}^{\infty}(a_n\cos\omega_n x+b_n\sin\omega_n x)=\frac{a_0}{2}+\sum_{n=1}^{\infty}\left(\frac{a_n-ib_n}{2}e^{i\omega_n x}+\frac{a_n+ib_n}{2}e^{-i\omega_n x}\right).$$

记

$$c_0=a_0,$$

$$c_n=a_n-ib_n=\frac{1}{T}\int_{-T}^{T}f_T(t)e^{-i\omega_n t}dt\quad(n=1,2,\cdots),$$

$$c_{-n}=a_n+ib_n=\bar{c}_n,$$

则得到

$$f_T(x)\sim\frac{c_0}{2}+\frac{1}{2}\sum_{n=1}^{+\infty}(c_n e^{i\omega_n x}+c_{-n}e^{-i\omega_n x})=\frac{1}{2}\sum_{n=-\infty}^{+\infty}c_n e^{i\omega_n x},$$

这称为 **Fourier 级数的复数形式**.将 c_n 的表达式代入,即有

$$f_T(x)\sim\frac{1}{2T}\sum_{n=-\infty}^{+\infty}\left[\int_{-T}^{T}f_T(t)e^{-i\omega_n t}dt\right]e^{i\omega_n x}.$$

记 $\Delta\omega=\omega_n-\omega_{n-1}=\frac{\pi}{T}$,于是当 $T\to+\infty$ 时 $\Delta\omega\to 0$,即得到

$$f(x)=\lim_{T\to+\infty}f_T(x)\sim\lim_{\Delta\omega\to 0}\frac{1}{2\pi}\sum_{n=-\infty}^{+\infty}\left[\int_{-T}^{T}f_T(t)e^{-i\omega_n t}dt\right]e^{i\omega_n x}\Delta\omega.$$

记 $\varphi_T(\omega)=\frac{1}{2\pi}\int_{-T}^{T}f_T(t)e^{-i\omega t}dte^{i\omega x}$,则上式可写成

$$f(x)\sim\lim_{\Delta\omega\to 0}\sum_{n=-\infty}^{+\infty}\varphi_T(\omega_n)\Delta\omega,$$

它看上去很像 Riemann 和的极限形式,不过由于 $\Delta\omega\to 0$ 时函数 $\varphi_T(\omega)$ 将随之趋于 $\varphi(\omega)=\frac{1}{2\pi}\int_{-\infty}^{+\infty}f(t)e^{-i\omega t}dte^{i\omega x}$,因此这并非真正的 Riemann 和.但是,我们暂且不理会这些,就将它看成 $\varphi(\omega)$ 在 $(-\infty,+\infty)$ 上的"积分",于是(形式上)有

$$f(x)\sim\frac{1}{2\pi}\int_{-\infty}^{+\infty}\left[\int_{-\infty}^{+\infty}f(t)e^{-i\omega t}dt\right]e^{i\omega x}d\omega.$$

我们称方括号中的函数

$$\hat{f}(\omega)=\int_{-\infty}^{+\infty}f(x)e^{-i\omega x}dx\quad(\omega\in(-\infty,+\infty))$$

为 f 的 **Fourier 变换(或像函数)**,记为 $F[f]$,即

$$F[f](\omega)=\hat{f}(\omega)=\int_{-\infty}^{+\infty}f(x)e^{-i\omega x}dx,$$

而称函数

$$\frac{1}{2\pi}\int_{-\infty}^{+\infty}\hat{f}(\omega)\mathrm{e}^{\mathrm{i}\omega x}\mathrm{d}\omega \quad (x\in(-\infty,+\infty))$$

为 $\hat{f}$ 的 **Fourier 逆变换(或像原函数)**，记为 $F^{-1}[\hat{f}]$，即

$$F^{-1}[\hat{f}](x)=\frac{1}{2\pi}\int_{-\infty}^{+\infty}\hat{f}(\omega)\mathrm{e}^{\mathrm{i}\omega x}\mathrm{d}\omega.$$

注意这里假设了像函数与像原函数的存在性.

我们称函数

$$\frac{1}{2\pi}\int_{-\infty}^{+\infty}\left[\int_{-\infty}^{+\infty}f(t)\mathrm{e}^{-\mathrm{i}\omega t}\mathrm{d}t\right]\mathrm{e}^{\mathrm{i}\omega x}\mathrm{d}\omega=\frac{1}{2\pi}\int_{-\infty}^{+\infty}\mathrm{d}\omega\int_{-\infty}^{+\infty}f(t)\mathrm{e}^{\mathrm{i}\omega(x-t)}\mathrm{d}t$$

为 f 的 **Fourier 积分**.容易想到，在一定条件下，它应与 $f(x)$ 相等，但研究这些条件已超出本课程的要求，我们不加证明地给出以下充分条件.

定理 16.4.1 设函数 f 在 $(-\infty,+\infty)$ 上绝对可积，且在 $(-\infty,+\infty)$ 中的任何闭区间上分段可导.则 f 的 Fourier 积分满足：对于任意 $x\in(-\infty,+\infty)$ 成立

$$\frac{1}{2\pi}\int_{-\infty}^{+\infty}\mathrm{d}\omega\int_{-\infty}^{+\infty}f(t)\mathrm{e}^{\mathrm{i}\omega(x-t)}\mathrm{d}t=\frac{f(x+)+f(x-)}{2}.$$

所谓在闭区间上分段可导是如下定义的：

定义 16.4.1 设函数 f 在 $[a,b]$ 上除有限个点

$$a=x_0<x_1<x_2<\cdots<x_N=b$$

外均可导，而在 $x_i(i=0,1,2,\cdots,N)$ 处 f 的左右极限 $f(x_i-)$ 和 $f(x_i+)$ 都存在(在 $x_0=a$ 只要求右极限存在，在 $x_N=b$ 只要求左极限存在)，并且极限

$$\lim_{h\to0-}\frac{f(x_i+h)-f(x_i-)}{h}$$

和

$$\lim_{h\to0+}\frac{f(x_i+h)-f(x_i+)}{h}$$

都存在(在 $x_0=a$ 只要求上述第二个极限存在，在 $x_N=b$ 只要求上述第一个极限存在)，那么称 f 在 $[a,b]$ 上**分段可导**.

注意，若 x 是 f 的连续点，定理 16.4.1 已蕴含了

$$\frac{1}{2\pi}\int_{-\infty}^{+\infty}\mathrm{d}\omega\int_{-\infty}^{+\infty}f(t)\mathrm{e}^{\mathrm{i}\omega(x-t)}\mathrm{d}t=f(x).$$

请读者将定理 16.4.1 的条件和结论与关于 Fourier 级数的相应定理比较一下.

例 16.4.1 求孤立矩形波

$$f(x)=\begin{cases}h, & |x|\leqslant\delta,\\ 0, & |x|>\delta\end{cases}$$

(见图 16.4.1)的 Fourier 变换 $\hat{f}(\omega)$ 和 $\hat{f}(\omega)$ 的 Fourier 逆变换.

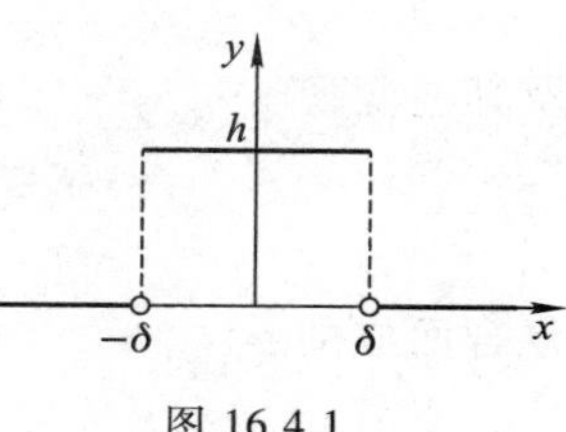

图 16.4.1

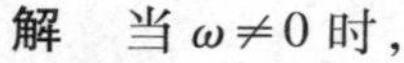
解 当 $\omega\neq0$ 时，

$$\hat{f}(\omega)=\int_{-\infty}^{+\infty} f(x)\mathrm{e}^{-\mathrm{i}\omega x}\mathrm{d}x=h\int_{-\delta}^{\delta}\mathrm{e}^{-\mathrm{i}\omega x}\mathrm{d}x=h\left.\frac{\mathrm{e}^{-\mathrm{i}\omega x}}{-\mathrm{i}\omega}\right|_{-\delta}^{\delta}=\frac{2h}{\omega}\sin(\omega\delta),$$

当 $\omega=0$ 时

$$\hat{f}(0)=\int_{-\infty}^{+\infty} f(x)\mathrm{d}x=2h\delta\left(=\lim_{\omega\to 0}\hat{f}(\omega)\right).$$

而利用熟知的结果 $\int_0^{+\infty}\frac{\sin ax}{x}\mathrm{d}x=\operatorname{sgn}(a)\frac{\pi}{2}$，可以求得 $\hat{f}$ 的逆变换为

$$F^{-1}[\hat{f}]=\frac{1}{2\pi}\int_{-\infty}^{+\infty}\hat{f}(\omega)\mathrm{e}^{\mathrm{i}\omega x}\mathrm{d}\omega=\frac{h}{\pi}\int_{-\infty}^{+\infty}\frac{\sin(\omega\delta)}{\omega}\mathrm{e}^{\mathrm{i}\omega x}\mathrm{d}\omega$$

$$=\frac{2h}{\pi}\int_0^{+\infty}\frac{\sin(\omega\delta)}{\omega}\cos(\omega x)\mathrm{d}\omega=\begin{cases}h, & |x|<\delta,\\ \frac{h}{2}, & x=\pm\delta,\\ 0, & |x|>\delta.\end{cases}$$

设 $f(x)$ 在 $(-\infty,+\infty)$ 上连续，且满足定理 16.4.1 的条件，则将 f 的 Fourier 积分的实部和虚部分开，得到

$$f(x)=\frac{1}{2\pi}\int_{-\infty}^{+\infty}\mathrm{d}\omega\int_{-\infty}^{+\infty}f(t)\cos\omega(x-t)\mathrm{d}t+\frac{\mathrm{i}}{2\pi}\int_{-\infty}^{+\infty}\mathrm{d}\omega\int_{-\infty}^{+\infty}f(t)\sin\omega(x-t)\mathrm{d}t,$$

因为

$$g_s(\omega)\overset{\text{def}}{=}\int_{-\infty}^{+\infty}f(t)\sin\omega(x-t)\mathrm{d}t$$

是奇函数（其中符号“$\overset{\text{def}}{=}$”表示“定义为”），而

$$g_c(\omega)\overset{\text{def}}{=}\int_{-\infty}^{+\infty}f(t)\cos\omega(x-t)\mathrm{d}t$$

是偶函数，由此得到 $f(x)$ 的 **Fourier 积分的三角形式**（也称为**实形式**）

$$f(x)=\frac{1}{\pi}\int_0^{+\infty}\mathrm{d}\omega\int_{-\infty}^{+\infty}f(t)\cos\omega(x-t)\mathrm{d}t.$$

当 $f(x)$ 本身是偶函数时，上式又可化成

$$f(x)=\frac{2}{\pi}\int_0^{+\infty}\left[\int_0^{+\infty}f(t)\cos\omega t\mathrm{d}t\right]\cos\omega x\mathrm{d}\omega,$$

它可以看成是由 **Fourier 余弦变换**

$$F_c[f]=\hat{f}_c(\omega)=\int_0^{+\infty}f(x)\cos\omega x\mathrm{d}x$$

及其逆变换

$$F_c^{-1}[\hat{f}_c]=\frac{2}{\pi}\int_0^{+\infty}\hat{f}_c(\omega)\cos\omega x\mathrm{d}\omega$$

复合而成的.

当 $f(x)$ 本身是奇函数时，可以类似地得到

$$f(x)=\frac{2}{\pi}\int_0^{+\infty}\left[\int_0^{+\infty}f(t)\sin\omega t\mathrm{d}t\right]\sin\omega x\mathrm{d}\omega,$$

它可以看成是由 **Fourier 正弦变换**

$$F_s[f]=\hat{f}_s(\omega)=\int_0^{+\infty}f(x)\sin\omega x\mathrm{d}x$$

及其逆变换

$$F_s^{-1}[\hat{f}_s]=\frac{2}{\pi}\int_0^{+\infty}\hat{f}_s(\omega)\sin\omega x\mathrm{d}\omega$$

复合而成的.

例 16.4.2 求 $f(x)=\mathrm{e}^{-x}\sin x(x\in[0,+\infty))$ 的余弦变换.

解 由 Fourier 余弦变换公式得

$$\int_0^{+\infty}\mathrm{e}^{-x}\sin x\cos\omega x\mathrm{d}x$$

$$=\frac{1}{2}\int_0^{+\infty}\mathrm{e}^{-x}[\sin(1+\omega)x+\sin(1-\omega)x]\mathrm{d}x$$

$$=\frac{1}{2}\left\{\frac{\mathrm{e}^{-x}[\sin(1+\omega)x+(1+\omega)\cos(1+\omega)x]}{1+(1+\omega)^2}-\frac{\mathrm{e}^{-x}[\sin(1-\omega)x+(1-\omega)\cos(1-\omega)x]}{1+(1-\omega)^2}\right\}\Bigg|_0^{+\infty}$$

$$=\frac{1}{2}\left\{\frac{1+\omega}{1+(1+\omega)^2}+\frac{1-\omega}{1+(1-\omega)^2}\right\}=\frac{2-\omega}{4+\omega^4}.$$

Fourier 变换的性质

Fourier 变换和 Fourier 逆变换的下列性质对于理论分析和实际计算都很有用.

(1) 线性性质

设 c_1,c_2 是常数.若 f,g 的 Fourier 变换存在,则

$$F[c_1f+c_2g]=c_1F[f]+c_2F[g];$$

若 $\hat{f}=F[f],\hat{g}=F[g]$ 的 Fourier 逆变换存在,则

$$F^{-1}[c_1\hat{f}+c_2\hat{g}]=c_1F^{-1}[\hat{f}]+c_2F^{-1}[\hat{g}].$$

证明请读者自行完成.

(2) 位移性质

若函数 f 的 Fourier 变换存在,则

$$F[f(x\pm x_0)](\omega)=F[f](\omega)\mathrm{e}^{\pm\mathrm{i}\omega x_0};$$

若 $\hat{f}=F[f]$ 的 Fourier 逆变换存在,则

$$F^{-1}[\hat{f}(\omega\pm\omega_0)](x)=F^{-1}[\hat{f}](x)\mathrm{e}^{\mp\mathrm{i}\omega_0x}.$$

注 以上两式常简记为

$$F[f(x\pm x_0)]=F[f]\mathrm{e}^{\pm\mathrm{i}\omega x_0};$$

$$F^{-1}[\hat{f}(\omega\pm\omega_0)]=F^{-1}[\hat{f}]\mathrm{e}^{\mp\mathrm{i}\omega_0x}.$$

今后类似的情况也用此种记号,而不再一一明确指出变换的函数取值.

证

$$F[f(x\pm x_0)](\omega)=\int_{-\infty}^{+\infty}f(x\pm x_0)\mathrm{e}^{-\mathrm{i}\omega x}\mathrm{d}x$$

$$=\int_{-\infty}^{+\infty}f(u)\mathrm{e}^{-\mathrm{i}\omega(u\mp x_0)}\mathrm{d}u=\mathrm{e}^{\pm\mathrm{i}\omega x_0}\int_{-\infty}^{+\infty}f(u)\mathrm{e}^{-\mathrm{i}\omega u}\mathrm{d}u$$

$$=\mathrm{e}^{\pm\mathrm{i}\omega x_0}F[f](\omega).$$

另一部分的证明留给读者自行完成.

证毕

(3) Fourier 变换还有如下性质:

时间尺度性 $F[f(ax)]=\dfrac{1}{|a|}\hat{f}\left(\dfrac{\omega}{a}\right)$;

频率尺度性 $F\left[\dfrac{1}{a}f\left(\dfrac{x}{a}\right)\right]=\hat{f}(a\omega)$.

证明从略.

(4) **微分性质**

1) 设函数 $f(x)$ 在 $(-\infty,+\infty)$ 上有连续的导数,且 $f(x)$ 与 $f'(x)$ 在 $(-\infty,+\infty)$ 上绝对可积,若 $\lim\limits_{x\to\infty}f(x)=0$,则有

$$F[f']=\mathrm{i}\omega\cdot F[f];$$

2) 若 $f(x)$ 和 $xf(x)$ 在 $(-\infty,+\infty)$ 上绝对可积,则

$$F[-\mathrm{i}x\cdot f]=(F[f])'.$$

证 1) 由分部积分公式得

$$F[f'](\omega)=\int_{-\infty}^{+\infty}f'(x)\mathrm{e}^{-\mathrm{i}\omega x}\mathrm{d}x=f(x)\mathrm{e}^{-\mathrm{i}\omega x}\Big|_{-\infty}^{+\infty}+\mathrm{i}\omega\int_{-\infty}^{+\infty}f(x)\mathrm{e}^{-\mathrm{i}\omega x}\mathrm{d}x=\mathrm{i}\omega\cdot F[f](\omega).$$

2) $$F[-\mathrm{i}x\cdot f](\omega)=\int_{-\infty}^{+\infty}(-\mathrm{i}xf(x))\mathrm{e}^{-\mathrm{i}\omega x}\mathrm{d}x=\int_{-\infty}^{+\infty}\frac{\mathrm{d}}{\mathrm{d}\omega}(f(x)\mathrm{e}^{-\mathrm{i}\omega x})\mathrm{d}x$$

$$=\frac{\mathrm{d}}{\mathrm{d}\omega}\int_{-\infty}^{+\infty}f(x)\mathrm{e}^{-\mathrm{i}\omega x}\mathrm{d}x=\frac{\mathrm{d}}{\mathrm{d}\omega}[F(f)](\omega).$$

注意:这里的求导运算与积分运算交换了次序,其理由请读者自行说明.

证毕

(5) **积分性质**

设函数 $f(x)$ 和 $\int_{-\infty}^{x}f(t)\mathrm{d}t$ 在 $(-\infty,+\infty)$ 上绝对可积,则

$$F\left[\int_{-\infty}^{x}f(t)\mathrm{d}t\right]=\frac{1}{\mathrm{i}\omega}F[f].$$

证 因为

$$\frac{\mathrm{d}}{\mathrm{d}x}\int_{-\infty}^{x}f(t)\mathrm{d}t=f(x),$$

且由 $\int_{-\infty}^{x}f(t)\mathrm{d}t$ 和 $f(x)$ 在 $(-\infty,+\infty)$ 上的绝对可积性,易知 $\lim\limits_{x\to\infty}\int_{-\infty}^{x}f(t)\mathrm{d}t=0$,所以由 Fourier 变换的微分性质得

$$F[f](\omega)=F\left[\frac{\mathrm{d}}{\mathrm{d}x}\int_{-\infty}^{x}f(t)\mathrm{d}t\right](\omega)=\mathrm{i}\omega F\left[\int_{-\infty}^{x}f(t)\mathrm{d}t\right](\omega),$$

即

$$F\left[\int_{-\infty}^{x}f(t)\mathrm{d}t\right](\omega)=\frac{1}{\mathrm{i}\omega}F[f](\omega).$$

证毕

卷积

现在引入卷积的概念.

定义 16.4.2 设函数 f 和 g 在 $(-\infty,+\infty)$ 上定义，且积分

$$(f*g)(x)=\int_{-\infty}^{+\infty}f(t)g(x-t)\,\mathrm{d}t$$

存在，则称函数 $f*g$ 为 f 和 g 的**卷积**.

显然，卷积具有对称性，即 $f*g=g*f$.

建立以下两个定理需要更广泛意义下的积分理论，但由于其重要性，我们仍写出其结论.

定理 16.4.2（卷积的 Fourier 变换） 设函数 f 和 g 在 $(-\infty,+\infty)$ 上绝对可积，则有

$$F[f*g]=F[f]\cdot F[g].$$

定理 16.4.3（Parseval 等式） 设函数 f 在 $(-\infty,+\infty)$ 上绝对可积，且 $\int_{-\infty}^{+\infty}[f(x)]^2\mathrm{d}x$ 收敛. 记 f 的 Fourier 变换为 $\hat{f}$，则

$$\int_{-\infty}^{+\infty}[f(x)]^2\mathrm{d}x=\frac{1}{2\pi}\int_{-\infty}^{+\infty}|\hat{f}(\omega)|^2\mathrm{d}\omega.$$

今后学习其他课程（如偏微分方程、控制理论、计算方法等）时会知道，以上的性质和定理非常重要. 下面举一个简单例子.

例 16.4.3 求解微分方程

$$u''(x)-a^2u(x)+2af(x)=0\quad(a>0\text{ 为常数},x\in(-\infty,+\infty)).$$

解 由 Fourier 变换的微分性质得

$$F[u'']=\mathrm{i}\omega F[u']=-\omega^2F[u].$$

对方程两边作 Fourier 变换，整理后即有

$$F[u]=\frac{2a}{a^2+\omega^2}F[f].$$

利用本节习题 1(2) 的结果 $F[\mathrm{e}^{-a|x|}]=\dfrac{2a}{a^2+\omega^2}(a>0)$ 和定理 16.4.2 的结论，得到

$$\begin{aligned}u(x)&=F^{-1}\left[\frac{2a}{a^2+\omega^2}\cdot F[f]\right]=F^{-1}\left[\frac{2a}{a^2+\omega^2}\right]*F^{-1}[F[f]]\\&=f*\mathrm{e}^{-a|x|}=\int_{-\infty}^{+\infty}f(t)\mathrm{e}^{-a|x-t|}\mathrm{d}t.\end{aligned}$$

注 在这个例题中我们假设了 $f(x)$ 和 $u(x)$ 满足使运算过程成立的一切条件. 下面我们指出几点：

1. Fourier 积分的三角形式

$$f(x)=\frac{1}{\pi}\int_0^{+\infty}\mathrm{d}\omega\int_{-\infty}^{+\infty}f(t)\cos\omega(x-t)\,\mathrm{d}t$$

本可以由实数形式的 Fourier 级数按上述思想直接导出，这里之所以舍近求远，先化成复数形式再兜回来，是因为复数形式的 Fourier 级数和 Fourier 积分具有重要的实际应用价值. 在许多领域，如热学、声学、光学、电工学、核物理学等，都需要对复函数的频率

$\omega_n=\dfrac{n\pi}{T}$和振幅$|c_n|=\sqrt{a_n^2+b_n^2}$进行计算、分析（称为频谱分析）、叠加、滤波等处理，因而复数表达形式对于简化处理过程有着独到的优越性.

2. 周期函数实际上就是频率为$\omega=\dfrac{\pi}{T}$的振荡函数.Fourier 级数

$$f(x)\sim\frac{a_0}{2}+\sum_{n=1}^{\infty}(a_n\cos n\omega x+b_n\sin n\omega x)=\frac{1}{2}\sum_{n=-\infty}^{+\infty}c_n\mathrm{e}^{\mathrm{i}n\omega x}$$

揭示了$f(x)$可以通过频率为ω（称为**基频**）的正弦波$\sin\omega x$和余弦波$\cos\omega x$（称为**基波**）及其n次谐波$\sin n\omega x,\cos n\omega x$叠加来得到，而谐频为$n\omega$的谐波的振幅

$$\sqrt{a_n^2+b_n^2}=|c_n|=\frac{1}{T}\left|\int_{-T}^{T}f(x)\mathrm{e}^{-\mathrm{i}n\omega x}\mathrm{d}x\right|$$

不妨理解成该谐波在整体中的强度.

对于非周期函数，即$T\to+\infty$的情况，这时基频$\omega\to0$，因此谐频由离散的$\{n\omega\}$趋向于布满整个实数轴，或者可以说，此时任何一个实数（仍记为ω）都是它的"谐频".因此，Fourier 逆变换

$$f(x)\sim\frac{1}{2\pi}\int_{-\infty}^{+\infty}\hat{f}(\omega)\mathrm{e}^{\mathrm{i}\omega x}\mathrm{d}\omega=\frac{1}{2}\int_{-\infty}^{+\infty}\frac{\hat{f}(\omega)}{\pi}\mathrm{e}^{\mathrm{i}\omega x}\mathrm{d}\omega$$

同样表示$f(x)$可由频率为ω的"谐波"叠加而成，$\dfrac{|\hat{f}(\omega)|}{\pi}$也应是相应的振幅.

而换一个角度，从 Fourier 变换的定义来看，由于

$$\frac{|\hat{f}(\omega)|}{\pi}=\frac{1}{\pi}\left|\int_{-\infty}^{+\infty}f(x)\mathrm{e}^{-\mathrm{i}\omega x}\mathrm{d}x\right|=\lim_{T\to+\infty}\frac{\dfrac{1}{T}\left|\displaystyle\int_{-T}^{T}f(x)\mathrm{e}^{-\mathrm{i}\omega x}\mathrm{d}x\right|}{\Delta\omega},$$

与$|c_n|$的表达式比较，说明它确实能看成相应于频率ω的谐波在整体中的某种"强度"，与上面的结论相吻合（请读者思考，这里用$\Delta\omega$除一下的用意何在）.

上面的解释有助于理解 Fourier 变换的物理意义.

习　题

1. 求下列定义在$(-\infty,+\infty)$的函数的 Fourier 变换：

(1) $f(x)=\begin{cases}A, & 0<x<\delta,\\ 0, & \text{其他};\end{cases}$　　(2) $f(x)=\mathrm{e}^{-a|x|}, a>0$;

(3) $f(x)=\mathrm{e}^{-ax^2},\quad a>0$;　　(4) $f(x)=\begin{cases}\mathrm{e}^{-2x}, & x\geqslant0,\\ 0, & x<0;\end{cases}$

(5) $f(x)=\begin{cases}A\cos\omega_0x, & |x|\leqslant\delta,\\ 0, & |x|>\delta;\end{cases}$　$\omega_0\neq0$是常数，$\delta=\dfrac{\pi}{\omega_0}$.

2. 求$f(x)=\mathrm{e}^{-ax}(x\in[0,+\infty),a>0)$的正弦变换和余弦变换.

3. 设 $f_1(x)=\begin{cases}e^{-x}, & x\geqslant 0,\\ 0, & x<0,\end{cases}$　$f_2(x)=\begin{cases}\sin x, & 0\leqslant x\leqslant \dfrac{\pi}{2},\\ 0, & 其他,\end{cases}$ 求 $f_1 * f_2(x)$.

§5　快速 Fourier 变换

离散 Fourier 变换

人们刚开始利用无线电技术传输信号时，是将连续信号进行某种调制处理后直接传送的(见图 16.5.1)，本质上传送的还是连续信号(也叫模拟信号).这样的传输方式抗干扰能力差，失真严重，尤其是经过长距离传送或多级传递后，信号可能面目全非，质量自然难尽人意.

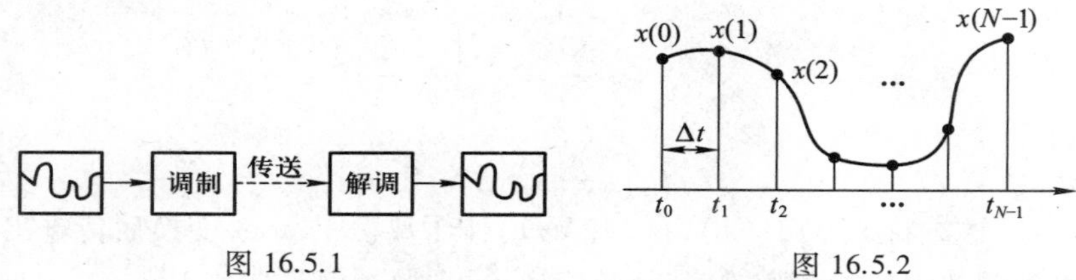

图 16.5.1　　图 16.5.2

以后发展了离散的传输方法，它不是传送连续信号本身，而是每隔一段时间 Δt，从信号中提取一个数值脉冲(称为数值抽样)，将连续信号转化成数据序列 $x(0)$，$x(1)$，$x(2)$，…，$x(N-1)$(见图 16.5.2)，再经编码后发送.只要抽取的时间间隔足够小，这列数据就能很好地反映原信号，接收方通过逆向处理，可以复原出所传递的信号(见图 16.5.3).这种方法称为数字信号传输，具有抗干扰能力强、信号还原质量高、易于加密和解密等优点，问世后便受到广泛的重视，至今方兴未艾.

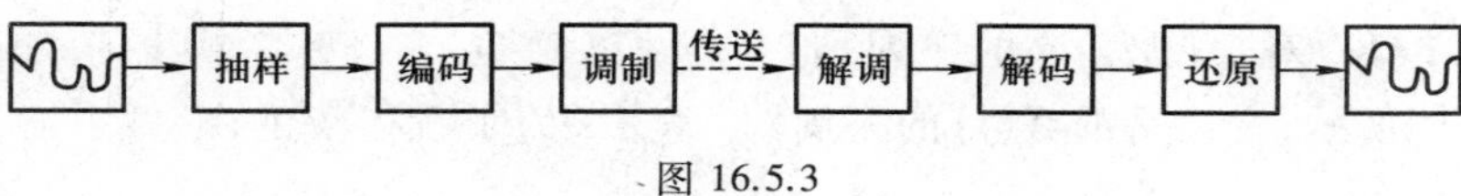

图 16.5.3

可以想见的是，为了保证接收的质量，Δt 必须取得很小，即 N 非常之大.因此，直接发送这列数据将会长时间地占用传输设备和线路，这不但需要支付昂贵的费用，在情况紧急时甚至会误事.

所以，在抽样之后需要对数据序列 $x(0)$，$x(1)$，…，$x(N-1)$ 进行简化和压缩，但由于序列中数据的大小是散乱的，因此一方面我们不能随意舍弃某些数据，另一方面压缩的效果也比较差.

后来经研究发现，若对数据序列 $x(0)$，$x(1)$，…，$x(N-1)$ 施以如下的**离散 Fourier 变换**

$$X(j)=\sum_{n=0}^{N-1}x(n)\mathrm{e}^{-2\pi\mathrm{i}\frac{nj}{N}}\qquad(j=0,1,2,\cdots,N-1,\mathrm{i}=\sqrt{-1})$$

就可以有效地解决上面的问题.(之所以称它为"离散 Fourier 变换",在于它可以看成是 Fourier 变换 $\hat{f}(\omega)=\int_{-\infty}^{+\infty}f(x)\mathrm{e}^{-\mathrm{i}\omega x}\mathrm{d}x$ 的一种离散的近似形式的推广,见习题 1.)

利用正交关系式

$$\frac{1}{N}\sum_{n=0}^{N-1}\mathrm{e}^{-2\pi\mathrm{i}\frac{nj}{N}}\mathrm{e}^{2\pi\mathrm{i}\frac{nk}{N}}=\delta_{j,k}=\begin{cases}1, & j=k,\\0, & j\neq k\end{cases}$$

(请读者自证),可以导出**离散 Fourier 逆变换**

$$x(k)=\frac{1}{N}\sum_{j=0}^{N-1}X(j)\mathrm{e}^{2\pi\mathrm{i}\frac{jk}{N}},\quad k=0,1,2,\cdots,N-1,$$

这是因为

$$\begin{aligned}\frac{1}{N}\sum_{j=0}^{N-1}X(j)\mathrm{e}^{2\pi\mathrm{i}\frac{jk}{N}}&=\frac{1}{N}\sum_{j=0}^{N-1}\sum_{n=0}^{N-1}x(n)\mathrm{e}^{-2\pi\mathrm{i}\frac{nj}{N}}\mathrm{e}^{2\pi\mathrm{i}\frac{jk}{N}}\\&=\sum_{n=0}^{N-1}x(n)\left[\frac{1}{N}\sum_{j=0}^{N-1}\mathrm{e}^{-2\pi\mathrm{i}\frac{nj}{N}}\mathrm{e}^{2\pi\mathrm{i}\frac{jk}{N}}\right]\\&=\sum_{n=0}^{N-1}x(n)\delta_{n,k}=x(k).\end{aligned}$$

也就是说,若发送方将 $x(0),x(1),\cdots,x(N-1)$ 作了离散 Fourier 变换后传输出去,接收方可以对收到的数据进行离散 Fourier 逆变换,再现原始信号.

从表面看来,这么做似乎毫无必要,因为变换后的数据长度仍是 N,并没有缩短,况且还要额外支出两次变换的代价.其实不然.

从变换公式容易看出,变换后的序列中的每个 $X(j)$,都包含了原序列中所有信号的信息.因此,即使丢失了某些 $X(j)$,仍可望由其余数据基本正确地还原出原始数据.这当然使得传输过程的抗干扰能力进一步提高,但更重要的是,这可以让我们通过有意剔除某些模较小的数据(通常这类数据数量很大)而使需传输的序列大为缩短.此外,$X(0),X(1),\cdots,X(N-1)$ 的排列将很有规律,模较大的数据往往集中在序列中一两个较窄的范围内,易于作高效的压缩处理.

例 16.5.1　对长度为 64 的序列 $\{x(k)\}$ 做离散 Fourier 变换,其取值如图 16.5.4(a)中的"+"所示,变换后的 $X(j)$ 的模用"∘"表示(为了看得清楚,已做了适当比例的压缩).

从图中可以看到,$\{x(k)\}$ 的变化很大,有高低不同的四个起伏.但做了 Fourier 变换后,$\{|X(j)|\}$ 只是在序列的起首和终止处附近有两个高的起伏,而处于序列中部的数据,其模的波动范围是不大的.也就是说,$\{X(j)\}$ 排列确实很有规律,易于作进一步的处理.

此外,我们还发现,$\{X(j)\}$ 中约有三分之一的点(虚线以下)的模接近于零.现在我们将这些点全部强行置为零后,再对整个序列进行 Fourier 逆变换,这相当于在序列中删除了这些数据后再传输出去,让对方仅用剩下的那部分模较大的数据进行逆变换.图 16.5.4(b)显示了所得的结果,这里 $\{x(k)\}$ 仍用"+"表示,逆变换后得到的相应值用"∘"表示,我们发现,除了极个别点误差稍大之外,两者的吻合程度是相当令人满意的.

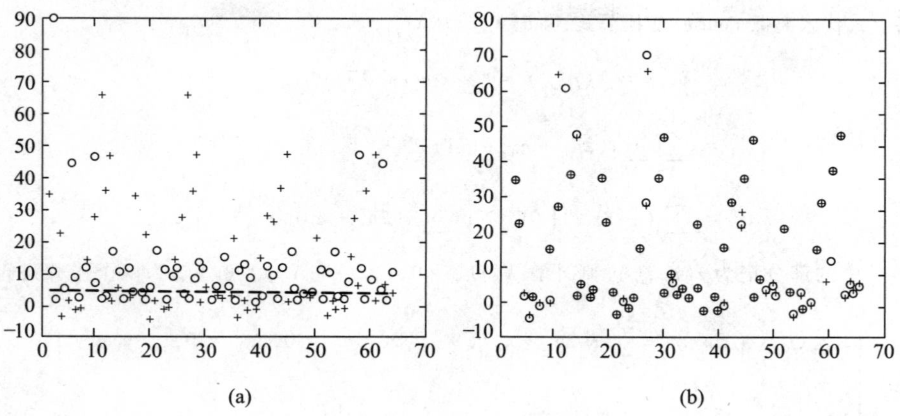

图 16.5.4

快速 Fourier 变换

尽管早就发现离散 Fourier 变换有如此诱人的好处,但在一个相当长的时期中,人们对它基本上只限于纸上谈兵.这是因为,做一次变换需要进行 N^2 次复数乘法和 $N(N-1)$ 次复数加法,实际使用中的 N 总是极为巨大的,相应的高昂代价令人望而却步.

一直到 20 世纪 60 年代中期,Cooley 和 Tukey 发现了计算离散 Fourier 变换的高效(同时又特别适合于计算机硬件操作)的方法 —— **快速 Fourier 变换**(简称 **FFT**——Fast Fourier Transform)之后,它才真正获得了生命力.可以毫不夸张地说,基于 FFT 的离散 Fourier 变换技术,是当今信息传输(见图 16.5.5)、频谱分析、图像处理、数据压缩等领域中最重要的数学工具之一.目前,国际上任何一个综合的数学软件中,必定含有 FFT 的计算程序.

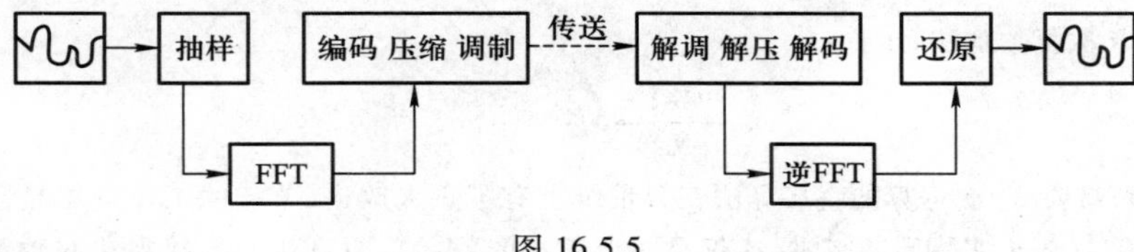

图 16.5.5

下面对 FFT 的思想作一简单介绍(由于逆 FFT 的形式与 FFT 完全相同,因此所有的方法和结论都可以平行地用到逆 FFT 上去).

设 $N=2m$,将 j 和 n 分别改写成

$$j=mj_1+j_0,\begin{cases} j_0=0,1,\cdots,m-1,\\ j_1=0,1\end{cases}$$

和

$$n=2n_1+n_0,\begin{cases} n_0=0,1,\\ n_1=0,1,\cdots,m-1,\end{cases}$$

记 $W_N=\mathrm{e}^{-\frac{2\pi\mathrm{i}}{N}}$,则

$$W_N^2=\mathrm{e}^{-\frac{2\pi\mathrm{i}}{m}}=W_m,\quad W_N^m=\mathrm{e}^{-\pi\mathrm{i}}=-1,\quad W_N^{2m}=W_N^N=1,$$

而

$$\mathrm{e}^{-2\pi\mathrm{i}\frac{nj}{N}}=(W_N)^{nj}=(W_N)^{(2n_1+n_0)(mj_1+j_0)}=(W_N)^{2mn_1j_1}(W_N)^{mn_0j_1}(W_N)^{2n_1j_0}(W_N)^{n_0j_0}=(-1)^{n_0j_1}\cdot(W_m)^{n_1j_0}\cdot(W_N)^{n_0j_0}.$$

将上式代入离散 Fourier 变换公式，并记 $X(j)$ 为 $X(j_1,j_0)$，

$$\begin{aligned}X(j) &= X(j_1,j_0) = \sum_{n=0}^{N-1} x(n)\mathrm{e}^{-2\pi\mathrm{i}\frac{nj}{N}}\\&= \sum_{n_1=0}^{m-1}\sum_{n_0=0}^{1} x(2n_1+n_0)(-1)^{n_0j_1}\cdot(W_m)^{n_1j_0}\cdot(W_N)^{n_0j_0}\\&= \sum_{n_0=0}^{1}(-1)^{n_0j_1}\left[(W_N)^{n_0j_0}\sum_{n_1=0}^{m-1}x(2n_1+n_0)(W_m)^{n_1j_0}\right],\end{aligned}$$

将方括号中的部分记为 $z(n_0,j_0)$，则计算 $X(j)\ (j=0,1,2,\cdots,N-1)$ 可分解为两个步骤进行：

$$\begin{cases}z(n_0,j_0) = (W_N)^{n_0j_0}\displaystyle\sum_{n_1=0}^{m-1}x(2n_1+n_0)(W_m)^{n_1j_0}, & n_0=0,1;j_0=0,1,\cdots,m-1,\\ X(j_1,j_0) = \displaystyle\sum_{n_0=0}^{1}(-1)^{n_0j_1}\cdot z(n_0,j_0), & j_1=0,1;j_0=0,1,\cdots,m-1.\end{cases}$$

实际处理数据时，因子 $(W_m)^{n_1j_0}$ 和 $(W_N)^{n_0j_0}$ 都是事先算好存储在计算机内的.因此，在第一式中，每一个 $z(n_0,j_0)$ 需要进行 m 次复数乘法和 $m-1$ 次复数加法，第二式中，每一个 $X(j_1,j_0)$ 只需要做 $m-1$ 次复数加法而不需要做复数乘法，所以总共需要做 mN 次复数乘法和 $2(m-1)N$ 次复数加法.

若 $N=2^k$，则 $m=2^{k-1}$ 仍是偶数，因此可对第一式中的

$$\sum_{n_1=0}^{m-1}x(2n_1+n_0)(W_m)^{n_1j_0}$$

继续进行上述处理，以进一步减少计算量.这样一种反复递减，直到 $m=2$ 为止的过程称为以 2 为底的快速 Fourier 变换（附带说明，任何一个大于 1 的自然数都可以作为快速 Fourier 变换的底，在同一个计算过程中还可以混合使用多个底数，参见习题.）

容易推导出，对 $N=2^k$，执行一个以 2 为底的完整的 FFT，只需要进行 $\frac{kN}{2}=\frac{1}{2}N\log_2 N$ 次复数乘法和 $kN=N\log_2 N$ 次复数加法.由于

$$\frac{\log_2 N}{N}\to 0,\quad N\to\infty,$$

因此它比原来需要 N^2 次运算的直接算法在数量级上有了重大改进，节省的工作量相当惊人，比如，对 $N=2^{10}=1024$（对于实际问题来讲，这仅是一个很小的数字），原算法的复数乘法次数就超过 FFT 的 200 倍！

FFT 还为离散 Fourier 变换开拓出了许多新的用途，计算数列的卷积就是一个典型的例子.

设 $\{x(k)\}_{k=0}^{N-1}$ 和 $\{y(k)\}_{k=0}^{N-1}$ 都是实的或复的数列，定义它们的**卷积**为

$$x(k)*y(k)\overset{\text{def}}{=}\sum_{j=0}^{N-1}x(j)y(k-j)=z(k),\quad k=0,1,\cdots,N-1,$$

（当序号不属 0 到 $N-1$ 范围时，规定 $x(k\pm N)=x(k)$ 和 $y(k\pm N)=y(k)$.），这与上一节中定义的函数的卷积是很相像的.

显然，若直接按上式计算，要得到 $\{z(k)\}_{k=0}^{N-1}$ 总共约需做 $2N^2$ 次运算，其中加法和乘法基本上各占一半.这与用直接方法做一次离散 Fourier 变换的计算量是相同的，并非是一种有效的方法.

考虑到函数的卷积与 Fourier 变换的关系，可以猜想，数列的卷积可能与离散 Fourier 变换会有类似的关系.若果真是这样，那么 FFT 就可以在其中找到用武之地.

设 $\{x(k)\}$ 和 $\{y(k)\}$ 的离散 Fourier 变换分别为 $\{X(j)\}_{j=0}^{N-1}$ 和 $\{Y(j)\}_{j=0}^{N-1}$，即

$$X(j)=\sum_{n=0}^{N-1}x(n)(W_N)^{nj},\quad Y(j)=\sum_{m=0}^{N-1}y(m)(W_N)^{mj},$$

则它们对应项的相乘为

$$X(j)Y(j) = \sum_{n=0}^{N-1}\sum_{m=0}^{N-1} x(n)y(m)(W_N)^{(n+m)j},$$

利用

$$\frac{1}{N}\sum_{n=0}^{N-1}(W_N)^{nj}(W_N)^{-nk} = \delta_{j,k},$$

于是，数列$\{X(j)Y(j)\}_{j=0}^{N-1}$的离散 Fourier 逆变换为

$$\begin{aligned}\frac{1}{N}\sum_{j=0}^{N-1} X(j)Y(j)\mathrm{e}^{2\pi\mathrm{i}\frac{jk}{N}} &= \frac{1}{N}\sum_{j=0}^{N-1}\left[\sum_{n=0}^{N-1}\sum_{m=0}^{N-1} x(n)y(m)(W_N)^{(m+n)j}\right](W_N)^{-kj} \\ &= \sum_{n=0}^{N-1}\sum_{m=0}^{N-1} x(n)y(m)\left[\frac{1}{N}\sum_{j=0}^{N-1}(W_N)^{(m+n)j}(W_N)^{-kj}\right] \\ &= \sum_{n=0}^{N-1}\sum_{m=0}^{N-1} x(n)y(m)\delta_{m+n,k} = \sum_{n=0}^{N-1} x(n)y(k-n) = z(k).\end{aligned}$$

这就是说，**两个数列卷积的离散 Fourier 变换，等于由这两个数列分别的离散 Fourier 变换的对应项乘积构成的数列**，请读者与定理 16.4.2 的结论加以比较.

于是，计算$\{x(k)\}$和$\{y(k)\}$的卷积$\{z(k)\}$的过程可以分成三步：

(1) 分别做$\{x(k)\}$和$\{y(k)\}$的离散 Fourier 变换$\{X(j)\}$和$\{Y(j)\}$；

(2) 求 $X(j)Y(j)$，$j=0,1,\cdots,N-1$；

(3) 做$\{X(j)Y(j)\}$的离散 Fourier 逆变换，得到$\{z(k)\}$.

上述过程需要两次离散 Fourier 变换和一次离散 Fourier 逆变换（步骤(2)中的乘法计算量可以忽略不计），若用直接计算的方法做变换，总计算量将达到直接求卷积时的三倍，无疑是大大地划不来.因此尽管这个结果早就为人所知，但在 FFT 问世之前，就实际问题计算而言，从来就是无人问津的.

有了 FFT 之后情况立即改观.因(1)和(3)用 FFT 做，总共只需 $4.5N\log_2 N$ 次运算，其中仅三分之一为乘法，而(2)只需 $2N$ 次运算，所以虽说是绕了一个圈子，计算量反倒大为减少，并且，当 N 很大时，减少的数目是相当可观的.

由 FFT 方法出发，产生了很大一类基于卷积计算的快速算法.比如，要计算两个 n 次多项式 $p_n(x)=\sum_{k=0}^{n} a_k x^k$ 和 $q_n(x)=\sum_{k=0}^{n} b_k x^k$ 的乘积

$$r_{2n}(x) = p_n(x)q_n(x) = \sum_{k=0}^{2n} c_k x^k$$

（次数不一样时，可将高次幂的系数视为 0），直接求系数

$$c_k = \sum_{j=0}^{k} a_j b_{k-j}, \quad k = 0,1,\cdots,2n,$$

将是事倍功半的.若观察到 c_k 的形式与卷积非常相像，进而令数列$\{A(k)\}$和$\{B(k)\}$分别为

$$A(k)=\begin{cases} a_k, & 0\leqslant k\leqslant n, \\ 0, & n<k\leqslant 2n, \end{cases} \qquad B(k)=\begin{cases} b_k, & 0\leqslant k\leqslant n, \\ 0, & n<k\leqslant 2n, \end{cases}$$

则不难验证$\{c_k\}$正是$\{A(k)\}$和$\{B(k)\}$的卷积，于是前面关于卷积的高效的计算方案可以毫不走样地全部照搬 —— 这就是求多项式乘积的快速算法.

求两个级数的 Cauchy 乘积的处理是类似的，某些类型的矩阵乘法也可以从卷积入手导出快速算法，这里不再一一介绍了.

习 题

1. 说明离散 Fourier 变换 $X(j)=\sum_{n=0}^{N-1}x(n)\mathrm{e}^{-2\pi\mathrm{i}\frac{nj}{N}}$ 可以看成 Fourier 变换

$$\hat{f}(\omega)=\int_{-\infty}^{+\infty}f(x)\mathrm{e}^{-\mathrm{i}\omega x}\mathrm{d}x$$

的离散近似形式的推广.

2. 证明正交关系式

$$\frac{1}{N}\sum_{n=0}^{N-1}\mathrm{e}^{-2\pi\mathrm{i}\frac{nj}{N}}\mathrm{e}^{2\pi\mathrm{i}\frac{nk}{N}}=\delta_{j,k}.$$

3. 设 $N=pq(p,q\in\mathbf{N})$,构造只需 $O((p+q)N)$ 次运算的 Fourier 变换算法.
4. 对 $N=2^3$,具体写出以 2 为底的 FFT 的计算流程.

计算实习题

(在教师的指导下,编制程序在电子计算机上实际计算)

1. 利用现成的数学通用软件(如 MATLAB、Mathematica、Maple 等),对于 $N=32,64,128$,
   (1) 生成实数序列 $\{x(k)\}_{k=0}^{N-1}$;
   (2) 用 FFT 计算 $\{x(k)\}_{k=0}^{N-1}$ 的离散 Fourier 变换序列 $\{X(j)\}_{j=0}^{N-1}$;
   (3) 作出 $\{x(k)\}$ 和 $\{|X(j)|\}$ 的图并进行分析(参见图 16.5.4);
   (4) 设定 $\delta_0>0$,将 $\{|X(j)|\}$ 中满足 $|X(j)|<\delta_0$ 的数据全部置为零,再进行离散 Fourier 逆变换,将得到的数据与 $\{x(k)\}$ 比较;
   (5) 改变 δ_0 的值,重复(4),分析不同的 δ_0 对逆变换所得到的数据的影响.
2. 对于 $N=32,64,128$,
   (1) 产生两个实数序列 $\{x(k)\}_{k=0}^{N-1}$ 和 $\{y(k)\}_{k=0}^{N-1}$;
   (2) 用直接方法计算 $\{x(k)\}$ 和 $\{y(k)\}$ 的卷积 $\{z(k)\}_{k=0}^{N-1}$;
   (3) 改用离散 Fourier 变换的思想,用 FFT 计算 $\{z(k)\}$;
   (4) 结合 N 比较两种算法所用的时间.
3. 用 FFT 计算多项式 $\sum_{n=0}^{m}\frac{(-1)^n x^{2n+1}}{(2n+1)!}$ 和 $\sum_{n=0}^{m}\frac{(-1)^n x^{2n}}{(2n)!}$ 的乘积,并与 $\frac{\sin 2x}{2}$ 的 Taylor 级数的相应项比较.

补充习题

部分习题答案与提示

第 九 章

§1

1. (1) $S=\frac{3}{4}$. (2) 发散. (3) $S=\frac{1}{4}$. (4) $S=\frac{1}{2}$. (5) 发散. (6) $S=3\frac{9}{20}$.

 (7) $S=-\sqrt{2}+1$. 提示: $S_n=\sqrt{n+2}-\sqrt{n+1}-\sqrt{2}+1$.

 (8) $S=1$. 提示: 设 $S_n=\sum\limits_{k=1}^{n}\frac{2k-1}{3^k}$, 则 $3S_n=\sum\limits_{k=1}^{n}\frac{2k-1}{3^{k-1}}=\sum\limits_{k=0}^{n-1}\frac{2k+1}{3^k}$, 再两式相减.

 (9) $S=\frac{1-q\cos\theta}{1-2q\cos\theta+q^2}$. 提示: 由 $\sum\limits_{n=0}^{\infty}q^n\mathrm{e}^{\mathrm{i}n\theta}=\frac{1}{1-q\mathrm{e}^{\mathrm{i}\theta}}$, 利用 Euler 公式

 $\mathrm{e}^{\mathrm{i}\theta}=\cos\theta+\mathrm{i}\sin\theta$, 对上式两边取实部.

2. (1) $(-\infty,0)\cup(2,+\infty)$. (2) $(-\infty,0)$. (3) $(-1,1]$.

4. $\sum\limits_{n=1}^{\infty}x_n=\frac{1}{6}$. 提示: $x_n=\frac{1}{n+1}-\frac{2}{n+2}+\frac{1}{n+3}$.

5. (1) $S_n=\frac{4}{3}a_n^3$, 其中 $a_n=\frac{1}{\sqrt{n(n+1)}}$. (2) $\sum\limits_{n=1}^{\infty}\frac{S_n}{a_n}=\frac{4}{3}$.

§2

1. (1) $\overline{\lim\limits_{n\to\infty}}x_n=\frac{1}{2}$, $\underline{\lim\limits_{n\to\infty}}x_n=-\frac{1}{2}\cos\frac{\pi}{5}$. (2) $\overline{\lim\limits_{n\to\infty}}x_n=+\infty$, $\underline{\lim\limits_{n\to\infty}}x_n=0$.

 (3) $\overline{\lim\limits_{n\to\infty}}x_n=-\infty$, $\underline{\lim\limits_{n\to\infty}}x_n=-\infty$. (4) $\overline{\lim\limits_{n\to\infty}}x_n=1+\frac{\sqrt{3}}{2}$, $\underline{\lim\limits_{n\to\infty}}x_n=1-\frac{\sqrt{3}}{2}$.

 (5) $\overline{\lim\limits_{n\to\infty}}x_n=5$, $\underline{\lim\limits_{n\to\infty}}x_n=-5$.

§3

1. (1) 收敛. (2) 发散. (3) 发散. (4) 收敛. (5) 收敛. (6) 收敛.

 (7) 发散. (8) 发散. (9) 收敛. (10) 收敛. (11) 收敛. (12) 收敛.

 (13) 发散. (14) 收敛. (15) 收敛. (16) 收敛. (17) 收敛.

3. (1) $\lim\limits_{n\to\infty} n\left(\dfrac{x_n}{x_{n+1}}-1\right)=a$，当 $a>1$ 时，级数收敛，当 $0<a<1$ 时，级数发散；当 $a=1$，$x_n=\dfrac{1}{n+1}$，级数发散.

(2) $\lim\limits_{n\to\infty} n\left(\dfrac{x_n}{x_{n+1}}-1\right)=\ln 3>1$，级数收敛.

(3) $\lim\limits_{n\to\infty} n\left(\dfrac{x_n}{x_{n+1}}-1\right)=\ln 2<1$，级数发散.

4. (1) 收敛. (2) 发散. (3) 收敛.

8. 提示：$\dfrac{\sqrt{x_n}}{n^p}\leqslant\dfrac{1}{2}\left(x_n+\dfrac{1}{n^{2p}}\right)$；反例：$x_n=\dfrac{1}{n\ln^2 n}$.

9. (1) $S=A-f(1)$. (2) 提示：$0\leqslant f'(n)<f'(\xi)=f(n)-f(n-1)$.

10. 提示：$a_n+a_{n+2}=\dfrac{1}{n+1}$.

11. 提示：证明数列 $\{nx_{n+1}\}$ 单调增加，于是存在 $\alpha>0$，使得 $nx_{n+1}\geqslant\alpha$.

12. 提示：设 $S_n=\sum\limits_{k=1}^{n}x_k$，令 $y_1=\sqrt{S_1}$，$y_n=\sqrt{S_n}-\sqrt{S_{n-1}}\ (n=2,3,4,\cdots)$.

13. 提示：利用不等式 $\dfrac{x_n}{S_n^2}\leqslant\dfrac{S_n-S_{n-1}}{S_nS_{n-1}}=\dfrac{1}{S_{n-1}}-\dfrac{1}{S_n}$.

14. 提示：注意 Fibonacci 数列的性质 $a_{n+1}=a_n+a_{n-1}$ 与 $\lim\limits_{n\to\infty}\dfrac{a_{n+1}}{a_n}=\dfrac{\sqrt{5}+1}{2}<2$（见例 2.4.4）. 由 d'Alembert 判别法可知级数收敛.设 $S=\sum\limits_{n=1}^{\infty}\dfrac{a_n}{2^n}$，则 $2S=\sum\limits_{n=0}^{\infty}\dfrac{a_{n+1}}{2^n}$，两式相加得到 $3S=a_1+\sum\limits_{n=1}^{\infty}\dfrac{a_{n+2}}{2^n}=4S-a_1-a_2$.

§4

1. (1) 发散. (2) 条件收敛. (3) 当 $x\neq 0$ 时条件收敛；当 $x=0$ 时绝对收敛. (4) 发散. (5) 条件收敛.

(6) 条件收敛.

(7) 当 $x\in\left(k\pi-\dfrac{\pi}{6},k\pi+\dfrac{\pi}{6}\right)$ 时绝对收敛；当 $x=k\pi\pm\dfrac{\pi}{6}$ 时条件收敛；其他情况下发散.

(8) 当 $x=\dfrac{k\pi}{2}$ 时绝对收敛；设 $x\neq\dfrac{k\pi}{2}$，当 $p>1$ 时绝对收敛，当 $p\leqslant 1$ 时发散.

(9) 当 $|x|<2$ 时绝对收敛，当 $|x|\geqslant 2$ 时发散. (10) 条件收敛.

(11) 当 $|x|<1$ 时绝对收敛；

当 $x=1$ 时，$\begin{cases} p>1 \text{ 或 } p=1,q>1 \text{ 绝对收敛}, \\ \text{其他情况发散}; \end{cases}$

当 $x=-1$ 时，$\begin{cases} p>1 \text{ 或 } p=1,q>1 \text{ 绝对收敛}, \\ p=1,q\leqslant 1 \text{ 或 } 0<p<1 \text{ 或 } p=0,q>0 \text{ 条件收敛}, \\ \text{其他情况发散}; \end{cases}$

当 $|x|>1$ 时发散.

(12) 当 $a>1$ 时绝对收敛；当 $0<a\leqslant 1$ 时条件收敛.

3. 提示：当 $n\to\infty$ 时，$\dfrac{n}{2}x_n<x_{[\frac{n}{2}]}+x_{[\frac{n}{2}]+1}+\cdots+x_n\to 0$.

5. $\sum\limits_{n=1}^{\infty}y_n$ 不一定收敛. 反例：$x_n=\dfrac{(-1)^{n+1}}{\sqrt{n}}$，$y_n=\dfrac{(-1)^{n+1}}{\sqrt{n}}+\dfrac{1}{n}$.

6. $\sum_{n=1}^{\infty}(-1)^{n+1}x_n$ 不一定收敛. 反例: $x_n=\begin{cases}\dfrac{1}{k}, & n=2k,\\ \dfrac{1}{k^2}, & n=2k-1.\end{cases}$

7. 收敛; 提示: $\lim\limits_{n\to\infty}x_n=\alpha>0$.

8. 提示: $\sum\limits_{n=1}^{\infty}\dfrac{x_n}{n^{\alpha}}=\sum\limits_{n=1}^{\infty}\left(\dfrac{x_n}{n^{\alpha_0}}\cdot\dfrac{1}{n^{\alpha-\alpha_0}}\right)$, 利用 Abel 判别法或 Dirichlet 判别法.

9. 提示: 令 $a_n=x_n, b_n=1$, 则 $B_k=k$, 利用 Abel 变换得到

$$\sum_{k=1}^{n}x_k=nx_n-\sum_{k=1}^{n-1}k(x_{k+1}-x_k).$$

10. 提示: 由于 $\sum\limits_{n=1}^{\infty}y_n$ 收敛, $\forall\varepsilon>0, \exists N, \forall n>N, \forall p\in\mathbf{N}^+$: $\left|\sum\limits_{k=n+1}^{n+p}y_k\right|<\varepsilon$. 由于 $\sum\limits_{n=2}^{\infty}(x_{n+1}-x_n)$ 绝对收敛, 所以收敛, 于是可知 $\{x_n\}$ 有界. 设 $\sum\limits_{n=2}^{\infty}|x_{n+1}-x_n|=A$, $|x_n|\leqslant B$, 令 $B_{n+k}=y_{n+1}+y_{n+2}+\cdots+y_{n+k}$, 利用 Abel 变换得到

$$\left|\sum_{k=n+1}^{n+p}x_ky_k\right|=\left|x_{n+p}B_{n+p}-\sum_{k=n+1}^{n+p-1}(x_{k+1}-x_k)B_k\right|<(A+B)\varepsilon.$$

11. 提示: 首先有 $f(0)=0, f'(0)=0$, 于是 $f\left(\dfrac{1}{n}\right)\sim\dfrac{f''(0)}{2}\cdot\dfrac{1}{n^2}$.

12. 提示: 反证法. 令 $y_n=\left(1+\dfrac{1}{n}\right)x_n$, 若 $\sum\limits_{n=1}^{\infty}y_n$ 收敛, 则由 Abel 判别法, $\sum\limits_{n=1}^{\infty}x_n=\sum\limits_{n=1}^{\infty}\dfrac{n}{n+1}y_n$ 收敛.

13. 提示: 由 $\lim\limits_{n\to\infty}n\left(\dfrac{x_n}{x_{n+1}}-1\right)>0$, 可知数列 $\{x_n\}$ 当 n 充分大时是单调减少的; 同时存在 $\beta>\alpha>0$, 当 n 充分大时, 成立 $\dfrac{x_n}{x_{n+1}}>1+\dfrac{\beta}{n}>\left(1+\dfrac{1}{n}\right)^{\alpha}$, 这说明数列 $\{n^{\alpha}x_n\}$ 当 n 充分大时也是单调减少的, 于是 $n^{\alpha}x_n\leqslant A$, 从而数列 $\{x_n\}$ 趋于零.

14. $\dfrac{3}{2}\ln 2$. 提示: 设 $b_n=1+\dfrac{1}{2}+\dfrac{1}{3}+\cdots+\dfrac{1}{n}-\ln n$, $\sum\limits_{n=1}^{\infty}\dfrac{(-1)^{n+1}}{n}$ 的更序级数 $1+\dfrac{1}{3}-\dfrac{1}{2}+\dfrac{1}{5}+\dfrac{1}{7}-\dfrac{1}{4}+\dfrac{1}{9}+\dfrac{1}{11}-\dfrac{1}{6}+\cdots$ 的部分和数列为 $\{S_n\}$, 则有 $S_{3n}=b_{4n}-\dfrac{1}{2}b_n-\dfrac{1}{2}b_{2n}+\dfrac{3}{2}\ln 2$. 再利用 $\lim\limits_{n\to\infty}b_n=\gamma$.

§5

1. (1) 收敛. (2) 发散. (3) 收敛. (4) 收敛. (5) 当 $x>1$ 时收敛, 当 $x\leqslant 1$ 时发散. (6) 收敛. (7) 当 $|x|<2$ 时收敛, 当 $|x|\geqslant 2$ 时发散. (8) 收敛. (9) 收敛. (10) 当 $\min(p,2q)>1$ 时收敛, 当 $\min(p,2q)\leqslant 1$ 时发散.

2. (1) $\dfrac{1}{2}$; 提示: $\prod\limits_{k=2}^{n}\left(1-\dfrac{1}{k^2}\right)=\dfrac{1}{2}\cdot\dfrac{n+1}{n}$.

(2) $\dfrac{1}{3}$; 提示: $\prod\limits_{k=2}^{n}\left(1-\dfrac{2}{k(k+1)}\right)=\dfrac{1}{3}\cdot\dfrac{n+2}{n}$.

(3) $\dfrac{2}{3}$; 提示: $\prod\limits_{k=2}^{n}\dfrac{k^3-1}{k^3+1}=\dfrac{2}{3}\cdot\dfrac{n^2+n+1}{n(n-1)}$.

3. 提示: 设 $\cos x_n=1-\alpha_n$, 则 $0<\alpha_n<\dfrac{1}{2}x_n^2$.

4. 提示：设 $\tan\left(\frac{\pi}{4}+a_n\right)=1+\alpha_n$，则 $\lim\limits_{n\to\infty}\frac{|\alpha_n|}{|a_n|}=2$.

5. 提示：利用 $\prod\limits_{n=1}^{\infty}p_n$ 发散到 0 的充分必要条件是 $\sum\limits_{n=1}^{\infty}\ln p_n$ 发散到 $-\infty$.

6. 提示：$\prod\limits_{k=1}^{2n}(1+q^k)=\frac{\prod\limits_{k=1}^{2n}(1-q^{2k})}{\prod\limits_{k=1}^{2n}(1-q^k)}=\frac{\prod\limits_{k=1}^{2n}(1-q^{2k})}{\prod\limits_{k=1}^{n}(1-q^{2k})\cdot\prod\limits_{k=1}^{n}(1-q^{2k-1})}=\frac{\prod\limits_{k=n+1}^{2n}(1-q^{2k})}{\prod\limits_{k=1}^{n}(1-q^{2k-1})}$.

第 十 章

§1

1. (1) (i) 非一致收敛. (ii) 一致收敛.
(2) 一致收敛.
(3) (i) 非一致收敛. (ii) 一致收敛.
(4) (i) 非一致收敛. (ii) 一致收敛.
(5) 一致收敛.
(6) 非一致收敛.
(7) (i) 一致收敛. (ii) 非一致收敛.
(8) (i) 非一致收敛. (ii) 非一致收敛.
(9) 非一致收敛.
(10) (i) 非一致收敛. (ii) 一致收敛.
(11) (i) 非一致收敛. (ii) 一致收敛.
(12) (i) 非一致收敛. (ii) 一致收敛.

4. 不成立；$\lim\limits_{n\to\infty}S_n'(1)=\frac{1}{2}\neq S'(1)$.

5. (1) $\alpha<1$. (2) $\alpha<2$. (3) $\alpha<0$.

6. 提示：$\forall\eta>0$，证明 $\{S_n(x)\}$ 在 $[a+\eta,b-\eta]$ 上一致收敛于 $S'(x)$. 取 $0<\alpha<\eta$，则 $S'(x)$ 在 $[a+\alpha,b-\alpha]$ 上一致连续，即 $\forall\varepsilon>0,\exists\delta>0,\forall x',x''\in[a+\alpha,b-\alpha]$，只要 $|x'-x''|<\delta$，就成立 $|S'(x')-S'(x'')|<\varepsilon$. 取 $N=\max\left\{\left[\frac{1}{\delta}\right],\left[\frac{1}{\eta-\alpha}\right]\right\}$，当 $n>N$ 且 $x\in[a+\eta,b-\eta]$ 时，$x+\frac{1}{n}\in[a+\alpha,b-\alpha]$，于是 $|S_n(x)-S'(x)|=|S'(\xi)-S'(x)|<\varepsilon$.

7. 提示：设 $|S_0(x)|\leqslant M$，则 $|S_n(x)|\leqslant M\frac{x^n}{n!}$.

8. 提示：设 $|S(x)|\leqslant M$. 由 $S(1)=0$，得到 $\forall\varepsilon>0,\exists\delta>0$，当 $x\in[1-\delta,1]$ 时，$|x^nS(x)|<\varepsilon$；再由 $\{x^n\}$ 在 $[0,1-\delta]$ 的一致收敛性，$\exists N$，当 $n>N$ 时，对一切 $x\in[0,1-\delta]$ 成立 $|x^n|<\frac{\varepsilon}{M}$.

§2

1. (1) 非一致收敛.

(2) 一致收敛.

(3) 一致收敛.

(4) (i) 非一致收敛. (ii) 一致收敛.

(5) 一致收敛.

(6) 一致收敛.

(7) 一致收敛.

(8) 一致收敛.

(9) (i) 非一致收敛. (ii) 一致收敛.

(10) 一致收敛.

(11) 非一致收敛.

(12) 一致收敛.

2. 提示：证明 $\sum\limits_{n=0}^{\infty}\dfrac{\cos nx}{n^2+1}$ 与 $-\sum\limits_{n=0}^{\infty}\dfrac{n\sin nx}{n^2+1}$ 在 $(0,2\pi)$ 上内闭一致收敛.

3. 提示：证明 $\sum\limits_{n=1}^{\infty}n\mathrm{e}^{-nx}$ 与 $(-1)^k\sum\limits_{n=1}^{\infty}n^{k+1}\mathrm{e}^{-nx}(k=1,2,\cdots)$ 在 $(0,+\infty)$ 上内闭一致收敛.

4. 提示：证明 $\sum\limits_{n=1}^{\infty}n^{-x}$ 与 $(-1)^k\sum\limits_{n=1}^{\infty}n^{-x}\ln^k n\ (k=1,2,\cdots)$ 在 $(1,+\infty)$ 上内闭一致收敛；

$\sum\limits_{n=1}^{\infty}(-1)^n n^{-x}$ 与 $(-1)^k\sum\limits_{n=1}^{\infty}(-1)^n n^{-x}\ln^k n\ (k=1,2,\cdots)$ 在 $(0,+\infty)$ 上内闭一致收敛.

5. 提示：证明 $\sum\limits_{n=1}^{\infty}\dfrac{\mathrm{d}}{\mathrm{d}x}\arctan\dfrac{x}{n^2}=\sum\limits_{n=1}^{\infty}\dfrac{1}{n^2+\dfrac{x^2}{n^2}}$ 在 $(-\infty,+\infty)$ 上一致收敛.

6. 提示：(1) 利用 Abel 判别法证明 $\sum\limits_{n=1}^{\infty}\dfrac{a_n}{n^x}$ 在 $[0,\delta)$ 上一致收敛.

(2) 利用 Abel 判别法证明 $\sum\limits_{n=1}^{\infty}a_n x^n$ 在 $[0,1]$ 上一致收敛.

7. 提示：先利用 Dini 定理证明 $\sum\limits_{n=1}^{\infty}v_n(x)$ 在 (a,b) 内闭一致收敛，再利用 Cauchy 收敛原理证明 $\sum\limits_{n=1}^{\infty}u_n(x)$ 在 (a,b) 内闭一致收敛.

8. 提示：不等式 $\left|\sum\limits_{k=n+1}^{m}u_k(x)\right|\leqslant\max\left\{\left|\sum\limits_{k=n+1}^{m}u_k(a)\right|,\left|\sum\limits_{k=n+1}^{m}u_k(b)\right|\right\}$ 对一切 $x\in[a,b]$ 成立，然后利用 Cauchy 收敛原理.

9. 提示：反证法. 设 $\sum\limits_{n=1}^{\infty}u_n(x)$ 在 $(a,a+\delta)$ 上一致收敛，则 $\forall\varepsilon>0,\exists N$，对一切 $m>n>N$ 与一切 $x\in(a,a+\delta)$，成立 $\left|\sum\limits_{k=n+1}^{m}u_k(x)\right|<\dfrac{\varepsilon}{2}$，再令 $x\to a+$，得到 $\left|\sum\limits_{k=n+1}^{m}u_k(a)\right|\leqslant\dfrac{\varepsilon}{2}<\varepsilon$，这说明 $\sum\limits_{n=1}^{\infty}u_n(x)$ 在 $x=a$ 收敛.

11. (2) $\int_{\frac{\pi}{6}}^{\frac{\pi}{2}}f(x)\mathrm{d}x=\ln\dfrac{3}{2}$. 提示：$\int_{\frac{\pi}{6}}^{\frac{\pi}{2}}f(x)\mathrm{d}x=\sum\limits_{n=1}^{\infty}\dfrac{1}{2^n}\int_{\frac{\pi}{6}}^{\frac{\pi}{2}}\tan\dfrac{x}{2^n}\mathrm{d}x=\sum\limits_{n=1}^{\infty}\ln\dfrac{\cos\dfrac{\pi}{3\cdot 2^{n+1}}}{\cos\dfrac{\pi}{2^{n+1}}}$，再利用 $\prod\limits_{n=1}^{\infty}\cos\dfrac{x}{2^n}=\dfrac{\sin x}{x}$.

12.（2）提示：$F\left(\frac{\pi}{2}\right)=\sum_{n=1}^{\infty}\frac{1}{n\sqrt{n^3+n}}\sin\frac{n\pi}{2}$，这是一个 Leibniz 级数，它的前两项为$\frac{\sqrt{2}}{2}$与$-\frac{1}{3\sqrt{30}}$.

13. 提示：（1）$\left|f(x_1)-f(x_2)\right|=\left|\sum_{n=0}^{\infty}\frac{1}{2^n+x_1}-\sum_{n=0}^{\infty}\frac{1}{2^n+x_2}\right|\leqslant\left|x_1-x_2\right|\cdot\sum_{n=0}^{\infty}\frac{1}{4^n}$.

（2）$\lim\limits_{A\to+\infty}\int_0^A f(x)\,\mathrm{d}x=\lim\limits_{A\to+\infty}\sum_{n=0}^{\infty}\int_0^A\frac{\mathrm{d}x}{2^n+x}=\lim\limits_{A\to+\infty}\sum_{n=0}^{\infty}\ln\left(1+\frac{A}{2^n}\right)=+\infty$.

§3

1.（1）$R=\frac{1}{3},D=\left[-\frac{1}{3},\frac{1}{3}\right)$.　（2）$R=1,D=(0,2)$.

（3）$R=\sqrt{2},D=[-\sqrt{2},\sqrt{2}]$.　（4）$R=1,D=(-2,0]$.

（5）$R=+\infty,D=(-\infty,+\infty)$.　（6）$R=1,D=[-1,1]$.

（7）$R=\mathrm{e}$, $D=(-\mathrm{e},\mathrm{e})$. 提示：应用 Stirling 公式.

（8）$R=4,D=(-4,4)$. 提示：应用 Stirling 公式.

（9）$R=1,D=[-1,1)$. 提示：当 $x=1$ 时应用 Raabe 判别法.

2.（1）$D=\left[-\frac{1}{a},\frac{1}{a}\right)$.（2）$D=(-a,a)$.（3）$D=\left(-\frac{1}{\sqrt{a}},\frac{1}{\sqrt{a}}\right)$.

3.（1）$R=\sqrt{R_1}$.（2）$R\geqslant\min(R_1,R_2)$.（3）$R\geqslant R_1R_2$.

4.（1）$S(x)=\frac{x}{(1-x)^2},D=(-1,1)$.

（2）$S(x)=\frac{1}{2x}\ln\frac{1+x}{1-x},D=(-1,1)$.

（3）$S(x)=\frac{x(1-x)}{(1+x)^3},D=(-1,1)$.

（4）$S(x)=1-\left(1-\frac{1}{x}\right)\ln(1-x),D=[-1,1]$.

（5）$S(x)=\frac{2x}{(1-x)^3},D=(-1,1)$.

（6）$S(x)=\frac{1}{2}(\mathrm{e}^x+\mathrm{e}^{-x}),D=(-\infty,+\infty)$.

（7）$S(x)=(1+x)\mathrm{e}^x-1,D=(-\infty,+\infty)$.

5. 提示：当 $x\in[0,r)$，$\int_0^x f(x)\,\mathrm{d}x=\sum_{n=0}^{\infty}\frac{a_n}{n+1}x^{n+1}$. 令 $x\to r-$，由 $\sum_{n=0}^{\infty}\frac{a_n}{n+1}r^{n+1}$ 收敛，可知 $\sum_{n=0}^{\infty}\frac{a_n}{n+1}x^{n+1}$

在$[0,r]$连续，于是$\int_0^r f(x)\,\mathrm{d}x=\sum_{n=0}^{\infty}\frac{a_n}{n+1}r^{n+1}$.

$\int_0^1\ln\frac{1}{1-x}\cdot\frac{\mathrm{d}x}{x}=\int_0^1\sum_{n=1}^{\infty}\frac{x^{n-1}}{n}\mathrm{d}x=\sum_{n=1}^{\infty}\int_0^1\frac{x^{n-1}}{n}\mathrm{d}x=\sum_{n=1}^{\infty}\frac{1}{n^2}$.

7.（1）$\frac{2}{9}$；提示：$\sum_{n=1}^{\infty}(-1)^{n-1}nx^n=\frac{x}{(1+x)^2}$，取 $x=\frac{1}{2}$.

（2）$\ln 2$；提示：$\sum_{n=1}^{\infty}\frac{1}{n}x^n=\ln\frac{1}{1-x}$，取 $x=\frac{1}{2}$.

（3）$\frac{11}{27}$；提示：$\sum_{n=1}^{\infty}n(n+2)x^{n+1}=\frac{x^2(3-x)}{(1-x)^3}$，取 $x=\frac{1}{4}$.

(4) 12；提示：$\sum_{n=0}^{\infty}(n+1)^2x^n = \frac{1+x}{(1-x)^3}$，取 $x=\frac{1}{2}$.

(5) $\frac{\sqrt{3}}{6}\pi$；提示：$\sum_{n=0}^{\infty}\frac{(-1)^n}{2n+1}x^{2n} = \frac{\arctan x}{x}$，取 $x=\frac{1}{\sqrt{3}}$.

(6) $\frac{3}{8}-\frac{3}{4}\ln\frac{3}{2}$；提示：$\sum_{n=2}^{\infty}\frac{(-1)^n}{n^2-1}x^n = \frac{1}{2}\left(x-\frac{1}{x}\right)\ln(1+x)-\frac{1}{4}x+\frac{1}{2}$，取 $x=\frac{1}{2}$.

(7) $\frac{2}{e^2}$；提示：$\sum_{n=0}^{\infty}\frac{(-1)^n}{n!}x^{n+1} = xe^{-x}$，取 $x=2$.

8. 提示：设 $\sum_{n=1}^{\infty}a_nx^n$ 的收敛半径为 R_1，$\sum_{n=1}^{\infty}A_nx^n$ 的收敛半径为 R_2. 由 $0\leqslant a_n\leqslant A_n$，可知 $R_1\geqslant R_2$；由 $\sum_{n=1}^{\infty}a_n$ 发散，可知 $R_1\leqslant 1$；又由 $\lim_{n\to\infty}\frac{A_n}{A_{n+1}} = \lim_{n\to\infty}\frac{A_{n+1}-a_{n+1}}{A_{n+1}} = 1$，可知 $R_2=1$. 结合上述关系，得到 $R_1=1$.

9. (2) 不存在；提示：令 $t=2x$，应用 L'Hospital 法则，

$$\lim_{x\to\frac{1}{2}-}\frac{f(x)-f\left(\frac{1}{2}\right)}{x-\frac{1}{2}} = \lim_{t\to 1-}\frac{2}{t-1}\left[\int_0^t -\frac{\ln(1-u)}{u}du - \int_0^1 -\frac{\ln(1-u)}{u}du\right]$$

$$= \lim_{t\to 1-}\frac{2}{1-t}\int_t^1 -\frac{\ln(1-u)}{u}du = \lim_{t\to 1-} -\frac{2\ln(1-t)}{t} = +\infty.$$

§4

1. (1) $5+11(x-1)+12(x-1)^2+5(x-1)^3, D=(-\infty,+\infty)$.

(2) $\sum_{n=0}^{\infty}(n+1)(x+1)^n, D=(-2,0)$.

(3) $\frac{1}{3}\sum_{n=0}^{\infty}\left[1+\frac{(-1)^{n+1}}{2^n}\right]x^n, D=(-1,1)$.

(4) $\frac{1}{2}\sum_{n=0}^{\infty}\frac{(-1)^n}{(2n)!}\left(x-\frac{\pi}{6}\right)^{2n}+\frac{\sqrt{3}}{2}\sum_{n=0}^{\infty}\frac{(-1)^n}{(2n+1)!}\left(x-\frac{\pi}{6}\right)^{2n+1}, D=(-\infty,+\infty)$.

(5) $\ln 2+\sum_{n=1}^{\infty}\frac{(-1)^{n+1}}{n\cdot 2^n}(x-2)^n, D=(0,4]$.

(6) $\sqrt[3]{4}\sum_{n=0}^{\infty}\frac{(-1)^n}{2^{2n}}\binom{\frac{1}{3}}{n}x^{2n}, D=[-2,2]$.

(7) $\sum_{n=1}^{\infty}\frac{(-1)^{n-1}}{2^n}(x-1)^n, D=(-1,3)$.

(8) $-x-\sum_{n=2}^{\infty}\left(\frac{1}{n-1}+\frac{1}{n}\right)x^n, D=[-1,1)$.

(9) $\sum_{n=0}^{\infty}\frac{1}{2n+1}x^{2n+1}, D=(-1,1)$.

(10) $1+\sum_{n=2}^{\infty}\left(\frac{1}{2!}-\frac{1}{3!}+\frac{1}{4!}-\cdots+\frac{(-1)^n}{n!}\right)x^n, D=(-1,1)$.

2. (1) $1+\frac{1}{6}x^2+\frac{7}{360}x^4+\cdots$.

(2) $1+x+\frac{1}{2}x^2-\frac{1}{8}x^4+\cdots$.

(3) $-\frac{1}{2}x^2-\frac{1}{12}x^4-\frac{1}{45}x^6-\cdots$.

(4) $1+x+\frac{1}{2}x^2+\frac{1}{2}x^3+\frac{3}{8}x^4+\cdots$.

4. 提示：$\frac{e^x-1}{x}=\sum_{n=0}^{\infty}\frac{x^n}{(n+1)!}$，逐项求导后，以 $x=1$ 代入.

5. (1) $\sum_{n=1}^{\infty}\frac{(-1)^{n-1}}{n(n+1)}\left(\frac{2+x}{2-x}\right)^{2n}=\frac{2(x^2+4)}{(x+2)^2}\ln\frac{2(x^2+4)}{(x-2)^2}-1, D=(-\infty,0]$.

提示：$\sum_{n=1}^{\infty}\frac{(-1)^{n-1}}{n(n+1)}\cdot t^n=\left(1+\frac{1}{t}\right)\ln(1+t)-1$，以 $t=\left(\frac{2+x}{2-x}\right)^2$ 代入.

(2) $\sum_{n=1}^{\infty}\left(1+\frac{1}{2}+\cdots+\frac{1}{n}\right)x^n=\frac{1}{1-x}\ln\frac{1}{1-x}, D=(-1,1)$.

提示：$\sum_{n=1}^{\infty}\left(1+\frac{1}{2}+\cdots+\frac{1}{n}\right)x^n=\left(\sum_{n=0}^{\infty}x^n\right)\left(\sum_{n=1}^{\infty}\frac{x^n}{n}\right)$.

6. 提示：设 $a_n=c+(n-1)d, n=1,2,\cdots$. 由 $\sum_{n=1}^{\infty}\frac{1}{b^n}=\frac{1}{b-1}$ 与 $\sum_{n=2}^{\infty}\frac{n-1}{b^n}=\frac{1}{(b-1)^2}$，得到 $\sum_{n=1}^{\infty}\frac{a_n}{b^n}=c\sum_{n=1}^{\infty}\frac{1}{b^n}+d\sum_{n=2}^{\infty}\frac{n-1}{b^n}=\frac{bc-c+d}{(b-1)^2}$.

7. 提示：$\int_0^1\frac{\ln x}{1-x^2}dx=\sum_{n=0}^{\infty}\int_0^1 x^{2n}\ln x\,dx=-\sum_{n=0}^{\infty}\frac{1}{(2n+1)^2}$.

§5

4. 提示：利用定理 10.5.1，证明：$\int_a^b f^2(x)\,dx=0$.

5. 提示：先应用数学归纳法证明 $P_n(x)\leqslant|x|$，再证明 $P_{n+1}(x)\geqslant P_n(x)$，于是得到函数序列 $\{P_n(x)\}$ 在 $[-1,1]$ 上收敛；求出极限函数为 $|x|$，由 Dini 定理可知 $\{P_n(x)\}$ 在 $[-1,1]$ 上是一致收敛于 $|x|$ 的.

第十一章

§1

4. (1) $S^{o}=\{(x,y)\mid x>0,y\neq 0\}$；$\partial S=\{(x,y)\mid x=0$ 或 $x>0,y=0\}$；$\bar{S}=\{(x,y)\mid x\geqslant 0\}$.

(2) $S^{o}=\{(x,y)\mid 0<x^2+y^2<1\}$；$\partial S=\{(x,y)\mid x^2+y^2=0$ 或 $x^2+y^2=1\}$；$\bar{S}=\{(x,y)\mid x^2+y^2\leqslant 1\}$.

(3) $S^{o}=\varnothing$；$\partial S=\{(x,y)\mid 0<x\leqslant 1,y=\sin\frac{1}{x}$ 或 $x=0,-1\leqslant y\leqslant 1\}$；

$\bar{S}=\{(x,y)\mid 0<x\leqslant 1,y=\sin\frac{1}{x}$ 或 $x=0,-1\leqslant y\leqslant 1\}$.

5. (1) $S'=\{\pm 1\}$.

(2) $S'=\varnothing$.

(3) $S'=\{(x,y)\mid y^2-x^2+1\leqslant 0\}$.

§2

1. (1) $D=\{(x,y)\mid x^2+y^2<1,y>x\}$.

(2) $D=\{(x,y,z)\mid x>0,y>0,z>0\}$.

(3) $D=\{(x,y,z)\mid r^2\leqslant x^2+y^2+z^2\leqslant R^2\}$.

(4) $D=\{(x,y,z)\mid |z|\leqslant x^2+y^2,x^2+y^2\neq 0\}$.

2. $f(x)=\dfrac{1}{(1+x^2)^{\frac{3}{2}}}$.

3. $f(x)=x^2+2x,z(x,y)=x+\sqrt{y}-1$.

4. (1) 不存在.(2) 不存在.(3) 不存在.

(4) 极限存在为零.提示:利用平均值不等式

$$\frac{x^4+y^8}{3}=\frac{\frac{1}{2}x^4+\frac{1}{2}x^4+y^8}{3}\geqslant\sqrt[3]{\frac{1}{4}x^8y^8}.$$

7. (1) 1. (2) $+\infty$. (3) $\dfrac{1}{2}$. (4) 2. (5) 1. (6) 0. (7) $+\infty$. (8) 0.

8. (1) 两个二次极限存在为 0,二重极限不存在.

(2) 两个二次极限存在分别为 1 和 -1,二重极限不存在.

(3) 两个二次极限不存在,二重极限存在为 0.

11. 提示:利用 Lagrange 中值定理 $f(x)-f(y)=f'(\xi)(x-y)$.

12. 提示:利用 $|f(x,y)-f(x_0,y_0)|\leqslant|f(x,y)-f(x,y_0)|+|f(x,y_0)-f(x_0,y_0)|$.

§3

3. 提示:$f\left(1-\dfrac{1}{2n},1-\dfrac{1}{2n}\right)-f\left(1-\dfrac{1}{n},1-\dfrac{1}{n}\right)\to+\infty$.

5. (1) 提示:任取一点(x_0,y_0),由 $\lim\limits_{x^2+y^2\to+\infty}f(x,y)=+\infty$,可知存在$R>0$,当 $x^2+y^2>R^2$,成立$f(x,y)>f(x_0,y_0)$.$f(x,y)$在紧集$\{(x,y)\mid x^2+y^2\leqslant R^2\}$上必定取到最小值,且此最小值就是它在 $\mathbf{R}^2$ 上的最小值.

(2) 提示:任取(x_0,y_0),设$f(x_0,y_0)>0$,由 $\lim\limits_{x^2+y^2\to+\infty}f(x,y)=0$,可知存在 $R>0$,当$x^2+y^2>R^2$,成立 $f(x,y)<f(x_0,y_0)$,则$f(x,y)$在紧集$\{(x,y)\mid x^2+y^2\leqslant R^2\}$上必定取到最大值,且此最大值就是它在 $\mathbf{R}^2$ 上的最大值;若$f(x_0,y_0)<0$,由 $\lim\limits_{x^2+y^2\to+\infty}f(x,y)=0$,可知存在 $R>0$,当 $x^2+y^2>R^2$,成立$f(x,y)>f(x_0,y_0)$,则$f(x,y)$在紧集$\{(x,y)\mid x^2+y^2\leqslant R^2\}$上必定取到最小值,且此最小值就是它在 $\mathbf{R}^2$ 上的最小值.

6. 提示:单位球面是 $\mathbf{R}^n$ 上的紧集,设 f 在单位球面上的最小、最大值分别为 a 和 b,再利用$f(\boldsymbol{x})=\|\boldsymbol{x}\|f\left(\dfrac{\boldsymbol{x}}{\|\boldsymbol{x}\|}\right)$.

8. 提示:设 $\boldsymbol{\zeta}\in\partial D$,证明对任意点列$\{\boldsymbol{x}_n\}(\boldsymbol{x}_n\in D,\boldsymbol{x}_n\to\boldsymbol{\zeta})$,点列$\{f(\boldsymbol{x}_n)\}$收敛,且极限只与 $\boldsymbol{\zeta}$ 有关,而与点列$\{\boldsymbol{x}_n\}$的选取无关,记该极限为 $g(\boldsymbol{\zeta})$,令

$$\tilde{f}(\boldsymbol{x})=\begin{cases}f(\boldsymbol{x}), & \boldsymbol{x}\in D,\\ g(\boldsymbol{x}), & \boldsymbol{x}\in\partial D,\end{cases}$$

再证明 $\widetilde{f}$ 在 $\overline{D}$ 连续.

第十二章

§1

1. (1) $\dfrac{\partial z}{\partial x}=5x^4-24x^3y^2$, $\dfrac{\partial z}{\partial y}=6y^5-12x^4y$.

(2) $\dfrac{\partial z}{\partial x}=2x\ln(x^2+y^2)+\dfrac{2x^3}{x^2+y^2}$, $\dfrac{\partial z}{\partial y}=\dfrac{2x^2y}{x^2+y^2}$.

(3) $\dfrac{\partial z}{\partial x}=y+\dfrac{1}{y}$, $\dfrac{\partial z}{\partial y}=x-\dfrac{x}{y^2}$.

(4) $\dfrac{\partial z}{\partial x}=y[\cos(xy)-\sin(2xy)]$, $\dfrac{\partial z}{\partial y}=x[\cos(xy)-\sin(2xy)]$.

(5) $\dfrac{\partial z}{\partial x}=\mathrm{e}^x(\cos y+x\sin y+\sin y)$, $\dfrac{\partial z}{\partial y}=\mathrm{e}^x(x\cos y-\sin y)$.

(6) $\dfrac{\partial z}{\partial x}=\dfrac{2x}{y}\sec^2\left(\dfrac{x^2}{y}\right)$, $\dfrac{\partial z}{\partial y}=-\dfrac{x^2}{y^2}\sec^2\left(\dfrac{x^2}{y}\right)$.

(7) $\dfrac{\partial z}{\partial x}=\dfrac{1}{y}\cos\dfrac{x}{y}\cos\dfrac{y}{x}+\dfrac{y}{x^2}\sin\dfrac{x}{y}\sin\dfrac{y}{x}$,

$\dfrac{\partial z}{\partial y}=-\dfrac{x}{y^2}\cos\dfrac{x}{y}\cos\dfrac{y}{x}-\dfrac{1}{x}\sin\dfrac{x}{y}\sin\dfrac{y}{x}$.

(8) $\dfrac{\partial z}{\partial x}=y^2(1+xy)^{y-1}$, $\dfrac{\partial z}{\partial y}=(1+xy)^y\left[\ln(1+xy)+\dfrac{xy}{1+xy}\right]$.

(9) $\dfrac{\partial z}{\partial x}=\dfrac{1}{x+\ln y}$, $\dfrac{\partial z}{\partial y}=\dfrac{1}{y(x+\ln y)}$.

(10) $\dfrac{\partial z}{\partial x}=\dfrac{1}{1+x^2}$, $\dfrac{\partial z}{\partial y}=\dfrac{1}{1+y^2}$.

(11) $\dfrac{\partial u}{\partial x}=(3x^2+y^2+z^2)\mathrm{e}^{x(x^2+y^2+z^2)}$, $\dfrac{\partial u}{\partial y}=2xy\mathrm{e}^{x(x^2+y^2+z^2)}$, $\dfrac{\partial u}{\partial z}=2xz\mathrm{e}^{x(x^2+y^2+z^2)}$.

(12) $\dfrac{\partial u}{\partial x}=\dfrac{y}{z}x^{\frac{y}{z}-1}$, $\dfrac{\partial u}{\partial y}=\dfrac{\ln x}{z}x^{\frac{y}{z}}$, $\dfrac{\partial u}{\partial z}=-\dfrac{y\ln x}{z^2}x^{\frac{y}{z}}$.

(13) $\dfrac{\partial u}{\partial x}=-\dfrac{x}{(x^2+y^2+z^2)^{\frac{3}{2}}}$, $\dfrac{\partial u}{\partial y}=-\dfrac{y}{(x^2+y^2+z^2)^{\frac{3}{2}}}$, $\dfrac{\partial u}{\partial z}=-\dfrac{z}{(x^2+y^2+z^2)^{\frac{3}{2}}}$.

(14) $\dfrac{\partial u}{\partial x}=y^zx^{y^z-1}$, $\dfrac{\partial u}{\partial y}=zy^{z-1}x^{y^z}\ln x$, $\dfrac{\partial u}{\partial z}=y^zx^{y^z}\ln x\ln y$.

(15) $\dfrac{\partial u}{\partial x_i}=a_i, i=1,2,\cdots,n$.

(16) $\dfrac{\partial u}{\partial x_i}=\sum\limits_{j=1}^{n}a_{ij}y_j, i=1,2,\cdots,n$, $\dfrac{\partial u}{\partial y_j}=\sum\limits_{i=1}^{n}a_{ij}x_i, j=1,2,\cdots,n$.

2. $f_x(3,4)=\dfrac{2}{5}, f_y(3,4)=\dfrac{1}{5}$.

4. $\theta=\dfrac{\pi}{4}$.

5. (1) $\mathrm{d}f(1,2)=8\mathrm{d}x-\mathrm{d}y$.

(2) $\mathrm{d}f(2,4)=\dfrac{4}{21}\mathrm{d}x+\dfrac{8}{21}\mathrm{d}y$.

(3) $\mathrm{d}f(0,1)=\mathrm{d}x$, $\mathrm{d}f\left(\dfrac{\pi}{4},2\right)=\dfrac{\sqrt{2}}{8}\mathrm{d}x-\dfrac{\sqrt{2}}{8}\mathrm{d}y$.

6. (1) $\mathrm{d}z=y^x\ln y\mathrm{d}x+xy^{x-1}\mathrm{d}y$.

(2) $\mathrm{d}z=\mathrm{e}^{xy}(1+xy)(y\mathrm{d}x+x\mathrm{d}y)$.

(3) $\mathrm{d}z=-\dfrac{2y}{(x-y)^2}\mathrm{d}x+\dfrac{2x}{(x-y)^2}\mathrm{d}y$.

(4) $\mathrm{d}z=-\dfrac{xy}{(x^2+y^2)^{\frac{3}{2}}}\mathrm{d}x+\dfrac{x^2}{(x^2+y^2)^{\frac{3}{2}}}\mathrm{d}y$.

(5) $\mathrm{d}u=\dfrac{x\mathrm{d}x+y\mathrm{d}y+z\mathrm{d}z}{\sqrt{x^2+y^2+z^2}}$.

(6) $\mathrm{d}u=\dfrac{2(x\mathrm{d}x+y\mathrm{d}y+z\mathrm{d}z)}{x^2+y^2+z^2}$.

7. $\dfrac{\partial z}{\partial \boldsymbol{v}}=-\dfrac{1}{\sqrt{2}}$.

8. $\left.\dfrac{\partial z}{\partial \boldsymbol{v}}\right|_{(1,1)}=\cos\alpha+\sin\alpha$,

(1) $\boldsymbol{v}=\left(\cos\dfrac{\pi}{4},\sin\dfrac{\pi}{4}\right)$. (2) $\boldsymbol{v}=\left(\cos\dfrac{5\pi}{4},\sin\dfrac{5\pi}{4}\right)$.

(3) $\boldsymbol{v}=\left(\cos\dfrac{3\pi}{4},\sin\dfrac{3\pi}{4}\right)$ 或 $\boldsymbol{v}=\left(\cos\dfrac{7\pi}{4},\sin\dfrac{7\pi}{4}\right)$.

9. (1) $\mathbf{grad}\,f(1,2)=(2,2)$. (2) $\left.\dfrac{\partial f}{\partial \boldsymbol{v}}\right|_{(1,2)}=\dfrac{14}{5}$.

10. (1) $\mathbf{grad}z=(2x+y^3\cos(xy),2y\sin(xy)+xy^2\cos(xy))$.

(2) $\mathbf{grad}z=\left(-\dfrac{2x}{a^2},-\dfrac{2y}{b^2}\right)$.

(3) $\mathbf{grad}u(1,1,1)=(11,9,5)$.

11. 在$(x,y)\neq(0,0)$点,增长最快的方向为 $\mathbf{grad}\,f=(y,x)$;在$(0,0)$点,增长最快的方向为$(1,1)$和$(-1,-1)$.

16. (1) $\dfrac{\partial^2 z}{\partial x^2}=\dfrac{2xy}{(x^2+y^2)^2}$, $\dfrac{\partial^2 z}{\partial x\partial y}=\dfrac{y^2-x^2}{(x^2+y^2)^2}$, $\dfrac{\partial^2 z}{\partial y^2}=-\dfrac{2xy}{(x^2+y^2)^2}$.

(2) $\dfrac{\partial^2 z}{\partial x^2}=(2-y)\cos(x+y)-x\sin(x+y)$,

$\dfrac{\partial^2 z}{\partial x\partial y}=(1-y)\cos(x+y)-(1+x)\sin(x+y)$,

$\dfrac{\partial^2 z}{\partial y^2}=-y\cos(x+y)-(x+2)\sin(x+y)$.

(3) $\dfrac{\partial^3 z}{\partial x^2\partial y}=(2+4xy+x^2y^2)\mathrm{e}^{xy}$, $\dfrac{\partial^3 z}{\partial x\partial y^2}=(3x^2+x^3y)\mathrm{e}^{xy}$.

(4) $\dfrac{\partial^4 u}{\partial x^4}=-\dfrac{6a^4}{(ax+by+cz)^4}$, $\dfrac{\partial^4 u}{\partial x^2\partial y^2}=-\dfrac{6a^2b^2}{(ax+by+cz)^4}$.

(5) $\dfrac{\partial^{p+q}z}{\partial x^p\partial y^q}=p!\ q!.$

(6) $\dfrac{\partial^{p+q+r}u}{\partial x^p\partial y^q\partial z^r}=(x+p)(y+q)(z+r)\mathrm{e}^{x+y+z}.$

17. (1) $\mathrm{d}^2z=\dfrac{1}{x}\mathrm{d}x^2+\dfrac{2}{y}\mathrm{d}x\mathrm{d}y-\dfrac{x}{y^2}\mathrm{d}y^2.$

(2) $\mathrm{d}^3z=-4\sin 2(ax+by)(a\mathrm{d}x+b\mathrm{d}y)^3.$

(3) $\mathrm{d}^3u=\mathrm{e}^{x+y+z}[(x^2+y^2+z^2+6x+6)\mathrm{d}x^3+(x^2+y^2+z^2+6y+6)\mathrm{d}y^3+(x^2+y^2+z^2+6z+6)\mathrm{d}z^3]+3\mathrm{e}^{x+y+z}[(x^2+y^2+z^2+4x+2y+2)\mathrm{d}x^2\mathrm{d}y+(x^2+y^2+z^2+4y+2z+2)\mathrm{d}y^2\mathrm{d}z+(x^2+y^2+z^2+4z+2x+2)\mathrm{d}z^2\mathrm{d}x+(x^2+y^2+z^2+2x+4y+2)\mathrm{d}x\mathrm{d}y^2+(x^2+y^2+z^2+2y+4z+2)\mathrm{d}y\mathrm{d}z^2+(x^2+y^2+z^2+2z+4x+2)\mathrm{d}z\mathrm{d}x^2]+6\mathrm{e}^{x+y+z}(x^2+y^2+z^2+2x+2y+2z)\mathrm{d}x\mathrm{d}y\mathrm{d}z.$

(4) $\mathrm{d}^kz=\displaystyle\sum_{i=0}^{k}\binom{k}{i}\mathrm{e}^x\sin\left(y+\frac{k-i}{2}\pi\right)\mathrm{d}x^i\mathrm{d}y^{k-i}.$

18. $f(x,y)=(2-x)\sin y-\dfrac{1}{y}\ln(1-xy)+y^3.$

20. $\alpha=-\dfrac{3}{2}.$

21. (1) $\boldsymbol{f}'\left(\dfrac{\pi}{4}\right)=\left(-\dfrac{\sqrt{2}}{2}a,\dfrac{\sqrt{2}}{2}b,c\right)^{\mathrm{T}}.$

(2) $\boldsymbol{f}'\left(1,2,\dfrac{\pi}{4}\right)=\begin{pmatrix}3 & \mathrm{e}^2 & -2\mathrm{e}^2\\ 3 & 12 & 16\end{pmatrix}.$

(3) $\boldsymbol{g}'(1,\pi)=\begin{pmatrix}-1 & 0\\ 0 & -1\\ 0 & 1\end{pmatrix}.$

22. (2) $\begin{cases}f_1(x,y,z)=x+C_1,\\ f_2(x,y,z)=y+C_2,\\ f_3(x,y,z)=z+C_3.\end{cases}$

(3) $\begin{cases}f_1(x,y,z)=\displaystyle\int p(x)\mathrm{d}x,\\ f_2(x,y,z)=\displaystyle\int q(y)\mathrm{d}y,\\ f_3(x,y,z)=\displaystyle\int r(z)\mathrm{d}z.\end{cases}$

§2

1. (1) $\dfrac{\mathrm{d}z}{\mathrm{d}t}=\left(2-\dfrac{4}{t^3}\right)\sec^2\left(2t+\dfrac{2}{t^2}\right).$

(2) $\dfrac{\mathrm{d}^2z}{\mathrm{d}t^2}=\mathrm{e}^{\sin t-2t^3}[(\cos t-6t^2)^2-\sin t-12t].$

(3) $\dfrac{\mathrm{d}w}{\mathrm{d}x}=\mathrm{e}^{ax}\sin x.$

(4) $\begin{cases}\dfrac{\partial z}{\partial x}=\dfrac{2x}{y^2}\ln(3x-2y)+\dfrac{3x^2}{y^2(3x-2y)},\\ \dfrac{\partial z}{\partial y}=-\dfrac{2x^2}{y^3}\ln(3x-2y)-\dfrac{2x^2}{y^2(3x-2y)}.\end{cases}$

(5) $\begin{cases} \dfrac{\partial u}{\partial x}=\mathrm{e}^{x^2+y^2+y^4\sin^2 x}(2x+2y^4\sin x\cos x), \\ \dfrac{\partial u}{\partial y}=\mathrm{e}^{x^2+y^2+y^4\sin^2 x}(2y+4y^3\sin^2 x). \end{cases}$

(6) $\begin{cases} \dfrac{\partial w}{\partial s}=t\mathrm{e}^s(\sin u+2xv\cos u)+\mathrm{e}^{s+t}(\sin u+2zv\cos u), \\ \dfrac{\partial w}{\partial t}=\mathrm{e}^s(\sin u+2xv\cos u)+\mathrm{e}^t(\sin u+2yv\cos u)+\mathrm{e}^{s+t}(\sin u+2zv\cos u), \end{cases}$

其中 $u=x^2+y^2+z^2, v=x+y+z.$

(7) $\dfrac{\partial z}{\partial u}=2(u+v)-\sin(u+v+\arcsin v)$,

$\dfrac{\partial^2 z}{\partial v\partial u}=2-\cos(u+v+\arcsin v)\left(1+\dfrac{1}{\sqrt{1-v^2}}\right).$

(8) $\dfrac{\partial u}{\partial x}=yf_1\left(xy,\dfrac{x}{y}\right)+\dfrac{1}{y}f_2\left(xy,\dfrac{x}{y}\right)$,

$\dfrac{\partial u}{\partial y}=xf_1\left(xy,\dfrac{x}{y}\right)-\dfrac{x}{y^2}f_2\left(xy,\dfrac{x}{y}\right)$,

$\dfrac{\partial^2 u}{\partial x\partial y}=f_1\left(xy,\dfrac{x}{y}\right)-\dfrac{1}{y^2}f_2\left(xy,\dfrac{x}{y}\right)+xyf_{11}\left(xy,\dfrac{x}{y}\right)-\dfrac{x}{y^3}f_{22}\left(xy,\dfrac{x}{y}\right)$,

$\dfrac{\partial^2 u}{\partial y^2}=\dfrac{2x}{y^3}f_2\left(xy,\dfrac{x}{y}\right)+x^2f_{11}\left(xy,\dfrac{x}{y}\right)-\dfrac{2x^2}{y^2}f_{12}\left(xy,\dfrac{x}{y}\right)+\dfrac{x^2}{y^4}f_{22}\left(xy,\dfrac{x}{y}\right).$

(9) $\dfrac{\partial u}{\partial x}=2xf'(x^2+y^2+z^2)$, $\dfrac{\partial u}{\partial y}=2yf'(x^2+y^2+z^2)$,

$\dfrac{\partial u}{\partial z}=2zf'(x^2+y^2+z^2)$,

$\dfrac{\partial^2 u}{\partial x^2}=2f'(x^2+y^2+z^2)+4x^2f''(x^2+y^2+z^2)$, $\dfrac{\partial^2 u}{\partial x\partial y}=4xyf''(x^2+y^2+z^2).$

(10) $\dfrac{\partial w}{\partial u}=f_x+f_y+vf_z$, $\dfrac{\partial w}{\partial v}=f_x-f_y+uf_z, \dfrac{\partial^2 w}{\partial u\partial v}=f_{xx}+(u+v)f_{xz}-f_{yy}+(u-v)f_{yz}+f_z+uvf_{zz}.$

2. $f_y(x,x^2)=-\dfrac{1}{2}.$

3. $\varphi'(1)=17.$

4. $\dfrac{1}{x}\dfrac{\partial z}{\partial x}+\dfrac{1}{y}\dfrac{\partial z}{\partial y}=\dfrac{1}{yf(x^2-y^2)}.$

7. $\dfrac{\partial^2 z}{\partial x^2}+\dfrac{\partial^2 z}{\partial y^2}=4\sqrt{u^2+v^2}\left(\dfrac{\partial^2 z}{\partial u^2}+\dfrac{\partial^2 z}{\partial v^2}\right).$

8. $\dfrac{x}{y}\dfrac{\partial^2 f}{\partial x^2}-2\dfrac{\partial^2 f}{\partial x\partial y}+\dfrac{y}{x}\dfrac{\partial^2 f}{\partial y^2}=-2\mathrm{e}^{-x^2y^2}.$

9. (2) $x\dfrac{\partial z}{\partial x}+y\dfrac{\partial z}{\partial y}=\sqrt{x^2+y^2}.$

10. $\dfrac{\partial^2 z}{\partial x\partial y}=f_1\left(xy,\dfrac{x}{y}\right)-\dfrac{1}{y^2}f_2\left(xy,\dfrac{x}{y}\right)+xyf_{11}\left(xy,\dfrac{x}{y}\right)-\dfrac{x}{y^3}f_{22}\left(xy,\dfrac{x}{y}\right)-\dfrac{1}{y^2}g'\left(\dfrac{x}{y}\right)-\dfrac{x}{y^3}g''\left(\dfrac{x}{y}\right).$

11. $\begin{pmatrix} 2r & 0 \\ 2r\cos 2\theta & -2r^2\sin 2\theta \\ r\sin 2\theta & r^2\cos 2\theta \end{pmatrix}.$

12. $\frac{\partial w}{\partial x}=f_x+f_v h_x$, $\frac{\partial w}{\partial y}=f_u g_y+f_v h_y$, $\frac{\partial w}{\partial z}=f_u g_z$.

13. $\mathrm{d}z=u^{v-1}\left[\frac{x\mathrm{d}x+y\mathrm{d}y}{x^2+y^2}v+\frac{-y\mathrm{d}x+x\mathrm{d}y}{x^2+y^2}u\ln u\right]$.

14. $\mathrm{d}z=[(2x+y)\mathrm{d}x+(2y-x)\mathrm{d}y]\,\mathrm{e}^{-\arctan\frac{y}{x}}$, $\frac{\partial^2 z}{\partial x\partial y}=\frac{y^2-xy-x^2}{x^2+y^2}\mathrm{e}^{-\arctan\frac{y}{x}}$.

15. (1) $\mathrm{d}u=2f'(ax^2+by^2+cz^2)(ax\mathrm{d}x+by\mathrm{d}y+cz\mathrm{d}z)$.

(2) $\mathrm{d}u=(f_1+yf_2)\mathrm{d}x+(f_1+xf_2)\mathrm{d}y$.

(3) $\mathrm{d}u=\frac{2f_1}{1+x^2+y^2+z^2}(x\mathrm{d}x+y\mathrm{d}y+z\mathrm{d}z)+\mathrm{e}^{x+y+z}f_2(\mathrm{d}x+\mathrm{d}y+\mathrm{d}z)$.

16. $\mathrm{d}^k u=f^{(k)}(ax+by+cz)(a\mathrm{d}x+b\mathrm{d}y+c\mathrm{d}z)^k$.

17. 提示：当 $r\neq 0$ 时，

$$\frac{\partial}{\partial r}f(r\cos\theta,r\sin\theta)=\cos\theta f_x(r\cos\theta,r\sin\theta)+\sin\theta f_y(r\cos\theta,r\sin\theta)$$
$$=\frac{1}{r}(xf_x(x,y)+yf_y(x,y))=0,$$

所以 $f(r\cos\theta,r\sin\theta)=F(\theta)$.再利用 $f(x,y)$ 在 $(0,0)$ 点的连续性，得到 $f(x,y)$ 为常数.

18. 提示：设 $F(t)=f(\boldsymbol{x}+t(\boldsymbol{y}-\boldsymbol{x}))$，利用 $F(1)-F(0)=\int_0^1 F'(t)\mathrm{d}t$.

§3

2. $f(x,y)=-14-13(x-1)-6(y-2)+5(x-1)^2-12(x-1)(y-2)+4(y-2)^2+3(x-1)^3-2(x-1)^2(y-2)-2(x-1)(y-2)^2+(y-2)^3$.

3. $f(x,y)=xy-\frac{1}{2}xy^2+o\left(\left(\sqrt{x^2+y^2}\right)^3\right)$.

4. $f(x,y)=1+(x+y)+\frac{1}{2!}(x+y)^2+\cdots+\frac{1}{n!}(x+y)^n+R_n$,

其中 $R_n=\frac{1}{(n+1)!}(x+y)^{n+1}\mathrm{e}^{\theta(x+y)}$.

5. (1) $f(x,y)=1-(x-1)+(x-1)^2-\frac{1}{2}y^2+R_2$,

$R_2=-\frac{\cos\eta}{\xi^4}(x-1)^3-\frac{\sin\eta}{\xi^3}(x-1)^2y+\frac{\cos\eta}{2\xi^2}(x-1)y^2+\frac{\sin\eta}{6\xi}y^3$，其中

$\xi=1+\theta(x-1)$，$\eta=\theta y$，$0<\theta<1$.

(2) $f(x,y)=1+\sum\limits_{n=1}^{k}\left[\frac{1}{n!}\sum\limits_{j=0}^{n}\mathrm{C}_n^j(-1)^{n-j}(n-j)!\cos\left(\frac{j}{2}\pi\right)(x-1)^{n-j}y^j\right]+R_k$,

$$R_k=\frac{1}{(k+1)!}\sum_{j=0}^{k+1}\mathrm{C}_{k+1}^j(-1)^{k+1-j}(k+1-j)!\frac{1}{\xi^{k-j+2}}\cos\left(\eta+\frac{j}{2}\pi\right)(x-1)^{k+1-j}y^i.$$

当 $x=1$ 时，$\xi=1$，对任意 $y\in(-\infty,+\infty)$，$R_k\to 0(k\to\infty)$ 显然成立；

当 $0<|x-1|<\frac{1}{3}$ 时，$\frac{2}{3}<\xi<\frac{4}{3}$，$\left|\frac{x-1}{\xi}\right|<\frac{1}{2}$，于是对任意 $y\in(-\infty,+\infty)$，有

$$|R_k|\leqslant\frac{1}{(k+1)!}\sum_{j=0}^{k+1}\frac{(k+1)!}{j!(k+1-j)!}(k+1-j)!\frac{1}{|\xi|^{k-j+2}}|x-1|^{k+1-j}|y|^j$$
$$=\frac{1}{|\xi|}\sum_{j=0}^{k+1}\frac{1}{j!}\left|\frac{x-1}{\xi}\right|^{k+1-j}|y|^j\leqslant\frac{1}{|\xi|}\left|\frac{x-1}{\xi}\right|^{k+1}\sum_{j=0}^{\infty}\frac{1}{j!}\left|\frac{y\xi}{x-1}\right|^j$$

$$=\frac{1}{|\xi|}\left|\frac{x-1}{\xi}\right|^{k+1}\mathrm{e}^{\left|\frac{y\xi}{x-1}\right|},$$

因此也成立 $R_k\to 0(k\to\infty)$.

6. $8.96^{2.03}\approx 85.74$.

§4

1. (1) $\frac{\mathrm{d}y}{\mathrm{d}x}=\frac{y^2-\mathrm{e}^x}{\cos y-2xy}$. (2) $\frac{\mathrm{d}y}{\mathrm{d}x}=\frac{y(x\ln y-y)}{x(y\ln x-x)}$. (3) $\frac{\mathrm{d}y}{\mathrm{d}x}=\frac{x+y}{x-y}$.

(4) $\frac{\mathrm{d}y}{\mathrm{d}x}=\frac{a^2}{(x+y)^2}$, $\quad\frac{\mathrm{d}^2y}{\mathrm{d}x^2}=-\frac{2a^2}{(x+y)^5}[a^2+(x+y)^2]$.

(5) $\frac{\partial z}{\partial x}=\frac{z}{x+z}, \frac{\partial z}{\partial y}=\frac{z^2}{y(x+z)}$.

(6) $\frac{\partial z}{\partial x}=\frac{yz}{\mathrm{e}^z-xy}$, $\quad\frac{\partial z}{\partial y}=\frac{xz}{\mathrm{e}^z-xy}$, $\quad\frac{\partial^2 z}{\partial x^2}=\frac{2y^2z}{(\mathrm{e}^z-xy)^2}-\frac{y^2z^2\mathrm{e}^z}{(\mathrm{e}^z-xy)^3}$,

$\frac{\partial^2 z}{\partial x\partial y}=\frac{z}{\mathrm{e}^z-xy}+\frac{2xyz}{(\mathrm{e}^z-xy)^2}-\frac{xyz^2\mathrm{e}^z}{(\mathrm{e}^z-xy)^3}$.

(7) $\frac{\partial z}{\partial x}=\frac{yz}{z^2-xy}$, $\quad\frac{\partial z}{\partial y}=\frac{xz}{z^2-xy}$,

$\frac{\partial^2 z}{\partial x^2}=-\frac{2xy^3z}{(z^2-xy)^3}$, $\quad\frac{\partial^2 z}{\partial x\partial y}=\frac{z^5-2xyz^3-x^2y^2z}{(z^2-xy)^3}$.

(8) $\frac{\partial z}{\partial x}=-\frac{f_1+f_3}{f_2+f_3}$, $\quad\frac{\partial z}{\partial y}=-\frac{f_1+f_2}{f_2+f_3}$.

(9) $\frac{\partial z}{\partial x}=\frac{zf_1}{1-xf_1-f_2}$, $\quad\frac{\partial z}{\partial y}=-\frac{f_2}{1-xf_1-f_2}$,

$\frac{\partial^2 z}{\partial x^2}=\frac{1}{1-xf_1-f_2}\left[2\frac{\partial z}{\partial x}f_1+\left(z+x\frac{\partial z}{\partial x}\right)^2f_{11}+2\frac{\partial z}{\partial x}\left(z+x\frac{\partial z}{\partial x}\right)f_{12}+\left(\frac{\partial z}{\partial x}\right)^2f_{22}\right]$.

(10) $\frac{\partial z}{\partial x}=-\frac{f_1+f_2+f_3}{f_3}$, $\quad\frac{\partial z}{\partial y}=-\frac{f_2+f_3}{f_3}$,

$\frac{\partial^2 z}{\partial x^2}=-\frac{1}{f_3^3}[f_3^2(f_{11}+2f_{12}+f_{22})-2f_3(f_1+f_2)(f_{13}+f_{23})+(f_1+f_2)^2f_{33}]$,

$\frac{\partial^2 z}{\partial x\partial y}=-\frac{1}{f_3^3}[f_3^2(f_{12}+f_{22})-f_2f_3f_{13}+f_2(f_1+f_2)f_{33}-f_3(f_1+2f_2)f_{23}]$.

5. (1) $\frac{\mathrm{d}y}{\mathrm{d}x}=-\frac{x(1+6z)}{y(2+6z)}$, $\quad\frac{\mathrm{d}z}{\mathrm{d}x}=\frac{x}{1+3z}$,

$\frac{\mathrm{d}^2y}{\mathrm{d}x^2}=\frac{1}{2y}\left[\frac{1}{1+3z}-\frac{x^2(1+6z)^2}{2y^2(1+3z)^2}-\frac{3x^2}{(1+3z)^3}-2\right]$, $\frac{\mathrm{d}^2z}{\mathrm{d}x^2}=\frac{1}{1+3z}-\frac{3x^2}{(1+3z)^3}$.

(2) $\frac{\partial u}{\partial x}=\frac{ux-vy}{y^2-x^2}$, $\quad\frac{\partial u}{\partial y}=\frac{vx-uy}{y^2-x^2}$,

$\frac{\partial^2 u}{\partial x^2}=\frac{2u(x^2+y^2)-4xyv}{(y^2-x^2)^2}$, $\quad\frac{\partial^2 u}{\partial x\partial y}=\frac{2v(x^2+y^2)-4xyu}{(y^2-x^2)^2}$.

(3) $\frac{\partial u}{\partial x}=\frac{f_2g_1+uf_1(2vyg_2-1)}{f_2g_1-(xf_1-1)(2vyg_2-1)}$, $\quad\frac{\partial v}{\partial x}=\frac{(1-xf_1)g_1-uf_1g_1}{f_2g_1-(xf_1-1)(2vyg_2-1)}$.

(4) $\frac{\partial z}{\partial x}=uv(u+v)$, $\quad\frac{\partial z}{\partial y}=uv(v-u)$.

(5) $\frac{\partial z}{\partial x}=\frac{2(u\cos v-v\sin v)}{e^{u}}$, $\frac{\partial z}{\partial y}=\frac{2(v\cos v+u\sin v)}{e^{u}}$.

6. (1) $dz=\frac{yz-\sqrt{xyz}}{\sqrt{xyz}-xy}dx+\frac{xz-2\sqrt{xyz}}{\sqrt{xyz}-xy}dy$.

(2) $du=\frac{\sin v+x\cos v}{x\cos v+y\cos u}dx+\frac{x\cos v-\sin u}{x\cos v+y\cos u}dy$,

$dv=\frac{y\cos u-\sin v}{x\cos v+y\cos u}dx+\frac{y\cos u+\sin u}{x\cos v+y\cos u}dy$.

7. $\frac{dx}{dy}=\frac{yF_1G_2+xy^2F_2G_1+(y-z)F_2G_2}{y(F_1G_2-y^2F_2G_1)}$;

$\frac{dz}{dy}=\frac{zF_1G_2-y^3F_2G_1-y^2(x+y)F_1G_1}{y(F_1G_2-y^2F_2G_1)}$.

8. $\frac{\partial^2 f}{\partial x^2}+\frac{\partial^2 f}{\partial y^2}=\frac{\partial^2 f}{\partial r^2}+\frac{1}{r^2}\frac{\partial^2 f}{\partial\theta^2}+\frac{1}{r}\frac{\partial f}{\partial r}$.

9. 提示:取 λ,μ 为方程 $A+2Bt+Ct^2=0$ 的两个根.

10. $a\left(\frac{\partial^2 z}{\partial\xi^2}-\frac{\partial z}{\partial\xi}\right)+2b\frac{\partial^2 z}{\partial\xi\partial\eta}+c\left(\frac{\partial^2 z}{\partial\eta^2}-\frac{\partial z}{\partial\eta}\right)=0$.

11. $\frac{\partial^2 z}{\partial u\partial v}=0$.

12. (1) $\frac{\partial w}{\partial v}=0$. (2) $\frac{\partial^2 w}{\partial u^2}+\left(\frac{v}{u}-1\right)\frac{\partial^2 w}{\partial v^2}=0$. (3) $\frac{\partial^2 w}{\partial v^2}=0$.

§5

1. (1) 切线:$2(x-1)=y-1=4(2z-1)$,法平面:$8x+16y+2z=25$.

(2) 切线:$x-\frac{\pi}{2}+1=y-1=\frac{\sqrt{2}}{2}z-2$,法平面:$(x-\frac{\pi}{2}+1)+(y-1)+\sqrt{2}(z-2\sqrt{2})=0$.

(3) 切线:$\begin{cases}x+z=2\\ y=-2\end{cases}$,法平面:$x=z$.

(4) 切线:$x-\frac{R}{\sqrt{2}}=-y+\frac{R}{\sqrt{2}}=-z+\frac{R}{\sqrt{2}}$,法平面:$x-y-z+\frac{\sqrt{2}}{2}R=0$.

2. $(-1,1,-1)$或$\left(-\frac{1}{3},\frac{1}{9},-\frac{1}{27}\right)$.

3. $(0,-1,0)$.

4. (1) 切平面:$64(x-2)+9(y-1)-(z-35)=0$,法线:$\frac{x-2}{64}=\frac{y-1}{9}=\frac{z-35}{-1}$.

(2) 切平面:$x+y-2z\ln 2=0$,法线:$x-\ln 2=y-\ln 2=-\frac{1}{2\ln 2}(z-1)$.

(3) 切平面:$-3y+2z+1=0$,法线:$\begin{cases}x=1,\\ 2y+3z=5.\end{cases}$

5. 点:$(-3,-1,3)$,法线:$x+3=\frac{1}{3}(y+1)=z-3$.

6. $(x-6)+3(y-9)+5(z-10)=0$ 与 $(x+6)+3(y+9)+5(z+10)=0$.

7. $\theta=\arccos\frac{2bz}{a\sqrt{a^2+b^2}}$.

8. $4x-2y-3z-3=0$.

9. $\frac{\partial u}{\partial \boldsymbol{n}}=\frac{11}{7}$.

11. $\cos\theta=\frac{2}{\sqrt{6}}$.

12. 曲面的法向量与向量(b,c,a)垂直.

13. 提示:曲面上任意一点(x,y,z)处的切平面

$$\left(f\left(\frac{y}{x}\right)-\frac{y}{x}f'\left(\frac{y}{x}\right)\right)(X-x)+f'\left(\frac{y}{x}\right)(Y-y)-(Z-z)=0$$

经过$(0,0,0)$点.

14. 提示:曲面上任意一点(x,y,z)处的切平面

$$\left(\frac{1}{z}F_2-\frac{y}{x^2}F_3\right)(X-x)+\left(\frac{1}{x}F_3-\frac{z}{y^2}F_1\right)(Y-y)+\left(\frac{1}{y}F_1-\frac{x}{z^2}F_2\right)(Z-z)=0$$

经过$(0,0,0)$点.

15. 提示:利用恒等式$xF_x(x,y,z)+yF_y(x,y,z)+zF_z(x,y,z)=kF(x,y,z)$证明曲面上任意一点$(x,y,z)$处的切平面

$$F_x(x,y,z)(X-x)+F_y(x,y,z)(Y-y)+F_z(x,y,z)(Z-z)=0$$

经过$(0,0,0)$点.

§6

1. (1) 在$(0,0)$点取极大值6;在$(1,\sqrt{3})$,$(1,-\sqrt{3})$,$(-1,\sqrt{3})$,$(-1,-\sqrt{3})$四点取极小值-13.

(2) 在$(1,1)$,$(-1,-1)$两点取极小值-2.

(3) 无极值.

(4) 在$\left(\frac{\sqrt{2}}{2},\frac{3}{8}\right)$,$\left(-\frac{\sqrt{2}}{2},\frac{3}{8}\right)$两点取极小值$-\frac{1}{64}$.

(5) 在$\left(\frac{a^2}{b},\frac{b^2}{a}\right)$点取极小值$3ab$.

(6) 在$(2^{\frac{1}{4}},2^{\frac{1}{2}},2^{\frac{3}{4}})$取极小值$4\cdot 2^{\frac{1}{4}}$.

4. 最大值$f_{\max}=\frac{3\sqrt{3}}{2}$;最小值$f_{\min}=0$.

5. $\xi=x-\frac{1}{6}$.

6. 面积最大者为内接正三角形,$S_{\max}=\frac{3\sqrt{3}}{4}R^2$.

7. $\frac{R}{\sqrt{5}}=\frac{H}{1}=\frac{h}{2}$.

8. 提示:由$y'=-\frac{x+y}{x+2y}=0$,得到$x+y=0$,再从$x^2+2xy+2y^2=1$得到$y^2=1$,因此$y_{\max}=1$,$y_{\min}=-1$.

9. 提示:由$\frac{\partial z}{\partial x}=\frac{4x}{1-2z-8y}=0$与$\frac{\partial z}{\partial y}=\frac{4(y+2z)}{1-2z-8y}=0$,得到$x=0$与$y+2z=0$,再从$2x^2+2y^2+z^2+8yz-z+8=0$得到$7z^2+z-8=0$,于是$z=1,-\frac{8}{7}$;驻点分别为$(0,-2)$与$\left(0,\frac{16}{7}\right)$.再利用极值的充分条件,可判断极小值为1,极大值为$-\frac{8}{7}$.

10. $\left(\frac{8}{5},\frac{16}{5}\right)$.

11. 提示：设圆半径为 1，外切三角形的两个顶角为 2α 与 2β，则三角形的面积为 $S=\cot\alpha+\cot\beta+\tan(\alpha+\beta)$，再由 $\frac{\partial S}{\partial\alpha}=0$ 与 $\frac{\partial S}{\partial\beta}=0$ 得到 $\alpha=\beta=\frac{\pi}{6}$.

12. 提示：设圆半径为 1，内接 n 边形的各边所对的圆心角为 $\alpha_k(k=1,2,\cdots,n)$，则 n 边形的面积为 $S=\frac{1}{2}[\sin\alpha_1+\sin\alpha_2+\cdots+\sin\alpha_{n-1}-\sin(\alpha_1+\alpha_2+\cdots+\alpha_{n-1})]$，由 $\frac{\partial S}{\partial\alpha_k}=0(k=1,2,\cdots,n-1)$ 推出 $\alpha_n=\frac{2\pi}{n}$.

13. 提示：令 $f(x,y)=yx^y(1-x)$，先对固定的 $x\in(0,1)$，求出 $f(x,y)$ 的极大值点为 $y=\frac{-1}{\ln x}$，极大值为 $\varphi(x)=\frac{-(1-x)}{e\ln x}$，再证明 $\varphi(x)$ 在区间 $(0,1)$ 上单调增加，且 $\lim\limits_{x\to1-}\varphi(x)=\frac{1}{e}$.

14. $x=\frac{3\alpha-2\beta}{2\alpha^2-\beta^2}, y=\frac{4\alpha-3\beta}{4\alpha^2-2\beta^2}$.

§7

1. (1) $f_{\max}=\frac{1}{4}$. (2) $f_{\max}=3, f_{\min}=-3$. (3) f 的极大值与极小值分别为方程 $\lambda^2+\left(\frac{A^2-1}{a^2}+\frac{B^2-1}{b^2}+\frac{C^2-1}{c^2}\right)\lambda+\left(\frac{A^2}{b^2c^2}+\frac{B^2}{c^2a^2}+\frac{C^2}{a^2b^2}\right)=0$ 的两个根.

2. 面积最大的三角形为正三角形，最大面积为 $\frac{\sqrt{3}}{9}p^2$.

3. 底面半径为 $\sqrt[3]{\frac{1}{2\pi}}$，高为 $\sqrt[3]{\frac{4}{\pi}}$.

4. $d_{\max}=\sqrt{9+5\sqrt{3}}, d_{\min}=\sqrt{9-5\sqrt{3}}$.

5. $S_{\max}=9$.

6. $d=\frac{|aA+bB+cC+D|}{\sqrt{A^2+B^2+C^2}}$.

7. 椭圆面积 $S=\pi\sqrt{\lambda_1\lambda_2}$，其中 λ_1 与 λ_2 为方程

$$A^2\left(1-\frac{\lambda}{b^2}\right)+B^2\left(1-\frac{\lambda}{a^2}\right)+C^2\left(1-\frac{\lambda}{b^2}\right)\left(1-\frac{\lambda}{a^2}\right)=0$$

的两个根.

8. $f_{\min}=\frac{1}{16}a^4$.

9. $f_{\max}=\ln(6\sqrt{3}R^6)$. 提示：令 $L(x,y,z,\lambda)=xy^2z^3-\lambda(x^2+y^2+z^2-6R^2)$，由 $L_x=0, L_y=0$ 和 $L_z=0$，可得 $xy^2z^3=2\lambda R^2$ 和 $x^2=R^2, y^2=2R^2, z^2=3R^2$. 于是 $xy^2z^3\leqslant6\sqrt{3}R^6$，由此得到 $f_{\max}=\ln(6\sqrt{3}R^6)$；再令 $a=x^2, b=y^2$ 和 $c=z^2$，由 $xy^2z^3\leqslant6\sqrt{3}\left(\frac{x^2+y^2+z^2}{6}\right)^3$，得到 $ab^2c^3\leqslant108\left(\frac{a+b+c}{6}\right)^6$.

10. (1) $f_{\max}=\left[\frac{a^ab^bc^c}{(a+b+c)^{a+b+c}}\right]^{\frac{1}{k}}$. 提示：与习题 9 类似，可得 $x^ay^bz^c\leqslant\frac{\lambda k}{a+b+c}$ 和 $x^k=\frac{a}{a+b+c}, y^k=\frac{b}{a+b+c}, z^k=\frac{c}{a+b+c}$. 于是 $x^ay^bz^c\leqslant\left[\frac{a^ab^bc^c}{(a+b+c)^{a+b+c}}\right]^{\frac{1}{k}}$.

(2) 令 $x^k=\dfrac{u}{u+v+w}$，$y^k=\dfrac{v}{u+v+w}$ 和 $z^k=\dfrac{w}{u+v+w}$，再利用(1)的结果.

11. $a=\dfrac{3\sqrt{2}}{2}$，$b=\dfrac{\sqrt{6}}{2}$. 提示：先求 $(x-1)^2+y^2$ 在 $\dfrac{x^2}{a^2}+\dfrac{y^2}{b^2}=1$ 条件下的极小值，令它为 1，得到关于 a,b 的关系式 $a^2b^2=a^2+b^4$；再求 $f(a,b)=\pi ab$ 在 $a^2b^2=a^2+b^4$ 条件下的极小值.

12. 提示：由于三角形 ABC 的面积取极大值，曲线 $f(x,y)=0$，$g(x,y)=0$ 与 $h(x,y)=0$ 在三个顶点处的切线分别平行于三角形的对边，从而在三个顶点处的法线分别垂直于三角形的对边.

13. $f_{\max}=\sqrt{\sum\limits_{k=1}^{n}a_k^2}$，$f_{\min}=-\sqrt{\sum\limits_{k=1}^{n}a_k^2}$.

提示：由于 $f(x_1,x_2,\cdots,x_n)$ 在 $\{x_1^2+x_2^2+\cdots+x_n^2<1\}$ 没有驻点，所以只需要求 $f(x_1,x_2,\cdots,x_n)$ 在约束条件 $\{x_1^2+x_2^2+\cdots+x_n^2=1\}$ 下的最大值与最小值.

14. 设矩阵 $(a_{ij})_{n\times n}$ 的特征值为 $\lambda_1\leqslant\lambda_2\leqslant\cdots\leqslant\lambda_n$，则 $f_{\max}=\lambda_n$，$f_{\min}=\lambda_1$.

15. $x_1=\dfrac{6p_1^{\alpha-1}p_2^{\beta}}{\alpha^{\alpha-1}\beta^{\beta}}$，$x_2=\dfrac{6p_1^{\alpha}p_2^{\beta-1}}{\alpha^{\alpha}\beta^{\beta-1}}$.

第十三章

§1

1. $Q=\iint\limits_D\mu(x,y)\,\mathrm{d}x\mathrm{d}y$.

3. $\iint\limits_D xy\,\mathrm{d}x\mathrm{d}y=\dfrac{1}{4}$. 提示：用直线 $x=\dfrac{i}{n}\left(i=\dfrac{1}{n},\dfrac{2}{n},\cdots,\dfrac{n-1}{n}\right)$，$y=\dfrac{j}{n}\left(j=\dfrac{1}{n},\dfrac{2}{n},\cdots,\dfrac{n-1}{n}\right)$ 将区域 D 划分成 n^2 个小正方形，取 $(\xi_i,\eta_j)=\left(\dfrac{i}{n},\dfrac{j}{n}\right)$ $(i,j=1,2,\cdots,n)$，写出积分的 Riemann 和，再令 n 趋于无穷大.

§2

4. (1) 1.　(2) $\dfrac{1}{4}(\mathrm{e}^{b^2}-\mathrm{e}^{a^2})(\mathrm{e}^{d^2}-\mathrm{e}^{c^2})$.　(3) $\dfrac{1}{2}\ln\dfrac{128}{125}$.

5. (1) $\int_a^b\mathrm{d}y\int_y^b f(x,y)\,\mathrm{d}x$.

(2) $\int_0^a\mathrm{d}y\int_{\frac{y^2}{2a}}^{a-\sqrt{a^2-y^2}}f(x,y)\,\mathrm{d}x+\int_0^a\mathrm{d}y\int_{a+\sqrt{a^2-y^2}}^{2a}f(x,y)\,\mathrm{d}x+\int_a^{2a}\mathrm{d}y\int_{\frac{y^2}{2a}}^{2a}f(x,y)\,\mathrm{d}x$.

(3) $\int_0^1\mathrm{d}y\int_{\arcsin y}^{\pi-\arcsin y}f(x,y)\,\mathrm{d}x-\int_{-1}^0\mathrm{d}y\int_{\pi-\arcsin y}^{2\pi+\arcsin y}f(x,y)\,\mathrm{d}x$.

(4) $\int_0^2\mathrm{d}x\int_{\frac{1}{2^x}}^{3-x}f(x,y)\,\mathrm{d}y$.

(5) $\int_0^1\mathrm{d}z\int_0^1\mathrm{d}x\int_0^{1-x}f(x,y,z)\,\mathrm{d}y-\int_0^1\mathrm{d}z\int_0^z\mathrm{d}x\int_0^{z-x}f(x,y,z)\,\mathrm{d}y$.

(6) $\int_0^1\mathrm{d}z\int_{-z}^{z}\mathrm{d}y\int_{-\sqrt{z^2-y^2}}^{\sqrt{z^2-y^2}}f(x,y,z)\,\mathrm{d}x$.

6. (1) $\frac{1}{21}p^5$. (2) $(2\sqrt{2}-\frac{8}{3})a^{\frac{3}{2}}$. (3) $e-\frac{1}{e}$. (4) $14a^4$. (5) $\frac{5\pi}{2}a^3$.

(6) $-\frac{2}{3}$. (7) $\frac{49}{20}$. (8) $\frac{1}{364}$. (9) $\frac{1}{2}\ln 2-\frac{5}{16}$. (10) $\frac{1}{3}\pi h^3$.

(11) $\frac{59}{480}\pi R^5$.提示:应用公式 $\iiint\limits_{\Omega} z^2\mathrm{d}x\mathrm{d}y\mathrm{d}z=\int_0^R z^2\mathrm{d}z\iint\limits_{\Omega_z}\mathrm{d}x\mathrm{d}y$.

(12) $\frac{4}{15}\pi a^3bc$.提示:应用公式 $\iiint\limits_{\Omega} x^2\mathrm{d}x\mathrm{d}y\mathrm{d}z=\int_{-a}^{a} x^2\mathrm{d}x\iint\limits_{\Omega_x}\mathrm{d}y\mathrm{d}z$.

7. $\frac{4}{3}$.

8. $\frac{2}{3}(p+q)\sqrt{pq}$.

9. $V=\frac{7}{2}$.

10. $V=\frac{1}{3}$.

11. $V=\frac{1}{6}$.

14. 提示:$\iint\limits_{D}[\sin(x^2)+\cos(y^2)]\mathrm{d}x\mathrm{d}y=\iint\limits_{D}[\sin(x^2)+\cos(x^2)]\mathrm{d}x\mathrm{d}y$.

17. 提示:$\left[\int_a^b f(x)\mathrm{d}x\right]^2=\iint\limits_{[a,b]\times[a,b]} f(x)f(y)\mathrm{d}x\mathrm{d}y\leqslant\frac{1}{2}\iint\limits_{[a,b]\times[a,b]}(f^2(x)+f^2(y))\mathrm{d}x\mathrm{d}y$.

18. 提示:将区间 $[a,b]$ n 等分,并取 $\xi_i\in[x_{i-1},x_i]$,则

$$\iint\limits_{[a,b]\times[a,b]} e^{f(x)-f(y)}\mathrm{d}x\mathrm{d}y=\lim_{n\to\infty}\left\{\frac{(b-a)^2}{n^2}\sum_{i=1}^{n}e^{f(\xi_i)}\cdot\sum_{i=1}^{n}e^{-f(\xi_i)}\right\},$$

再利用不等式:当 $x_i>0(i=1,2,\cdots,n)$ 时成立

$$(x_1+x_2+\cdots+x_n)\left(\frac{1}{x_1}+\frac{1}{x_2}+\cdots+\frac{1}{x_n}\right)\geqslant n^2.$$

19. (1) $\frac{n}{3}$. (2) $\frac{n(3n+1)}{12}$.

§3

1. (1) $\pi(1-e^{-R^2})$. (2) $\frac{8}{15}$. (3) $\frac{\pi}{2}$. (4) $\frac{\pi^2}{8}-\frac{\pi}{4}$.

2. (1) $\frac{\pi}{|a_1b_2-a_2b_1|}$. (2) $\frac{1}{6}(n^2-m^2)\left(\frac{1}{\alpha^3}-\frac{1}{\beta^3}\right)$. (3) $\frac{\pi}{4}a^2$.

(4) $\frac{hk(a^2k^2+b^2h^2)}{6a^2b^2}$.提示:作变量代换 $\begin{cases}x=hr\cos^2\theta,\\ y=kr\sin^2\theta.\end{cases}$

3. $f(0,0)$.

4. (1) $\frac{2}{15}$. (2) $\frac{\pi}{2}ab,\frac{\pi}{4}R^4\left(\frac{1}{a^2}+\frac{1}{b^2}\right)$. (3) $4-\frac{\pi}{2}$. (4) $e-\frac{1}{e}$. (5) $\frac{\pi}{6}$.

(6) $\frac{(\pi^2-8)a^2}{16}$.

5. (1) $\frac{4\pi}{5}$. (2) $\frac{1}{4}\pi^2abc$. (3) $\frac{8}{9}a^2$. (4) $\left(\ln 2-\frac{1}{2}-\frac{1}{4}\ln^2 2\right)\pi$.

（5）$\dfrac{108\sqrt{3}-97}{30}\pi a^5$.　（6）$\dfrac{1\,024}{3}\pi$.　（7）$\dfrac{4}{3}\pi$.　（8）$\dfrac{1}{32}$.

6. $\dfrac{6\pi-8}{9}R^3$.

7. $\dfrac{32}{3}\pi$.

8. （1）$V=\dfrac{\pi}{3}a^3bc$；

（2）$V=\dfrac{abc}{3}$.　提示：作变量代换$\begin{cases}x=ar\sin\varphi\cos^2\theta\\ y=br\sin\varphi\sin^2\theta\\ z=cr\cos\varphi\end{cases}$，则$\left|\dfrac{\partial(x,y,z)}{\partial(r,\varphi,\theta)}\right|=abcr^2\sin\varphi\sin 2\theta$.

9. 8π.

10. 12 cm.

11. $\dfrac{2MG}{a^2}\left(1-\dfrac{c}{\sqrt{a^2+c^2}}\right)$，其中 G 是万有引力常量.

12. 质量为$\dfrac{32}{15}\pi R^5$，质心为$\left(0,0,\dfrac{5}{4}R\right)$.

13. 提示：证明第一个不等式时利用 $\sin^2 x\leqslant x^2$，$\sin^2 y\leqslant y^2$.

14. 提示：作变量代换$\begin{cases}u=x+y,\\ v=x-y.\end{cases}$

16. （1）$\dfrac{2}{(n-1)!\,(2n+1)}$. 提示：作变量代换$\begin{cases}y_1=x_1+x_2+x_3+\cdots+x_n,\\ y_2=\qquad x_2+x_3+\cdots+x_n,\\ \cdots\cdots\cdots\cdots\\ y_n=\qquad\qquad\qquad\quad x_n,\end{cases}$

则 $\int_\Omega\sqrt{x_1+x_2+\cdots+x_n}\,\mathrm{d}x_1\mathrm{d}x_2\cdots\mathrm{d}x_n=\int_0^1\sqrt{y_1}\,\mathrm{d}y_1\int_0^{y_1}\mathrm{d}y_2\int_0^{y_2}\mathrm{d}y_3\cdots\int_0^{y_{n-1}}\mathrm{d}y_n$.

（2）$\begin{cases}\dfrac{\pi^m}{(m-1)!\,(m+1)}, & n=2m,\\ \dfrac{2^{m+1}\pi^m}{(2m-1)!!\,(2m+3)}, & n=2m+1.\end{cases}$　提示：参考例题 13.3.11.

§4

1. （1）当 $p>1$ 且 $q>1$ 时积分收敛，其他情况下积分发散.

（2）当 $p>\dfrac{1}{2}$ 时积分收敛，当 $p\leqslant\dfrac{1}{2}$ 时积分发散.

（3）当 $p<1$ 时积分收敛，当 $p\geqslant1$ 时积分发散.

（4）当 $p<1$ 时积分收敛，当 $p\geqslant1$ 时积分发散.

（5）当 $p<\dfrac{3}{2}$ 时积分收敛，当 $p\geqslant\dfrac{3}{2}$ 时积分发散.

2. （1）$\dfrac{1}{(p-q)(q-1)}$.　（2）$\dfrac{\pi ab}{\mathrm{e}}$.　（3）$\pi^{\frac{3}{2}}$.

4. $I=\pi^2$.

5. 提示：令$\begin{cases}x=tu,\\ y=tv,\end{cases}$则 $F(t)=t^2\cdot\displaystyle\iint\limits_{0\leqslant u\leqslant1,0\leqslant v\leqslant1}\mathrm{e}^{-\frac{u}{v^2}}\mathrm{d}u\mathrm{d}v$.

6. 提示：$\int_y^a \frac{\mathrm{d}x}{\sqrt{(a-x)(x-y)}}=\pi$.

7. $\pi^{\frac{n}{2}}$.

§5

1. (1) $-(x^2+7yz^2)\mathrm{d}x\wedge\mathrm{d}y+42z^2\mathrm{d}y\wedge\mathrm{d}z-6x\mathrm{d}z\wedge\mathrm{d}x$.

   (2) $-\sin(x+y)\mathrm{d}x\wedge\mathrm{d}y$.

   (3) $-21\mathrm{d}x\wedge\mathrm{d}y\wedge\mathrm{d}z$.

2. $\omega+\eta=a_0+a_1\mathrm{d}x_1+b_1\mathrm{d}x_1\wedge\mathrm{d}x_2+(a_2+b_2)\mathrm{d}x_1\wedge\mathrm{d}x_3+b_3\mathrm{d}x_1\wedge\mathrm{d}x_2\wedge\mathrm{d}x_3+(a_3+b_4)\mathrm{d}x_2\wedge\mathrm{d}x_3\wedge\mathrm{d}x_4$,

   $\omega\wedge\eta=a_0b_1\mathrm{d}x_1\wedge\mathrm{d}x_2+a_0b_2\mathrm{d}x_1\wedge\mathrm{d}x_3+a_0b_3\mathrm{d}x_1\wedge\mathrm{d}x_2\wedge\mathrm{d}x_3+a_0b_4\mathrm{d}x_2\wedge\mathrm{d}x_3\wedge\mathrm{d}x_4+$
   $a_1b_4\mathrm{d}x_1\wedge\mathrm{d}x_2\wedge\mathrm{d}x_3\wedge\mathrm{d}x_4$.

3. $x_1\mathrm{d}x_1\wedge\mathrm{d}x_2+\mathrm{d}x_1\wedge\mathrm{d}x_3+(x_1^2+x_3)\mathrm{d}x_2\wedge\mathrm{d}x_3-(x_2^2+x_3^2)\mathrm{d}x_1\wedge\mathrm{d}x_2\wedge\mathrm{d}x_3$.

5. (1) $r\mathrm{d}r\wedge\mathrm{d}\theta\wedge\mathrm{d}z$. (2) $r^2\sin\varphi\mathrm{d}r\wedge\mathrm{d}\varphi\wedge\mathrm{d}\theta$.

第十四章

§1

1. (1) $1+\sqrt{2}$. (2) 4.

   (3) $4a^{\frac{4}{3}}$. 提示：将 L 的参数方程取为 $\begin{cases}x=a\cos^3 t,\\ y=a\sin^3 t.\end{cases}$

   (4) $2\sqrt{2}$. 提示：将 L 的参数方程取为 $\begin{cases}x=\sqrt{\cos 2\theta}\cos\theta,\\ y=\sqrt{\cos 2\theta}\sin\theta.\end{cases}$

   (5) $\frac{2\pi}{3}(3a^2+4\pi^2b^2)\sqrt{a^2+b^2}$.　(6) $\frac{16\sqrt{2}}{143}$.

   (7) $-\pi a^3$. 提示：在 L 上成立

$$xy+yz+zx=\frac{1}{2}[(x+y+z)^2-(x^2+y^2+z^2)].$$

2. 当 $a>b$：$2b^2+\frac{2a^2b}{\sqrt{a^2-b^2}}\arcsin\frac{\sqrt{a^2-b^2}}{a}$；

   当 $a<b$：$2b^2+\frac{2a^2b}{\sqrt{b^2-a^2}}\ln\left(\frac{b+\sqrt{b^2-a^2}}{a}\right)$；

   当 $a=b$：$4a^2$.

3. (1) $\frac{2\pi}{3a^2}\left[(1+a^4)^{\frac{3}{2}}-1\right]$.

   (2) $8\sqrt{3}\pi a^2$. 提示：$S=\iint\limits_S \mathrm{d}S=\iint\limits_D 2\mathrm{d}x\mathrm{d}y$，其中 $D=\{(x,y)\mid(x^2-xy+y^2)+2a(x+y)\leqslant 2a^2\}$.

   再令 $\begin{cases}x=u-v\\ y=u+v\end{cases}$，则 $\frac{\partial(x,y)}{\partial(u,v)}=2$，

$S=\iint\limits_{D}2\mathrm{d}x\mathrm{d}y=\iint\limits_{D'}4\mathrm{d}u\mathrm{d}v$,其中 $D'=\{(u,v)\mid(u+2a)^2+3v^2\leqslant 6a^2\}$.

(3) $(2-\sqrt{2})\pi a^2$.

(4) $2a^2$.提示:$S=\iint\limits_{D}\dfrac{a}{\sqrt{a^2-x^2}}\mathrm{d}z\mathrm{d}x$, $D=\{(z,x)\mid -x\leqslant z\leqslant x,0\leqslant x\leqslant a\}$.

(5) $\dfrac{20-3\pi}{9}a^2$.(6) $4\pi^2ab$.

4. (1) $-\pi a^3$.(2) $\dfrac{1}{2}(1+\sqrt{2})\pi$.(3) $\dfrac{64}{15}\sqrt{2}a^4$.(4) $2\pi\arctan\dfrac{H}{a}$.

(5) $\dfrac{13}{9}\pi a^4$.提示:由对称性,$\iint\limits_{\Sigma}x^2\mathrm{d}S=\iint\limits_{\Sigma}y^2\mathrm{d}S=\iint\limits_{\Sigma}z^2\mathrm{d}S$.

(6) $\dfrac{1\,564\sqrt{17}+4}{15}\pi$.提示:由对称性,$\iint\limits_{\Sigma}x^3\mathrm{d}S=0$,$\iint\limits_{\Sigma}y^2\mathrm{d}S=\dfrac{1}{2}\iint\limits_{\Sigma}(x^2+y^2)\mathrm{d}S$,$\iint\limits_{\Sigma}z\mathrm{d}S=\dfrac{1}{2}\iint\limits_{\Sigma}(x^2+y^2)\mathrm{d}S$.

(7) $\pi^2\left(a\sqrt{1+a^2}+\ln\left(a+\sqrt{1+a^2}\right)\right)$.

5. $R=\dfrac{4}{3}a$, $S_{\max}=\dfrac{32}{27}\pi a^2$.提示:设 Σ 的球心在 $(0,0,a)$,则球面 Σ 在球面 $x^2+y^2+z^2=a^2$ 内部的曲面为:$z=a-\sqrt{R^2-(x^2+y^2)}$, $x^2+y^2\leqslant R^2\left(1-\dfrac{R^2}{4a^2}\right)$,容易求得面积为 $S=2\pi R^2\left(1-\dfrac{R}{2a}\right)$.

6. 质量为$\dfrac{12\sqrt{3}+2}{15}\pi$,质心为$\left(0,0,\dfrac{596-45\sqrt{3}}{749}\right)$.

7. 设质点离球心的距离为 b,则 $F=\begin{cases}0, & b<a,\\ \dfrac{4\pi Ga^2}{b^2}, & b>a.\end{cases}$

提示:设 $\Sigma=\{(x,y,z)\mid x^2+y^2+z^2=a^2\}$,质点位于 $(0,0,b)$ 点,则球面对质点的引力为 $F=\iint\limits_{\Sigma}\dfrac{G(b-z)}{[x^2+y^2+(z-b)^2]^{\frac{3}{2}}}\mathrm{d}S$. 令$\begin{cases}x=a\sin\varphi\cos\theta,\\ y=a\sin\varphi\sin\theta,\\ z=a\cos\varphi,\end{cases}$ 则 $F=\int_0^{2\pi}\mathrm{d}\theta\int_0^{\pi}\dfrac{G(b-a\cos\varphi)a^2\sin\varphi}{(a^2+b^2-2ab\cos\varphi)^{\frac{3}{2}}}\mathrm{d}\varphi$,再作变量代换 $t^2=a^2+b^2-2ab\cos\varphi$.

8. (2) $\dfrac{R^2}{6}\left(\dfrac{\partial^2u}{\partial x^2}+\dfrac{\partial^2u}{\partial y^2}+\dfrac{\partial^2u}{\partial z^2}\right)\Bigg|_{(x_0,y_0,z_0)}$.提示:令$\begin{cases}x=x_0+R\xi,\\ y=y_0+R\eta,\\ z=z_0+R\zeta,\end{cases}$ 则

$T(R)=\dfrac{1}{4\pi}\iint\limits_{\Sigma^*}u(x_0+R\xi,y_0+R\eta,z_0+R\zeta)\mathrm{d}S$,其中 $\sum^*=\{(\xi,\eta,\zeta)\mid\xi^2+\eta^2+\zeta^2=1\}$.利用对称性,有$\iint\limits_{\Sigma^*}\xi\mathrm{d}S=\iint\limits_{\Sigma^*}\eta\mathrm{d}S=\iint\limits_{\Sigma^*}\zeta\mathrm{d}S=0$;$\iint\limits_{\Sigma^*}\xi\eta\mathrm{d}S=\iint\limits_{\Sigma^*}\eta\zeta\mathrm{d}S=\iint\limits_{\Sigma^*}\zeta\xi\mathrm{d}S=0$ 和 $\iint\limits_{\Sigma^*}\xi^2\mathrm{d}S=\iint\limits_{\Sigma^*}\eta^2\mathrm{d}S=\iint\limits_{\Sigma^*}\zeta^2\mathrm{d}S=\dfrac{1}{3}\iint\limits_{\Sigma^*}(\xi^2+\eta^2+\zeta^2)\mathrm{d}S$;由此得到 $T'(0)=0$ 和 $T''(0)=\dfrac{1}{3}\left(\dfrac{\partial^2u}{\partial x^2}+\dfrac{\partial^2u}{\partial y^2}+\dfrac{\partial^2u}{\partial z^2}\right)\Bigg|_{(x_0,y_0,z_0)}$.

9. $\dfrac{3}{2}\pi$.提示:过 $P(x,y,z)$ 点的切平面为 $xX+yY+2zZ=2$,原点到切平面的距离为

$\rho(x,y,z)=\dfrac{2}{\sqrt{x^2+y^2+4z^2}}$. 令$\begin{cases}x=\sqrt{2}\sin\varphi\cos\theta,\\ y=\sqrt{2}\sin\varphi\sin\theta,\\ z=\cos\varphi,\end{cases}$ 则

$$\sqrt{x^2+y^2+4z^2}=\sqrt{2\sin^2\varphi+4\cos^2\varphi},\quad \sqrt{EG-F^2}=\sin\varphi\sqrt{2\sin^2\varphi+4\cos^2\varphi},$$

由此得到 $\iint\limits_{\Sigma}\frac{z}{\rho(x,y,z)}\mathrm{d}S=\frac{3}{2}\pi$.

10. 提示:将 xyz-坐标系保持原点不动旋转成 $x'y'z'$-坐标系,使 z'轴上的单位向量为$\frac{1}{\sqrt{a^2+b^2+c^2}}(a,b,c)$,则球面 Σ 不变,面积元 $\mathrm{d}S$ 也不变.设球面 Σ 上一点(x,y,z)的新坐标为(x',y',z'),则 $ax+by+cz=\sqrt{a^2+b^2+c^2}z'$,于是

$$\iint\limits_{\Sigma}f(ax+by+cz)\mathrm{d}S=\iint\limits_{\Sigma}f(\sqrt{a^2+b^2+c^2}z')\mathrm{d}S.$$

计算这一曲面积分,令 $x'=\sin\varphi\cos\theta,y'=\sin\varphi\sin\theta,z'=\cos\varphi$.

11. 需要 100 h. 提示:设在时刻 t 雪堆的体积为 $V(t)$,雪堆的侧面积为$S(t)$,则 $V(t)=\frac{1}{4}\pi h^3(t)$,$S(t)=\frac{13}{12}\pi h^2(t)$.由$\frac{\mathrm{d}V}{\mathrm{d}t}=-\frac{9}{10}S(t)$,得到$\frac{\mathrm{d}h}{\mathrm{d}t}=-\frac{13}{10}$,再由 $h(0)=130$,得到$h(100)=0$.

§2

1. (1) 2.　(2) $-\frac{14}{15}$.　(3) -2π.

(4) 当 $a=\mathrm{e}^2$ 时,$I=-\frac{1}{2}(7+\mathrm{e}^4)$;当 $a=\mathrm{e}^{-2}$ 时,$I=\frac{1}{2}(1-\mathrm{e}^{-4})$,其他情况下,$I=-2+\left(\frac{1-a\mathrm{e}^2}{\ln a+2}+\frac{1-a\mathrm{e}^{-2}}{\ln a-2}\right)\ln a$.

(5) 13.

(6) $-\sqrt{2}\pi a^2$.提示:以 $z=a-x$ 代入积分,得到$\int\limits_{L}y\mathrm{d}x+z\mathrm{d}y+x\mathrm{d}z=\int\limits_{L_{xy}}(y-x)\mathrm{d}x+(a-x)\mathrm{d}y$,其中 L_{xy} 为 L 在 xy 平面上的投影曲线(椭圆)$2x^2+y^2=a^2$,取逆时针方向.

(7) $2\pi(\cos\alpha-\sin\alpha)$.提示:以 $y=x\tan\alpha$ 代入积分,得到 $\int\limits_{L}(y-z)\mathrm{d}x+(z-x)\mathrm{d}y+(x-y)\mathrm{d}z=(1-\tan\alpha)\int\limits_{L_{zx}}x\mathrm{d}z-z\mathrm{d}x$,其中 L_{zx}为 L 在 zx 平面上的投影曲线(椭圆)$z^2+x^2\sec^2\alpha=1$,取顺时针方向.

2. 提示:$|I_R|\leqslant\frac{8\pi}{R^2}$.

3. $-\frac{8}{15}$.

4. (1) $24h^3$.

(2) $\frac{\pi}{4}abc^2$.提示:设曲面 Σ 的单位法向量为$(\cos\alpha,\cos\beta,\cos\gamma)$,由 $\mathrm{d}z\mathrm{d}x=\cos\beta\mathrm{d}S$ 与 $\mathrm{d}x\mathrm{d}y=\cos\gamma\mathrm{d}S$,得到 $\mathrm{d}z\mathrm{d}x=\frac{\cos\beta}{\cos\gamma}\mathrm{d}x\mathrm{d}y=\frac{c^2y}{b^2z}\mathrm{d}x\mathrm{d}y$,于是 $\iint\limits_{\Sigma}yz\mathrm{d}z\mathrm{d}x=\iint\limits_{\Sigma}\frac{c^2}{b^2}y^2\mathrm{d}x\mathrm{d}y=\iint\limits_{D}\frac{c^2}{b^2}y^2\mathrm{d}x\mathrm{d}y$,其中 $D=\left\{(x,y)\middle|\frac{x^2}{a^2}+\frac{y^2}{b^2}\leqslant1\right\}$.

(3) 0.提示:取 Σ 的参数表示$\begin{cases}x=\cos\theta,\\y=\sin\theta,\quad 0\leqslant\theta\leqslant2\pi,\quad 0\leqslant z\leqslant4.\\z=z,\end{cases}$

(4) $-\frac{68}{3}\pi$.提示:设曲面 Σ 的单位法向量为 $(\cos\alpha,\cos\beta,\cos\gamma)$,由 $\mathrm{d}y\mathrm{d}z=\cos\alpha\mathrm{d}S$ 与 $\mathrm{d}x\mathrm{d}y=\cos\gamma\mathrm{d}S$,得到 $\mathrm{d}y\mathrm{d}z=\frac{\cos\alpha}{\cos\gamma}\mathrm{d}x\mathrm{d}y=2x\mathrm{d}x\mathrm{d}y$,于是 $\iint\limits_{\Sigma}zx\mathrm{d}y\mathrm{d}z=\iint\limits_{\Sigma}2x^2z\mathrm{d}x\mathrm{d}y=-\iint\limits_{D}2x^2(4-x^2-y^2)\mathrm{d}x\mathrm{d}y$,其中 $D=\{(x,y)\mid x^2+y^2\leqslant 1\}$.

(5) $\frac{1}{2}$.

(6) $-\frac{1}{2}\pi h^2(h^2+10)$.提示:由对称性,$\iint\limits_{\Sigma}x^2\mathrm{d}y\mathrm{d}z=0$,$\iint\limits_{\Sigma}y^2\mathrm{d}z\mathrm{d}x=0$.

(7) $2\pi\mathrm{e}^{\sqrt{2}}(\sqrt{2}-1)$.

(8) $\frac{4\pi}{abc}(a^2b^2+b^2c^2+c^2a^2)$.

(9) $\frac{8\pi}{3}(a+b+c)R^3$.

§3

1. (1) $-\frac{140}{3}$.(2) 0.(3) 0.(4) $\frac{1}{5}(\mathrm{e}^{\pi}-1)$.(5) $\frac{8}{3}$.(6) $\left(2+\frac{\pi}{2}\right)a^2b-\frac{\pi}{2}a^3$.

(7) π.提示:设积分 $I=\int_L P(x,y)\mathrm{d}x+Q(x,y)\mathrm{d}y$,先证明 $\frac{\partial Q(x,y)}{\partial x}-\frac{\partial P(x,y)}{\partial y}=0$,再将积分路径换成椭圆 $4x^2+y^2=1$,即 $x=\frac{1}{2}\cos t,y=\sin t,t:0\to 2\pi$.

(8) π.提示:设积分 $I=\int_L P(x,y)\mathrm{d}x+Q(x,y)\mathrm{d}y$,先证明 $\frac{\partial Q(x,y)}{\partial x}-\frac{\partial P(x,y)}{\partial y}=0$,再将积分路径换成椭圆 $x^2+4y^2=1$,即 $x=\cos t,y=\frac{1}{2}\sin t,t:0\to 2\pi$.

(9) 2π.提示:设积分 $I=\int_L P(x,y)\mathrm{d}x+Q(x,y)\mathrm{d}y$,先证明 $\frac{\partial Q(x,y)}{\partial x}-\frac{\partial P(x,y)}{\partial y}=0$,再将积分路径换成圆 $L_r:x^2+y^2=r^2$,即 $x=r\cos t,y=r\sin t,t:0\to 2\pi$;于是得到 $I=\int_0^{2\pi}\mathrm{e}^{r\cos t}\cos(r\sin t)\mathrm{d}t$,令 $r\to 0$,即得到 $I=2\pi$.

2. (1) $\frac{3}{8}\pi a^2$.(2) $\frac{1}{6}a^2$.(3) $3\pi a^2$.

3. (1) 0.(2) $\int_1^2[\psi(t)-\varphi(t)]\mathrm{d}t$.(3) 9.

4. $x^2\cos y+y^2\sin x$.

5. $\frac{1}{2}\ln(x^2+y^2)$.

6. $Q(x,y)=x^2+2y-1$.

7. $\lambda=-1,u(x,y)=-\arctan\frac{y}{x^2}+C$.

提示:利用 $\frac{\partial[2xy(x^4+y^2)^{\lambda}]}{\partial y}=\frac{\partial[-x^2(x^4+y^2)^{\lambda}]}{\partial x}$.

9. (1) $3a^4$.(2) 1.(3) $-\frac{1}{2}\pi h^4$.(4) $2\pi R^3$.(5) $2\pi a^2(\mathrm{e}^{2a}-1)$.(6) $-\frac{\pi}{2}$.

(7) $-\frac{1}{2}\pi a^3$.提示:原式 $=\iint\limits_{\Sigma} x\mathrm{d}y\mathrm{d}z+\frac{1}{a}(a+z)^2\mathrm{d}x\mathrm{d}y$.

(8) (i) 4π.提示:设 $r=\sqrt{x^2+y^2+z^2}$,则 $\frac{\partial\left(\frac{x}{r^3}\right)}{\partial x}=\frac{r^2-3x^2}{r^5}$, $\frac{\partial\left(\frac{y}{r^3}\right)}{\partial y}=\frac{r^2-3y^2}{r^5}$, $\frac{\partial\left(\frac{z}{r^3}\right)}{\partial z}=\frac{r^2-3z^2}{r^5}$.设 $\Sigma'=\{(x,y,z)\mid x^2+y^2+z^2=\varepsilon^2\}$,方向为外侧,取其参数表示为 $\begin{cases}x=\varepsilon\sin\varphi\cos\theta,\\ y=\varepsilon\sin\varphi\sin\theta,\\ z=\varepsilon\cos\varphi,\end{cases}$ $(\varphi,\theta)\in D'=\{0\leqslant\varphi\leqslant\pi,0\leqslant\theta\leqslant2\pi\}$,则 $\iint\limits_{\Sigma}\frac{x\mathrm{d}y\mathrm{d}z+y\mathrm{d}z\mathrm{d}x+z\mathrm{d}x\mathrm{d}y}{r^3}=\iint\limits_{\Sigma'}\frac{x\mathrm{d}y\mathrm{d}z+y\mathrm{d}z\mathrm{d}x+z\mathrm{d}x\mathrm{d}y}{r^3}=\iint\limits_{D'}\sin\varphi\mathrm{d}\varphi\mathrm{d}\theta$.

(ii) 2π.

提示:设 $\Sigma'=\left\{(x,y,z)\,\middle|\,\frac{(x-2)^2}{16}+\frac{(y-1)^2}{9}\leqslant1,z=0\right\}-\left\{(x,y,z)\,\middle|\,x^2+y^2<\varepsilon^2,z=0\right\}$,方向为下侧,$\Sigma''=\{(x,y,z)\mid x^2+y^2+z^2=\varepsilon^2,z\geqslant0\}$,方向为下侧.取 Σ'' 的参数表示为 $\begin{cases}x=\varepsilon\sin\varphi\cos\theta,\\ y=\varepsilon\sin\varphi\sin\theta,\\ z=\varepsilon\cos\varphi,\end{cases}$ $(\varphi,\theta)\in D''=\{0\leqslant\varphi\leqslant\frac{\pi}{2},0\leqslant\theta\leqslant2\pi\}$,则由 $\iint\limits_{\Sigma+\Sigma'+\Sigma''}\frac{x\mathrm{d}y\mathrm{d}z+y\mathrm{d}z\mathrm{d}x+z\mathrm{d}x\mathrm{d}y}{r^3}=0$,得到

$$\iint\limits_{\Sigma}\frac{x\mathrm{d}y\mathrm{d}z+y\mathrm{d}z\mathrm{d}x+z\mathrm{d}x\mathrm{d}y}{r^3}=\iint\limits_{-\Sigma''}\frac{x\mathrm{d}y\mathrm{d}z+y\mathrm{d}z\mathrm{d}x+z\mathrm{d}x\mathrm{d}y}{r^3}=\iint\limits_{D''}\sin\varphi\mathrm{d}\varphi\mathrm{d}\theta.$$

11. (1) 0.(2) 0.

12. (1) $-\sqrt{3}\pi a^2$.(2) 2π.(3) $-2\pi a(a+h)$.(4) $-\frac{9}{2}$.(5) $\frac{1}{3}h^3$.(6) -24.

13. 提示:$\int_L xf(y)\mathrm{d}y-\frac{y}{f(x)}\mathrm{d}x=\iint\limits_D\left(f(y)+\frac{1}{f(x)}\right)\mathrm{d}x\mathrm{d}y=\iint\limits_D\left(f(x)+\frac{1}{f(x)}\right)\mathrm{d}x\mathrm{d}y$.

14. 提示:$\int_{\partial D}\frac{F(xy)}{y}\mathrm{d}y=\iint\limits_D f(xy)\mathrm{d}x\mathrm{d}y$,再作变量代换 $\begin{cases}u=xy,\\ v=\frac{y}{x}.\end{cases}$

15. 提示:设 $\boldsymbol{n}=(\cos\alpha,\cos\beta,\cos\gamma)$, $\boldsymbol{l}=(a,b,c)$,则 $\cos(\boldsymbol{n},\boldsymbol{l})=\frac{\boldsymbol{n}\cdot\boldsymbol{l}}{\|\boldsymbol{l}\|}=\frac{a\cos\alpha+b\cos\beta+c\cos\gamma}{\sqrt{a^2+b^2+c^2}}$.

注意 $\iint\limits_{\Sigma}\cos\alpha\mathrm{d}S=\iint\limits_{\Sigma}\mathrm{d}y\mathrm{d}z=0$, $\iint\limits_{\Sigma}\cos\beta\mathrm{d}S=\iint\limits_{\Sigma}\mathrm{d}z\mathrm{d}x=0$, $\iint\limits_{\Sigma}\cos\gamma\mathrm{d}S=\iint\limits_{\Sigma}\mathrm{d}x\mathrm{d}y=0$.

16. 提示:设 $\boldsymbol{n}=(\cos\alpha,\cos\beta,\cos\gamma)$, $\boldsymbol{r}=(x,y,z)$,则 $\cos(\boldsymbol{r},\boldsymbol{n})=\frac{\boldsymbol{r}\cdot\boldsymbol{n}}{\|\boldsymbol{r}\|}=\frac{x\cos\alpha+y\cos\beta+z\cos\gamma}{\sqrt{x^2+y^2+z^2}}$.

18. 提示:$\frac{1}{2}\int_L\begin{vmatrix}\mathrm{d}x&\mathrm{d}y&\mathrm{d}z\\ \cos\alpha&\cos\beta&\cos\gamma\\ x&y&z\end{vmatrix}=\iint\limits_{\Sigma}\cos\alpha\mathrm{d}y\mathrm{d}z+\cos\beta\mathrm{d}z\mathrm{d}x+\cos\gamma\mathrm{d}x\mathrm{d}y=\iint\limits_{\Sigma}(\cos^2\alpha+\cos^2\beta+\cos^2\gamma)\mathrm{d}S=S$.

§4

1. (1) 0;(2) $(\sin y-\cos x)\mathrm{d}x\wedge\mathrm{d}y$;(3) $(x+6)\mathrm{d}x\wedge\mathrm{d}y\wedge\mathrm{d}z$.
2. 0.
3. 0.
4. $\omega=-\left(\int a_3(y)\mathrm{d}y\right)\mathrm{d}x-\left(\int a_1(z)\mathrm{d}z\right)\mathrm{d}y-\left(\int a_2(x)\mathrm{d}x\right)\mathrm{d}z$.

§5

1. (1) $\mathbf{grad}\, f=-(x^2+y^2+z^2)^{-\frac{3}{2}}(x\boldsymbol{i}+y\boldsymbol{j}+z\boldsymbol{k})$,

$\operatorname{div}(f\boldsymbol{a})=-(x^2+y^2+z^2)^{-\frac{3}{2}}(3x+20y-15z)$.

(2) $\mathbf{grad}\, f=2x\boldsymbol{i}+2y\boldsymbol{j}+2z\boldsymbol{k}$,

$\operatorname{div}(f\boldsymbol{a})=6x+40y-30z$.

(3) $\mathbf{grad}\, f=2(x^2+y^2+z^2)^{-1}(x\boldsymbol{i}+y\boldsymbol{j}+z\boldsymbol{k})$,

$\operatorname{div}(f\boldsymbol{a})=(x^2+y^2+z^2)^{-1}(6x+40y-30z)$.

2. $\dfrac{3}{8}\pi$.

3. (1) $f(r)=cr^{-3}$.　(2) $f(r)=c_1r^{-1}+c_2$.

4. $\boldsymbol{c}+\dfrac{1}{2}\dfrac{\boldsymbol{c}}{\boldsymbol{c}\cdot\boldsymbol{r}}$

5. (1) 0. (2) -2π.

6. $\mathbf{rot}\,\boldsymbol{r}(M)=-\boldsymbol{i}-3\boldsymbol{j}+4\boldsymbol{k}$, $\boldsymbol{r}$ 在 M 点沿方向 $\boldsymbol{n}$ 的环量面密度为$\dfrac{1}{3}$.

8. $\mathbf{rot}\,\boldsymbol{E}=\mathbf{0}$, $(x,y,z)\neq\mathbf{0}$.

10. $U(x,y)=\dfrac{1}{3}(x^3+y^3+z^3)-2xyz+C$.

11. $V(x,y)=-U(x,y)=-\dfrac{1}{2}\ln(x^2+y^2)-\arctan\dfrac{y}{x}+C$.

12. $V(x,y)=-U(x,y)=-xyz(x+y+z)+C$.

14. 提示：由$\dfrac{\partial u}{\partial \boldsymbol{n}}=\dfrac{\partial u}{\partial x}\cos(\boldsymbol{n},x)+\dfrac{\partial u}{\partial y}\cos(\boldsymbol{n},y)=\dfrac{\partial u}{\partial x}\cos(\boldsymbol{\tau},y)-\dfrac{\partial u}{\partial y}\cos(\boldsymbol{\tau},x)$，得到

$$\int_C\frac{\partial u}{\partial \boldsymbol{n}}\mathrm{d}s=\int_C\frac{\partial u}{\partial x}\mathrm{d}y-\frac{\partial u}{\partial y}\mathrm{d}x.$$

15. 提示：$\Delta(F^p)=p(p-2)F^{p-4}[(uu_x+vv_x)^2+(uu_y+vv_y)^2]+pF^{p-2}(u_x^2+v_x^2+u_y^2+v_y^2)$.

16. 提示：$\iiint\limits_B\nabla g\cdot\boldsymbol{F}\mathrm{d}x\mathrm{d}y\mathrm{d}z=\iiint\limits_B\nabla\cdot(g\boldsymbol{F})\mathrm{d}x\mathrm{d}y\mathrm{d}z-\iiint\limits_B g\,\nabla\cdot\boldsymbol{F}\mathrm{d}x\mathrm{d}y\mathrm{d}z=\iint\limits_{\partial B}g\boldsymbol{F}\cdot\mathrm{d}\boldsymbol{S}-\iiint\limits_B g\,\nabla\cdot\boldsymbol{F}\mathrm{d}x\mathrm{d}y\mathrm{d}z$.

17. 提示：$0=\int_{\partial D}-u\dfrac{\partial u}{\partial y}\mathrm{d}x+u\dfrac{\partial u}{\partial x}\mathrm{d}y=\iint\limits_D\left[\left(\dfrac{\partial u}{\partial x}\right)^2+\left(\dfrac{\partial u}{\partial y}\right)^2+u\left(\dfrac{\partial^2 u}{\partial x^2}+\dfrac{\partial^2 u}{\partial y^2}\right)\right]$.

18. (1) 提示：

$$\iint\limits_\Sigma\frac{\partial u}{\partial \boldsymbol{n}}\mathrm{d}S=\iint\limits_\Sigma\left[\frac{\partial u}{\partial x}\cos(\boldsymbol{n},x)+\frac{\partial u}{\partial y}\cos(\boldsymbol{n},y)+\frac{\partial u}{\partial z}\cos(\boldsymbol{n},z)\right]\mathrm{d}S=\iint\limits_\Sigma\frac{\partial u}{\partial x}\mathrm{d}y\mathrm{d}z+\frac{\partial u}{\partial y}\mathrm{d}z\mathrm{d}x+\frac{\partial u}{\partial z}\mathrm{d}x\mathrm{d}y.$$

(2) 提示：$\cos(\boldsymbol{r},\boldsymbol{n})=\dfrac{\boldsymbol{r}\cdot\boldsymbol{n}}{r}$,　$\dfrac{\partial u}{\partial \boldsymbol{n}}=(\mathbf{grad}\;u)\cdot\boldsymbol{n}$，于是

$$\frac{1}{4\pi}\iint\limits_\Sigma\left(u\frac{\cos(\boldsymbol{r},\boldsymbol{n})}{r^2}+\frac{1}{r}\frac{\partial u}{\partial \boldsymbol{n}}\right)\mathrm{d}S=\frac{1}{4\pi}\iint\limits_\Sigma P\mathrm{d}y\mathrm{d}z+Q\mathrm{d}z\mathrm{d}x+R\mathrm{d}x\mathrm{d}y,$$

其中$P=\dfrac{(x-x_0)u+r^2u_x}{r^3}$，$Q=\dfrac{(y-y_0)u+r^2u_y}{r^3}$，$R=\dfrac{(z-z_0)u+r^2u_z}{r^3}$，满足$\dfrac{\partial P}{\partial x}+\dfrac{\partial Q}{\partial y}+\dfrac{\partial R}{\partial z}=0$. 取以$(x_0,y_0,z_0)$为中心，$\delta>0$为半径的球面$S_0$，使得$S_0\subset\Omega$，并取$\boldsymbol{n}$为$S_0$的单位外法向量，然后在$\Sigma$与$S_0$所围的区域上应用 Gauss 公式，得到

$$\frac{1}{4\pi}\iint\limits_\Sigma\left(u\frac{\cos(\boldsymbol{r},\boldsymbol{n})}{r^2}+\frac{1}{r}\frac{\partial u}{\partial \boldsymbol{n}}\right)\mathrm{d}S=\frac{1}{4\pi}\iint\limits_{S_0}\left(u\frac{\cos(\boldsymbol{r},\boldsymbol{n})}{r^2}+\frac{1}{r}\frac{\partial u}{\partial \boldsymbol{n}}\right)\mathrm{d}S,$$

注意 $r=\delta$ 为常数，$\cos(\boldsymbol{r},\boldsymbol{n})=1$ 与 $\iint\limits_{S_0}\frac{\partial u}{\partial \boldsymbol{n}}\mathrm{d}S=0$，令 $\delta\to 0$.

第十五章

§1

1. (1) $\frac{\pi}{4}$；(2) $\ln\frac{2\mathrm{e}}{1+\mathrm{e}}$.

2. 提示：用反证法证明 $\lim\limits_{y\to y_0-}f(x,y)=\varphi(x)$ 关于 $x\in[a,b]$ 是一致的，即 $\forall\varepsilon>0$，$\exists\delta>0$，$\forall y\in(y_0-\delta,y_0)$，$\forall x\in[a,b]$：$|f(x,y)-\varphi(x)|<\varepsilon$；参考定理 10.2.7(Dini 定理)的证明方法.

3. (1) $\arctan(1+b)-\arctan(1+a)$. (2) $\pi\arcsin a$.

4. (1) $2y\mathrm{e}^{-y^5}-\mathrm{e}^{-y^3}-\int_y^{y^2}x^2\mathrm{e}^{-x^2y}\mathrm{d}x$. (2) $\frac{3\cos y^3-2\cos y^2}{y}$.

(3) $-2t\int_0^{t^2}\mathrm{d}x\int_{x-t}^{x+t}\cos(x^2+y^2-t^2)\mathrm{d}y+2\int_0^{t^2}\sin 2x^2\cos 2xt\mathrm{d}x+2t\int_{t^2-t}^{t^2+t}\sin(t^4-t^2+y^2)\mathrm{d}y$.

5. $I''(y)=3f(y)+2yf'(y)$.

6. $F''(y)=\begin{cases}2f(y), & x\in(a,b),\\ 0, & x\overline{\in}(a,b).\end{cases}$

8. (1) $\pi\ln\frac{a+\sqrt{a^2-1}}{2}$. (2) 0. (3) $\pi\ln\frac{|a|+|b|}{2}$.

11. 显然 $I(y)$ 在 $y\neq 0$ 的点是连续的. 因为 $I(0)=0$，而 $\lim\limits_{y\to 0+}I(y)=\frac{\pi}{2}f(0)$，$\lim\limits_{y\to 0-}I(y)=-\frac{\pi}{2}f(0)$，其中 $f(0)\neq 0$，所以 $I(y)$ 在 $y=0$ 点不连续.

提示：$\forall\varepsilon>0$，取 $\eta>0$，使得当 $0<x<\eta$ 时，$|f(x)-f(0)|<\frac{\varepsilon}{\pi}$，则 $\left|\int_0^{\eta}\frac{yf(x)}{x^2+y^2}\mathrm{d}x-\int_0^{\eta}\frac{yf(0)}{x^2+y^2}\mathrm{d}x\right|<\frac{\varepsilon}{2}$. 对固定的 $\eta>0$，取 $\delta>0$，使得当 $0<|y|<\delta$ 时，$\left|\int_{\eta}^{1}\frac{yf(x)}{x^2+y^2}\mathrm{d}x\right|<\frac{\varepsilon}{2}$，于是 $\left|\int_0^{1}\frac{yf(x)}{x^2+y^2}\mathrm{d}x-\int_0^{\eta}\frac{yf(0)}{x^2+y^2}\mathrm{d}x\right|<\varepsilon$. 分别令 $y\to 0+$ 与 $y\to 0-$，由 $\lim\limits_{y\to 0+}\int_0^{\eta}\frac{yf(0)}{x^2+y^2}\mathrm{d}x=\frac{\pi}{2}f(0)$，$\lim\limits_{y\to 0-}\int_0^{\eta}\frac{yf(0)}{x^2+y^2}\mathrm{d}x=-\frac{\pi}{2}f(0)$ 和 ε 的任意性，即可得到 $\lim\limits_{y\to 0+}I(y)=\frac{\pi}{2}f(0)$ 与 $\lim\limits_{y\to 0-}I(y)=-\frac{\pi}{2}f(0)$.

§2

1. (3) 提示：由分部积分法

$$\int_A^{+\infty}x\sin x^4\cos\alpha x\mathrm{d}x=-\frac{1}{4}\int_A^{+\infty}\frac{\cos\alpha x}{x^2}\mathrm{d}\cos x^4$$

$$=-\frac{\cos\alpha x\cos x^4}{4x^2}\bigg|_A^{+\infty}-\frac{1}{4}\int_A^{+\infty}\frac{\alpha\sin\alpha x\cos x^4}{x^2}\mathrm{d}x-\frac{1}{2}\int_A^{+\infty}\frac{\cos\alpha x\cos x^4}{x^3}\mathrm{d}x,$$

当 $A\to+\infty$ 时,上述三式关于 α 在$[a,b]$上一致趋于 0.

2. (1) 提示:取 $\alpha_n=\frac{1}{n}$,

$$\int_{\frac{n\pi}{4}}^{\frac{3n\pi}{4}}\frac{x\sin\alpha_n x}{\alpha_n(1+x^2)}\mathrm{d}x\geqslant\frac{\sqrt{2}n^2\pi^2}{16\left(1+\left(\frac{3n\pi}{4}\right)^2\right)}.$$

(2) 提示:作变量代换 $x=\frac{1}{t}$,则$\int_0^1\frac{1}{x^{\alpha}}\sin\frac{1}{x}\mathrm{d}x=\int_1^{+\infty}\frac{1}{t^{2-\alpha}}\sin t\mathrm{d}t$,取 $\alpha_n=2-\frac{1}{n}$,

$$\int_{2n\pi+\frac{\pi}{4}}^{2n\pi+\frac{3\pi}{4}}\frac{1}{t^{2-\alpha_n}}\sin t\mathrm{d}t\geqslant\frac{\sqrt{2}\pi}{4\left(2n\pi+\frac{3\pi}{4}\right)^{\frac{1}{n}}}.$$

3. 提示:$\int_0^{+\infty}t^{\lambda}f(t)\mathrm{d}t=\int_0^1 t^{\lambda-a}[t^a f(t)]\mathrm{d}t+\int_1^{+\infty}t^{\lambda-b}[t^b f(t)]\mathrm{d}t$.

4. (1) 一致收敛.

(2) (i)一致收敛;(ii)非一致收敛.

(3) (i)一致收敛;(ii)非一致收敛.

(4) (i)一致收敛;(ii)非一致收敛.

5. 提示:证明积分关于 α 在$(0,+\infty)$内闭一致收敛.

6. $(0,2)$.提示:证明积分关于 y 在$(0,2)$内闭一致收敛.

7. 提示:证明积分$\int_0^{+\infty}\mathrm{e}^{-sx}f(x)\mathrm{d}x$ 关于 s 在$[0,+\infty)$上一致收敛.

8. 提示:证明积分$\int_0^{+\infty}\left[\frac{\cos x}{1+(x+t)^2}\right]_t'\mathrm{d}x$ 关于 t 在$(-\infty,+\infty)$内闭一致收敛.

9. $\ln\frac{b}{a}$.

10. $\arctan\frac{b}{p}-\arctan\frac{a}{p}$.

11. $\frac{(2n-1)!!}{2(2n)!!}a^{-\frac{2n+1}{2}}\pi$.

12. $\frac{\pi}{2}\mathrm{sgn}\alpha\cdot\left[\,|\alpha|+1-\sqrt{1+\alpha^2}\,\right]$.

13. 提示:

$$\int_{A'}^{A''}\frac{f(ax)-f(bx)}{x}\mathrm{d}x=\int_{A'}^{A''}\frac{f(ax)}{x}\mathrm{d}x-\int_{A'}^{A''}\frac{f(bx)}{x}\mathrm{d}x=\int_{aA'}^{bA'}\frac{f(x)}{x}\mathrm{d}x-\int_{aA''}^{bA''}\frac{f(x)}{x}\mathrm{d}x=[f(\xi_1)-f(\xi_2)]\ln\frac{b}{a},$$

其中 ξ_1 在 aA'与 bA'之间,ξ_2 在 aA''与 bA''之间,这是利用了积分中值定理.令 $A'\to0,A''\to+\infty$ 即得结论.

14. (1) 提示:令$\frac{c}{y}=t$,则$\int_0^{+\infty}\mathrm{e}^{-y^2-\frac{c^2}{y^2}}\mathrm{d}y=\int_0^{+\infty}\mathrm{e}^{-t^2-\frac{c^2}{t^2}}\frac{c}{t^2}\mathrm{d}t$,于是

$$\int_0^{+\infty}\mathrm{e}^{-y^2-\frac{c^2}{y^2}}\mathrm{d}y=\frac{1}{2}\int_0^{+\infty}\mathrm{e}^{-t^2-\frac{c^2}{t^2}}\left(1+\frac{c}{t^2}\right)\mathrm{d}t=\frac{\mathrm{e}^{-2c}}{2}\int_0^{+\infty}\mathrm{e}^{-\left(t-\frac{c}{t}\right)^2}\mathrm{d}\left(t-\frac{c}{t}\right),$$

再令 $t-\frac{c}{t}=x$,得到

$$\int_0^{+\infty}\mathrm{e}^{-y^2-\frac{c^2}{y^2}}\mathrm{d}y=\frac{\mathrm{e}^{-2c}}{2}\int_{-\infty}^{+\infty}\mathrm{e}^{-x^2}\mathrm{d}x.$$

(2) $\frac{1}{2}\sqrt{\frac{\pi}{a}}\mathrm{e}^{-2\sqrt{ab}}$.

15. $\frac{\pi}{2\alpha}\mathrm{e}^{-\alpha|\beta|}$.

§ 3

1. (1) $\frac{\pi}{8}$. (2) $\frac{1}{2\sqrt{2}}\mathrm{B}\left(\frac{1}{4},\frac{1}{2}\right)$. (3) $\frac{\pi}{n\sin\frac{\pi}{n}}$. (4) $\frac{\pi}{n\sin\frac{m\pi}{n}}$.

(5) $\frac{\pi}{2\sqrt{2}}$. (6) $\frac{256}{1155}$. (7) $\frac{1}{n}\Gamma\left(\frac{m+1}{n}\right)$. (8) $\frac{1}{n}\mathrm{B}\left(\frac{p}{n},q\right)$.

2. $\lim\limits_{n\to\infty}\int_0^{+\infty}\mathrm{e}^{-x^n}\mathrm{d}x=\lim\limits_{n\to\infty}\Gamma\left(1+\frac{1}{n}\right)=\Gamma(1)=1$.

4. 提示:易知 $\Gamma(1)=\Gamma(2)$,所以存在 $x_0\in(1,2)$,使得 $\Gamma'(x_0)=0$. 由习题 3 的方法得到 $\Gamma''(s)=\int_0^{+\infty}x^{s-1}\mathrm{e}^{-x}\ln^2 x\mathrm{d}x>0$,于是在 $(x_0,+\infty)$ 上 $\Gamma'(s)>0$,因此 $\Gamma(s)$ 在 $(x_0,+\infty)$ 上单调增加.再由 $\Gamma(n+1)=n!\to+\infty$ 即得结论.

5. $\ln\sqrt{2\pi}$.提示:利用 $\int_0^1\ln\Gamma(1-x)\mathrm{d}x=\int_0^1\ln\Gamma(x)\mathrm{d}x$ 及余元公式.

6. $p<1$ 时收敛,此时 $I=2\pi\mathrm{B}\left(\frac{3}{2},1-p\right)$.

7. 当 $\frac{1}{\alpha}+\frac{1}{\beta}+\frac{1}{\gamma}<1$ 时积分收敛,此时

$$I=\frac{1}{\alpha\beta\gamma}\Gamma\left(\frac{1}{\alpha}\right)\Gamma\left(\frac{1}{\beta}\right)\Gamma\left(\frac{1}{\gamma}\right)\Gamma\left(1-\frac{1}{\alpha}-\frac{1}{\beta}-\frac{1}{\gamma}\right).$$

提示:令 $\begin{cases}x=u^{\frac{2}{\alpha}},\\ y=v^{\frac{2}{\beta}},\\ z=w^{\frac{2}{\gamma}},\end{cases}$ 与 $\begin{cases}u=r\sin\varphi\cos\theta,\\ v=r\sin\varphi\sin\theta,\\ w=r\cos\varphi,\end{cases}$ 得到

$$I=\frac{8}{\alpha\beta\gamma}\int_0^{\frac{\pi}{2}}\sin^{\frac{2}{\beta}-1}\theta\cos^{\frac{2}{\alpha}-1}\theta\mathrm{d}\theta\int_0^{\frac{\pi}{2}}\sin^{\frac{2}{\alpha}+\frac{2}{\beta}-1}\varphi\cos^{\frac{2}{\gamma}-1}\varphi\mathrm{d}\varphi\int_0^{+\infty}\frac{r^{\frac{2}{\alpha}+\frac{2}{\beta}+\frac{2}{\gamma}-1}}{1+r^2}\mathrm{d}r,$$

对其中积分 $\int_0^{+\infty}\frac{r^{\frac{2}{\alpha}+\frac{2}{\beta}+\frac{2}{\gamma}-1}}{1+r^2}\mathrm{d}r$,令 $r^2=t$.

8. $I=\frac{\Gamma(m)\Gamma(n)\Gamma(p)}{\Gamma(m+n+p)}$.

提示:将积分化为 $I=(p-1)\iiint\limits_{\Omega}x^{m-1}y^{n-1}z^{p-2}\mathrm{d}x\mathrm{d}y\mathrm{d}z$,其中 Ω 是由平面 $x=0,y=0,z=0$ 与 $x+y+z=1$ 所围的区域.再令 $\begin{cases}x=u^2,\\ y=v^2,\\ z=w^2\end{cases}$,与 $\begin{cases}u=r\sin\varphi\cos\theta,\\ v=r\sin\varphi\sin\theta,\\ w=r\cos\varphi,\end{cases}$ 得到

$$I=8(p-1)\int_0^{\frac{\pi}{2}}\sin^{2n-1}\theta\cos^{2m-1}\theta\mathrm{d}\theta\int_0^{\frac{\pi}{2}}\sin^{2m+2n-1}\varphi\cos^{2p-3}\varphi\mathrm{d}\varphi\int_0^1 r^{2m+2n+2p-3}\mathrm{d}r.$$

9. 提示:$\int_0^{\frac{\pi}{2}}\tan^{\alpha}x\mathrm{d}x=\int_0^{\frac{\pi}{2}}\sin^{\alpha}x\cos^{-\alpha}x\mathrm{d}x=\frac{1}{2}\mathrm{B}\left(\frac{\alpha+1}{2},\frac{-\alpha+1}{2}\right)=\Gamma\left(\frac{\alpha+1}{2}\right)\Gamma\left(\frac{1-\alpha}{2}\right)=\frac{\pi}{2\cos\frac{\alpha\pi}{2}}$.

10. 提示：作变量代换 $t=\tan\frac{\varphi}{2}$，则

$$\int_0^{\pi}\left(\frac{\sin\varphi}{1+\cos\varphi}\right)^{\alpha-1}\frac{\mathrm{d}\varphi}{1+k\cos\varphi}=2\int_0^{+\infty}\frac{t^{\alpha-1}\mathrm{d}t}{(1+k)+(1-k)t^2},$$

再作变量代换 $\sqrt{\frac{1-k}{1+k}}t=\tan\theta$，将它变为

$$\frac{2}{1+k}\left(\sqrt{\frac{1+k}{1-k}}\right)^{\alpha}\int_0^{\frac{\pi}{2}}\tan^{\alpha-1}\theta\mathrm{d}\theta=\frac{2}{1+k}\left(\sqrt{\frac{1+k}{1-k}}\right)^{\alpha}\int_0^{\frac{\pi}{2}}\sin^{\alpha-1}\theta\cos^{1-\alpha}\theta\mathrm{d}\theta$$

$$=\frac{1}{1+k}\left(\sqrt{\frac{1+k}{1-k}}\right)^{\alpha}\mathrm{B}\left(\frac{\alpha}{2},1-\frac{\alpha}{2}\right)=\frac{1}{1+k}\left(\sqrt{\frac{1+k}{1-k}}\right)^{\alpha}\Gamma\left(\frac{\alpha}{2}\right)\Gamma\left(1-\frac{\alpha}{2}\right).$$

再利用余元公式即得结论.

11. 提示：作变量代换 $t=hu$，得

$$\int_0^{h}(1-t^2)^{\frac{n-3}{2}}\mathrm{d}t=h\int_0^{1}(1-h^2u^2)^{\frac{n-3}{2}}\mathrm{d}u\geqslant h\int_0^{1}(1-u^2)^{\frac{n-3}{2}}\mathrm{d}u,$$

再作变量代换 $u=\sin\theta$，右式变为

$$h\int_0^{\frac{\pi}{2}}\cos^{n-2}\theta\mathrm{d}\theta=\frac{h}{2}\mathrm{B}\left(\frac{1}{2},\frac{n-1}{2}\right)=\frac{h}{2}\frac{\Gamma\left(\frac{1}{2}\right)\Gamma\left(\frac{n-1}{2}\right)}{\Gamma\left(\frac{n}{2}\right)}=\frac{\sqrt{\pi}}{2}\frac{\Gamma\left(\frac{n-1}{2}\right)}{\Gamma\left(\frac{n}{2}\right)}h.$$

第十六章

§1

1. (1) $\frac{A}{\pi}+\frac{A}{2}\sin x-\frac{2A}{\pi}\sum_{k=1}^{\infty}\frac{\cos 2kx}{4k^2-1}$.

   (2) $\frac{2A}{\pi}-\frac{4A}{\pi}\sum_{k=1}^{\infty}\frac{\cos 2kx}{4k^2-1}$.

2. (1) $\frac{4}{\pi}\sum_{k=1}^{\infty}\frac{\sin(2k-1)x}{2k-1}$.

   (2) $\frac{2}{\pi}-\frac{4}{\pi}\sum_{k=1}^{\infty}\frac{(-1)^k}{4k^2-1}\cos 2kx$.

   (3) $-\frac{5}{6}\pi^2+\sum_{n=1}^{\infty}\frac{2(-1)^n}{n^2}\cos nx$.

   (4) $-\frac{\pi}{4}+\frac{2}{\pi}\sum_{k=0}^{\infty}\frac{\cos(2k+1)x}{(2k+1)^2}+\sum_{n=1}^{\infty}\frac{(-1)^{n+1}}{n}\sin nx$.

   (5) $-\frac{(a-b)\pi}{4}+\frac{2(a-b)}{\pi}\sum_{k=0}^{\infty}\frac{\cos(2k+1)x}{(2k+1)^2}+(a+b)\sum_{n=1}^{\infty}\frac{(-1)^{n+1}}{n}\sin nx$.

3. (1) $2\sum_{n=1}^{\infty}\frac{[1-2(-1)^n]}{n}\sin nx$.

   (2) $\frac{2}{\pi}\sum_{n=1}^{\infty}\frac{n[1-(-1)^n\mathrm{e}^{-2\pi}]}{n^2+4}\sin nx$.

(3) $\sum_{n=1}^{\infty}\left[\frac{2}{n}(-1)^{n+1}+\frac{4}{\pi n^{2}}\sin\frac{n\pi}{2}\right]\sin nx$.

(4) $\frac{1}{\pi}\sin\frac{\pi}{2}x+\frac{2}{\pi}\sum_{n=2}^{\infty}\frac{n-\sin\frac{n\pi}{2}}{n^{2}-1}\sin\frac{n\pi}{2}x$.

4. (1) $\frac{\pi^{2}}{6}-\sum_{k=1}^{\infty}\frac{\cos 2kx}{k^{2}}$.

(2) $\frac{1}{\pi}(e^{\pi}-1)+\frac{2}{\pi}\sum_{n=1}^{\infty}\frac{[(-1)^{n}e^{\pi}-1]}{n^{2}+1}\cos nx$.

(3) $\left(\frac{1}{\pi}+\frac{1}{2}\right)-\frac{1}{\pi}\cos 2x-\frac{2}{\pi}\sum_{n=2}^{\infty}\frac{1}{n^{2}-1}\left(\frac{1}{n}\sin\frac{n\pi}{2}-1\right)\cos 2nx$.

(4) $\frac{\pi}{4}+\frac{4}{\pi}\sum_{n=1}^{\infty}\frac{\left[(-1)^{n}-\cos\frac{n\pi}{2}\right]}{n^{2}}\cos nx$.

5. $f(x)\sim\frac{a_{0}}{2}+\sum_{n=1}^{\infty}(a_{n}\cos nx+b_{n}\sin nx)$，其中

$$a_{n}=\frac{1}{\pi}\int_{a}^{a+2\pi}f(x)\cos nx\mathrm{d}x(n=0,1,2,\cdots),$$

$$b_{n}=\frac{1}{\pi}\int_{a}^{a+2\pi}f(x)\sin nx\mathrm{d}x(n=1,2,\cdots).$$

6. (1) $\sum_{n=1}^{\infty}\frac{1}{n}\sin nx$.

(2) $\frac{4}{3}\pi^{2}+4\sum_{n=1}^{\infty}\left(\frac{1}{n^{2}}\cos nx-\frac{\pi}{n}\sin nx\right)$.

(3) $\frac{1}{2}-\frac{1}{\pi}\sum_{n=1}^{\infty}\frac{1}{n}\sin 2\pi nx$.

(4) $\frac{1}{6}(1-e^{-3})+\sum_{n=1}^{\infty}\left[\frac{3(1-(-1)^{n}e^{-3})}{n^{2}\pi^{2}+9}\cos n\pi x-\frac{n\pi(1-(-1)^{n}e^{-3})}{n^{2}\pi^{2}+9}\sin n\pi x\right]$.

(5) $\frac{C}{2}-\frac{2C}{\pi}\sum_{n=1}^{\infty}\frac{1}{2n-1}\sin\frac{(2n-1)\pi}{T}x$.

7. $-\frac{5}{4\pi}(2-\sqrt{2})-\frac{5}{4\pi}\cos\omega t+\left(\frac{5}{4\pi}+\frac{35}{8}\right)\sin\omega t+$

$\frac{5}{2\pi}\sum_{n=2}^{\infty}\left[\frac{1}{n+1}\cos\frac{(n+1)\pi}{4}-\frac{1}{n-1}\cos\frac{(n-1)\pi}{4}+\frac{2}{n^{2}-1}\right]\cos n\omega t+$

$\frac{5}{2\pi}\sum_{n=2}^{\infty}\left[\frac{1}{n+1}\sin\frac{(n+1)\pi}{4}-\frac{1}{n-1}\sin\frac{(n-1)\pi}{4}\right]\sin n\omega t$.

9. (1) $\tilde{f}(x)=\begin{cases}-f(\pi+x), & x\in\left(-\pi,-\frac{\pi}{2}\right),\\ f(-x), & x\in\left(-\frac{\pi}{2},0\right),\\ f(x), & x\in\left(0,\frac{\pi}{2}\right),\\ -f(\pi-x), & x\in\left(\frac{\pi}{2},\pi\right).\end{cases}$

(2) $\tilde{f}(x)=\begin{cases} f(\pi+x), & x\in\left(-\pi,-\dfrac{\pi}{2}\right), \\ -f(-x), & x\in\left(-\dfrac{\pi}{2},0\right), \\ f(x), & x\in\left(0,\dfrac{\pi}{2}\right), \\ -f(\pi-x), & x\in\left(\dfrac{\pi}{2},\pi\right). \end{cases}$

10. (1) $\tilde{a}_n=a_n(n=0,1,2,\cdots)$, $\tilde{b}_n=-b_n(n=1,2,\cdots)$.

(2) $\tilde{a}_n=a_n\cos nC+b_n\sin nC\ (n=0,1,2,\cdots)$,

$\tilde{b}_n=b_n\cos nC-a_n\sin nC\ (n=1,2,\cdots)$.

(3) $\tilde{a}_0=a_0^2$, $\tilde{a}_n=a_n^2-b_n^2$, $\tilde{b}_n=2a_nb_n(n=1,2,\cdots)$.

§2

1. 提示：因为 $\lim\limits_{x\to+\infty}\psi(x)=0$，所以存在 $N>0$，使得当 $x\geqslant N$ 时，$|\psi(x)|<1$. 利用积分第二中值定理可得 $\left|\int_N^A\psi(x)\sin px\mathrm{d}x\right|<\dfrac{4}{p}(\forall A>N)$，因此 $\left|\int_N^{+\infty}\psi(x)\sin px\mathrm{d}x\right|\leqslant\dfrac{4}{p}$. 而由 Riemann 引理，$\lim\limits_{p\to+\infty}\int_0^N\psi(x)\sin px\mathrm{d}x=0$. 因此当 $p\to+\infty$ 时，$\int_0^{+\infty}\psi(x)\sin px\mathrm{d}x=\int_0^N\psi(x)\sin px\mathrm{d}x+\int_N^{+\infty}\psi(x)\sin px\mathrm{d}x\to0$.

2. 提示：易知

$$\int_{-\pi}^{\pi}\psi(u)\frac{\cos\frac{u}{2}-\cos pu}{2\sin\frac{u}{2}}\mathrm{d}u=\int_0^{\pi}[\psi(u)-\psi(-u)]\frac{\cos\frac{u}{2}-\cos pu}{2\sin\frac{u}{2}}\mathrm{d}u,$$

于是

$$\int_{-\pi}^{\pi}\psi(u)\frac{\cos\frac{u}{2}-\cos pu}{2\sin\frac{u}{2}}\mathrm{d}u-\frac{1}{2}\int_0^{\pi}[\psi(u)-\psi(-u)]\cot\frac{u}{2}\mathrm{d}u=\frac{1}{2}\int_0^{\pi}[\psi(u)-\psi(-u)]\frac{\cos pu}{\sin\frac{u}{2}}\mathrm{d}u.$$

而

$$\lim_{u\to0+}\frac{\psi(u)-\psi(-u)}{2\sin\frac{u}{2}}=\lim_{u\to0+}\frac{\psi(u)-\psi(0)-[\psi(-u)-\psi(0)]}{u}\frac{\frac{u}{2}}{\sin\frac{u}{2}}=\psi'_+(0)+\psi'_-(0).$$

利用 Riemann 引理可得

$$\lim_{p\to+\infty}\frac{1}{2}\int_0^{\pi}[\psi(u)-\psi(-u)]\frac{\cos pu}{\sin\frac{u}{2}}\mathrm{d}u=0.$$

3. 提示：由于

$$\int_{-\delta}^{\delta}\left\{\psi(u)-\frac{1}{2}[\psi(0+)+\psi(0-)]\right\}\frac{\sin pu}{u}\mathrm{d}u=\int_0^{\delta}\{[\psi(u)-\psi(0+)]+[\psi(-u)-\psi(0-)]\}\frac{\sin pu}{u}\mathrm{d}u,$$

利用 Dirichlet 引理即得结论.

8. $\dfrac{1}{3}$.

§3

1. $x^2=\dfrac{\pi^2}{3}+4\sum\limits_{n=1}^{\infty}\dfrac{(-1)^n}{n^2}\cos nx, x\in(-\pi,\pi)$;

$x^3=2\sum\limits_{n=1}^{\infty}\dfrac{(-1)^n(6-\pi^2n^2)}{n^3}\sin nx, x\in(-\pi,\pi)$.

5. $\sum\limits_{n=1}^{\infty}\dfrac{1}{(2n-1)^4}=\dfrac{\pi^4}{96}$.

6. $\sum\limits_{n=1}^{\infty}\dfrac{1}{n^4}=\dfrac{\pi^4}{90}$.

7. 提示:利用分部积分法可得 $b''_n=-n^2b_n$.由于

$$\sqrt{|b_n|}=\frac{1}{n}\sqrt{|n^2b_n|}\leqslant\frac{1}{2}\left(\frac{1}{n^2}+|n^2b_n|\right)=\frac{1}{2}\left(\frac{1}{n^2}+|b''_n|\right)\ (n=1,2,\cdots),$$

所以

$$\sum_{n=1}^{\infty}\sqrt{|b_n|}\leqslant\frac{1}{2}\left(\sum_{n=1}^{\infty}\frac{1}{n^2}+\sum_{n=1}^{\infty}|b''_n|\right)=\frac{1}{2}\left(\frac{\pi^2}{6}+\sum_{n=1}^{\infty}|b''_n|\right)<\frac{1}{2}\left(2+\sum_{n=1}^{\infty}|b''_n|\right).$$

8. 提示:利用 Parseval 等式可知$\int_{-\pi}^{\pi}f^2(x)\,\mathrm{d}x=0$,于是$f(x)\equiv 0$.

§4

1. (1) $\dfrac{A}{\mathrm{i}\omega}(1-\mathrm{e}^{-\mathrm{i}\omega\delta})$. (2) $\dfrac{2a}{a^2+\omega^2}$.

(3) $\sqrt{\dfrac{\pi}{a}}\mathrm{e}^{-\frac{\omega^2}{4a}}$. (4) $\dfrac{1}{2+\mathrm{i}\omega}$.

(5) $A\left[\dfrac{\sin(\omega-\omega_0)\delta}{(\omega-\omega_0)}+\dfrac{\sin(\omega+\omega_0)\delta}{(\omega+\omega_0)}\right]$.

2. 正弦变换:$\dfrac{\omega}{a^2+\omega^2}$; 余弦变换:$\dfrac{a}{a^2+\omega^2}$.

3. $f_1*f_2(x)=\begin{cases}0, & x\leqslant 0,\\ \dfrac{1}{2}(\sin x-\cos x+\mathrm{e}^{-x}), & 0<x\leqslant\dfrac{\pi}{2},\\ \dfrac{1}{2}\mathrm{e}^{-x}(1+\mathrm{e}^{\frac{\pi}{2}}), & x>\dfrac{\pi}{2}.\end{cases}$

§5

1. 提示:先将圆频率 ω 写成频率形式 $2\pi s$,再对充分大的 N,在区间$[-N,N]$以间隔 Δx 对被积函数抽样(参见图 16.5.2),在每个小区间内利用矩形公式近似代替积分,则

$$\hat{f}(\omega)\approx\int_{-N}^{N}f(x)\mathrm{e}^{-2\pi sx\mathrm{i}}\mathrm{d}x\approx\sum_{n=-M}^{M}f(n\Delta x)\mathrm{e}^{-2\pi s(n\Delta x)\mathrm{i}}\Delta x,$$

再适当代换整理,就可以得到离散 Fourier 变换形式.

2. 提示:设 $\xi\neq 1$ 是方程 $x^N=1$ 的一个根,则 $\sum\limits_{n=0}^{N-1}\xi^n=0$.

索引

（名词后面所标数字分别为首次出现的章和节）

B

C

D

E

F

郑重声明

读者意见反馈

为收集对教材的意见建议，进一步完善教材编写并做好服务工作，读者可将对本教材的意见建议通过如下渠道反馈至我社。

咨询电话　400-810-0598

反馈邮箱　hepsci@pub.hep.cn

通信地址　北京市朝阳区惠新东街4号富盛大厦1座

高等教育出版社理科事业部

邮政编码　100029

防伪查询说明

用户购书后刮开封底防伪涂层，使用手机微信等软件扫描二维码，会跳转至防伪查询网页，获得所购图书详细信息。

防伪客服电话　(010)58582300